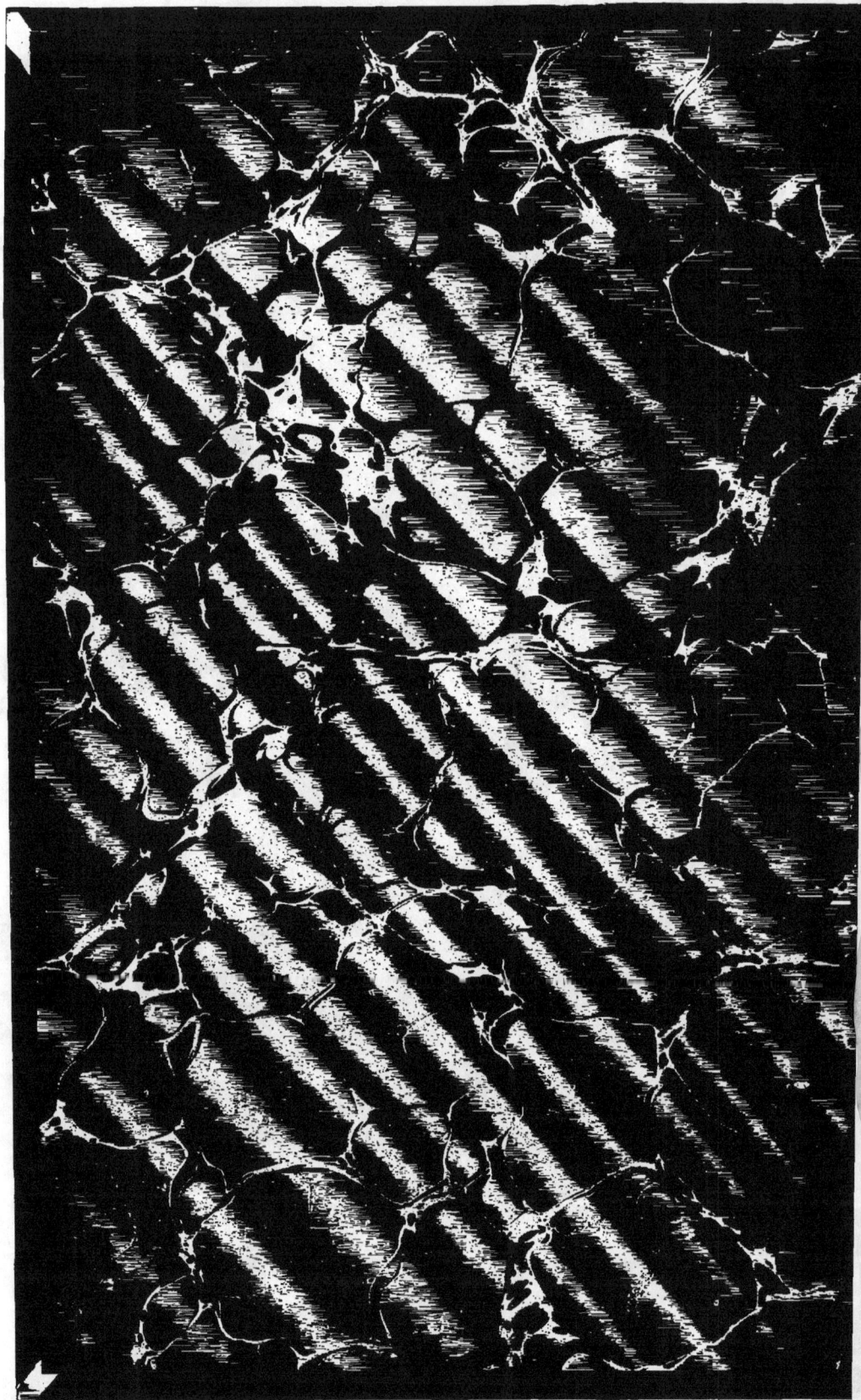

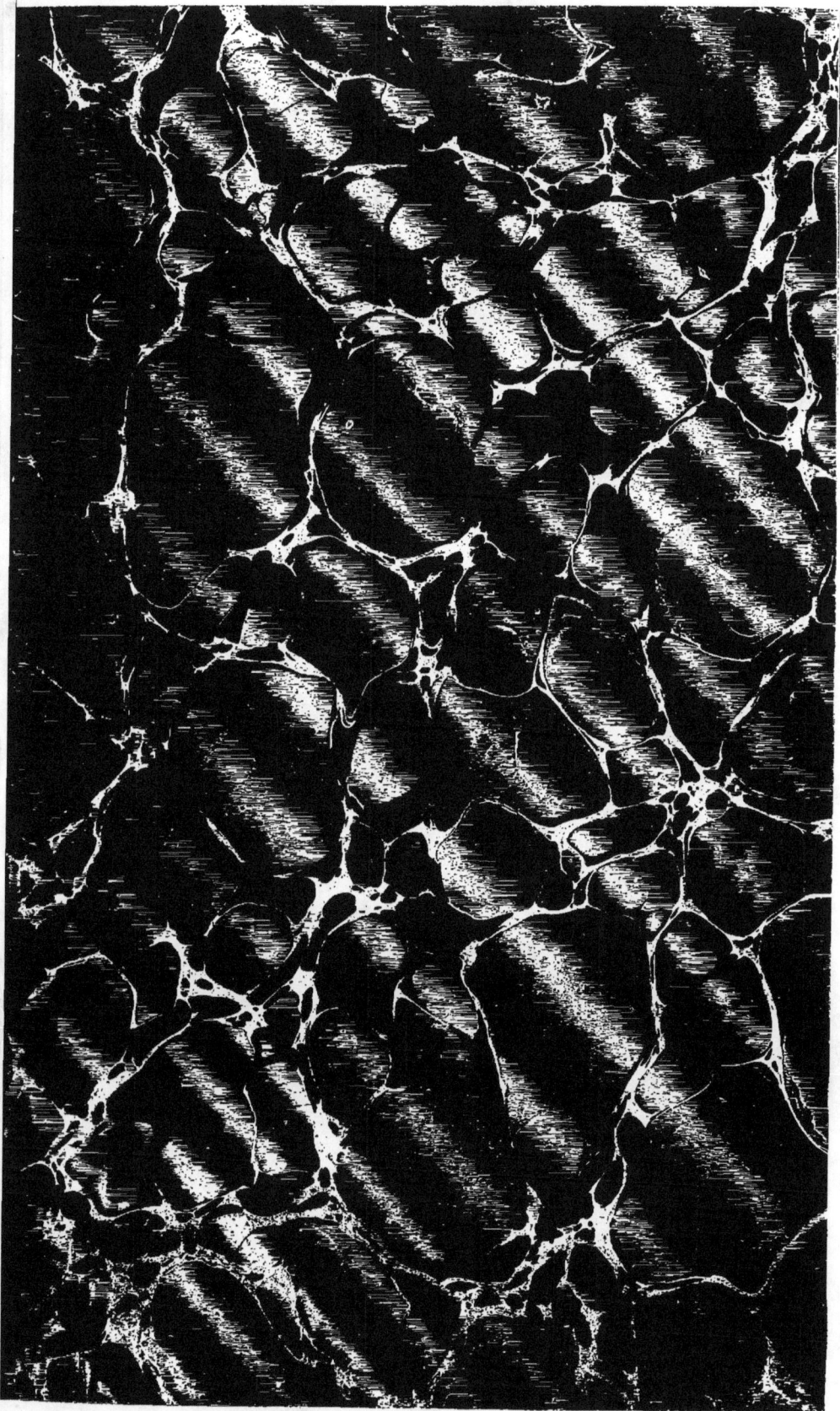

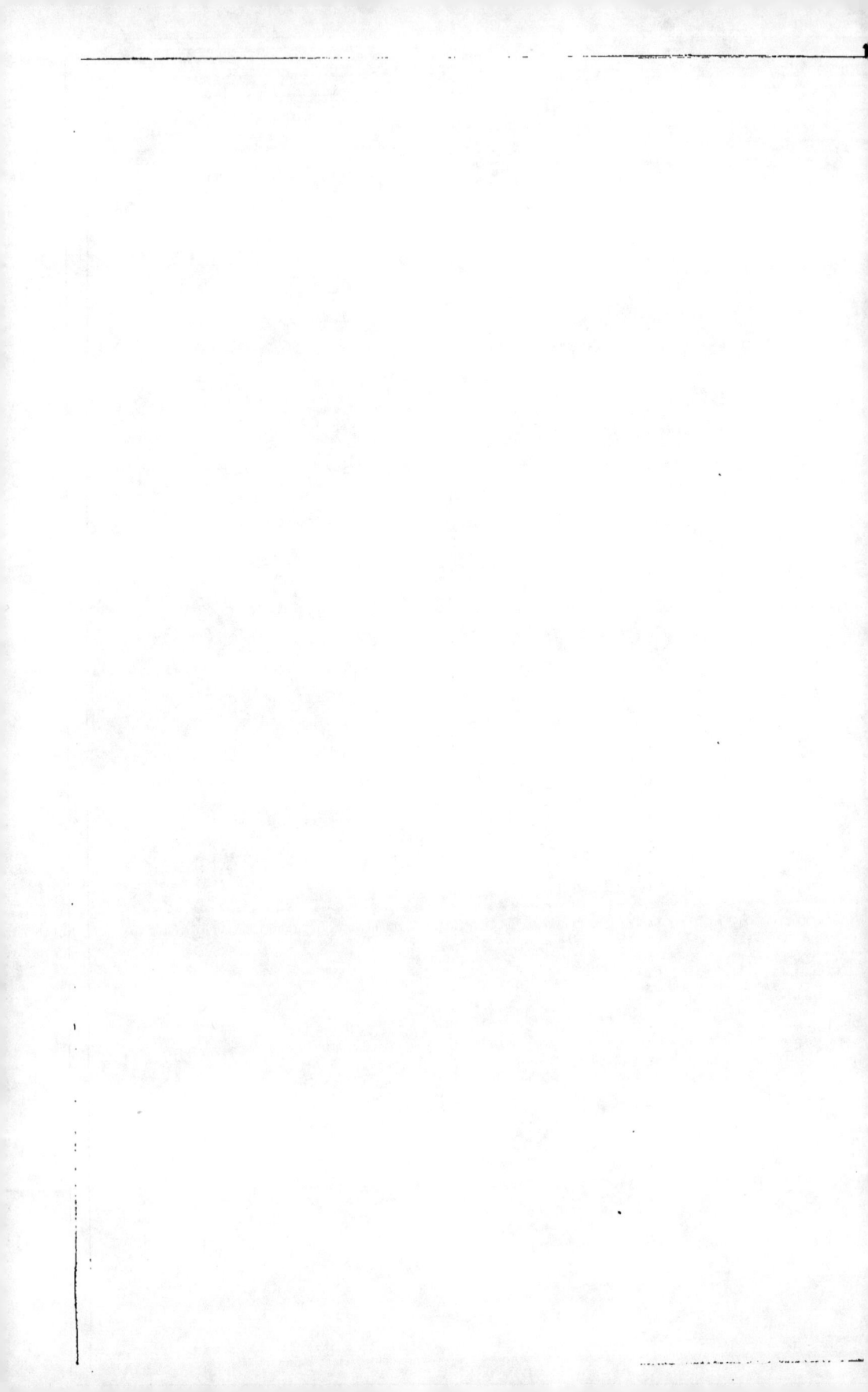

ŒUVRES GÉOLOGIQUES

DE

MARCEL BERTRAND

RECUEILLIES PAR EMM. DE MARGERIE
ET PUBLIÉES SOUS LES AUSPICES
DE L'ACADÉMIE DES SCIENCES

TOME I

Avec 184 figures dans le texte, 12 planches
et un portrait en héliogravure.

PARIS

DUNOD

65, RUE BONAPARTE, 65

1927

ŒUVRES GÉOLOGIQUES

DE

MARCEL BERTRAND

~~~~~

MARCEL BERTRAND
1847-1907

Héliog. L.Schutzenberger Paris

ŒUVRES GÉOLOGIQUES

DE

MARCEL BERTRAND

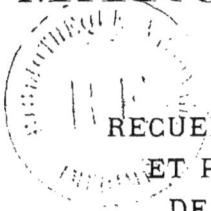

RECUEILLIES PAR EMM. DE MARGERIE
ET PUBLIÉES SOUS LES AUSPICES
DE L'ACADÉMIE DES SCIENCES.

TOME I

Avec 184 figures dans le texte, 12 planches
et un portrait en héliogravure.

PARIS

DUNOD

92, RUE BONAPARTE (VI)

1927

AVERTISSEMENT.

L'usage de rassembler en un même faisceau, et sous la forme d'une édition complète, les œuvres des grands écrivains, dispersées de leur vivant au hasard des circonstances, est pratiqué dans toutes les littératures de l'Europe, depuis que l'Imprimerie est venue apporter à la diffusion des idées à travers le monde l'incalculable puissance de son concours.

Mais s'il a été maintes fois suivi pour les Romanciers, les Dramaturges et les Poëtes, les Savants, dont l'effort touche un cercle beaucoup plus restreint de lecteurs, ont bénéficié moins souvent de ce privilège. Pour la France, une telle faveur n'a guère été étendue jusqu'ici qu'à un petit nombre de représentants, notoires ou illustres, de la Philosophie, de l'Astronomie et des Mathématiques, — un DESCARTES, un LAPLACE, un TANNERY, par exemple, — et, sauf de rares exceptions, les Naturalistes, dans cette galerie, attendent encore leur tour.

Il n'est pas besoin, cependant, de longues réflexions pour faire apparaître les avantages certains de cette méthode: la pensée intime des pionniers du savoir humain aura, évidemment, d'autant plus de chances de porter tous ses fruits que les matériaux mêmes qu'elle a élaborés seront plus accessibles et, partant, mieux connus de ceux qui représentent leur postérité dans l'ordre scientifique. Or, comment se familiariser véritablement avec le génie d'un semeur d'idées nouvelles, quand les pages qui sont sorties de son cerveau demeurent cachées dans une foule de Revues diverses, dont les volumes sont parfois épuisés, et qui, d'ailleurs, sont loin de figurer sur les rayons de toutes les bibliothèques? Le rapprochement de ces textes épars est, sans doute, capable de rendre à sa mémoire le même genre de services que l'Exposition des toiles d'un maître, quand les soins pieux de ses admirateurs rassemblent pour quelque temps les toiles, signées de son nom, qui sont conservées dans les collections particulières ou dans les musées publics.

A cet égard, la Géologie représente peut-être la moins bien partagée des disciplines intellectuelles. Jusqu'ici, en effet — à l'exception de LÉOPOLD DE BUCH (¹), — aucun de ses fondateurs n'a vu s'élever le monument que leur rôle dans l'histoire de la Science justifierait aux yeux des générations vivantes: nous attendons encore que reparaissent, harmonieusement groupés, sinon tous les travaux, au complet, du moins les Mémoires essentiels d'ÉLIE DE BEAUMONT, de LYELL, de L. AGASSIZ, de J. D. DANA et de tant d'autres initiateurs, que plus d'un, parmi les spécialistes de l'heure présente, n'a jamais lus dans l'original, et dont tous sont trop portés à oublier jusqu'à l'existence.

En 1922, sur la proposition de M. le Professeur MAURICE LUGEON, de l'Université de Lausanne, le Congrès Géologique International réuni à Bruxelles adoptait, dans sa séance générale du 16 Août, le vœu suivant:

« Le Congrès Géologique International, reconnaissant la profonde et durable influence que les travaux de MARCEL BERTRAND ont exercée sur les progrès de la Tectonique, émet le vœu que les nombreux mémoires publiés naguère par cet éminent géologue dans divers Recueils, soient réunis en volume » (²).

Les héritiers du maître français, à qui la Science doit tant de vues originales et fécondes sur la structure et l'histoire des chaînes de montagnes, ne restèrent pas insensibles à ce témoignage. Madame BERTRAND se mit aussitôt en mesure de réunir les fonds nécessaires pour entreprendre la publication désirée, avec le généreux concours de plusieurs des membres de sa famille et des Sociétés de charbonnages dont son mari, dans le bassin du Nord et du Pas-de-Calais, dans le Gard et dans les Bouches-du-Rhône, avait étudié le champ d'exploitation. En outre, grâce à l'appui de MM. les Secrétaires perpétuels, l'Académie des Sciences prenait l'œuvre sous son patronage, et voulait bien nous autoriser à confier l'exécution du travail typographique à son Imprimerie particulière, annexée à l'Observatoire d'Abbadia.

(¹) LEOPOLD VON BUCH's *Gesammelte Schriften*, herausgegeben von J. EWALD, J. ROTH, H. ECK und W. DAMES. 4 vol. in-8°, Berlin, G. Reimer, 1867 - 1885.

(²) *Congrès Géologique International. Comptes Rendus de la XIIIᵉ Session en Belgique* (1922). 1ᵉʳ Fascicule. In-8°, Liége, 1924, p. 140; voir aussi p. 111.

Le nombre des Articles ou Mémoires recueillis en vue de la présente publication s'élève à *cent soixante trois*, dont l'étendue est, d'ailleurs, très inégale, allant de moins d'une page à plus de cent. Tous les documents imprimés qui portent la signature de MARCEL BERTRAND ont été reproduits, à l'exception des Feuilles de la *Carte géologique détaillée de la France* à l'échelle de 1 : 80 000, dont la réimpression en couleurs eût été trop coûteuse (¹), et de deux études de longue haleine, insérées l'une et l'autre dans les *Mémoires de l'Académie des Sciences*, où l'on pourra facilement les retrouver (²).

Pour le classement de ce volumineux dossier, il a semblé que, tout en respectant strictement l'ordre chronologique, qui, seul, permet de suivre les progrès incessants d'une pensée toujours en éveil, il y avait avantage à grouper sous autant de chefs distincts les travaux se rapportant à une même région ou à une même série de questions. Nous avons obtenu ainsi sept parties, consacrées respectivement au Jura (I), à la Provence (II), aux Alpes Françaises et Suisses (III), au Nord de la France et aux bassins houillers français (IV), à des régions diverses (V), aux problèmes d'ordre général ou théorique (VI), enfin aux Notices nécrologiques, Allocutions et Rapports (VII).

Les articles ont été numérotés en série continue, au moyen de chiffres romains, — de I à CLIII, — chiffres qui n'ont d'autres but que de faciliter les citations et les renvois.

L'étendue des matières traitées exigeant trois volumes, le Tome I comprendra seulement, après une *Introduction* qui reproduit les

(¹) Feuilles de *Gray* (1880), *Besançon* (1881), *Lons - le - Saunier* (1884), *Pontarlier* (1887) et *Nantua* (1887, révision partielle) pour le Jura; — *Toulon et Tour de Camarat* (1886) et *Marseille* (1891, en collaboration avec M. DEPÉRET) pour la Provence; — *Annecy* (1894), *Saint-Jean-de-Maurienne* (1895), *Bonneval* (1895), *Tignes* (1899) et *Albertville* (1897), toutes en collaboration avec divers, pour les Alpes.

(²) BERTRAND et KILIAN. — Études sur les Terrains secondaires et tertiaires dans les Provinces de Grenade et de Malaga (*Mission d'Andalousie. Études relatives au tremblement de terre du 25 Décembre 1884 et à la constitution géologique du sol ébranlé par les secousses. — Mémoires présentés par divers savants à l'Académie des Sciences*, XXX, n° 2, 1889, p. 377 - 579, fig. 1 - 52, pl. III, IV et XXIV - XXXVII).

MARCEL BERTRAND. — Mémoire sur les refoulements qui ont plissé l'écorce terrestre et sur le rôle des déplacements horizontaux (*Mémoires de l'Académie des Sciences*, L, n° 2, 1908, p. 1 - 267, fig. 1 - 130, pl. I).

termes de la Notice rédigée par MARCEL BERTRAND lui-même, lors de sa présentation à l'Académie des Sciences (1894), les deux premières parties.

D'autre part, nous avons cru intéressant de transcrire, en un Appendice final, trois Rapports consacrés, de son vivant, à l'œuvre de MARCEL BERTRAND par AUGUSTE DAUBRÉE et ALBERT DE LAPPARENT, ses confrères à l'Institut et à la Société Géologique de France, à l'occasion des Prix qui lui avaient été attribués: l'on y lira, sous la signature de ces deux maîtres, comme un jugement anticipé de la postérité à son endroit.

Toutes les figures et planches que l'auteur avait fait établir pour accompagner ses travaux ont été reproduites sans aucun changement; mais les clichés originaux s'étant trouvés, dans la plupart des cas, détériorés, perdus ou détruits, il a fallu les refaire intégralement, en photographiant sans réduction les dessins intercalés dans le texte et les planches autographiées ou gravées en noir. La maison REYMOND et Cie s'est chargée de ce soin; on pourra constater que, grâce à ses bons offices, cette illustration, malgré l'état souvent défectueux des seules épreuves disponibles, n'a pas trop souffert.

Quant aux cartes géologiques et aux coupes en couleurs, elles ont été refaites, sous la direction de M. HENRI BARRÈRE, par l'*Institut Cartographique de Paris*, héritier des traditions de la maison ERHARD F^{res}, et par l'atelier MONTSANGLANT (WUHRER), en utilisant des reports communiqués par le *Service Géographique de l'Armée*.

Enfin le portrait en héliogravure, exécuté par la maison SCHUTZENBERGER, qui sert de frontispice au présent volume est emprunté à l'*Éloge de Marcel Bertrand*, publié dans le Bulletin de la Société Géologique de France, par M. PIERRE TERMIER, en 1908.

En ce qui concerne le texte lui-même, le rôle de l'éditeur s'est borné à vérifier toutes les références, en les précisant et en les complétant quand il y avait lieu. De plus, afin de faciliter le maniement des volumes, il a cru devoir ajouter en tête de chacun des articles, du moins quand ceux-ci présentaient un certain développement, le sommaire, avec renvoi aux pages, des paragraphes qui en constituent la substance, sommaire dont la rédaction, d'ailleurs, appartient dans la plupart des cas à MARCEL BERTRAND lui-même.

Toutes les additions au texte de l'auteur, de même que les renvois au présent volume et aux deux tomes suivants, ont été placées entre crochets: [. . .]. Il a paru toutefois inutile de surcharger les pages en introduisant ce signe dans le titre ou la légende des figures, qui manquaient dans un grand nombre de cas, mais dont le libellé ne pouvait prêter à aucune contestation. Enfin l'échelle a été spécifiée, toutes les fois qu'il a été possible de le faire, ainsi que l'orientation des coupes, que MARCEL BERTRAND avait le plus souvent négligé d'indiquer.

On trouvera dans ce premier tome, comme dans ceux qui le suivront, une simple Table des Articles, ainsi qu'une Liste des Figures et des Planches; un Index alphabétique général des Matières, des Personnes et des Localités sera joint au dernier volume.

Il nous reste à remercier tous ceux qui, à des titres divers, ont rendu possible l'exécution de ce programme — tâche très lourde qui n'eût pas pu être menée à bien sans le concours de nombreuses bonnes volontés: en premier lieu MM. ALFRED LACROIX et ÉMILE PICARD, Secrétaires perpétuels de l'Académie des Sciences, dont les encouragements n'ont jamais fait défaut au signataire de ces lignes; puis M. H. DE PEYERIMHOFF, Président du Comité Central des Houillères de France, et les Directeurs des principaux charbonnages déjà mentionnés; M. PIERRE TERMIER, l'éloquent biographe de MARCEL BERTRAND et son successeur à l'École des Mines, qui a bien voulu nous autoriser à reproduire les travaux publiés dans le *Bulletin des Services de la Carte géologique de la France et des Topographies souterraines*, dont il est le chef; les membres du Comité de rédaction des *Annales des Mines* et ceux du Conseil de la *Société Géologique de France*, qui ont fait de même pour les Recueils dont ils avaient la charge; M. DUNOD, Libraire-Éditeur, qui nous a fait profiter de sa grande expérience en matière de publicité commerciale, et a consenti à s'occuper de la mise en vente ou en souscription des volumes; enfin M. l'abbé CALOT, l'actif et sympathique directeur de l'Observatoire d'Abbadia, et l'équipe de dames typographes qui travaillent sous ses ordres.

Grâce à ces efforts combinés, nous posséderons bientôt la réunion presque complète des écrits de l'un des savants qui, au cours du XIXe siècle, ont le plus honoré la Géologie française.

Strasbourg, 14 Février 1927.

Emm. de Margerie.

TABLE DES MATIÈRES

DU

TOME I

XII

XIII

TABLE DES FIGURES

DU

TOME I

XVII

XVIII

XIX

XXI

TABLE DES PLANCHES HORS TEXTE

DU

TOME I

(à la fin du volume).

———

(Frontispice). Portrait de MARCEL BERTRAND.

INTRODUCTION

(I)

I

NOTICE SUR LES TRAVAUX SCIENTIFIQUES

DE

M. Marcel BERTRAND,

Ingénieur en chef des Mines

(Paris, Gauthier-Villars et fils, 1894. In-4°, p. 13-35).

Sommaire

ÉTUDES RÉGIONALES.

I. — RÉGION DU JURA.

J'ai consacré huit années à l'étude du Jura; j'y ai fait entièrement quatre feuilles de la Carte géologique détaillée, celles de Gray, de Besançon, de Lons-le-Saunier et de Pontarlier, et j'ai revisé en partie la feuille de Nantua.

Succession des étages. — Cette succession n'avait guère été étudiée en détail que dans le Nord de la chaîne. En prenant pour point de départ les travaux de M. CHOFFAT, j'ai essayé de suivre pas à pas les transformations des couches et d'établir ainsi le pas-

sage entre la province du Nord et la province Méditerranéenne.
J'ai pu constater [VI] (¹) que, pendant la période jurassique, les
constructions de Polypiers ont reculé progressivement, du bassin
de Paris vers le Sud, pour se concentrer, à la fin de la période, sur
les bords de la mer alpine, qu'elles ont alors entourée et bordée
d'une longue rangée de récifs. Sauf pour le gisement de Valfin que
j'avais un peu trop rajeuni, ces conclusions ont été confirmées par
la Société Géologique, que j'ai conduite dans le Jura en 1884 [XII,
XIV et XV].

J'ai établi également l'âge pliocène des terrains bressans [V].

Structure de la chaine. Plissements et failles. — La chaine du
Jura offre le type le plus complet des mouvements de plissements
simples et réguliers. Dans la haute chaine, du côté suisse, les terrains ont, comme une masse plastique, obéi sans rupture aux forces de compression. A mesure qu'on descend sur le versant français, les plis se compliquent de failles; les rides, moins pressées,
s'espacent de larges plateaux séparés par des accidents plus ou
moins complexes [IV et X].

Cette différence se rattache à un problème général de l'orogénie:
doit-on voir dans le *pli* et dans la *faille* deux phénomènes distincts, correspondant à des mouvements indépendants et à des
causes différentes? La faille est-elle une déchirure profonde, traversant toute l'écorce terrestre, ou seulement un glissement superficiel, facilitant l'agencement nouveau des masses mises en
mouvement et déformées? Si l'on se borne à tracer l'affleurement
de la faille, la connaissance de cette ligne unique de la surface de
discontinuité ne permet pas évidemment de répondre à la question.
Mais si l'on s'astreint à déterminer en chaque point l'inclinaison
de la faille et l'allure des terrains voisins, comme la surface de discontinuité est une surface continue, ces données sont le plus souvent suffisantes pour en reconstituer l'allure en profondeur, et
pour en conclure la nature du mouvement d'ensemble auquel elle
se rattache. La constatation de la faille n'est plus alors le but,
mais le moyen d'aborder un problème plus essentiel et plus caché.

L'idée de faire de la faille *un sujet d'étude*, et non *un objet de
constatation*, a été pour moi le progrès le plus important réalisé

[(¹) Les chiffres romains placés entre crochets renvoient aux numéros
des Mémoires réimprimés dans le présent Recueil.]

dans mes méthodes d'observation. Si j'ai rencontré quelques résultats nouveaux, c'est à elle que je le dois.

Dans le Jura, cette étude m'a mené d'abord à reconnaître la relation ordinaire des failles avec le phénomène de plissement. plissement. Sur le bord de la chaîne, aux environs de Besançon et de Salins, j'ai montré l'existence de failles presque horizontales [III]. Les terrains plus anciens ont été poussés et charriés sur les terrains plus récents. Ces mouvements n'ont là qu'une faible amplitude, mais ils appelaient pour la première fois en France l'attention sur un phénomène dont j'ai reconnu depuis la généralité.

Une surface de faille horizontale, ou même inclinée, donne nécessairement naissance, par son intersection avec la surface irrégulière du sol, à un affleurement sinueux; mais toutes les sinuosités des failles ne sont pas dues à cette cause. En descendant plus au Sud, j'ai trouvé d'autres exemples qui ne pouvaient recevoir la même explication [VIII]: ce sont des paquets de terrains plus récents, enfouis au milieu de terrains plus anciens. Là, la surface de séparation est souvent verticale. Il s'agit alors manifestement d'affaissements qui ont comblé un vide souterrain, et qui, sans aucun doute, l'ont comblé par une descente progressive, au fur et à mesure de sa formation. Le rôle général de ces bassins d'affaissement avait déjà été signalé par M. SUESS, et mis par lui en opposition avec celui des zones de plissement. Les exemples de la lisière du Jura présentent ce caractère intéressant, qu'au lieu d'être entourés par un réseau périphérique de fractures, ils sont limités comme à l'emporte pièce par une faille unique, dont l'affleurement dessine une courbe fermée.

II. — ALPES DE GLARIS.

En étudiant l'important ouvrage de M. HEIM sur les Alpes de Glaris et sur le mécanisme de la formation des montagnes, j'ai été frappé de l'analogie que présentaient les coupes de M. HEIM avec celles du bassin houiller franco-belge, telles que les a données M. GOSSELET. Cette analogie était restée inaperçue, surtout à cause des différences de langage employé, tout d'un côté étant expliqué par des failles et tout de l'autre par des plis ou des étirements.

En suivant le rapprochement dans toutes ses conséquences, on est amené à concevoir la possibilité de grouper autour d'une hypothèse nouvelle les principales anomalies de la géologie de la Suisse [LVIII]: des Alpes de Glaris aux Alpes de Savoie, les terrains des sommets de la chaîne seraient descendus sur ses versants, formant une *nappe de recouvrement* continue, de plus de 30^{km} de largeur. Si l'on veut parler de plis, c'est l'hypothèse d'un pli unique substituée à celle du double pli de M. HEIM, ce pli central formant comme un dais immense au-dessus de ceux de la bordure. La dénudation a ensuite plus ou moins entamé et fait disparaître la nappe de recouvrement: tantôt le substratum, composé de terrains plus récents, est mis au jour par des trouées locales et limitées; tantôt il est entièrement découvert, et l'ancien manteau superposé n'a laissé que des témoins isolés, ou même seulement des blocs épars à la surface du sol [XXIX].

Dix ans plus tard, M. SCHARDT a été amené de son côté à une hypothèse semblable; on commence seulement aujourd'hui à essayer de la préciser ou de la combattre par des arguments et des observations de détail. Quel qu'en doive être le résultat, l'hypothèse aura été utile en appelant l'attention sur le rôle important et général des déplacements horizontaux, et elle m'a aidé à reconnaître la trace de phénomènes semblables dans une province française où rien ne les laissait soupçonner.

III. — ANDALOUSIE.

J'ai fait partie en 1884, sous la direction de M. FOUQUÉ, de la Mission envoyée par l'Académie des Sciences en Andalousie, à la suite des tremblements de terre. J'ai étudié particulièrement, avec M. KILIAN, les terrains secondaires et tertiaires des provinces de Grenade et de Malaga [CIX, CX].

Le Trias est représenté par des marnes bariolées, avec intercalations de gypses, de dolomies et d'ophites; nous avons établi l'âge de ce système contesté, sans pouvoir cependant expliquer les anomalies qui, en plusieurs points, comme dans les Pyrénées, le font brusquement apparaître en dehors de sa position normale.

Le Jurassique est composé de grandes masses calcaires, qui n'avaient pas encore été subdivisées; nous avons donné, avec fossiles à l'appui, la succession de ses étages, et nous avons montré l'analogie de la faune avec celle de l'Italie du Sud; c'est l'indication d'une province faunique spéciale, la *province tyrrhénienne*, qui s'étendait jusqu'au Nord de l'Algérie.

A partir du Crétacé, qui n'est représenté que par sa base, on suit les progrès du soulèvement de la zone montagneuse. Un premier mouvement est indiqué par la discordance de l'Éocène; puis est venue la période de plissement énergique, qui a donné à peu près aux couches leur allure actuelle, avec une élévation moindre de la chaîne. Cette chaîne embrassait d'abord dans un même ensemble l'Andalousie et l'Algérie, et elle est devenue alors une sorte de barrière mobile, qui a ouvert et fermé alternativement la communication de la Méditerranée avec l'Atlantique.

Pendant l'époque du Miocène moyen, cette communication s'est établie sur l'emplacement des vallées du Guadalquivir et du Chélif; un nouveau mouvemement l'a interrompue, mais pour peu de temps; des vallées profondes se sont creusées que la mer a envahies de nouveau. Un détroit moins large s'est reformé à la même place, a été en partie comblé par les apports torrentiels, s'est transformé en lagunes où l'évaporation a entassé des centaines de mètres de gypse, et enfin, après une période de dépôts lacustres, l'émersion est devenue définitive [CXI]. La Méditerranée a passé ainsi momentanément à l'état d'une vaste Caspienne, sur les bords de laquelle on ne trouve plus que des dépôts saumâtres. C'est seulement au début du Pliocène que l'ouverture du détroit de Gibraltar a inauguré des conditions à peu près semblables aux conditions actuelles.

L'histoire des mouvements du sol en Andalousie offre donc un intérêt spécial, car elle se rattache à toute l'histoire de la Méditerranée et en donne l'explication.

La cause directe des tremblements de terre demeure inconnue. Quoique, en dehors des ébranlements et glissements superficiels, ils n'aient produit aucune déformation apparente, on doit y voir la suite et comme un dernier écho de cette mobilité exceptionnelle du sol dont nous avons retrouvé les traces dans toute la période tertiaire.

IV. — PROVENCE.

J'ai commencé en 1881 l'étude géologique de la Provence; je l'ai poursuivie, conjointement avec l'étude du Jura, jusqu'en 1885, puis jusqu'au moment où, en 1889, j'ai commencé mes recherches dans les Alpes. J'y ai tracé, pour la Carte géologique détaillée, les contours des feuilles de Toulon et de Marseille, et j'ai continué l'examen des problèmes relatifs à la structure du pays sur une partie des feuilles d'Aix et de Draguignan.

La Provence est un pays de plissements. — La Provence, en désignant ainsi la région naturelle qui s'étend entre la Durance, le Verdon et la Mer, n'avait guère été étudiée qu'au point de vue de la composition des terrains qui s'y rencontrent; la structure en était presque complètement inconnue. Quelques accidents avaient été signalés par COQUAND, quelques plis décrits par M. COLLOT dans les environs d'Aix; mais, dans son ensemble, la structure du pays semblait plus se rapprocher de celle des pays de plaines que des pays de montagnes. J'ai montré que, malgré les apparences contraires, la Provence était, en réalité, un morceau de la chaine alpine, qu'elle avait été soumise aux mêmes efforts de compression, et qu'elle formait un trait d'union entre les Alpes et les Pyrénées.

Ce premier point était difficile à établir à cause de la grandeur des actions de dénudation qui ont presque partout effacé les traits caractéristiques de l'allure des plissements alpins. Les reploiements des couches qui s'étalent dans les hautes parois des Alpes sont ici rarement visibles, et il faut presque partout les reconstruire par induction. C'est la chaîne de la Sainte-Baume [XIX] qui m'a fourni d'abord des preuves, par les renversements, les répétitions et surtout les étirements des étages successifs. Le phénomène de plissement, tel que nous le comprenons, ne pouvant être dû qu'à une cause d'ensemble, je n'hésitai pas à étendre la la conclusion à toute la région.

Plis couchés, charriages horizontaux. — Le second point, c'est que les plis de la Provence sont des *plis couchés,* des plis où les strates, bien que repliées sur elles-mêmes, sont restées ou redevenues horizontales, des plis, par conséquent, dans la formation desquels les déplacements horizontaux ont joué le principal rôle. C'est auprès du Beausset que j'ai pu en trouver la preuve [XXIII et XXIV].

Au Beausset, vers le centre d'un bassin crétacé, dont les couches s'étalent horizontalement sur plusieurs kilomètres, ou voit surgir un plateau formé de terrains plus anciens, surtout triasiques, également voisins de l'horizontalité. Ces terrains horizontaux ne se sont certainement pas fait jour à travers les terrains plus récents dont ils auraient dérangé l'allure; il semble donc évident qu'ils formaient déja saillie dans les mers crétacées dont les sédiments ont dû se déposer à leurs pieds. Mais, si l'on examine avec soin les contacts, on voit que l'ilot triasique a son soubassement formé,

non pas par les couches les plus anciennes, mais par les couches
les plus récentes de la série et, de même, au-dessus de bancs les plus
récents du système crétacé, on trouve un couronnement formé
par des couches plus anciennes qui devraient être enfouies à 500ᵐ
ou 1000ᵐ de profondeur. Ces bandes renversées n'ont qu'une faible épaisseur et ne se trouvent qu'auprès de la ligne de contact
des deux systèmes. J'ai trouvé que leur position ne pouvait s'expliquer que si le Trias était superposé au Crétacé; il est vrai qu'il
faut pour cela faire venir ce Trias de plus de 6ᵏᵐ, qu'il faut le faire passer par dessus une montagne haute de plusieurs centaines
de mètres; mais j'ai retrouvé les jalons du chemin parcouru, j'ai
reconstitué sur toute sa longueur le pli primitif, et j'ai montré
que la conclusion était inévitable.

M. VASSEUR, en reprenant cette étude, a cru trouver des objections; les fouilles qu'il a fait faire l'ont ramené à ma manière de voir
[XXXVII]. Dans la petite exploitation voisine de Fontanieu, les
puits ouverts dans le Trias ont rencontré plus bas le Crétacé, et
les galeries de mines ont traversé, sans rencontrer le Trias, une
colline recouverte d'un chapeau triasique. La Société Géologique
a vérifié les faits en 1891 [XXXVIII et XL]. Le résultat est aujour-
d'hui acquis sans réserve.

« Sans doute, disais-je dans ma première Note sur cette question
[XXIII], on a peine à concevoir ces grands plis couchés qui se
déroulent, s'allongent, forment de larges traînées au-dessus des
couches plus récentes et simulent de véritables *coulées* de terrains sédimentaires, rappelant presque les coulées du basalte...;
mais les difficultés théoriques ne peuvent prévaloir contre des
faits d'observation: les travaux des mines en Belgique, les grandes
parois rocheuses des Alpes Suisses, la concordance des coupes au
Beausset nous fournissent des preuves distinctes, indépendantes
et irréfutables. S'il est vrai qu'on puisse encore discuter le mécanisme de ces phénomènes grandioses de recouvrement, on n'en
peut mettre en doute ni l'existence ni même la généralité..., et
dès maintenant on ne saurait se refuser à y voir une phase normale des grands mouvements orogéniques. » Les découvertes faites depuis dans les Pyrénées, en Suède et en Norvège, dans les
Montagnes Rocheuses et dans les Appalaches, dans l'Himalaya,
ont donné raison à cette première généralisation.

La Provence elle-même fournit de nouveaux exemples: en même temps que le pli du Beausset, celui de la Sainte-Baume

[XXVIII], ceux de Brignoles, de Salernes et d'Ampus [XXXI], se sont déversés, par un mécanisme semblable, sur les bassins qui les séparent, et les ont recouverts de masses charriées horizontalement. En deux points, j'ai pu retrouver les charnières mêmes des plis, et à Salernes j'ai montré l'indépendance des mouvements secondaires qni ont affecté, soit la nappe charriée, soit les terrains en place qu'elles recouvre [XLIII].

Enfin, j'ai constaté avec M. ZURCHER [XXXIV], et il a montré, plus tard, avec de plus grands détails, que les terrains cristallins des Maures avaient de même été poussés et charriés au-dessus des terrains de bordure, permiens et triasiques.

Sinuosité des plis; sens des mouvements. — Les grands plis de la Provence ne se sont pas propagés en lignes droite; leurs lignes directrices sont sinueuses. C'est, avec la profondeur des dénudations, une nouvelle difficulté apportée à leur étude. Les plus grands déplacements horizontaux ont eu lieu vers le Nord, mais quelques-uns sont dirigés en sens inverse, et atteignent encore 2^{km}. Ces changements de sens semblent se produire quand un pli, par une double inflexion, arrive à 180° de sa direction primitive, ce qui permet d'énoncer la règle suivante [XXVIII]: *Les plis successifs, quels que soient les sinuosités et les enchevêtrements de leurs parcours, se renversent toujours vers celui qui leur fait suite plus au Nord.* On voit bien à cette règle provisoire une certaine raison de *continuité*, mais il paraît difficile d'en préciser la cause, tant que les causes mêmes de la sinuosité des plis resteront inexpliquées.

J'ai d'ailleurs retrouvé, plus tard, la même loi pour les sinuosités des plis alpins [LXV].

Plis transversaux; mouvements postérieurs. — La Provence présente une autre bizarrerie: tous les plis sont interrompus par une grande bande transversale de Trias, qui tantôt les coupes normalement, tantôt s'infléchit parallèlement à leur direction, et qui a marqué, depuis l'époque oligocène, la place du cours de l'Huveaune [XLVII]. C'est tout le long de cette bande, elle-même énergiquement plissée, que se rencontrent les plus grandes irrégularités: étirements et suppressions de couches, arrêt ou déviation brusque des plis. Près d'Allauch, au Nord de Marseille [XLV], la ligne directrice d'un des plis semble même s'arrondir en boucle fermée, et elle isole ainsi un massif montagneux, dont les terrains plus récents s'enfon-

cent de toutes parts sous le Trias qui leur forme une ceinture étroite et continue.

J'ai discuté en détail ces phénomènes spéciaux, et leur rattachement au régime général de la région. Tout n'est pas encore expliqué; mais les choses se passent comme si, au réseau simple des plis
tel qu'il serait résulté d'une compression latérale, était venue
s'adjoindre une ligne étrangère correspondant à une zone de
faiblesse déterminée par des mouvements antérieurs. Le long de
cette zone, il a suffi d'une faible composante des actions mises en
jeu pour déterminer les plissements, qui, par raison de continuité,
avec plus ou moins de gêne et de torsion, ont dû se raccorder avec
le reseau principal.

Si l'on ajoute à cela l'analyse des actions postérieures qui, se continuant dans la même direction, ont ondulé les nappes de recouvrement [XL], et, de plus, le rôle assez local des bassins d'affaissement qui s'échelonnent de Marseille aux sources du Gapeau [XLII],
je puis dire que toutes les complications secondaires qui pouvaient
obscurcir l'histoire de la Provence se trouvent maintenant, sinon élucidées, du moins partout méthodiquement groupées, et mises à part, de manière à laisser en complète évidence le phénomène
principal, celui qui donne à la région son caractère dominant et son
individualité, celui des plis couchés et des grands chevauchements
horizontaux. En dépit des difficultés multiples qui en font peut-
être le pays le plus compliqué qu'on ait jamais décrit, la Provence
peut maintenant devenir, pour ces plis couchés et déroulés, une région aussi complètement typique que le Jura pour les plis droits et
réguliers.

Rôle et mécanisme des déplacements horizontaux. — A la suite
de l'étude de la Provence, j'ai traité cette question générale dans
un Mémoire, auquel l'Académie des Sciences a décerné le prix Vail-
lant, et qui n'a pas encore été publié (¹), parce que certaines observations me manquaient encore pour une description complète de la
région. Je détache ici quelques-unes des conclusions reproduites
dans le rapport de M. DAUBRÉE.

[(¹) Ce travail a paru, après la mort de l'auteur, dans les *Mémoires de
l'Académie des Sciences* (tome L, n° 2, p. 1-267, fig. 1-130 et pl. I, 1908),
sous le titre de : *Mémoire sur les refoulements qui ont plissé l'écorce terrestre et sur le rôle des déplacements horizontaux.* Il n'a pas été réimpri-
mé dans le présent Recueil.]

L'action de plissement est partout le fait primordial et nécessaire: les exemples des Alpes Suisses, les amorces des charnières que j'ai signalées en Provence, celles que M. BRIART a mises en évidence dans le bassin houiller belge, celles que MM. KILIAN et HAUG ont trouvées dans l'Ubaye, suffisent à assurer cette première conclusion.

Le point de départ du phénomène est donc partout un paquet de couches amenées en saillie et repliées sur elles-mêmes. Quand ce paquet est poussé en avant, les couches renversées qui forment la base, conservant toujours le même volume, s'étalent de plus en plus. Elles restent visibles aux deux extrémités, près des charnières synclinale et anticlinale; dans l'intervalle, elles s'étirent et disparaissent, comme une membrane élastique, amincie et même partiellement rompue en son milieu.

Dans tout l'ensemble du paquet, les surfaces de stratification sont des surfaces de glissement facile, parallèles aux forces mises en jeu. Les déplacements relatifs ont donc tendance à se répartir indifféremment sur toutes ces surfaces; au lieu de produire quelques surfaces de discontinuité nettement tranchées, ils se traduisent par une série d'étirements et de suppressions de couches. Le résultat en est un véritable *réarrangement des couches*, qui reprennent, aux épaisseurs près, l'apparence de dépôts restés en place.

Dans les exemples observés, les choses se passent comme si le *pied du pli*, ou charnière synclinale, était resté immobile.

S'il n'en était pas ainsi, on n'observerait à la surface qu'un *déplacement relatif*, souvent très inférieur au déplacement total. Il est probable que les sinuosités des plis et les grands *décrochements* proviennent d'une répartition inégale des déplacements horizontaux à plus ou moins grande distance de la surface. Les nombres observés à la surface sont donc des *minima*, et pourtant ils atteignent avec certitude 15^{km}; l'hypothèse que j'ai indiquée pour la Suisse les porterait à 50^{km}, et M. TÖRNEBOHM a pu parler de 100^{km} pour la Suède. Ces énormes déplacements horizontaux se retrouvent dant toutes les gandes chaînes, quel que soit leur âge, et ils apportent un argument définitif en faveur de la théorie du refroidissement et de la contraction du globe terrestre.

V. — ALPES DE SAVOIE.

Massif du Môle (Haute-Savoie) [LXI, LXII]. — La montagne du Môle est remarquable par la brusque inflexion que subissent à ses

pieds les plis du Faucigny et du Genevois, en arrivant à la vallée
de l'Arve. Une inflexion semblable se retrouve le long de plusieurs
grandes vallées de la Suisse, le Rhône, l'Aar, le Rhin, et elle est accompagnée de brusques modifications dans la série sédimentaire
sur les deux rives.

J'ai rapproché ces deux phénomènes en leur assignant pour cause commune la production d'une ligne d'affaissement transversal;
cet affaissement, sur les bords de l'Arve, a eu lieu aux débuts de
l'époque crétacée. Le bord en a constitué une ligne de faiblesse ou
de moindre résistance qui, comme telle, est venue s'ajouter aux
autres lignes du réseau déjà ébauché. Il s'est formé ainsi une arête
de rebroussement qui, après le soulèvement de la chaîne, est restée
la dernière ligne suivant laquelle se sont fait sentir les mouvements
du sol. On s'explique ainsi la formation de la vallée, la démarcation
qu'elle établit entre deux régions d'aspect différent et la disposition si remarquable des grands lacs à la limite de la zone montagneuse et de la plaine mollassique.

Maurienne et Tarentaise. — Dans cette region plus étendue, j'ai
étudié plus spécialement la zone frontière entre le tunnel du Mont-
Cenis et le Mont-Blanc. Les recherches simultanées de M. TER-
MIER dans la Vanoise, de M. KILIAN dans le Briançonnais et dans
l'Ubaye, nous ont permis d'établir en détail, malgré l'absence de fossiles, l'échelle stratigraphique des terrains. Elle nous ont montré, en
outre, que les failles, contrairement à l'opinion de LORY, sont
partout subordonnées aux plis, qu'elles sont partout parallèles
aux strates et qu'elles sont seulement une exagération locale des
phénomènes très généraux d'étirement sur les flancs des plis.

Age des schistes lustrés. — Une erreur dans nos premières conclusions a longtemps retardé toute possibilité d'une vue d'ensemble. Les schistes lustrés, qui occupent avec un pendage uniforme
une grande partie de la région, avaient été attribués par LORY au
Trias, et par M. ZACCAGNA au Paléozoïque. Nous nous étions d'a-
bord laissé convaincre, M. POTIER, M. KILIAN et moi, par les arguments de nos confrères italiens, dont nous avions cru trouver de
nouvelles confirmations. Peu à peu, cependant, l'étude de détail
m'a révélé des contradictions et, à mesure que la structure d'ensemble s'éclaircissait, le rapprochement des différentes coupes
m'a fourni des preuves incontestables en faveur de l'opinion de
LORY. Une partie même des schistes, sans qu'il y ait jusqu'ici de.

démarcation possible, est probablement liasique [LXVII].

Les conséquences qui se dégagent alors ont une importance générale pour l'histoire de la chaîne [LXV].

Structure en éventail. — Dans les Alpes de Savoie, les plis du versant Ouest sont couchés vers la France et les plis du versant Est sont couchés vers l'Italie. Entre les deux, la bande bien connue des terrains houillers forme le centre de l'éventail. ALPH. FAVRE avait depuis longtemps signalé dans la bande houillère, au moins auprès de Modane, cette structure en éventail. LORY avait bien vu aussi que cette zone fomait le véritable centre du soulèvement alpin; mais la conséquence générale était restée inaperçue, d'une part, à cause de la trop grande importance attachée à quelques exeptions locales, d'autre part, à cause du peu d'attention accordée aux plis du versant oriental, dont l'existence même était contestée.

Cette conséquence ne s'applique pas seulement à la Maurienne et à la Tarentaise. Les apparences changent rapidement quand on s'éloigne, soit vers les Alpes Cottiennes, doit vers les Alpes Suisses: au Sud, les terrains houillers disparaissent; la bande centrale, sous laquelle plongent en sens inverse les deux systèmes de plis, est occupée par les terrains les plus récents de la chaîne; au Nord-Est, au contraire, les terrains houillers ne forment plus qu'un des bords de l'éventail; la zone élargie embrasse tout le massif du Mont-Rose et comprend au moins une partie des schistes cristallins désignés depuis longtemps sous le nom de *Massif central*. Mais, que la zone soit élevée ou affaissée, dilatée ou rétrécie, elle n'en sépare pas moins deux systèmes de plis, couchés en sens inverse; elle n'en forme pas moins le centre du même grand éventail.

Il existerait, il est vrai, une exception importante, du Chablais à Glaris, si l'hypothèse indiquée plus haut, à propos du double pli de Glaris, ne se trouve pas confirmée. Dans le cas contraire, les exceptions restent peu nombreuses et accidentelles, réduites à certains massifs isolés et saillants qui semblent tous entrer dans une catégorie spéciale, celle des massifs amygdaloïdes.

Structure amygdaloïde. — J'ai montré, en effet, que les plis de cette partie des Alpes, tout en suivant dans leur ensemble la direction de la chaîne, s'ouvrent de place en place autour de lentilles elliptiques, accidentées elles-mêmes de nouveaux plis, qui sont limités à la lentille et ne se prolongent pas au-delà. Le massif de la Vanoise se dresse ainsi au milieu d'une cuvette élargie de Trias supérieur, celui du Mont-Blanc au milieu d'une cuvette de Lias. Le réseau des plis présente de cette manière une série de *nœuds* et de *ventres*; on peut comparer cette structure à celle d'un gneiss amygdaloïde dans lequel les feuillets s'infléchissent autour de gros noyaux de quartz et de feldspath.

J'ai indiqué depuis [CXLIV] que la structure amygdaloïde, signalée là pour la première fois, est en réalité un fait très général, dont j'ai proposé l'explication suivante: l'histoire des différentes chaînes nous montre d'abord la formation de larges plis qui s'accentuent progressivement; la continuation des actions de plissement produit une tendance toujours nouvelle des masses comprimées en profondeur à venir chercher au dehors la place qui leur manque à l'intérieur. Ces masses s'élèvent d'abord là *où la voie est tracée*, c'est-à-dire sur l'emplacement des plis déjà ébauchés. Puis, quand, par suite soit de l'obstruction qu'elles amènent en s'entassant, soit de la compression plus grande, ces sortes de débouchés deviennent insuffisants, elles s'élèvent partout *où la voie est libre*, c'est-à-dire aux points où la surface n'a pas encore subi les influences de compression et de tassement. Ces points sont évidemment les milieux des anciennes cuvettes synclinales, où les couches sont restées horizontales sur une assez grande largeur; les pressions forcent alors des plis nouveaux à se dresser au milieu de ces synclinaux et à les subdiviser en cuvettes plus nombreuses. Mais là où, au lieu d'un large synclinal, il existait un synclinal localement élargi, les conditions de résistance étaient les mêmes; les matières profondes se sont là élevées de la même manière et, d'après la forme de l'espace qui leur était offert, elles ont créé, au lieu d'une voûte allongée, une saillie limitée en forme de dôme ellipsoïdal. La création des massifs amygdaloïdes serait ainsi un phénomène du même ordre et dû aux mêmes causes que la subdivision progressive des plis. Il serait, non la cause, mais la conséquence de leur écartement intermittent et de la disposition des réseaux en nœuds et en ventres successifs. Cette disposition très générale pourrait peut-être elle-même se rattacher à une des conditions imposées à la déformation du globe, celle de conserver son ellipticité.

On conçoit qu'un massif ainsi mis en saillie, et non soutenu, ait tendance, par la seule action de la pesanteur, à pencher du côté du vide et à s'incliner sur ses bords. Il en résultera, pour une partie ou pour l'ensemble, une structure en éventail, en général faiblement accentuée, qui constituera une exception à la règle de l'inclinaison uniforme des plis d'un même versant. Mais ces exceptions, ainsi limitées et facilement explicables, n'infirment évidemment en rien la portée de la loi.

Métamorphisme. — M. ZACCAGNA a montré que, dans une partie des Alpes, le métamorphisme a transformé le Permien en schistes très cristallins. M. TERMIER a établi le même résultat dans la Vanoise, et a indiqué que dans ce massif *le métamorphisme va en croissant de l'Ouest vers l'Est*. Je suis arrivé de même à rattacher avec certitude au Permo-houiller les anciens gneiss chloriteux et micaschistes du Mont Pourri, du petit Mont-Cenis et du Val Grisanche; une partie des mêmes arguments s'applique aux gneiss œillés du Grand Paradis, à ceux que l'on a désignés sous le nom de *gneiss central*. Il en résulte une conséquence importante: dans la zone métamorphique des Alpes, qui d'ailleurs resterait à délimiter, les gneiss sont plus récents que ceux des chaînes plus anciennes: le faciès cristallin (avec quartz et feldspath) qu'on a coutume de rapporter à l'Archéen, à la phase *azoïque* ou *agnotozoïque* de l'histoire du globe, monterait là jusqu'au Permo-houiller, et le faciès de schistes micacés et de phyllades, qui le surmonte normalement et qu'on englobe souvent sous le nom de *Précambrien*, monterait jusqu'au Trias.

Cette interprétation fait disparaître une des anomalies de la stratigraphie alpine, les énormes changements d'épaisseur et les brusques lacunes que LORY expliquait par le jeu intermittent de failles verticales.

IV. — BASSIN HOUILLER DU NORD.

J'ai été amené par mes études théoriques à discuter les prolongations possibles du bassin houiller franco-belge du côté de la mer et de l'Angleterre, et à reprendre ainsi l'examen de la structure de la partie connue du bassin [LXXXIX et XCIII]. De la comparaison des différentes coupes, j'ai conclu que la faille désignée dans Nord sous le nom de *cran de retour* ne pouvait pas être une faille d'affaissement ni avoir la signification qu'on lui a prêtée jusqu'ici. Tous les accidents du bassin se rattachent alors au grand phénomène de charriage, semblable à ceux que j'ai décrits en

Provence; une même coupe, dans laquelle on arrête à différents niveaux la surface de dénudation, c'est-à-dire la surface actuelle du sol, peut reproduire toutes les apparences observées de Liége au Boulonnais, et l'on peut en conclure que, *dans le Nord, les terrains houillers se continuent en profondeur à plusieurs kilomètres au Sud de la limite admise.*

GÉOLOGIE GÉNÉRALE.

I. — SUCCESSION DES CHAINES DE MONTAGNES. RÉCURRENCES.

M. SUESS a montré que les grandes chaînes qui bordent la dépression méditerranéenne, les Alpes, le Caucase, l'Himalaya, ne forment en réalité qu'une même zone de plissements, et qu'elles se rattachent les unes aux autres par la continuité des lignes de plis et par celle des zones de sédimentation. Il a montré ensuite qu'une méthode semblable permettait, malgré les lacunes des observations, de définir une chaine plus ancienne, qui, s'étendant du Sud de l'Irlande à la Bohême, se retrouve en Asie dans le Tian-Chan, et une troisième, plus ancienne encore, allant de l'Écosse à la Scandinavie. C'est là le point de départ des idées nouvelles que j'ai cherché à développer, tant dans mon cours de l'École des Mines que dans mes diverses publications.

Zones circumpolaires. — J'ai établi d'abord [CXXXIV] l'importance et la généralité de cet échelonnement des phénomènes du Nord vers le Sud, en montrant que l'histoire de l'Amérique du Nord, malgré les différences apparentes de structure et de direction, se rattache à un même plan d'ensemble que celle de l'Europe. Le trait essentiel est l'existence très ancienne d'un continent polaire; sur les bords de ce continent, une première zone de plissements n'est plus reconnaissable que par quelques témoins espacés: c'est la *chaîne huronienne,* antérieure aux premiers organismes connus; puis les trois autres chaines, en retrait l'une sur l'autre, sont venues s'ajouter par poussées successives sur les bords du continent primitif. La continuité entre les plissements de l'Europe et ceux de l'Amérique ne peut être qu'une hypothèse, puisque la mer les sépare; il est même probable que pour une partie d'entre eux, elle n'a jamais existé. Mais la *correspondance* d'un bord à l'autre de l'Atlantique est établie par l'analogie des positions relatives, de l'âge des mouvements et des terrains qu'ils englobent. Malgré les larges irrégularités de leurs contours, les quatre chaînes témoignent d'une ordonnance générale des phénomènes de déformation autour du pôle; continues ou non, elles déterminent quatre zones circumpolaires, et constituent les quatre grands chapitres de l'histoire du globe.

Cette disposition prendrait une plus grande valeur théorique [CXXXVIII], si on la retrouvait symétriquement dans l'autre hémisphère. Malheureusement la grande extension des mers met de ce côté obstacle à tout progrès sérieux de nos connaissances. Mais, telle qu'elle est connue, elle suffit, malgré l'absence manifeste de tout arrangement géométrique, à appeler l'idée d'un lien avec la rotation et l'aplatissement du globe.

L'histoire des mouvements du sol, celle des phénomènes éruptifs et celle des phénomènes sédimentaires, se groupent naturellement autour des quatre chaines ainsi définies. Les uns et les autres, malgré les différences propres à chaque époque, se reproduisent périodiquement avec des traits semblables qui constituent de véritables récurrences.

Histoire des mouvements du sol. — A chaque chaine correspond une période de plissements qui, pendant de longues époques, s'exercent dans le même sens et passent par les mêmes phases. Pendant cette période, les autres points ne restent pas immobiles, mais la chaine en formation constitue la zone de plus grande mobilité de l'écorce.

Le premier terme de chaque période est, comme on le sait depuis longtemps, l'établissement d'une large cuvette (*géosynclinal*), dont le fond s'enfonce graduellement et où s'accumulent les sédiments. Puis des rides successives subdivisent le fond de la cuvette; vers la fin de la période, par une sorte de brusque aboutissement des efforts longtemps mis en jeu, les rides se pressent plus nombreuses et s'entassent plus rapidement; alors se forment les grands plis couchés. En avant de chaque chaîne, on trouve les mêmes déplacements horizontaux vers le Nord; chaque vague a *déferlé* sur l'obstacle qui l'arrêtait.

Le mécanisme du plissement semble toujours être resté le même. Pourtant, dans les chaînes plus anciennes [CXIV], les jeux relatifs ne se sont pas faits, aussi uniformément que dans les Alpes, par des glissements parallèles aux couches. Les vraies failles, ou surfaces de glissement obliques aux couches, sont déjà plus fréquentes dans le bassin houiller du Nord, et elles abondent en Écosse. J'ai indiqué, en me fondant sur les expériences de M. CADELL, qu'on pouvait mettre ce fait en rapport avec l'épaisseur de l'écorce englobée dans les plissements, et par conséquent avec la théorie du refroidissement.

Phénomènes éruptifs [CXXXVI]. — Chaque zone montagneuse a son cortège de roches éruptives. En France, on peut surtout étudier les éruptions de l'époque carbonifère, dont l'ordre a été établi par M. MICHEL-LÉVY. On avait tendance à croire que cet ordre se retrouvait partout le même, avec une récurrence dans la période tertiaire, et qu'il définissait une relation nécessaire entre l'âge et la structure d'une roche. J'ai montré qu'il fallait admettre autant de récurrences que de chaînes distinctes: sur l'emplacement de chaque chaîne, le granite s'élève en profondeur, refondant et traversant des couches d'autant plus récentes que la chaîne est moins ancienne. Après la période d'ascension du granite vient celle des phénomènes éruptifs: les roches acides alternent d'abord avec les roches basiques, qui peu à peu dominent seules, et ne sortent plus enfin que par un petit nombre d'évents séparés.

Cette succession de phénomènes semble favorable à l'hypothèse de la formation sous chaque chaîne, par le jeu même des plissements, de grands lacs (laccolithes) ou réservoirs de matière fondue, susceptibles d'alimenter toute une période d'éruptions. On peut suivre pour chacun d'eux les mêmes phases d'évolution chimique, de morcellement et d'extinction. Nous serions aujourd'hui dans la phase d'extinction du laccolithe alpin.

Plusieurs séries de roches échappent, il est vrai, à ce groupement. Ce sont d'abord [LXV] les roches basiques qui accompagnent le premier remplissage des géosynclinaux (orthophyres du Culm, *pietre verdi* des Alpes, serpentines et euphotides du Flysch); Ce sont aussi les traînées volcaniques de l'Atlantique et de l'Océan Indien; ces dernières ne se relient à aucun plissement connu et semblent seulement en rapport avec les bords des grandes dépressions océaniques.

Phénomènes sédimentaires [LXIX]. — La récurrence des phénomènes sédimentaires ne se trouve naturellement que dans les dé

pôts mêmes de la zone de plissement, formés sous l'influence directe de la mobilité exceptionnelle du sol. On connait depuis longtemps
la récurrence du terme extrême, celui des dépôts torrentiels qui
s'accumulent sur le bord de la chaine déja construite, et qui ont
produit avec des faciès presque identiques les *grès rouges précambriens* du Lac Supérieur et de l'Écosse, les *grès rouges dévoniens*
du Nord de l'Europe, les *grès rouges permiens* de l'Europe centrale, et les poudingues mollassiques des Alpes. J'ai en outre signalé [CXXXIV] une autre analogie, suggérée par M. POTIER, celle du
flysch alpin et du terrain houiller. Aujourdh'ui, à la suite de mes
études sur les Alpes, je crois qu'on peut aller plus loin et dégager
un troisième terme de récurrence, qui, comme les deux premiers,
se lie à une phase déterminée du soulèvement de la chaine.

Ce terme nouveau aurait pour type les schistes lustrés ou *flysch
schisteux* des Alpes. Il comprend les dépôts fins, accumulés en série uniforme et puissante, qui forment le remplissage de la première cuvette établie sur le futur emplacement de la chaine; ce sont
des schistes sans fossiles, sauf quelques bancs à Radiolaires ou à empreintes végétales, entremêlés de grandes masses de roches vertes,
et passant latéralement, sur les bords de la cuvette, à des calcaires
fossilifères. Au *flysch schisteux* des Alpes, comprenant le Trias et
le Jurassique, correspondraient le Culm dans la chaine houillère
et les schistes d'Hudson (Silurien inférieur) dans les Montagnes
Vertes.

Quand la première cuvette se subdivise et que la chaine centrale
est émergée, dans les cuvettes de bordure s'entassent des sédiments
plus grossiers, formant également des masses puissantes presque
sans fossiles (Algues et Végétaux terrestres). C'est, dans les Alpes,
le *flysch* proprement dit ou *flysch grossier* (crétacé et éocène),
auquel on peut comparer le terrain houiller ainsi que le Silurien supérieur du Sud de l'Écosse et de Trondhjem. Enfin, quand la chaine
principale a surgi, s'entasse sur ses bords la série déjà mentionnée
des grès rouges, ne renfermant guère comme fossiles que des
Poissons ou des Végétaux terrestres.

Ainsi chaque chaine a son flysch schisteux; chaque chaine a son
flysch grossier; chaque chaine a ses grès rouges, et ces trois types,
quatre fois répétés, embrassent toute l'échelle des terrains sédimentaires. De plus, dans chaque chaine, les terrains immédiatement inférieurs au flysch schisteux sont partiellement transformés
en gneiss; le granite s'élève jusque dans leur voisinage et monte

localement, par pointements isolés, jusque dans le flysch schisteux, c'est-à-dire jusqu'au Silurien dans le Nord, jusqu'au Culm dans le centre de l'Europe et jusqu'au Trias dans les Alpes.

Si l'on étendait ces conclusions à une *chaîne future*, le granite y monterait jusqu'au Crétacé, et une partie du Tertiaire y serait transformée en gneiss. Les faits que M. LAWSON vient de signaler tout le long du Pacifique, dans les chaînes côtières de l'Amérique du Nord et de l'Amérique du Sud [CXXVI], pourraient être considérés comme un prélude de cette nouvelle récurrence; le granite, rongeant les terrains par la base, est *déjà* monté jusqu'au Jurassique, et on a signalé des gneiss crétacés. D'autre part, les récentes observations faites dans l'Alaska et à la Barbade montrent qu'il y a là une zone exceptionnelle de mobilité de l'écorce, pour laquelle il faut admettre *dans l'époque quaternaire* des déplacements verticaux de plus de 2000ᵐ. On serait donc amené à voir là l'emplacement d'*une cinquième chaîne en préparation*, et sa position sur les bords du Pacifique serait bien d'accord avec la loi générale du recul progressif vers la dépression médiane qui prolonge la Méditerranée et forme, au voisinage de l'équateur, une ceinture presque continue de mers autour du globe.

Sans doute il reste dans ces généralisations une part inévitable d'hypothèse. Elles groupent du moins une partie des faits connus autour d'une idée simple, et elles montrent la possibilité d'obtenir une vue d'ensemble sur l'histoire géologique du globe.

Dans mes dernières études, j'ai cherché le moyen de serrer de plus près le problème de la déformation de l'écorce terrestre.

II. — LOIS DES DÉFORMATIONS DE L'ÉCORCE TERRESTRE.

Le trait capital des déformations de l'écorce est le soulèvement des chaînes de montagnes, mais il n'est pas le seul: aucune région ne reste complètement immobile, et ces mouvements moindres méritent aussi une étude attentive.

Les ondulations de la Craie dans le bassin de Paris ont été depuis longtemps l'objet de nombreuses recherches. En 1891, M. G. DOLLFUS a réuni et complété ce que l'on savait sur la question; la carte d'ensemble qu'il a publiée a mis en évidence une frappante ressemblance d'allures avec les régions plissées, et en même temps une remarquable correspondance de direction avec les plis anciens des provinces voisines, telles que la Bretagne et l'Ardenne.

Les ondulations moins accentuées résultent d'ailleurs, comme les plis des montagnes, soit d'un mouvement lent et continu, soit de la superposition de plusieurs mouvements distincts. J'ai montré [LXXXVI] qu'on pouvait isoler et étudier à part certaines phases de ces mouvements, et j'ai trouvé que ces composantes du déplacement total se superposent exactement. De même [LXXXIX], au-dessus du bassin houiller du Nord, les ondulations de la surface des terrains primaires reproduisent fidèlement l'emplacement et la direction des plis anciens. L'application des mêmes principes conduisait à étendre l'étude aux fonds marins; là encore, j'ai trouvé que les ondulations de ces fonds continuent les directions des plis de la côte. Ces exemples nouveaux, joints aux coïncidences signalées depuis longtemps en Europe et en Amérique, mènent à la conclusion que *les plis se reproduisent toujours aux mêmes places.*

L'étude des différentes surfaces examinées montre de plus qu'aux ondulations principales s'ajoute un second système, en général moins marqué, formé de lignes perpendiculaires. La loi devient alors la suivante: *Le réseau de déformation reste fixe et se con pose d'un double système de lignes orthogonales.* Les unes, comme le montre l'étude de zones de montagnes, entourent grossièrement le pôle et forment un système de *parallèles*; les autres forment un système conjugué de *méridiens*. Ces méridiens et ces parallèles n'ont rien de géométrique dans leur allure; ils oscillent irrégulièrement autour de leur position moyenne, en dessinant la série de *nœuds* et de *ventres* dont j'ai parlé à propos des massifs amygdaloïdes. C'est dans les renflées que s'élèvent souvent les massifs granitiques et que se forment les *dômes ellipsoïdaux* soumis à des mouvements alternatifs de soulèvement et d'affaissement.

Théoriquement, la règle énoncée s'explique par une décomposition très naturelle des efforts mis en jeu; il est peu probable, en raison même de la déformation, que ces efforts agissent toujours dans le même sens; mais ils se décomposent suivant les mêmes lignes. Les mouvements déjà commencés déterminent une direction de moindre résistance, suivant laquelle agit la composante principale. La seconde composante donne naissance à une ride transversale. Si les forces sont assez grandes pour effacer en partie le rôle des résistances, on peut s'attendre à des exceptions; M. TERMIER en a signalé, en effet, dans les parties des Alpes où deux séries de mouvements énergiques se sont superposées.

Je n'ai encore publié la continuation de mes recherches que pour la France [CXLIII, CXLIV]; sur une carte au millionième, j'ai tracé les principaux plis connus, chacun d'eux étant déterminé directement et indépendamment des plis voisins. J'ai constaté que, quel que soit leur âge, et malgré les irrégularités apparentes, ils s'ordonnent en un réseau unique dont les différents traits viennent se raccorder sans effort et dessinent bien un double système de lignes orthogonales.

Une vérification importante résulte de l'étude des zones de sédimentation: toute épaisse accumulation de dépôts suppose un affaissement corrélatif, la formation d'une cuvette et par conséquent d'une ride de l'écorce. Ces zones doivent donc, elles aussi, s'allonger suivant les lignes du réseau. C'est ce qui arrive en effet, mais avec cette circonstance intéressante que ces lignes plus anciennes indiquent un *réseau simplifié*: ainsi, dans la période paléozoïque, la ligne des Alpes Suisses, au lieu de se recourber le long de la frontière française, se prolongeait par le pied des Cévennes et par la Montagne Noire; celle des Apennins se continuait par la Provence et par les Pyrénées. Plus tard, la ligne perpendiculaire des Alpes Françaises s'est accentuée, et en se soudant aux Alpes Suisses, les a reliées aux Apennins; plus tard encore, ces mêmes lignes se sont déviées vers les Pyrénées. Ainsi les grandes sinuosités des chaînes s'expliquent en partie par les déformations du réseau; ces déformations semblent se produire dans les périodes où l'équilibre est le plus profondément rompu, au moment du soulèvement le plus énergique d'une chaîne. Elles n'ajoutent pas d'ailleurs de lignes nouvelles, mais déterminent seulement les zones de plissement à épouser alternativement, en traits brisés, des portions de lignes appartenant aux deux systèmes orthogonaux. La complication croissante du réseau n'est qu'apparente; elle en respecte le dessin primitif.

C'est ainsi qu'entre la double sinuosité des Alpes Cottiennes et des Alpes Maritimes, les plis de la Provence se sont trouvés écrasés dans une sorte de cul-de-sac qui fait comprendre la cause de leur complication exceptionnelle.

C'est ainsi encore que, le long des traits du second système localement accentués, se créent des *arêtes de rebroussement* dont, en dehors de la vallée de l'Arve, les Alpes et le Plateau Central offrent de nombreux exemples et qui introduisent des exceptions apparentes, soit à la loi de permanence des directions, soit à celle de la perpendicularité.

L'existence d'un réseau fixe de lignes de déformation, composé de méridiens et de parallèles, semble, au point de vue mécanique, fournir une solution satisfaisante du problème de la déformation d'une sphère lentement refroidie. On peut dès maintenant affirmer que les pôles de ce réseau ne coïncident pas exactement avec ceux de la rotation actuelle. Quand l'étude combinée des continents et des fonds de mer aura abouti à sa connaissance complète, si les exceptions aux règles constatées ne se montrent pas plus nombreuses dans d'autres régions, on peut espérer trouver dans cette voie un lien qui rattache la Géologie aux phénomènes plus précis de la Physique du globe et de l'Astronomie.

I

JURA

(II – XVIII)

II

CARTE GÉOLOGIQUE DÉTAILLÉE DE LA FRANCE.

Feuille n° 113 (Gray).

NOTICE EXPLICATIVE

(Novembre 1880).

Sommaire

INTRODUCTION.

La feuille de Gray forme, en y rattachant quelques parties des cartes contiguës, la région intermédiaire entre la ceinture du bassin parisien et la chaîne du Jura. On y rencontre la série complète des terrains jurassiques, celle des terrains crétacés inférieurs moins bien développée, et quelques lambeaux de formations tertiaires lacustres.

DESCRIPTION DES ÉTAGES SÉDIMENTAIRES.

a^2. Les **Alluvions modernes** occupent le fond des vallées.

a^1. Les **Alluvions anciennes** suivent le cours de la Saône, de l'Ognon et de quelques vallées secondaires. Pour la Saône, elles se décomposent en deux groupe: l'un, s'étendant sur les plateaux jusqu'à 50 mètres au-dessus du niveau de la rivière, se compose de sables fins ou cailouteux, avec rares fragments roulés de roches des Vosges; l'autre, couvrant le bas des pentes jusqu'au niveau des prés, est formé de sable fins analogues aux précédents, ou d'argile grasses rougeâtres. On a trouvé des dents d'*Elephas primigenius* dans les dragages de la Saône, à la hauteur et en aval de Gray, ce qui semble indiquer que le fleuve a remblayé partiellement son lit depuis l'époque quaternaire.

Les argiles rouges se retrouvent le long de la vallée de la Morte et peut-être de la Lanterne.

Les Alluvions anciennes de l'Ognon se composent d'amoncelle-ments de cailloux roulés, surtout vosgiens, avec mélange de chail-les jurassiques; elles doivent provenir en plus grande partie du re-maniement de dépôts pliocènes. On trouve de plus, le long de la faille de l'Ognon, une bande de sables quartzeux très puissants, à stratification fluviatile, avec poches d'argile, correspondant sans doute à un ancien lit de la rivière.

P. Nous désignons par cette lettre, sans pouvoir préciser leur âge, les longues traînées d'Argile avec chailles, qui s'observent principalement au bord de la ligne des collines de l'Est de la feuil-le, et qui proviennent de l'altération et du remaniement des lam-beaux oxfordiens disloqués par les failles.

p. Le **Limon des plateaux**, ordinairement argilo-sableux, se montre à des niveaux différents, recouvrant indifféremment les autres formations. Nous y relions provisoirement les terrains de recouvrement du bassin pliocène, qui, plus argileux à l'Ouest de la Saône, plus sableux à l'Est, s'étendent souvent sur les hauteurs et sur les pentes en manteau continu, qui montrent par places des ap-parences de stratification fluviatile, et dont l'origine, assez obscure et complexe, se rattache peut-être à un prolongement des glaciers des Vosges, ou encore à des courants pliocènes.

p'. Le **Terrain à minerai de fer pisiforme** se compose de bancs argileux et sableux, à la base desquels est le minerai avec *Mastodon arvernensis*, *Mastodon Borsoni*, etc. Les marnes qui surmontent le minerai à Fley-sur-Vingeanne ont donné l'*Helix Chaixi*; elles contiennent souvent en grand nombre des agrégats calcaires très durs (« castillot »), empâtant des grains de minerai. Dans la région de la Chapelle-Saint-Quillain, la partie supérieure de ce terrain est remplie de concrétions ferrugineuses avec moules d'*Unio*.

Son épaisseur peut atteindre 40 mètres.

m. Le **Calcaire à Helix Ramondi** apparaît par lambeaux à l'an-gle Sud-Ouest de la feuille et se rattache au bassin assez étendu de

Dijon. On trouve à Pontailler des bancs de grès intercalés; à Éte-
vaux, il est sous forme de conglomérat.

e⁵. Le Calcaire lacustre de La Vaivre et de Longevelle se
compose de calcaires marneux et siliceux avec *Limnæa longiscata*
et *Planorbis planulatus*. Les bancs de Longevelle avec *Cyclas
Thirriæ et Bithynia plicata* sont peut-être un peu plus récents,
mais la distinction stratigraphique est difficile et les données paléontologiques manquent de précision. Nous rattachons à ce niveau
le conglomérat de Granvelle, dont les bancs assez fortement inclinés correspondent sans doute aux bords du bassin tertiaire.

e₄. Le Calcaire de Talmay, dur et compact, contient le *Planorbis pseudo-ammonius*, qui semble le ranger au niveau du Calcaire
grossier supérieur.

c⁴. La Craie chloritée est représentée par des calcaires plus ou
moins marneux, d'un blanc jaunâtre, avec *Ammonites Mantelli,
Turrilites costatus, Terebratella Menardi*, etc. Ils sont exploités
comme pierre à chaux. Nous y réunissons le conglomérat qui les
surmonte ou les remplace au-dessus de Vantoux et de Pontailler.

c². Le Gault est représenté par des argiles bleues à fossiles pyriteux (*Ammonites mamillatus, Belemnites minimus*) exploitées
pour les tuileries.

c¹. Le Grès vert offre des bancs peu épais, pétris de fossiles à l'é-
tat de moules phosphatés (*Amonites Beudanti, Nucula pectinata*,
etc.), et un lit de petits cailloux quartzeux arrondis à la partie inférieure.

c₍ᵢᵢᵢ₎. Le Néocomien est, ainsi que le Grès vert, rarement visible en
place, sa présence est révélée par les nombreux fossiles que la
culture amène à la surface (*Ostrea Couloni, Terebratula acuta,
Echinospatagus granosus*, etc.). Les calcaires qui les contiennent
sont jaunâtres et grumeleux.

j⁶. Le Portlandien (50 mètres) offre près de Gray des calcaires
compacts et criblés de tubulures, à cassure esquilleuse (*Ammonites gigas, Terebratula* cf. *subsella, Hemicidaris Purbeckensis*). A
sa partie supérieure (Noiron), ses bancs sont plus marneux et
grumeleux, et contiennent en abondance la *Nerinea salinensis* et
la *Nerinea subpyramidalis*. Ils se terminent par la Dolomie portlandienne, roche cloisonnée, jaune ou rougeâtre, sans fossiles.

j⁵. Le Kimmeridgien (40 mètres) est formé de calcaires blancs
compacts, en bancs minces (*Pholadomya multicostata, Lavi-
gnon rugosa*, etc.), intercalés entre deux couches marneuses pé-

tries d'*Ostrea virgula*, qui y forment lumachelle à côté de la *Terebratula subsella*.

j^{4b}. Le **Ptérocérien** (Astartien supérieur) est composé de 15 mètres de calcaires marneux et peu homogènes, très fossilifères, caractérisés par la *Nerinea Gosæ*, et où la *Terebratula subsella* forme au Nord de véritables lumachelles.

j$^{4 ba}$. L'**Astartien** (Astartien des géologues du Jura, 60 mètres) comprend une série puissante de calcaires compacts peu fossilifères, plus marneux à la base, et s'effeuillant à l'air (*Waldheimia humeralis, Rhynchonella pinguis*). La partie moyenne est formée de calcaires oolithiques, exploités comme pierre de taille, et surmontés par des marnes qui, au Sud de Gray, envahissent tout le niveau et contiennent les plaquettes à Astares (*Astarte minima, Ostrea bruntrutana*, petites Mélanies), d'où la formation a tiré son nom.

Vers la partie supérieure, on trouve assez régulièrement dans le Nord-Ouest de la feuille, par places seulement dans les autres régions, un calcaire oolithique à grains fins, coralligène, avec débris usés de Polypiers, de Nérinées et de Dicéras. Il correspond à l'Oolithe de la Mothe, qui a été prise par les géologues de la Haute-Marne comme limite entre l'Astartien et le Corallien compact.

j^3. Le **Corallien** (40 mètres) se relie à l'Astartien par des bancs d'épaisseur variable (2 à 6 mètres) de calcaires blancs compacts, en général peu fossilifères, contenant quelquefois des Nérinées et des Dicéras. Puis vient l'Oolithe corallienne (*Diceras arietinum, Cardium corallinum*, Polypiers), plutôt désagrégée au Nord, mieux cimentée au Sud-Est où elle donne une pierre de taille estimée (pierre de Vergenne), avec oolithes irrégulières et débris de fossiles roulés. Le niveau moyen est celui des récifs de Polypiers; son faciès est très irrégulier; il se compose de bancs compacts ou oolithiques, à grains plus ou moins serrés. La partie inférieure (« Glypticien » d'ÉTALLON) est formée de calcaires marneux et grumeleux à fossiles siliceux (*Cidaris florigemma, Glypticus hieroglyphicus, Waldheimia delemontana*); elle se relie insensiblement à l'Oxfordien, et ses bancs sont soumis aux mêmes dégradations atmosphériques qui donnent les argiles à chailles ou les terres rouges de Boult, de Rioz et d'Anthon.

j^2. L'**Oxfordien** (60 à 100 mètres) montre à sa partie supérieure des alternances de marnes et de calcaires, hydrauliques bleuâtres, un peu siliceux, où la silice s'est concrétionnée en boules plus ou moins sphériques (chailles) et qui donnent par altération atmosphérique l'Argile à Chailles (*Rhynchonella Thurmanni, Terebratula Gallienei, Pholadomya paucicosta*). Au-dessous viennent des argiles puissantes, grises ou bleues, exploitées pour les tuileries, avec fossiles pyriteux (*Amonites cordatus, Ammonites athleta, Ammonites Mariæ, Belemnites hastatus*, etc).

j¹. Le **Callovien** ne se présente que sous la forme d'une couche intermittente de marnes ou de calcaires marneux (*Ammonites anceps, Ammonites coronatus, Rhynchonella spathica* près d'Oiselay; *Terebratula pala* à Mailley; *Terebratula dorsoplicata* à Saint-Maurice; *Belemnites latesulcatus* à Sorans). Le minerai de fer n'est guère développé qu'à Percey-le-Grand et à Sacqueday, où il renferme les fossiles de l'Oxfordien.

j . Le **Cornbrash** atteint 40 mètres de puissance près de Champlitte, et est réduit à un mètre à Miserey. Il se compose de calcaires oolithiques et spathiques, bruns ou grisâtres, se délitant à la partie supérieure en dalles exploitées pour la couverture des maisons, et renfermant irrégulièrement des bancs marneux fossilifères (*Terebratula digona, Terebratula intermedia, Terebratula cardium, Terebratula coarctata. Echinobrissus clunicularis*, etc.).

j . La **Grande Oolithe** (80 mètres) est formée d'assises puissantes de calcaires blancs compacts (« Forest-Marble » des géologues franc-comtois), avec *Rhynchonella decorata* à la partie supérieure. A la base, les calcaires, toujours blancs, deviennent plus marneux ou oolithiques.

j . Le **Fuller's earth** (40 mètres) comprend en haut des calcaires oolithiques, exploités comme pierres de construction, avec taches bleues, grises ou roses, et oolithes fines se brisant avec la pâte. Au-dessous viennent les lits marneux et rognonneux, avec *Ostrea acuminata, Clypeus Ploti*, puissants de 20 mètres au Nord-Ouest de la feuille, rudimentaires et intermittents à l'Est.

j.ı. L'**Oolithe inférieure** (100 mètres) offre à sa partie supérieure des calcaires oolithiques, puis des calcaires blancs compacts avec Polypiers (*Waldeimia subbuculenta, Rhynchonella quadriplicata*). Au-dessous viennent les calcaires à Entroques (*Rhychonella spinosa*), renfermant près de Besançon des lits marneux à Bryozoaires, et dont les bancs inférieurs, colorés par l'oxyde de fer, renferment le *Pecten pumilus*.

l¹. Le **Lias supérieur** (110 mètres) comprend d'abord le minerai de fer oolithique avec *Ammonites aalensis*, qui semble par places empiéter sur le niveau précédent à *Pecten pumilus.* On trouve plus bas des marnes gréseuses peu fossilifères, des marnes jaunes exploitées pour les tuileries avec *Trochus duplicatus, Belemnites irregularis, Ammonites serpentinus,* et enfin les schistes bitumineux à *Posidonies.*

j³. Le **Lias moyen** (70 mètres) se compose de marnes bleues avec rognons calcaréo-marneux (*Ammonites spinatus, Ammonites margaritatus, Belemnites clavatus, Plicatula spinosa*), supportées par les calcaires gris bleuâtres à *Belemnites acutus* et les marnes à *Terebratula numismalis.*

1². Le **Lias inférieur** (20 mètres) comprend les calcaires bleus à Gryphées arquées (*Ammonites Bucklandi, Spirifer Walcotti*), surmontés de marnes bleues à *Ammonites raricostatus.*

1¹. L'**Infralias** (14 mètres) est formé de grès fossilifères, observables dans la tranchée du chemin de fer au Sud de Miserey. Un mètre de grès lumachellique à la partie supérieure correspond aux zones à *Ammonites planorbis* et à *Ammonites angulatus.*

t³. Les **Marnes irisées** forment trois pointements près de Besançon. Les sondages de Châtillon et de Miserey y ont rencontré les couches salifères.

REMARQUES STRATIGRAPHIQUES.

Deux grandes failles plus ou moins ramifiées divisent assez nettement la feuille de Gray en trois régions distinctes: la vallée de la Saône, le plateau ondulé qui s'abaisse au Sud et à l'Est vers la vallée de l'Ognon, et la rive gauche de l'Ognon, plus fortement accidentée, où commencent les grands plissements du Jura.

La vallée de la Saône est due à une grande dépression géologique, dont le fond a été en partie comblé par les formations tertiaires et quaternaire. Au Nord-Ouest, les couches s'abaissent lentement vers le centre de la cuvette, dont les bords s'infléchissent près de Gray et dessinent une anse évasée pour aller rejoindre la côte bourguignone en embrassant la plaine tertiaire de Dijon. A l'Est, au contraire, le bord de la cuvette est abrupt et formé par une grande faille dont les éléments brisés affectent les directions générales N.-S. et N. E.-S. O. Cette dislocation, qui a du être la dernière phase de la période d'abaissement de la vallée, est certainement postérieure à la formation crétacée, dont les lambeaux sont pincés dans les cassures; elle ne semble pas avoir influencé les calcaires éocènes. La faille s'arrête près de Gy, où le sol a été profondément bouleversé et comme haché par ses contrecoups; du moins elle ne se poursuit au Sud que par des cassures de moindre importance, pour lesquelles le sens de la dénivellation est même changé.

Le lit de la Saône ne suit pas exactement le fond de la dépression géologique, qui longerait plutôt la faille jusqu'a Gy, et s'inclinerait de là vers Pontailler, comme le marque assez nettement la ligne discontinue des affleurements crétacés.

Les plateaux qui séparent les deux vallées atteignent l'altitude de 450 mètres près de Vesoul et s'abaissent progressivement vers le Sud, en même temps qu'ils diminuent de largeur. Ils sont coupés de cassures nombreuses, contrecoups de la grande faille de la Saône, et ayant amené souvent de véritables effondrements locaux, dont on retrouve la trace dans le relief actuel. Cette partie forme en gros une voûte surbaissée, dont la culée occidentale a été fortement disloquée, tandis que l'autre s'appuie plus régulièrement sur la faille. de l'Ognon. Une bande de terrains crétacés, masquée souvent par les alluvions, borde au Sud cette seconde vallée, où les terrains tertiaires ne semblent pas s'être déposés.

Les plissements qui commencent de l'autre côté de la faille de l'Ognon offrent à Châtillon un bel exemple de voûte brisée avec cirque cental.

RÉGIME DES EAUX.

Les deux niveaux d'eau les plus importants sont les marnes liasiques et oxfordiennes. Celles de l'Astartien et du Kimmeridgien donnent aussi lieu à quelques sources. Les argiles du Gault offrent à ce point de vue peu d'importance, en raison de leur faible recouvrement et des nombreuses cassures locales qui ont affecté les lambeaux crétacés. Dans les couches pliocènes, malgré la fréquence des argiles, on n'a également que de maigres filets d'eau, à cause de la discontinuité minéralogique des bancs et des passages intermittents des sables aux argiles.

Les plateaux d'Oolithe inférieure, au Sud de Vesoul, sont absolument dépourvus de sources; l'écoulement des eaux s'y fait par des canaux souterrains, communiquant parfois avec le jour par des puits naturels, qui servent de déversoirs après les grandes pluies (fontaine de Courboux, trou de Fondremand). Ces canaux, à leur arrivée au jour, peuvent former des cours d'eau importants (source de la Romaine).

Dans les régions très faillées, les eaux drainées par les cassures sortent aussi souvent du sol à l'état de véritables rivières (la Baignote, la Morte).

CULTURES.

Les Alluvions modernes et les argiles du Gault sont en prairies; les terrains jurassiques donnent généralement des céréales. Les bois s'étendent sur les plateaux pierreux de l'Oolithe inférieure et de l'Astartien, ainsi que sur les côtes où l'Oxfordien plus ou moins décomposé a donné l'argile à chailles. Il en est de même des terrains pliocènes, dont les recouvrements sableux ou sablo-argileux se prêtent mal à d'autres cultures. Les vignes couvrent les coteaux marneux du Lias et de l'Oxfordien, ainsi que les pentes pierreuses des régions faillées.

DOCUMENTS ET TRAVAUX CONSULTÉS.

Cartes géologiques (voir la marge supérieure de la feuille). *Statistique minéralogique de la Haute-Saône*, par THIRRIA; Mémoires de MM. ÉTALLON, PERRON, TOURNOUËR; Notes inédites de M. PERRON.

III

FAILLES DE LA LISIERE DU JURA,
ENTRE BESANÇON ET SALINS

(*BULLETIN DE LA SOCIÉTÉ GÉOLOGIQUE DE FRANCE,*
3ᵉ série, X, 1881-1882, p. 114-127. Séance du 5 Décembre 1881).

Sommaire

Les grandes failles qui, entre Besançon et Salins, sur le bord du Jura, s'alignent à peu près parallèlement à la chaîne, sont en plusieurs points accompagnés de *failles secondaires*, dont l'allure assez insolite mérite d'être signalée.

Environs de Vorges. — Celle dont je parlerai la première, comme la plus nette, la plus facile à constater, c'est une faille horizontale, ou du moins inclinée seulement de 5 à 6° sur l'horizon, qui fait reposer le Bajocien inférieur sur les assises supérieures du Corallien et sur le Calcaire à Astartes. Elle est observable au Sud du petit village de Vorges, à 13 kilom. au Sud-Ouest de Besançon, sur la route qui relie ce village à Boussières. Au moulin Caillet, cette route tourne brusquement à l'Ouest et s'engage dans une cluse assez profonde; dans les tranchées et sur le bord du ruisseau, on a de très bons affleurements d'Astartien (calcaires marneux, avec petits lits de marnes, contenant *Ostrea bruntrutana* et *Waldheimia egena*) et de Corallien (calcaires à oolithes blanches désagrégées avec Nérinées et *Diceras*); les bancs peu inclinés plongent légèrement vers l'Est. Mais si, d'un côté ou de l'autre, on gravit l'escarpement, on arrive, à une faible hauteur, sur les calcaires ferrugineux de l'Oolithe inférieure, également bien litée et plongeant doucement à l'Est. Cette superposition s'observe sur plus de 300 mètres de long; la différence de teintes permet d'ailleurs de suivre sur les flancs des deux coteaux, dans les parties où ils ne sont pas recouverts de bois, les limites des deux formations.

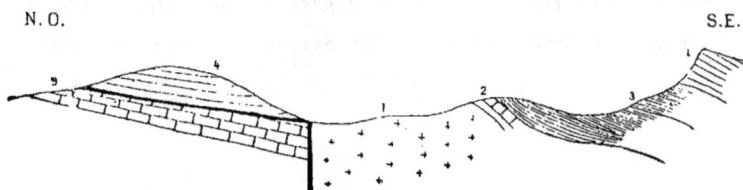

N.O.   S.E.

Fig. 1. — Coupe du Vallon de Vorges.
1. Marnes Irisées; 2. Infralias et Calcaire à Gryphées; 3. Lias; 4. Bajocien; 9. Corallien. — Échelle de 1:20000 environ.

La figure 1 donne la coupe du coteau, telle qu'elle résulte de ce qui précède, et celle du vallon de Vorges qui lui fait suite. La carte (fig. 2) montre comment la faille va se terminer au Nord contre la grande faille (faille de Busy et de Larnod), qui ramène les Marnes irisées; au Sud, son affleurement suit d'abord à peu près une courbe de niveau, puis descend le petit coteau, marqué 366 sur la carte de l'État-Major; il remonte ensuite, laissant en dehors tout le bois de Blâme, formé d'Astartien, et va se raccorder à une faille à allure normale qu'on peut suivre jusqu'a Byans et Fourg.

Y a-t-il réellement raccordement, ou y aurait-il une autre faille (marquée en pointillé) mettant en contact le Bajocien du *paquet* avec celui de la bande sous-jacente? L'insuffisance des affleurements dans les bois ne me permet de rien affirmer à cet égard. En tout cas, les sinuosités mentionnées plus haut montrent que la surface de séparation de l'Astartien et du Bajocien ne reste pas horizontale, qu'elle n'est pas plane, et que la coupe du *paquet* dans sa longueur est à peu près telle que l'indique la figure 3.

La carte ci-dessous (fig. 2) diffère notablement de celles qui ont été données auparavant. La continuation de la grande faille de Busy

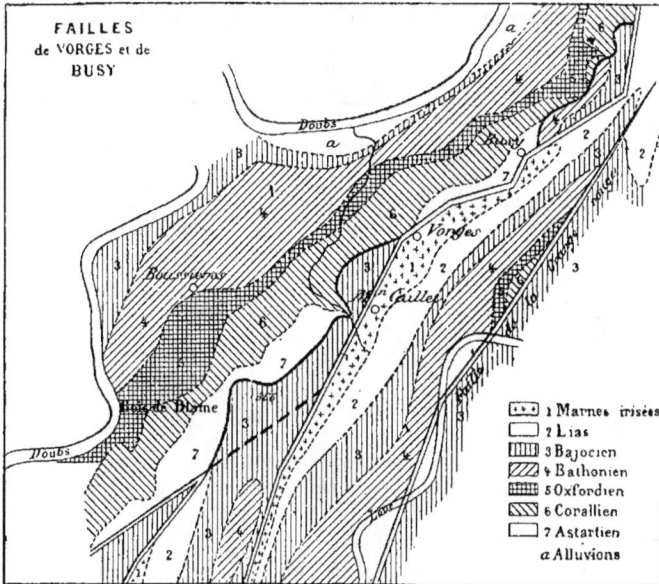

Fig. 2. — Failles de Vorges et de Busy.
— Échelle de 1:80 000.

vers Quingey n'avait pas été aperçue; on l'avait continuée dans la direction moyenne de la faille courbe, sans en signaler les irrégularités, et on l'avait reliée à celle de Byans et de Fourg. Le croquis

S. O.   N. E.

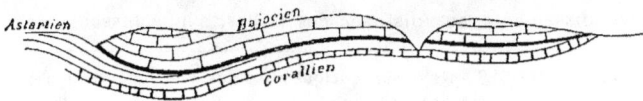

Fig. 3. — Coupe longitudinale.
— Échelle de 1:20 000 environ.

ci-joint (fig. 4), donné par PIDANCET (¹), montre cette interprétation. Elle suppose que les Marnes irisées forment voûte, et que la
série des terrains est continue entre elles et la bande de Bajocien.
J'ai pu constater avec certitude qu'il n'en est rien. Cette recti-

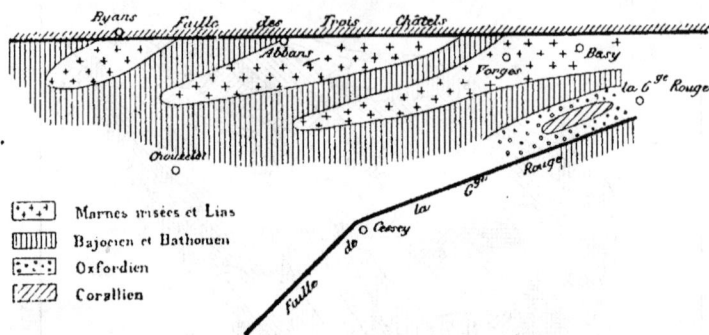

Fig. 4. — Croquis géologique des environs de Vorges,
d'après J. PIDANCET. — Échelle de 1:140 000 environ.

fication ne vaudrait pas la peine d'être signalée, si l'on n'avait
pas souvent cité cette région comme fournissant une preuve
de l'indépendance des failles et des plissements dans le Jura.
Cette théorie, d'abord énoncée par THURMANN, a été précisée
par PIDANCET dans le Mémoire précité: «les failles, y dit-il, ont
formé un véritable obstacle au développement des ploiements réguliers, qui les rencontrent souvent en formant avec elles des
angles aigus.

PIDANCET n'appuie d'ailleurs son assertion que sur la figure reproduite plus haut, c'est à dire sur une figure inexacte. M. VÉZIAN,
qui a depuis repris la même thèse (²), ajoute l'exemple de Salins, où
je n'ai rien pu voir de semblable. Pour ma part, j'ai toujours trouvé
que les plissements, au voisinage des failles, s'infléchissent paral-

(¹) JUST PIDANCET, Note sur quelques-uns des phénomènes que présentent les failles du Jura (*Mém. Soc. d'Émulation du Doubs*, 3ᵉ vol.,
t. II, 3ᵉ et 4ᵉ livr., 1848, p. 19).

(²) A. VÉZIAN, *Études géologiques sur le Jura*, t. II, Paris - Besançon,
1876, p. 139.

lèlement à leur direction, ou que, quand il semble en être autrement, le plissement n'existe pas en réalité, et que la prétendue
rencontre de deux phénomènes d'ordre distinct se réduit à un
croisement de failles.

En suivant au Nord la faille de Busy, on trouve un second *paquet*,
moins important et moins facile à observer que le premier, mais
se présentant dans des conditions analogues. Il s'étend (fig.2) du
village de Busy jusqu'auprès de celui de Larnod. Les couches (Bajocien et Bathonien) y sont plus tourmentées que dans le premier,
et vers l'extrémité Nord la stratification régulière y disparaît; les
roches y sont brisées et concassées, et l'on n'a plus, à la tranchée
de la route nationale, qu'un véritable remplissage de faille.

Environs de Besançon. — Je passe maintenant aux environs de
Besançon. Le Doubs, comme on le sait, y change de direction et
s'infléchit vers le Sud. La grande faille de Montfaucon et de Morre,
ainsi d'ailleurs que la chaîne du Jura, s'infléchit également vers ce
point, à peu près parallèlement au cours du fleuve. Une seconde
faille, moins importante, suit la première à une faible distance, entre Morre et Gouille; c'est celle qui est depuis longtemps connue
des géologues locaux sous le nom de Faille des Trois-Châtels.

Je ne discuterai pas, dans cette courte Note, la question de savoir
si la faille de Busy est la continuation de l'une ou de l'autre de ces
deux failles, comme on l'a successivement prétendu. La carte
(fig. 5), qui a été dressée sans idée préconçue et en ne marquant de
faille que là où il y a réellement dénivellation, permettra à chacun
de se faire à ce sujet l'idée qu'il voudra; j'y attache pour moi très peu
d'importance. Une faille n'est en réalité continue que quand elle
met en contact deux bandes également continues; en dehors de ce
cas, grouper ensemble tels ou tels fragments de cassures, dues évidemment à une même cause et formant un même ensemble, continuer tel ou tel nom à l'un plutôt qu'à l'autre, me semble un problème sans grand intérêt théorique, ne pouvant répondre qu'à certaines commodités de langage.

Je désire seulement montrer ici que la faille des Trois-Châtels
présente entre Morre et Gouille des particularités d'allure qui la
rapprochent de celle de Vorges, c'est-à-dire qu'elle n'est ni plane ni
verticale, mais qu'elle offre une surface irrégulière, à courbure et
à inclinaison variables.

Je prendrai pour point de départ la coupe bien connue (¹) de la Citadelle à la Chapelle-des-Buis (fig. 6). On peut y distinguer trois zones distinctes: la première, en partant de l'Ouest, fait suite

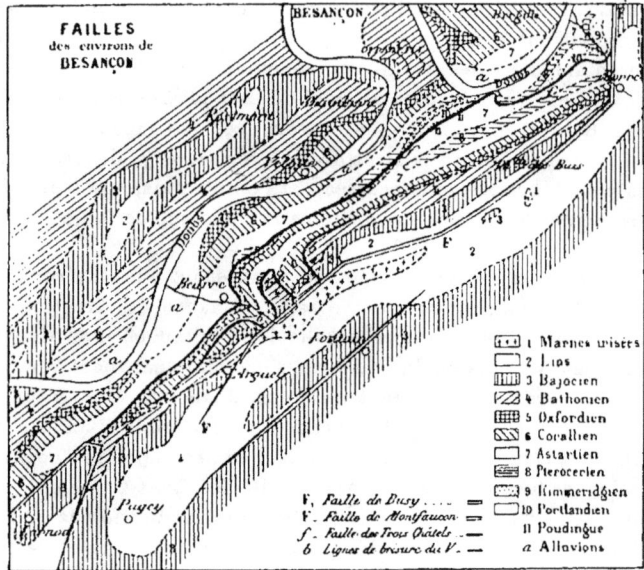

Fig. 5. — Failles des environs de Besançon.
— Échelle de 1:80000.

(¹) Cette coupe, publiée pour la première fois en 1842 par CH. GRENIER (*Mém. Soc. d'Émulation du Doubs*, III, p. 19-22, 1 pl.), avait été relevée avant 1830, ainsi que toute la géologie de la région, par M. PARANDIER, alors ingénieur des Ponts-et-Chaussées à Besançon. M. PARANDIER a bien voulu me confier toutes ses notes, cartes et coupes, qui ont été pour moi un secours et un contrôle précieux dans mes études; il n'aurait aujourd'hui rien à modifier dans ses anciennes observations, et on doit regretter qu'il n'ait pas coordonné et publié des documents qui devaient placer son nom, avant ceux de THURMANN et de THIRRIA, en tête des fondateurs de la géologie du Jura.

à la voûte oolithique de la Citadelle et comprend la série complète des terrains jurassiques supérieurs, jusqu'au Portlandien
et au poudingue ([1]) qui le surmonte, plongeant régulièrement

N. O.   S. E.

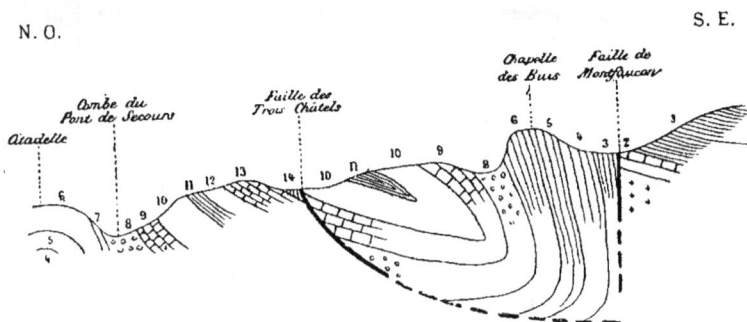

Fig. 6. — Coupe de la Citadelle à la Chapelle - des - Buis.
— Échelle de 1: 20000.

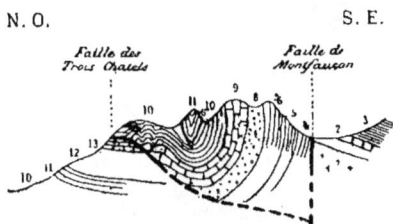

Fiq. 7. — Coupe en face de la route de Morre.
— Échelle de 1: 20000 environ.

Légende commune aux figures 6 à 11:
1. Marnes irisées; 2. Infralias et Calcaire à Gryphées; 3. Lias; 4. Bajocien;
5. Bathonien inférieur; 6. Bathonien moyen et supérieur; 7. Callovien;
8. Oxfordien; 9. Corallien; 10. Astartien; 11. Ptérocérien; 12. Kimmeridgien;
13. Portlandien; 14. Poudingue post-portlandien.

([1]) Ce poudingue a souvent été considéré comme tertiaire par assimilation avec la *Nagelfluh* suisse. Sa concordance parfaite avec le Portlandien
rend cette supposition inadmissible, si l'on suppose, comme cela est vraisemblable, que la mer crétacée de la vallée de l'Ognon et celle de la ban-

vers la faille des Trois-Châtels. La seconde présente un V
couché presque horizontalement dans sa partie moyenne, où est
englobé le Ptérocérien. La troisième enfin, à l'Ouest de la faille de
Morre, montre la succession régulière des Marnes irisées, du Lias
et du Jurassique inférieur.

On peut suivre sans interruption sur le plateau, vers le Nord-
Est, l'affleurement de la bande ptérocérienne de la 2e zone; il va
aboutir, *non pas au tournant de la route de Morre*, mais au rocher déchiqueté qui s'élève entre deux petits vallons astartiens en
face des premières maisons du village. Le V seulement se redresse
peu à peu, et là il est vertical (fig. 7). La route de Morre permet
également de suivre la première zone: les couches, de moins en
moins inclinées à partir de la combe du Pont-de-Secours, se succè-

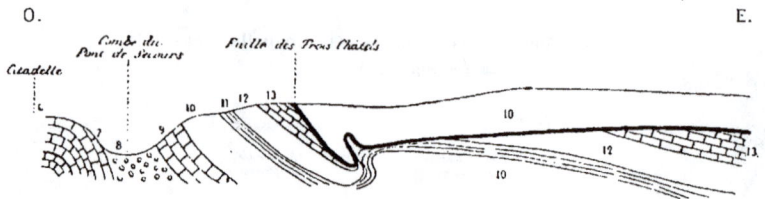

Fig. 8. — Coupe en suivant la route de Morre.
— Échelle de 1:20 000 environ.

dent d'abord régulièrement jusqu'aux premiers bancs du Portlandien (fig. 8). On voit alors la continuation de la faille des Trois-Châtels descendre obliquement sur le flanc du coteau, où elle détermine
une légère saillie rocheuse, puis remonter brusquement au-dessus
de la route en dessinant une boucle très étroite, pour se maintenir
ensuite dans l'escarpement, à peu près à mi-côte. Au-delà, la route

de de Nods se rejoignaient par dessus le « Premier Plateau »; il faudrait alors
le rapporter à l'époque purbeckienne. Mais, même en supposant le « Premier Plateau » émergé à l'époque crétacée, le conglomérat doit être attribué au premier établissement d'un régime fluviatile sur la surface émergée,
et il n'y a aucune raison de le rajeunir autant. Il est d'ailleurs uniquement
formé de galets roulés de Portlandien et de Dolomie portlandienne, et je
dois ajouter que M. CHAVANNE m'a montré près d'Auxon des débris d'un
conglomérat semblable, qu'on trouve dans les vignes entre deux bandes,
portlandienne et néocomienne.

rentre dans le Ptérocérien, qui forme une petite voûte très surbaissée; vient ensuite le Virgulien et enfin le Portlandien, qui affleure au tournant de la route; dans toute cette partie, le haut de l'escarpement est formé d'Astartien, qui plonge régulièrement sous le Ptérocérien du plateau, déjà mentionné.

Au tournant où la route entre dans le vallon de Morre, perpendiculaire au Doubs, l'angle du coteau doit montrer et montre en effet, avec plus de précision, quelle est l'allure de la faille. Elle est d'abord très peu inclinée, fait reposer les marnes astartiennes très plissées et froissées sur le Portlandien à peu près horizontal, puis plonge dans le ravin où on ne peut la suivre exactement dans les éboulis. Mais ce qu'on peut affirmer, c'est que de l'autre côté du ravin elle ne se retrouve pas, et que là, la série observable depuis le Doubs (Ptérocérien, Virgulien, Portlandien), va buter, sans intermédiaire de la deuxième zone, contre le Bajocien, qui forme en ce point la lèvre abaissée de la grande faille de Morre.

Je sais bien que l'on a vu à ce tournant de la route, non pas une faille, mais un V, faisant suite à celui de la figure n° 6. Cette dernière assertion n'est pas discutable, puisque la faille aussi bien que le V peuvent se suivre d'une manière continue; quant à la présence d'un autre V en ce point, il faut pour l'admettre donner ce nom à toute rencontre de couches différemment inclinées, sans que la tranche supérieure soit renversée sur la première. Or il n'y a pas ici de renversement, sauf ceux qui peuvent résulter des petits froissements et plissements locaux; les couches astartiennes, dans leur ensemble, plongent dans le Ptérocérien, pour se relever ensuite verticalement.

Ainsi l'examen du vallon de Morre confirme ce qu'on aurait déjà pu induire de la présence de la faille au milieu d'un escarpement: elle s'écarte notablement de la verticale. De plus, son inclinaison est très variable, non seulement normalement au Doubs, mais aussi normalement au vallon de Morre, puisque la deuxième zone, qui forme presque entièrement la rive gauche du ravin, a pu être complètement dénudée sur la rive droite (¹).

Revenant maintenant à notre point de départ, et suivant la faille

(¹) La même faille reparaît d'ailleurs plus loin à l'Est, isolant un nouveau *paquet* contre la grande faille; mais là, dans les bois, elle est difficilement observable.

au Sud - Ouest, nous retrouvons des phénomènes analogues: elle descend d'abord dans l'escarpement, dont le bas est ptérocérien et le sommet corallien; elle remonte ensuite sur le bord même de l'abrupt, passe derrière un coteau de Ptérocérien qu'elle sépare d'une combe oxfordienne, entre profondément dans le vallon de Beurre et va un peu plus loin se relier à celle de Busy. Le pli en V du plateau se poursuit aussi parallèlement, mais en approchant du vallon de Beurre, il présente nne complication nouvelle, due vraisemblablement à la rupture du V suivant son arête, et au refoulement de la branche supérieure sur les bancs inférieurs restés immobiles.

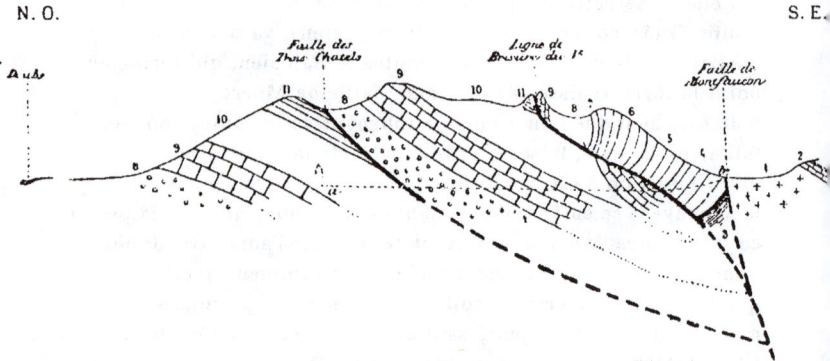

Fig. 9. — Coupe du Doubs à la faille de Montfaucon.
— Échelle de 1:10 000 environ.

La figure 9 rend compte de cette disposition: les lignes pleines y représentent la projection sur un plan vertical de ce qu'on observe sur le flanc du coteau en suivant le vallon; les parties ponctuées sont la prolongation hypothétique de ces lignes. Cette coupe donne bien aussi l'explication de ce qu'on voit à la cascade du Bout-du-Monde (fig. 10), où l'escarpement montre à sa base de l'Astartien, à son sommet du Corallien, séparé des Marnes irisées par un lambeau de Schistes à Posidonies, pendant faiblement vers l'Ouest. La coupe du coteau d'Arguel, en face de celui de Beurre (fig. 11), est tout à fait semblable (').

Environs de Salins. — Les environs de Salins présentent des phénomènes légèrement différents: là aboutissent et se rencontrent les failles N.-S. qui viennent de Quingey, et la faille N.E-S.O. qui

N. O.   S. E.

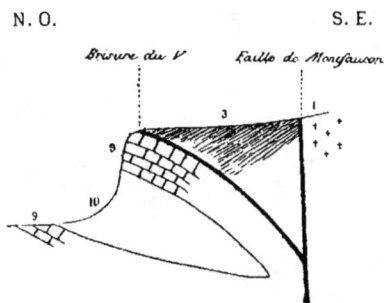

Fig. 10. — Coupe de la Cascade du Bout-du-Monde.
— Échelle de 1:10000 environ.

N. O.   S. E.

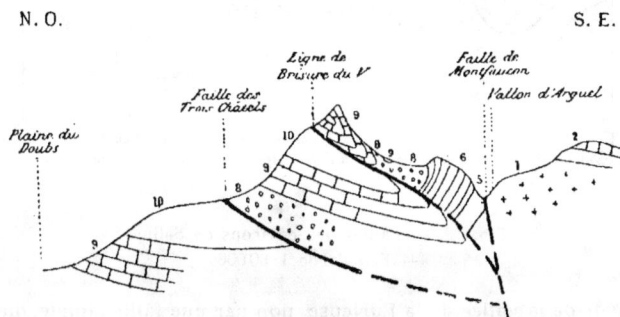

Fig. 11. — Coupe du Coteau d'Arguel.
— Échelle de 1:20000 environ.

(') Un peu plus loin, au Sud, en suivant le sommet du côteau, on traverse une combe oxfordienne rudimentaire, et la ligne de crête, en conservant son profil déchiqueté, se trouve formée de Bathonien au lieu de Corallien. En même temps la brisure du V se termine, et il se redresse, comme à l'autre extrémité de la bande, presque verticalement.

vient de Nans-sous-Sainte-Anne. Dans l'angle de convergence de ces failles s'élève le Mont-Poupet, qui domine toute la région. A ses pieds, à l'Ouest et au Sud-Ouest (fig. 12), affleurent les Marnes irisées, qui sont séparées du Jurassique su-

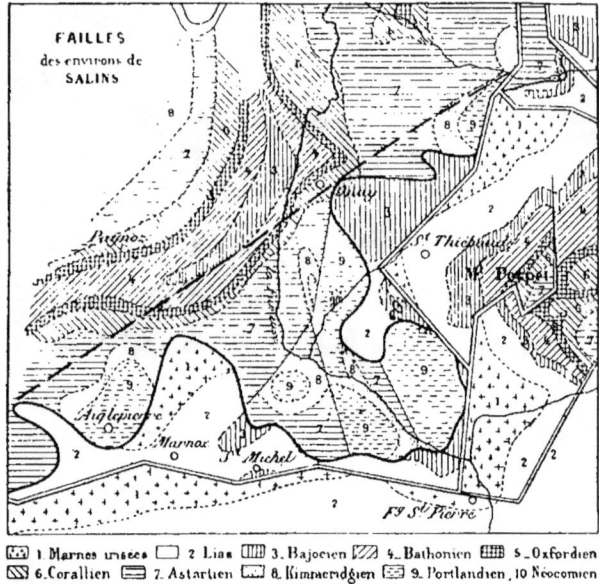

Fig. 12. — Failles des environs de Salins.
— Échelle de 1: 80 000.

périeur de la vallée de la Furieuse, non par une faille simple, mais par une bande de Bajocien et parfois de Lias, à contours complexes et sinueux. J'ai suivi ces contours pas à pas, et je n'ai de réserves à faire sur ma carte que pour l'espèce d'anse qui descend au Sud de Saint-Pierre; là, il n'y a pas d'affleurements nets, et on pourrait à la rigueur supposer qu'on a affaire à des éboulements. Partout ailleurs, il n'y a pas à douter que les couches ne soient en place et dans leur ordre régulier de succession.

J'appelle surtout l'attention sur la colline (cote 584), qui s'allonge du Nord-Ouest au Sud-Est, à l'Ouest de Saint-Thiébaud. Le sommet est rocheux, en vaines pâtures, et se prête bien à l'observation. On voit la ligne de séparation du Bajocien et du Jurassique supérieur monter d'abord jusqu'au sommet, redescendre en pointe vers le vallon de Saint-Thiébaud, puis traverser le coteau dans toute sa largeur presque jusqu'au village d'Onay, sur l'autre versant, à 150 mètres plus bas; elle se relève ensuite lentement et contourne l'extrémité Sud du coteau. Les directions successives qu'elle affecte ne se prolongent nulle part au delà du contour tracé. Il me semble difficile d'admettre une faille verticale, cylindrique, avec une directrice aussi compliquée, je suis plutôt porté à croire que la coupe en long de la colline donnerait quelque chose d'analogue à la figure 13. Malheureusement, je n'ai pas pu observer là de superposition.

S. O.   N. E.

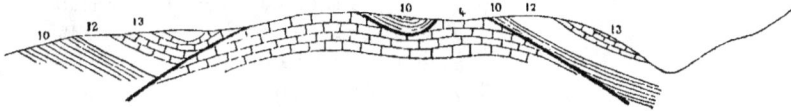

Fig. 13. — Coupe à l'Ouest de Saint - Thiébaud.
4. Bajocien; 10. Astartien et Ptérocérien; 12. Kiméridgien; 13. Portlandien.
— Échelle de 1:20000 environ.

Un peu plus loin au Sud-Est, au tournant de la route qui descend de Saint-Thiébaud à Salins, elle coupe un rocher d'Oolithe inférieure, surmontant le Lias, et sur lequel on trouve un affleurement d'une roche blanche compacte, sans fossiles, mais tout à fait semblable pétrographiquement à la masse de Portlandien, bien nettement déterminée, qu'on rencontre 50 mètres plus loin.

La boucle à l'Ouest d'Aiglepierre est aussi remarquable. Elle occupe une petite dépression sur le flanc Sud-Est d'une colline (425) tout entière formée de Jurassique supérieure (Astartien); et dans cette dépression les travaux de culture des vignes amènent au jour et montrent en place les marnes des Lias, avec Ammonites et Bélemnites du niveau supérieur. Là, il n'y a pas d'éboulement possible.

Mais l'affleurement d'une faille est insuffisant pour déterminer son allure en profondeur, en l'absence de vallon assez profond, qui montre les inclinaisons des cassures et les superpositions. Pour donner une coupe du Mont-Poupet à Aiglepierre, par exemple, il faut faire une large place à l'hypothèse. On doit pourtant remarquer que si la faille est continue, comme semble bien l'indiquer la continuité des bandes qu'elle sépare, sa surface doit l'être aussi en profondeur, et que par conséquent un plan vertical doit la couper suivant des lignes analogues à celles de la figure 14 (¹). Le petit placage portlandien, *a b*, signalé plus haut, est un indice de plus en faveur de cette interprétation. Quant à ce qu'elle devient plus à l'Ouest, il est impossible de le dire, aucun affleurement analogue ne reparaissant de ce côté. On pourrait peut-être supposer qu'une faille existait suivant la ligne pointillée tracée sur la carte, et que les affleurements de Jurassique supérieur, qui s'étendent à l'Est jusqu'à Salins, sont le résultat d'un glissement postérieur de la partie relevée, compliqué ensuite par les dissolutions souterraines du sel et du gypse.

On retrouve plus au Sud, jusqu'au-delà de Lons-le-Saunier, le long du « Premier Plateau », des phénomènes, si non analogues, au moins également anormaux. Je n'ai pu encore les étudier avec assez de détail pour vouloir en parler ici. Je tiens seulement à faire remarquer, en terminant, que les uns comme les autres jouent un rôle tout à fait secondaire dans la structure de la région. Ce ne sont que des accidents locaux; mais la régularité que présen-

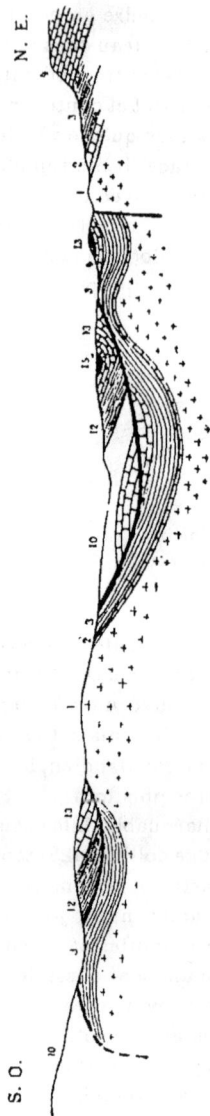

Fig. 14. — Coupe du Mont-Poupet à Aiglepierre.

1. Marnes irisées; 2. Infralias et Calcaires à Gryphées; 3. Lias; 4. Bajocien; 10. Astartien et Ptérocérien; 12. Kimméridgien; 13. Portlandien; 15. Néocomien. — Échelle de 1:20000.

N. E.

S. O.

(¹) Cette coupe indique en *cd*, dans un pli du Portlandien, un petit affleurement de Néocomien; cet affleurement est en réalité un peu plus à

tent en général dans ces bandes ou *paquets*, larges souvent de 2 kilomètres, la stratification et la succession des couches, en fait quelque chose de plus que des simples éboulements; et comme, en outre, dans des chaînes plus puissamment tourmentées, des faits analogues ont dû vraisemblablement se produire et peuvent présenter plus d'importance, il était peut-être utile de les décrire avec détails dans une région relativement facile à étudier.

M. LORY demande si les phénomènes signalés dans les environs de Salins ne s'expliqueraient pas plus facilement par une série de failles secondaires, diversement obliques à la faille principale. Pour Vorges, la coupe donnée s'explique bien à ses yeux par un écroulement de la tête de faille sur la lèvre abaissée. Enfin à Besançon, il signale la continuation admise jusqu'ici, de la faille du Trois-Châlets dans le Doubs jusqu'à la Malatre, celle de l'escarpement de la route de Morre n'en étant qu'une bifurcation.

M. BERTRAND répond que supposer à Salins une série de failles successives, diversement orientées, c'est en résumé décomposer la faille courbe en une suite d'éléments rectilignes, ce qui est évidemment toujours possible. Mais, si aucun des éléments ne se prolonge au-delà de ses points de rencontre avec les éléments voisins, cette décomposition n'offre plus guère d'intérêt; peu importe, en effet, un polygone ou une courbe. Or, comme il l'a dit, c'est là le cas à Salins; il n'y a pas de failles dans les deux bandes en contact ('); c'est leur continuité qui lui permet de dire que la faille courbe est également continue et que lui semble autoriser ses déductions.

---

l'Ouest, sur la rive droite du ravin qui descend de Saint-Thiébaud. On y trouve *Ostrea Couloni, Echinospatagus cordiformis*, mais rien qui rappelle le Valanginien. Si de là on suit dans la direction d'Onay, vers le Nord-Ouest, l'affleurement des Dolomies portlandiennes, bien développées en ce point, on trouve, à la lisière du bois de la Côte de Mehaut, une roche spathique jaune, qui rappellerait assez bien certains bancs valanginiens, mais où je n'ai pu découvrir de fossiles.

(') Il y a bien pourtant dans le massif qui borde la Furieuse, entre Onay et le Faubourg Saint-Pierre, quelques cassures, se réduisant par places à des plissements brusques, avec étranglement des couches, et marquées sur la carte en traits pleins, plus fins; mais elles ne se raccordent nulle part aux failles précédemment étudiées, et en semblent tout à fait indépendantes.

4

Pour Vorges, il ne conteste pas la possibilité de l'explication de M. LORY; il est cependant remarquable que cet écroulement, prolongé sur 3 kilomètres de longueur, ait eu pour résultat de déposer les bancs écroulés, en stratification normale et en concordance apparente, sur les assises coralliennes. D'ailleurs, l'explication ne semble pas admissible pour les environs de Besançon, où le *paquet* ainsi isolé comprend toutes les couches depuis le Lias moyen jusqu'au Ptérocérien.

Quant à la prolongation à peu près rectiligne de la faille des Trois-Châtels dans le Doubs, il l'avait d'abord admise comme on l'avait fait avant lui; seulement il a reconnu, après un examen plus attentif, qu'aux points où elle devrait, ou pourrait, toucher le bord, il y a bien des froissements de couches, ce qui n'est pas rare dans la région, mais pas de trace observable de dénivellation.

IV

CARTE GÉOLOGIQUE DÉTAILLÉE DE LA FRANCE.

Feuille n° 126 (Besançon).

NOTICE EXPLICATIVE

(Février 1882).

DESCRIPTION DES ÉTAGES.

A. Argile à cailloux siliceux. Au pied de la chaîne du Jura, comme le long des collines de la Haute-Saône, se montre par lambeaux non recouverts une terre argileuse, pétrie de débris siliceux, chailles oxfordiennes au Nord, silex bajociens au Sud. Nous l'attribuons au double phénomène d'altération sur place des couches et d'entraînement postérieur, par des eaux torrentielles. D'après les coupes du chemin de fer, entre Arbois et Lons-le-Saunier, nous rapportons ce dépôt, non plus au Pliocène (P), mais à la fin de l'époque quaternaire.

a³. **Alluvions modernes**, dans le fond des vallées.

a¹. Les **Alluvions anciennes** sont sableuses (sables gras) le long de la Saône, sableuses et argileuses le long de l'Ognon. Celles de la Tille sont formées de débris calcaires, constamment remaniés par la rivière. Enfin dans la montagne, on trouve à Nans, à Salins et près d'Alaise, quelques lambeaux de cailloux roulés semblant provenir du remaniement des dépôts glaciaire du Sud-Est.

P. Le **limon** (terre à pisé) de la **Bresse** se continue dans toute la région tertiaire de la feuille.

P¹. Les dépôts pliocènes de Gray se suivent le long de la Saône, juqu'à Saint-Jean-de-Losne et au-delà, sous forme d'alternances de sables et d'argiles. On trouve le minerai de fer, avec son accompagnement de «castillot», qui s'agglomère à Tillenay en véritables bancs calcaires : à l'Ouest vers Dijon; près de Foucherans; sur les bords de l'Ognon et dans la forêt d'Arne. Il est là surmonté par de puissants amas de cailloux quartzeux arrondis, semblant provenir des Vosges. Ces amas, souvent recouverts par le limon P, occupent aussi une partie de la forêt de Chaux, et forment les lambeaux de Montferrand. d'Osselle et de Mouchard. Il est difficile de suivre dans la forêt de Chaux leur distribution par rapport aux sables pliocènes dont ils occupent le niveau et que certains puits (Vieille Loye) ont seuls rencontrés. Ces alternances semblent l'indice d'un système fluvio-lacustre, qui aurait raviné les formations antérieures.

m^{4-3}. A Villers-les-Pots, près d'Auxonne, on voit poindre sous le Pliocène des argiles grasses, où M. GIROUX a signalé des Paludines. Le même niveau, lignitifère, affleure au-dessus d'Étrepigney et repose sur des sables réfractaires blancs, formation locale déposée dans une anse des terrains jurassiques. Sur les bords du Doubs, près de Dôle, de la Loue entre Ornans et Nevy, de la Clauge, on trouve des amas stratifiés de cailloux quartzeux arrondis (2 m. avec ciment de sable micacé, formant parfois conglomérat; 2 m. presque sans ciment), supportant les sables pliocènes. A Belmont, ce système fait place à des sables fins micacés, sans galets, surmontés par un mètre de marnes lignitifères, puis par les sables grossiers. A Chaussin, apparaît au niveau de la plaine un système de marnes grasses avec lignites, qu'on suit jusqu'à Neublans, où la coupe est: argiles inférieures, 4 m., sables micacés, 13 m., avec lit de cailloux à la base, tout à fait analogue au conglomérat et contenant la faune d'Hauterives (*Helix Chaixi, Clausilia Terreri*, etc.); argiles supérieures, 7 m., se reliant sans discontinuité à celles de Saint-Côme; sables pliocènes, 2 m. En remontant le Doubs, le banc supérieur d'argile cesse à Beauvoisin, et les sables pliocènes reposent directement sur les sables micacés.

Tous ces dépôts complexes nous semblent faire partie d'un même système, correspondant à une grande formation lacustre, sableuse et argileuse, avec apports de galets sur les bords du bassin, postérieure à la mollasse soulevée de la montagne, et ravinée par le Pliocène. Pourtant le frère OGÉRIEN a signalé une dent de Squale à Bletterans dans les sables micacés et une dent de *Palæotherium* à Neublans, dans les argiles inférieures. Pour ne pas préjuger la question et nous raccorder avec la feuille de Châlon, nous désignons l'ensemble du système par la lettre m^{3-4}; nous distinguons par un contour sans lettre les argiles inférieures, et nous réservons la lettre m^i aux affleurements nets des argiles supérieures.

m^i. Le conglomérat de Dijon se montre à Vonges, à l'état de grès et de calcaires. A Mutigney, il est sous forme de brèche rougeâtre, pétries par places d'*Helix Ramondi*.

Les terrains crétacés, peu développés, n'ont échappé partiellement aux dénudations que dans la vallée de l'Ognon, sur le versant Nord de la Serre, près de Rozet et au pied du Mont-Poupet. Ils comprennent: la Craie de Rouen, c^i, calcaires marneux jaunâtres (*Ammonites Mantelli*); les argiles du Gault, c^2 (*A. mamillaris*); les Grès verts, c^i_1 (*A. Beudanti*), exploités comme sables au Sud de Rozet; et le Néocomien, c_{III}, borné au niveau des calcaires à Spatangues et à *Ostrea Couloni*. Pourtant, à la grange de la Brosse, près Bolandoz, on trouve un peu de marnes pûbeckiennes et de calcaires valanginiens (j^8).

Le conglomérat de Besançon (Trois-Châtels, château de Montfaucon), formé de galets de dolomie portlandienne, semble devoir être rapporté à la période d'émersion qui a précédé les dépôts crétacés.

j^6. Portlandien. Calcaires compacts peu fossilifères (*Nerinea salinensis* à Salins), surmontés par des dolomies jaunâtres et quelquefois sableuses. L'épaisseur (40 m. à Besançon et Salins) atteint 80 m. le long de la faille de Montmahoux.

j^5. Kimmeridgien. Les calcaires marneux, intercalés entre deux bancs de Gryphées virgules, dans la vallée de l'Ognon et à Besançon, sont remplacés à Salins par des calcaires compacts, d'aspect laiteux, peu fossilifères, avec Gryphées seulement à la partie supérieure.

j^4. L'Astartien supérieur (Ptérocérien) se compose de marnes grumeleuses et de calcaires marneux (20 m.), avec *Nerinea Gosœ*, *Terebratula subsella*, etc. L'Astartien proprement dit est formé de calcaires compacts, avec plaquettes à Astartes et *Waldheimia humeralis* en haut, bancs plus marneux à la base et à la partie moyenne, avec Astartes, *Ostrea bruntrutana*, *Waldheimia Egena*. Le niveau oolithique du sommet n'existe pas à Besançon et à Quingey, il reparaît près de Déservillers. L'épaisseur (70 m.) semble moindre près de Salins.

j^3. Le Corallien (40 à 60 m.) offre à Besançon, à Salins et du côté d'Ornans, la même succession d'assises qu'à Gray: calcaires compacts (5 à 6 m.); bancs oolithiques à *Diceras*, calcaires à Polypiers, et bancs grumeleux à *Glypticus hieroglyphicus* et fossiles siliceux. Près de Dôle, la partie inférieure est en partie formée de calcaires marneux (*Rhynchonella pectunculoides, Bourguetia striata*). A Byans et Quingey, les bancs de la base sont également marneux et exploités pour chaux hydraulique (*Waldheimia delemontana, Glypt. hieroglyphicus*); au-dessus viennent des calcaires durs et compacts à *Terebratula elliptoïdes* et Spongiaires, puis les calcaires oolithiques. Au Sud-Est, le faciès marneux envahit à la fois l'Oxfordien supérieur et la base du Corallien (*Hemicidaris crenularis, Bourguetia striata, Ammonites* cf. *Martelli*). Près de Levier, à la naissance du ravin qui suit au Sud la route de Salins, ces calcaires marneux butent sans faille contre un récif de Polypiers.

j². L'**Oxfordien** (100 m.) comprend en haut les calcaires hydrauliques à chailles (*Terebratula Galliennei, Rhynchonella Thurmanni*), ou les marnes à sphérites (*Pholadomya ventricosa, P. exaltata*), et en bas les marnes à Ammonites pyriteuses. A Dôle (45 m.), les marnes sont très réduites et surmontées par un calcaire blanc spathique, avec rognons et fossiles siliceux à la base, exploité pour pierres de taille. Au-dessus, des calcaires marneux contiennent: *Ammonites Schilli, Collyrites*, Bivalves.

j¹. Le **Callovien**, toujours peu développé, en général avec minerai de fer, se borne près de Besançon (Fontaine-Ecu, Palente) à la zone à *Ammonites anceps*. Celle à *A. macrocephalus* existe au Sud-Est près de Villeneuve. Il manque près de Dôle.

j,. Le **Cornbrash** (épaisseur irrégulière, 8 m. au plus près de Besançon) se compose de calcaires gris ou roux, avec bancs marneux (*Terebratula intermedia, T. coarctata, Ostrea costata, Hemicidaris luciensis*). Il semble plus puissant au Sud Est (forêt d'Arc). Près de Dôle, il atteint 35 m. de puissance, avec silex rubanés en haut et marnes fossilifères à la partie moyenne. On a dû souvent, à cause de son peu d'épaisseur, le réunir à la Grande oolithe (j,.-.).

j₁₁. **Grande oolithe** (80 m.). Calcaires blancs compacts, avec *Rhynch. decorata* à la partie supérieure, et oolithes blanches à la base.

j₁₁₁. **Fullers-earth** (40ᵐ.). Calcaires oolithiques, avec bancs marneux à la base, remplis d'*Ostrea acuminata*.

jᴵⱽ. L'**Oolithe inférieure** (100ᵐ.) comprend en haut les calcaires à Polypiers, ordinairement blancs, compacts, et en bas les calcaires à Entroques. Entre les deux, prennent naissance près de Besançon des couches à silex, plus développés vers le Sud. A la base, un niveau marneux, pétri de Bryozoaires se suit de Besançon à Quingey. Entre la Serre et Saint-Vit, l'étage débute par des lits marneux, un peu sableux, ferrugineux, avec *Pecten pumilus*.

1^l. Le **Lias supérieur** comprend des marnes gréseuses ou à rognons calcaires (en haut minerai de fer près d'Ougney); les marnes à *Trochus* et en bas les schistes à Posidonies. Épaisseur: 60 à 40^m.

1^3. **Lias moyen** (30^m.). Marnes à Plicatules (*Ammonites spinatus*, et *A. Margaritatus*); marnes à nodules et calcaires à Bélemnites (*A. Davœi*).

1^2. **Lias Inférieur.** Marnes bleues (*A. raricostatus*), souvent cachées, et calcaires à Gryphées arquées (15 à 20^m.).

1^1. Les zones à *Ammonites angulatus* et *A. planorbis* (réunies à la précédente) sont représentées par des calcaires bleus à grands Plagiostomes, avec minces lits de grès intercalés.

1,. L'**Infralias** comprend à la base un lit de *bone-bed*, surmonté par des grès à *Avicula contorta*, et des alternances de calcaires cloisonnés, de grès et de marnes noires ou bariolées (15^m). Il existe sur toute la feuille.

t^3. **Marnes irisées supérieures**, avec dolomies associées et gypse (80^m.).

t^2. **Marnes irisées moyennes**, avec banc de houille et dolomies, observables sur 15 mètres.

Le sel n'existe que dans les Marnes irisées inférieures; sondages de Miserey au Nord, et de Salins au Sud.

On ne trouve ni sel ni gypse à la Serre, où les trois étages existent sans nul doute, mais ne peuvent se séparer (*t*).

t,. Le **Muschelkalk** est bien développé à la Serre (40^m). Il comprend des argiles grises, des calcaires compacts et des dolomies (*Encrinites liliiformis*).

t$_{III}$. Le **Grès bigarré** est formé d'argiles micacées, passant par places à des petits bancs de grès, exploitées pour tuileries (*Calamites arenaceus*).

t$_{IV}$. **Grès vosgien.** Grès grossiers, passant en haut aux argiles micacées, reposant, ou sur le Permien en discordance, ou directement sur les gneiss et alors non reéouverts et plus puissants (60 à 80^m.). Ces deux dépôts sont d'ailleurs identiques au point de vue minéralogique et se relient stratigraphiquement du côté de Menotey.

r. Le **Permien** (300^m), comprend au sommet un conglomérat gneissique, puis des alternances d'argiles et de grès, et enfin des argiles compactes, d'abord rouges, puis noires vers la base. On y a signalé une empreinte de *Walchia* et une mâchoire de Saurien. — Nous y rattachons les couches rouges et vertes, à stratification confuse, exploitées pour pavés (eurite des auteurs), et qui forment une bande continue le long des gneiss. Ce sont de véritables grès, avec petits cristaux de pyrite et débris feldspathiques; nous sommes portés a y voir le résultat d'une action métamorphique exercée sur la zone de contact par des sources chargées de silice.

Les *terrains cristallins* de la Serre se composent d'une bande de **Granulite**, γ^1, à mica blanc, sur le versant Est; de **Gneiss granuli- tiques**, $\zeta\gamma^1$, avec mica noir disloqué, sillonés de filons de granulite, dont la direction est à peu près normale à celle de la bande, et de **Gneiss gris** ζ^1, sur le versant Ouest, avec bancs de micaschistes feuilletés ou compacts.

REMARQUES STRATIGRAPHIQUES.

L'ilot granitique de la Serre constitue une petite région spéciale, dont l'arête (N.E.-S.O.) est formée de terrains gneissiques, per- miens et triasiques, compris entre deux grandes failles qui, au Nord, vont se réunir près d'Ougney, et au Sud se rapprochent de nou- veau avant de disparaître sous le Pliocène. Le versant Est offre la série complète des terrains, avec une pente générale vers le Nord- Ouest et quelques cassures parallèles à la chaîne; plus loin, les prolongements de la faille de l'Ognon ramènent assez irrégulière- ment les terrains jurassiques supérieurs. A l'Ouest au contaire, les divers étages jurassiques butent par faille contre le massif, et sont séparés par des failles voisines de la direction N.-S. en une série de compartiments allongés, dans chacun desquels les couches ont des allures et des directions différentes. La région a cer- tainement subi un premier mouvement entre le Permien et le Trias; un autre de moindre importance a dû se placer en- tre le Bathonien et l'Oxfordien, et sans produire de discordan- ce de transgressivité, il a accentué la lacune ordinaire dans le Jura entre ces deux étages. Enfin le dernier mouvement, auquel sont dues les grandes failles de la lisière orientale, est cer- tainement postérieur au Crétacé, et probablement, d'après la manière dont les deux failles de la Saône et de l'Ognon viennent converger vers le massif sans subir de déviations ou de changements d'allure importants, antérieur à ces deux failles, c'est-à-dire à la fin de l'Éocène.

La partie du Jura comprise dans la feuille montre déjà bien nettement le phénomène qui donne à la chaîne sa physionomie spéciale: un grand plateau, relativement peu tourmenté, mais fortement dénudé et sillonné de vallées profondes, compris entre deux bandes étroites de failles ou de plissements. Ici la bande inférieure se réduit à une simple faille; la bande occidentale, au contraire, est assez large; les failles y sont multiples et s'y ramifient en passant de la direction générale N.E.-S.O. à la direction N.-S. Un fait intéressant est la présence dans cette bande de *failles secondaires* (marquées d'un simple trait plein), qui ne sont ni planes ni verticales, à inclinaison variable, parfois même horizontales (vallon du moulin de Vorges), et qui isolent le long des grandes failles de véritables paquets, où les couches sont tantôt fragmentées et bréchoïdes, tantôt bien stratifiées, mais alors très tourmentées et même souvent renversées.

Un genre spécial de complications stratigraphiques est à noter dans le vallon de Beurre, et semble s'expliquer ainsi: les couches ont été repliées sur elles mêmes en V: il y a eu brisure suivant l'arête, et la branche supérieure a été refoulée sur l'inférieure, en donnant ainsi l'apparence d'une faille presque horizontale.

Le point de convergence des deux lignes de failles qui limitent le plateau correspond au Mont-Poupet, qui par sa masse et sa hauteur est le point saillant de l'orographie de la région. Parmi les cassures qui accidentent le plateau, la plus impsrtante, celle de Mamirolle (feuille d'Ornans), se poursuit assez loin, par une ligne de plissements et de fractures, dans la même direction du Mont-Poupet.

RÉGIME DES EAUX ET CULTURES.

Il y a peu de sources dans les terrains tertiaires et pas de niveau d'eau constants, sauf du côté d'Asnans (argiles inférieures), et à l'Est de la forêt de Chaux. Dans le Jurassique, les marnes liasiques et oxfordiennes sont les niveaux d'eau importants.

Plusieurs grandes sources sont en relations avec les failles: celles d'Arcier sont alimentées à la fois par la faille de Montfaucon et par les eaux du marais de Saône; celle du Lison, par la faille de Migette et par les conduits où s'engouffre près de Dournon le Lison d'en haut; enfin le bief Vernon écoule avec intermittence les eaux drainées par la faille de Montmahoux.

La plaine des marais de Saône offre un bon type des bassins fermés, fréquents dans le Jura: normalement l'eau s'y écoule par des entonnoirs, qui après les grandes périodes de pluie servent, au contraire, de déversoirs aux eaux des conduits souterrains et leur permettent d'inonder le bassin.

Les alluvions modernes sont en prairies, sauf dans les larges vallées de la Loue et du Doubs, près de leur confluent; là, elles sont cailouteuses et cultivées en céréales. Les terrains tertiaires sont généralement couverts de bois, les terrains jurassiques cultivés en céréales; les vignes, le long du plateau, couvrent les coteaux marneux. L'influence de l'altitude se fait sentir du côté de Levier, où commencent les grands bois de sapins.

DOCUMENTS ET TRAVAUX CONSULTÉS.

Ouvrages de MM. MARCOU, RÉSAL, frère OGÉRIEN; Notes et mémoires de MM. PIDANCET, BOYÉ, COQUAND, LORY, JOURDY, VÉZIAN, CHOFFAT, CHAVANNE, HENRY, BOYER (avec cartes du Mont Poupet). Notes inédites de M. PARANDÍER.

V

SUR L'AGE DES TERRAINS BRESSANS

(BULLETIN DE LA SOCIÉTÉ GÉOLOGIQUE DE FRANCE,

3ᵉ série, X, 1881-1882, p. 256-257. — Séance du 6 Mars 1882).

M. BERTRAND présente les nouvelles feuilles parues de la Carte
géologique de la France: *Lisieux, Troyes, Autun, Besançon,* et les
coupes de la feuille de *Gray.*

Au sujet de la feuille de Besançon, M. BERTRAND fait ses réserves
sur l'âge qu'il a attribué à une parties des terrains bressans. La
coupe de Neublans, sur le Doubs, peut être prise pour le type; elle
montre:

1° A la base, argiles grasses avec lignites . . . . 4 m. visibles
2° Au-dessus, sables blancs micacés, présentant par place les
    agrégations gréseuses, fréquentes dans la mollasse marine.   13 m.
3° Marnes bleues. . . . .   7 m.
4° Sables supérieurs, peu micacés . . . .   2 m.

Au Sud et à l'Est, M. DELAFOND a trouvé une succession analogue, mais les argiles inférieures n'arrivent plus au jour. Par contre, on trouve à la partie supérieure des marnes bleues (3), où remonte l'*Helix Chaixi,* un petit banc sableux, contenant le *Pyrgidium Nodoti* et la faunule qui l'accompagne.

Le frère OGÉRIEN dit avoir trouvé dans les argiles de la base
une dent de *Palæotherium,* et sur le prolongement des sables micacés, à Bletterans, une dent de Squale. Il en a conclu naturellement, ainsi que M. BENOIT, que la dépression de la Bresse était
antérieure à l'époque éocène et avait été comblée: 1° par des dépôts lacustres éocènes; 2° par des dépots de la mer mollassique;
3° par des dépôts lacustres miocènes. Plusieurs discordances ont
même été indiquées.

M. BERTRAND n'a pu, malgré des fouilles et des sondages, effectués aux points désignés par le frère OGÉRIEN, retrouver trace des
fossiles signalés par lui dans les bancs inférieurs. Par contre, il a
trouvé entre les argiles (1) et les sables (2) un banc caillouteux,
contenant abondamment l'*Helix Chaixi* et une faune, que
M. TOURNOUËR a étudiée et a reconnu correspondre exactement
à celle d'Hauterives. Quand aux discordances signalées, elles sont
dues à des apparences de fausse stratification.

Les dernières études de M. FONTANNES dans le Dauphiné ont montré qu'il y existe deux niveaux bien distincts de marnes ligni-tifères, et que les marnes d'Hauterives sont superposées aux dé-pôts marins de Saint-Ariès, et par conséquent pliocènes. A la sui-te d'une course, où M. FONTANNES a bien voulu les guider l'année dernière aux environs d'Hauterives, MM. POTIER et BERTRAND n'ont conservé aucun doute sur l'exactitude de ces nouvelles con-clusions. De plus, l'étude critique des espèces et des localités où el-les ont été signalées a conduit M. FONTANNES à séparer complè-tement la faune d'Hauterives de celle des sables et argiles, égale-ment lacustres, qui surmontent en concordance la mollasse mari-ne. A peine quelques espèces comme l'*Helix Colonjoni* reste-raient-elles communes aux deux dépôts, et peut-être même ce ré-sultat n'est-il pas définitif.

Il devient dès lors impossible d'invoquer une longue persistance dans le temps des espèces lacustres pour arriver à faire des sa-bles (²) le représentant de la mollasse marine. Il faut revenir à l'ancienne opinion d'ELIE DE BEAUMONT et considérer toute la Bresse comme pliocène. Il y a eu sans doute erreur de provenance pour les fossiles signalés par le frère OGÉRIEN.

Les considérations stratigraphiques mènent d'ailleurs à la même conclusion. Toutes ces formations concordantes et horizontales de la Bresse se trouvent à l'Est, vers la lisière du Jura, indifférem-ment en contact avec les divers étages jurassiques, butant contre eux ou reposant sur eux, tandis que dans la haute montagne, la mollasse marine se rencontre soulevée, partageant les contourne-ments et même les renversements du Néocomien sur lequel elle repose. Cet argument prendra une nouvelle valeur quand on aura pu préciser les rapports stratigraphiques de la Bresse avec la ban-de relevée à *Helix Ramondi* et les lambeaux mollassiques, signa-lés au pied du Jura.

VI

LE JURASSIQUE SUPÉRIEUR
ET SES NIVEAUX CORALLIENS ENTRE
GRAY ET SAINT-CLAUDE

(*BULLETIN DE LA SOCIÉTÉ GÉOLOGIQUE DE FRANCE*,
3ᵉ série, XI, 1882-1883, p. 164-191. - - Séance du 15 Janvier 1883).

Sommaire

INTRODUCTION.

Les terrains jurassiques supérieurs de la chaine du Jura ne semblent pas avoir été jusqu'ici de la part des géologues français l'objet d'études aussi suivies que le mérite leur position géographique, intermédiaire entre le bassin de Paris et le bassin méditerranéen. Le Jura français est comme un trait d'union entre ces deux régions si distinctes, et c'est là qu'on peut espérer trouver la solution des questions encore pendantes pour le raccordement des diverses assises.

Les premières observations ont naturellement porté sur l'ensemble de l'orographie stratigraphique de la chaine, et dans la grande masse des calcaires, relativement peu fossilifères, qui surmontent l'Oxfordien, on s'est contenté d'indiquer, comme point de repère provisoire, les couches oolithiques, riches en Polypiers et en *Diceras*, qu'on a assimilées aux couches réellement coralliennes de la lisière. L'identité du faciès, celle de la faune au point de vue générique, et même l'analogie des espèces, semblaient légitimer cette assimilation, qui fut pendant longtemps acceptée sans contrôle.

ÉTALLON a bien signalé, dans son étude sur Saint-Claude, les contradictions où elle le conduisait, mais dans les hypothèses qu'il hasarde avec beaucoup de réserve pour les expliquer, l'idée ne lui est pas venue de douter de son point de départ.

Le frère OGÉRIEN, bien qu'il ait étendu ses recherches à tout le département du Jura et qu'il y ait distingué treize zones dans le Jurassique supérieur, ne semble pas avoir non plus soupçonné qu'il pût y avoir des couches coralligènes à différents niveaux.

A Besançon, les bancs portlandiens ont le même faciès qu'à Gray, mais ne montrent pas de fossiles; à Salins, on y retrouve la *Nerinea trinodosa*. Plus au Sud et jusqu'à Saint-Claude, les calcaires compacts conservent leur aspect caractéristique, mais ils s'entremêlent dès la base de bancs de dolomies, blanches ou plus souvent grisâtres, grenues et cristallines, très différentes du banc supérieur de « *Dolomies portlandiennes* ». On peut signaler aussi, vers le haut, des bancs à plaquettes, également très caractéristiques et montrant malgré leur cassure compacte une multitude de petits lits superposés très régulièrement, de moins d'un millimètre d'épaisseur. Cet ensemble, très peu fossilifère, a rarement dans le haut Jura moins de 100 mètres, et atteint 150 mètres d'épaisseur. A 40 mètres environ au-dessus de la base, on peut reconnaître de gros bancs, pétris de *Nerinea trinodosa*, dont le moule souvent diparu laisse des cavités dans la roche, et qui, en dehors de la continuité stratigraphique, fixent l'âge de la série.

Il résulte de cette description que la limite inférieure du Portlandien n'est fixée dans le haut Jura que par l'apparition d'un *faciès* (en général d'un banc de dolomies). Or, il n'y a pas de raison pour que les conditions qui ont déterminé la production de ce faciès aient commencé ou cessé partout à la même époque; rien n'empêcherait donc que le faciès portlandien ne se fût entendu par places à une partie des sous-étages inférieurs, et il y aurait lieu à un examen attentif avant de conclure à une lacune, parce que le Portlandien ainsi déterminé reposerait, par exemple, directement sur le Ptérocérien. En fait, nous verrons qu'il n'en est rien, au moins jusqu'à Saint-Claude, et que les bancs dont on peut suivre la continuité au-dessous des premières dolomies et du faciès portlandien, montrent à leur base et à leur partie supérieure des lits d'*Exogyra virgula*. Ainsi, quand je me contenterai, à la partie supérieure de mes coupes, de citer le Portlandien, j'entendrai seulement parler d'un faciès; mais l'ensemble même de la Note montrera que ce *faciès* correspond à un *âge*.

Haute-Marne et Haute-Saône. — Je commencerai par rappeler la coupe de la Haute-Marne, bien connue par les travaux de MM. ROYER et TOMBECK. Il suffira en effet, grâce à la Note précédente de M. DOUVILLÉ ([1]), de se raccorder avec cette région pour se raccorder avec les falaises de la Manche et la partie septentrionale du bassin parisien. Dans cette coupe, les accolades de gauche indiquent les groupements faits par MM. ROYER et TOMBECK, et les accolades de droite ceux qui correspondent aux dénominations usitées dans le Jura.

Il n'a pas vu, ou pas mentionné, les fossiles astartiens cités par ETALLON au-dessous du « Corallien » de Valfin, et se contente de signaler une lacune au-dessus de ces couches. D'ailleurs, les parallélismes hâtifs et souvent inexacts qu'il établit à propos de chaque zone pour les couches des diverses localités, les mélanges qui en résultent dans les listes de fossiles, enlèvent beaucoup de leur valeur aux renseignements accumulés dans son ouvrage.

Ce sont, on peut le dire, les travaux de M. CHOFFAT qui ont inauguré une étude méthodique de détail du Jura français. Dans son *Esquisse du Callovien et de l'Oxfordien*, M. CHOFFAT a suivi les variations de faciès et de faune que présentent ces couches du Nord au Midi; pour les terrains supérieurs, il a seulement, dans deux Notes plus restreintes, résumé les résultats les plus importants de ses recherches: le parallélisme des coupes de Saint-Claude avec celles du Jura septentrional, l'intercalation à des niveaux variables du faciès corallien, et le mélange près de Montépi-

---

([1]) H. DOUVILLÉ, Note sur la partie moyenne du terrain jurassique dans le bassin de Paris, et sur le terrain corallien en particulier (*Bull. Soc. Géol. de France*, 3ᵉ sér., IX, 1880-1881, p. 439-474).

le de la faune astartienne à *Waldheimia Egena* avec celle de l'*Ammonites polyplocus*.

Les études que je poursuis depuis cinq ans pour l'établissement de la Carte géologique du Jura ont pour moi confirmé pleinement, en les précisant sur certains points, les conclusions de M. CHOFFAT. Le but de cette Note est de montrer, par la série continue des coupes entre Gray et Saint-Claude, qu'il n'y a dans cette région ni lacune, ni mélange ou confusion de fossiles; qu'à part une certaine difficulté à préciser en certains points la limite des sous-étages, on en retrouve partout la succession normale avec leurs fossiles caractéristiques; et que le faciès et la faune coralligènes se développent suivant les régions à trois niveaux différents, formant ainsi dans la série trois grandes lentilles parallèles aux couches, et permettant de distinguer:

L'*Oolithe corallienne*, au-dessous des premiers blancs à *Waldheimia Egena*;

L'*Oolithe astartienne*, au-dessous du Ptérocérien et du Calcaire à Astartes de la Haute-Marne;

L'*Oolithe virgulienne*, au-dessous du banc supérieur à *Exogyra virgula*.

Il sera peu question dans cette du Portlandien, sur la connaissance duquel je n'ai rien de nouveau à ajouter. Aussi est-il utile, comme point de départ, de résumer ici ses caractères, très constants dans toute la chaîne du Jura, et la manière dont il y est délimité. Il se compose en majeure partie de calcaires compacts d'un blanc ou d'un gris jaunâtre, parfois cariés, souvent lithographiques. A Gray, il a 70 mètres environ de puissance; il renferme dès la base, au-dessus des *Exogyra virgula*, l'*Ammonites rotundus* et la *Trigonia gibbosa*, puis plus haut de nombreux fossiles, parmi lesquels l'*Ammonites gigas* et la *Nerinea trinodosa* ([1]). Au sommet se trouvent des calcaires jaunes ou rougeâtres un peu dolomitiques, souvent scoriacés, désignés sous le nom de *Dolomies port-*

([1]) PERRON, Sur l'étage portlandien dans les environs de Gray (*Bull. Soc. Géol. de France*, 2e sér., XIII, 1855-1856, p. 799-816).

landiennes, formant dans tout le Jura un niveau très constant au-dessous du Crétacé.

Divisions de MM. ROYER et TOMBECK			Divisions des géologues jurassiens
	1. Portlandien.		
Virgulien, zone à *Amm. caletanus.*	2. Alternats marno-calcaires *Amm. caletanus, A. Erinus, Ex. virgula*	15 m.	Virgulien.
	3. Calcaires marneux *(Amm. caletanus A. Eumelus, Ex. virgula)*	10 m.	
	4. Calcaires à *Amm. orthocera* .	4 m.	
	5. Marnes bleues à *Amm. orthocera* et *Dysaster granulosus* .	14 m.	
Ptérocérien, zone à *Amm. orthocera.*	6 Calcaire à *Isocardia striata* et *Pholadomya Protei* . . .	10 m.	Ptérocérien.
	7. Marnes à *Pinna granulata* et *Rhabdocidaris orbigniyana* .	10 m.	
	8. Marnes à *Ceromya excentrica*		
	9. Calcaires à *Pterocera Oceani* et *Ostrea pulligera*	5 m.	
Calcaires à Astartes.	10. Calcaires compacts (2ᵉ niveau à *Wald. humeralis*, avec *Nautilus giganteus. Amm. Achilles, Mytilus perplicatus*, etc. . .	25 m.	Astartien.
Corallien compact, 1ᵉʳ niveau à *Waldheimia humeralis* (*Wald. Egena*).	11. Oolithe de la Mothe (2ᵉ niveau à *Card. corallinum*) . 4 à 10 m.		
	12. Calcaires lithographiques . .		
	13. Oolithe de Saucourt		
	14. Calcaires à *Nautilus giganteus.*	10 m.	
	15. Calcaires grumeleux à *Cidaris florigemma*	3 m.	
	16. Calcaires à *Amm. Achilles* et *Mytilus perplicatus*	10 m.	
Corallien, 1ᵉʳ niveau à *Cardium corallinum.*	17. Calcaires et marnes à *Amm. marantianus*	4 m.	Coralien.
	18. Oolithe de Doulaincourt *(Diceras arietinum*, etc.) . . .	40 m.	
	19. Marnes sans fossiles. . . .		
	20. Marnes à *Amm. Bateanus.*		

M. DOUVILLÉ a montré que dans cette coupe la base du Corallien compact, marquée par un petit niveau marneux où apparaissent la *Waldheimia Egena* et l'*Exogyra bruntrutana*, correspond au niveau argileux qui, plus au Nord, dans la Meuse, et jusque sur les bords de la Manche, contient l'*Ostrea deltoidea* et forme la base du Kimmeridgien (*lato sensu*) de d'ORBIGNY; 2° qu'au-dessus de l'Oolithe de la Mothe, la *Wald. Egena* fait place à une forme voisine, la *Wald. humeralis*, qui remonte jusqu'avec les Ptérocères. Il a été ainsi amené à séparer dans le système kimmeridgien les trois zones suivantes, que l'on peut suivre dans tout le bassin Parisien:

1° Zone à *Amm. orthocera* et *Exogyra virgula* (2 à 5 de la coupe);

2° Zone à *Amm. Cymodoce* et *Waldheimia humeralis* (6 à 10);

3° Zone à *Amm. Achilles* et *Wald. Egena* (11 à 16).

Au-dessous vient le Corallien (17 à 19), ou zone à *Amm. marantianus* et (*pars*) zone à *Amm. canaliculatus* et *Waldheimia delemontana*.

Je passe maintenant à la coupe de la Haute-Saône, dans les environs de Gray, en renvoyant pour plus de détails à la *Paléontostatique du Jura graylois*, par ÉTALLON ([1]). On y trouve ([2]):

	1.	Portlandien.	
	2.	Marnes à *Exogyra virgula*. . . , .	10 m.
Virgulien.	3 et 4.	Calcaires blancs en petit bancs (*Phol. multicostata, Lucina rugosa,* etc.).	15 à 30 m.
	5.	Marnes pétries d'*Ex. Virgula* (*Amm. longispinus, Ter. subsella*).	2 m. 2 m.
Plérocérien.	6 à 9.	Bancs marno-grumeleux (*Ter. subsella, T. suprajurensis, Pterocera Oceani, O. pulligera, Ceromya excentrica,* etc.), surmontant une alternance de bancs compacts et de bancs grumeleux avec *Wald. humeralis*.	15 à 20 m.

([1]) A. ÉTALLON, Paléontostatique du Jura. Jura Graylois. Préliminaires à l'étude des Polypiers (*Annales Soc. d'Agriculture de Lyon*, IV, 1860, p. 145-177).

([2]) Les numéros de cette coupe correspondent à ceux de la coupe de la Haute-Marne.

	10.	Calcaires compacts, pauvres (*Amm. Achilles, Pholadomya Protei*) . . . . 25 m.
	11.	Oolithes blanches désagrégées (Nérinées, *Diceras*, Polypiers, *Cardium corallinum*) . . . . 2 à 4 m.
		a) Calcaires compacts ou marneux *(Naut. giganteus. Amm. Achilles, Mytilus perplicatus, Phol. Protei* . . . . . . 15 m.
Astartien.	12 à 14.	b) Marno-calcaires, avec plaquettes à Astartes . . . . 2 m.
		c) Calcaires spathiques rougeâtres, à oolithes empâtées, avec marnes subordonnées *(Wald. Egena, Rhynch. pinguis, Ex. bruntrutana)* . . . . 5 m.
	15.	Calcaires spathiques à nombreux débris de fossiles, visibles dans la vallée du Salon, perdant ce caractère plus au Sud . 3 m.
	16.	Calcaires compacts, peu fossilifères, avec bancs marneux à *Wald. Egena* et *Exogyra bruntrutana* à la base. . . . . 15 m.
	17.	Calcaires plus compacts, pauvres, avec Nérinées et *Diceras* par places . . . 2 à 6 m.
	18.	a) Oolithe blanche désagrégée à *Diceras arietinum* (Dicératien). . . . . . 10 à 20 m.
		b) Calcaires compacts ou oolithiques à Polypiers, faciès très variable (Zoanthairien). 25 à 30 m.
	19.	Marnes grumeleuses à *Cidaris florigemma* (Glypticien).
	20.	Calcaire à chailles (Pholadomyen). . . 10 m.

L'analogie des deux coupes est évidente; elle est confirmée par l'identité presque complète de la liste des fossiles donnée par ÉTALLON⸳ pour l'Astartien avec celle du Corallien compact de la Haute-Marne. On voit de plus, par ce qui précède, que la limite choisie par les géologues jurassiens entre le Corallien et l'Astartien correspond exactement à la base du Kimmeridgien du Havre; que l'Astartien embrasse pour eux le Corallien compact et le Calcaire à Astartes de la Haute-Marne; leur Ptérocérien, contrairement à ce qui a été dit plusieurs fois, est bien celui de la Haute-Marne, sauf une moins grande extension vers le haut.

Quant aux zones de M. DOUVILLÉ, elles concordent presque exactement avec ces divisions. La seule différence est qu'il rattache à sa seconde zone, et non à la troisième, les calcaires compacts (10) qui, dans la Haute-Marne, contiennent la *Waldheimia humeralis*, et sont à peu près stériles près de Gray. Je n'aurais aucune raison pour ne pas adopter théoriquement ce groupement, mais au point de vue des contours géologiques, la limite devient difficile à suivre quand l'Oolithe de La Mothe fait défaut, et je crois d'ailleurs préférable, dans cette étude consacrée au Jura, de conserver aux étages la signification qu'ils y ont reçue ordinairement, après l'avoir précisée aussi nettement qu'il m'a été possible.

Besançon et Salins. — En descendant au Sud-Est de Gray, on peut suivre une coupe analogue dans les tranchées de Montagney, sur les bords de l'Ognon et près de Besançon (route de Morre). Les seules modifications qui s'y observent sont l'envahissement du niveau moyen de l'Astartien par des marnes sans fossiles, qui près de Besançon passent à des calcaires plus ou moins marneux: de plus l'Oolithe de La Mothe (Oolithe astartienne) disparaît peu à peu; rudimentaire dans la tranchée de Montagney, elle n'existe plus à Besançon.

De Besançon à Salins, cette oolithe reparaît en quelque points (nouvelle route à l'Est de Boussières, Est du marais de Saône, Port-Lesney, Deservillers). De plus une modification importante se fait dans le faciès du Corallien inférieur. Prenons en effet la coupe de la tranchée du chemin de fer, au Nord de Liesle; on y observe:

1. Marnes astartiennes.
2. Calcaires compacts. . . . . 8 m.
3. Calcaires à grosses oolithes blanches et *Diceras* (Dicératien) . 8 m.
4. Calcaires marno-compacts, avec bancs de Térébratules à la base (*Ter. ellipsoides*) . . . . 14 m.
5. Bancs à taches bleues et à débris spathiques, avec Térébratules, Rhynchonelles et *Cardium*, en partie siliceux; Polypiers à la base. . . . . 16 m.
6. Bancs marno-grumeleux, avec *Pecten* et *Cidaris florigemma* très abondants. . . . . 4 m.
7. Bancs compacts à taches bleues et coupes de Spongiaires, marneux et feuilletés à la base. . . . . 5 m.
8. Bancs hydrauliques de passage, peu fossilifères. . . . . 10 m.
9. Bancs à apparence oolithique avec Oursins oxfordiens. . . . 1 m.
10. Oxfordien. { a) Marno-calcaires. / b) Couches à sphérites. / c) Marnes à Ammonites pyriteuses.

Cette coupe, sans permettre de préciser la limite entre l'Oxfordien et le Corallien, montre du moins la disparition du faciès grumeleux du Glypticien. A quelques kilomètres de là, à l'Ouest de Liesle, dans les calcaires marneux de passage, j'ai trouvé le *Glypticus hieroglyphicus*. A l'Est de Quingey, au point où la route de Cessey longe la Loue, elle montre le Corallien ainsi composé: à la base, calcaires marneux à *Waldheimia delemontana* et *Glypticus hieroglyphicus*, puis calcaires plus compacts à Térébratules, et à la partie supérieure, calcaires compacts montrant des coupes de Polypiers et de *Diceras*. La coupe s'arrête là, mais l'Oolithe dicératienne existe plus loin au-dessus de ces calcaires.

A l'Est de Salins, près de Dournon, dans une coupe déjà citée par M. CHOFFAT (¹), on voit, au-dessus des couches à sphérites et à *Pholadomya exaltata* de l'Oxfordien supérieur, commencer une série de marno-calcaires (25 mètres environ), avec *Ammonites* cf. *Martelli*, vers la base desquels s'intercalent quelques petits bancs de calcaires grumeleux avec fossiles siliceux et coralliens (*Cidaris florigemma, Hemicidaris crenularis*). Il en est de même, d'une manière assez régulière dans la région plus méridionale: le faciès *glypticien* n'apparaît plus que par places, formant des nids ou lentilles dans le faciès marno-calcaire ou vaseux, dont la prolongation a maintenu, au niveau et au-dessus des premiers fossiles coralliens, la présence de formes (surtout pour les Pholadomyes et les Myacées) tout à fait analogues aux formes de l'Oxfordien supérieur. Si l'on s'en autorise pour classer ces couches dans l'Oxfordien, sans tenir compte ni de la continuité stratigraphique, ni de l'apparition des Oursins coralliens, on prend pour limite des deux étages la ligne sinueuse de séparation de deux faciès, c'est-à-dire une limite variable dans le temps avec les points considérés.

On trouve d'ailleurs dans le bassin de Paris des faits tout à fait analogues; c'est là évidemment l'explication de la prétendue anomalie stratigraphique signalée par M. TOMBECK, à Saint-Ansiau (Haute-Marne) (²); c'est aussi le même phénomène qu'à Creuë, où l'âge corallien de ces couches est généralement admis. Je dois

(¹) *Esquisse du Callovien et de l'Oxfordien dans le Jura occidental et le Jura méridional*, p. 104.
(²) TOMBECK, Note sur le Corallien et l'Argovien de la Haute-Marne (*Bull. Soc. Géol. de France*, 3ᵉ sér., IV, 1875-1876, p. 164).

ajouter qu'à Creuë on cite dans ces calcaires marneux du Corallien l'*Ammonites canaliculatus*, que je n'ai jamais vu dans le Jura monter jusqu'à ce niveau.

Cette modification du Corallien inférieur ne s'étend pas aux environs immédiats de Salins, si bien décrits par M. MARCOU. Les différents sous-étages supérieurs s'y montrent bien caractérisés, mais très réduits dans leur puissance; l'Astartien n'a plus que 30 mètres, le Ptérocérien de 5 à 10 mètres, et le Virgulien 20 mètres. Il en est de même plus à l'Est, du côté de Nans-sous-Sainte-Anne. Là, on voit reparaître l'Oolithe astartienne; on a de plus l'avantage de trouver entre Éternoz et Montmahoux une coupe qui montre la succession complète des bancs horizontaux depuis le Ba-thonien jusqu'au Portlandien supérieur et ne peut laisser aucun doute sur la place relative et la superposition des niveaux coralligènes. On y observe (route de Montmahoux):

	1. Portandien	80 m.
	2. Marnes bleuâtre à *Exogyra virgula*. . . .	6 m.
	3. Calcaire très blanc compact, aspect éburnéen.	6 m.
Virgulien.	4. Calcaire un peu gras, aspect portlandien, avec parties oolithiques (*Oolithe virgulienne* rudimentaire).	7 m.
	5. Calcaire blanc analogue à 3	2 m.
	6. Calcaire grumeleux, sableux, spathique . . .	5 m.
Ptérocérien.	7. Marnes grises sableuses avec *Terebratula suprajurensis*, *Ostrea pulligera*	1 m.
	8. Calcaire spathique roussâtre.	2 m.
	9. Bancs assez puissants de calcaire compact, grenu, à cassure esquilleuse	12 m.
	10. Bancs compacts, à oolithes blanches peu cimentées à leur partie supérieure; nombreux fossiles empatés (*Oolithe astartienne*) . .	7 m.
Astartien.	11. Marno-calcaires, avec *Waldheimia Egena*, *Rhynchonella pinguis*, *Exogyra bruntrutana* très abondante, plaquettes à Astartes.	5 m.
	12. Calcaires compacts, d'un blanc grisâtre. . .	2 m.
	13. Marnes grumeleuses avec *Ex. bruntrutana* et grandes Huîtres	3 m.
	14. Marnes et calcaires marneux formant combe, non observables	2 m.

Corallien (¹).

15. Calcaires compacts à Nérinées et Polypiers, avec bancs oolithiques à la base (*Oolithe corallienne*) . . . . 10 m.

16. Calcaires spathiques et compacts, remplis de Polypiers . . . . 19 m.

17. Alternances de bancs compacts spathiques et de bancs marno-calcaires, avec *Waldheimia delemontana* et *Cidaris florigemma*, Polypiers; *Pholadomya parcicosta* à la base . . . . 30 m.

18. Marnes à sphérites, oxfordiennes.

La même succession se retrove aux environs immédiats de Nans, sur la route de Nans à Bolandoz; là, le Ptérocérien (10 mètres) est beaucoup plus fossilifère et contient *Pterocera oceani*, *Pholadomya Protei*, *Thracia incerta*, Natices et nombreuses Nérinées. Il est directement surmonté par un banc d'*Exoyyra virgula*, qui correspond au banc inférieur de Gray. L'Oolithe astartienne fait défaut. A Salins même, où elle manque également, on trouve l'Oolithe virgulienne dans la tranchée du chemin de fer, près de la grange Jolibois, et sur la route de Mouchard, près du viaduc, avec grosses oolithes blanches irrégulières qui se détachent de leur pâte.

La coupe précédente, où les niveaux coralligènes sont, il est vrai, peu développés, est la seule qui, à ma connaissance, les montre tous trois réunis. Il importe aussi d'y remarquer le faciès spécial du Virgulien représenté par une alternance de calcaires d'un blanc laiteux, faciles à reconnaître malgré l'absence de fossiles, avec d'autres calcaires à aspect portlandien (cariés près de Salins). Je les ai suivis de là, d'une manière presque continue, par Bolandoz, Levier et les bords du bassin de Nozeroy, jusqu'aux Planches et à Saint-Laurent, où nous les retrouverons tout à l'heure. Dans cette région, la couleur blanche subsiste, mais les bancs passent par places à un aspect pseudo-crayeux, accusé par la fissilité des calcaires qui se délitent à l'air en grandes plaquettes. Ces caractères minéralogiques m'ont servi de points de repère pour découvrir dans le Haut Jura plusieurs gisements de Gryphées virgules, dont la position, soit au sommet, soit à la base de ce petit ensemble, est venue confirmer la première assimilation.

(¹) La partie inférieure de cette coupe a déjà été donnée par M. CHOFFAT (*Archives des Sc. de la Bibliothèque Universelle*, Déc. 1875).

Je ne fais qu'indiquer ce raccordement, par un léger détour à l'Est, avec le Haut-Jura; les coupes que ce détour me mènerait à étudier permettent également de bien distinguer les sous-étages successifs, mais elles présentent moins d'intérêt, par suite de l'absence des niveaux coralligènes.

Plateau des bords de l'Ain entre Champagnole et Clairvaux. — En se dirigeant au Sud de Salins vers ce plateau, on ne trouve plus, pendant 25 kilomètres, d'affleurement des terrains jurassiques supérieurs qui ont été enlevés par les dénudations. Le raccordement des assises n'en peut pas moins s'opérer, avec quelques difficultés au premier abord, mais avc une complète certitude.

A l'Ouest du Mont Rivel, dont la coupe a été donnée par M. CHOFFAT, s'élève, sur la rive droite de l'Ain, au milieu des alluvions glaciaires, une colline isolée, le Mont Sogeons, toute couverte de bois et dont la masse principale est formée par les calcaires marneux de l'Oxfordien. Au sommet de cette colline, peu au-dessus du point où cessent les marno-calcaires, on trouve une carrière exploitée dans un calcaire à oolithes blanches, avec Polypiers et Nérinées, qui correspond par sa position et son faciès à l'Oolithe corallienne (Dicératien) des coupes précédentes. Les couches plongent au Sud, vers l'Ain, si bien que dans l'escarpement de la rive opposée on ne trouve plus de marno-calcaires, mais des bancs oolithiques plus ou moins analogues à ceux de la carrière précédente; les oolithes en sont plus clairsemées, plus noyées dans la pâte bleuâtre, dont elles partagent la couleur. On y rencontre encore quelques Oursins, mais il n'y a plus de Polypiers; le faciès coralligène tend à disparaître. Au-dessus de ces bancs, sur 30 mètres de hauteur, tout est masqué par des éboulis, et la route de Mont-sur-Monnet, qui part de là, permet seulement d'observer la succession suivante:

Ptérocérien; bancs de calcaires marneux, fossilifères, visibles au haut de l'escarpement. au-dessus de la source de Balerne.

1. Bancs compacts, à cassure lisse, d'un gris jaunâtre ou rougeâtre, peu fossilifères . . . . 30 m.

2. Calcaires à oolithes blanches, fines, assez régulières, avec faune coralligène et plusieurs bancs compacts à *Cidaris florigemma* intercalés vers la base. . . . . 18 m.

3. Calcaires gris compacts, avec section nombreuse de Nérinées, *Diceras*, Pinnigènes. . . . . 3 m.

4. Calcaires blans à taches oolithiques rouges et marnes feuilletées oolithiques (*Exogyra bruntrutana, Rhynchonella pinguis, Apiocrinus*, baguettes d'Oursins, *Cidaris florigemma*). . . . . 2 m.

5. Alternances de bancs compacts avec marne grumeleuse à oolithes irrégulières oblongues (*Exogyra bruntrutana*) . . . . 12 m.
Parties cachées par les éboulis.

On peut encore observer la coupe du flanc septentrional du plateau sur la route qui, un peu à l'Est, monte de Ney à Loulle. On y voit, à partir du village de Loulle:

1. Bancs à oolithes blanches, grosses oolithes désagrégées à la partie supérieure (groisières), Polypiers, *Rynchonella pinguis*) . 15 à 20 m. 50

2. Bancs grumeleux avec oolithes oblongues irrégulières, nombreux fossilifères empatés (*Exogyra bruntrutana*) . . . . . . 5 m.

3. Bancs calcaires avec délits marneux et marnes feuilletées. . 4 m.

4. Bancs marneux avec grosses oolithes grumeleuses à plusieurs centres . . . . 0 m. 30
Interruption. . . . . 6 m.

5. Calcaires compacts et saccharoïdes, contenant par places des oolithes régulières, se brisant avec la pâte; délit marneux à *Waldheimia Egena* ? . . . . 4 m.

6. Bancs tendres, à aspect dolomitique . . . . 2 m.

7. Calcaires blancs, compats ou grenus, avec grosses oolithes rouges, noyées dans la pâte et rares . . . . 9 m.

8. Bancs durs, compacts, à grains fins, par places un peu saccharoïdes . . . . 6 m

9. Calcaires durs, d'un gris bleuâtre, parfois feuilletés avec fines oolithes disséminés; baguettes d'Oursins, grands Polypiers; lits marneux avec *Bourguetia striata* et Terebratules. . . . . . . 4 m.

10. Banc spathique à Entroques et débris d'Oursins. . . . . 1 m. 50

11. Calcaire compact un peu feuilleté dans le haut. . . . . . 4 m.

12. Calcaire spathique jaunâtre avec Huîtres, Nérinées, *Diceras* . 4 m.
Marno-Calcaires coralliens et oxfordiens.

Si du village de Loulle on se dirige vers le petit coteau que surmonte une statue de la Vierge, on trouve au-dessus de la série précédente une épaisseur difficile à évaluer (15 à 20ᵐ) de calcaires compacts, à cassure lisse et taches roses, puis des bancs marneux, visibles sur 10 mètres, avec grands Polypiers branchus et fossiles ptérocériens (*Pterocera Oceani, Ceromya excentrica, Pseudocidaris Thurmanni*).

Ces deux coupes montrent bien dans leur partie supérieure une succession analogue à celles que nous avons vues: Ptérocérien, calcaires compacts, oolithe astartienne; mais rien n'y indique la limite du Corallien et de l'Astartien. Les fossiles astartiens que j'ai pu y citer sont contestables ou sans grande valeur, et ils permettraient très bien de supposer que le Corallien prend ici une extension considérable aux dépens de l'Astartien et comprend tous les niveaux oolithiques et coralligènes.

La coupe de Pillemoine à Loulle (versant Est) ne serait guère plus probante; elle diffère seulement des précédentes en ce que deux nouveaux bancs coralligènes à oolithes blanches viennent s'y intercaler, le premier à 25 mètres environ au-dessous des groisières de Loulle, et le second plus puissant (15^m), correspondant sans doute à la carrière du Mont Sogeons, à 7 mètres au-dessus des marno-calcaires inférieurs.

Heureusement, un peu au Sud, les environs de Châtelneuf, étudiés avec beaucoup de soin et de succès par M. GIRARDOT, professeur au lycée de Lons-le-Saunier, montrent de nouveau les *Waldheimia Egena* en abondance et permettent de lever les difficultés. On y trouve au-dessus des marno-calcaires [1]: 10 mètres environ de calcaires oolithiques compacts (à oolithes oviformes noyées dans la pâte); puis un calcaire marneux pétri de *Waldheimia Egena*, surmonté par 8 mètres de calcaires compacts avec Polypiers, *Wald. Egena. Terebratula Bauhini, Rhynchonella pinguis, Cidaris florigemma*. L'attribution de ces couches à l'Astartien ne peut donc faire de doute; le petit banc marneux à *Wald. Egena* est le niveau que nous suivons depuis la Haute-Marne. On voit ainsi que la limite du Corallien doit être mise assez bas dans les coupes précédentes, et que parmi les bancs coralligènes signalés, les bancs inférieurs de Pillemoine peuvent seuls avec ceux du Mont Sogeons, être rapportés à cet étage. C'est d'ailleurs l'exemple le plus méridional que je connaisse de l'*Oolithe corallienne* nettement développée [2].

---

[1] Voir CHOFFAT, *Esquisse du Callovien et de l'Oxfordien*, p. 96.

[2] Voir pourtant plus bas la coupe de Chaux-du-Dombief à Saint-Laurent.

Au-dessus des couches déja mentionnées, viennent à Châtel-neuf (chemin de Franois, route de Saffloz) 40 mètres de calcaires compacts spathiques ou colithiques, où il est assez difficile de trouver de bons points de répère; on peut cependant signaler à la base un banc avec Oursins assez nombreux (*Cidaris florigemma, Hemicidaris Agassizi, Hem. stramonium*); des calcaires à grosses oolithes empâtées, analogues aux bancs inférieurs du Corallien, et un second lit marneux pétri de *Waldheimia Egena*. Puis vient la série déjà tant de fois signalée: calcaires blancs, crayeux ou ooli-thiques, avec Nérinées, *Diceras, Cardium*, Polypiers (Oolithe as-tartienne, 25ᵐ); calcaires compacts à cassure lisse, peu fossilifères (25 à 30ᵐ), et calcaires marneux du Ptérocérien.

Les assises supérieures peuvent s'observer près du Franois, où les couches plongent brusquement sous le petit bassin néocomien d'Illay. Le Ptérocérien a 80 mètres environ de puissance, et est for-mé d'alternances de bancs marneux et compacts, avec Polypiers branchus et *Pseudocidaris Thurmanni* à la base puis au-dessus *Terebratula subsella, Pterocera Oceani, Corbis subclathrata*, nombreux Bivalves, Nérinées, etc. Vingt-cinq mètres environ de calcaires blancs, correspondant à ceux de Salins, contenant encore le *Pseudocidaris Thurmanni* et montrant vers le milieu des coupes de Nérinées, le séparent du Portlandien et de ses alternances de cal-caires compacts et dolomitiques. M. GIRARDOT m'a signalé, sous les premières dolomies portlandiennes, un banc d'oolithes blan-ches désagrégées, avec petits Bivalves (Oolithe virgulienne).

Je citerai encore sur le même plateau, un peu au Sud, la coupe de Menetrux à la fromagerie d'Illay:

Virgulien.
1. Portlandien (alternances de bancs compacts et dolomitiques).
2. Petit banc marneux, avec petites oolithes rares, et *Exogyra virgula*.
3. Calcaires compacts . . . . 5 m.
4. Oolithe blanche désagrégée, avec nombreux dé-bris de fossiles (*Oolithe virgulienne*) . . . . 4 m.
5. Calcaires compacts, gris et blancs, avec tubulu-res et quelques Nérinées . . . . 12 m.
6. Marnes grumeleuses à petites oolithes rouges (2ᵉ niveau à *Ex. virgula*?) . . . . 0 m. 10

	7. Marnes et calcaires marneux grisâtres, avec nombreux Bivalves, *Terebratula subsella*, *Pseudodiadaris Thurmanni*	12 m.
	8. Calcaires compact perforés.	6 m.
Ptérocérien	9. Alternances de calcaire compact et calcaire gris marneux	30 m.
	10. Calcaires et marnes grises avec *Pterocera Oceani*, *Pholadomya Protei*, *Ceromya excentrica*, Polypiers, *Amorphospongia*	10 m.
	11. Calcaires marneux à petites taches lie de vin (*Pterocera Oceani*, *Nautilus*, *Amorphospongia*).	15 m.
	12. Calcaires compacts à cassure lisse, peu fossilifères; quelques coupes de Nérinées et de Pinnigènes	25 m.
	13. Oolithe astartienne, en partie masquée	10 m.
	Interruption.	
Astartien	14. Calcaire compact se désagrégeant par places; coupes de Nérinées et de *Diceras*; grosses oolithes grumeleuses à plusieurs centres; *Exogyra bruntutana*	4 m.
	15. Bancs compacts à oolithes noyées (Huîtres, Nérinées, *Cidaris florigemma*).	8 m.
	16. Calcaires à grosses oolithes concentriques ovoïdes, noyées dans la pâte, qui est elle-même pétrie de petites oolithes blanches, fines et régulières	2 m.
	17. Calcaires à taches bleues se délitant à la surface (*Rhynchonella*, sp.)	11 m.
	18. Banc marno-grumeleux, à petites oolithes rougeâtres, pétri de *Wald. Egena* et *Ex. bruntutana*	1 m.

On peut avoir la continuation de la coupe en descendant de Menetrux au val Chambly [1]; la route montre au-dessous des couches précédentes, et après une petite interruption, 10 mètres de calcaires à Polypiers, puis 30 mètres de calcaires plus ou moins marneux et grumeleux, avec grosses oolithes rougeâtre à la base et faune corallienne, le tout surmontant les marno-calcaires et l'Oxfordien.

De l'autre côté du ravin des lacs, la route de Clairvaux à Chaux-

[1] CHOFFAT, *Esquisse du Callovien et de l'Oxfordien*, p. 74.

du-Dombief présente une série analogue. Le Portlandien, notamment près des Petites-Chiettes, y est mieux découvert et plus facile à étudier; j'y signalerai, au-dessus du gros banc à *Nerinea trinodosa*, des calcaires feuilletés avec moules de Bivalves, et un banc d'oolithes blanches à faciès coralligène (¹).

Aux environs immédiats de Clairvaux, je n'ai pas trouvé le banc à *Waldheimia Egena*. L'Astartien inférieur y semble d'ailleurs moins puissant. L'escarpement qui sépare la route de Saint-Maurice de celle des Petites-Chiettes montre, près de l'endroit dit Roche de Gargantua:

1. Ptérocérien (sur la route nationale), avec *Terebratula subsella, Pholadomya Protei, Ceromya excentrica.*
2. Calcaire compact à cassure lisse; quelques coupes de Nérinées et de *Diceras*: rares Térébratules dans les délits marneux . . . 20 m.

Oolithe astartienne

3. Banc compact, crayeux, très blanc, fissile, avec nombreuses Nérinées. . . . . . . 3 m.
4. Falaise crayeuse ou oolithique, avec Huîtres et Nérinées . . . . 4 m.
5. Calcaires spathiques, mal observables. . . 6 m.
6. Bancs compacts ou grumeleux avec Polypiers . . . . 5 m.

Les bancs inférieurs, masqués par la végétation, correspondent stratigraphiquement à ceux qui sont exploités un peu plus loin, tout autour de Clairvaux. Ces bancs, à grosses oolithes noyées et lumachelliques par places, offrent à leur partie inférieure de grandes dalles toutes couvertes de fossiles, grandes Huîtres, Térébratules, Rhynchonelles, baguettes d'Oursins, le tout malheureusement peu reconnaissable. Au-dessous vient (route de Châtel-de-Joux, route de Soucia) un banc de marnes grises, agglomérées par places en calcaires dolomitiques avec *Exogyra bruntrutana*, Encrines, *Cidaris florigemma*, et qui me semble correspondre au

---

(¹) La suite de cette coupe montre un fait intéressant, c'est l'alternance, déjà signalée par M. BENOIT sans préciser de localité, des calcaires purbeckiens à Planorbes avec les marnes grumeleuses à Térébratules du Valanginien. C'est le seul point où jusqu'ici j'aie pu constater cette alternance, qui prouve nettement la liaison intime du Purbeck du Jura avec le Crétacé.

banc à *Waldheimia Egena*. Dix mètres environ de calcaires à grossés oolithes empâtées et à nombreux débris de fossiles séparent ces marnes des marno-calcaires coralliens.

La route de Châtel-de-Joux permet d'observer un peu plus au Sud, au-dessus de cette série, le Ptérocérien fossilifère, les calcaires blancs virguliens, et, à leurs partie supérieure, l'Oolithe virgulienne.

Pour ce qui regarde la succession des assises du Corallien marneux et leur délimination avec l'Oxfordien, je renverrai à la coupe de La Billode à Châtelneuf par M. GIRARDOT ([1]). On y voit signalé, vers le milieu des couches de Geissberg, un gros banc avec *Ostrea rastellaris*, *Phasaniella striata*, *Cidaris Blumenbachi*; j'ai trouvé plus haut à l'Est, à ce niveau, sur la nouvelle route de Vaudioux, le *Cidaris florigemma*. C'est là que, pour les raisons précitées, je fais descendre la limite des deux étages. Au point de vue de la carte, cette solution est assez pratique, car ce gros banc se reconnaît et se suit assez facilement dans les régions que j'ai étudiées.

Le faciès glypticien est bien accusé près de Clairvaux; à Champsigna, il est représenté par un banc de 6 mètres, rempli de *Cidaris florigemma*, avec *Rhynchonella pectunculata*, et grosses Térébratules (*T. semifarcinata*). Sur l'ancienne route de Pont-de-Poitte, à Châtel-de-Joux, ce faciès est surmonté ou partiellement remplacé par des bancs à grosses oolithes grumeleuses, à plusieurs centres; à Champsigna, il est séparé de la masse des calcaires supérieurs par 20 mètres de marno-calcaires avec rares *Pholadomya hemicardia*. Ces marno-calcaires, sur la rive gauche du lac, présentent un aspect particulier; durcis et compacts comme le seraient des nodules, ils montrent à la cassure une multitude de petites taches rouges, et quelquefois des dessins spathiques qui semblent être des coupes de Spongiaires. Les fossiles y sont très nombreux, mais difficiles à obtenir entiers (Pectens, Mityles, Pernes, Térébratules, *Turbos*, moules de Gastéropodes à fine ornementation, etc).

M. CHOFFAT cite dans les bancs grumeleux l'*Ammonites bimammatus*; j'y ai trouvé seulement, à Gourdaine, une Ammonite, très semblable à une variété de *A. perarmatus*, que QUENSTEDT a figurée du même niveau. Contrairement à l'avis de M. CHOFFAT, et malgré la différence d'épaisseur qui les sépare de l'Artartien, j'as-

---

([1]) CHOFFAT, *Esquisse du Callovien et de l'Oxfordien*, p. 97.

simile ces bancs au gros banc à *Ostrea rastellaris*, signalé tout à
l'heure dans la coupe de Châtelneuf. En tout cas, à Uxelles, localité intermédiaire, l'*Ostrea rastellaris* abonde dans ces bancs
avec le *Cidaris florigemma* et la *Rhynchonella pectunculata*.

Chaînons du Mont-Jura et du Mont-Noir. — Ces chaînons, intermédiaires entre le plateau précédemment décrit et la région de
Valfin, ne montrent pas de changement important dans la succession des couches. Dans le premier, qui sépare la vallée oxfordienne du Dombief du bassin néocomien de Saint-Laurent, je n'ai pas
trouvé jusque ici la *Waldheimia Egena*; je n'ai donc pu y tracer
qu'un peu arbitrairement la limite du Corallien et de l'Astartien.
Voici d'ailleurs la coupe, relevée sur la route de Chaux-du-Dombief à Saint-Laurent:

1. Portlandien. A la partie inférieure, sous le dernier banc de dolomies, j'y ai observé un petit banc marneux avec *Ex. cf. virgula*
(la forme est la même, mais la partie supérieure du test ayant
été enlevée, on ne voit pas les stries). . . . .
2. Calcaires blancs et gris, compacts, peu épais avec un banc d'oolithes blanches à leur partie supérieure (Oolithe virgulienne). . 20 m.
3. Calcaires marneux gris, en bancs parfois feuilletés, avec Bivalves,
Natices, Ptérocères (Ptérocérien) . . . . 60 m.
4. Calcaires durs, un peu rougeâtres, cassure lisse . . . . . . 20 m.
5. Banc à oolithes blanches désagrégées (Oolithe astartienne) et
banc subcrayeux. . . . .
Interruption.
6. Calcaire compact à grosses oolithes fondues dans la pâte et nombreux débris de fossiles (un banc coralligène d'oolithes blanches,
de 0m 30, y est intercalé). . . . . 10 m.
7. Calcaire compact rougeâtre, pétri de débris de fossiles, compris
entre deux bancs à faciès dolomitique. . . . . 8 m.
8. Banc à oolithes blanches irrégulières (peut-être équivalent du
Dicératien ?) . . . . 4 m.
9. Calcaire marneux, formant délit, sans fossiles . . . . 1 m.
10. Calcaire compact, avec quelques oolithes 2m 50
11. Alternances de marno-calcaires avec marnes feuilletées (couches
du Geissberg de M. CHOFFAT). . . . . 30 m.
12. Gros blanc à *Ostrea rastellaris*.

Un peu au Nord-Est, dans la continuation de la même chaîne,
on observe, sur la route de Morillon à Saint-Laurent, à quelques

mètres au-dessus des marno-calcaires, des marnes avec *Exogyra bruntrutana* nombreuses, *Terebratula* cf. *suprajurensis* (variété indiquée par ÉTALLON à la base de l'Astartien), *Cidaris florigemma*, et débris de tests d'Oursins. Ce niveau semble bien correspondre à celui de la *Waldheimia Egena*. Sur la route des Planches à Foncine, j'ai trouvé, entre le Ptérocérien et le Portlandien, l'*Exogyra virgula* bien caractérisée.

Je citerai encore, quoique un peu plus au Nord, à cause de l'extrême richesse du Ptérocérien, la route de Syam aux Planches. Le Ptérocérien y forme voûte et est fortement entamé par les tranchées de la route, qui donnent en abondance : Nautiles, *Terebratula subsella*, *Ostrea pulligera*, *Pterocera Oceani*, *Thracia incerta*, *Lucina rugosa*, *Pseudocidaris Thurmanni*, etc.). Au dessus, de part et d'autre de la voûte, on trouve 30 mètres environ de calcaires blancs, compacts ou subcrayeux, se dilatant dans ce dernier cas en grandes plaquettes et en fragments pseudo-cubiques, avec *Pseudocidaris Thurmanni*; puis viennent les calcaires et dolomies portlandiennes.

Le chaînon du Mont-Noir, à l'Est des Monts Jura, sépare le bassin de Saint-Laurent de la Bienne et du vallon de Morbier; il forme une voûte qui s'ouvre seulement jusqu'au Ptérocérien au col de la Savine, jusqu'à l'Astartien à la Combe David, et jusqu'à l'Oxfordien et même au Bathonien, au Sud de Château-des-Prés, au-dessus de Valfin.

La coupe du col de la Savine est tout à fait analogue à celle de Syam aux Planches; le Ptérocérien y est seulement moins fossilifère. Dans la combe David, au Nord, l'Astartien inférieur se montre avec un faciès plutôt compact et marneux, au lieu des bancs spathiques ou oolitiques signalés plus haut. Les marnes contiennent : *Waldheimia Egena*, *Terebratula Bauhini*, *Exogyra bruntrutana*, *Cidaris florigemma*; plus haut en marchant vers la Chapelle-des-Bois, on retrouve l'Oolithe astartienne, beaucoup plus développée dans la combe de Cize (route de La Chaux-Neuve); puis les calcaires compacts, et enfin le Ptérocérien, très fossilifère, séparé là des couches astartiennes par des bancs blancs compacts à nombreux Polypiers et *Pseudocidaris Thurmanni*. Ce niveau de Polypiers, déjà indiqué dans quelques coupes à la base du Ptérocérien, se retrouve mieux marqué encore sur le chemin forestier qui part des Rochats, et qui montre aussi, au-dessous du Portlandien, un banc d'Oolithe virgulienne.

A la descente de la route de Cize à La Chaux-Neuve, en compagnie de notre confrère, M. W. KILIAN ([1]), j'ai trouvé au-dessus des calcaire marneux grisâtres du Ptérocérien, d'ailleurs assez mal caractérisé sur ce point, deux petits bancs consécutifs d'*Exogyra virgula*, surmontés là, non par les dolomies du Portlandien, mais par les calcaires blancs à *Pseudocidaris Thurmanni*. Ces Huîtres, examinées avec soin par M. DOUVILLÉ, lui ont paru se rapprocher de la variété ptérocérienne (stries plus proéminentes et plus irrégulières, forme générale plus élargie et plus courte). Sur la route de Morez à Saint-Claude, où, comme je le dirai tout à l'heure, on trouve deux bancs d'*Exogyra virgula*, à la base et au sommet des calcaires blancs, on observe la même distinction entre les Huîtres des deux niveaux. Le caractère paléontologique s'accorde avec la position stratigraphique. Le Virgulien est donc, dans cette région ([2]), parfaitement représenté et délimité, non seulement par son faciès minéralogique, mais par les deux bancs d'*Ex. virgula* (intermittents, il est vrai) qui l'enclavent, et peuvent même se distinguer l'un de l'autre par l'examen seul de ces Huîtres.

Le gisement de La Chaux-Neuve a un autre intérêt pratique, la plupart des Huîtres y montrent à la surface une couleur blanchâtre due à l'altération de la partie supérieure du test; parmi elles d'autres échantillons, où l'altération a été plus profonde, sont identiques à ceux que j'ai déjà signalés sur la route de Chaux-du-Dombief à Saint-Laurent, et que j'ai retrouvés dans la même situation en plusieurs autres points, notamment dans la forêt du Risoux, près de la Croix-du-Trône. On est donc autorisé à prendre dans les recherches ces Huîtres incomplètes comme points de repère, et à leur accorder, au moins provisoirement, dans la région, une valeur analogue à celle des *Exogyra virgula* bien caractérisées.

([1]) M. KILIAN, avec qui j'ai eu le plaisir de faire l'année dernière une excursion dans cette région et dans les environs de Valfin, a pu reconnaître de nombreux points de rapprochement avec les coupes des environs de Montbéliard, qu'il a étudiées en grand détail.

([2]) M. CHOFFAT a déjà dit (*Bull. Soc. Géol. de France*, 3ª série, III, p. 769): «Ce n'est que plus au Nord [de Valfin] qu'apparaissent des calcaires blancs, dans lesquels on découvrira peut-être une faune virgulienne.»

Environs de Valfin et de Saint-Claude. — Nous arrivons maintenant à la vallée de la Bienne, où se trouvent les couches célèbres de Valfin. Comme je l'ai dit au début, l'âge corallien de ces
couches a pendant longtemps été considéré comme un axiome et a
servi de point de départ aux études de la région. Tous les observateurs successifs ont d'ailleurs reconnu qu'elles étaient surmontées
directement par le Portlandien. « L'étage portlandien, dit ÉTAL-
LON (¹), commence par les calcaires immédiatement supérieurs au
Dicératien, avec lequel ils ne se lient pas. » BAYAN (²) le premier,
je crois, a conclu de l'examen de la faune que les couches de Valfin devaient appartenir au Kimmeridgien (*lato sensu*). Puis M.
CHOFFAT, s'attachant surtout à l'étude de la coupe de Montépile,
où les couches coralligènes semblent bien d'ailleurs occuper à peu
près le même niveau, a montré qu'elles y occupaient la place du
Ptérocérien (le Virgulien pour lui n'existant pas dans la région) (³).

La multiplicité des niveaux coralligènes, qui ressort des coupes
précédentes, montre avec quelle réserve on peut substituer à l'étude d'un gisement celle d'un gisement voisin, d'autant plus que les
variations de la faune coralligène dans le temps, au moins à cette
période, sont encore trop mal connues pour permettre, avec une sûreté complète, les assimilations à distance; aussi est-ce à Valfin
même qu'il convient d'étudier l'âge des couches de Valfin. La vallée
de la Bienne et les coteaux qui la bordent à l'Ouest, donnent
d'ailleurs tous les éléments d'une solution précise de la question.

Suivons d'abord la nouvelle route de Morez à Valfin (fig. 1). En
sortant de Morez, qui est construit en majeure partie sur le Bathonien (Fullers-earth), la route traverse des alluvions glaciaires
qui masquent la tombée verticale de l'Oxfordien et du Jurassique
supérieur, et les premières tranchées sont dans des calcaires compacts, blancs ou grisâtres, avec Nérinées et quelques *Pseudocida-*

(¹) ÉTALLON, *Esquisse d'une description géologique du Haut-Jura*,
p. 40.

(²) BAYAN, Sur la succession des assises et des faunes dans les terrains
jurassiques supérieurs (*Bull. Soc. Géol. de France*, 3ᵉ sér., 11, p. 316-317).

(³) M. CHOFFAT a d'ailleurs bien expliqué qu'il ne voulait pas ainsi parler
de lacune, mais seulement de l'impossibilité de préciser, soit au sommet du
Ptérocérien, soit à la base du Portlandien, les bancs qui s'étaient déposés à
l'époque virgulienne.

ris Thurmanni. On peut y remarquer un banc dur, peu épais, à grosses oolithes blanches irrégulières. A la partie supérieure existe (en *a*) un petit banc d'Huîtres, semblables aux exemplaires dont j'ai parlé plus haut, d'*Exogyra virgula* dépouillées de la partie externe du test. Au premier détour de la route, avant le passage d'un petit ravin, en *b*, on voit apparaître sous les calcaires compacts des bancs d'un calcaire un peu marneux, gris bleuâtre, montrant en haut un lit plus marneux rempli d'*Exogyra virgula*, avec les stries irrégulières de la forme inférieure. Si, au lieu de la route, on suit le bord de la Bienne sur la rive droite, on arrive, en *c*, au débouché du petit ravin, juste au-dessous du point *b*, et là on peut recueillir les fossiles typiques du Ptérocérien (*Pterocera Oceani, Ceromya excentrica,* etc.).

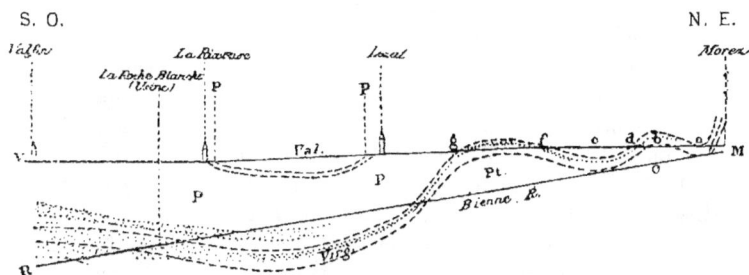

Fig. 15. — Coupe suivant la route de Morez à Valfin.
— Échelle des longueurs 1:200 000; hauteurs 1:10 000.

V M. Route de Morez à Valfin; *M R.* Lit de la Bienne; *a, d, f, g.* Affleurement du banc supérieur à *Exogyra virgula*; *b.* Affleurement du banc inférieur à *Exogyra virgula*; *c.* Affleurement des gros bancs à *Nerinea trinodosa*; *Pt.* Ptérocérien; *Virg.* Virgulien; *P.* Portlandien; *p.* Purbeckien; *Val.* Valanginien. — Les parties ponctuées marquent les bancs envahis par le faciès oolithique coralligène.

En continuant la route, on trouve la série des calcaires blancs (25^m) avec Nérinées et *Pseudocidaris Thurmanni*; puis, au-dessus, en *d*, un banc d'*Exogyra virgula*, très nettes, et présentant la forme typique du niveau supérieur. Il est surmonté directement par des dolomies qui commencent la série portlandienne. On suit cette série, avec ses alternances de dolomies et de calcaires compacts, jusqu'à un gros banc (*c*) à *Nerinea trinodosa*, sous lequel il faut signaler là un nouveau niveau d'oolithes blanches, fines et serrées, avec nombreux débris de fossiles spathiques. On a là au-dessus de soi la masse des assises portlandiennes supérieures, que couronne le petit bassin néocomien de Tancua.

Un nouvel infléchissement des couches ramène en *f* le banc supérieur d'*Ex. virgula*, surmonté comme en *d* par un banc de dolomies. Immédiatement sous les Huîtres se montrent des calcaires oolithiques blancs, se délitant à l'air en grandes plaquettes, identiques comme aspect à ceux du ravin de Valfin, avec Polypiers, Nérinées, *Diceras*, Bivalves, et fragments de Gastéropodes. Ces calcaires, dont la partie inférieure est plus crayeuse, ont 7 mètres d'épaisseur environ; on voit au-dessous des bancs compacts grisâtres à Pinnigènes et *Pseudocidaris Thurmanni*. Des éboulis masquent un instant la coupe; mais peu après apparaissent les couches coralligènes, plongeant en sens inverse; puis (en *g*) le banc d'*Ex. virgula* et les dolomies. La plongée s'accentue; les masses portlandiennes se succèdent sur la route, et après un coude à angle droit, au point où elle reprend sa direction vers Valfin, elle montre le Purbeckien, et le Valanginien, qui continuent jusqu'à La Rixouse. On peut même voir là, dans le Valanginien, plusieurs mètres de calcaires à grosses oolithes blanches, désagrégées, contenant aussi des Nérinées, et que, n'étaient les fossiles des bancs voisins, on prendrait aussi bien pour du Dicératien.

De La Rixouse jusqu'à Valfin et jusque à mi-chemin de Saint-Claude, la route reste sur le Portlandien et n'offre plus d'intérêt; c'est au fond du ravin qu'il faut descendre pour y poursuivre la continuité des couches. On ne peut le faire en amont de la Roche-Blanche (¹), mais on suit les gros bancs de Portlandien qui font corniche sur la rive gauche; le niveau des lambeaux néocomiens qui les surmontent et se reconnaissent de loin par leur végétation, peut aussi servir de repère, et il ne peut y avoir aucun doute sur la continuité des bancs qui surmontent les calcaires coralligènes de la route et sur ceux qui affleurent dans cette partie inabordable du lit de la rivière. A la Roche Blanche, on voit apparaître sous ces bancs les couches coralligènes, avec leur magnifique développement de fossiles, surmontées directement par un gros

---

(¹) Cette localité, malgré l'identité des noms, n'a aucun rapport avec celle dont parle M. CHOFFAT, et qui domine au Sud la route de Montépile.

— 85 —

banc de dolomies. La couche à *Ex. virgula* manque là, ce qui s'explique par le voisinage du faciès corallien.

Les couches sont à peu près horizontales, et la pente de la rivière fait successivement apparaître les divers termes de la coupe donnée par le frère OGÉRIEN, d'après M. GUIRAND; je reproduis cette coupe, en faisant quelques réserves sur les épaisseurs; à Valfin, ainsi que M. CHOFFAT, je n'ai trouvé que 50 mètres pour l'épaisseur totale:

1. Calcaire compact portlandien (*le banc de dolomies de la base n'est pas signalé*).
2. Calcaire oolithique pâteux; oolithes très grosses et débris roulés et usés; Nérinées, *Diceras, Cardium corallinum?* etc. (*faune très riche, le faciès de charriage n'existe qu'à la partie supérieure*) . . . . 15 m.
3. Calcaire composé d'oolithes d'inégale grosseur, avec masses énormes de Polypiers . . . . 2 m.
4. Calcaire crayeux blanc; grand nombre de petits Gastéropodes et de Lamellibranches bien conservés, *Columbellina Sofia* . 4 m.
5. Calcaire blanc, compact, crayeux; grand nombre de *Diceras*, Polypiers nombreux, Nérinées et petits Gastéropodes (¹) . . 25 m.
6. Calcaire presque crayeux, suboolithique, se débitant facilement; Rhynchonelles très nombreuses, associées aux Limes et *Pecten* . . . . 6 m.
7. Calcaires à petites oolithes presque égales en grosseur, se délitant facilement et passant au précédent. Moins fossilifère que les couches supérieures; Nérinées, *Chemnitzia, Cardium corallinum, Diceras*, Polypiers. . . . . 10 m.
8. Le fossile dominant dans cette zone est un Bivalve à texture fibreuse (Pinnigène), dont on ne peut obtenir que des fragments . . . . 15 m.
9. Calcaire blanc compact et dur, visible seulement dans le lit du ruisseau (Nérinées, *Cardium corallinum, Diceras* peu abondants). .

J'avoue ne pas reconnaître la partie inférieure de la coupe; j'ai seulement observé, au-dessous des couches coralligènes, des calcaires compacts sans fossiles (2ᵐ), puis 2 à 3 mètres de calcaires marneux, à faciès légèrement dolomitique, sur lesquels coule la

(¹) M. KILIAN a trouvé, dans les éboulis de la couche à Gastéropodes, une Ammonite qui a été déterminée comme *A. compsus*; près de l'Ammonite s'en trouvait aussi le moule, dont la gangue écarte toute idée d'erreur de provenance.

rivière et où j'ai recueilli des Nérinées et un Ptérocère (?), en trop mauvais état pour permettre aucune détermination.

Un peu en aval, il y a un léger relèvement des couches, qui amène certainement l'affleurement de bancs inférieurs; malheureusement les alluvions et les éboulis dans les bois rendent là toute observation sérieuse bien difficile.

Le faciès oolithique coralligène ne se termine pas d'ailleurs à Valfin avec les couches mentionnées dans la coupe de M. GUIRAND; les autres observateurs ont arrêté, comme lui, leur description à l'apparition des dolomies et du faciès portlandien; mais plus haut il y a alternance des deux faciès. Si l'on suit la route de la Roche-Blanche à Combe-Noire (rive gauche), on y observe, de haut en bas, la succession suivante:

Bancs oolithiques fossilifères de la Roche-Blanche (n° 2 de la coupe précédente).

1. Calcaires à oolithes blanches (même faciès coralligène que dans le ravin), criblés de Polypiers . . . . . 4 m.
2. Bancs compacts à taches bleuâtres avec Nérinées et perforations. . . . . 2 m.
3. Bancs blancs, faiblement oolithiques . . . . 0 m. 80
4. Dolomies et roches perforée . . . . 1 m. 60
5. Placage d'alluvions, masquant les couches sur. . . . 3 m.
6. Bancs compacts perforés et dolomie . . . . 3 m.
7. Calcaire blanc, oolithique en haut . . . . 1 m.
8. Bancs compacts ou dolomitiques, masqués en partie par les alluvions . . . . 10 m.
9. Dolomie. . . . . 2 m.

Bancs oolithiques fossilifères de la Roche-Blanche (n° 2 de la coupe précédente).

La même alternance, avec un plus grand nombre de bancs oolithiques, s'observe sur la route de Château-des-Prés et sur celle de Saint-Claude, entre les premières dolomies portlandiennes et les gros bancs à *Nerinea trinodosa*, c'est-à-dire sur une quarantaine de mètres. Il y a même une grande Nérinée, fine et allongée, que jusqu'ici je n'ai trouvée que dans ces niveaux supérieurs.

Ainsi, les bancs supérieurs des couches du ravin de Valfin, du «Corallien» de Valfin, sont le prolongement stratigraphique, direct et indéniable, des couches coralligènes à même faciès, qui sont, sur la route de Morez à Valfin, intercalées entre deux bancs d'*Exogyra virgula*, à plus de 20 mètres au-dessus du Ptérocérien bien caractérisé et fossilifère. Or ces bancs supérieurs du ravin sont les plus riches et ceux d'où proviennent la plupart des beaux fossiles des collections; ces fossiles sont donc virguliens. Le faciès coralligène envahit d'ailleurs à Valfin même, très probablement (d'après la comparaison des épaisseurs), une partie du Ptérocérien, et sûrement, mais par alternances, le Portlandien inférieur jusqu'aux bancs à *Nerinea trinodosa*. C'est un point d'épanouissement de la lentille oolithique virgulienne, qui commence au Nord aux environs de Salins (¹), et qui, sans aucun doute, s'étend beaucoup plus loin vers le Sud.

La coupe transversale de la vallée de la Bienne (fig. 16), à la hauteur de La Rixouse, confirme complètement cette conclusion, ainsi que l'absence de toute lacune, en nous montrant la série continue des bancs depuis l'Oxfordien, et même la coexistence de l'Oolithe astartienne.

On peut observer cette série sur la nouvelle et sur l'ancienne route de La Rixouse à Château-des-Prés. La première montre, à partir de la bifurcation:

1° Une alternance de bancs compacts, de dolomies, et de bancs oolithiques coralligènes, qui représente là, comme sur la route de Noire-Combe, le Portlandien inférieur;

2° Après une interruption dont les détours de la route, oblique aux couches, permettent difficilement d'apprécier l'importance, des calcaires marneux à Bivalves, avec un banc à petites oolithes disséminées, bleues et rougeâtres, contenant: Huîtres, grande Pinne et *Terebratula subsella* (Ptérocérien);

3° Après une nouvelle et courte interruption, 20 mètres environ de calcaires compacts, à cassure lisse et rougeâtre (Astartien supérieur);

4° Un grand banc (6ᵐ) d'oolithes blanches désagrégées, à faune coralligène, identique comme aspect aux couches du ravin (Oolithe astartienne);

5° Une quarantaine de mètres de calcaires, ayant à leur base un banc de Polypiers, Limes et grandes Huîtres, qui lui-même surmonte une couche marneuse remplie de *Waldheimia Egena* typiques, avec *Ex. bruntrutana* et *Ter. Bauhini* (Astartien inférieur).

(¹) ÉTALLON signale même dans la Haute-Saône (*Paléontostatique du Jura. Jura Graylois*), au même niveau, sous le banc supérieur à *Ex. virgula*, la présence intermittente d'un banc de Polypiers. Je n'en ai pas parlé dans le texte, ne l'ayant pas moi-même observé.

6° 3 à 4 mètres de Corallien spathique, surmontant des marnes oolithiques à *Terebratula* cf. *insignis* et *Rhynchonella pectunculata*;

7° Les marno-calcaires du Corallien inférieur et de l'Oxfordien.

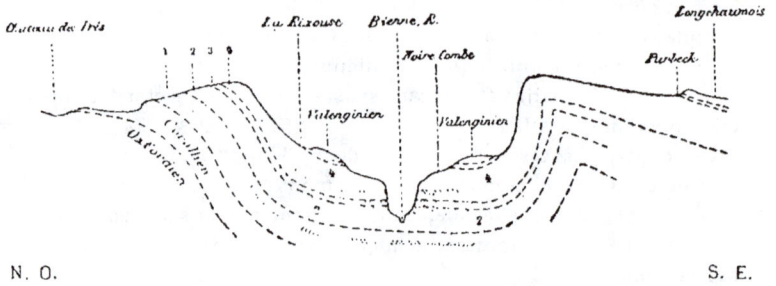

N. O.   S. E.

Fig. 16. — Coupe transversale de la vallée de la Bienne à La Rixouse. — Échelle des longueurs 1:50 000; hauteurs 1:20 000.

1. Astartien; 2. Ptérocérien; 3. Virgulien; 4. Portlandien. Les parties ponctuées marquent les bancs envahis par le faciès oolithique coralligène.

La vieille route complète la partie supérieure de cette coupe. On y voit, à partir de la bifurcation : 40 mètres d'alternances de calcaires compacts, dolomitiques et oolithiques (Portlandien inférieur), puis:

1. Dolomie . . . . 0 m. 40
2. Gros banc compact à tubulures . . . . 3 m.
3. Oolithe blanche à faune coralligène . . . . . . 5 m.
4. Gros banc compact, gris-blanchâtre . . . . . . 4 m.
5. Banc avec Nérinées et tubulures . . . . 1 m.
6. Calcaire compact grisâtre, à surface se délitant un peu à l'air . . . . 6 m.
7. Calcaire marneux avec *Terebratula subsella*, *Ostrea pulligera*, *Pseudocidaris Thurmanni*, *Pterocera Oceani*, *Thracia incerta*, Céromyes, Natices (Ptérocérien).

Là on voit bien nettement, entre le Ptérocérien et le Portlandien, les couches dont j'ai établi l'âge virgulien et qui ne sont encore que partiellement envahies par le faciès corallien.

Enfin on peut encore observer une coupe de la série un peu plus au Sud, entre les prés de Valfin et le sommet de la côte de Valfin, où affleure l'oolithe virgulienne, surmontée par les mêmes bancs portlandiens qui couronnent également, à un kilomètre de là, l'escarpement oolithique du ravin. Sur la route même, presque tout est masqué, et je n'ai remarqué qu'un banc ptérocérien, rempli de Térébratules et de Rhynchonelles; dans les rochers au Nord de la route, où on pourrait espérer relever une bonne coupe, je n'ai pas observé de points de repère suffisants, sans doute parce que les parties marneuses sont masquées par la végétation. Il importe pourtant d'y signaler, à peu près à mi-hauteur, un niveau oolitique très fossilifère (Polypiers, *Diceras*, Nérinées), qui correspond évidemment par sa situation à l'oolithe astartienne de la coupe précédente. M. MUNIER-CHALMAS m'a dit y avoir recueilli le *Glypticus hieroglyphicus*. Il est probable que beaucoup de fossiles de ce banc existent dans les collections, étiquetés comme de Valfin, quoique étant d'un niveau bien inférieur à celui des couches du ravin.

Coupe de la route de Montépile et de Ravilloles aux Crozets. — Le nombre des coupes que j'ai étudiées au Sud de Valfin est encore trop restreint pour que je puisse actuellement poursuivre plus loin cette étude. Je désire pourtant ajouter quelques observations au sujet des deux coupes données par M. CHOFFAT ([1]), tant au point de vue des épaisseurs relatives si différentes assignées aux étages, qu'à celui de la position attribuée par l'une d'elles aux *couches de Valfin*.

J'ai visité deux fois la coupe de Montépile, ou j'ai reconnu d'ailleurs la parfaite exactitude de la description de M. CHOFFAT; mais il ressort de cette description même que le groupement des couches y laisse une large place à l'arbitraire. Dans les 120 métres de calcaires compacts (n° 3 de la coupe), qui surmontent avec de très rares fossiles les bancs marno-calcaires et la couche à *Hemicidaris crenularis*, il est impossible de trouver une limite précise, mais il n'en est pas moins très possible, et même très probable d'après les descriptions précédentes, qu'une grande partie de ces calcaires est contemporaine des premiers bancs à *Waldheimia Egena* de Châtelneuf ou de la Haute-Marne. De plus le n° 5 (calcaires compacts, bleus intérieurement, gris par altéra-

([1]) CHOFFAT, Sur les couches à *Ammonites acanthicus* dans le Jura Occidental (*Bull. Soc. Géol. de France*, 3e sér., III, 1874-1875, p. 766 et 771).

tion), contient à sa partie supérieure des bancs très délitables qui forment, sur une trentaine de mètres, entre les bancs plus durs fortement inclinés, une longue traînée d'éboulis; or la cassure de ces bancs rappelle le Ptérocérien. M. KILIAN y a trouvé avec moi la *Lucina rugosa*, fossile ptérocérien, et quelques-uns des fossiles cités dans la liste de M. CHOFFAT, qui semble s'appliquer à l'ensemble de son Astartien, sont également ptérocériens. On voit que la coupe de Montépile, excellente pour montrer la succession des étages, peut laisser des doutes sur leur épaisseur relative.

Il en est de même évidemment de toute coupe où les niveaux fossilifères sont très éloignés, il en est ainsi à plus forte raison de la coupe des Crozets à Ravilloles, où l'on ne trouve de fossiles caractéristiques que dans le Ptérocérien. Le groupement de M. CHOFFAT ne laisserait plus là que 16 mètres à l'Astartien; mais là, pas plus qu'à Montépile, il n'est possible jusqu'ici de préciser la limite inférieure de l'Astartien et, d'après les analogies, elle devrait être reportée beaucoup plus bas; sa limite supérieure n'est pas plus nette, parce que la base du Ptérocérien est envahie par le faciès coralligène. Ce faciès est d'ailleurs très développé dans l'Astartien, comme on peut le voir dans la coupe suivante, qu'il sera facile de paralléliser avec celle de M. CHOFFAT:

1. Portlandien.
2. Alternance de bancs compacts ou dolomitiques et de bancs blancs fragmentés avec Nérinées (Virgulien). . . . 20 m.
3. Calcaires compacts et marno-compacts avec *Terebratula subsella* et *Corbis subclathrata*. . . . . 11 m.
4. Calcaires marneux à pâte bleue et oolithes rougeâtres (faciès ordinaire et fossiles du Ptérocérien). . . . . 6 m.
5. Calcaire compact grisâtre, avec perforations à leur partie supérieure . . . . 5 m.
6. Calcaire oolithique coralligène, avec *Diceras* et *Ter. subsella* . . . . 3 m.
7. Calcaire compact avec délits marneux. . . . . 5 m.
8. Oolithe blanche à *Cardium corallinum* (?) et Nérinées. . 2 m.
9. Bancs compacts, gris ou jaunes, cristallins par places. . . 4 m.
10. Oolithe blanche . . . . 5 m.
11. Calcaires blancs fragmentés, faciès subcrayeux. . . . . 3 m.
12. Calcaires compacts, délitables vers le haut, avec bancs à apparence dolomitique . . . . 18 m.
13. Oolithe blanche, enclavant à sa partie supérieure 3 mètres de calcaires dolomitiques . . . . 20 m.
14. Bancs calcaires, à oolithes fondues, ou compacts. . . . 6 m.

15. Marnes grisàtres sableuses, avec moules de fossiles et ba-
    guettes de *Cidaris* . . . . 1 m.
16. Alternance de bancs compacts cristallins avec marnes à 22 m.
    grosses oolithes grumeleuses . . . .
17. Marnes et marno-calcaires.

Pour moi, cette coupe s'interprète de la manière suivante, qui
cadre bien avec les résultats précédents: l'Oolithe virgulienne
manque, mais sa place est marquée par les calcaires blancs fragmentés (faciès subcrayeux), analogues à ceux de Syam et du
Mont-Noir. Plus bas, au-dessous du Ptérocérien bien caractérisé
(nᵒˢ 3, 4 et 5), commence une alternance de calcaires oolithiques
coralligènes et de calcaires compacts, dont le sommet peut bien
être au même niveau que la base des couches du ravin de Valfin,
mais qui n'est en somme qu'un épanouissement de l'Oolithe astartienne. De plus, comme dans les coupes où, ainsi qu'à Ménétrux,
la *Waldheimia Egena* coexiste avec les couches (nᵒ 16), elle les
surmonte presque immédiatement, je descendrais ici la limite de
l'Astartien jusqu'au bas de ces alternances (nᵒ 14). Tant qu'on
n'aura pas trouvé d'autres fossiles dans cette coupe ou au voisinage, cette discussion peut sembler un peu vaine, mais elle a surtout pour but de montrer qu'il n'y a rien de contradictoire dans
cette série et celle de Valfin, que les différents faciès y ont seulement des développements différents, ce qui ne donne nullement le
droit de conclure à la différence des épaisseurs relatives des
étages.

D'ailleurs, si l'on rapproche de cette coupe celle qu'on observe
un peu au Nord-Ouest, entre Étival et Les Piards, où l'Oolithe astartienne, puissante de 35 mètres environ, s'étend sans interruption jusqu'au Ptérocérien fossilifère, on pourra par le diagramme ci-joint (fig. 17) se rendre compte de la variation probable des

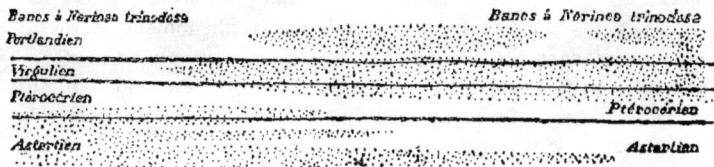

Fig. 17. — Diagramme théorique du développement du faciès oolithique
coralligène (parties ponctuées) entre les Crozets et Montépile.

bancs coralligènes entre Les Crozets et Valfin, c'est-à-dire sur une longueur de 8 kilomètres.

Ces variations rapides, ces extensions ou disparitions brusques ne sont d'ailleurs pas un cas anormal en ce qui touche les faciès coralligènes, et j'en peux citer près de là un exemple bien plus net encore. Au-dessus de Morez, la montée des granges de Morez au plateau du Risoux montre tous les bancs, depuis la base de l'Astartien presque jusqu'à la dolomie portlandienne, ne formant qu'une seule masse coralligène, pétrie de Polypiers, d'Oursins, de Nérinées et de *Diceras*; à moins de 3 kilomètres de là, sur la route de Morez aux Rousses, soit à la sortie de Morez, soit au-dessous de Gouland, on retrouve la même série, de l'Oxfordien au Portlandien, uniquement composés de calcaires compacts, où s'intercallent à peine 2 ou 3 mètres de calcaires oolithiques.

Conclusions. — Les conclusions de cette Note sont résumées dans le tableau ci-joint, qui met en regard les différentes coupes de la région étudiée, et aussi celle du Jura Vaudois, empruntée à M. JACCARD et tout à fait analogue. Il montre à la fois la continuité des sous-étages, l'absence de lacunes, et l'intercalation des bancs à faciès dit corallien. L'Oolithe corallienne (ou Dicératien) ne s'étend vers le Sud que jusqu'aux environs de Champagnole; l'Oolithe virgulienne, déjà rudimentaire à Salins, commence à se montrer assez régulièrement à partir du Sud du même plateau; et a tout son développement dans la région de Valfin; l'Oolithe astartienne ne s'interrompt qu'entre Besançon et Salins.

Une chose à remarquer, c'est que ce faciès oolithique, en dehors des points où il s'épanouit brusquement et s'étend alors indifféremment aux bancs inférieurs ou supérieurs (points qui correspondent en général à l'enrichissement de la faune), se montre à des niveaux tout à fait constants, sans aucune tendance à se déplacer obliquement aux couches. Il semble impossible, dans l'état actuel de nos connaissances, de préciser le phénomène auquel il correspond dans l'histoire des mers jurassiques, on ne peut que constater en fait son intime connexion avec la présence d'une faune coralligène. Il n'y a pourtant là rien d'analogue à des récifs de Polypiers; ce sont toujours, même aux points où, comme à Valfin, existent de grands Polypiers en place dans leur position normale, des bancs parfaitement et régulièrement stratifiés, qui passent latéralement, à plus ou moins grande distance, à un faciès normal

DE M. DOUVILLÉ	DIVISIONS ADOPTÉES DANS LE JURA	HAUTE-MARNE (Royer et Tombeck)	HAUTE-SAÔNE	ENVIRONS DE SALINS	PLATEAU DE CHAMPAGNOLE ET CLAIRVAUX		VALLÉE DE LA BIENNE ET VALFIN		JURA VAUDOIS ET NEUFCHATELOIS d'après M. Jaccard
					NORD	SUD	NORD DU RISOUX	BASSIN DE VALFIN (1)	
	PORTLANDIEN	Zone à *Ammonites gigas* (80ᵐ).	Calc. compacts à *Am. gigas* et *Nerinea trinodosa* (70ᵐ).	Calcaires compacts et lithographiques à *Nerinea trinodosa* (53ᵐ).		Calc. compacts et dolomies (60ᵐ). Gros bancs à *Ner. trinodosa*. Calc. compacts et dolomies (40ᵐ).	Calcaires et dolomies (60ᵐ). Gros bancs à *Ner. trinodosa*. Calcaires compacts et dolomies (40ᵐ).	Calcaires et dolomies (60ᵐ). Gros bancs à *Ner. trinodosa*. Calcaires compacts et dolomies, alternant avec faciès oolithique (40ᵐ).	Calc. compacts et dolomies (55ᵐ), avec *Ammonites gigas, Trigonia gibbosa, Nerinea trinodosa*
à *Am. orthocera*	VIRGULIEN	Zone à *Am. caletanus* et *Exogyra virgula* (25ᵐ). Couches à *Am. orthocera, Terebratula subsella* et *Pterocera Oceani* (50ᵐ).	Couches marneuses à *Ex. virgula* et *Terebratula subsella*. Calcaires blancs à *Pholadomya multicostata* (19 à 30ᵐ). Marnes à *Ex. virgula*.	Couche à *Ex. virgula*. Oolithe virgulienne (sublumonienne). Calcaires blancs et cariés (30ᵐ).		Lit marneux à *Ex. virgula*. Oolithe virgulienne. Calcaires blancs et cariés (30ᵐ).	Lit à *Ex. virgula*. Oolithe virgulienne. Calcaires blancs à *Pseudodiadema Thurmanni* (60ᵐ). Lit à *Ex. virgula*.	oolithe virgulienne (60ᵐ)	Marnes dolomitiques à *Ex. virgula*. Calcaires à bryozoaires à *Nerinea suprajurensis*, et *Ner. trinodulata* (66ᵐ).
à *Am. Cymodoce* W. humeralis.	PTÉROGÉRIEN		Couches à *Terebratula subsella* et *Nerinea Goxi* (25ᵐ).	Couches à *Pterocera Oceani* (16ᵐ).	Couches à *Pter. Oceani*.	Cal. marneux à *Ter. subsella, Pterocera Oceani* et *Pseudodiadema Thurmanni* (50ᵐ).	Calcaires marneux à *Pter. Oceani* et *Pseudodiadema Thurmanni* (10ᵐ).	Ptérocérien inférieur	Calc. marneux à *Pter. Oceani, Pseudodiadema Thurmanni.*
à *Am. Achilles* et W. Egena.	(Corallien, supérieur.) (CORALLIEN) ASTARTIEN	Calcaire à Astartes (Weald. humeralis, 25ᵐ). Oolithe de la Mothe. Corallien compact (Waldheimia Egena, 40ᵐ). Lit marneux à *Ex. brunterdana.*	Calcaires compacts (40ᵐ). Oolithe astartienne. Calcaires compacts et marneux (40ᵐ sup.; *Am. Achilles* et *plicatilis*; à Astartes). Lit marneux à *Ex. brunterdana* et *Waldheimia Egena*.	Calcaires compacts (30ᵐ). Oolithe astartienne (vadilumonienne). Calcaires compacts et spathiques à *Waldheimia Egena* (30ᵐ).		Calcaires compacts (30ᵐ). Oolithe astartienne (30ᵐ). Calcaires compacts et spathiques (*Hem. staminea, H. Agassizi*, 40ᵐ). Marnes à *Ex. brunterdana* et *Cid. florigemma*. Calcaires compacts et spathiques (30ᵐ).	Calcaires compacts (30ᵐ). Oolithe astartienne (30ᵐ). Calcaires compacts et spathiques (40ᵐ). Lits marneux à *W. Egena*.	Calc. marneux à *W. Egena* et *Am. plicatilis* (route de Montfleur). Calcaires compacts et spathiques.	Oolithe astartienne (10 à 15ᵐ). Calcaire compact (30ᵐ). Marne et lumachelle à Astartes et à *Waldheimia Egena*. Calcaires oolithiques et marnes à *Exogyra striata* (50ᵐ). Calcaire marneux à *Cid. blumenbachi* (40ᵐ).
à *Ammonites convolutus.*	CORALLIEN	Marnes à *Am. marentianus*. Oolithe de Douleincourt (40ᵐ). (Diceras arietinum). Marnes sans fossiles.	Calc. à *Nérinée* (4 à 16ᵐ). Diceratien (Oolithe corallienne, 10 à 15ᵐ). Kanthairien (10 à 30ᵐ). Olyptien (10ᵐ).	Calcaire à Nérinées et Oolithe corallienne (10ᵐ). Marnes compacts et spathiques à Polypiers (10ᵐ). Marno-calcaires à *Wald. delemontana* et *Phol. paucicosta*.	(Oolithe corallienne à plicata). Marno-calcaires à *Pholadomya hemicardia*.	Calcaires oolithiques et spathiques (25ᵐ). Marno-calcaires à *Phol. hemicardia* (40ᵐ). Bancs grumeleux à *Cidaris florigemma* et *Ostrea rastellaris*.	Calc. spathiques et marnes oolithiques à *Rhync. pertuscalata*. Marno-calcaires à *Phol. hemicardia*.	Bancs à *Hem. crenularis*. Marno-calcaires.	Marno-calcaires (calc. à Chailles, yars) à *Phol. acuticosta* (20ᵐ). Marne argileuse à *Glyptica hieroglyphica*. Calcaire à Pholadomyes et calc. hydrauliques supérieurs.
à *Am. canaliculatus.*	OXFORDIEN	Zone à *Am. bolcensis.*	Pholadomyon.	Marno-calcaires à *Phol. canalicul.*	Marno-calcaires à *Am. canaliculatus.* Couches du Geisberg (yars) et couches d'Effingen.		Marno-calcaires à Pholadomyes et *Am. canaliculatus.*		

(1) La partie inférieure de la coupe, pour cette colonne, est prise sur la route de Montfleur.

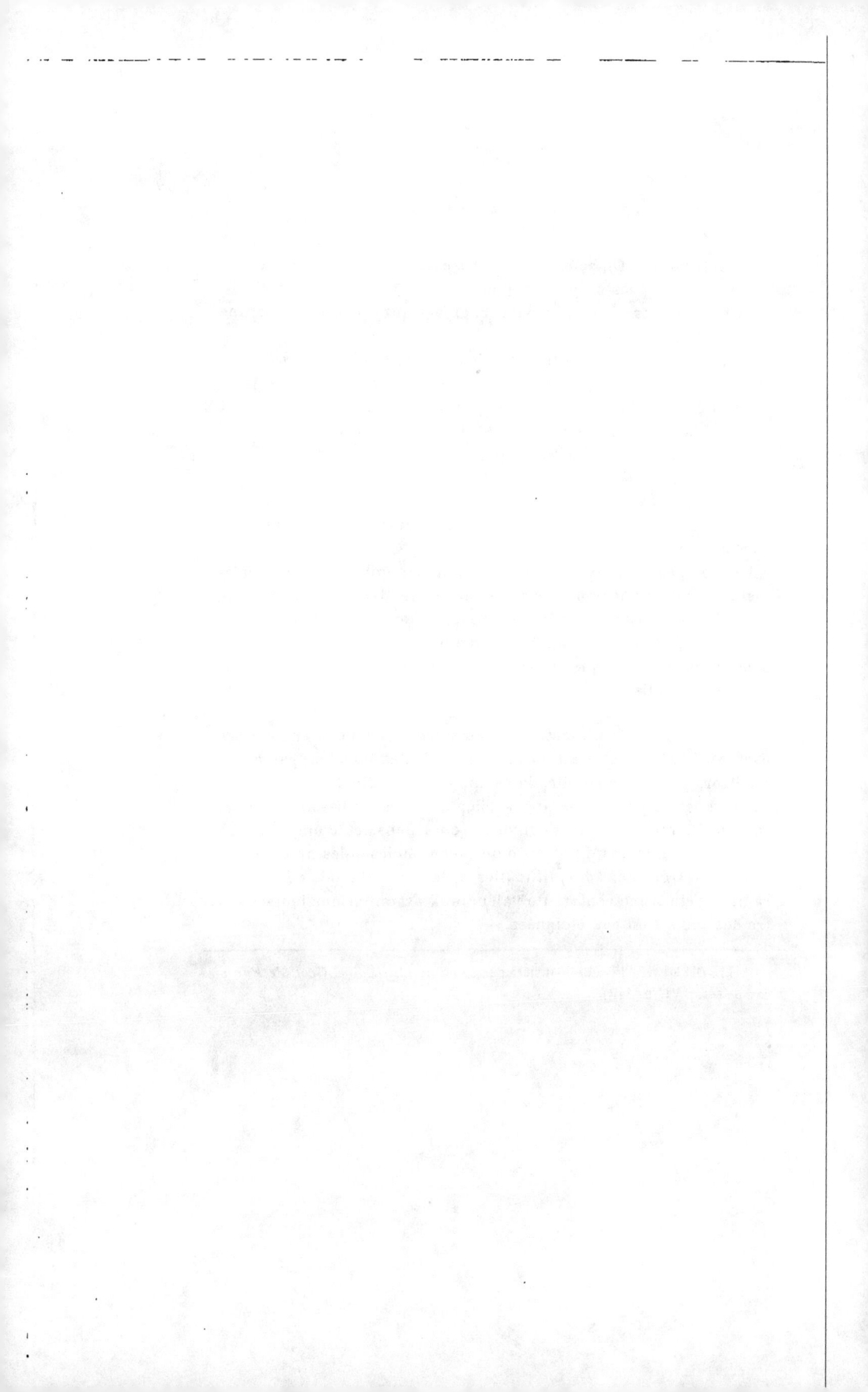

sans oolithes ([']). On peut observer ce passage en plusieurs points, et notamment près d'Oyrières (Haute-Saône), où des nids d'oolithes blanches parsèment le banc compact qui surmonte l'Oolithe astartienne.

En fait de véritables récifs coralliens, s'étant élevés plus rapidement au milieu du dépôt normal des couches environnantes, je ne peux citer dans la région étudiée par moi que celui de Vouécourt (Haute-Marne), déjà signalé par M. DOUVILLÉ, et les environs de Levier (Doubs) Là un petit vallon sinueux, qui longe au Sud la route de Salins, sépare d'un côté des marno-calcaires presque horizontaux, de l'autre un massif de Polypiers, et du côté de ce massif on voit par places les marnes plaquées s'intercaler et s'enchevêtrer dans ses bords.

La présence de Polypiers plus ou moins nombreux, mais également étrangers à la construction de la roche, dans des bancs compacts (Zoanthairien de la Haute-Saône, Astartien inférieur et Ptérocérien inférieur plus au Sud), semble un fait moins régulier dans sa production que le faciès oolithique, et en tout cas beaucoup plus localisé.

M. DOUVILLÉ fait ressortir l'importance des études entreprises par M. BERTRAND; c'est en suivant ainsi les couches pas à pas qu'il sera possible d'établir, d'une manière certaine, la concordance entre les assises du bassin parisien et celles du bassin méditerranéen. La multiplicité des niveaux coralliens, et d'une manière plus générale, la réapparition d'un même faciès à des niveaux différents, introduisent des difficultés telles dans l'étude de ces terrains, qu'elles enlèvent toute valeur aux assimilations tentées entre des coupes un peu éloignées.

([']) M. DIEULAFAIT a déjà insisté sur ce point (*Bull. Soc. Géol. de France*, 3ᵉ sér., VI, p. 113).

VII

PRÉSENTATION D'UNE NOTE DE M. DE CHAIGNON

SUR LES COUCHES ET LES FOSSILES DE LA BRESSE,

AUX ENVIRONS DE SAINT-AMOUR

(BULLETIN DE LA SOCIÉTÉ GÉOLOGIQUE DE FRANCE,
3ᶜ série, XI, 1882-1883, p. 240. — Séance du 29 Janvier 1883).

M. BERTRAND présente une note de M. DE CHAIGNON (¹) sur les
couches et les fossiles de la Bresse, aux environs de Saint-Amour.
M. DE CHAIGNON, depuis plusieurs années, a relevé avec un soin
extrême les affleurements et suivi les forages de puits dans la
région avoisinante. Il a pu ainsi établir la succession régulière
des couches : 1° limon, graviers et sables superficiels à la partie
supérieure; 2° marne argileuse jaunâtre; 3° argile bleue à lignites,
avec faune analogue; 4° sables à *Helix Chairi* (sables de Mollon).
Au-dessous viennent des marnes que les puits n'ont pas besoin d'atteindre pour rencontrer l'eau. M. DE CHAIGNON a distingué dans ces
bancs trois faunes distinctes, celle du Villard, celle du Niquelet et
celle des sables; il a montré de plus que celle du Niquelet occupe
à peu près le même niveau que celle du Villard et correspond à un
petit accident marneux à la partie supérieure des sables.

Quand les terrains de recouvrement sont assez épais, les puits
trouvent l'eau à la rencontre de la couche marneuse supérieure,
mais d'une manière très irrégulière. M. DE CHAIGNON cite l'exemple de deux puits, creusés à 10 mètres de distance, dont l'un est allé jusqu'à 15 mètres sans rencontrer d'eau, tandis que l'autre l'a
donnée à une profondeur moitié moindre.

M. BERTRAND ajoute que ce fait s'explique par les ondulations
souvent observées par lui, de la ligne de contact entre les marnes
et les terrains de recouvrement supérieurs, qui doivent encore
être en partie rapportés au Pliocène (Pliocène de transport). Il insiste sur l'importance de ces études locales et détaillées, qui seules peuvent amener à la connaissance définitive des terrains, presque toujours masqués, de la Bresse.

[(¹) Cette Note a paru dans le même volume du *Bulletin*, p. 610-623.]

VIII

FAILLES COURBES DANS LE JURA
ET BASSINS D'AFFAISSEMENT

(BULLETIN DE LA SOCIÉTÉ GÉOLOGIQUE DE FRANCE,
3ᵉ série, XII, 1883-1884, p. 452-463. — Séance du 21 Avril 1884).

Entre Arbois et Lons-le-Saunier, une ligne dirigée S. 30° O. limite les premiers escarpements calcaires du Jura; à l'Ouest de
cette ligne s'étend jusqu'à la Bresse la région du « Vignoble », formée
de coteaux marneux où les couches du Lias et du Trias, avec une
direction générale parallèle à celle de la chaîne, se montrent très
faillées et plissées, surtout près de la limite occidentale; à l'Est
s'élève le premier plateau du Jura, où les cotes d'altitude varient
de 500 à 600 mètres et où les couches bajociennes et bathoniennes se
succèdent régulièrement, avec un léger pendage vers l'Est. Si, en
face de Lons-le Saunier, à Conliège, par exemple, on gravit cette
ligne d'escarpement, on rencontre la série complète du Lias, sur laquelle reposent normalement les assises inférieures du Bajocien.
Mais il n'en est plus de même entre Arbois et Poligny, non plus
qu'entre Voiteur et Pannessières, ainsi qu'on peut s'en convaincre
en suivant par exemple la route de Buvilly à Chamolle ou celle de
Lons-le-Saunier à Champagnole; entre le Lias et le Bajocien on
traverse une ligne de calcaires blancs compacts ou spathiques qui
forment la falaise et que leur nature minéralogique ne permet de
rapporter qu'au Bathonien. La stratification est souvent difficile à
préciser, mais paraît dans son ensemble former un petit pli synclinal. Les fossiles sont rares; pourtant la présence de l'*Ostrea*
acuminata près de Plasnes, celle de la *Rhynchonella decorata* au
Nord de Poligny viennent confirmer la première détermination.
Les figures 18 et 19 mettent en évidence la différence des deux coupes: d'un côté la série normale, de l'autre un lambeau de Bathonien tombé entre deux failles.

Si l'on cherche à suivre les contours de ces lambeaux sur la
carte, on voit qu'ils forment deux bandes étroites (voir la carte,

fig. 25, et les fig. 18 et 19): la première, au Sud d'Arbois, a une longueur de 12 kilomètres et une largeur variant de quelques mètres

N. O.   S. E.   N. O.   S. E.

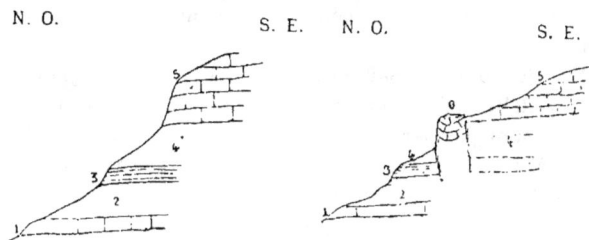

Fig. 18. — Coupe au Sud d'Arbois.   Fig. 19. — Coupe au Sud de Voiteur.

1. Calcaire à Gryphées arquées; 2. Lias moyen; 3. Couches à Posidonies;
4. Lias supérieur; 5. Bajocien; 6. Bathonien.

seulement (auprès de Pupillin) jusqu'à 300 mètres (au Nord de
Poligny); la seconde, au Sud de Voiteur, est un peu plus large et
continue le même alignement sur une longueur de 8 kilomètres.
Aux points où cessent ces bandes, il m'a été impossible de constater dans leur prolongement aucun dérangement des couches, elles
ne se rattachent ainsi à aucune cassure plus importante ni à aucun accident d'un autre ordre; elles ne jalonnent pas une ligne de
dislocation. Elles sont au milieu d'une région normalement stratifiée, isolée chacune par *une faille elliptique complètement fermée*.

J'avais essayé d'abord de rapprocher ces faits de ceux qu'on observe, à l'Est, à l'extrémité orientale du premier plateau. Là, entre
Montrond et la route de Salins à Champagnole, on peut suivre
une bande étroite d'Oxfordien, de 200 mètres de largeur au plus,
bordée sur une longueur de plusieurs kilomètres par des escarpements bathoniens et même bajociens; mais cette bande est la continuation d'une grande ligne de faille, celle de la chaîne de Leu-
the, et alors on s'explique facilement, comme conséquence même
de la dislocation du terrain, la formation de vides plus ou moins
étendus où les couches supérieures ont pu s'affaisser. A défaut de
dénivellation et de faille proprement dite, l'existence seule d'un
pli avec forte courbure des bancs pourrait mener à une explication
analogue; mais, le long des bandes précitées, je n'ai pu observer
qu'en deux points, au Sud de Pannessières et au Nord de Poligny,
un pendage anormal (vers l'Ouest) des couches du Lias qui s'ap-

puient contre la bande bathoniene; et encore la cause doit-elle en
être cherchée probablement dans les glissements locaux et postérieurs des assises marneuses. Partout ailleurs, l'inclinaison est
très faible et semble à très peu près la même de part et d'autre de
la bande.

Au Sud de Lons-le-Saunier, on trouve dans le Vignoble, entre
Gevingey et Vincelles, une bande analogue. Là, il est vrai, les conditions ne sont pas partout aussi favorables, par suite de la culture, des éboulis et des recouvrements quaternaires (argiles à
chailles). Je crois pourtant que l'esquisse ci-jointe (fig. 20) repré-

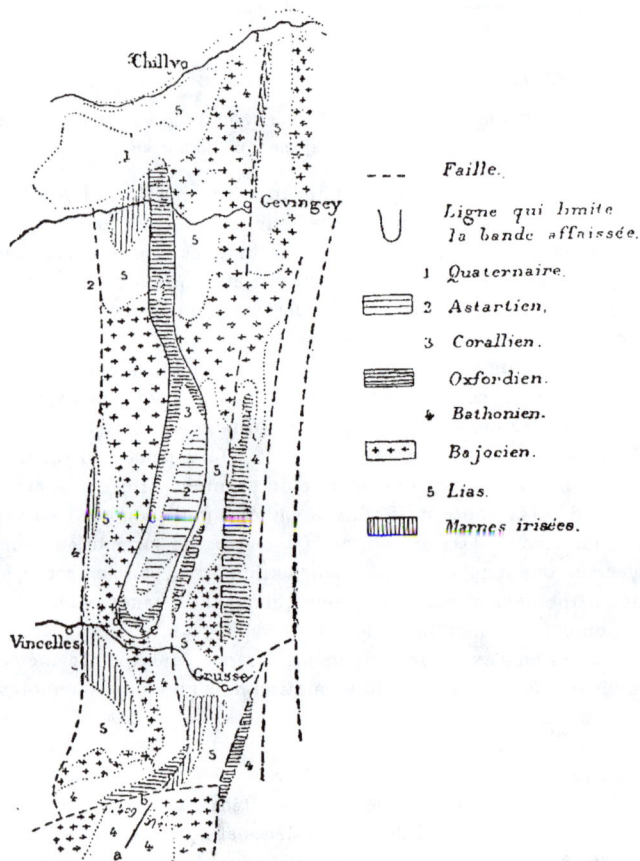

Faille.

Ligne qui limite
la bande affaissée.

1 Quaternaire.

2 Astartien.

3 Corallien.

Oxfordien.

4 Bathonien.

Bajocien.

5 Lias.

Marnes irisées.

Fig. 20. — Le Vignoble entre Gevingey et Vincelles.
— Échelle de 1: 80.000.

sente exactement les divers affleurements. La partie *cd* doit surtout être remarquée pour la netteté avec laquelle se présente la ligne de séparation; la différence de couleur des deux roches dessine et permet de suivre, même à distance, sur le plateau dénudé, l'extrémité courbe de la faille elliptique. Un peu plus au Nord, en *de*, la faille, devenue parallèle à la direction des couches, se traduit seulement par la disparition d'une partie des assises bathoniennes et oxfordiennes; plus loin, de l'autre côté du ruisseau de Gevingey, on trouve en contact dans les vignes les Marnes irisées et l'Oxfordien supérieur. Les chailles quatenaires masquent l'extrémité Nord de la courbe, mais de l'autre côté du petit plateau, dans le vallon de Chilly, on peut s'assurer qu'il n'y a plus rien d'analogue; il faut donc admettre là une terminaison de la courbe plus ou moins symétrique de celle qu'on observe en *cd*. La coupe ci-jointe (fig. 21), prise de l'Est à l'Ouest, normalement à l'accident et à

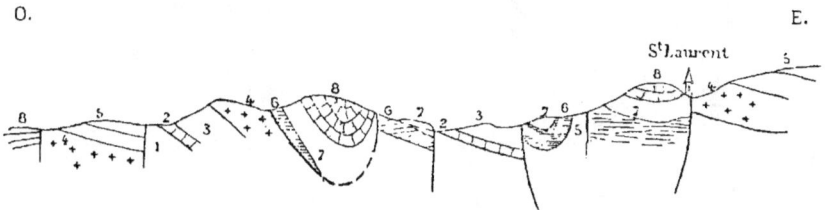

Fig. 21. — Coupe à l'Ouest de Saint-Laurent.
1. Marnes irisées; 2. Infralias et Calcaire à Gryphées; 3. Lias; 4. Bajocien; 5. Bathonien; 6. Oxfordien; 7. Corallien; 8. Astartien.
— Échelle des distances 1:40000 environ.

la chaîne, montre les rapport de la bande affaissée avec les terrains qui l'entourent.

J'ai eu également l'occasion, en Provence et spécialement dans les environs immédiats de Toulon, d'observer des failles de même nature. La structure d'ensemble de cette région semble offrir si peu de rapports avec celle du Jura que, pendant longtemps, je n'ai pas voulu m'arrêter à ce rapprochement. Les faits sont pourtant identiques, puisque dans les deux cascles lignes de failles fermées enveloppent des terrains plus récents que ceux qui les entourent, c'est-à-dire des terrains affaissés. Je citerai seulement ici l'exemple du Faron, la montagne isolée dont les crêtes blanches et dénudées s'élèvent, au Nord de Toulon, jusqu'à 700 mètres au-dessus du niveau de la mer (fig. 22). Le sommet en est formé d'Urgonien qui, au Nord, butte successivement contre les différents étages du Jurassique et du Trias et qui, au Sud, repose régulièrement sur le Néocomien à *Terebratula prælonga* et sur les dolomies jurassiques, dont la base passe aux couches à fossiles bathoniens. Celles-ci sont à leur tour séparées du Muschelkalk par une faille et cette faille peut se suivre sans discontinuité sur les flancs de la montagne jusqu'à ce qu'elle aille rejoindre celle du versant Nord. On peut ainsi faire le tour de la montagne sans rencontrer de dérangements; on ne peut la gravir sur aucun de ses versants sans traverser une grande faille. La coupe que j'en donne (fig. 22) marque en gros traits pointil-

S.   N.

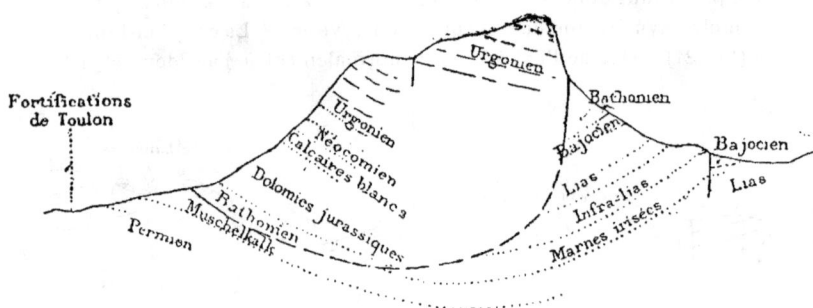

Fig. 22. — Coupe du Mont Faron (environs de Toulon).
— Échelle de 1:20000.

lés la continuation supposée de cette faille en profondeur; une coupe parallèle, faite 3 kilomètres plus à l'Est ou plus à l'Ouest, ne montrerait que la succession normale des terrains inférieurs.

J'aurai l'occasion de revenir avec plus de détails sur cette région de Toulon, dont je n'ai pas encore terminé l'étude, mais je puis dire dès maintenant que ces sortes de faits y sont fréquents; ainsi les sommets du Coudon et du Cap Gros se présentent dans les mêmes conditions d'isolement géologique que celui du Faron, et sur une plus grande échelle, le bassin du Beausset, au moins dans sa partie Est, est entouré de deux grandes failles sinueuses et concentriques.

Ces phénomènes sont bien difficiles à expliquer, si l'on veut voir dans toutes les failles des cassures qui traversent de part en part l'écorce terrestre, ou même seulement le résultat d'efforts d'ensemble auxquels cette écorse aurait été soumise. Ils me semblent au contraire avoir une signification bien nette si, sans s'arrêter à ce mot de faille et à l'idée qu'il éveille ordinairement, on les considère en eux-mêmes et indépendamment de dislocations générales, auxquelles l'observation directe ne les rattache pas: puisque des terrains stratifiés se trouvent au milieu d'autres plus anciens, c'est qu'ils sont descendus de leur position première, c'est par conséquent qu'il existait au-dessous d'eux un vide où cet affaissement a pu se produire. La cause de ce vide peut être discutée; le mécanisme du mouvement peut plus ou moins facilement se concevoir; mais le fait en lui-même ne semble pas contestable.

La considération des bassins d'affaissement est bien loin d'être nouvelle. Les phénomènes actuels suffisent à en faire concevoir la possibilité, et on peut dire que la part à leur accorder dans les mouvements du sol tend à s'accroître à mesure que se poursuit l'étude plus détaillée des diverses régions. C'est par eux que M. LORY explique la plupart des dislocations des Alpes dauphinoises, et M. GOSSELET (¹) rattache aux mêmes causes certains plissements des Ardennes. Enfin M. SUESS, dans l'importante classification qu'il vient de donner des cassures de l'écorce terrestre, distingue deux groupes principaux: celles qui sont dues à des poussées latérales et celles qui résultent d'affaissements; pour ces dernières, dit-il, si l'on ne borne pas son étude à telle ou telle cassure isolée, mais que l'on considère l'ensemble d'une région, on les voit se coordonner en réseaux et systèmes, qui dessinent généralement l'emplacement d'un bassin d'affaissement, et qui, comme les plis d'une même chaîne, sont les produits d'une seule cause d'ensemble (²).

S'il s'agit d'affaissements régionaux, cette cause doit évidemment être en rapport avec l'étendue des phénomènes; ainsi M. LORY la cherche pour les Alpes dans le jeu lent et progressif des failles anciennes; il a même proposé d'étendre cette explication aux plissements du Jura. Mais dans les cas que j'ai cités, la nature isolée et en quelque sorte superficielle du phénomène ne permet pas d'adopter la même hypothèse. Pour concevoir la formation de ces vides restreints et si voisins de la surface, l'action des eaux, arrivant à la longue à dissoudre les calcaires et à délayer les argi-

(¹) *Bull. Soc. Géol. de France*, 3ᵉ sér., IX, 1880-1881, p. 689.
(²) ED. SUESS, *Das Antlitz der Erde*, I, 1883, p. 165.

les, une sorte se dénudation souterraine, paraît la seule explication possible.

Dans le cas le plus simple, il est clair que les couches affaissées
doivent former un pli synclinal, ne différant pas à la surface de
celui qu'aurait produit une pression latérale (fig. 23 et 24); les bords

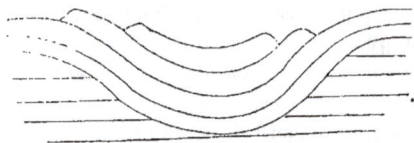

Fig. 23. — Coupe d'un bassin d'affaissement.

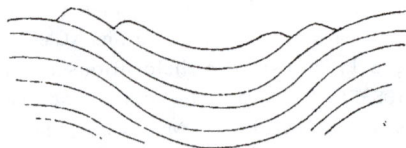

Fig. 24. — Coupe d'un pli synclinal.

n'en seront qu'en certains points marqués par des lignes de faille et
n'apparaîtront pas partout avec la même netteté. Mais si une dénudation superficielle vient à agir, enlève les couches supérieures
et approche du fond du bassin, les parois de la cavité primitive
deviendront observables et les deux séries, celle des terrains affaissés et celle des terrains sur lesquels s'est fait l'affaissement, se
trouveront séparées par une ligne annulaire et fermée. Dans certains cas l'apparence pourra être simplement celle d'une superposition anormale, ou même à la rigueur d'une lacune dans la série
stratigraphique; dans d'autres, au contraire, les parties affaissées
auront pu s'enfoncer plus ou moins par leur poids dans les terrains sous-jacents, et cette ligne limite se présentera comme une
faille verticale. C'est ainsi que s'expliqueraient les exemples précédents.

Ces dénudations inégales au-dessus d'un bassin d'affaissement
peuvent aussi rendre compte de certaines anomalies, telles que

celles que j'ai déjà décrites aux environs de Salins ([1]), où un léger ravinement sur le flanc d'une colline astartienne met au jour les marnes du Lias. Un fait semblable se présente plus bas que Lons-le-Saunier, au Sud du hameau de Grusse, entre les points marqués 409 et 574 sur la carte de l'État-major (ligne *ab* sur la carte, fig. 20). Les pentes mamelonnées qui s'élèvent au Sud du village sur une largeur de 400 mètres sont formées de Trias et de Lias inférieur (calcaire à Gryphées), dont les couches sont très tourmentées et que deux failles à l'Est et à l'Ouest séparent de pentes bathoniennes et oxfordiennes. Le plateau qui s'étend plus au Sud est au contraire formé de roches bajociennes et bathoniennes peu inclinées; le contact avec les mamelons marneux, difficile à observer, ne semble pas se faire par superposition normale. Sur ce plateau, une petite bande de prés (*ab*), large de 50 mètres à peine, dirigée à peu près N.-S., interrompt la série des bois et va rejoindre la route de Beaufort à Augisey. Dans ces prés, un peu avant la route, un fossé nouvellement creusé m'a permis d'observer les Marnes irisées, qui se trouvent ainsi former une bande étroite au milieu du Bathonien. La bande marneuse s'interrompt un peu plus au Sud, pour reprendre bientôt, toujours entre deux murailles calcaires, dans la direction de l'Abergement-Rosay.

De même, au pied du Faron, la route militaire de l'Ouest traverse un petit vallon où affleurent, au milieu du Bathonien à *Cidaris meandrina* et des dolomies qui le surmontent, des marnes gypsifères en filets verticaux. Ces marnes, d'après ce que je connais de la région, ne peuvent appartenir qu'au Trias. C'est sur elles qu'aurait eu lieu l'affaissement des terrains supérieurs et la pression exercée les aurait fait remonter dans les fentes du calcaire.

Il est naturel de se demander si ces bassins d'affaissement sont des faits isolés dans le Jura, ou si la cause à laquelle ils se rattachent n'a pas eu une action plus générale. Il est certain que les grands plissements réguliers du Jura oriental appellent l'idée d'une compression latérale, dont il semble difficile de ne pas chercher la cause première dans le soulèvement alpin; mais il faut reconnaître aussi que l'Ouest de la chaine, notamment sur les feuilles que j'ai étudiées, de Besançon et de Lons-le-Saunier, s'écarte singulièrement de ce type en quelque sorte classique. Il y a longtemps que M. MARCOU a fait la même remarque; l'étude de

---

([1]) *Bull. Soc. Géol. de France*, 3ᵉ sér., t. X, 1881-1882, p. 124 [reprod. ci-dessus, p. 47]

détail ne fait que la confirmer. Même au point de vue orographique, c'est la convergence des chaînes bien plutôt que leur parallélisme qui est la règle et les nombreux bassins fermés sur lesquels M. PARANDIER appelait déjà l'attention en 1830 ([1]) pourraient bien n'être autre chose que le résultat de ces sortes d'actions.

Comme je l'ai expliqué plus haut, ce n'est qu'exceptionnellement qu'un bassin d'affaissement doit se montrer limité par une faille sur 'toute son étendue, car à l'affaissement n'est pas nécessairement liée une rupture sur les bords. Pour une recherche méthodique il faudrait dresser, comme l'a fait M. DE LAPPARENT pour le Pays de Bray, les courbes de niveau de la surface d'une couche supposée continue, et je n'ai pas encore les éléments nécessaires pour terminer ce travail. Mais l'examen seul des contours géologiques dessine déjà très nettement un grand nombre de ces bassins; l'esquisse ci-jointe (fig. 25), où les lignes pleines désignent les failles et les pointillés les « plis monoclinaux », en montre l'extension présumée sur les feuilles de Besançon et de Lons-le-Saunier.

En suivant la chaîne, bien plus au Sud, on rencontre le petit bassin miocène de Soblay, qni est intéressant à ce même point de vue. L'exploitation des lignites a depuis longtemps fait découvrir dans ces couches l'*Hipparion gracile* et le *Mastodon tapiroïdes*. Un examen superficiel peut faire croire que ces couches, horizontales dans le champ d'exploitation, se sont déposées en discordance dans une dépression des calcaires jurassiques; c'est l'opinion qu'émettait en 1859 M. JOURDAN, lors de la Réunion extraordinaire à Lyon ([2]), et je ne crois pas que depuis elle ait été contredite. Or, l'étude de la région m'a montré que cette prétendue discordance n'est qu'une discordance mécanique, et qu'en réalité on a simplement affaire à un affaissement de la nature de ceux que je viens de décrire. Près du village de Soblay, les couches miocènes horizontales sont, il est vrai, bordées de tous côtés par l'Astartien, plus ou moins incliné, presque vertical à l'Ouest: mais là même il est à remarquer que quand l'exploitation a atteint le bord du bassin, le banc de lignite horizontal se relevait brusquement à angle droit en arrivant contre les couches jurassiques. En descendant au Sud vers la vallée du Suran, une série d'affleurements de

---

([1]) *Bull. Soc. Géol. de France*, 3ᵉ sér., XI, 1882-1883, p. 441.
([2]) *Bull. Soc. Géol. de France*, 2ᵉ sér., XVI, 1858-1859, p. 1123.

Bassins d'affaissement
entre Besançon et Lons-le-Saunier

failles

plis

Besançon

Doubs

Quingey

Loue

Lison

Nans

Salins

Arbois

Pupillin
Buvilly
Poligny
Chamolle
(1)
Plasnes

Bresse

Naxeroy

Champagnole

Salet
Arlay
Voiteur
(2)
Ain

Pannessières

Lons-le-Saunier

Conigey
(3)

Clairvaux

Vincelles
Grusse

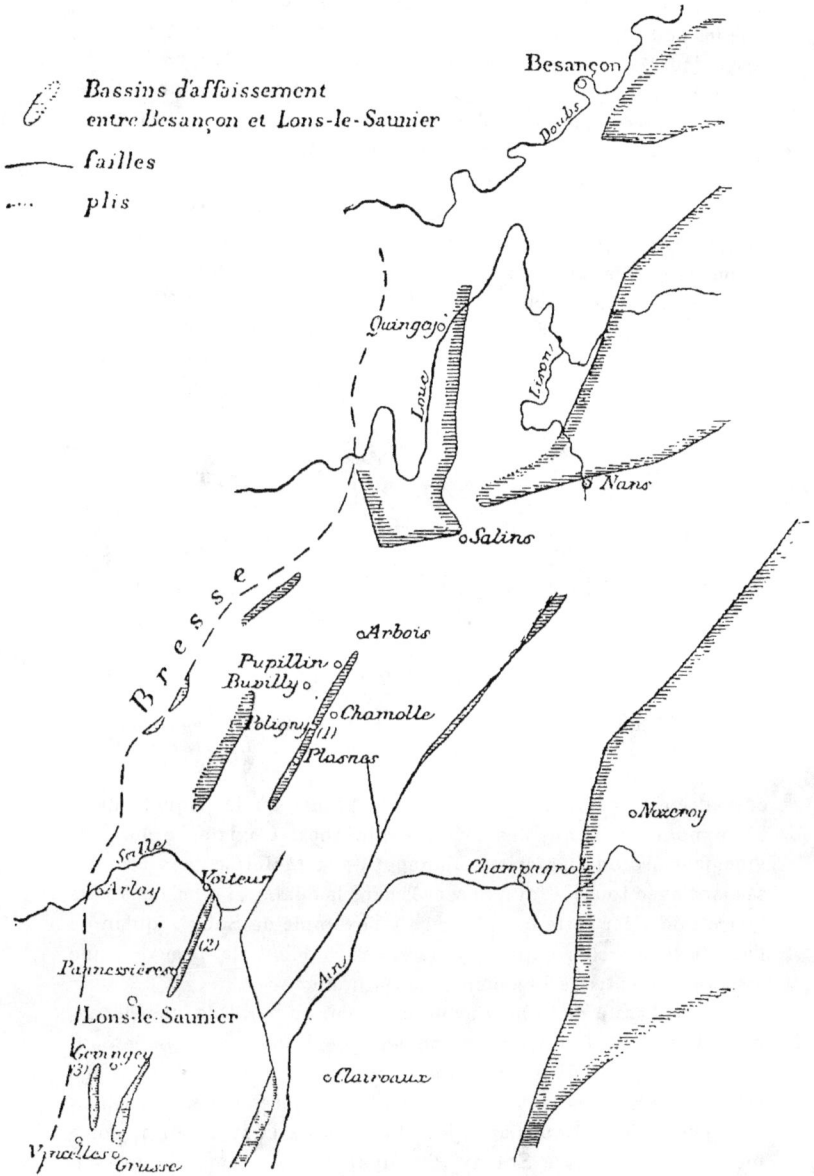

Fig. 25. — Carte des bassins d'affaissement entre Besançon
et Lons-le-Saunier. — Échelle de 1:500 000.

sables miocènes (immédiatement inférieurs aux argiles à lignites) relie les couches de Soblay à celles de Varambon et permet d'observer leurs véritables relations stratigraphiques. En face du pont de Saint-André (fig. 26), ces sables sont verticaux, même légèrement renversés, semblant plonger en concordance sous les dolomies portlandiennes, c'est-à-dire sous les couches les plus supérieures du Jurassique. Celles-ci butent par faille contre l'Astartien, et cette faille, qui se suit au Sud vers Turgon, est la continuation de la ligne qui forme plus au Nord le bord du bassin. Sur la rive gauche, auprès du même pont, on ne voit que le Portlandien plongeant fortement vers la rivière, c'est-à-dire vers le Miocène, ainsi enveloppé dans un pli très aigu du Jurassique. La même action a donc affecté en même temps les deux étages, et la dis-

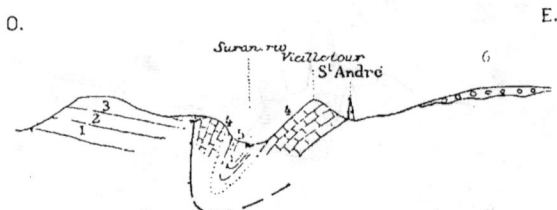

Fig. 26. — Coupe du bassin miocène de Soblay.
— Échelle de 1:40 000 environ.

1. Oxfordien; 2. Corallien; 3. Astartien; 4. Portlandien; 5. Sables mollassiques; 6. Alluvions des plateaux.

cordance est une apparence locale aux points où le paquet affaissé ne montre plus que des couches miocènes. L'existence d'un ravinement profond, antérieur au dépôt de la Mollasse, serait en désaccord avec tous les faits observés dans la chaîne et on n'a pas plus le droit de tirer cette conclusion de l'exemple de Soblay qu'on ne l'aurait de chercher dans les faits cités au début, la preuve d'une discordance entre le Bajocien et le Bathonien.

Ce petit bassin de Soblay acquiert ainsi, au point de vue de ces mouvements d'affaissement, une certaine importance, parce qu'il permet, sinon de fixer leur âge, au moins d'affirmer que cet âge est relativement récent et postérieur au Miocène. Ils pourraient donc suffire à expliquer dans les chainons de l'Est du Jura, comme ils l'expliquent à Soblay, l'inclinaison des couches mollassiques sur les flancs des synclinaux. On arriverait ainsi à se représenter le Jura comme résultant de deux actions successives: une poussée latérale, liée au grand mouvement alpin, et une série d'affaissements longitudinaux. Ces derniers seraient postérieurs à la Mollasse, mais le ridement primitif pourrait être beaucoup plus ancien.

En tous cas, que ces phénomènes d'affaissement aient joué ou non un rôle important dans l'histoire de la chaîne, ils se sont certainement produits dans le Jura occidental. Les faits signalés ne me paraissent pas susceptibles d'une autre interprétation, et ils ont du moins l'intérêt de montrer que certaines failles peuvent être tout à fait superficielles et n'affecter qu'une très faible portion de l'écorce terrestre.

M. MUNIER - CHALMAS rappelle à ce propos les cours d'eau souterrains de l'Istrie, qui indiquent la présence de grands vides intérieurs formés par les eaux, et les nombreux effondrements, en forme d'entonnoirs, qui en résultent dans la région.

IX

OBSERVATIONS SUR UNE NOTE DE M. F. DELAFOND
RELATIVE AUX SABLES A *MASTODON ARVERNENSIS*
DE TRÉVOUX ET DE MONTMERLE (AIN)

(*BULLETIN DE LA SOCIÉTÉ GÉOLOGIQUE DE FRANCE*,
3ᵉ série, XIII, 1884-1885, p. 166. — Séance du 12 Janvier 1885).

M. M. BERTRAND dit qu'il a visité la région de Trévoux avec
M. DELAFOND et que les conclusions de son confrère lui ont semblé complètement justifiées. Il appelle l'attention de la Société sur
l'intérêt que présentent ces traces de cours d'eau anciens, et spécialement le remblaiement à l'époque du Pliocène supérieur. Il lui
semble naturel d'admettre le même âge pour les alluvions des vallées alpines, antérieures au Glaciaire. Il y aurait donc eu à cette époque un remblaiement général des vallées dans le bassin hydrographique du Rhône: il est probable que ce phénomène doit se rattacher à une cause d'ensemble, et il paraîtrait naturel de la chercher dans une élévation relative du niveau de la mer.

M. BERTRAND ne nie pas l'influence des variations de débit,
mais il ne croit pas qu'elles puissent seules amener une élévation
de 100 mètres du lit, surtout dans une région éloignée de la montagne et où le cours de la vallée est déjà régularisé. On ne peut
pas assimiler un phénomène de ce genre aux déplacements horizontaux des graviers, qui ne changent pas la pente moyenne de la
vallée. Il rappelle les nombreux exemples d'anciens rivages, qui
démontrent combien le niveau relatif de la Méditerranée a changé, même à des époques relativement très récentes.

X

CARTE GÉOLOGIQUE DÉTAILLÉE
DE LA FRANCE.
Feuille n° 138 (Lons-le-Saunier).

NOTICE EXPLICATIVE
(Février 1885).

DESCRIPTION DES ÉTAGES

A. Argile à cailloux siliceux, brune ou jaunâtre, sans mélange de calcaire, formant le long de la chaîne une longue et étroite traînée, presque ininterrompue. Les silex proviennent du Bajocien. On trouve des argiles analogues sur les plateaux, où elles sont le produit évident de la décomposition sur place des couches siliceuses du Bajocien; on ne les a marquées sur la carte que là où il y a eu transport et dépôt. Le transport doit sans doute être attribué à des ruissellements torrentiels, d'âge quaternaire; les argiles à silex débordent en effet sur le Pliocène, et sont, dans la tranchée du chemin de fer près d'Arbois, superposées aux terrains glaciaires

a². Alluvions modernes, limoneuses ou caillouteuses dans le fond des vallées. Il faut y joindre les dépôts de *tufs*, surtout importants auprès d'Arbois, dans la vallée de la Cuisance, et les *tourbes*, qui continuent encore à se former dans les dépressions des dépôts glaciaires de la montagne.

a¹. Les Alluvions anciennes n'existent pas ou n'existent qu'à l'état remanié dans la Bresse, où les rivières inondent toute leur vallée; elles les bordent, au contraire, pendant la traversée du Vignoble, de terrasses, surtout bien accusées dans la vallée de la Seille

(*Elephas primigenius* près de Domblans). Elles manquent aussi dans les profondes échancrures ou *reculées*, qui, en face d'Arbois, de Poligny, de Voiteur et de Lons-le-Saunier, s'enfoncent dans le « premier plateau ». Le curieux dépôt de la petite grotte de Beaume, ouverte dans la paroi rocheuse qui termine une de ces reculées, à 50 mètres au-dessus du niveau de la vallée, a fourni toute une faune quaternaire (*Rhinoceros tichorhinus, Machairodus latidens*, etc.).

Les dépôts glaciaires (boues calcaires avec cailloux roulés, souvent striés, et gros blocs à angles aigus ou à peine émoussés) couvrent à l'Ouest de la feuille la plus grande partie des plateaux de Fraroz et de Loulle, formant ainsi, jusqu'à la grande moraine frontale de Saint-Maurice et de Clairvaux, une traînée, large de plusieurs kilomètres, qui allait se déverser dans la vallée déjà ébauchée de l'Ain. Presque toutes les vallées plus à l'Est sont occupées par ces mêmes dépôts remaniés ou non; des traces même s'en retrouvent sur les chaînes qui les séparent (jusqu'à la cote 1150 près des Planches). Les cailloux alpins qu'on trouve près de Nozeroy et des Planches montrent que les glaciers de la chaîne ont été reliés, au moins temporairement, à ceux des Alpes.

Les puissantes alluvions de la vallée de l'Ain, qui montent jusqu'à 60 mètres au-dessus du cours actuel, proviennent en partie du remaniement de ces dépôts; elles débutent par 10 mètres de marnes limoneuses blanchâtres, sans cailloux, produit du lavage des marnes oxfordiennes. Sur le premier plateau, quelques lambeaux de sables calcaires, avec cailloux roulés, indiquent plutôt une origine torrentielle que glaciaire; les cailloux sont arrachés aux roches mêmes du premier plateau. Dans le Vignoble on retrouve des dépôts nettement glaciaires, dont presque tous les blocs proviennent du Lias inférieur. Un petit bassin lacustre, avec *Elephas primigenius* et Mollusques d'espèces encore vivantes, est, à la gare de Saint-Lothain, recouvert par ces dépôts.

P. Le **limon de la Bresse** se poursuit dans toute la région tertiaire de la feuille. C'est surtout un produit d'altération atmosphérique, quoiqu'il y ait peut-être eu réellement apport limoneux en certains points, après le dépôt des sables p¹. A Mouthier-en-Bresse, à Commenailles, il contient des grains ou greluches creuses d'oxyde de fer, qui ont été exploités.

p¹. **Sables ferrugineux**, continuation des sables de Chagny et des dépôts à cailloux quartzeux de la forêt de Chaux; les travaux du chemin de fer de Dôle à Poligny y ont rencontré l'*Elephas meridionalis*. Il faut y voir la trace d'un grand courant étalé qui traversait en écharpe la plaine de la Bresse et se resserrait vers le Sud dans un lit voisin de celui de la Saône actuelle.

p_{o_a}. **Argiles de Saint-Côme et sables micacés.** Les argiles bleues (*Pyrgidium Nodoti, Paludina bressana*, lignites à Bletterans) ne forment qu'une lentille à la partie supérieure des sables; elles manquent au Sud de la Seille et se terminent en biseau au Nord de l'Orain. Les sables micacés (12 à 20^m) contiennent à leur base, près de Neublans, la faune d'Hauterive (*Helix Chaixi*). Ils reposent en concordance sur des argiles grasses (p_{ob}), visibles près de Neublans et de Beaurepaire, et montrant plus au Sud, dans la basse vallée de l'Ain, une faune également pliocène. Ces couches sont partout horizontales et nettement discordantes avec les formations secondaires. L'ensemble (p_{oa} et p_{bo}) a été rapporté au Miocène sur les feuilles antérieurement parues.

Les lignites autrefois exploités à Orbagna et rencontrés dans un nouveau puits de recherche près de Saint-Agnès plongeant légèrement vers le Jura et sont probablement miocènes (m^4).

m^3. Un lambeau de **mollasse marine** (sables micacés verdâtres, débris de *Pecten*) existe à la limite de la feuille, au Nord de Foncine. Un autre lambeau a été signalé près de Fort-du-Plasne (?). Au Sud de Charbonny (route de Champagnole), on peut rapporter au même niveau des poudingues à cailloux impressionnés, avec lits d'argiles sableuses, reposant sur le Néocomien.

m_1. Un petit affleurement de **calcaire lacustre**, près de Vincelles, avec Gastéropodes indéterminables, est sans doute à rattacher aux affleurements connus plus au Sud (*Potamides Lamarcki* à Coligny). Les bancs en sont fortement inclinés; mais les rapports stratigraphiques avec le Jurassique voisin ne sont pas observables.

E. **Brèche de Narlay**, formés d'éléments néocomiens et surtout portlandiens, avec ciment rougeâtre peu abondant. Elle est comprise dans un pli aigu du Néocomien et renversée comme lui.

c^1. **Sables verts**, avec *Ammonites Milletianus, A. Beudanti* à Charbonny. On en trouve quelques lambeaux sur l'Urgonien, dans les bassins de Nozeroy et d'Illay.

c_n. **Urgonien**, calcaires blancs compacts parfois avec teintes jaunâtres ou rosées, oolithiques par places (Réquiénies et Polypiers, ordinairement empâtés). Puissance, 30 à 40^m.

$c_{,,}$. **Calcaire jaune et marne à Spatangues** (25 à 30^m). Le calcaire jaune, spathique, avec taches chloriteuses surtout à la partie supérieure, n'offre guère de fossiles qu'à l'état de débris; les marnes inférieures, moins puissantes et moins riches vers le Sud, contiennent à Nozeroy: *Ostrea Couloni, Echinospatagus cordiformis, Terebratula prælonga*, etc. A la base, une couche remplie de Bryozoaires.

c_r. **Valanginien** (30 à 50^m). Calcaires grumeleux et oolithiques, roux et grisâtres. Des calcaires blancs compacts (*Strombus Sautieri*) forment vers la base de l'ensemble une lentille irrégulière et prennent par places un caractère coralligène très accentué (Nérinées, Réquiénies). Au sommet couches à limonite (*Pygurus rostratus, Ammonites Gevrilianus*).

c_{vi}. Couches d'eau douce, à tort assimilées au **Purbeck**, car elles alternent aux Petites-Chiettes avec les premiers bancs valanginiens. Ce sont des marnes, grises ou noirâtres, avec amas de gypse à Foncine, et des calcaires peu cohérents, d'un blanc sale, avec petits Planorbes et Gastéropodes à test noir.

j^6. **Portlandien** (80 à 100^m). Calcaires compacts, pseudo-lithographiques, avec alternances de dolomies sableuses; vers le sommet, quelques bancs grumeleux avec moules de Bivalves; à 40 mètres ds la base, gros bancs criblés de tubulures, avec moules de *Nerinea trinodosa*.

j^{5-4}. Des calcaires blancs, compacts ou fragmentés (20^m), avec rares *Pseudocidaris Thurmanni*, occupent la place du **Virgulien** (j^5), offrant vers le Sud de la feuille un niveau oolithique à leur sommet, et quelques gisements d'*Exogyra virgula* au sommet et à la base. Ils ont été réunis dans une même teinte avec le **Ptérocérien** (50 à 70^m), puissant ensemble de calcaires marneux (*Pterocera Oceani, Ceromya excentrica*, etc.) qui joue un rôle important comme horizon géologique dans la structure des hautes chaînes. L'épaisseur en est très réduite au Nord-Est de la feuille.

j^4. L'**Astartien** (60 à 80^m) se compose en haut de calcaires compacts, sans fossiles, surmontant des bancs coralligènes, à oolithes blanches peu agrégées (Nérinées, Polypiers, *Rhynchonella pinguis*). La partie inférieure est formée de bancs marneux vers la base (*Waldheimia Egena, Ostrea bruntrutana, Cidaris florigemma*).

j^3. Le **Corallien** (40 à 60^m) tend à perdre le faciès coralligène en avançant vers le Sud. Il est représenté en haut par des calcaires compacts (avec lentille oolithique au Nord de Champagnole), en bas par des calcaires marneux (*Cidaris florigemma, Pholadomya hemicardia, Ostrea rastellaris*), qui passent sans limite tranchée à ceux de l'Oxfordien. Bancs grumeleux à grosses oolithes rugueuses près de Clairvaux et de Lons-le Saunier.

j². **Oxfordien** (60 à 130ᵐ). En haut, grande masse de calcaires marneux, seulement développés à l'Est de la chaîne de l'Euthe, assez fossilifères vers le milieu (*Waldheimia impressa, Dysaster granulosus*); à leur base, des bancs plus compacts sont riches en spongiaires et en Ammonites. Les couches inférieures (marnes à Ammonites pyriteuses) diminuent d'importance vers le Sud-Est.

j¹. Le **Callovien** est rudimentaire, sauf au Nord-Ouest, où des minerais de fer ont été exploités (zones à *Ammonites anceps*).

Le **Bathonien** (80 à 120ᵐ) présente deux faciès distincts: au Sud-Est, la masse des calcaires blancs, qui depuis le bassin de Paris formaient la partie moyenne de l'étage (j..), se fond dans une même teinte foncée (*Jura brun*) avec le reste de l'étage. Un niveau marneux à *Homomya gibbosa*, surmontant des calcaires à Térébratules doublement biplissées (*Ter.* cf *Philippsi*), permet encore cependant la subdivision en deux étages j... et j... Bancs marneux et irréguliers à la base avec *Ostrea acuminata*, au sommet (j₁) avec *Rhynchonella varians*.

jᵢᵥ. Le **Bajocien** débute en haut par des calcaires roux spathiques; puis viennent des calcaires en grandes dalles (*Ammonites Humphriesianus*) et des calcaires siliceux, bien lités, surmontés par places d'ilots de Polypiers. A la base, la zone à *Ammonites Murchisonæ* comprend 50 mètres de calcaires oolithiques et spathiques, avec minces lits de marnes grises ou bleuâtres.

Le **Lias** (120ᵐ) offre la même succession que sur la feuille de Besançon: marnes gréseuses, marnes à *Trochus* et couches à Posidonies (l⁴); marnes à Plicatules, marnes à nodules et calcaires marneux (l³); calcaires à Gryphées (l²); calcaires à Plagiostomes et calcaires grèseux (l¹), et enfin les alternances de marnes noires et bariolées et de grès qui constituent l'Infralias (l.).

Les **Marnes irisées supérieures** (t³), avec gypse et dolomies à la base, affleurent seules, sauf en quelques points, près de Grozon, de Baume et de Lons-le-Saunier, où se montrent les lignites de l'étage moyen (t²). Les argiles salifères ont été atteintes par les sondages à Grozon et à Montmorot.

REMARQUES STRATIGRAPHIQUES.

Les contours géologiques dessinent nettement sur la feuille une série de bandes, orientées N. E.-S. O. avec une tendance marquée à s'infléchir vers le Sud: la première à l'Ouest, ou *région du Vignoble*, où affleurent surtout les couches marneuses du Lias et du Trias, est profondément sillonnée par les failles et les plissements, qui ramènent à l'Ouest quelques lambeaux de Jurassique supérieur. La seconde, ou *région des plateaux*, beaucoup moins tourmentée et sans plissements importants, est subdivisée par trois grandes failles en une série de gradins successifs, où, à mesure qu'on s'avance vers l'Est, on trouve à la fois des altitudes plus grandes et des affleurements plus récents (1er plateau, 600 mètres, Bajocien et Bathonien; 2e plateau ou plateau de Champagnole, 750 mètres, Jurassique moyen; 3e plateau, ou plateau de Nozeroy, 800 à 900 mètres, Jurassique supérieur et Crétacé). Par suite de la convergence des failles, ces plateaux vont en s'amincissant vers le Sud. La troisième région, ou *région des hautes chaînes et des plissements réguliers*, se poursuit jusqu'à la plaine suisse. Les failles n'y apparaissent qu'exceptionnellement et comme exagération locale des plis. Il y a pourtant à signaler, dans le bassin de Saint-Laurent, une ligne de fracture remarquablement rectiligne, qui le divise en deux parties distinctes: l'une à l'Ouest, régulièrement inclinée vers la faille; l'autre à l'Est, formée de la succession de plusieurs plis très aigus. Dans ce même bassin, les deux vallées de la Saime et de la Laime correspondent à deux surfaces de glissement, entre lesquelles les terrains ont subi un mouvement général de translation vers le Nord-Ouest.

A la limite du Vignoble et du premier plateau, deux bandes étroites de Bathonien sont, au milieu du Lias et du Bajocien, isolées par des failles courbes, à contour fermé (marquées d'un seul trait plein). Leur présence ne peut guère s'expliquer que par une dissolution souterraine, créant des vides où les terrains supérieurs se sont lentement affaissés. Ces sortes d'affaissements ont pu jouer un rôle important dans la formation de la chaîne, et pouraient expliquer la différence de structure entre la région des plateaux, avec ses failles convergentes, et celle des hautes chaînes, où se retrouve mieux la trace d'une pression latérale.

8

RÉGIME DES EAUX ET CULTURES.

Dans les terrains tertiaires, les deux niveaux d'eau (marnes de Saint-Côme et marnes inférieures) ne donnent lieu à aucune source importance; on les atteint par des puits qui, en général, doivent traverser la première nappe, trop faible et trop irrégulière, et vont s'alimenter à la base des sables, au-dessus de l'argile P_{ih}.

Le Lias, l'Oxfordien et le Néocomien (Purbeck et marnes à Spatangues) sont les grands niveaux de sources. Les marnes du Bathonien inférieur donnent quelques minces filets. Les principales rivières, l'Ain, la Saime et la Seille, sont les débouchés de grandes cavités et canaux souterains, sans rapport avec les lignes de failles de la région.

Les alluvions modernes sont en prairies. Les terrains tertiaires, sauf les parties boisées, sont cultivés en céréales. Puis les cultures s'étagent dans la partie montagneuse: les vignes sur les premiers coteaux liasiques et triasiques; les bois et les céréales sur la surface pierreuse du premier plateau; sur le second et sur le troisième dominent les prés; entre les deux s'étend la grande forêt de Joux, où sont les plus beaux sapins du Jura. Dans les hautes chaînes, les bois de sapins et les pâtis communaux couvrent les parties calcaires, et les prés marquent la place des affleurements marneux (oxfordiens, crétacés et glaciaires).

DOCUMENTS ET TRAVAUX CONSULTÉS.

Ouvrages de MM. MARCOU, RÉSAL, frère OGÉRIEN, JACCARD; Notes et Mémoires de MM. LORY, BENOIT, BONJOUR, CHOFFAT; Notes inédites de M. ABEL GIRARDOT.

XI-XV

SOCIÉTÉ GÉOLOGIQUE DE FRANCE.

RÉUNION EXTRAORDINAIRE DANS LE JURA,
du 23 Août au 1er Septembre 1885.

ALLOCUTIONS, COMPTES RENDUS D'EXCURSIONS ET OBSERVATIONS DE Marcel BERTRAND

(*BULLETIN DE LA SOCIÉTÉ GÉOLOGIQUE DE FRANCE*,
3e série, XIII, 1884-1885, p. 651-894, passim).

Sommaire

XI

SÉANCE DU 23 AOUT 1885 (p. 670-675).

Les membres de la Société se réunissent à 8 heures, dans une des salles de la Mairie de Champagnole, gracieusement mise à leur disposition.

M. MALLARD, Président de la Société, assisté M. M^{ce} HOVELAC-
QUE, Vice-Secrétaire, représentant le Bureau annuel, déclare ouverte la Session extraordinaire de 1885. Il invite les Membres présents à procéder à la constitution du Bureau pour la durée de la
Session.

M. MARCEL BERTRAND est nommé Président.

M. BERTRAND, en prenant place au fauteuil, remercie la Société
de l'honneur qu'elle lui a fait en l'appelant à la présidence, et la
prie, dans un rôle si nouveau pour lui, d'excuser son insuffisance
et son embarras. Heureusement pour lui, dit-il, il peut alléguer
que la journée est très chargée, le temps réservé à la séance très
limité, et que le devoir du Président est de parler de lui le moins
possible. Il demande donc la permission de passer sans autre
préambule à l'expédition de l'ordre du jour.

Le Président soumet à la Réunion le programme des Excursions
précédemment présenté au Conseil de la Société.

Le Président rappelle alors que M. PARANDIER, inspecteur général des Ponts-et-Chaussées en retraite, un des doyens de la Société Géologique et de la Géologie jurassienne, est venu d'Arbois
assister à la première séance de la Session, et souhaiter la bienvenue à la Société dans le département du Jura. Il l'invite à prendre
place au Bureau.

. . . .

Le Président remercie M. PARANDIER d'être venu affirmer la
solidarité des études anciennes avec celles du présent. C'est, dit-il,
M. PARANDIER qui, le premier, a su reconnaître les subdivisions
du Jurassique supérieur dans les environs de Besançon, avec une
précision que nous sommes encore loin d'atteindre dans le haut
Jura; dans une série de notes, de coupes et de cartes, malheureusement restées en parties inédites, mais généreusement communiquées à tous ceux qui sont venus après lui, il a fait pour la région de Besançon ce que THURMANN a fait pour celle de Porrentruy; il vient représenter parmi nous tout un passé de géologues illustres, auxquels c'est un grand honneur pour moi d'avoir à rendre
hommage en votre nom, et sous le patronage desquels la Société
sera certainement heureuse de voir placer le début de sa Session.

M. ABEL GIRARDOT, professeur au Lycée de Lons-le-Saunier,
offre au nom des membres de la Société d'Émulation du Jura et
au sien, un certain nombre de brochures présentant le résumé

d'une publication, actuellement en cours, sur ses *Recherches géologiques dans les environs de Châtelneuf (Jura)*.

Le Président remercie M. ABEL GIRARDOT. La Société d'Émulation du Jura, dit-il, a délégué trois de ses membres, parmi lesquels son Président, M. ROUSSEAU, pour prendre part à nos excursions; elle a fait tirer spécialement pour nous la brochure qui vient de nous être offerte, et qui sera pour nous un guide précieux dans notre excursion d'aujourd'hui; mais, elle n'avait pas attendu cette occasion pour montrer l'intérêt qu'elle prend aux questions géologiques. Elle a, depuis deux ans, inauguré dans la plaine de Doucier une série de mesures précises pour vérifier l'existence de mouvements lents du sol, dont les habitants de plusieurs villages croient pouvoir affirmer la réalité. C'est là une heureuse initiative, dont je n'ai pas besoin de vous signaler l'intérêt. Je souhaite la bienvenue à nos confrères de Lons-le-Saunier, et je les prie d'être auprès de la Société d'Émulation du Jura, les interprètes de nos remerciements.

SÉANCE DU 24 AOUT 1885 (p. 686, 688, 740).

Présidence de M. M. BERTRAND.

La séance est ouverte à 6 heures et demie du soir, dans une des salles de la Mairie de Champagnole.

M. ABEL GIRARDOT fait le compte rendu de la première Excursion.

. . . .

Le Président remercie M. GIRARDOT d'avoir si bien guidé la Société dans les environs de Châtelneuf, et le félicite de la persévérance et du succès avec lequel il a poursuivi ses minutieuses études. Il rappelle que c'est comme instituteur à Châtelneuf que M. GIRARDOT les a commencées; il est heureux d'avoir à signaler cet exemple et il appelle de ses vœux, sans oser le croire prochain, le jour où il sera suivi dans les autres communes de France et où leur territoire sera exploré et connu comme celui de Châtelneuf.

M. l'Abbé BOURGEAT présente le compte rendu de l'Excursion du 24 Août à Syam, Les Planches, Sirod et Nozeroy.

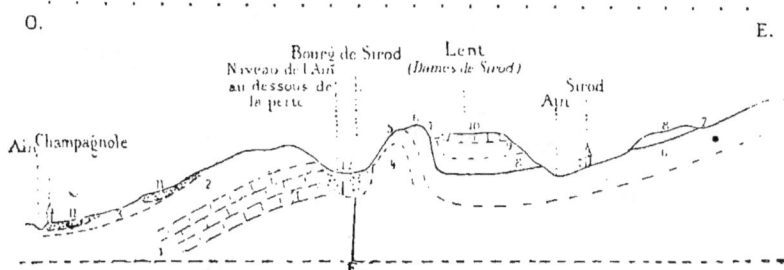

Fig. 27. — Coupe de Champagnole à Sirod.
— Échelle 1 : 80 000; hauteurs 1 : 20 000.

1. Bajocien; 2. Bathonien inférieur; 3. Bathonien supérieur; 4. Astartien; 5. Ptérocérien; 6. Portlandien; 7. Purbeckien; 8. Valanginien; 9. Hauterivien; 10. Urgonien; 11. Glaciaire; 12. Alluvions (Glaciare remanié); F. Faille.

M. BERTRAND fait observer que la discussion sur ces points est prématurée avec les éléments qui résultent des deux premières courses. Il insiste sur le but spécial de cette première partie de la journée, qui était de permettre à la Société de juger de la valeur paléontologique d'un second horizon fossilifère et de se convaincre de son identité avec le Ptérocérien classique de Montbéliard et de Porrentruy. Dans les masses calcaires intercalées, c'est-à-dire entre l'Oxfordien et le Ptérocérien d'une part, entre le Ptérocérien et le Portlandien de l'autre, on a déjà pu voir et l'on verra encore des fossiles astartiens ou des fossiles virguliens et portlandiens, mais M. BERTRAND croit qu'on risquerait de diminuer la confiance de la Société dans les résultats acquis ou au moins dans la méthode suivie, en voulant dès maintenant, et sans autre preuve, lui préciser pour chaque coupe observée la place et les limites des différentes zones. Il ne contredit d'ailleurs en rien les observations de M. l'abbé BOURGEAT, il croit seulement préférable de résumer les observations de la matinée sous une forme qui ne soulève pas d'objections et n'y mêle pas les observations à venir: ce que la Société a vu sur la route des Planches, c'est un puissant massif de calcaires marneux riches en *Pterocera Occani* et autres fossiles du même niveau, puis au-dessus de ces calcaires et les séparant du Néocomien, un autre massif non moins puissant de calcaires compacts, à peu près sans fossiles. Elle a de plus constaté, à la partie supérieure du massif marneux et vers la base du massif compact, l'existence de deux bancs ooolithiques.

SÉANCE DU 26 AOUT 1885 (p. 772-776).

Présidence de M. M. BERTRAND, puis de M. PILLET.

La séance est ouverte à 8 heures du soir, dans la salle du Théâtre, à Saint-Claude.

Le Président adresse d'abord ses remercîments à la municipalité et aux habitants de Saint-Claude, pour l'aimable accueil et pour la prévenante hospitalité que la Société a trouvés dans cette ville. Se tournant alors vers M. GUIRAND, qui assiste à la séance, il rappelle les services qu'il a rendus à la géologie de la région, ses travaux ininterrompus depuis plus de cinquante années, la belle collection de fossiles qu'il a recueillie et qui figure actuellement au musée de Lyon. Si la santé de M. GUIRAND, ajoute-t-il, ne lui permet pas de nous accompagner dans nos courses, ce n'en est pas moins lui qui sera notre véritable guide dans les environs de Saint-Claude; ce que nous vous montrerons, c'est lui qui nous l'a montré. J'invite M. GUIRN D à venir pendre place au Bureau, comme Président honoraire de notre séance.

M. l'Abbé BOURGEAT fait le compte rendu de l'Excursion du 25 Août, de Champagnole à Saint-Laurent et à Morez.

. . . .

Pour quiconque observe attentivement les deux petits plis aigus de La Billaude, il n'y a pas de doute que les gros bancs du Jurassique supérieur n'aient dû jouir d'une grande plasticité [1] au moment

---

[1] La question délicate de la plasticité des couches n'a pas été abordée devant la Société, pendant l'excursion (Note de M. BERTRAND ajoutée pendant l'impression).

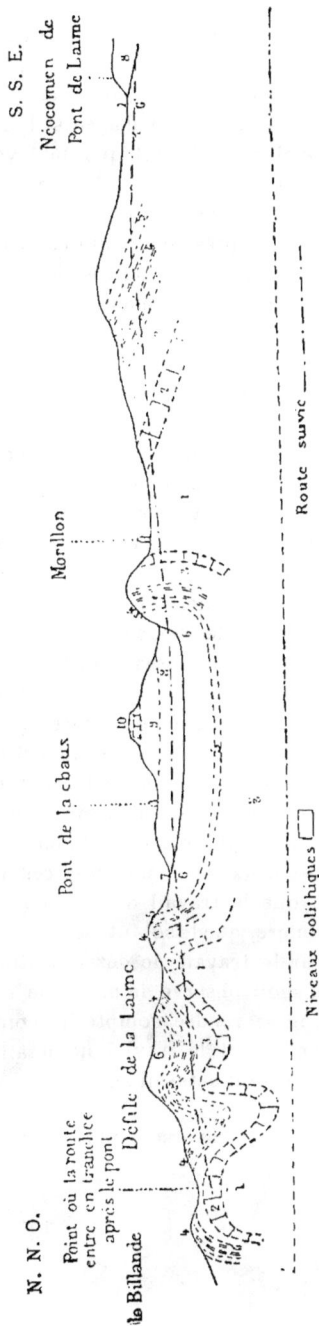

Fig. 28. — Coupe de La Billaude au Pont-de-Laime. — Échelle des longueurs 1:40000; hauteurs 1:20000.

1. Oxfordien; 2. Rauracien; 3. Astartien; 4. Ptérocérien; 5. Virgulien; 6. Portlandien; 7. Purbeckien; 8. Valanginien; 9. Hauterivien; 10. Urgonien.

où ils ont subi les actions mécaniques qui les ont ainsi contournés. Leur dissymétrie, bien accusée, ainsi que celle du grand synclinal V, qui les suit, ne permet pas non plus de douter que le relief des chaînons traversés ne soit dû à une impulsion latérale énorme venue de l'Est.

Mais l'origine de la cluse [de la Laime] soulève une discusion assez animée, à laquelle prennent part MM. BERTRAND, RENEVIER, DE LAPPARENT, LORY et BOURGEAT.

Pour MM. BERTRAND, RENEVIER et DE LAPPARENT, la cause principale de la cluse serait l'érosion qui aurait peu à peu ouvert sur leurs points les plus faibles les barrages opposés par les cloisons à l'écoulement des eaux. Ils en citent pour preuve principale la parfaite concordance des couches de part et d'autres de la cluse, concordance qui n'aurait pas toujours lieu si celle-ci était une cassure produite brusquement sous l'influence d'une action mécanique.

Pour MM. LORY et BOURGEAT, la cluse aurait été, au contraire, produite dans ses traits généraux sous l'influence d'agents dynamiques tout autres que l'eau. Celle-ci n'aurait fait que déblayer les blocs brisés, et, pour preuve, ils citent les traces de glissement et de pressions que présentent les couches sur les bords de la cluse, ainsi que l'orientation générale qu'elle présente et qui est celle de la plus grande partie des cluses du Jura. Ces indices de pression et cette orientation régulière ne peuvent être assurément le fait seul de l'eau.

M. BERTRAND conteste absolument qu'il y ait une « orientation générale » pour les cluses du Jura. Il admet parfaitement, au contraire, que celle que l'on traverse en ce moment présente, en effet, en *un de ses points*, des traces de glissement sur la paroi qui la borde. Il est même persuadé que l'accident local auquel sont dues ces traces de glissement se rattache à l'accident transversal, beaucoup plus important, qu'on observe près de Morillon et qui coïncide là exactement avec la vallée élargie. Mais la cluse où l'on se trouve, qu'elle que soit son arientation moyenne, est remarquablement sinueuse et, sauf sur le point signalé, les couches se correspondent de part et d'autre. Il y a donc deux choses à distinguer, comme dans la plupart des exemples analogues: 1° la direction moyenne de la vallée, qui, en gros, suit une ligne de cassure; 2° la ligne vraie du parcours des eaux, dont les détails et les sinuosités sont, pour la plupart, complètement indépendants de la cassure principale ou même des cassures secondaires. Il lui semble donc peu contestable que les accidents stratigraphiques aient influé sur les lignes primitives d'écoulement des eaux, mais une fois ces lignes d'écoulement tracées, il croit que le travail d'érosion s'est peu à peu poursuivi de la même manière, que le sol fût ou non faillé. Il en est de même, selon lui, pour le travail de désagrégation atmosphérique. D'ailleurs il suffit d'avoir observé de près une région, même morcelée de failles, pour se rendre compte de combien peu ces failles et fissures diminuraient le travail néccessaire pour en faire disparaître un cube de terrain déterminé.

Durant le cours de cette discussion, on traverse à plusieurs reprises, suivant les ondulations du terrain, les diverses assises du Jurassique supérieur qui forment les petits plis. Dans ces assises, toute distinction entre le Portlandien, le Virgulien, le Ptérocérien, etc., est pratiquement impossible, tant les fossiles y sont rares et la texture identique grâce, sans doute, à la compression qu'elles ont subie.

Chemin faisant, la Société rencontre un affleurement d'Oxfordien qui paraît avoir été porté à d'inégales hauteurs de part et d'autre de la cluse (¹), et qui est fortement laminé. Les calcaires Jurassiques supérieurs qui le recouvrent immédiatement sont, eux aussi, fortement polis par suite d'un glissement, ou présentent de magnifiques brèches de frottement sur lesquelles M. BERTRAND attire l'attention de ses confrères.

. . . .

La Société traverse rapidement le bassin néocomien de Pont-de-la-Chaux.

Elle atteint ainsi les maisons de Morillon, à gauche desquelles le Jurassique supérieur renversé forme la lèvre orientale du V dont il a été précédemment question.

M. BERTRAND fait remarquer à ses confrères que cette arête de couches inclinées, qui se poursuit au Nord-Est rectilignement et sans discontinuité jusqu'à la vallée des Planches, ne se continue pas à droite sur l'autre rive de la vallée, ou que, du moins, pour l'y retrouver, il faut s'avancer de quelques centaines de mètres dans la direction de Saint-Laurent. En d'autres termes, l'arête verticale est rejetée normalement à sa direction.

Y a-t-il eu glissement de terrains suivant la cluse, ou bien est-ce le résultat d'un simple gauchissement, analogue à celui que l'on pourrait imprimer à un cahier de papier tenu verticalement et tordu par un de ses bords? C'est là une question que l'on ne saurait exactement résoudre; mais, dans tous les cas, le phénomène, dont la continuation peut se suivre presque jusqu'à Saint-Laurent, n'en mérite pas moins une sérieuse attention (²).

(¹) M. BERTRAND croit que cet accident se rattache à celui de Morillon, et que le déplacement des assises a eu lieu dans le sens horizontal plutôt que dans le sens vertical.

(²) Pour plus de détails sur ces sortes d'accidents, voir plus loin [p. 126 et suivantes] le compte rendu de la course de Morez à Saint-Claude.

. . . .

Quelques bancs de calcaires compacts et de dolomies amènent ensuite la Société en présence d'une série de bancs, où M. BOUR-GEAT déclare reconnaître l'équivalent du Virgulien, tel que M. BER-TRAND l'a décrit entre Morez et Valfin: ce sont deux assises de marnes bleuâtres séparées par un calcaire oolithique, le tout atteignant de 15 à 20 mètres de développement... M. BERTRAND dit qu'il y a trouvé la *Terebratula subsella*. Il croit d'ailleurs fondée l'assimilation dont parle M. BOURGEAT; mais ici, comme sur la la route des Planches, il croit nécessaire d'attendre pour discuter la question du Virgulien que la Société en ait vu les fossiles . . . .

Puis on se rend à droite de la route, à une carrière nouvellement ouverte, à quelques centaines de mètres du hameau de Pont-de-Laime, dans les assises de l'étape portlandien.

Là, M. BERTRAND montre, dans un délit du calcaire, une petite bande de grès très durs, à cuisent siliceux, que les ouvriers utilisent pour aiguiser leurs outils. La présence de grès, de formation évidemment bien postérieure, est assez remarquable, car on ne peut les rattacher à aucun autre dépôt analogue dans la région. La mollasse seule, dont on verra le soir un lambeau, au Sud de Saint-Laurent est ordinairement sableuse; peut-être pourrait-on, malgré la différence incontestable de texture, songer à y rattacher ce lambeau, déposé ou tombé dans la fente.

Mais cette hypothèse, que M. BERTRAND énonce sous toute réserve, rencontre peu de partisans: MM. GOSSELET et BOURGEAT préféreraient voir dans ces grès un produit d'infiltration. Les dépôts glaciaires abondent dans le voisinage et ont évidemment recouvert toute la vallée. Or, ne peut-on supposer que depuis l'apparition do ces dépôts, l'eau en ait peu à peu dissous le calcaire et que les grains de silice restés en place se soient agglutinés? Les grès passent d'ailleurs latéralement à des sables jaunes, analogues à ceux que la Société a remarqués dans la course de Dimanche au-dessous du Glaciaire de La Billaude. L'objection que l'on peut faire à cette théorie, dit M. BERTRAND, est que le terrain glaciaire de la cluse de la Laime est presque exclusivement calcaire et très pauvre en silice.

N. O.

S. E.

Route de
St Laurent à l'Abbaye

Marais

Château des Prés

Molasse

Bienne

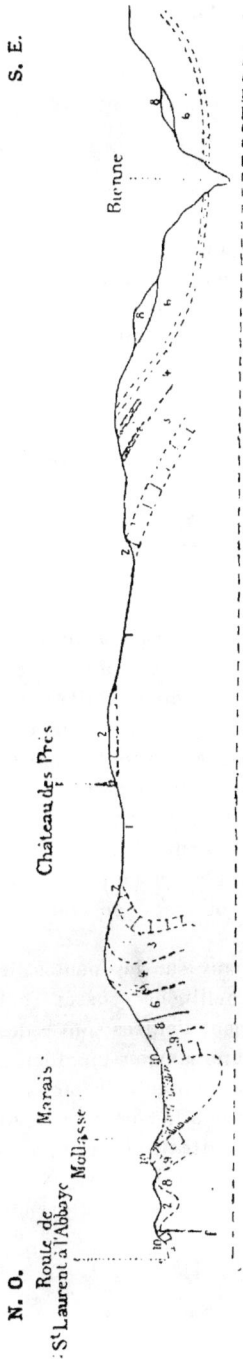

Fig. 29. — Coupe en ligne brisée de La Ferté à la Vallée de la Bienne. — Échelle des longueurs 1: 40 000; hauteurs 1: 20000.

1. Oxfordien; 2. Rauracien; 3. Astartien; 4. Ptérocérien; 5. Virgulien; 6. Portlandien; 7. Purbeckien; 8. Valanginien; 9. Hauterivien; 10. Urgonien; 11. Molasse; f. Faille.

M. BERTRAND [à propos d'une hypothèse formulée par M. BOURGEAT] croit très contestable que la vallée de la Bienne fût creusée à sa profondeur actuelle au moment de la grande extension des glaciers.

M. BOURGEAT répond qu'il est pourtant impossible d'expliquer autrement les placages de terrain glaciaire non remanié, qui, en face de La Rixouse et de Valfin, parsèment les bords et le fond de la vallée. D'ailleurs, cela n'infirmerait en rien ses conclusions sur la grande puissance du glacier de la Bienne, puisque la section de l'entaille due à l'érosion n'est qu'une faible fraction de celle de la vallée et que celle-ci, dans son ensemble, est le résultat du synclinal formé par les couches.

XII

COMPTE RENDU DE L'EXCURSION DU 26 AOUT, ENTRE MOREZ ET SAINT-CLAUDE,

par M. M. BERTRAND (p. 785-794).

Une partie des Membres a visité le matin, autour de Morez, quelques affleurements d'Oxfordien et de Bathonien. La ville est bâtie en long dans l'étroite vallée de la Bienne, qui traverse là un peu obliquement, du Sud-Est au Nord-Ouest, une voûte anticlinale ouverte jusqu'au Bathonien inférieur. L'axe de l'anticlinal plonge assez rapidement vers le Sud, si bien que les pentes de la rive gauche montrent toute la série des terrains depuis le Bathonien supérieur jusqu'aux escarpements calcaires de l'Astartien; sur la rive droite, au contraire, les pentes boisées sont jusqu'à leur sommet formées par le Bathonien, et l'Oxfordien n'affleure qu'aux deux extrémités de la ville, aux retombées de la voûte, masqué d'ailleurs sous les éboulis ou les alluvions.

L'Oxfordien de Morez montre une modification importante à la coupe de La Billaude, c'est la suppression des marnes à Ammonites pyriteuses. Les couches à Spongiaires reposent directement sur le Callovien. Un chemin qui monte au-dessus du cimetière permettait autrefois d'observer ce contact; on a pu encore voir, d'un côté du chemin, un banc à oolithes ferrugineuses avec *Ammonites anceps*, qui surmonte la dalle nacrée et dont la surface supérieure, plaquée de fossiles en saillies, est inégale et rugueuse, tandis que la tranchée opposée est ouverte dans les couches à Spongiaires; mais le contact même n'est plus visible. Il n'y a donc pas à insister ici sur cette disparition, qu'on aura l'occasion de constater plus nettement à Saint-Claude.

Quelques Membres sont montés plus haut sur les pentes détrempées par la pluie de la nuit pour recueillir de grosses Térébratules dans un banc des couches d'Effingen; d'autres sont redescendus à la grande rue, observer derrière une maison un affleurement de marnes feuilletées noirâtres, à *Rhynchonella varians*.

A 8 heures et demie, la Société s'est réunie, à la sortie de la ville, sur la nouvelle route de Saint-Claude. L'attention s'est portée d'abord sur l'accident stratigraphique intéressant qui signale la cluse par où la Bienne sort du vallon de Morez avant de prendre s on cours vers le Sud. Cette cluse est bordée sur chaque rive par une arête de calcaires verticaux du Jurassique supérieur, qui forment la retombée occidentale de la voûte de Morez.

Sur la rive droite, on voit les têtes de ces couches verticales se poursuivre jusqu'au village de Morbier, et en s'engageant sur la route, c'est-à-dire à l'aplomb des couches verticales, on se trouve sur le Portlandien horizontal. Par un phénomène fréquent dans les hautes chaînes du Jura, les couches verticales se renversent avant de prendre leur position horizontale, donnant naissance à un V couché, qui, dans le cas actuel est masqué par les éboulis, mais dont quelques bancs étirés et brusquement relevés indiquent ce pendant l'amorce, et qui peut seul expliquer la disposition donnée.

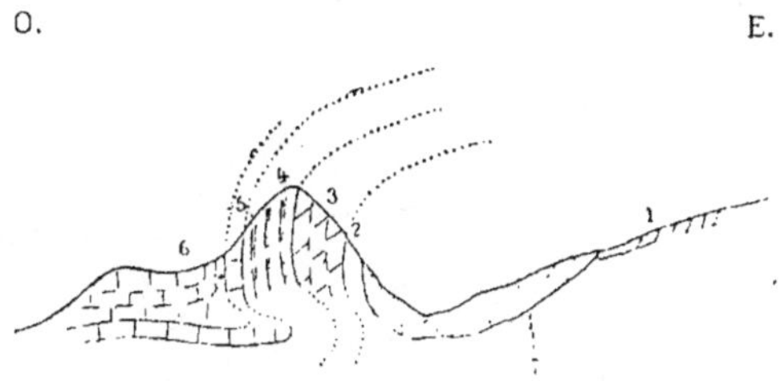

Fig. 30. — Coupe de la retombée Ouest de la voûte de Morez (route de Saint-Claude).

1. Bathonien; 2. Rauracien; 3. Astartien; 4. Ptérocérien; 5. Virgulien; 6. Portlandien; 7. Alluvions.

En général, ces renversements qui se produisent au bas des flanc extérieurs des plis, ne se poursuivent que sur une longueur limitée; un peu plus loin, au Nord ou au Sud, on retrouve la retombée normale sans renversement. On peut remarquer que quand le renversement se produit à la fois sur les deux retombées du pli (ce qui a lieu par exemple au Col des Roches, entre Le Locle et Morteau), on a comme une première indication de la structure en éventail. M. RENEVIER fait observer que ces accidents locaux peuvent être un fait postérieur à la formation même du pli, et il serait tenté d'y voir un simple résultat du vide produit par le synclinal suivant au pied du flanc de l'anticlinal; il y aurait eu « poussée au vide », comme dans le cas d'un mur dont le front est insuffisant.

Tout en admettant volontiers la possibilité de cette explication, je pense que le fait peut aussi s'expliquer par une sorte d'oscillation des bancs autour de leur direction moyenne, qui ici est verticale (fig. 31). Un peu plus loin, sur la même route, avant d'arriver à La Rixouse, on voit de beaux exemples de ces gauchissements

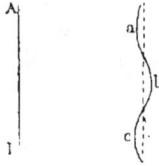

Fig. 31. Oscillation des bancs autour de leur position moyenne (Route de Saint - Claude).

Fig. 32. — Gauchissements sur la route de La Rixouse.

(fig. 32), bien nettement indépendants d'une action quelconque de la pesanteur (¹). Il suffirait de leur supposer un peu plus d'amplitude pour produire le renversement local observé à la sortie de Morez. En tout cas, ces renversements locaux sont indifféremment tournés vers la Suisse ou vers la France, et il convient d'en faire abstraction si l'on veut juger sainement du plus où moins de dissymétrie (*Einseitigkeit*) de la chaîne du Jura. De plus, il ne peut en résulter qu'une apparence de structure en éventail, apparence que les mêmes causes ne sauraient exagérer au delà d'une cartaine limite, pas plus qu'elles ne peuvent expliquer les exemples en grand de cette structure, tant de fois cités et toujours contestés dans le massif central des Alpes.

L'attention de la Société se porte alors sur l'escarpememt de la rive gauche, et on constate que cette arête, formée par les mêmes bancs que celle de la rive droite, n'en est pas la continuation rec-

_____

(¹) La Société n'a pas eu le temps de s'y arrêter.

tiligne. C'est, avec moins d'amplitude, le même phénomène que
sur la route de La Billaude à Saint-Laurent: il y a eu déplacement
latéral, soit par simple torsion, soit par fraction avec glissement
horizontal, des deux parties de l'arête. Ces accidents sont très fréquents dans toutes les régions de plissements énergiques; la généralité en a été méconnue jusqu'ici. M. SUESS a proposé pour eux
le nom de « *Blatt* », emprunté à la terminologie minière; il serait
bien désirable qu'en France aussi on leur affectât un nom qui per-
mit de les désigner briévement et sans ambiguïté.

L'explication en est bien simple, et l'on peut dire que leur existence est la conséquence naturelle, et même nécessaire, des mouvements de plissement. En effet un point, avant et après le plissement,
de même qu'il ne se retrouve pas à la même hauteur, ne se retrouve
pas sur la même verticale; autrement dit le mouvement qu'il a subi
peut se décomposer en deux autres, l'un vertical et l'autre horizontal. Tous les points ne font pas un même chemin vertical: de là, la
production de glissements plus ou moins complexes, et de *failles à
déplacement vertical*. Mais tous les points ne font pas non plus
un même chemin horizontal; de là une nouvelle série de torsions
et *glissements horizontaux*, pouvant également dégénérer en *failles à déplacement horizontal*. Elles sont à la composante horizontale du mouvement ce que les failles ordinaires sont à sa composante verticale. D'après leur mode même de production, elles seront ordinairement transversales, comme les autres sont ordinairement longitudinales, et les parois en sont striées horizontalement comme celles des failles ordinaires le sont verticalement.
Seulement, de même que les deux composantes, horizontale et
verticale, se superposent pour produire le mouvement d'ensemble,
les deux sortes de glissements peuvent aussi coïncider et donner
lieu à tous les intermédiaires.

Ces plans de torsion et de déplacement horizontal ont très ordinairement, dans le Jura, déterminé la place des cluses, comme c'est
le cas ici, comme c'était le cas hier auprès de Morillon. Il en résulte uné grande difficulté pour étudier la zone de torsion et le
contact, s'il y a réellement faille. De Morez à Pontarlier, je ne
connais pas moins de six accidents semblables, les deux déjà mentionnés, celui des Planches, moins accusé, celui de Pontarlier à la
Cluse, celui du val des Hôpitaux, et enfin un dernier qui, de Mouthe, se dirige vers l'Est de Remoray. Dans celui-là, une partie de
la zone de torsion est restée accessible à l'observation, et on peut

constater que sur une partie de son parcours la torsion a bien déterminé des glissements, mais non pas un glissement d'ensemble
correspondant à une faille unique. Ce sont au contraire une série
de glissements parallèles, déterminant soit l'amincissement et l'é-
tirement local des couches (¹), soit des petites failles qui ne se
suivent pas loin. Comme pour l'abaissement d'une région par une
série de failles en échelon, le déplacement d'ensemble est la conséquence et la somme d'une série de déplacements partiels.

Il est clair que ce ne doit pas être là une règle générale; tous les
cas doivent se présenter, depuis la torsion simple sans fracture
jusqu'à la faille unique on plan unique de glissement. En ce qui
regarde l'accident de Morez, il convient seulement d'ajouter qu'il
se poursuit au Sud-Est, peu marqué jusques aux Rousses, mais
bien accusé au delà de la frontière, sur la route de Saint-Cergues,
où la carte géologique de M. JACCARD indique une faille transversale.

Ces explications échangées, on commence à suivre la route, qui
s'élève lentement, le long des escarpements de la vallée, de la
Bienne jusqu'au petit plateau de La Rixouse et de Valfin. La Bienne,
au sortir de la cluse de Morez, fait un coude brusque vers le Sud
et suit le fond aplati d'un pli synclinal secondaire; mais, contrairement à ce qui se passe ordinairement dans le Haut-Jura, le
petit bassin néocomien dont les couches remplissaient ce fond de
bateau s'est trouvé à un niveau trop élevé pour l'écoulement normal des eaux, et elles ont entaillé dans les calcaires jurassiques
sous-jacents une rigole étroite et sinueuse, profonde de 100 à
200 mètres, qui donne à cette partie de la vallée son aspect pittoresque et son caractère spécial. La route, dans cette masse de calcai-
caires à peu près horizontaux, n'entame qu'un petit nombre d'assises différentes, au-dessus et au-dessous de la base du Portlandien, mais parmi ces assises deux ont un intérêt particulier, ce
sont celles qui renferment l'*Exogyra virgula*, fossile généralement considéré comme caractéristique d'un niveau bien déterminé, et dont les gisements, si abondants au Nord, deviennent rares
dans le Jura central pour disparaître tout à fait au Sud-Est.

Jusqu'ici nous avons constaté, au-dessus des zones fossilifères

---

(¹) J'ai essayé d'expliquer (*Bull. Soc. Géol. de France*, 3ᵉ sér., XII,
1883-1884, p. 320) comment, d'une manière générale, l'étirement d'une couche est l'indice d'un déplacement relatif [Voir ci-dessous, LVIII].

de l'Oxfordien, deux horizons bien nets, contenant les mêmes fossiles que dans le Jura bisontin; celui de la *Waldheimea Egena* à la base de l'Astartien, et celui du *Pterocera Oceani*, avec la *Terebratula subsella* et ses nombreux Bivalves, si bien développé sur la route des Planches. Ces deux points de repère, insuffisants sans doute pour tracer une démarcation rigoureuse des sous-étages, nous ont permis cependant de constater avec certitude la présence de plusieurs niveaux coralligènes et de fixer leur place relative dans la série: à Châtelneuf entre l'Oxfordien et la *Waldheimia Egena*; sur la route de Saint-Laurent et à Château-des Prés, entre la *Waldheimia Egena* et le Ptérocérien; enfin, sans insister sur les petites intercalations oolithiques observées dans les premières coupes au haut du Ptérocérien, M. l'Abbé BOURGEAT nous a montré hier des couches coralligènes à *Diceras* dans le Ptérocérien. Le développement ordinaire d'oolithes blanches, plus ou moins fines, plus ou moins agrégées, qui se trouve coïncider en fait avec la présence des Polypiers, des Nérinées et des *Diceras*, permet de désigner ces différents niveaux sous les noms d'Oolithe corallienne, Oolithe astartienne, Oolithe ptérocérienne. Or, la route de Morez à Saint-Claude permet d'observer un troisième horizon de fossiles connus, celui des *Exogyra virgula*, et par conséquent de préciser là la place du Virgulien. L'intérêt de cette coupe est que les deux bancs à *Exogyra Virgula* s'y montrent séparés près de Morez par des calcaires compacts, et que 8 kilomètres plus loin, près du grand tournant où une ondulation de l'axe du pli synclinal les ramène au niveau de la route, on voit s'intercaler dans ces bancs compacts 7 mètres d'une oolithe désagrégée contenant surtout des Nérinées, et qui est ainsi une *Oolithe virgulienne*.

La Société a constaté la présence des *Exogyra virgula* dans les bancs feuilletés qui affleurent après le passage du premier ravin latéral; les Huîtres, à forme de virgules, sont abondantes; toutes, il est vrai, ne montrent pas les stries caractéristiques; mais il a suffi de quelques minutes de recherches pour recueillir un bon nombre d'exemplaires striés, ne laissant pour personne place au moindre doute. M. ABEL GIRARDOT a même trouvé un grand échantillon bilobé tel que je n'en avais pas encore vu dans la région. On a suivi alors, pendant près de 2 kilomètres, les bancs de calcaires presque horizontaux qui viennent au-dessus, et l'on est arrivé à un second banc feuilleté, surmonté lui-même par un gros banc de dolomie très cristalline; on a recueilli encore, quoique en moins grande abondance, l'*Exogyra virgula* bien caractérisée. On a pu remarquer, dans les deux gisements, le développement, au milieu des marnes feuilletées, des petites oolithes bleues et rouges sur lesquelles M. BOURGEAT avait déjà appelé l'attention près de Pont-de-Laime. D'après lui, c'est le banc inférieur qui disparaît le premier au Sud-Est.

On est alors monté en voiture pour se rendre directement, sans s'attarder à la série uniforme des bancs portlandiens, au second affleurement des marnes supérieures virguliennes, qui reparaissent, comme je l'ai dit, un peu avant le grand tournant de la route. On a constaté sous ces marnes l'existence de l'Oolithe virgulienne, qui plonge de nouveau vers le fond de la vallée en laissant reparaître les marnes feuilletées et les calcaires portlandiens. Bientôt, ces derniers s'inclinent plus fortement, par suite d'un accident transversal, dont la trace est bien visible dans le relief des deux lignes de collines qui bordent la vallée, et l'on entre dans le Néocomien.

L'identité du dernier affleurement de marnes avec les précédents ne peut-être mise en doute; il importe donc de rappeler que j'y ai recueilli, en présence de mes confrères, un échantillon de *Pterocera Oceani*, avec une partie de ses digitations bien conservée, et entre elles, sur les bords de la lèvre, un commencement d'indication de stries longitudinales, c'est-à-dire du caractère distinctif du Ptérocère portlandien. Peut-on conclure de ce simple indice qu'on a affaire à une variété « virgulienne » de l'espèce [1]? Ou ne serait-il pas plutôt probable que les conditions favorables à la production du faciès vaseux, et au développement des Bivalves et des Ptérocères, se sont poursuivies dans le Haut-Jura plus longtemps que dans la région septentrionale? Les variations de la faune pendant ce temps auraient été insignifiantes, trop faibles en tout cas pour se traduire sur de simples moules, et le Ptérocérien, tel qu'on est forcément amené à le limiter, comprendrait au moins en partie le Virgulien du Nord. La présence intermittente de l'*Exogyra virgula* en marquerait seulement la partie supérieure. La question n'a pas été discutée; je dois dire pourtant que M. CHOFFAT incline vers cette opinion.

On descend une dernière fois de voiture pour observer, un

---

[1] L'échantillon n'a été dégagé de sa gangue qu'à mon retour à Paris. M. DOUVILLÉ qui a bien voulu l'examiner, ne pense pas qu'il y ait lieu de le séparer de l'espèce ptérocérienne.

peu avant La Rixouse, un affleurement du Valanginien, où les calcaires blancs de la base se chargent de grosses oolithes avec Chamacées et Nérinées. C'est un niveau coralligène, au même titre que ceux qu'on a vus dans le Jurassique, une véritable *Oolithe valanginienne*, au sens précédemment défini. Etant données les différences d'extension verticale de ces accidents oolithiques ou coralligènes, dont on aura les preuves les plus nettes dans les courses des jours suivants, on conçoit facilement qu'en certains points ils arrivent à se réunir, et que la limite entre le Jurassique et le Crétacé puisse alors se trouver au milieu de calcaires *coralliens*.

Après le déjeuner, qui nous attendait à La Rixouse, la Société s'est dirigée vers les célèbres gisements de Valfin, qui se trouvent au fond de la vallée, sur les bords même de la Bienne. Les nombreux fossiles qui ont été recueillis et qui figurent dans la plupart des collections donnent un intérêt particulier à la détermination exacte de l'âge de ces gisements. Le progrès des études paléontologiques amène maintenant à distinguer et à grouper même dans des genres différents des fossiles « coralliens » autrefois confondus. Pour arriver à un classement utile et méthodique de ces faunes, il importe que l'étude stratigraphique des gisements marche de pair avec celle des fossiles, et que l'âge de chacun d'eux soit déterminé avec la plus grande précision possible.

Celui de Valfin, après avoir été longtemps considéré comme un des types du vrai Corallien, a été classé par M. CHOFFAT dans le Ptérocérien. Plus récemment, en essayant de raccorder stratigraphiquement les couches du ravin à celles de la route de Morez, j'étais arrivé à la conclusion que les plus supérieures au moins occupaient la place des *Exogyra virgula*; de plus, j'avais fait remarquer que le faciès corallien se retrouvait là dans des bancs encore plus élevés, et que, par conséquent, il envahissait même les premiers bancs du Portlandien. Les dernières observations de M. l'Abbé BOURGEAT, plus complètes et plus détaillées que les miennes, l'ont ramené à l'ancienne opinion de M. CHOFFAT; ce sont elles que la Société avait à vérifier.

Malgré une dispersion momentanée dans les nombreux sentiers en zigzag qui descendent sur les flancs boisés de l'escarpement, on s'est retrouvé en nombre au pont de la Roche Blanche, au pied du chemin qui, sur la rive opposée de la Bienne, monte vers le hameau de Noire-Combe. Après un court espace masqué par les graviers d'alluvion, on y observe, sur une vingtaine de mètres, une alternance de bancs compacts et de bancs oolithiques avec Nérinées et Polypiers; tous ces bancs sont supérieurs à ceux de la Roche Blanche, qui sont la continuation ininterrompue de ceux du ravin de Valfin. Et au-dessus de cet ensemble, M. l'Abbé BOURGEAT a trouvé deux petits bancs très semblables à ceux de la route de Morez, avec les mêmes oolithes disséminées; l'inférieur est peut-être moins net, ou au moins rudimentaire; mais dans le supérieur nous avons recueilli de petites Huîtres, dont quelques-unes présentent la forme de l'*Exogyra virgula* et dont d'autres moins déterminables sont rapportées par M. BOURGEAT à l'*Ostrea spiralis*. Je ne fais aucun doute que l'on ait bien là l'équivalent des couches observées le matin, et tous les membres présents ont partagé cette opinion.

D'ailleurs, sur l'autre rive, entre le village de Valfin et les Prés de Valfin, la colline qui les sépare fournit une bonne coupe du Jurassique supérieur, que la Société n'a pas eu le temps de visiter, mais où M. BOURGEAT m'a montré, au-dessus des bancs à Ptérocères, des couches oolithiques avec les *Diceras* et les Nérinées du ravin, seulement avec une épaisseur moindre, puis, une quinzaine de mètres plus haut, de nouvelles couches oolithiques avec grand Polypiers et petites Térébratules, que surmonte un lit marneux analogue à petites Exogyres. L'oolithe supérieure serait seule l'équivalent de celle de la route de Morez, et par suite les couches du ravin sont à classer, les supérieures comme les inférieures, dans le Ptérocérien.

L'intérêt qui s'attache à cette rectification locale ne doit pas nous faire oublier le résultat d'ensemble que la course d'aujourd'hui, jointe aux précédentes, devait mettre en lumière; c'est qu'en approchant de Saint-Claude, le faciès coralligène s'intercale dans le Ptérocérien, et y monte près de Valfin jusque dans les assises où apparaît l'*Exogyra virgula*. Nous verrons dans les courses suivantes que ce même faciès persiste au Sud et à l'Est, arrivant à remplacer et à faire disparaître complètement les calcaires marneux. En même temps, les lentilles oolithiques des niveaux inférieurs ne se prolongent guère plus à l'Est; celle de l'Astartien notamment cesse à peu près le long de la ligne que M. CHOFFAT a depuis longtemps indiquée comme la limite d'extension de l'*Ammonites polyplocus*. Il y a alors, à l'Est et au Sud-Est de cette ligne, toute une région du Jura où le faciès oolithique devient *en fait* caractéristique du Ptérocérien (y compris ou non le Virgulien qui, en général, n'est pas distinguable), au même titre que le faciès marneux à Bivalves caractérise ce même étage plus au Nord-Ouest.

Il restait peu de temps pour essayer de récolter des fossiles dans les trois gisements principaux, celui de la Roche Blanche, celui des petits Gastéropodes, qui forme un peu plus bas un promontoire étroit en saillie dans la vallée élargie, et enfin, celui du grand ravin de Valfin ([1]). D'ailleurs, il s'en faut que leur richesse actuelle corresponde à leur ancienne réputation. Sans parler des géologues de passage, les collectionneurs et les instituteurs du voisinage y font de fréquentes visites, et les fossiles disparaissent à mesure que les dégradations atmosphériques les mettent au jour. Plusieurs de nos confrères ont pu cependant, en se désintéréssant à temps de la question stratigraphique, recueillir quelques bons échantillons, et M. l'Instituteur de La Rixouse, qui nous avait accompagné, nous a montré et offert une série de jolis petits Gastéropodes récoltés par lui les dimanches précédents.

A cinq heures et demie, on avait regagné la grande route, et les voitures nous menaient rapidement à Saint-Claude, où nous allions, comme dernière observation et dernier renseignement sur la pittoresque vallée de la Bienne, apprendre à connaître l'hospitalité cordiale et empressée de ses habitants.

([1]) Voir [p. 826 du Compte rendu de la Réunion extraordinaire dans le Jura] la liste des Oursins provenant de Valfin, observés dans la collection de M. MONNERET à Viry [et déterminés par M. PERON].

XIII

OBSERVATIONS SUR UNE NOTE
DE M. L'ABBÉ BOURGEAT
RELATIVE AUX CHANGEMENTS DE FACIÈS
DU JURASSIQUE SUPÉRIEUR A TRAVERS
LE JURA MÉRIDIONAL,

par M. M. BERTRAND

(*BULLETIN DE LA SOCIÉTÉ GÉOLOGIQUE DE FRANCE,*
3e série, XIII, 1384-1885, p. 801-803). — Séance du 26 Août 1885).

Je suis heureux de pouvoir m'associer à l'ensemble des conclusions résumées par M. l'Abbé BOURGEAT. Elles confirment les résultats indiqués depuis 1873 par M. CHOFFAT, mais le détail de l'intercalation graduelle des bancs oolithiques dans le Ptérocérien
marneux n'avait pas encore été mis en lumière; il y a là un résultat intéressant dont l'importance n'échappera pas à nos confrères.

Sur quelques points seulement, je crois devoir me séparer de M.
BOURGEAT : ainsi, quand il dit que l'Astartien « devient peu à peu
oolithique, à mesure qu'on s'avance vers le Sud-Est ». L'Oolithe
astartienne existe avec les mêmes caractères dans toute la partie
Nord-Ouet du Jura, dans la région de Gray, et jusque dans le bassin de Paris.

Je ne crois pas non plus qu'on puisse actuellement distinguer par
leur faune les différents niveaux oolithiques de la région de Saint-
Claude. Les différences dont parle M. BOURGEAT, fondées sur la
plus ou moins grande fréquence des Polypiers, des *Diceras* ou des
Gastéropodes, n'ont évidemment qu'une signification toute locale.
Il est bien certain aujourd'hui que les faunes de Châtel-Censoir, de
Tonnerre, de Valfin et du Salève ne sont pas identiques, mais il ne
semble pas qu'on ait pu faire encore suffisamment la part des influences locales, pour dire s'il y a réellement là deux, trois ou quatre faunes réellement distinctes, et susceptibles de motiver l'établissement de zones bien définies. En tout cas, dans le Haut-Jura,

on ne connaît qu'une seule de ces faunes, celle de Valfin, qui très probablement correspond à la fois aux Oolithes ptérocériennes et à l'Oolithe virgulienne. Le massif de l'Échaillon lui-même embrasse certainement les mêmes niveaux et la partie supérieure seule peut en être partlandienne. Donc, puisqu'on ne connaît qu'une seule faune coralligène dans la région, ce n'est pas évidemment sur elle qu'on peut se fonder pour faire des divisions en zones, ni pour retrouver leurs limites quand plusieurs niveaux oolithiques arrivent à se souder entre eux. Jusqu'à nouvel ordre, c'est seulement par leur intercalation entre des horizons connus qu'on peut, comme nous l'avons fait jusqu'ici, préciser plus ou moins leur place dans la série.

Enfin, en ce qui regarde les lignes que M. BOURGEAT indique comme limites géographiques des différents faciès du Ptérocérien, il est à remarquer qu'elles suivent en gros la courbure générale de la chaîne du Jura. La même remarque s'applique aux lignes analogues déjà tracées par M. CHOFFAT. Il n'y a pas là une coïncidence fortuite. La bande de massifs anciens qui va du Plateau Central aux Vosges et à la Bohême a été la cause déterminante de cette courbure des chaînes alpines; or, à l'époque jurassique, cette bande devait dessiner une ligne de rivage ou de hauts fonds, parallèlement à laquelle variaient naturellement les conditions d'existence et de dépôt. Seulement, M. BOURGEAT pense que le rivage était bien en avant de cette ligne, du côté de la chaîne de l'Euthe, au pied du premier plateau du Jura; or, l'existence de lambeaux de Jurassique sur le bord de la plaine bressane et dans la Côte Châlonnaise me semble contredire formellement cette opinion. Selon moi, aucun des traits de l'orographie actuelle du Jura n'était même ébauché à cette époque.

RÉPONSE DE M. BOURGEAT AUX OBSERVATIONS
DE M. BERTRAND (Même volume, p. 803-805).

A ces observations de M. BERTRAND, M. BOURGEAT répond qu'il y a sans doute, dans la façon dont il s'est exprimé pour résumer ses vues, quelques propositions trop générales qui méritent des remarques et qui réclament des éclaircissements. Il remercie donc M. BERTRAND de lui fournir l'occasion de préciser davantage sa manière de voir sur les points en litige. Comme ces points

touchent moins aux faits signalés qu'à l'explication qu'il en donne, M. BOURGEAT maintient toujours les réserves qu'il a faites à
ce sujet et se trouve tout disposé à renoncer à sa manière de voir
et à adopter celle qui rendra mieux compte des phénomènes. Quelque justes que soient cependant les données sur lesquelles s'appuie
M. BERTRAND pour soutenir que la ligne d'émersion contemporaine du Jurassique supérieur doit être reportée vers le Plateau Central
et les Vosges, M. BOURGEAT, qui ne conteste pas cette émersion
lointaine, persiste à croire qu'à cette époque déjà, quelques îlots
se montrèrent sur le bord méridional de la chaîne, que de ce nombre fut la bande du terrain qui nous laisse voir aujourd'hui vers
Lons-le-Saunier et Poligny, le Trias, le Lias et les assises les plus
inférieures du Jurassique.

Comment, en effet, expliquer autrement que par une émersion
l'absence sur cette bande de tout le Jurassique supérieur, de tout
le Purbeckien, et de tous les termes de la série crétacée du Jura?
Une érosion qui aurait agi postérieurement aux dépôts de ces divers terrains, en aurait au moins laissé quelques lambeaux dans
des poches ou des plis, et ne se serait pas arrêtée presque respec-
tueusement sur les marnes vésuliennes si désagréables de Plasne
et du Fiez, après avoir emporté les 400 ou 500 mètres de sédiments
qui devaient les recouvrir. Il faut bien, du reste, qu'il y ait eu des
terres émergées à des faibles distances, pour fournir les débris
végétaux qui se remarquent dans le Corallien de Sellières et dans
l'Astartien de Châtelneuf, à un état de conservation précisément
contraire à celui que supposerait un rivage placé fort loin du côté
du couchant. Car ce sont ceux de Sellières ou les plus occiden-
taux, c'est-à-dire ceux qui auraient dû subir le moindre charriage,
qui sont le moins bien conservés, tandis que ce sont ceux de Châtelneuf qui le sont le mieux; témoin les déterminations qu'en ont
faites MM. DE SAPORTA et GIRARDOT.

Quant à l'existence du Jurassique sur les confins tertiaires de la
Bresse, elle n'a rien d'inconciliable avec cette idée; car on peut remarquer d'abord que ce n'est pas le Jurassique tout à fait supérieur qui se rencontre là. De plus, comme il ne s'agit que d'un
îlot, rien n'empêchait la mer de s'étendre de cet îlot à la ligne générale d'émergement comme cela avait eu lieu entre cette ligne et
le massif de la Serre, à l'Occident de laquelle le Jurassique affleure
tout aussi bien qu'aux endroits signalés.

En croyant donc qu'il y avait un rivage dans le voisinage de l'Euthe, M. BOURGEAT ne prétend pas contester la permanence du faciès oolithique dans l'Astartien, lorsqu'on s'avance au Nord-Ouest de la chaîne dans la direction de Gray et du bassin de Paris. C'est un point qui a été trop bien mis en lumière par M. BERTRAND pour qu'il ait eu l'intention d'émettre à ce sujet le moindre doute.

Il pense même qu'il n'en saurait être autrement, puisqu'en allant de Saint-Claude vers Gray par Salins, on se trouve constamment en dehors de l'aire qui devait contenir le massif de la Serre et les affleurements de Trias et de Jurassique inférieur auxquels il fait allusion.

Mais, à ne s'en tenir qu'à la région qui est comprise entre Champagnole et Saint-Claude, il n'en reste pas moins vrai que du côté de l'Ouest ou du rivage supposé, l'Astartien contient plus de marnes et moins d'Oolithes coralligènes que du côté de l'Est.

Après cette explication, M. BOURGEAT croit inutile d'ajouter qu'il n'a jamais voulu soutenir qu'aucun des traits de l'orographie actuelle de la chaîne fût alors ébauché. Il n'ignore pas, en effet, que c'est précisément sur ces affleurements du Trias que le relief est le moins grand. Son opinion est simplement qu'à l'époque où le Jura reçut sa forme définitive, l'impulsion à laquelle il obéit alors put déterminer sur ces hauts fonds des accidents d'un autre ordre que ceux qu'on observe plus à l'Est, et c'est ainsi qu'on pourrait expliquer, à son avis, le contraste des failles dans les régions basses et des soulèvements en voûte dans les régions élevées.

Enfin, pour ce qui touche à la distinction par les faunes des divers niveaux oolithiques du Jura, M. BOURGEAT croit avec M. BERTRAND qu'elle serait sujette à caution si on voulait la poursuivre sur de grandes étendues et l'appliquer aux points où les niveaux se soudent complètement. Mais lorsqu'ils restent encore distincts dans le Jura méridional, quelque faible que soit la distance qui les sépare, chacun d'eux a une faune spéciale qui permet facilement de le reconnaître.

Il espère que ces explications suffiront pour dissiper les équivoques ou que, tout au moins, elles auront l'avantage de préciser plus nettement les questions qui restent en litige.

SÉANCE DU 29 AOUT 1885 (p. 849).

A la suite d'une communication de M. MAILLARD sur le Purbeckien, M. BERTRAND proteste contre les appellations de Jurassique et de Crétacé, appliquées à des faciès, ou même à certains groupements de fossiles, et pouvant amener à dire que l'époque crétacée a commencé plus tôt dans le Midi que dans le Nord.

M. RENEVIER pense que l'on évitera la confusion en disant, comme a voulu certainement le faire M. MAILLARD, que le Berrias a des affinités crétacées et le Purbeckien des affinités jurassiques.

XIV

SÉANCE DU 31 AOUT 1885.

COMPTE RENDU DE L'EXCURSION DU 29 AOUT A CHARRIX,

par M. M. BERTRAND (p. 852 - 856).

Le mauvais temps ayant empêché de faire la course projetée à Aspremont dans le Bathonien et dans l'Oxfordien, on a pris à midi le chemin de fer pour la station de Charrix, où la Société avait encore à visiter un gisement *corallien*, peut-être un peu moins connu, mais aussi riche que ceux de Valfin et d'Oyonnax, et à vérifier l'intercalation de ce gisement entre l'Astartien et le Portlandien. La plupart des membres avait entre les mains une brochure de M. HANS SCHARDT, professeur à Montreux, qui a fait de cette coupe une étude détaillée, et qui, n'ayant pu nous rejoindre à la date fixée, avait eu l'amabilité de m'en envoyer pour nos confrères un certain nombre d'exemplaires (¹).

La coupure transversale que suit le chemin de fer de Bellegarde à Nantua et qui traverse en ligne brisée toute cette partie de la chaîne semble avoir une origine assez complexe, où le rôle de l'érosion n'est pas facile à préciser. Il paraît être à peu près nul entre Nantua, ou plutôt Neyrolles et Charrix; là, la cluse suit l'axe dévié du bassin néocomien de Charrix, qui au delà de Neyrolles, c'est-à-dire à 3 kilomètres de l'Ouest, reprend la direction Nord-Sud, qu'il affectait déjà au Nord de la gare de Charrix. La torsion énergique, à laquelle est due cette déviation, a amené sur le bord du bassin des glissements qui ont supprimé localement une partie du Néocomien inférieur et du Jurassique supérieur; en un point on voit buter le Néocomien moyen (Hauterivien), horizontal, contre le Portlandien vertical; en d'autres on peut voir le redressement brusque des assises, surtout au Nord, contre une arête étroite de roches jurassiques, où la stratification a prespre disparu. Il est à remarquer que ce fond de bateau, emprunté par la cluse, se

---

(¹) Sur la subdivision du Jurassique supérieur dans le Jura occidental, par HANS SCHARDT (*Bull. Soc. Vaudoise des Sc. Nat.*, t. XVIII, 1882, p. 206 - 219, pl. X).

trouve, en avant du petit lac de Silan, complètement barré par un entassement de roches éboulées et effondrées; elles forment une large colline brisée où la roche, tombée tout d'une pièce, pourrait même sembler en place, et sous laquelle les eaux du lac sont forcées de prendre souterrainement leur écoulement vers Nantua. Ainsi là, non seulement l'érosion n'a pas creusé la cluse, mais elle ne l'a même pas *déblayée*.

Entre Charrix et Saint-Germain, la déviation des chaînons, quoique se faisant encore sentir, est moins accusée, et la vallée qui entame l'Astartien est bordée par des bancs à peu près horizontaux qui se correspondent de part et d'autre; on y observe quelques blocs glaciaires et des terrasses d'alluvions à cailloux roulés, dont beaucoup sont alpins. Dans la formation de cette seconde partie de la cluse, l'érosion est donc intervenue au moins pour une part. Enfin, entre Saint-Germain et Bellegarde, on ne voit plus trace d'accident transversal qui ait préparé ou facilité son travail, et les chaînons que la cluse traverse se poursuivent rectilignement au Nord comme au Sud.

Après ces explications, et un peu pressés par le temps qui se faisait de plus en plus menaçant, nous nous sommes avancés sur la nouvelle route de Charrix jusqu'à l'affleurement du Purbeckien. Ce gisement purbeckien de Charrix avait pour la Société un intérêt spécial, parce que c'est là que M. LORY a découvert, il y a trente ans, les premiers fossiles purbeckiens du Jura et démontré l'existence de couches d'eau douce entre le Jurassique et le Crétacé. Malgré les facilités plus grandes qu'offre la tranchée encore fraîche de la nouvelle route, on a pu constater qu'il n'y avait pas eu qu'à passer et à se baisser pour faire la trouvaille. Quoique nombreux et prévenus, nous allions partir sans avoir su la renouveler, quand les yeux de M. ABEL GIRARDOT, spécialement exercés à l'examen du Purbeck, rencontrent enfin un petit Planorbe. M. RENEVIER propose en l'honneur de M. LORY un *ban*, qui est répété avec enthousiasme.

En descendant à la station, on observe la série portlandienne, formée de dolomies très développées et de calcaires compacts à *Nerinea trinodosa*. A la base, juste en face de la gare, M. l'Abbé BOURGEAT montre un petit lit ou plutôt un simple petit délit marneux, où il a recueilli précédemment une *Exogyra virgula*; c'est le premier et le seul exemplaire qui en ait été signalé dans la région. Malheureusement ce lit n'offre qu'un affleurement très restreint;

il se perd et se fond quelques mètres plus loin dans la masse calcaire, et il nous a été impossible d'y retrouver aucun fossile.
Après avoir constaté au-dessous de ce banc la présence de nouvelles
dolomies, puis celles des premiers bancs oolithiques, nous sommes
allés reprendre la continuation de la coupe de l'autre côté de la
voie, où les affleurements sont meilleurs et où les déblais d'anciennes carrières permettent de recueillir plus de fossiles.

La première assise coralligène renferme surtout des Nérinées;
M. SCHARDT a recueilli à ce niveau *Nerinea bruntrutana, N.
pseudo-bruntrutana, N. Hoheneggeri, N. Gaudryana, N. De-
francei*; l'épaisseur, évaluée à 30 mètres près de Saint-Germain,
est ici notablement moindre, et les calcaires compacts qui la séparent de la seconde assise, quoique en partie masqués par la végétation, semblent aussi ne pas atteindre l'épaisseur indiquée de 20 à
25 mètres. On remarque, avant d'arriver à l'ancienne carrière ouverte dans la seconde assise coralligène, de grands Polypiers en
place, formant récif.

Dans la carrière, on observe, à la partie supérieure, un banc
presque entièrement formé de petits *Diceras.* On en fait dans les
déblais une ample récolte, ainsi que d'autres espèces plus grandes,
de Nérinées, de Polypiers et d'Oursins. M. DISFOS, instituteur à
Charrix, qui nous accompagnait, nous dit y avoir recueilli et pos-
séder dans sa collection des *Terebratula moravica*, et M. SCHARDT
indique en effet une espèce voisine.

Nous regagnons la route, où nous constatons l'affleurement de
calcaires gris compacts à taches bleues, inférieurs aux couches oolithiques (auxquelles M. SCHARDT attribue une puissance de 40 mètres). Une petite carrière abandonnée au-dessus de la route, à peu
près à 15 mètres au-dessus des couches coralligènes (qui se retrouvent directement superposées sur la route de Plagne), nous a
offert, à la surface rugueuse et délitable des bancs ([1]):

Ammonites (groupe du *polyplocus*),	*Mitylus perplicatus* Et.,
Pholadomya Protei, Ag.,	*Waldheimia Egena* Bayle,
Astartes,	*Holectypus* sp.
Psammobia rugosa Rœm.,	

C'est évidemment le même niveau que M. SCHARDT signale près

([1]) La détermination de ces fossiles à été faite par M. CHOFFAT.

de la gare de Saint-Germain et à la scierie Charpenet, où il cite: *Belemnites astartinus* Et., *Ostrea bruntrutana* Thurm., *O. hastellata* Schl., *Terebratula subsella* Leym., *T. Zieteni* Lor., *Waldheimia Mœschi* Meyer, *Rhynchonella pinguis* Rœm. et *Holectypus corallinus* d'Orb. Il cite également, à peu près au même niveau, un banc où abonde le *Terebratulina substriata* Schloth.

On a donc bien affaire à des couches astartiennes, et l'âge des assises coralligènes de Charrix se trouve ainsi étroitement limité, entre l'Astartien d'une part et le Portlandien de l'autre. De plus, la présence d'Ammonites du groupe du *polyplocus*, quoique en mauvais échantillons, montre qu'il y aurait lieu de rechercher dans les coupes du voisinage de nouveaux exemples du mélange, signalé à Montépile par M. CHOFFAT, des fossiles astartiens avec ceux des couches de Baden. Je crois pouvoir signaler comme intéressante, et méritant d'être étudiée à ce point de vue, la route de Saint-Germain à Giron, qui entame près de l'un des derniers tournants, et un peu au-dessous des couches oolithiques, des marnes feuilletées très riches en Ammonites et en gros Bivalves (Pholadomyes et Céromyes).

On s'arrête encore un instant pour remarquer dans les calcaires compacts, un peu inférieurs au niveau précédent le développement de grosses boules rugueuses, atteignant et dépassant la grosseur d'une noix, et arrivant par place à donner à la roche un aspect bréchiforme. Ce sont aussi des oolithes, mais correspondant évidemment à des conditions de formation différentes de celles des oolithes coralligènes. M. COLLOT propose le nom d'oolithes en dragées.

A ce moment, la pluie devient assez violente pour rendre impossible la continuation de la course; on se hâte vers l'auberge de la gare de Saint-Germain, où, après s'être un peu séchés et réchauffés, on tient séance en attendant le train de Bellegarde.

XV

Présidence de M. M. BERTRAND.

La séance est ouverte à deux heures de l'après-midi, dans une des salles de la mairie, à Belley.

Le Président adresse les remerciments de la Société au maire de Belley et au supérieur du Collège, où plusieurs de nos confrères ont trouvé l'hospitalité.

M. PILLET présente le compte rendu de l'excursion du 1er Septembre au Lac d'Armaille.

M. BERTRAND ajoute que les calcaires en plaquettes se continuent au Nord au moins jusqu'à Ruffieu, plus qu'à mi-distance de Charrix; ils sont là intercalés entre l'Astartien et le Portlandien, c'est-à-dire tiennent la place de l'oolithe de Charrix, qui fait défaut. Les divers affleurements, connus par les recherches de schistes bitumineux, n'ont pas encore été raccordés par une étude de détail; ils semblent pourtant occuper entre Charrix et Virieu-le-Grand une anse bien marquée, s'avançant jusqu'à la vallée du Rhône (Orbagnoux) et bordée de toutes parts par le faciès coralligène, oolithique au Nord, compact au Sud. Quoi qu'il en soit, l'Oolithe de Charrix, le calcaire massif de La Balme et les plaquettes d'Armaille lui semblent trois faciès synchroniques, au moins en partie, et l'on peut espérer qu'un jour on trouvera dans la région les contacts et les pénétration mutuels.

OBSERVATIONS A PROPOS D'UNE NOTE DE M. PAUL CHOFFAT SUR LES NIVEAUX CORALLIENS DANS LE JURA (p. 874).

M. POTIER dit qu'il importerait de savoir si les coupes prises entre Yenne et l'Échaillon montrent une diminution graduelle d'épaisseur des calcaires portlandiens. Il dit qu'en partant de la région de Nice, où les calcaires blancs qui terminent la série jurassique sont séparés du Crétacé supérieur par un Néocomien atrophié, ou même intermittent, on serait plus disposé à admettre une lacune à l'Échaillon.

M. BERTRAND dit qu'entre Nice et l'Échaillon il ne peut s'agir que d'un raccordement à grande distance, pour lequel les intermédiaires manquent. Il faudrait d'ailleurs pour suivre les calcaires blancs, chercher les intermédiaires, non dans la région alpine, mais sur les bords des vallées de la Durance et le Rhône, c'est-à-dire aller passer par la région des Cévennes, où les calcaires blancs existent sans lacunes avec les couches de Berrias. Du côté du Jura, au contraire, le raccordement avec l'Échaillon se fait par une série de coupes ininterrompue, dans laquelle on peut se rendre compte de la continuité des conditions de dépôt.

DISCOURS DE CLÔTURE DE LA RÉUNION EXTRAORDINAIRE DANS LE JURA (p. 874).

Le Président résume les observations faites pendant la Session et les résultats qui lui semblent définitivement acquis pour les différentes zones coralligènes et pour les couches à *Ammonites polyplocus*. « Ces résultats, dit-il, sont ceux que M. CHOFFAT annonçait il y a dix ans; les études postérieurs n'ont fait que les confirmer, et vous avez pu constater sur quelle série de faits précis et incontestables ils sont maintenant appuyés.

Avant de nous séparer, ajoute-t-il, permettez-moi de vous remercier de l'indulgence avec laquelle vous avez supporté les roulis d'une traversée un peu hâtive et accidentée. Si cette traversée, malgré les récifs, malgré le choix d'un capitaine inexpérimenté, a pu s'achever sans encombres, nous le devons à ceux qui ont bien voulu se succéder au gouvernail. Vous y avez vu M. GIRARDOT à Châtelneuf, M. BOURGEAT à Valfin et à Viry, M. MAILLARD partout où l'eau douce était signalée, M. PILLET aux approches de la grande mer alpine, et M. CHOFFAT, toujours prêt à les seconder tous. J'espère que, grâce à eux, la réunion du Jura ne vous laissera pas de mauvais souvenirs; mais je suis sûr que, grâce à vous et à votre bienveillance, elle m'en laissera d'ineffaçables.

Je déclare close la Réunion extraordinaire de 1885 ».

XVI

SUR LA DÉCOUVERTE D'UN GISEMENT
À VÉGÉTAUX TERTIAIRES
PRÈS DE LONS-LE-SAUNIER

(*BULLETIN DE LA SOCIÉTÉ GÉOLOGIQUE DE FRANCE,*
3e série, XV, 1886-1887, p. 667. — Séance du 20 Juin 1887).

M. M. BERTRAND présente une brochure de MM. ABEL GIRARDOT et BUCHIN sur la découverte d'un gisement à végétaux tertiaires auprès de Lons-le-Saunier ([1]). Il insiste sur l'intérêt de cette découverte, qui fournit des données nouvelles sur l'histoire de la chaîne; ce lambeau tongrien repose, en effet, avec une légère discordance, sur les calcaires bathoniens, bien que le Jurassique supérieur existe dans le voisinage; on a, ainsi, la preuve que des oscillations du sol et des érosions puissantes s'étaient produites au moins localement, sur le bord occidental du Jura, avant l'époque tongrienne.

---

[1] L.-A. GIRARDOT et M. BUCHIN. Découverte du gisement à végétaux tertiaires de Grusse, Jura. Extrait des *Mémoires de la Société d'Émulation du Jura*, 4e série, II, 1886, p. 107-127, avec 2 planches.

XVII

CARTE GÉOLOGIQUE DETAILLÉE DE LA FRANCE.

Feuille n° 139 (Pontarlier).

NOTICE EXPLICATIVE
(Décembre 1887).

Sommaire:

La feuille de Pontarlier comprend une partie des hautes régions du Jura Français, confinant au Jura Neuchâtelois; elle entame un peu au Nord-Ouest la région des plateaux faillés. La presque totalité des affleurements y est formée par le Jurassique supérieur et par le Crétacé inférieur, concordants entre eux et recouverts, sur de larges étendues, par les terrains glaciaires.

DESCRIPTION DES ÉTAGES.

a^2. **Alluvions modernes.** Elles sont peu développées et n'existent guère que dans quelques élargissements de la vallée du Doubs, et dans le voisinage des deux lacs de Saint-Point et de Remoray, où elles marquent l'ancienne extension de ces bassins, autrefois réunis. Il faut y rattacher les dépôts tourbeux, dont la formation se continue encore actuellement.

a^1. **Alluvions anciennes.** Les alluvions anciennes ne sont que le remaniement local des débris glaciaires qui ont rempli toutes les vallées et se sont élevés jusqu'à la cote de 1000 mètres; c'est ainsi, par exemple, qu'en dehors des dépôts tourbeux, il faut considérer le remplissage de la grande plaine du Drugeon, à l'Ouest de Pontarlier.

Quant aux dépôts glaciaires, ils forment rarement de véritables moraines. Ils sont formés de cailloux roulés et triés, de gros blocs anguleux et de boue glaciaire. Les débris alpins n'y sont pas

)ai(s aux environs de Pontarlier et deviennent de plus en plus nombreux en se rapprochant de la Suisse; ils permettent de suivre la marche de l'envahissement des glaciers alpins par les cols de la frontière.

m⁴. **Marnes et calcaires d'eau douce.** Dans le val des Verrières, près du hameau des Gauffres, on trouve au-dessus des sables mollassiques une marne grumeleuse, blanche ou jaune, avec nombreux moules d'*Helix*, visible sur une épaisseur de 8 à 10 mètres. Les tranchées du chemin de fer permettent de rattacher à cette formation des marnes grises, avec grosses poupées calcaires et moules de *Melania Escheri*, des marnes sableuses et des grès mollassiques, et une marne argileuse rouge à *Helix Larteti*. Ces marnes sont concordantes avec la mollasse marine et ont été plissées avec elle; elles se retrouvent dans le Bief des Lavaux, sur le chemin des Entreportes. Là, elles reposent directement sur le Crétacé, ce qui prouve qu'il y a eu, de ce côté du moins, transgressivité des termes lacustres par rapport aux termes marins.

m³. **Mollasse marine.** Aux Verrières Françaises et aux Huets, on voit reposer en concordance sur la surface perforée et ravinée des calcaires jaunes néocomiens, un banc de gros poudingues, à galets très roulés, avec Huîtres adhérentes et *Pecten* en mauvais état; au-dessus vient une mollasse grossière avec moules de Lamellibranches et *Pecten scalrellus*; une mollasse plus fine et un sable fin verdâtre, sans fossiles, séparent ces couches des marnes lacustres. Quelques lambeaux analogues, quoique encore moins importants, se retrouvent dans le bassin de Mouthe, pincés dans les plis du Crétacé.

c⁴. **Cénomanien.** Le Cénomanien comprend une trentaine de mètres de calcaires tendres et un peu crayeux, d'un blanc jaunâtre, avec *Ammonites varians, A. Mantelli, Holaster subglobosus*, etc. Il existe dans le Bief des Lavaux (un peu au-dessus de la limite Nord de la feuille), où il est directement recouvert par des terrains lacustres; on le retrouve autour des lacs de Saint-Point et de Remoray et dans la vallée des Pontets; là, il n'est recouvert par aucun terrain plus récent. Tous ces gisements sont échelonnés au fond d'un même pli synclinal dans lequel la mollasse marine ne semble pas avoir pénétré, tandis qu'à l'Est le Cénomanien fait défaut au-dessous des lambeaux conservés de mollasse. La ligne qui va de Pontarlier à Saint-Point et aux Pontets, ligne parallèle à la direction moyenne de cette partie de la chaîne, semble donc marquer approximativement la limite orientale de la mer cénomanienne et la limite occidentale de la mer mollassique.

c^{2-1} **Argiles du Gault et sables verts.** Ces deux dépôts ont dû être réunis sur la carte à cause de leur faible épaisseur et de l'exiguïté des affleurements. Les argiles noirâtres, très plastiques, ont de 4 à 8 mètres d'épaisseur, et renferment *Belemnites minimus, Ammonites latidorsatus, Natica Gaultina,* etc. Les sables sont plus irréguliers; ils sont quelquefois glauconieux, plus ordinairement formés de grains siliceux, et alors exploités pour verreries en raison de leur pureté. Ils ravinent nettement l'Urgonien, comme on peut le constater dans le Bief des Lavaux et sur le chemin de La Cluse à Oye. On y trouve par places, et assez irrégulièrement répandus, des fossiles à l'état de moules phosphatés.

Il n'y a nulle part trace de fossiles aptiens.

c_{II}. **Urgonien.** L'Urgonien est formé de calcaires blancs, compacts, où les fossiles sont rares et empâtés. Son épaisseur, qui ne dépasse pas au Nord une vingtaine de mètres, va en croissant au Sud dans le bassin de Mouthe. Il convient d'y rattacher à la base les marnes bleues à *Codiopsis Jaccardi*.

c_{III}. **Hauterivien.** Des calcaires jaunes spathiques («calcaire jaune» de Neuchâtel) forment la masse principale de l'Hauterivien. Des bancs lumachelliques à texture grossière, à débris triturés d'Échinides, d'Ostracées et de Brachiopodes, y montrent souvent des stratifications obliques; des petits lits de marne calcaire jaunâtre sont intercalés, on y rencontre surtout *Terebratula Marcousana* et *Rhynchonella depressa*.

A la base sont développées des marnes grises ou bleuâtres avec *Ostrea Couloni, Terebratula prælonga* et *Echinospatagus cordiformis*.

c_{v}. Le **Valanginien** se compose de calcaires gris ou roussâtres, grumeleux et oolithiques, avec *Terebratula Valdensis*. A la partie supérieure, dans le bassin de Mouthe, se trouve développé un lit de minerai de fer pisolithique qui a été exploité à Métabief et à Rochejean; on y a recueilli lors de l'exploitation plusieurs Ammonites, parmi lesquelles *Ammonites Neocomiensis*; le *Pygurus rostratus* y est assez abondant.

c_{vI}. Entre le Crétacé et le Jurassique s'intercale une formation d'eau douce, désignée communément sous le nom de **Purbeckien.** Ce sont, à la partie supérieure, des calcaires marneux, blancs et

délitables, avec petits Planorbes, débris de Gastéropodes à test
noir et fruits de *Chara*, puis des marnes grises et noirâtres,
avec petits cristaux de quartz, et dans lesquelles on exploite à La
Rivière un amas de gypse. Des cargneules à silex cariés se trouvent à la base de cet ensemble, au milieu duquel on devrait sans
doute tracer la limite théorique du Jurassique et du Crétacé. Le
Purbeckien forme ordinairement des combes étroites entre les
sommets boisés du Jurassique et les premières collines des bassins néocomiens.

j⁶. Le **Portlandien** débute par des dolomies saccharoïdes, avec
Corbula inflexa, et des calcaires en plaquettes, au-dessous desquels
vient une masse de calcaires compacts, à pâte fine, presque lithographiques et à stratification très régulière. Quelques gros bancs
sont pétris de moules de Nérinées (*Nerinea trinodosa*). On y trouve aussi, près de Pontarlier, des dents de Poissons (*Lepidotus* et
Pycnodus), avec des débris de Tortues et de Téléosaures.

j⁵. **Virgulien et Ptérocérien.** La place du Virgulien, qui, plus
au Nord, aux Brenets, est formé de marnes dolomitiques à *Exogyra virgula*, est seulement marquée par des gros bancs de calcaires blancs, avec Nérinées, *Hinnites* et Polypiers. Le Ptérocérien est très développé et formé d'une alternance de calcaires
compacts et marneux atteignant 100 mètres d'épaisseur, avec *Terebratula subsella*, *Ostrea pulligera* et *Pterocera Oceani*. Dans
le massif du Noir-Mont, qu'il occupe presque en entier, on y
observe un niveau de calcaires blancs oolithiques.

j⁴. **Astartien.** L'Astartien comprend au sommet des calcaires
compacts peu fossilifères, dans lesquels on trouve au Sud un niveau coralligène, qui semble disparaître aux environs de Pontarlier. La partie inférieure est formée de calcaires marneux et de
marnes grisâtres à *Waldheimia Egena*, avec petits Gastéropodes
analogues à celle des plaquettes à Astartes. On y trouve à la base,
dans des calcaires mal stratifiés à Polypiers empâtés et d'apparence roulée, le *Cidaris florigemma* et l'*Apiocrinus Meriani*.

j³. **Corallien.** Les limites du Corallien sont difficiles à préciser
entre l'Astartien et l'Oxfordien. Des bancs de calcaire spathique
d'un brun roux et des bancs à Polypiers surmontent irrégulièrement des calcaires marneux hydrauliques (couches du Geissberg),
qui passent insensiblement à l'Oxfordien. Toute trace du Dicératien et du Glypticien, en tant que faciès distincts, a disparu dans
la région. Les calcaires hydrauliques renferment quelques rares

Pholadomyes (*Pholadomya hortulana, P. lineata*), et la comparaison avec les feuilles voisines permet seule de les assimiler en
partie avec la base du Corallien.

j². **Oxfordien.** Au-dessous des calcaires hydrauliques, dont une
partie au moins doit être rangée dans l'Oxfordien, viennent des
bancs plus marneux (couches d'Effingen) avec *Waldheimia impressa* et *Ostrea dilatata*, puis un massif de calcaires en gros bancs,
épais de 15 à 20 mètres, avec nombreux Spongiaires, *Ammonites
arolicus* et *Terebratula bisuffarcinata*. Les marnes à Ammonites
pyriteuses ne se montrent pas dans l'étendue de la feuille.

Le **Callovien** (zone à *Ammonites anceps*) a été réuni à l'Oxfordien. Il est rarement visible et se compose seulement d'un mètre
de marne compacte, ferrugineuse, avec nombreuses Ammonites et
Bélemnites brisées.

j$_{I-III}$. Le **Bathonien** n'apparaît qu'au fond de quelques plis anticlinaux; il comprend à la partie supérieure un calcaire lumachellique en petits bancs, roux ou gris bleuâtre, avec nombreux débris
d'Échinides et de Bryozoaires («dalle nacrée»), puis des marnes
schistoïdes peu fossilifères, et une grande masse de calcaires spathiques et oolithiques de couleur foncée, dont la teinte générale a
fait adopter le nom de «Jura brun». Vu la rareté des fossiles, on n'a
pu y introduire de subdivisions.

REMARQUES STRATIGRAPHIQUES.

La feuille de Pontarlier comprend une des parties du Jura Français où les plis sont le plus étroitement serrés les uns contre les
autres. Elle se trouve vers le milieu de l'arc décrit par l'ensemble
de la chaîne: les plis des Verrières, de Montpetot et du Voirnon indiquent déjà une tendance vers la direction Est-Ouest qui domine
dans le Jura Bâlois; vers le Sud, au contraire, la continuation des
plis, qui, dans le reste de la feuille sont nettement orientés du
N. E. au S. O., s'infléchit progressivement vers le Sud. C'est à cette sorte de torsion qu'il faut sans doute attribuer les deux particularités mises en évidence par la carte: 1° l'irrégularité d'allures
et le manque de continuité des plis; 2° la fréquence relative des décrochements transversaux.

L'irrégularité des plis a pour conséquence la terminaison assez
brusque de la plupart des bassins néocomiens de la feuille; il n'y a
que celui de Mignovillard, à l'Ouest, qui se suive d'une extrémité à

l'autre de la carte. Celui du Bief des Lavaux se termine au-dessus des Granges Narboz; celui des Verrières à la cluse des Hôpitaux; ceux des Fourgs et du Voirnon sont interrompus avant que la prolongation des mêmes plis synclinaux forme le grand bassin de Mouthe: celui d'Entre deux Fourgs est limité entre Jougne et le Suchet. De plus, les axes des plis s'abaissent en certains points assez brusquement; les bombements anticlinaux, moins accusés, laissent communiquer entre eux les bassins voisins, comme par exemple ceux de Mouthe et de Saint-Point près de Saint-Antoine, le long de la dépression que suit la route nationale de Vaux aux Hôpitaux. Il en résulte une grande complexité dans les lignes qui dessinent les bords de ces bassins et une série de sinuosités qui dissimulent presque l'allure générale des plis parallèles.

Aucun de ces plis n'a donné lieu à des failles longitudinales, mais on compte jusqu'à trois failles transversales importantes, dont l'effet est encore marqué dans le relief et correspond à l'existence des cluses. Celle de Pontarlier aux Hôpitaux est suivie par le chemin de fer de Vallorbes; elle se compose de deux parties, l'une de Pontarlier à La Cluse, l'autre des Vermots aux Hôpitaux. La première est celle dont la signification est la moins nette: en effet, bien qu'il ne semble d'abord y avoir aucune correspondance entre le Nord et le Sud de la vallée, une étude plus attentive montre que le nombre des plis est le même de part et d'autre, et que les axes s'en continuent sensiblement, mais la largueur en est toute différente: au large bombement du Nord de Pontarlier ne correspond qu'une étroite arête jurassique, tandis qu'au rocher portlandien, qui divise en deux parties le bassin des Lavaux, correspond au Sud un large anticlinal ouvert jusqu'à l'Astartien. Ce sont les mêmes plis qui se prolongent sans déviation, mais avec resserrement brusque des uns et épanouissement des autres. Il n'en est pas de même dans la cluse des Hôpitaux, où les axes des plis sont déviés, infléchis vers la direction Nord-Sud, et même nettement rejetés au Nord de la cluse. Les choses sont encore plus nettes entre Mouthe et Rondefontaine; là on peut suivre tous les passages, depuis la déviation simple jusqu'à la déviation plus brusque avec étirements et avec faille. Dans ces deux derniers cas, l'influence de la torsion est évidente et on peut affirmer que la faille, là où elle existe, s'est produite par glissement horizontal, et non plus vertical, le long de la surface de fracture.

La dissymétrie des plis, dont on a voulu faire une règle générale pour le Jura, est ici particulièrement peu marquée; les renversements sont aussi fréquents sur les bords Ouest que sur les bords Est des bassins. Il est d'ailleurs rare que ces renversements se poursuivent sans discontinuité sur de longues étendues, et la plupart d'entre eux sont à considérer comme des gauchissements locaux d'une surface verticale.

RÉGIME DES EAUX ET CULTURES.

Les sources sont nombreuses sur les bords des bassins néocomiens. Les terrains jurassiques en sont à peu près dépourvus. On trouve seulement quelques minces filets d'eau dans les vallons oxfordiens ou dans les parties recouvertes par des sables glaciaires. La source du Doubs, près de Mouthe, est une source vauclusienne.

Les produits du sol, en raison de l'altitude, sont peu variés: en dehors de quelques champs d'avoine, ou de quelques cultures locales, comme celle de l'absinthe à Pontarlier, les forêts de sapins couvrent les chaînes calcaires, et les prés s'étendent sur les terrains marneux ou délitables.

DOCUMENTS ET TRAVAUX CONSULTÉS.

Cartes géologiques (voir la marge supérieure de la feuille); travaux de MM. RÉSAL et JACCARD; Notes de MM. MARCOU, LORY, DOLLFUS.

XVIII

MINISTÈRE DES TRAVAUX PUBLICS.

EXPOSITION UNIVERSELLE INTERNATIONALE
DE 1889.

CARTE GÉOLOGIQUE DÉTAILLÉE DE LA FRANCE
ET TOPOGRAPHIES SOUTERRAINES

(In-8°, Paris, Imprimerie Nationale, 1889, p. 15-17).

PANNEAU CENTRAL. — III. JURA.

Au point de vue de l'étude stratigraphique des terrains, les résultats les plus intéressants des études faites dans le Jura sont ceux qui concernent les faciès du Jurassique supérieur: le Jura permet de suivre les intermédiaires entre les faciès du bassin parisien et ceux de la région méditerranéenne. Le faciès corallien, considéré autrefois comme caractéristique d'une époque déterminée, se montre d'autant plus récent qu'on descend vers le S.E. L'*oolithe corallienne* disparaît un peu au Sud de Champagnole; l'*oolithe astartienne* disparaît vers Saint-Claude; l'*oolithe ptérocérienne* et la *virgulienne* se développent au contraire au S.E. de Saint-Claude; les limites de ces diverses formations décrivent des courbes arquées, grossièrement parallèles à celles de la chaîne et par conséquent aux bords des massifs anciens (Plateau Central, Vosges et Forêt-Noire); au Salève et à l'Échaillon, comme dans la région provençale, les calcaires coralliens montent jusqu'à la limite supérieure du Jurassique. Les calcaires à plaquettes d'Armailles occupent une anse dans les récifs ptérocériens et virguliens, et l'on y voit des îlots dolomitiques, formés de Polypiers oblitérés, faire saillie comme en discordance au milieu des plaquettes à Poissons et *Exogyra virgula*.

Au point de vue de la structure de la chaîne, ces études ont confirmé l'importance de la division du Jura Septentrional en trois régions: celle des hautes chaînes, plissée et sans failles; celle des plateaux, faillée; et celle de la bordure ou du Vignoble, à la fois plissée et faillée. Deux sortes d'accidents, peu étudiés jusqu'ici, y ont été mis en évidence: 1° les failles d'effondrement dans la région de la bordure, formant parfois des courbes complètement fermées, et isolant des terrains plus récents au millieu de la série normale des étages; 2° les failles transversales, dans la région des hautes chaînes. Ces dernières sont le resultat d'une torsion correspondant à un déplacement inégal, dans le sens horizontal, des couches plissées. Ce sont de véritables failles à déplacement horizontal; elles ont joué un rôle important dans la formation des cluses. Celle de Mouthe (Doubs) permet de suivre le détail des phénomènes et montre que la torsion ne s'est pas faite par une cassure unique, mais par une série d'amincissements et de glissements formant une véritable zone de torsion; il y a là tous les mêmes intermediaires qu'entre un pli normal et un pli faillé.

La remarque ancienne, que les plis du Jura sont couchés vers la France, semble plutôt, par l'étude détaillée de la chaîne, perdre de son importance. La plupart des renversements sont peu accentués et se poursuivent sur une faible longueur; ce ne sont en réalité que des oscillations autour de la verticale se produisant indifféremment dans les deux sens. Là pourtant où le renversement est plus marqué (Besançon, Vorges, Saint-Claude), il est bien tourné vers le N. O., comme par suite d'un effort venu des Alpes.

II

PROVENCE

(XIX — LVII)

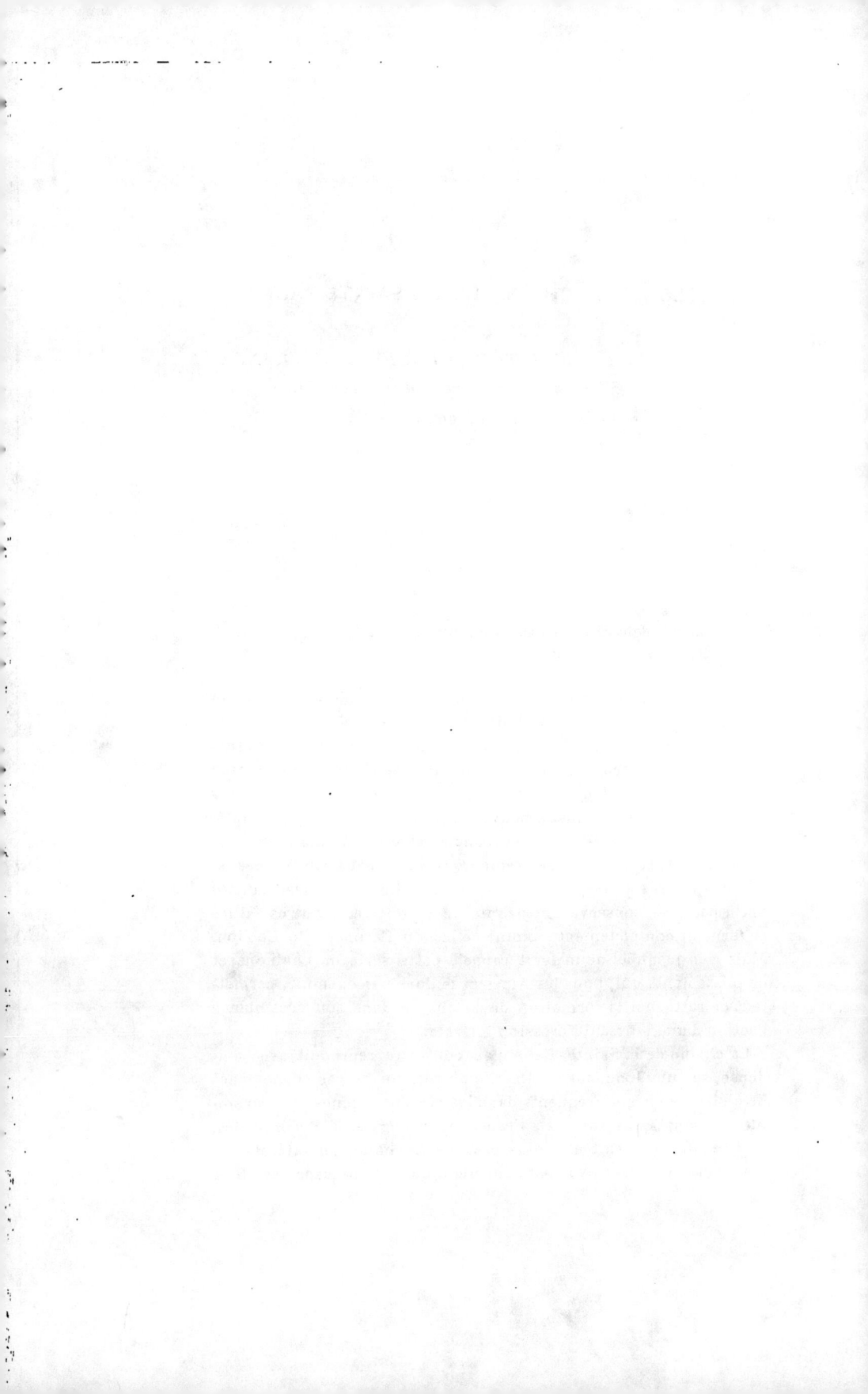

XIX

COUPES DE LA CHAINE DE LA SAINTE-BAUME

(*BULLETIN DE LA SOCIÉTÉ GÉOLOGIQUE DE FRANCE,*
3e série, XIII, 1884-1885, p. 116-130, pl. VI et VII.
— Séance du 15 Décembre 1884).

Sommaire

La partie de la Provence qui, de Marseille à Toulon, Draguignan et Grasse, borde au Nord la chaîne des Maures, présente au point de vue stratigraphique de nombreux accidents, très variés et très spéciaux, au milieu desquels la structure d'ensemble de la région est particulièrement difficile à reconnaître. Des failles à contours extraordinairement sinueux peuvent s'y suivre sur de long espaces, et isolent entre elles, soit des bandes étroites aux allures très tourmentées, soit de grandes régions, comme le bassin du Beausset et les bords du Gapeau, où tout est régulier et où les couches ont à peu près conservé l'horizontalité primitive. D'autres failles se ferment complètement, comme celles du Faron et du Coudon. Mais rien jusqu'ici ne m'avait rappelé cette série de chaînons et de plissements qui, pour les Alpes et le Jura par exemple, permettent de rattacher la formation de la chaîne dans son ensemble à l'action d'une puissante pression latérale.

La chaîne de la Sainte-Baume au contraire reproduit avec évidence, sur une longueur de 15 kilomètres, un de ces phénomènes de « plis couchés », fréquents dans les régions alpines. Les exemples en sont assez rares en France pour mériter d'être signalés; mais ce qui me semble de plus prêter à la chaîne un intérêt spécial, c'est la netteté avec laquelle elle montre le passage des plis à des failles bien accentuées et la diversité des apparences produites à de faibles distances par un même effort orogénique.

COQUAND, dans un mémoire publié en 1865 ([1]), avait reconnu le renversement du massif de la Sainte-Baume; mais ses études, en dehors de la région des lignites du Plan d'Aups, ont sans doute été un peu hâtives, car la coupe donnée par lui contient d'assez nombreuses erreurs de détails et masque, plutôt qu'elle ne le montre, le mouvement d'ensemble qui a donné à la chaîne sa structure actuelle. Il semble d'ailleurs s'être surtout occupé du versant septentrional, compris entre la crête et la route de Brignoles; or, cette région est, au point de vue géologique, tout à fait distincte du pli même de la Sainte-Baume; elle présente des accidents plus complexes, et je n'en parlerai pas dans cette Note. Notre confrère, M. COLLOT, qui termine en ce moment le tracé des contours de la feuille d'Aix, et avec qui j'ai eu le regret de ne pouvoir cet automne parcourir la région, sera mieux préparé que moi pour en donner la description.

Description sommaire des terrains. — Je rappellerai d'abord brièvement les caractères des terrains qui entrent dans la composition du massif, et les variations d'épaisseur ou de faciès qu'ils présentent dans cette partie de la Provence; cette première donnée est nécessaire pour se rendre compte, dans les coupes, de la part qui revient aux actions mécanique.

Le Muschelkalk se compose de 80 mètres de calcaires noirâtres, très analogues à ceux qui caractérisent le même niveau dans le Nord de la France; il contient souvent à la base des dolomies passant aux cargneules, et au sommet de gros bancs très fossilifères, notamment pétris de *Terebratula vulgaris*. Au-dessus, des cargneules, avec intercalations irrégulières de marnes bariolées, et lentilles de gypse à la partie supérieure, représentent l'étage des Marnes irisées.

L'Infralias débute par une alternance de calcaires en plaquettes, couverts d'*Avicula contorta*, de calcaires lumachelliques (*Plicatula intusstriata*) et de marnes vertes feuilletées; l'ensemble atteint une trentaine de métres, et est couronné par de gros bancs d'un calcaire compact blanc ou blanc sale, rappelant un peu ceux

---

([1]) H. COQUAND, Description géologique du massif montagneux de la Sainte-Beaume (*Mém. Soc. d'Émulation de la Provence*, III, 1863, p. 73-174, 13 fig. coupes. Marseille, 1865)

du Jurassique supérieur, et se distinguant nettement, même à distance dans les escarpements, des terrains plus délitables qui les entourent; j'y ai trouvé près de Cuers des baguettes d'Oursins. Puis vient sur une hauteur de 60 à 80 mètres, une série de calcaires blancs dolomitiques, dont la constance a été reconnue dans tout le Midi, depuis les Pyrénées et le Languedoc, jusqu'à la région de Nice; M. JEANJEAN y a signalé dans le Languedoc l'*Ammonites angulatus*; en Provence, ils semblent complètement dépourvus de fossiles. Je me conformerai dans cette Note à l'usage, généralement adopté dans le Midi depuis les travaux de M. DIEULAFAIT, en désignant cet ensemble sans distinction sous le nom d'Infralias. Depuis Foix jusqu'à Toulon, il est uniformément recouvert par le Lias moyen; mais de là, en s'avançant vers l'Est, il semble y avoir eu transgressivité des étages supérieurs; entre Draguignan et le Var, il est surmonté par le Bajocien, et de l'autre côté du Var, par des dolomies cristallines que M. POTIER rapporte au Bathonien.

Le Lias est formé partout, entre Aubagne et Toulon, de calcaires à silex, bleus ou d'un gris roussâtre, d'un aspect assez uniforme, et de 100 mètres de puissance environ. Les fossiles y sont abondants: *Gryphæa cymbium, Terebratula numismalis, T. Jauberti, Pecten æquivalvis*, pour le Lias moyen; *Belemnites tripartitus, Ammonites radians*, pour le Lias supérieur.

Des calcaires marneux d'une grande épaisseur (150 m.) lui succèdent. Les dix ou quinze premiers mètres représentent par leurs fossiles les trois zones du Bajocien: la *Lima heteromorpha* repose sur les derniers bancs à silex, puis vient la zone à petites Ammonites ferrugineuses (*Ammonites Sowerbyi*), récemment découverte et décrite par notre confrère M. ZURCHER [1]; les bancs suivants sont caractérisés par les empreintes de *Cancellophycus scoparius*, particulièrement abondantes auprès de Cuges, où elle sont accompgnées de nombreuses Ammonites de la zone à *A. humphriesianus*. Le reste de l'étage marneux représente le Bathonien inférieur (avec *Amm. tripartitus* et *Amm. Parkinsoni*). Cet ensemble se montre avec toute sa puissance sur les deux flancs de la Sainte-Baume; mais il s'amincit rapidement du côté de Marseille (Vaufrège) et d'Aix.

Autour de Toulon, des marnes jaunâtres et des calcaires grume-

---

[1] Note sur la zone à *Amm. Sowerbyi* dans le S. O. du département du Var (*Bull. Soc. Géol. de France*, 3ᵉ série, XIII, 1884-1885, p. 9-12).

leux à Entroques, avec une faune très riche, surtout en Oursins et en Térébratules (*Ter.* cf. *flabellum*), sont encore à rattacher au Bathonien inférieur; mais autour de la Sainte-Baume, les calcaires marneux sont directement surmontés par des calcaires compacts, à cassure vive et à teinte légèrement rougeâtre.

Ces calcaires représentent le Bathonien moyen et ont une épaisseur très variable. A Saint-Hubert, les marnes jaunâtres micacées et les calcaires marneux qui viennent au-dessus contiennent la faune la plus élevée du Bathonien (faune de Ranville), mais ces dernières couches ne se montrent qu'exceptionnellement.

La série jurassique se termine par une grande masse de dolomies et par des calcaires blancs (ancien «Corallien» du Midi). La dolomie (de 150 à 300 mètres), est absolument dépourvue de fossiles. Elle se comporte, d'après une comparaison sommaire des coupes successives, comme si elle ravinait les couches sous-jacentes, ce qui veut simplement dire que le faciès dolomitique, suivant les lieux, descend plus ou moins bas dans la série: du côté de Marseille (massif de Carpiagne), il ne commence qu'au-dessus du Callovien et de l'Oxfordien, *sensu lato* (zones à *Ammonites transversarius* et *A. tenuilobatus*[1]); à l'Est, dans la région de Grasse, l'Oxfordien calcaire et fossilifère vient s'intercaler dans la série dolomitique. Sur plusieurs points près de Toulon, les dolomies alternent avec les calcaires bathoniens. Il résulte de là que l'ensemble des dolomies, inséparable sur une carte géologique, doit être considéré comme remplaçant, suivant les lieux, un nombre différent de termes de la série jurassique, entre le Bathonien et les calcaires blancs.

Ces derniers n'ont guère autour de Toulon que 40 mètres d'épaisseur. Je n'y ai trouvé jusqu'ici que quelques Nérinées et Rhynchonelles peu déterminables. Auprès de Cugos, ils prennent une épaisseur beaucoup plus grande, et contiennent de nombreuses baguettes de *Cidaris* du type *glandifera*. Sur le versant Nord de la Sainte-Baume, les alternances de dolomies et de calcaires blancs atteignent un développement considérable.

Le Néocomien se compose d'alternances de calcaires marneux et de calcaires gris compacts, qui, auprès de Toulon, ne dépassent

---

[1] Je dois ce dernier renseignement à M. COSTE, qui étudie depuis longtemps les environs de Marseille et a bien voulu me guider dans le massif de Carpiagne.

pas 50 mètres de puissance; les fossiles y sont rares et mal conservés; j'ai pourtant trouvé au Faron la *Terebratula prælonga*. En suivant ces couches du côté de Marseille, on les voit augmenter considérablement d'épaisseur et devenir très fossilifères. Par contre, au Nord-Est de la Sainte-Baume, d'après les dernières observations publiées par M. COLLOT (¹), conformes d'ailleurs à celles que m'avait déjà verbalement communiquées M. ZURCHER, l'étage, encore très puissant au Nord-Ouest, du côté d'Allauch, ferait brusquement défaut.

L'Urgonien, qui forme la crête de la Sainte-Baume et s'y montre, comme dans tout le bassin du Beausset et dans la région de Toulon, avec 300 mètres de puissance, cesserait aussi brusquement au Nord de la chaîne (²).

Pour les autres étages crétacés, les variations de faciès et d'épaisseur sont trop complexes pour pouvoir être ici résumées utilement. Le calcaire à Hippurites et l'étage à lignites (Santonien) qui le surmonte jouent seuls un rôle important dans la constitution de la chaîne. Je suis porté à croire, en attendant des observations plus complètes, que les étages intermédiaires, notamment les grès à *Micraster brevis*, s'y sont aussi déposés (voir la coupe n° 2, pl. II). En tout cas, l'Aptien se montre à l'Ouest de la chaîne sous la forme de calcaires à silex (coupe n° 3). Cette question de l'extension des diverses couches crétacées et de leurs variations autour du bassin du Beausset demanderait une étude spéciale, et je ne suis pas encore en état de la traiter complètement; mais elle n'a qu'une importance secondaire pour l'interprétation des coupes et pour l'analyse des mouvements subis par les couches.

Orientation générale et coupe transversale de la chaîne. — La crête de la Sainte-Baume suit, sur une longueur de 12 kilomètres, la direction E. 20° N., à l'altitude moyenne de 1 000 mètres au-dessus du niveau de la mer; elle s'arrête brusquement à l'Est au pic Saint-Cassian; à l'Ouest, à partir du Baou de Bretagne, elle se recourbe vers le Sud-Ouest, et vient lentement s'abaisser vers le hameau de Saint-Pons. Entre ces deux pics extrêmes, elle forme au

(¹) L. COLLOT, Sur une grande oscillation des mers crétacées en Provence (*C. R. Acad. Sc.*, XCIX, 1884, 2ᵉ semestre, p. 824-826).

(²) *Ibid.*

Nord un escarpement vertical, de 300 mètres de hauteur, et domine le plateau elliptique du Plan d'Aups, qui mesure 2 kilomètres à peine dans sa plus grande largeur. Le terrain s'abaisse ensuite lentement au Nord jusqu'à un chaînon parallèle (chaîne de la Lare), haut de 600 à 800 mètres, qui vient expirer près de Nans, et sépare le Plateau du Plan d'Aups de la vallée de l'Huveaunne. Au Sud, l'escarpement brusque est remplacé par une croupe dénudée, dont la pente moyenne est d'environ un cinquième; cette croupe aboutit à une sorte de plateau accidenté, où est situé le village de Riboux; puis, après un léger ressaut qui limite au Sud ce plateau, le sol descend par des ondulations successives, vers le bord septentrional du bassin du Beausset. La petite plaine en entonnoir de Cuges forme comme un trou sans écoulement au bord de ce versant Sud de la chaîne.

Pour se faire une idée d'ensemble de la coupe de la Sainte-Baume, il convient de partir de Cuges, et de monter vers Riboux en suivant un des ravins à l'Est du village, puis d'aller rejoindre à l'Est, près de la ferme dite Pied de la Colle, le sentier des pèlerins qui traverse l'escarpement et conduit sur le versant Nord au couvent de la Sainte-Baume. La série des couches rencontrées est représentée sur la coupe n° 1 (pl. II). C'est d'abord, entre Cuges et Riboux, la série jurassique, complète et bien développée, depuis le Bathonien jusqu'à l'Infralias, avec un pendage régulier vers le Sud. Au-dessus de Riboux, on traverse plusieurs fois les gros bancs blancs de l'Infralias et ceux de la lumachelle infraliasique, puis, sans que le pendage ait changé, on retrouve la série jurassique, mais renversée et très amincie. C'est d'abord le Lias, représenté par une quinzaine de mètres de calcaire à silex, puis les calcaires marneux, également réduits à quelques mètres, puis le Bathonien calcaire qui forme la base de la croupe de la montagne et s'enfonce sous les assises précédentes. En gravissant cette croupe, on voit les dolomies succéder régulièrement au Bathonien; COQUAND signale plus haut les fossiles néocomiens, et le sommet est formé par l'Urgonien qui plonge dans le même sens sous la série des couches plus anciennes.

Le renversement, entre la crête et le plateau de Riboux, est d'une netteté incontestable; au Nord du plateau, jusqu'à la plaine de Cuges, les couches se présentent au contraire dans leur ordre normal de superposition; et entre ces deux séries il y a, non pas une faille, comme le pensait COQUAND, mais une bande de couches amincies, une « zone de glissements » effectués dans des plans voisins de ceux des couches. La montagne est là formée par un grand pli couché, étiré sur son flanc Nord.

Si l'on continue la coupe au Nord de la crête, on voit buter contre la falaise urgonienne les argiles à lignites et les grès santoniens, presque horizontaux, et formant au pied de la Sainte-Baume un magnifique talus boisé. Ces argiles et ces grès reposent sur les calcaires à Hippurites qui, également peu inclinés, occupent toute la surface du plateau du Plan d'Aups. A la petite crête qui limite au Nord ce plateau, les calcaires à Hippurites se relèvent brusquement, se recourbent sur eux-mêmes, et les grès santoniens reparaissent au pied d'une grande faille (FF) qui limite le massif au Nord et met le système crétacé en contact avec le Bajocien (coupe n° 1, pl. II).

Pour raccorder cette partie de la coupe avec la précédente, il suffit de supposer un glissement le long du flanc Sud du grand pli, et au bord de la faille du Plan d'Aups, un pli secondaire incliné dans le même sens. Ces froissements secondaires sont une conséquence naturelle d'aussi violents efforts de plissements, et je montrerai tout à l'heure qu'il en existe un second au centre même du pli.

La coupe précédente peut donc se résumer en peu de mots: un pli couché, avec froissements secondaires, avec glissements et étirements des couches renversées. Pour donner maintenant une idée plus complète de la chaine, je suivrai d'abord sur toute sa longueur la bande médiane de couches étirées, puis j'étudierai les modifications que subit dans ses autres détails la première coupe, à mesure qu'on s'éloigne à l'Est ou à l'Ouest du milieu de la chaîne.

Bande de couches étirées. — Cette bande est celle qui présente le plus d'intérêt, parce qu'elle montre dans toute sa variété le phénomène de suppresion intermittente des couches. J'ai dit qu'au-dessus de Riboux, elle était formée par les bancs inférieurs de l'Infralias plusieurs fois répétés, par une quinzaine de mètres de calcaires à silex et par quelques mètres de calcaires marneux. En suivant vers l'Est le chemin du Pied de la Colle, on reste presque constamment sur les calcaires à silex, mais les calcaires marneux disparaissent complètement, et, près de la ferme, les dolomies jurassiques arrivent même en contact avec le Lias. Plus loin, au contraire, c'est le Lias qui manque, et l'Infralias surmonte le Bajocien. En suivant la limite de ces deux étages, on voit bientôt reparaître d'abord quelques morceaux de calcaires liasiques, puis des bancs bien lités et incontestablement interstratifiés. Le Lias est d'ailleurs presque partout fossoilifère, et c'est un fait à noter que les fossiles n'y ont pas subi de déformations spéciales. Il n'en serait pas de même sans doute pour les fossiles des couches marneuses, mais dans les assises calcaires, il est probable que les glissements ont eu lieu bancs par bancs, sans doute facilités par les minces lits de marnes qui les séparaient.

Un fait assez frappant sur tout ce parcours, c'est la sinuosité de l'affleurement de cette bande, comparée à l'allure rectiligne de la crête, qu'elle suit en gros parallèlement. Il s'explique en partie par la faible pente des couches, qui est peu différente de la pente moyenne du terrain; mais certainement aussi la surface même de ces couches n'est ni plane, ni régulière. De plus, les bancs de Lias sont trop réduits et trop intermittents pour jouer, malgré leur dureté au milieu d'assises plus délitables, leur rôle habituel dans le relief du sol; ils ne font pas en général corniche et se montrent indifféremment sur le flanc des coteaux, sur leur crête ou au fond des ravins.

Au Sud des affleurements de Lias, on rencontre presque partout la lumachelle de l'Infralias à une très faible distance, c'est-à-dire que les calcaires dolomitiques qui les séparent normalement sont aussi très réduits ou supprimés. L'épaisseur primitive des couches, qui ont été ainsi amenées à ne plus former qu'un mince liseré sur le flanc de la montagne, s'élevait donc à 300 mètres. Leur renversement résulte partout sans ambiguïté de l'ordre de succession et du pendage, mais il peut se vérifier d'une manière plus frappante sur le flanc Nord d'un petit coteau qu'on rencontre avant d'arriver à la bonde Panier (aujourd'hui ruinée): en bas est le Bathonien, à mi-côte le Lias, et en haut l'Infralias.

A la bonde Panier, la bande subit une déviation vers le Sud; il y a là un de ces glissements latéraux, dont j'ai parlé dans une Note précédente (¹), et où le déplacement relatif des deux lèvres de la faille s'est fait, non plus verticalement, mais horizontalement (²). Il faut descendre de 500 mètres au Sud pour trouver la

(¹) *Bull. Soc. Géol. de France*, 3ᵉ série, XII, p. 328 [Note reproduite ci-après, LVIII].

(²) Ce sont les failles auxquelles M. SUESS a donné le nom de *blatt*. Leur existence est une conséquence naturelle et presque nécessaire des phénomènes de plissement, partout où ils ont amené des déplacements horizontaux d'une certaine importance. Si, en effet, par suite des différences

continuation des mêmes phénomènes (voir la carte, pl. I).

Au delà de ce rejet, il y a sur une longueur de près de 2 kilomètres une véritable faille (f_c): les dolomies et le Bathonien renversés butent contre l'Infralias et les Marnes irisées; mais après le défilé du ruisseau de Lataïl, la bande étirée reprend les mêmes allures qu'à l'Ouest. De plus, dans cette partie, elle permet d'étudier plus complètement le pli secondaire dont j'ai déjà indiqué l'existence. Les deux coupes suivantes prises, l'une sur le chemin de Rougiers à Signes, l'autre entre Mazaugues et la ferme de l'Exilière, le mettent bien en évidence.

La première (fig. 33) montre les Marnes irisées qui affleurent à la

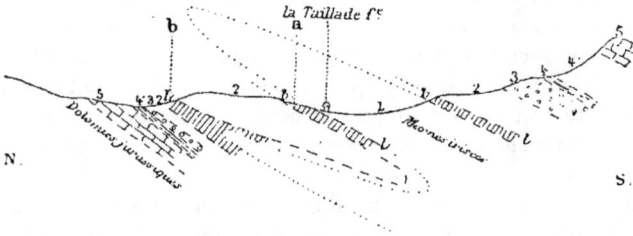

Fig. 33. — Coupe par la Ferme de la Taillade.

Légende des figures 33 et 34 — 1. Trias; 2. Infralias; *l*. Lumachelle; 3. Lias; 4. Bajocien; 4′. Bathonien marneux; 5. Bathonien calcaire; 6. Jurassique supérieur; 12. Calcaires à Hippurites; 13. Santonien.

ferme de la Taillade et supportent au Nord la série normale; au Sud, au contraire, elles reposent par renversement sur l'Infralias, dont les calcaires blancs dolomitiques sont bien développés; après l'Infralias vient la série des couches étirées et renversées; mais la lumachelle (*l*) qu'on observe en *a*, près du contact des Marnes irisées, reparaît en *b*, près des bancs rudimentaires de Lias ([1]). Il est impossible, à moins de multiplier arbitrairement les failles, d'expli-

---

d'action ou de résistance, une partie de la masse en mouvement s'est avancée plus vite ou plus loin que les autres, il en est résulté une torsion dans le plan des couches, avec étirement et rupture à la limite.

([1]) Sur le chemin même, on ne voit pas le Lias, et le Bathonien marneux semble en contact avec la lumachelle, mais il suffit d'aller une centaine de mètres plus à l'Ouest pour retrouver les calcaires à silex et les différents termes de la bande étirée.

quer cette réapparition autrement que par le double pli indiqué en pointillé sur la figure.

Au Nord-Est de l'Exilière, les choses sont plus nettes encore (fig. 34). Tout se passe dans une seule colline de 50 mètres de hauteur environ. Au sommet est l'Infralias, avec un faible pendage vers le Sud; au-dessous, on trouve le Lias, puis le Bajocien avec *Cancel-*

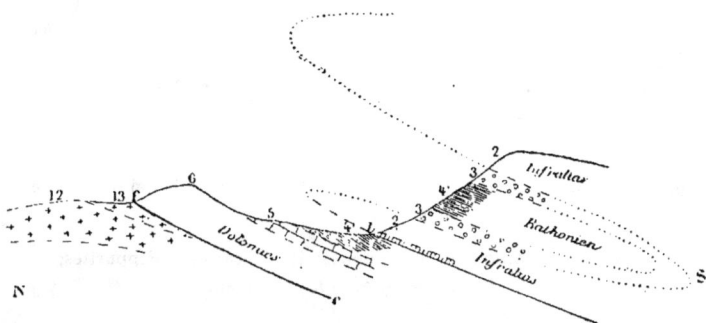

Fig. 34. — Coupe au Nord-Est de l'Exilière.

lophycus et le Bathonien marneux. Plus bas encore, on retrouve le Lias, puis au bas de la colline l'Infralias avec la lumachelle. Un champ où affleure le Bathonien marneux la sépare d'un petit crêt dolomitique; le pendage de toutes ces couches est faible et toujours dans le même sens. C'est presque exactement, y compris le pli-faille à la base, la réduction de la coupe du Glärnisch dans les Alpes (¹).

Je n'ai pas suivi plus à l'Est la bande étirée; mais un coup d'œil sur la carte (où elle est marquée par des hachures plus serrées) montre qu'à cet endroit elle va se rapprochant de la faille (*f'f'*), qui limite au Sud l'escarpement de la Sainte-Baume. La partie renversée (marquée par des hachures plus espacées) est justement limitée à l'espace compris entre ces deux lignes. Il est probable qu'un peu plus loin, avant d'atteindre la région de Brignoles, elles arrivent à se réunir; c'est au moins ce qui me semble résulter des

---

(¹) Voir ma Note du 18 février 1884, *Bull. Soc. Géol. de France*, 3ᵉ série, XII, p. 327 [reproduite ci-après, LVIII].

coupes que notre confrère, M. ZURCHER, a bien voulu me communiquer. C'est alors non seulement la bande étirée, mais le pli
couché lui-même qui disparaît; et comme continuation, comme
équivalent latéral de la coupe donnée plus haut (coupe n° 1, pl. II),
on n'a plus qu'une simple faille aux allures ordinaires, et une coupe
telle que la suivante (fig. 35).

Fig. 35. — Coupe à travers le prolongement oriental de la Sainte-Baume
(communiquée par M. ZURCHER).

2. Infralias; 5. Bathonien; 6. Dolomies; 12. Calcaires à Hippurites;
12'. Marnes et grès; 13. Santonien.

A l'Ouest de Riboux, la bande étirée se résout en une faille (f_c)
nettement accusée, qui limite au Sud les couches renversées, et
met en contact le Bathonien calcaire ou les dolomies jurassiques
avec l'Infralias et le Trias. Cette faille se dirige vers le moulin de
Saint-Pons et se continue beaucoup plus loin vers l'Ouest, comme
je l'expliquerai tout à l'heure.

Modifications de la coupe à l'Est de Riboux. — La coupe n° 1 se
modifie légèrement à l'Est de Riboux. Au Nord d'abord, le contact
de la bande de calcaire à Hippurites avec le Jurassique semble se
faire, non plus par faille, mais par superposition régulière. Il y
aurait donc là une grande lacune qui s'introduirait brusquement
dans la série, sans être annoncée par aucun phénomène de rivage.
La chose est possible, et je l'ai admise provisoirement sur mes
coupes, conformément à l'opinion de M. COLLOT (¹). Je me réserve
pourtant de revenir ultérieurement sur cette question, qui me semble soulever quelques difficultés, mais qui ne touche pas directement à l'objet de cette Note.

(¹) Voir la Note citée plus haut (p. 163).

L'escarpement vertical d'Urgonien cesse brusquement au pic Saint-Cassian. A cet endroit, l'affleurement de la faille (ff) qui limite au Sud cet escarpement s'infléchit vers le Sud et dessine une anse fortement accusée; la bande de Crétacé inférieur qui formait le sommet de la chaîne est brusquement arrêtée, et ce sont les dolomies jurassiques qui viennent en contact avec le Crétacé supérieur. Cette inflexion de l'affleurement de la faille est une conséquence naturelle de sa grande obliquité; la chaîne calcaire est sans aucun doute couchée, au moins dans sa partie orientale, sur des terrains analogues à ceux qui affleurent aux glacières de Fontfroide. Il est même probable que ceux-ci ont été recouverts de la même manière; la masse renversée était peut-être plus disloquée en cet endroit, et c'est une dénudation postérieure qui l'a fait disparaître.

Plus au Sud, une faille ($f_1 f_1$) interrompt la retombée régulière des couches (coupe n° 2 bis, pl. II) et en supprime une partie (entre l'Infralias et les dolomies jurassiques). Cette faille se poursuit très loin vers l'Est, et peut être considérée comme limitant au Sud la bande qui correspond stratigraphiquement au pli de la Sainte-Baume.

Ces modifications ressortent d'ailleurs clairement de l'examen de la carte (pl. I) et des coupes n°s 2 et 2 bis (pl. II).

Modifications de la coupe à l'Ouest de Riboux. — A l'Ouest, les modifications sont plus grandes et offrent plus d'intérêt. Une faille analogue à la faille $f_1 f_1$, si elle n'en est même, comme je crois, la continuation, supprime là aussi une partie des couches dans le flanc septentrional (partie non renversée) du pli. Cette faille décrit, à partir du village de Cuges, une courbe très prononcée qui la rapproche beaucoup de la crête de la chaîne; elle suit d'abord, vers le Nord-Est, la rive droite du ravin qui débouche à Cuges et semble là, d'après sa direction, être le prolongement de la bande étirée; cette hypothèse est à première vue d'autant plus plausible qu'on obtiendrait ainsi, pour l'ensemble de la bande étirée, une courbe à peu près parallèle au contour de la crête. Mais il n'en est rien: la faille ($f_1 f_1$) se recourbe vers l'Ouest, comme l'indique la carte; elle met en contact les calcaires blancs du Jurassique supérieur, puis les dolomies, avec le Trias ou l'Infralias, et peut se suivre sans ambiguïté jusqu'au-dessus de Saint-Pons, où

elle se termine en laisant réapparaître la série complète des couches supprimées.

Le Trias et l'Infralias, autant qu'on peut en juger en l'absence
d'une coupe continue, semblent là former un double pli assez aigu (coupe n° 3, pl. II); la présence du Muschelkalk y est douteuse, mais on y trouve les Marnes irisées avec gypse, la lumachelle
à *Avicula contorta* et un lambeau de Lias (au centre du pli synclinal). La bande n'a pas 500 mètres de largeur; de part et d'autre
elle est limitée par une faille: celle du Nord (f_c) est la continuation de la bande d'étirement et met le Trias en contact avec des
terrains renversés; celle du Sud (f_1f_1) ramène les mêmes terrains
(Jurassique supérieur), mais en superposition normale. Il en résulte une apparence assez singulière, dont on s'expliquerait peut-
être difficilement l'origine, si le pli primitif n'était nulle part
mieux marqué.

En descendant vers Saint-Pons, la coupe se simplifie par la
disparition de la faille (f_1f_1), en même temps que les terrains couchés se rapprochent de la verticale. C'est ce que montre la coupe
ci-jointe (fig. 36).

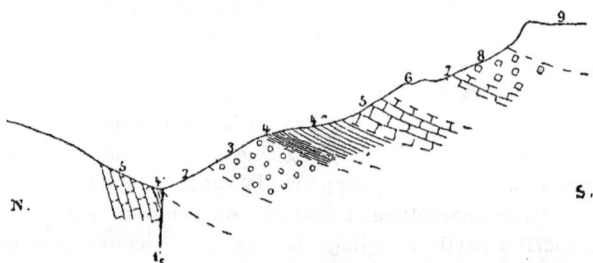

Fig. 36. — Coupe prise en descendant vers Saint-Pons.

2. Infralias; 3. Lias; 4. Bajocien; 4'. Bathonien marneux; 5. Bathonien
calcaire; 6. Dolomies; 7. Calcaires blancs; 8. Néocomien; 10. Urgonien.

Au Nord, comme je l'ai dit, un grand escarpement vertical d'Urgonien domine la petite plaine du Plan d'Aups; nous l'avons vu à
l'Est s'arrêter brusquement au pic Saint-Cassian; de même, à
l'Ouest, il se termine au Baou de Bretagne; mais là, les couches de-
venues presque verticales s'infléchissent vers le Sud et vont se diriger avec de longues saillies rocheuses, dans le ravin de Saint-

Pons, vers le moulin du même nom. La faille (FF), qui ramène au Sud du plateau du Plan d'Aups les étages du Lias et du Bajocien en contact avec les Hippurites, s'infléchit pareillement et vient se terminer à Saint-Pons; nous voyons donc converger en ce point toutes les lignes qui limitent ou accentuent le grand pli de la Sainte-Baume. Il y a là un phénomène très spécial, sur lequel il convient d'insister un peu, en donnant les coupes successives du plateau du Plan d'Aups et du ravin de Saint-Pons, qui lui fait suite.

La coupe n° 1 (pl. II), prise à la hauteur du couvent, donne en quelque sorte la coupe normale du pli couché. Plus à l'Ouest (fig. 37,

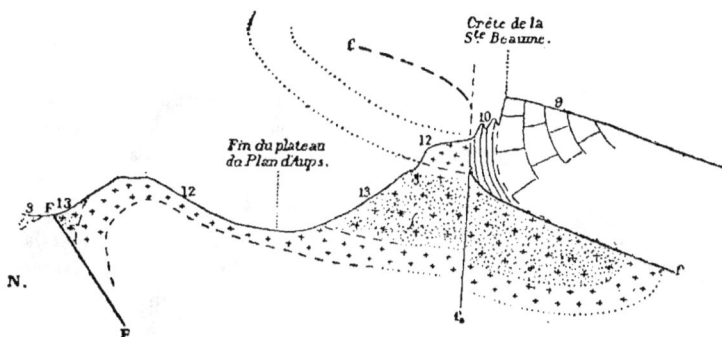

Fig. 37. — Coupe à l'Ouest du Couvent de la Sainte-Baume.

2. Infralias; 3. Lias; 9. Urgonien; 10. Aptien; 12. Calcaires à Hippurites; 13. Santonien; *f*. Faille de crête; F. Faille du Plan d'Aups; *fa*. Faille de tassement.

et coupe n° 2, pl. II), l'Urgonien qui forme la crête se redresse jusqu'à la verticale; l'escarpement calcaire est masqué presque jusqu'au sommet par de l'Aptien également vertical, contre lequel s'appuie le Santonien horizontal. Sur ce Santonien reposent des bancs de calcaires à Hippurites, ceux-là même qui partout en forment le substratum. Ces bancs sont donc renversés; le Santonien est enclavé dans un pli synclinal, couché horizontalement, qui fait suite au grand pli anticlinal de la Sainte-Baume. Seulement l'axe de ce pli a subi en ce point une inflexion brusque; il y a là, suivant l'expression de M. HEIM, une sorte de « plissement du pli », compliqué par une petite faille de tassement (f_a).

Au Baou de Bretagne (fig. 38), la coupe est plus simple; les couches sont presques verticales, et la trace du renversement a presque disparu. Les couches jurassiques, au Nord-Ouest de la faille,

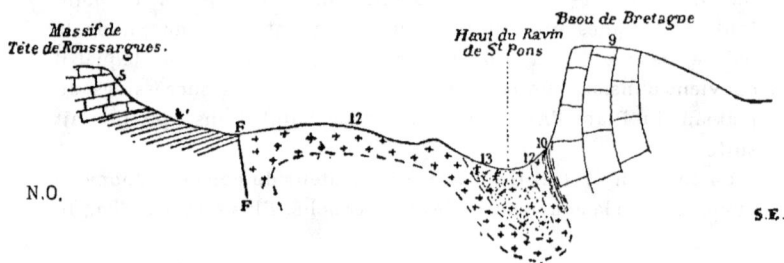

Fig. 38. — Coupe de Tête de Roussargues au Baou de Bretagne.

Légende des figures 38, 39 et 40: — 1. Trias; 2. Infralias; 3. Lias; 4. Bajocien; 4'. Bathonien marneux; 5. Bathonien calcaire; 6. Jurassique supérieur; 8. Néocomien; 10. Aptien; 12. Calcaire à Hippurites; 13. Santonien.

se présentent en stratification régulière et à peu près horizontale.

Un peu plus bas (fig. 39), la bande jurassique se poursuit avec la même régularité, mais entre l'Infralias et le Crétacé s'intercalent des fragments de dolomies jurassiques et de Bathonien.

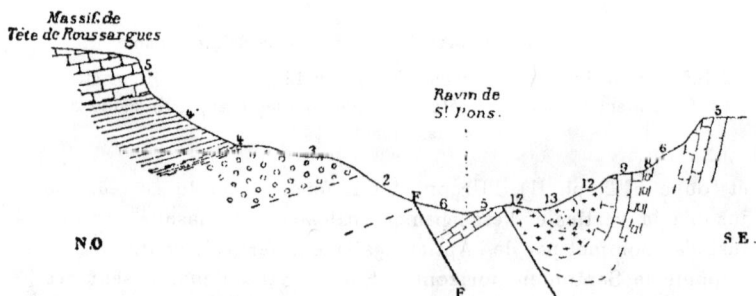

Fig. 39. — Coupe à travers le ravin de Saint-Pons (partie supérieure).

En approchant de Saint-Pons (fig. 40), les Marnes irisées avec

gypse apparaissent au fond du ravin sous la série toujours régulière du Jurassique; les différentes couches crétacées sont successivement venues buter contre la faille et ont disparu, ainsi que le pli syn-

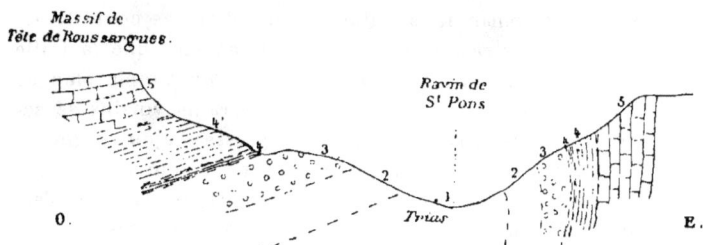

Fig. 40. — Coupe à travers le ravin de Saint-Pons (partie inférieure).

clinal qui les comprenait. Les Marnes irisées se recourbent brusquement et retombent verticalement vers l'Est, et la série, autant
qu'on peut en juger dans des escarpements difficilement accessibles, se complète entre eux et le Bathonien de la crête.

A Saint-Pons même, une petite plaine d'alluvions et d'éboulis
masque tout; mais au delà, de part et d'autre du vallon de Gémenos, les deux massifs régulièrement stratifiés, qui limitaient au
Nord et au Sud et enclavaient le massif renversé, se trouvent en
contact, séparés par une faille relativement peu considérable. On
peut suivre sans discontinuité les terrains du Sud du vallon jusqu'à Cuges, ceux du Nord jusqu'au Plan d'Aups; mais dans ce
court intervalle, entre ces deux bandes régulières et pour ainsi
dire homogènes, se sera intercalé un grand pli couché.

La faille de Gémenos est donc à la fois la continuation de la
bande d'étirements et la continuation de la faille du Plan d'Aups;
elle équivaut pour mieux dire à l'ensemble du pli de la Sainte-
Baume. Elle se continue d'ailleurs assez loin vers l'Ouest; c'est
elle qui, après avoir disparu un moment sous les alluvions et sous
les terrains tertiaires de la plaine d'Aubagne, passe au pied du
grand tunnel de Cassis et va de là, par Carpiagne et Valfrège, couper en deux parties le massif de Saint-Cyr; c'est elle aussi, probablement, qui se retrouve près de Marseille dans la petite chaîne
de la Corniche.

Résumé. — En résumé, la Sainte-Baume nous donne l'exemple d'u-
ne chaîne complètement renversée, sur une longueur de plus de
quinze kilomètres, et cette chaîne renversée forme comme une lentille isolée au milieu d'autres chaînons où il n'y a pas de renversements, et dont la continuité stratigraphique n'est pas contestable.
On pourrait presque résumer les faits en imaginant que la faille
de Gémenos ait été sur ce parcours, au lieu d'un simple plan de
glissement, une large fente béante où les terrains voisins se seraient écroulés en se renversant. Je m'empresse d'ajouter que ce
serait là simplement une image, et que mon appréciation des
faits est tout autre: la faille n'est pas le fait primordial, elle n'est
pas la cause, mais une simple conséquence, un simple cas particulier du plissement.

Les grands plis des chaînes de montagnes, telles que les Alpes,
le Jura, les Alleghanys, n'ont jamais qu'une étendue limitée; ils
se succèdent comme les vagues de la mer, l'un s'abaissant et se
terminant pendant que l'autre s'élève. Ce qu'il y a de particulier à
la Sainte-Baume, c'est que le pli se termine tout à fait brusquement.
Sans avoir la prétention de rechercher pourquoi il en est ainsi, on
peut dire que cette terminaison brusque a été rendue possible par
le jeu progressif de la faille, qui est la continuation du pli, et se
produisait en même temps que lui sous l'influence des mêmes efforts.

D'ailleurs, au point de vue de la Géologie provençale, je crois
qu'on doit attacher une plus grande importance à l'existence même du pli qu'à sa terminaison brusque. L'analogie, quoique locale, avec les phénomènes alpins, semble en effet permettre de conclure à une égale analogie dans les actions exercées, c'est-à-dire
qu'on serait amené à voir dans la structure de la Provence, malgré sa physionomie très spéciale, le résultat d'une pression latérale d'ensemble. Les Maures seraient, dans cette hypothèse, non
plus un îlot ancien, un reste du continent à l'intérieur duquel
les lignes des Alpes se développent avec une merveilleuse régularité (¹), mais l'axe cristallin d'une chaîne, partiellement submergée aujourd'hui, qui, au moins géographiquement, formerait le
trait d'union entre les Pyrénées et les Apennins (²). Les renseigne-

(¹) ED. SUESS, *in* A. DE LAPPARENT, *Traité de Géologie.* In-8°, Paris,
1883, p. 1213.

(²) La chaîne ainsi formée présenterait une curieuse ressemblance de contours avec les lignes extérieures des Alpes, la coupure du Rhône correspondant à celle de Vienne, et les Apennins se recourbant autour de la dépression tyrrhénienne, comme les Carpathes autour de la plaine hongroise.

ments trop peu nombreux qu'on possède sur la structure des Pyrénées semblent montrer des rapports assez intimes avec celle de la
Provence: les cartes de MAGNAN y indiquent aussi ces longues bandes, séparées par des failles, qui sont le trait caractéristique de la
région toulonnaise; les grands mouvements s'y sont de part et
d'autre arrêtés à la même époque, à la fin de la période nummu-
tilique. Il y a là au moins des indices, dont les études ultérieures
permettront seules d'apprécier la valeur.

XX

OBSERVATIONS SUR LES COUCHES SAUMÂTRES DU REVEST, À PROPOS D'UNE NOTE DE M. MOUTET

(*BULLETIN DE LA SOCIÉTÉ GÉOLOGIQUE DE FRANCE,*
3ᵉ série, XV, 1886-1887, p. 15. — Séance du 8 Novembre 1886).

M. M. BERTRAND fait la remarque suivante: Les couches d'eau douce que signale notre confrère au Revest, au Nord de Toulon, sont connues depuis longtemps ([1]); elles ne sont pas purbeckiennes, mais cénomaniennes; c'est le *Gardonien* de COQUAND.

C'est par erreur que M. MOUTET les croit comprises entre le Jurassique et le Néocomien, qui n'affleurent pas dans le voisinage. Elles sont bien comprises en effet, d'une manière générale, entre une masse de calcaires compacts et de calcaires marneux, mais les premiers renferment le *Chama ammonia* et les seconds le *Periaster Verneuili.*

([1]) Voir notamment TOUCAS, *Bull. Soc. Géol. de France*, 3ᵉ série, IV, 1875-1876, p. 313.

XXI

CARTE GÉOLOGIQUE DÉTAILLÉE
DE LA FRANCE.

Feuille n° 248 (Toulon).

NOTICE EXPLICATIVE

(Juin 1887).

Sommaire

INTRODUCTION.

La feuille de Toulon, à laquelle on a joint celle de la tour de Camarat, comprend deux régions bien nettement distinctes : le massif des Maures, formé de terrains cristallins, gneiss, micaschistes et phyllades; et sa bordure sédimentaire, formée par la série des couches secondaires très énergiquement et très irrégulièrement plissées. Entre ces deux régions s'étend la grande plaine que suit le chemin de fer de Toulon à Fréjus, où les couches permiennes émergent en collines isolées au milieu des alluvions.

DESCRIPTION DES ÉTAGES SÉDIMENTAIRES.

a^2. **Alluvions modernes.** Ce sont presque uniquement des alluvions torrentielles, dont la distinction avec les alluvions anciennes est difficile. Elles se rencontrent irrégulièrement sur le bord des cours d'eau plus importants, et remplissent en outre des dépressions en forme de bassins fermés, soit sur le cours des vallées, comme à Signes, soit sur le haut des plateaux.

On y a joint, à cause de leur faible développement, les sables et dunes des plages.

a'. **Alluvions anciennes.** Elles ont surtout un grand développement autour de Toulon et dans la plaine que suit le chemin de fer de Fréjus. Sur le bord des coteaux, elles se soudent aux dépôts d'éboulement et de ruissellement superficiel; les cailloux sont alors plats et anguleux, ordinairement reliés par un ciment calcaire, qui donne lieu à une brèche très compacte et très dure, analogue à la brèche d'Antibes. Dans la plaine, les cailloux sont arrondis, mais parfois aussi agglomérés en poudingues (la Crau). Les éléments proviennent toujours des affleurements voisins ou de l'amont des vallées actuelles.

m_1. **Marnes, poudingues et calcaires d'eau douce.** Ces dépôts, beaucoup plus développés sur la feuille de Marseille, n'ont donné que des moules indéterminables d'*Helix* et de Gastéropodes; quoique assez fortement inclinés, ils sont nettement postérieurs aux failles de la région. Les cailloux des poudingues, de provenance diverse, sont presque uniquement calcaires près de Toulon; dans les petits affleurements de la haute vallée du Gapeau, ils sont, au contraire, exclusivement quartzeux et très roulés.

c^7. **Calcaires à Hippurites et grès.** Le Sénonien forme les sommets du mont Caoumé; on y trouve à la partie supérieure des calcaires à Hippurites, et au-dessous une masse de grès ou de calcaires spathiques à grains de quartz grossiers et peu roulés. La prolongation des calcaires à Hippurites du côté du Beausset montre qu'il forment une grande lentille dans les grès à *Micraster brevis*. Le même étage se retrouve au Nord dans la vallée du Gapeau, avec un développement beaucoup moindre, composé de calcaires marneux à *Micraster brevis* et de calcaires gréseux brunâtres à *Rhynchonella difformis*.

c^6. **Calcaires à Radiolites et marnes à Periaster Verneuili.** Au-dessous des grès du Caoumé, des calcaires blancs compacts forment une corniche verticale à l'Est de la montagne. Ces calcaires («Angoumien») renferment au Nord (vallée du Gapeau) et à l'Ouest (bassin du Beausset) des Nérinées, des Polypiers et le *Radiolites cornupastoris*.

Au-dessous, autour du Revest, on trouve un grand développement de marnes et de calcaires marneux bleuâtres avec *Periaster Verneuili* («Ligérien»). Quelques grès s'y intercalent à la partie supérieure; ils passent au Sud à des sables quartzeux blancs, qui vers l'Est augmentent d'importance et finissent au Val d'Aren par occuper tout l'étage.

c^{b-i}. **Marnes à Ostrea flabella et calcaires à Caprines.** Le Céno-manien comprend: à la partie supérieure des calcaires blancs com-pacts à *Caprina adversa*, puis des calcaires à *Ceratites Vibrayi*, des calcaires marneux à Alvéolines, et des argiles plus ou moins gréseuses avec *Ostrea flabella* et *O. biauriculata*. A la partie in-férieure, au-dessus de marnes sableuses à petits Polypiers, s'inter-cale un banc saumâtre avec débris de végétaux et coquilles fluvia-tiles («Gardonien»).

La composition de l'étage varie d'ailleurs assez rapidement vers le Nord et vers l'Est, par suite de l'amincissement ou même de la disparition des bancs marneux.

c_i. **Calcaires à silex et marnes à Ammonites fissicostatus.** L'Aptien, qui fait défaut au Nord, prend un grand développement au Sud du bassin crétacé, sous forme de calcaires bleuâtres à silex, où l'on ne trouve que de rares Bélémnites. Des bancs mar-neux à *Ammonites fissicostatus* s'y intercalent.

En beaucoup de points où l'Aptien fait défaut, une couche de bauxite sépare le Cénomanien de l'Urgonien.

c_{ii}. **Urgonien.** L'Urgonien forme une masse de calcaires blancs de 300 mètres de puissance, montrant souvent de nombreuses coupes de *Requienia Lonsdalei*. A la partie supérieure on trouve une grande Huître, voisine d'*Ostrea aquila*.

c_{iii-v}. **Néocomien.** Le Néocomien comprend 60 mètres environ de calcaires marneux, avec moules de Bivalves, Plicatules, *Tere-bratula prælonga*, alternant avec des calcaires blancs compacts.

j^6. Ces marnes surmontent les **calcaires blancs** du Jurassique supérieur, peu fossilifères, et souvent difficiles à distinguer de ceux de l'Urgonien. Puissance 40 mètres.

j^5. Au-dessous se développe une masse puissante de **dolomies** à grain cristallin, blanches, grises où noirâtres, sans fossiles, et dont l'épaisseur variable arrive à dépasser 300 mètres. Elles passent in-sensiblement aux calcaires sur lesquels elles reposent, et qui sont, suivant les places, plus ou moins élevés dans la série bathonienne. Ces dolomies sont donc un faciès, dû sans doute à une transfor-mation postérieure au dépôt, et qui représente, en même temps que l'Oxfordien, une partie du Jurassique supérieur et du Bathonien.

j_{i-ii}. **Bathonien supérieur.** A Saint-Hubert, des marnes jaunâtres micacées, avec quelques oolithes ferrugineuses, contiennent, avec

Pholadomya carinata, la faune de Ranville; au-dessous on trouve une grande épaisseur de calcaires compacts, avec Polypiers et Bivalves, formant le sol des plateaux de Cuers et du Puget.

j$_{III}$. Des marnes jaunâtres et des calcaires grumeleux à Entroques avec *Elygmus, Eudesia flabellum, Cidaris Schmidelini*, séparent les calcaires précédents d'une masse de calcaires marneux (180 mètres) d'un gris-bleu très clair, souvent micacés, avec bancs plus durs à la partie supérieure, et où les fossiles sont rares en dehors d'un petit Peigne lisse (*P. Silenus*). Vers le haut, on trouve *Ammonites Parkinsoni*, et *A. tripartitus*, et dans les bancs inférieurs, mais sur quelques mètres seulement, à rapporter alors au Bajocien, *Ammonites Humphriesi*.

j$_{IV}$. Le **Bajocien** (15 à 20 mètres) comprend, outre ces calcaires marneux, une zone ferrugineuse ne dépassant pas 50 centimètres avec *Ammonites Sowerbyi* et des calcaires à silex avec *Lima heteromorpha*.

l$^{4-3}$. Le **Lias** est formé de calcaires à silex, bleus ou roussâtres, d'un aspect assez uniforme et de 100 mètres de puissance environ. Les fossiles sont abondants: *Belemnites tripartitus, Rhychonella cynocephala, Terebratula punctata*, pour le Lias supérieur; *Pecten æquivalvis, Terebratula Jauberti, Waldheimia numismalis, Gryphæa cymbiun*, pour le Lias moyen.

l$_I$. **Infralias.** Au-dessous du Lias vient une série de 60 à 80 mètres de calcaires blancs dolomitiques, sans fossiles; quand on s'éloigne à l'Est, les différents étages jurassiques, du Lias moyen au Bathonien, s'appuient transgressivement sur cet ensemble très constant, qu'il y a lieu par suite de rattacher à la série inférieure. Peut-être, par analogie avec le Languedoc, doit-on y voir un représentant de la zone à *Ammonites angulatus*. La base est formée par une alternance de marnes vertes feuilletées, de calcaires lumachelliques à *Plicatula intusstriata*, et de calcaires en plaquettes couverts d'*Avicula contorta*.

t$^{3-1}$. Des dolomies et cargneules, avec intercalations irrégulières de marnes bariolées et lentilles de gypse à la partie supérieure, représentent l'étage des **Marnes irisées.**

t$_I$. Le **Muschelkalk** se compose de 80 mètres de calcaires noirâtres; on trouve au sommet de gros bancs très fossilifères, séparés par des délits marneux et pétris de *Terebratula vulgaris*. A la base, il contient souvent des dolomies passant à des cargneules.

t$_{III}$. Le **Grès bigarré** est formé par une alternance de grès et de schistes rouges, souvent avec marnes dolomitiques d'un jaune de miel à la partie supérieure. Il débute en bas par un conglomérat à cailloux de quartz peu roulés, qui reprente le Grès vosgien et permet de séparer cet étage du suivant. Au cap Garonne, ce conglomérat est imprégné de carbonate de cuivre et exploitable.

r'. Les grès et argiles rouges du Permien ont un développement de plusieurs centaines de mètres. Ils alternent avec des conglomérats, qui contiennent en galets des porphyres et des grès de la base de l'étage. Deux nappes de mélaphyre amygdaloïde s'y in-intercalent près de Carqueyranne.

$r_{,,}$. A la partie inférieure, en se rapprochant du massif cristallin, on trouve un banc de grès très micacé, avec galets de quartz, puis des schistes rouges et noirs alternant avec des grès grisâtres et avec des conglomérats à fragments de roches anciennes. Cet ensemble, qui atteint à Collobrières 150 mètres de puissance, contient des lits de fer carbonaté en rognons et quelques veines de houille, dont une a pu être exploitée à Collobrières (*Pecopteris Pluckeneti*). Près de Pierrefeu, à Sigalous et sur le chemin de Pignans, on y trouve un banc calcaire qui repose sur des schistes presque uniquement formés de débris de phyllades en plaquettes, non roulés et à peine cimentés. C'est une véritable alluvion qui recouvre directement et en discordance la série des phyllades.

h⁴. On a séparé des précédents les schistes noirs, avec veines de houille, du Mourillon, aux portes de Toulon; on ne peut voir leurs rapports avec le Permien, dont ils sont probablement séparés par une faille; les empreintes recueillies, insuffisantes pour fixer leur âge avec certitude, semblent pourtant indiquer le terrain houiller le plus supérieur.

h¹. Des lambeaux de poudingues, au Nord de Grimaud, se rattachent évidemment au petit bassin de Plan-la-Tour, dont les empreintes indiquent la base du Houiller supérieur.

x. **Phyllades et quartzites.** La masse des phyllades ou schistes satinés à séricite forme un ensemble complètement séparé des termes précedents, se reliant au contraire par passages insensibles à la série des micaschistes et des gneiss. L'origine sédimentaire est nettement marquée par les éléments clastiques, et surtout par les bancs de quartzites, très développés à la partie supérieure. Du côté de Bregançon, des lits feldspathiques intercalés donnent naissance à une structure rubanée qui met en évidence les contournements des couches. La base est chargée de petits grenats. Un lit de calcaire cipolin a été signalé dans la presqu'île de Giens, auprès de la pointe du Pignet.

TERRAINS ÉRUPTIFS ET CRISTALLINS.

β. Le **basalte** couronne des buttes isolées du côté de Cogolin et de la Môle. Il forme également au Sud de Saint-Tropez un filon noir et compacte, d'une grande dureté, qui s'épanouit en une nappe peu étendue au sommet de la colline Sainte-Anne.

μ. Le **mélaphyre**, d'une composition très analogue, mais d'une teinte verdâtre plus ou moins foncée, forme dans la granulite, les gneiss et les micaschistes, de larges filons, se décomposant près de l'affleurement en grosses boules arrondies, dont l'extérieur s'écaille à l'air et dont le centre est resté intact. Des filons du même caractère traversent le Permien de Carqueyranne; là, de plus, le mélaphyre se trouve près de la côte sous forme de coulées amygdaloïdes interstratifiées dans les grès permiens.

v^2. **Porphyrites.** Les porphyrites forment des filons peu épais, très décomposés, d'un vert sale, très difficiles à suivre. Elles forment en outre un mamelon isolé près de La Garde, séparé de tous côtés du Permien environnant par des alluvions. La roche, exploitée pour empierrement, montre des cristaux de pyroxène très foncés tranchant sur un fond vert pâle; au microscope, les microlithes de labrador, très développés, accusent une tendance à la structure ophitique.

$γ^1$. La **granulite** forme un massif allongé de l'Est à l'Ouest, entre la Tour de Camarat et Cavalaire; elle contient de grands cristaux d'orthose et du mica blanc peu abondant. Il est probable que ce massif se relie souterrainement à celui de Plan-la-Tour, dont l'extrémité seule pénètre sur la feuille; les gneiss qui les séparent sont injectés de filons de granulite si nombreux qu'elle semble parfois composer tout le terrain. A l'Ouest de la ligne qui limite les deux massifs, les filons de granulite cessent presque complètement; peut-être pourrait-on seulement y rattacher les veines de quartz gras pegmatoïde, qui sont presque certainement le produit d'une injection postérieure; car, en les suivant sur une certaine longueur, on les voit presque toujours couper obliquement les filets du gneiss, auxquels ils semblent parallèles.

$γ_1$. Un **granite à mica noir**, généralement décomposé, forme deux petits massifs près de Cogolin; on ne trouve autour de ces

massifs rien de semblable à la remarquable auréole de filons signalée pour la granulite.

ζ^2. La série des **gneiss** et **micaschistes** a pu être divisée en
plusieurs termes, dont les affleurements mettent en évidence la
structure de cette partie du massif des Maures.

Au sommet, ce sont des **micaschistes** (ζ^{2-r}) qui passent insensiblement aux phyllades sériciteux. Les grenats y abondent; la
staurotide s'y rencontre aussi près de Bormes, mais plus rare. Un
lit de minerai de fer discontinu, avec éponts toutes formées de
grenat, peut se suivre à la partie supérieure, de Collobrières jusqu'à Berle. Autour de Collobrières, les **amphibolites** (δ^1) sont très
développées et alternent avec les micaschistes, en formant des
lentilles importantes.

Au-dessous, une masse de gneiss, de plus de 500 mètres de puissance ($\zeta^{2-b}\gamma^1$), soit avec grandes lamelles de mica noir déchiqueté
(La Verne), soit avec grands cristaux de feldspath (gneiss glandu-
leux de Bormes), dessine, grâce à sa dureté, les principales lignes
de relief de la région. Sous ce gneiss, qui ne forme sans doute
qu'une grande lentille, déjà moins puissante à l'île du Levant, se
développe une nouvelle série de **micaschistes**, avec un mica
blanc, de plus de 2000 mètres de puissance (ζ^{2a}), remarquable par
les intercalations de bancs à minéraux (grenat, staurotide, disthène, andalousite). Le développement de ces minéraux semble lié
à l'injection des filonets de quartz granulitique signalés plus haut.
A la partie supérieure, des leptynites, souvent accompagnées de couches minces d'amphibolites (δ^1), forment un terme assez constant. De plus, les bandes de gneiss ($\zeta^{2a}\gamma^1$) s'intercalent à diverses
hauteurs.

C'est vers la base de cette série que se trouvent les deux amas
de **serpentine** (σ) de la Môle et de Cavalaire. L'absence de tout
dérangement au contact, d'ailleurs difficilement observable, ne
permet pas d'y voir le produit d'une injection postérieure.

ζ^1. Les **micaschistes inférieurs** (ζ^{1-b}) ne peuvent se séparer du
terme précédent que grâce au développement des **amphiboli-
tes** (δ^1), dont l'intercalation donne naissance à de véritables schistes rubanés, avec quelques gneiss amphiboliques. Au-dessous, les
gneiss de Saint-Tropez (ζ^{1-a}), plus irréguliers comme texture
que ceux de la Verne, et comme déchiquetés par les filons de granulite, forment la base du système et vont se relier, au Nord, aux
gneiss de Cannes.

Q. **Filons de quartz.** Ils se répartissent en deux groupes, les uns plus puissants et généralement stériles, les autres exploités près de Cogolin pour blende et galène argentifères.

REMARQUES STRATIGRAPHIQUES.

La région de Toulon à Marseille offre une série de plis d'un caractère très irrégulier et très compliqué. Bien qu'on y reconnaisse une certaine communauté de direction générale, de l'Est à l'Ouest, les axes de ces plis ne sont ni rectilignes ni parallèles; ils se rapprochent ou s'écartent de manière à donner place entre eux à un épanouissement des synclinaux, et par suite à une prédominance des parties horizontales, qui a pu faire illusion sur la structure vraie de la région: ainsi le large bassin synclinal du Beausset, dont la feuille ne comprend que la partie orientale, vient se terminer au Coudon par un pli étroit et faillé; au Sud de la vallée de Méounes, ce pli s'élargit en formant un vaste plateau de dolomies jurassiques et de calcaires crétacés régulièrement superposés. Ce plateau semble continuer celui du Nord-Ouest de Méounes, également composé de dolomies horizontales; mais la vallée qui les sépare montre une bande étroite de Trias plissé verticalement et limitée de part et d'autre par des failles, avec des lambeaux de Crétacé supérieur. Cette bande sinueuse est la trace d'un pli anticlinal qui va se relier à l'Ouest à un pli secondaire de la Sainte-Baume et qui se termine à l'Est, près de la plaine permienne, entre Cuers et Puget-Ville; elle sépare de la même manière le plateau de Méounes et celui de Cuers. Les efforts de plissement ont en quelque sorte localisé leur action sur des bandes étroites de la zone sur laquelle elles s'exerçaient.

Les failles se montrent en général sur les flancs des plis et en suivent la direction. C'est donc une même cause qui doit rendre compte de leur sinuosité et de celle des plis. L'exemple le plus frappant de cette sinuosité est celui de la faille qui contourne le Cap Gros, puis entoure le vallon de Broussan et se replie pour limiter au Sud les massifs du Caoumé et du Coudon. Sur toute cette longueur, sa continuité et son « unité » sont incontestables, nettement mises en évidence par la continuité des terrains très différents qu'elle sépare.

Il est probable que ces failles ont des inclinaisons très variables, et qu'en coupe comme en plan elles donneraient des contours très irréguliers; il semble difficile d'expliquer autrement la faille complètement fermée du Faron, dont l'analogie avec la précédente est indiscutable.

On ne peut chercher la cause de ces effets complexes que dans une compression d'ensemble, exercée du Sud vers le Nord; quant à l'irrégularité des plissements, il faut l'attribuer à l'inégalité des résistances. Cette inégalité s'est surtout fait sentir aux approches du massif des Maures, anciennement consolidé; d'où la tendance des plis à s'arrêter brusquement ou à remonter vers le Nord par une série d'ondulations.

Le massif des Maures a d'ailleurs subi lui-même le contre-coup de ces actions; elles l'ont comme tordu en modifiant la direction générale des gneiss, qui étaient du Nord au Sud, et y ont déterminé trois grandes dépressions de l'Est à l'Ouest, l'une sous forme de bassin synclinal, les deux autres sous forme de failles. La première comprend les affleurements secondaires d'Hyères, avec les mêmes indices de failles enveloppantes, moins nets seulement à cause de la végétation; elle se continue par la rade d'Hyères, qu'entoure la courbe concave de l'affleurement des phyllades; elle correspond au synclinal du Faron. De même la grande déviation des lignes d'affleurement le long de la vallée de la Môle continue le synclinal du Beausset et du Coudon, tandis que la faille de la vallée de Collobrières, avec ses lambeaux permiens, correspond à la bande, signalée plus haut, de Méounes et de Néoules. Ces deux dernières lignes vont converger vers la dépression marquée par le golfe de Saint-Tropez.

La série de petites failles qui, entre Pierrefeu et la côte, ont conservé des lambeaux permiens sur le bord du massif est évidemment due aux mêmes causes; il en est de même du renversement des phyllades sur les bancs permiens, qui s'observe tout le long de la bordure septentrionale des Maures. Toutes ces actions sont antérieures aux calcaires lacustres de la région, c'est-à-dire au Miocène. Comme direction générale et comme âge, il semble naturel de ne pas les séparer de celles qui ont soulevé les Pyrénées.

RÉGIME DES EAUX ET CULTURES.

Ce sont les marnes de l'Infralias qui, dans la région sédimentaire, fournissent le niveau d'eau le plus constant et donnent les sources de meilleure qualité. Les marnes bathoniennes donnent aussi quelques belles sources, mais rarement pérennes (Saint-Antoine, près de Toulon, Saint-Hubert).

Il y a en outre de très grandes sources qui sont le produit du drainage des grands plateaux calcaires et sont amenées au jour, soit par les dislocations du sol, soit plus souvent par des canaux souterrains sans rapport direct avec elles. Il faut citer sur la feuille celle du Ragas, qui alimente Toulon, au pied des plateaux crétacés; celle de Triant et de Néoules, au Nord du plateau de Cuers; celle de Foncoulette, auprès de Méounes; celle de la Foux, au Nord de Puget. Quant à la source du Gapeau et à celle de Méounes, elles marquent l'arrivée au jour des eaux qui circulent dans la bande triasique, venant de l'amont du côté de Signes, et qui dans les périodes de pluie imbibent et noient la plaine cailouteuse de Signes.

Dans la région cristalline, les sources sont peu nombreuses et peu abondantes.

La répartition des cultures est liée partout à la plus ou moins facile désagrégation des roches et à l'abondance des eaux. La culture maraîchère est développée dans la plaine arrosée par le Gapeau; les oliviers couvrent les plaines ou les coteaux marneux; sur les hauts plateaux, les fermes, peu nombreuses, sont établies sur les affleurements de Cénomanien et de Néocomien, ou plus rarement sur ceux de dolomie jurassique.

Le châtaignier et le chêne liège, restreints aux sols siliceux, font la richesse de la région des Maures; la vigne prospère encore dans les sables gneissiques désagrégés, aux environs de Saint-Tropez.

DOCUMENTS ET TRAVAUX CONSULTÉS.

Description des terrains primaires et ignés du département du Var, par H. COQUAND (1850); *Géologie du canton d'Hyères*, par M. FALSAN (1863); *Note sur les environs de Solliès-Pont*, par M. JAUBERT (1864); *Les terrains crétacés des environs du Beausset*, par M. A. TOUCAS (1873); Notes diverses de MM. HÉBERT, COQUAND, DIEULAFAIT, TOUCAS.

XXII

RÔLE DES ACTIONS MECANIQUES EN PROVENCE; EXPLICATION DE L'ANOMALIE STRATIGRAPHIQUE DU BEAUSSET

(*COMPTES RENDUS DE L'ACADEMIE DES SCIENCES,*
Tome *CIV, 1887, 1er Semestre, p. 1735-1738.* Séance du 13 Juin.
— Note présentée par M. DAUBRÉE).

On sait que les chaînes de montagnes sont des zones plissées de l'écorce terrestre. Les unes, comme le Jura, sont formées de plis droits, dont l'axe est à peu près vertical; dans d'autres, comme dans les Alpes, par suite de la plus grande énergie ou de la plus grande persistance de l'effort, les plis se sont couchés, tous ordinairement dans le même sens (au moins sur un même versant de la chaîne), et l'axe de ces plis couchés peut atteindre et dépasser l'horizontale.

Mais, dans certains cas, l'action de refoulement a produit des effets plus extraordinaires: la partie supérieure de ces plis couchés a glissé sur la partie inférieure; celle-ci s'est étirée, amincie, ou a même complètement disparu; on voit alors des traînées de terrains plus anciens à allure en apparence régulière, reposer pendant plusieurs kilomètres sur des terrains plus récents et plissés; le plus souvent, des lambeaux de couches renversées, représentant rudimentairement la partie inférieure du pli, séparent les deux séries en contact. Le bassin houiller du Nord de la France peut servir de type à ces sortes de phénomènes; ils se retrouvent avec plus d'ampleur dans les Alpes de Glaris, et j'ai fait ressortir les analogies des deux régions (¹). Dans ces dernières années, l'étude des Grampians, en Écosse (²), a révélé des faits semblables. Les mêmes faits se sont ainsi renouvelés au moins à trois époques dif-

---

(¹) *Bull. Soc. Géol. de France,* 3ᵉ série, XII, 1883-1884, p. 318 [Mémoire reproduit ci-après, LVIII].

(²) A. GEIKIE, *Text-book of Geology,* 2ᵈ ed., p. 574.

férentes de l'histoire du globe, et il y a là comme une phase normale des grands mouvements orogéniques.

Je viens de trouver la preuve que les mêmes phénomènes existent en Provence, dans une région bien connue et bien souvent visitée des géologues, le bassin crétacé du Beausset. Vers le centre
de ce bassin, au milieu des assises sénoniennes peu inclinées, on
trouve un affleurement de Trias et d'Infralias, signalé depuis longtemps, mais dont la présence avait été expliquée d'une tout autre
manière. On croyait que ce Trias se prolongeait en profondeur,
que c'était une île de l'ancienne mer crétacée, contre laquelle les
couches sénoniennes étaient venues se déposer horizontalement,
dans la position où nous les voyons encore aujourd'hui. Cette discordance toute locale serait bien difficilement explicable; mais la
prétendue saillie d'un fond triasique n'est qu'une apparence produite par les actions mécaniques postérieures; il y a là en réalité
recouvrement anormal par un de ces plis couchés dont je parlais
tout à l'heure. Ce sont les refoulements et les plissements qui ont
amené le Trias du Beausset à sa position actuelle, et *il repose sur
le Crétacé*, comme le Trias de Glaris repose sur le Nummulitique.

Si l'on examine en effet le Sud de l'îlot, au-dessus du Val d Aren,
on constate que les terrains crétacés horizontaux qui le bo dent

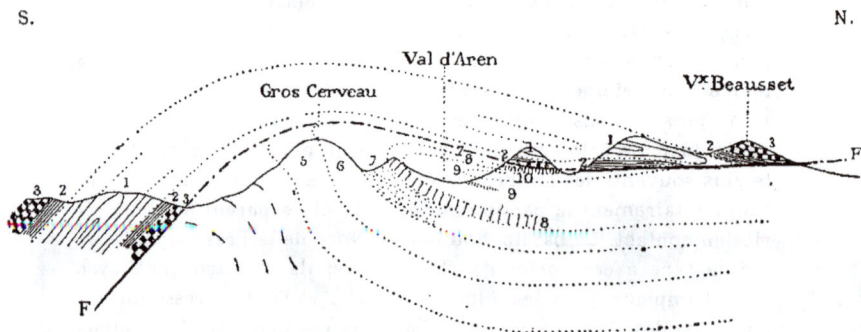

Fig. 41. — Coupe du Gros Cerveau au Vieux-Beausset.

1. Muschelkalk; 2. Marnes irisées; 3. Infralias; 4. Jurassique; 5. Néocomien
et Urgonien; 6. Aptien et Cénomanien; 7. Sables turoniens; 8. Calcaire à
Hippurites; 9. Sénonien; 10. Danien.
— Échelle des longueurs 1:80 000; hauteurs 1:40 000.

sont repliés sur eux mêmes: au-dessus de la série normale et bien
développée jusqu'aux premières couches saumâtres du Danien (10),

onretrouve en ordre inverse une partie des mêmes termes, d'abord les couches à *Ostrea acutirostris*, puis les calcaires marneux du Sénonien (9), le plus souvent très amincis, les bancs à Hippurites de Sainte-Anne (8), et même en un point les sables turoniens (7). Toute cette partie supérieure est donc renversée, et l'ensemble des assises crétacées forme en réalité un pli synclinal couché.

Ce Crétacé ne bute pas contre le Trias, mais il passe et se continue sous l'îlot. En effet, un des vallons creusés par l'érosion dans la masse du Trias montre un affleurement de Crétacé. Ce n'est pas un dépôt formé dans une anfractuosité du Trias, car *ce Crétacé est renversé;* c'est, sans nulle autre explication possible, la partie supérieure du pli couché constaté sur le bord de l'îlot; le pli crétacé est donc *recouvert par le Trias.*

Plus à l'Ouest, au delà de la route de Bandol, on retrouve et l'on peut suivre jusqu'à Saint-Cyr la continuation du même pli crétacé; mais là il est plus largement ouvert et englobe jusqu'aux couches de Fuveau avec lignites exploités. Partout le Trias vient au contact et forme de même recouvrement au Crétacé; mais là un nouveau genre de preuves s'ajoute aux prédentes: il y a des travaux de mines; or les galeries d'exploitation ont suivi le lignite sous le Trias, et un puits creusé dans le Muschelkalk a rencontré les couches à *Melanopsis galloprovincialis.*

Le Trias qui recouvre ainsi le Crétacé forme lui-même un pli anticlinal couché: au Nord, au Vieux-Beausset, c'est la partie supérieure de ce pli qui affleure, et la succession des couches est régulière; au Sud, au-dessus du Val d'Aren, affleure au contraire la partie inférieure du pli, et les couches sont renversées. Ce pli n'est que la prolongation et le *déversement* du pli anticlinal qui affleure au Sud du Gros-Cerveau; c'est lui qui, se renversant de plus en plus, est arrivé à atteindre et à dépasser l'horizontale, et est venu recouvrir le pli synclinal formé par les couches crétacées. La surface de séparation (FF') est une véritable surface de faille, le long de laquelle s'est effectué le glissement des couches triasiques; le *cheminement* de ces couches vers le Nord a été d'au moins 6km.

Il y a donc là un nouvel exemple à ajouter à ceux que j'ai cités au début. Il ne le cède en empleur à aucun autre, et la Provence se trouve ainsi prendre place parmi les pays le plus énergiquement plissés, bien que les plissements ne s'y montrent pas avec la même évidence que dans les Alpes et aient pu longtemps passer inaperçus. Le grand pli *déversé* du Beausset n'y est pas un fait isolé; il est suivi au Nord par le grand pli *couché* de la Sainte-Baume ([1]); et au-delà, la continuation de la chaîne de la Nerthe forme un pli presque droit légèrement *renversé* sur le bassin de Fuveau. Il y a là, du Nord au Sud, un échelonnement remarquable et une progression presque régulière dans l'énergie des efforts.

Un autre point se trouve mis en évidence au Beausset, c'est l'importance du rôle de la dénudation. La zone primitive de recouvrement se trouve réduite a quelques îlots de faible étendue, et une dénudation un peu plus profonde aurait fait disparaître avec ces îlots toute trace du phénomène. C'est ce qui a eu lieu sans doute en beaucoup de points. Il n'en reste pas moins, tout le long des Alpes, depuis la Suisse jusqu'à la Provence, une série d'îlots analogues à celui du Beausset, se présentant dans les mêmes conditions stratigraphiques, et toujours considérés jusqu'ici comme récifs (*Klippen*), faisant saillie au milieu des formations plus récentes. L'explication démontrée pour l'un de ces îlots devient bien vraisemblable pour une partie des autres; pour tous du moins, elle mérite d'être discutée, et je ne doute pas qu'on n'arrive bientôt à reconnaître la généralité des *phénomènes de recouvrement* au pied des Alpes.

([1]) *Bull. Soc. Géol. de France*, 3ᵉ série, XIII, 1884-1885, p. 115 [Mémoire reproduit ci-dessus, XIX].

XXIII

ILOT TRIASIQUE DU BEAUSSET (VAR). ANALOGIE AVEC LE BASSIN HOUILLER FRANCO-BELGE ET AVEC LES ALPES DE GLARIS

(*BULLETIN DE LA SOCIÉTÉ GÉOLOGIQUE DE FRANCE*,
3ᵉ série, XV, 1886-1887, p. 667-702, pl. XXIII et XXIV.
— Séance du 20 Juin 1887).

Sommaire

Le bassin crétacé du Beausset, entre Toulon et Marseille, est connu par les travaux de nombreux géologues et spécialement par ceux de notre confrère M. ARISTIDE TOUCAS. Ce bassin, qui est, en réalité, un large pli synclinal, comprend la série complète des assises crétacées toutes concordantes entre elles et concordantes également avec Jurassique sous-jacent. Sur les bords, le Crétacé inférieur se relève, faiblement incliné au Nord, presque vertical au Sud; et au milieu affleurent les couches supérieures presque horizontales: le Sénonien à *Micraster*, avec ses bancs à Hippurites, et le Danien saumâtre, avec *Melanopsis* et Cyrènes. Dans ce bassin d'apparence si régulière on a signalé depuis longtemps une curieuse anomalie: la colline qui s'élève au Sud du Beausset, entre les deux routes de Bandol et de Toulon, a tous ses sommets formés de Trias et d'Infralias; des formations plus anciennes constituent ainsi un îlot complètement isolé au milieu du Crétacé; deux petits affleurements des mêmes terrains, couvrant à peine quelques centaines de mètres carrés, se retrouvent encore un peu plus au Nord, auprès du Castellet. L'explication, jusqu'ici, n'avait pas semblé douteuse: ce Trias a toujours été considéré comme un récif, comme une saillie du fond de l'ancienne mer crétacée; le Sénonien se serait déposé contre les flancs de cet îlot, dans la position même où nous le voyons aujourd'hui. Je reproduis pour plus de clarté la figure empruntée au Mémoire (¹) de M. TOUCAS (fig. 42).

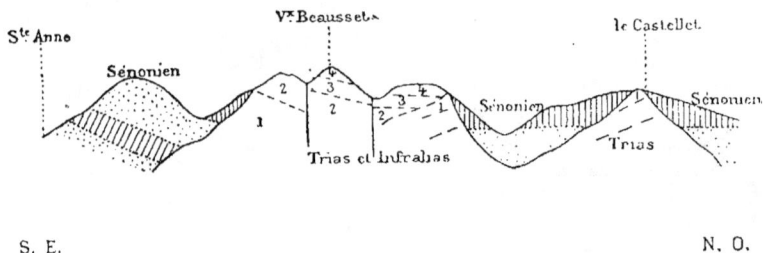

Fig. 42. — Coupes des Collines du Beausset, d'après M. TOUCAS.
Échelle des longueurs 1: 60 000 environ. Hauteurs doublées.

Les études entreprises pour la Carte géologique détaillée de la France (feuille de Marseille) m'ont montré que cette interprétation est inexacte. *Le Trias est en réalité superposé au Crétacé*, et la coupe est la suivante (fig. 43):

Le but de cette Note est:

1° De donner la preuve et l'explication de cette superposition anormale;

2° De montrer que la coupe qui en résulte se raccorde avec les coupes voisines et cadre bien avec l'ensemble de la structure géologique du pays;

(¹) ARISTIDE TOUCAS, Mémoire sur les terrains crétacés des environs du Beausset, Var (*Mém. Soc. Géol. de France*, 2ᵉ série, IX, n° 4). In-4°, 65 p., 1 carte géol., 1873.

13

3° D'indiquer ses analogies avec les coupes d'autres régions plissées, les Alpes Suisses, le Hainaut et les Grampians.

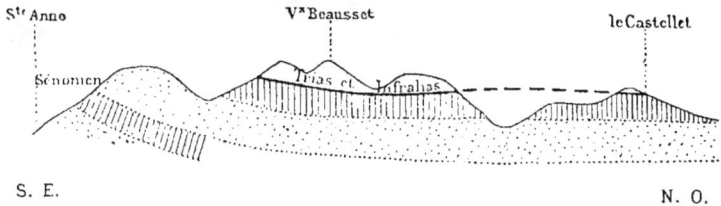

Fig. 43. — Coupe du Vieux Beausset à Sainte-Anne et au Castellet.
Échelle des longueurs 1:60000 environ. Hauteurs doublées.

Succession des couches crétacées. — Les différentes couches crétacées dans le bassin du Beausset ont été étudiées avec beaucoup de précision et de détails en plusieurs points de la région, et notamment à la Bedoule pour la série inférieure et autour du village du Beausset pour la partie supérieure; je n'ai qu'à renvoyer pour ces coupes typiques aux Mémoires de MM. HÉBERT (¹) et TOUCAS (²); mais la série est loin d'être partout identique à elle-même; il y a, à courte distance, des variations importantes dans l'épaisseur et dans la composition des étages. Ces variations n'ont pas passé inaperçues, mais elles ont été signalées d'une manière assez sommaire; il est indispensable pour les interprétations des coupes que j'ai à examiner de les indiquer au moins en traits généraux.

Le Néocomien et l'Urgonien se présentent avec des caractères assez constants; le premier est formé de calcaires blancs et grisâtres souvent schisteux et marneux, dont l'importance diminue à l'Est; le second, d'une masse de calcaires blancs de près de trois cents mètres de puissance, avec *Requienia ammonia*. A l'Ouest, dans le massif d'Allauch, au Nord de Marseille, le Néocomien acquiert une plus grande épaisseur, et permet de distinguer deux termes: à la base des calcaires compacts à gros Bivalves, et, au-dessus, des calcaires marneux à *Ostrea Couloni* et à *Toxaster complanatus*; l'Urgonien, au contraire, est très réduit.

(¹) *Bull. Soc. Géol. de France*, 2ᵉ série, XXIX, 1871-1872, p. 393.
(²) *Mém. Soc. Géol. de France*, 2ᵉ série, IX, n° 4; *Bull.*, 3ᵉ série, VIII, 1879-1880, p. 62, et X, 1881-1882, p. 154.

L'Aptien, si bien développé à la Bedoule (150 mètres), avec ses calcaires marneux à *Ancyloceras Matheroni* et ses marnes à *Belemnites semicanaliculatus*, ne se retrouve au Nord que sur une partie de la bordure du bassin; les derniers affleurements de calcaires marneux, avec nombreux Oursins très déformés, sont observables sur la grande route de Cuges au Beausset; ils semblent là passer latéralement à des calcaires marneux et grumeleux où je n'ai pas encore trouvé de fossiles, et, plus à l'Est, le Cénomanien repose directement sur les calcaires à *Requienia ammonia* (¹).

L'Aptien continue à faire défaut jusqu'au Nord de Toulon; mais il se retrouve très développé sur la bordure Sud du bassin, sous forme de marnes et de calcaires à silex; entre Le Revest et Tourris, où le large pli synclinal du Beausset est remplacé par un pli étroit, couché vers le Nord (fig. 44), et enfermant en son milieu des marnes

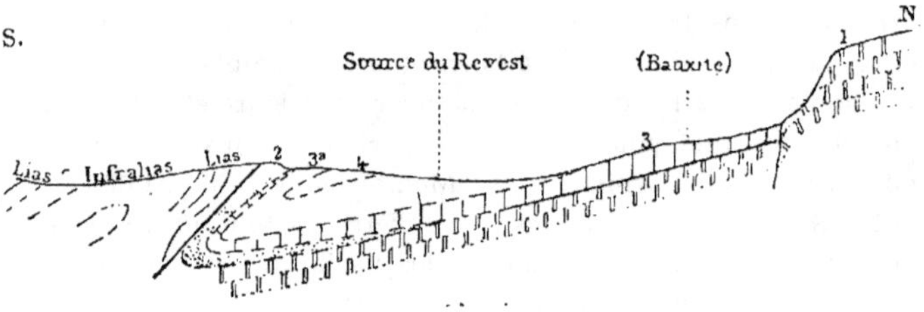

Fig. 44. — Coupe prise à la Source du Revest.

1. Urgonien; 2. Aptien (marnes et calcaires à silex); 3. Cénomanien; 3ª. Cénomanien étiré; 4. Turonien (calcaires marneux à *Periaster Verneuili*). — Échelle de 1: 10 000.

turoniennes, il n'y a pas un kilomètre de distance entre la bande du Nord où l'Aptien manque et celle du Sud où il a cent mètres de puissance. Le rôle d'actions mécaniques postérieures dans ces disparitions brusques n'est pas encore bien éclairci; en certains points il est manifeste, en d'autres, il est difficile à préciser. En tout cas c'est un fait remarquable que dans cette région l'Urgonien est souvent surmonté d'une couche de bauxite irrégulière, mais interstratifiée, et que cette bauxite ne se trouve jamais qu'au

(¹) Voir la coupe de Turben, par M. TOUCAS (*Bull. Soc. Géol. de France*, 3ª série, IV, 1875-1876, p. 314).

point où *il y a lacune* et où l'Aptien, pour une cause ou pour une autre, n'existe pas (¹).

La composition de la bande méridionale d'Aptien est un peu différente de celle du Nord; la grande masse en est formée par des calcaires bleus à silex, avec rares Bélemnites, entre lesquels s'intercalent des bancs de marnes plus ou moins nombreux avec *Bel. semicanaliculatus* et petites Ammonites (*A. fissicostatus*). L'Aptien cesse à l'Ouest de la route du Beausset à Bandol, mais là c'est manifestement par faille.

Le Cénomanien ne disparaît nulle part complètement, mais sa composition est des plus variables. A La Bedoule, 100 mètres de calcaires à Rudistes surmontent 25 mètres de grès à Orbitolines; à l'Est, l'épaisseur des bancs à Caprines diminue progressivement jusqu'à 10 mètres; ils surmontent des calcaires marneux à Alvéolines et des grès à Ostracées, au-dessous desquels se développe une formation fluvio-lacustre («Gardonien» de COQUAND).

Au Sud du bassin, bauxite, grès à Ostracées et Gardonien ont également disparu. On trouve par places des fossiles cénomaniens (*O. carinata, Terebrirostra Bargesi*) à la partie supérieure des calcaires à silex déjà mentionnés; on y a même signalé, sur les pentes du Gros Cerveau, *Turrilites costatus* et *Ammonites varians*. Ces fossiles sont légèrement siliceux. A la partie supérieure des calcaires à silex, des bancs de calcaire dur et compact, mais sans Rudistes, forment la continuation des bancs à Caprines.

Le Turonien n'est pas moins variable. Aux Jeannots, au-dessus de La Bedoule, il comprend les marnes à *Periaster Verneuili* très développées (Ligérien), et une série de calcaires compacts à *Biradolites cornu-pastoris* (Angoumien). En suivant, comme je l'ai fait pour les autres étages, la lisière Nord du bassin, on voit au-dessous de Roquefort les marnes s'amincir et la barre angoumienne rejoindre la barre cénomanienne. De là jusqu'à La Dalmasse, c'est à peine si une ligne intermittente de cultures et de prés indique au milieu des bois la continuation d'une bande plus délitable de calcaires marneux. Sur la route de Signes au Beausset, on marche continuellement sur des calcaires compacts, où il est difficile de retrouver la séparation de l'Urgonien, du Cénomanien et de l'Angoumien.

(¹) Voir sur la position de la Bauxite la Note de M. COLLOT (*Bull. Soc. Géol. de France*, 3ᵉ série, XV, 1886-1887, p. 321).

Les calcaires marnenx reparaissent et se développent progressivement au Sud-Est, de La Dalmasse au Revest, et au Revest, on retrouve un développement du Ligérien analogue comme composition et comme épaisseur à celui des Jeannots ([1]). Des grès grossiers, qui existent d'ailleurs aussi, quoique moins développés, au-dessus de Cassis, s'intercalent vers le sommet de l'étage. La coupe du Caoumé, dont la masse puissante surmonte à l'Ouest ces calcaires marneux à *Periaster*, a été donnée d'une manière incomplète par M. TOUCAS; je crois utile de la figurer ici, en la prenant à l'Est du massif, dans la partie non faillée, pour servir de terme de comparaison avec la série remarquablement réduite qu'on trouve quelques kilomètres plus à l'Ouest en continuant à suivre le bord du bassin (fig. 45).

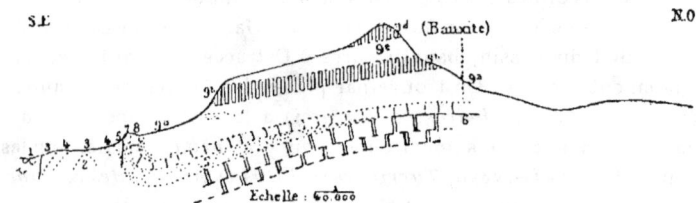

Fig. 45. — Coupe du Mont Caoumé.

1. Muschelkalk; 2. Marnes irisées; 3. Infralias; 4. Lias; 5. Bajocien et Bathonien; 6. Urgonien; 7. Aptien; 8. Cénomanien 9ᵃ. Turonien à *Periaster Verneuili*; 9ᵇ. Angoumien; 9ᶜ. Grès sans fossiles; 9ᵈ. Calcaires à *Hippurites orgauisans*. — Échelle de 1: 40 000.

La coupe de M. TOUCAS ne mentionne pas la partie supérieure qui surmonte l'Angoumien et forme le sommet de la montagne; cette assise supérieure de calcaires à Hippurites peut se suivre sans discontinuité sur tout le bord méridional du bassin, et c'est elle qui joue le rôle le plus important dans l'interprétation des coupes de Beausset et de l'îlot triasique. On voit qu'on a là au-dessus du Cénomanien un ensemble d'assises qui atteint 300 mètres de puissance; le Ligérien fossilifère et la barre angoumienne sont faciles à classer, comme l'a fait M. TOUCAS; il y a lieu de re-

([1]) Voir la coupe de M. TOUCAS (*Bull. Soc. Géol. de France*, 3ᵉ série, 11, 1873-1874, p. 460).

marquer seulement le développement des sables grossiers à la base et au sommet du Ligérien; ces sables, faiblement agglomérés, formés de grains de quartz blans qui atteignent la grosseur d'une noix et entièrement dépourvus même de débris de fossiles vont se développer à l'Ouest, en supprimant complètement les calcaires marneux à *Periaster*.

Au-dessus de la barre angoumienne, les grès grossiers et calcaires roux spathiques à grains de quartz sont également dépourvus de fossiles, en dehors de quelques radioles d'Oursins roulés et indéterminables; les calcaires à Hippurites du sommet ne m'ont pas fourni non plus d'espèces caractéristiques, et c'est seulement par induction et par suite d'assimilations minéralogiques avec les grès à *Micraster* du Nord que j'ai sur la feuille de Toulon classé cet ensemble dans le Sénonien; je serais plus disposé maintenant à y voir un dédoublement de la barre angoumienne, avec un développement exceptionnel du Turonien.

Quoi qu'il en soit de ce point théorique, si l'on essaie de suivre vers l'Ouest les assises précédentes, le long de la bordure méridionale du bassin, on trouve bientôt la plupart d'entre elles supprimées par une faille longitudinale qui va passer près des Garniers. Seuls les calcaires à Hippurites du sommet se suivent sans discontinuité jusqu'aux Garniers d'abord, puis, de là au Nord jusqu'au-dessus des Sambles, et à l'Ouest jusqu'à Sainte-Anne, au Val d'Aren et au pied du Télégraphe de La Cadière. Les grès qu'ils surmontent deviennent moins grossiers, en descendant vers Les Garniers, puis surtout en remontant vers La Vignasse et vers Les Sambles, et c'est là qu'il y a espoir de trouver une faune caractéristique qui serve de repère ou au moins de contrôle pour préciser l'âge de ces bancs à Hippurites.

Du côté de l'Ouest, les bois, les nappes de basalte des plateaux, la continuation des failles déjà mentionnées obscurcissent un instant les rapports statigraphiques, puis, quand au-dessus d'Evenos on peut de nouveau rattacher la barre d'Hippurites supérieure à une coupe continue, elle surmonte directement les sables quartzeux, eux-mêmes superposés aux calcaires cénomaniens. La coupe se poursuit alors sans grande modification vers l'Ouest; les sables augmentent d'importance et atteignent 80 mètres de puissance. Le passage des sables aux calcaires est graduel, et les bancs inférieurs de ceux-ci contiennent encore des grains de quartz; de plus, le sommet des sables renferme par places des morceaux

d'Hippurites roulés, montrant ainsi que la formation du banc
d'Hippurites a dû commencer sur certains points, pendant qu'en
d'autres les sables continuaient à se former. La base des calcaires
est marneuse près de Sainte-Anne, et permet de recueillir en abondance l'*Hippurites organisans* et l'*Hipp. cornuvaccinum*;
c'est-à-dire une faune que M. TOUCAS regarde comme caractéri-
sant le niveau supérieur de l'Angoumien ([1]).

Enfin plus à l'Ouest, les sables s'amincissent et disparaissent; les
bancs à Hippurites reposent directement sur des calcaires marneux à *Ostrea carinata*, puis arrivent à buter, par faille, contre le
Trias. De la puissante série du Caoumé, il ne reste plus là que le
banc à Hippurites du sommet. C'est ce que montre nettement le
diagramme ci-joint, qui résume les développements précédents
(fig. 46).

Fig. 46. — Coupe schématique des épaisseurs du Turonien entre le
Mont Caoumé et Fontanieu.

A l'Ouest, la superposition des calcaires à Hippurites, d'abord au
Cénomanien, puis aux sables quartzeux sans fossiles, est parfaitement normale, sans apparence de faille ni de glissement; la pente
initiale ou pente de dépôt qui en résulterait pour le banc d'Hippurites est de 300 mètres pour 14 kilomètres, soit de $\frac{2}{1\,000}$. Quelle
que soit la limite supérieure qu'on soit amené à fixer pour le Turonien, la coupe montre nettement l'irrégularité des dépôts à cette
époque au Sud du bassin de Beausset. Elle montre aussi à quelles
erreurs on serait conduit en voulant regarder l'Angoumien comme
un étage bien déterminé, formant une masse unique et constante
dans tout le bassin.

([1]) *Bull. Soc. Géol. de France*, 3ᵉ série, XIV, 1887-1888, p. 520.

Le Sénonien est un peu moins variable, peut-être parce que la disposition des affleurements actuels ne permet plus d'observer ses dépôts que vers le centre du bassin. L'alternance des grès et des marnes ne m'a pas semblé pourtant y obéir à des lois uniformes, et les dépôts d'Hippurites y affectent nettement le caractère lenticulaire. Au Sud et à l'Est, des grès forment la base (grès à *Micraster brevis*); à l'Est, ils sont identiques à ceux qui se retrouvent en face des Sambles au-dessous de la barre d'Hippurites déjà mentionnée. Ils sont surmontés par une grande masse de marnes et calcaires marneux bleuâtres (zone à Inocérames de grande taille, 17ᵉ assise de M. TOUCAS).

A Sainte-Anne, ces marnes surmontent directement, et sans inmédiaire de grès, les calcaires à *Hippurites cornuvaccinum*. Puis vient, autour de La Cadière, une nouvelle barre de calcaires à Hippurites, celle qui, sous le nom de « Provencien », est connue par sa richesse en fossiles.

Cette barre se suit sur une longueur de 5 kilomètres de long, atteignant jusqu'à 20 mètres de puissance, puis disparaît complètement à l'Est et à l'Ouest. On voit très nettement à l'Ouest de la Cadière les bancs à Hippurites diminuer d'épaisseur et se fondre au milieu des grès; les calcaires deviennent de plus en plus marneux; sur le bord extrême les Hippurites deviennent plus rares et les Polypiers seuls persistent.

Il n'y a plus rien de ces Hippurites sur le pourtour Est du bassin; ils reparaissent au Sud, où leurs affleurements, moins puissants, forment encore deux lentilles, l'une entre Le Canadeau et Sainte-Anne, l'autre au Sud de Fontanieu. M. TOUCAS a montré que le Provencien du Beausset renfermait déjà de nombreux fossiles de la Craie à Bélemnitelles; mais on voit que ces bancs d'Hippurites peuvent encore moins que l'Angoumien servir d'horizon constant ou de limite d'étage. Si, par exemple, on assimilait, à cause de quelques espèces communes, toute la masse des Hippurites du Plan d'Aups et de Mazaugues aux petites lentilles du Canadeau et de La Cadière, je crois qu'on s'exposerait à des erreurs analogues à celles qui ont si longtemps retardé l'étude des niveaux coralliens.

Des deux termes, relativement assez constants, qui terminent le Sénonien, le premier, formé d'une alternance de grès et de marnes micacées, renferme un assez grand nombre de fossiles communs

avec les couches qui supportent le Provencien, notamment les petits Polypiers (*Platyciathus Terquemi*); le second (zone à *Lima
ovata*) est composé de calcaires marneux, avec *Ostrea Matheroni*
à la base et *Hippurites radiosus* au sommet; la faune très riche
en a été donnée avec détail par M. TOUCAS ([1]).

C'est au-dessus de cette zone à *Lima ovata*, comme l'a montré
M. TOUCAS, qu'il convient de faire commencer le Danien; c'est
aussi à ce moment que les eaux se sont progressivement déssalées
jusqu'à ce que le grand lac de Fuveau s'établît sur l'emplacement
de l'ancienne mer sénonienne. La dessalure semble avoir été partout régulière et progressive, sans retour offensif de la mer, et les
coupes montrent partout la succession des couches de plus en
plus saumâtres.

Cette succession est la suivante:

1° Calcaires gris marneux à *Ostrea acutirostris*;
2° Marnes à Turritelles (*Cassiope Coquandi*);
3° Marnes avec petite veine de charbon au sommet, à aspect blanchâtre,
pétrie de *Venus, Corbula* et *Cardium* à test farineux;
4° Marnes et calcaires marneux à *Melanopsis galloprovincialis*;
5° Calcaires marneux à Cyrènes.

Les quatre premières assises correspondent au Valdonnien et la
dernière au Fuvélien; celle-ci atteint entre La Cadière et Fontanieu
près de 100 mètres d'épaisseur, et c'est à sa partie supérieure que
se trouvent les bancs de lignites exploités à Fontanieu.

Les termes les plus élevés du Danien (Vitrollien et Rognacien)
ne se montrent pas dans le bassin du Beausset.

Le croquis ci-joint (fig. 47) rend compte de la disposition des différents étages dans la région du Beausset et de la place qu'y occupent les faciès mentionnés plus haut. Il montre, en outre, la place
de l'îlot triasique au milieu des ces assises sénoniennes.

Îlot triasique. — Avant d'étudier maintenant plus en détail les
coupes qui bordent l'îlot, il n'est pas inutile de faire ressortir les
considérations qui, *a priori*, rendent à peu près inadmissible
l'existence d'un pareil récif dans les mers crétacées.

Toutes les assises que nous venons de passer en revue sont parfaitement concordantes entre elles; nulle part il n'y a d'indices de

([1]) *Bull. Soc. Géol. de France*, 3e série, X, 1881-1882, p. 169.

Répartition des terrains et des faciès
dans le bassin du Beausset

Echelle 1 : 250.000

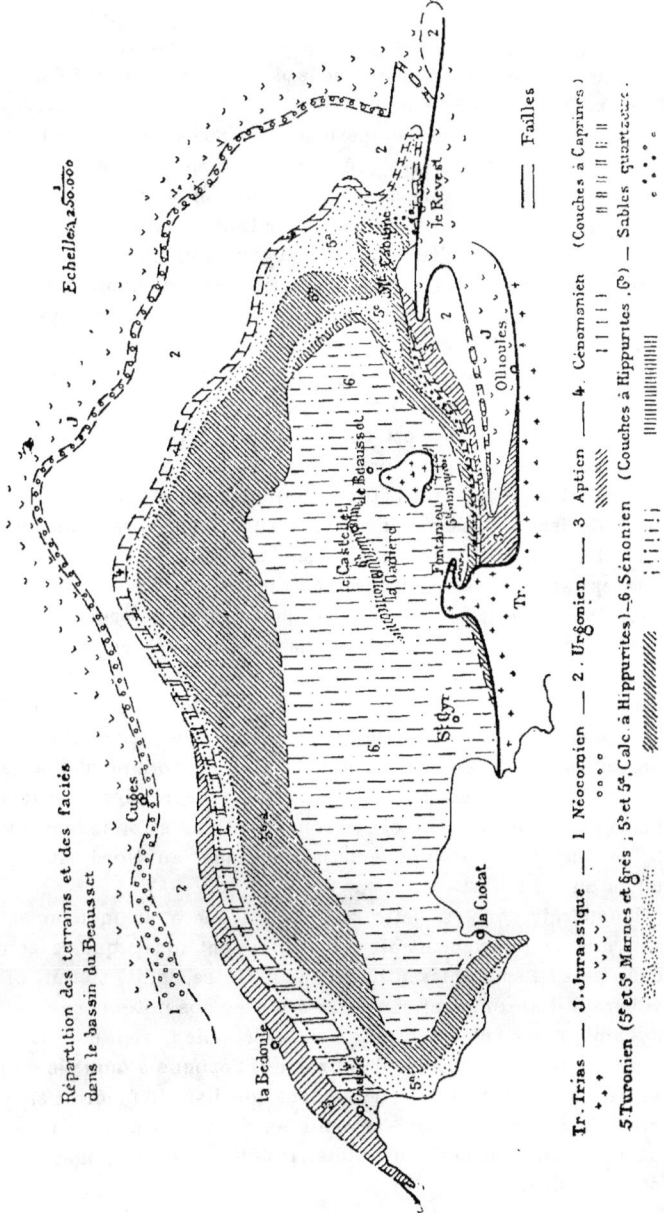

Tr. Trias — J. Jurassique — 1 Néocomien — 2. Urgonien — 3 Aptien — 4. Cénomanien (Couches à Caprines)

5. Turonien (5³ et 5⁴ Marnes et grés ; 5³ et 5⁴, Calc. à Hippurites) 6. Sénonien (Couches à Hippurites) (6³) — Sables quartzeux.

Failles

Fig. 47. — Répartition des terrains et des faciès dans le bassin du Beausset.

rivages immédiats et l'inégalité des conditions de sédimentation, sur lesquelles j'ai cru devoir insister pour prévoir toutes les objections, ne donne aucunement le droit de conclure à des émersions partielles du bassin.

Les dépôts d'une même période ont pu avoir aux différents points des épaisseurs très différentes; il a pu même y avoir, en certains points, absence de dépôts; mais, on peut affirmer que les eaux marines n'ont cessé de recouvrir tout le bassin actuel, et que probablement elles s'étendaient beaucoup plus loin; les départs et retours successifs des eaux ne seraient pas sans avoir laissé quelques traces, et, en tous cas, la concordance complète de la stratification des assises successives, même quand il y a lacune, exclut la possibilité de mouvements irréguliers du sol, ou d'émersions suivies de dénudations, au moins pour toute la période crétacée.

Mais la continuité n'est pas moindre entre le Jurassique et le Crétacé; on n'a qu'à se rappeler les discussions auxquelles a donné lieu ici même, avant l'étude détaillée de la région, l'attribution des calcaires blancs du Jurassique supérieur, coralliens pour les uns et urgoniens pour les autres. Actuellement encore, ce n'est que par la comparaison avec les régions plus fossilifères qu'on peut fixer la véritable place de ces calcaires et déterminer la limite du Jurassique et du Crétacé. La concordance entre les divers termes du Jurassique n'est pas moins nette, et la plus grande constance des étages témoigne même pour toute cette période d'une mer plus largement ouverte que pendant la période crétacée. La liaison est intime entre l'Infralias et le Trias, comme d'ailleurs entre le Trias et le Permien, au point même de rendre incertaine la place exacte des limites, et ces considérations s'appliquent à toute la région qui environne le bassin crétacé, au Nord, aussi bien qu'au Sud et à l'Est.

Il faudrait donc, si cette saillie était due à un mouvement du sol, que ce mouvement ait été absolument local, que le contre-coup ne s'en soit fait sentir en aucun autre point, ce qui, on l'avouera, est absolument contraire à toutes nos notions de Géologie dynamique; et entre l'Infralias et le Sénonien, rien ne nous indiquerait, dans la structure de la région, l'époque à laquelle on peut placer ce mouvement si étroitement localisé. Il faudrait en revenir à la théorie des soulèvements en dômes, et même encore les pendages des couches dans l'îlot triasique ne correspondent à rien de semblable.

L'hypothèse d'une émersion plus ou moins prolongée, avec érosions du sol, serait donc seule possible; mais les objections dans ce cas ne sont guère moins fortes. Comment une érosion aussi puissante aurait-elle été assez localisée pour qu'on n'en constate nulle part d'autre trace? Comment aucun des débris entraînés ne se retrouverait-il dans un des dépôts cotemporains de la région? De plus, les formes topographiques du terrain et la composition des assises s'accordent mal avec l'hypothèse.

En effet, quelque faible épaisseur qu'on suppose au placage sénonien, la colline qui subsisterait si l'on en fait abstraction, présenterait en beaucoup de points une pente tout à fait inusitée, surtout si l'on remarque que les flancs devaient être en partie formés de marnes gypseuses, surmontées d'une assez grande masse de calcaires. Aucun débris des calcaires ne se montre dans les assises sénoniennes; aucune modification au contact de ces masses gypseuses ne se fait remarquer dans leur composition. Il faudrait donc que la mer eût battu pendant une énorme série de siècles ces falaises délitables sans qu'une dissolution progressive, sans qu'un éboulement brusque s'y soit produit.

Enfin, comme je le dirai, on trouve quelques lambeaux crétacés dans un vallon à l'intérieur de l'îlot. Ce vallon aurait donc existé à peu près avec son profil actuel à l'époque sénonienne, et alors il faut admettre que depuis cette époque, c'est-à-dire pendant toute la durée des temps tertiaires et quaternaires, les actions de dénudation, qui ont modelé et dénivelé profondément toute la région, ont été impuissantes à creuser plus profondément ce petit vallon et qu'elles en ont respecté le profil primitif. Toutes ces conséquences sont bien difficilement acceptables et on doit convenir, d'après ce simple exposé, que l'hypothèse du récif triasique, simple et séduisante au premier abord, serait en contradiction avec les principes les moins incertains et les moins contestés de la Géologie générale.

Il est vrai qu'on ne semble d'abord repousser une impossibilité que pour tomber dans une autre, plus grande et plus manifeste. Si le Trias n'est pas un récif, s'il n'est pas une île de l'ancienne mer crétacée, il faut supposer que ce sont des actions mécaniques qui l'ont amené à sa position actuelle. Deux hypothèses sont alors possibles: l'une est celle qu'on adopte généralement pour les «Klippen» des Carpathes: les compressions latérales, au lieu de former, comme c'est le cas normal, un pli anticlinal, auraient forcé la masse du Trias à se faire une trouée et à surgir au milieu des assises moins résistante. Cette explication, que pour ma part je n'ai jamais acceptée qu'avec répugnance, est ici en tout cas inadmisible, puisque les assises crétacées sont tout à l'entour restées horizontales. La trouée en elle-même est peu vraisemblable, mais le trou fait à l'emporte-pièce n'est pas même à discuter (¹).

La seconde hypothèse est celle que j'ai signalée au début: le Trias ferait partie d'une masse autrefois poussée sur le Crétacé, puis aurait été isolé par la dénudation. Ce serait un « *lambeau de recouvrement* ». Là encore, l'invraisemblance pourrait paraître grande, si aucun fait analogue n'était connu. Mais dans le bassin houiller belge et dans les Alpes de Glaris des faits analogues existent, et j'en ai déjà entretenu la Société. On les a cités également dans les Grampians, et je les rappellerai tout à l'heure avec plus de détail. Seulement ces phénomènes, qui témoignent de la puissance prodigieuse des actions mécaniques, ne se sont produits que dans les régions où ces actions ont été à l'œuvre avec le plus d'énergie, dans celles où les plissements on été les plus nombreux et les plus violents. On ne les chercherait pas, par exemple, non plus qu'on n'en admettrait la possibilité dans le bassin de Paris. Or, le bassin du Beausset, quoique témoignant de mouvements un peu plus accentués, pouvait sembler, lui aussi, un type de régularité de gisement; d'ailleurs la Provence tout entière, en dépit de quelques anomalies, a passé longtemps pour un pays d'allures sages et peu tourmentées. Il n'y a pas longtemps qu'un de nos regrettés confrères a pu proposer, pour alimenter d'eau la ville de Toulon, de pousser une galerie dans les marnes de l'Infralias, assurant que, vu la régularité de la coupe générale du pays, elle pourrait longtemps s'y maintenir à niveau. Mais l'étude de détail n'a rien laissé subsister de ces illusions; la Provence n'est rien moins que le pays de plaines ou de *plateures* qu'on s'était figuré: M. COLLOT a décrit dans sa thèse les plissements des environs d'Aix. Plus récemment, dans ma Note sur la Sainte-Baume, j'ai montré l'existence de plis tout à fait comparables aux plis alpins. J'avais dès lors soupçonné que la véritable explication du gisement triasique du Beausset était bien dans un recouvrement anor-

(¹) On peut admettre pour le granite, et l'on admet souvent en effet quelque chose d'analogue, mais c'est en raison du rôle qu'on peut alors prêter aux actions chimiques.

mal; mais l'étude détaillée de la région, que j'ai pu seulement terminer cette année, me permet aujourd'hui d'en apporter à la Société les preuves irréfutables.

Renversement des couches crétacées; existence d'un pli synclinal couché. — L'idée qui vient tout d'abord est de chercher à vérifier la superposition. Les affleurements du Trias et de l'Infralias apparaissent assez uniformément vers la cote 250; leur courbe correspond donc assez bien à la section de la colline par un plan sensiblement horizontal; mais nulle part, le long de cette ligne, une coupe nette ne permet de juger avec certitude des rapports de position du Crétacé et du Trias; en un point seulement, à l'Ouest du Canadeau, j'ai trouvé les couches à *Ostrea acutirostris* s'enfonçant sous un talus de Marnes irisées; mais ces dernières pouvaient être éboulées, et je n'aurais osé de cette observation unique tirer une conclusion. En d'autres points, il semble au contraire manifeste que le Crétacé bute contre le Trias, mais là, il a pu y avoir tassement postérieur. Pour se rendre compte combien il est difficile qu'à défaut de tranchées continues et profondes, ces observations de contact mènent à un résultat certain, il suffit d'avoir examiné avec soin une falaise de calcaire à Entroques au-dessous du Lias; pendant des kilomètres entiers il serait impossible, si la superposition pouvait paraître douteuse, d'en donner une preuve matérielle, les éboulis masquant le contact, ou les tassements qui ont enfoui de grands blocs calcaires dans les marnes, lui donnant l'apparence d'un contact par faille. C'est l'étude séparée des séries en contact qui permet seule de formuler une conclusion certaine sur leur position respective.

Sur toute la moitié septentrionale de l'îlot, le Sénonien ne présente aucune particularité, c'est la série normale et régulière des couches supérieures aux Hippurites de La Cadière; au Nord-Est, au-dessus de Maran, on commence à trouver les calcaires marneux à *Ostrea Matheroni* et à *Lima ovata*, qui sont en contact avec les gypses; au Nord-Ouest, au-dessus d'Allègre, la série monte jusqu'aux couches à Turritelles; d'ailleurs, comme je l'ai déjà dit, aucune de ces assises n'est influencée, ni comme faune ni comme composition minéralogique, par le voisinage du Trias. Mais au Sud, c'est-à-dire à partir de La Mame au Sud-Ouest, et au Sud-Est à partir des hauteurs qui dominent Sainte-Anne, les choses changent et l'on trouve avec étonnement au-dessus de la série complète du Sénonien, et au-dessus des couches à *Ostrea acuti-*

rostris, une nouvelle masse d'Hippurites, ayant jusqu'à 10 mètres d'épaisseur, en contact avec le Trias. Il peut sembler qu'on trouve là enfin l'influence de l'îlot, du récif, sur les couches voisines, et que ce soit là l'explication de l'apparition de ces Hippurites, à un niveau où nulle autre part elles ne se montrent dans le bassin, au-dessus des *Ostrea acutirostris* et même des *Turritella Coquandi*, c'est-à-dire dans le Danien. Mais j'ai expliqué comment partout cette époque correspondait à l'établissement d'un régime saumâtre, et le voisinage de l'îlot, s'il peut expliquer le développement local des Hippurites, n'expliquerait pas le retour local à un régime franchement marin.

Il est certain que ces Hippurites n'ont pas dû échapper aux recherches antérieures, mais on n'en a jamais parlé. Il est remarquable ainsi que M. TOUCAS, dans les coupes si complètes qu'il a données du Crétacé de la région, se soit gardé de jamais citer d'Hippurites à ce niveau; c'est qu'en effet la faune ne correspond pas à la position apparente; quoique je n'aie pu recueillir d'exemplaires déterminables et que je m'abstienne d'en tirer argument, il est pourtant certain que les *Hippurites* du type de l'*organisans* y semblent dominants, et que la faune, bien qu'empâtée, se rapproche comme aspect général de celle de la barre inférieure de Sainte-Anne, de celles des calcaires qui, comme je l'ai expliqué plus haut, reposent sur les sables quartzeux turoniens.

Je ne doute pas qu'on n'arrive, avec plus de temps et de patience, à recueillir assez d'éléments pour traiter paléontologiquement la question, mais les observations stratigraphiques suffisent à prouver que c'est bien, en effet, un retour de la barre inférieure, autrement dit que le haut du talus est formé par des couches plus anciennes que la base, repliées sur elles-mêmes et renversées. La succession des assises peut bien s'observer en trois points: au-dessus de Sainte-Anne, près de la petite dépression, non indiquée sur la carte, qui traverse la colline cotée 368: puis à l'Ouest, auprès de Fontvive, au-dessus de l'extrémité du chemin charretier, et enfin au Petit Canadeau.

Au premier, on trouve de bas en haut:

1° Couches à Turritelles;
2° Bancs à *Ostrea acutirostris*;
3° Calcaires compacts à Hippurites.

L'ordre des couches à Turritelles et du banc à *Ostrea acuti-*

rostris est inverse de ce qu'il est normalement dans les autres coupes.

Auprès de Fontvive, au-dessus du chemin, on observe à partir du niveau boisé où cessent les cultures :

1° Calcaires à Hippurites (ancien Provencien, faune de La Cadière);
2° Marnes et grès du Sénonien supérieur (35ᵐ);
3° Banc à *Ostrea acutirostris*;
4° Couches à Turritelles;

} Série normale.

5° Bancs à *Ostrea acutirostris*;
6° Calcaires à Hippurites.

} Série renversée

Au Petit Canadeau, la succession des couches en position normale est plus complète et, par conséquent, plus probante. On voit affleurer, dans les nouvelles cultures des vignes, un petit lit charbonneux. Au-dessus de ce lit on trouve :

1° Couches à Turritelles;
2° Banc à *Ostrea acutirostris*;
3° Marnes pétries de Bivalves, à test blanchâtre et farineux;
4° Calcaires marneux et onduleux (4ᵐ);
5° Calcaires à Hippurites;
6° Sables grossiers quartzeux, avec fragments d'Hippurites à la base, identiques aux sables turoniens du Val d'Aren.

Ici, la succession inversée de quatre termes bien constants dans le bassin et bien facilement reconnaissables, à savoir la couche charbonneuse, les Turritelles, les *Ostrea acutirostris* et les bancs à Bivalves (*Venus* et Corbules), la réapparition des sables quartzeux au sommet, ne peuvent guère laisser place au doute, même en l'absence de fossiles d'une signification générale. Il est vrai qu'on pourrait s'étonner de voir ainsi une série qui, dans son développement normal, a plus de 200 mètres de puissance réduite à une vingtaine de mètres; mais c'est là au contraire un fait très général pour la partie renversée des plis couchés; je renvoie à ce sujet aux détails que j'ai donnés dans mon étude sur la Sainte-Baume ([1]). Un pli hori-

_____

([1]) Un exemple très remarquable est celui du Revest, au Nord de Toulon (voir la coupe, fig. 44). Les travaux, puits et sondages, entrepris actuellement

zontal couché sans étirement et sans suppression partielle des couches serait une anomalie.

La conclusion à laquelle on est amené, renversement des assises supérieures et existence d'un pli couché, est confirmée d'une manière définitive et irréfutable par l'étude des collines qui s'élèvent, à l'Ouest, entre le village de La Cadière et le sommet désigné sur la carte sous le nom de Télégraphe de La Cadière. Si l'on suit à partir de La Cadière le chemin qui, par Saint-Éloi, va passer à l'Ouest du signal, on trouve la série régulière et fossilifère du Sénonien supérieur, surmontée par les couches à *Ostrea acutirostris*, les bancs à Turritelles, les marnes à *Melanopsis galloprovincialis*, et la série puissante de près de 100 mètres des calcaires marneux à Cyrènes. Un peu avant le signal, on rencontre un vallon transversal, dans lequel affleurent, à l'Est, les couches de charbon exploitées; ce vallon est bordé au Sud par le Trias. En suivant le contact vers l'Ouest, on trouve les couches à *Ostrea acutirostris* partageant la pente générale et plongeant sous le Trias (coupe n° 4, pl. III). Il est facile de constater qu'il n'y a pas de faille entre ces couches et les calcaires à Cyrènes. Si donc ce n'était pas un repli des couches qui les ramenait, il faudrait admettre une récurrence de bancs marins au milieu du Fuvélien lacustre, hypothèse plus inadmissible encore que la présence des Hippurites au-dessus des premières couches saumâtres.

Mais si l'on continue à suivre vers l'Ouest, puis vers le Sud, le contact du Trias qui forme tous les sommets du Télégaphe, on ne tarde pas à voir réapparaître les calcaires à Hippurites au-dessus de l'*Ostrea acutirostris*, et à voir s'intercaler, entre les deux, les couches sénoniennes fossilifères. Le point où les observations sont les plus nettes est situé un peu au Sud-Ouest du col qui mène à Maren, presque au pied de la dépression où l'État-Major indique à tort une route charretière menant de La Cadière à Poutier. La succession est la suivante:

---

par la Compagnie des Eaux, ont permis à notre confrère M. ZURCHER de la relever avec une grande précision. J'ai pu constater avec lui que sur les deux bords du vallon, les marnes aptiennes et turoniennes, concordantes et renversées, ont leur ligne de contact marquée par une série de gros blocs cénomaniens, partageant la pente commune, et qui sont tout ce qui reste là de l'étage, normalement développé à une centaine de mètres plus au Nord, sur l'autre flanc du pli couché.

14

1° Banc à *Ostrea acutirostris*;

2° Couches à Turritelles;

3° Banc à *Ostrea acutirostris*;

4° Calcaires noduleux (zone à *Lima orata*) (6ᵐ environ);

5° Gros bancs de grès à Ostracées (1ᵐ50);

6° Marnns bleues à *Platycyathus Terquemi* (1ᵐ);

7° Calcaires a Hippurites.

Le renversement des couches supérieures est donc incontestable; mais de plus, en suivant les bancs à *Ostrea acutirostris*, on les voit se réunir et dessiner ainsi l'extrémité convexe du pli qui englobe les couches à Turritelles. C'est la preuve matérielle de l'explication donnée plus haut, et toute part d'hypothèse, si faible qu'elle soit, se trouve ainsi éliminée.

Les calcaires à Hippurites se suivent en contact avec le Trias, jusqu'aux ruines de Taurentum, au voisinage de la mer; mais les couches à *Ostrea acutirostris* ne vont pas plus à l'Ouest, parce que la partie centrale du pli a été dénudée. L'existence de ce pli serait là bien difficile à prouver, si l'on ne pouvait s'appuyer sur la continuité avec les coupes précédentes, et l'étude détaillée de la coupe du chemin de fer par exemple, prise isolément, aurait certainement mené à la conclusion d'une récurrence des Hippurites inférieures (sommet de l'Angoumien) au haut de la série sénonienne. C'est un hommage à rendre au coup d'œil de notre confrère M. TOUCAS et à la sûreté de ses observations, qu'il se soit refusé à cette conclusion, et que prévoyant sans doute l'existence de quelque anomalie stratigraphique, il ait préféré en parlant du Sénonien de Saint-Cyr (¹) passer sous silence la barre d'Hippurites, de même qu'il s'est abstenu de mentionner celle du bord de l'îlot du Beausset.

Je ne veux pas revenir à cet îlot du Beausset sans signaler auprès de Taurentum deux particularités intéressantes: au Nord du chemin charretier qui des dernières maisons de la côte conduit vers La Nartelle (voir la carte, pl. IV), en suivant pendant une centaine de mètres la limite des champs de vignes et des bois, on arrive bientôt à un petit sentier qui monte dans le bois et le traverse. Vers le haut de ce sentier, au-dessus des calcaires à Hippurites, on trouve un petit affleurement de calcaires à silex, avec Huîtres et Brachiopodes siliceux, présentant tous les caractères du

---

(¹) *Bull. Soc. Géol. de France*, 3ᵉ série, IV, 1875-1876, p. 312.

Cénomanien. Je n'ai pu détacher de fossiles déterminables, mais j'ai cru devoir indiquer le point, comme devant fournir une preuve nouvelle du renversement des assises auprès de la faille.

La falaise qui, de là, domine la mer jusqu'à la Pointe Grenier est presque uniquement formée de Muschelkalk; au pied de cette falaise, tout le long du sentier de douane, on voit les marnes sénoniennes à *Cidaris clavigera* à peu près horizontales, buter contre le Trias et même en remplir par places les infractuosités; elles ne forment au bord de la mer qu'une bande de quelques mètres de largeur. A première vue, on a l'illusion complète de couches déposées au pied de la falaise et restées dans leur position première. Il est vrai qu'il faudrait supposer une falaise surplombante (fig. 48), et cela seul rend l'interprétation inadmissible. Mais les développements précédents montrent que ces couches sont presque certainement renversées, comme l'est d'ailleurs également le Muschelkalk, sous lequel auprès du cap on voit plonger les Marnes irisées.

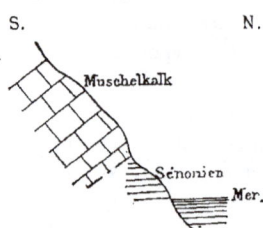

Fig. 48. — Coupe à la Pointe Grenier.

Recouvrement du Crétacé par le Trias. — Il est donc clairement établi que depuis Saint-Cyr jusqu'à Sainte-Anne, le Crétacé forme un pli couché vers le Nord, et que la coupe du bord de l'îlot triasique, au Canadeau par exemple, est celle qu'indique la figure ci-jointe (fig. 49), en ne présumant rien des rapports de position avec le Trias. Il reste maintenant à montrer que ce pli couché n'est pas arrêté par l'îlot triasique, mais qu'il se continue indépendamment de lui, que les couches qui le forment ne butent pas contre le Trias, mais passent au-dessous de lui, et que par conséquent le Trias est superposé au Crétacé. Comme j'ai expliqué qu'au contact les rapports de position n'étaient nulle part observables, il semble d'abord que la preuve de cette assertion soit impossible à faire, à moins d'un puits ou d'un sondage qui traverse le Trias. Mais fort heureusement

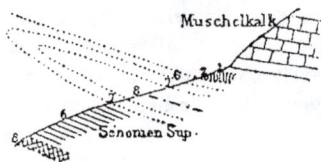

Fig. 49. — Coupe du Canadeau.

la nature a fait elle-même le travail; l'érosion a creusé dans la masse des assises triasiques des vallons assez profonds et l'un d'eux laisse apparaître le Crétacé; c'est celui qui, un peu au Nord du Canadeau, passe entre les fermes de La Mame et du Rouvre et va aboutir près d'Allègre.

Cet affleurement crétacé est bien marqué sur la carte de M. TOUCAS, qui le fait seulement à tort communiquer à l'Ouest avec la masse du Crétacé extérieur; en réalité il est limité de toutes parts par le Trias. Il a surtout été étudié près de la ferme du Rouvre, où les travaux de culture amènent au jour en abondance les fossiles de la zone à *Lima ovata*; mais là, à cause même des cultures, et surtout par suite des recouvrements de Marnes irisées éboulées, les rapports stratigraphiques des différentes assises sont obscurs, tandis qu'ils se voient bien nettement à l'Ouest du chemin du Beausset au Canadeau, le long du petit sentier qui mène à la ferme de La Mame. Dans ce point, on retrouve la succession signalée dans les différentes coupes du bord méridional de l'îlot, c'est-à-dire: en bas les marnes à Bivalves blancs, puis les couches à Turritelles, le banc à *Ostrea acutirostris*, et en haut le calcaire à Hippurites; là encore, par conséquent, le *Crétacé est renversé*; c'est donc, sans nulle autre explication possible, continuation du même pli couché.

D'ailleurs un affleurement analogue se retrouve de l'autre côté du chemin du Beausset au Canadeau, séparé seulement du premier par quelques mètres de Marnes irisées qu'entame la route. Et ce second affleurement se relie d'une manière continue, en contournant le Trias, à ceux du bord de l'îlot. A l'identité de la succession des couches vient donc s'ajouter la continuité des gisements. Il est ainsi bien prouvé que ces lambeaux crétacés ne se sont pas déposés dans les anfractuosités du Trias, où ils semblent encore enfouis, mais qu'ils font, avec les terrains de la bordure, partie d'une même nappe de couches renversées, et que, par conséquent, cette nappe se continue ininterrompue au-dessous du Trias. Les deux séries en contact, Crétacé et Trias, sont séparées par une surface à peu près plane et horizontale, qui, quelque signification théorique qu'on veuille lui donner, est en réalité une surface de faille. L'affleurement du Trias avec toutes ses sinuosités est déterminé par l'intersection de cette surface avec celle du terrain. C'est sa prolongation qui va isoler de même, plus au Sud, sur la colline du Castellet, les deux petits îlots de Marnes irisées et d'Infralias.

Il serait sans intérêt d'insister sur les petites difficultés de détail qui résultent de tassements et de glissements locaux; elles s'expliquent toutes aisément de la même manière, et la description minutieuse de ces accidents secondaires serait difficile à suivre en l'absence de carte plus détaillée et plus précise que celle de l'État-Major. Il importe seulement de remarquer que les coupes exactes, prises à l'échelle à travers l'îlot, montrent que la surface de contact n'est pas rigoureusement plane, mais accidentée par des tassements locaux, que ceux-ci aient d'ailleurs produit de petites failles ou de simples bossellements (voir les coupes, pl. III). C'est ainsi qu'un des îlots du Castellet se trouve en contrebas d'une petite éminence formée tout entière par les couches à Cyrènes du Danien.

Pli anticlinal couché formé par le Trias. — Je passe maintenant à l'étude des couches triasiques de l'îlot. Elle va nous fournir des renseignements non moins importants sur les prodigieux bouleversements qui ont affecté cette contrée.

La structure orographique de l'îlot se résume assez facilement dans quelques traits d'une grande simplicité; au milieu est le sommet (402), entouré, de toutes parts, par une série de dépressions plus ou moins profondes, formant autour de lui comme une enceinte circulaire continue. Puis tout autour de cette enceinte existe un rebord de collines moins élevées, interrompues seulement en deux points, à l'Est et à l'Ouest du Vieux Beausset, et coupées en trois autres points par d'étroites échancrures qui donnent passage aux eaux. Le sommet central est formé de Muschelkalk à *Terebratula vulgaris*, plongeant légèrement au Nord: la dépression qui l'entoure est, sauf deux étroites saillies à l'Ouest, formée de Marnes irisées; quant au rebord extérieur, il se divise en deux parties: l'une au Nord, la plus élevée, compend la colline du Vieux Beausset, composée d'Infralias, l'autre, de beaucoup la plus étendue, formant plus des trois quarts du pourtour de l'îlot, est une crête presque ininterrompue de Muschelkalk, avec de riches gisements fossilifères (La Mame) et quelques affleurements de Marnes irisées, et d'Infralias sur le bord extérieur, au contact du Crétacé. Toutes ces couches sont en général peu inclinées.

Les rapports stratigraphiques de ces différentes zones m'ont longtemps embarrassé. Au Nord, il n'y a pas de difficulté. Le Muschelkalk de la colline centrale plonge, au Nord, sous les Marnes irisées avec gypse, et celles-ci supportent l'Infralias à *Avicula contorta* du Vieux Beausset. La succession est normale. Mais la ceinture de Marnes irisées autour de la colline centrale s'explique plus difficilement; les affleurements s'en présentent comme le feraient ceux de terrains inférieurs au Muschelkalk et les contacts ne sont pas visibles. On peut supposer une faille courbe semi-circulaire, ou un renversement, mais il est certain que, du côté du Sud, le Muschelkalk, dont les bancs régulièrement lités permettent de suivre l'allure, ne plonge pas, même par une inflexion brusque, sous les Marnes irisées. La coupe du rebord méridional est plus nette et permet de trancher l'alternative dans le sens du renversement.

C'est entre le Petit Canadeau et Fontvive que les observations sont le plus faciles. Le Muschelkalk horizontal couronne le coteau, et *il repose sur les Marnes irisées*. La superposition est des plus nettes et peut se suivre sur plusieurs mètres de longueur auprès de la bastide abandonnée qui domine à l'Ouest le Petit Canadeau. Les gros bancs dolomitiques, qui viennent au-dessous, peuvent avec certitude, d'après leurs caractères minéralogiques, être attribués à l'Infralias, et en les suivant à l'Est jusqu'à Fontvive, j'y ai trouvé, un peu au-delà de la source, et au contact des Hippurites, l'*Avicula contorta* très abondante. Près de Fontvive seulement, un glissement local a donné à ces couches une assez forte inclinaison vers le Sud, c'est-à-dire vers la vallée. A l'Est, au-delà de ce point, l'Infralias disparaît, mais on continue à trouver les Marnes irisées au pied du Muschelkalk au-dessus de Sainte-Anne et à La Grenadière. Ce Muschelkalk également horizontal continue sans interruption celui du Canadeau; on peut donc affirmer que, sur toute la bordure méridionale de l'îlot, le Trias est renversé.

La stratigraphie de l'îlot apparaît alors avec une grande évidence si on l'observe d'un des sommets de ce rebord méridional. Le Muschelkalk de la colline centrale continue à sa base celui du rebord et repose, ainsi que lui, sur les Marnes irisées; comme en même temps sa partie supérieure plonge au Nord sous les gypses du Vieux Beausset, il faut que l'ensemble forme un V couché, ainsi que le montre la figure 50. Cette disposition explique en effet sans difficulté toutes les observations de détail, et j'ai pu toutes les grouper sans contradictions dans les coupes à grande échelle que j'ai établies sans différentes directions à travers l'îlot.

Seule, une observation de M. TOUCAS serait en désaccord avec une de ces coupes; je dois donc en dire quelques mots. D'après M. TOUCAS, le Grès bigarré affleurerait au fond du vallon de Gava-

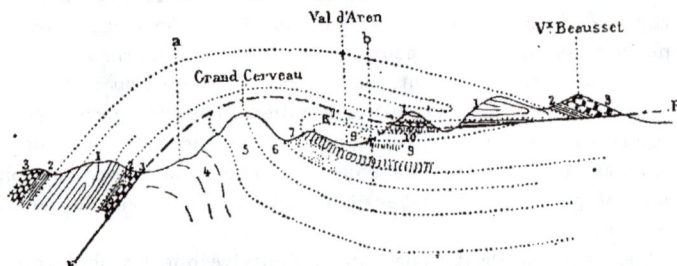

Fig. 50. — Coupe du Gros-Cerveau au Vieux-Beausset.
— Échelle des longueurs 1:90000 environ; hauteurs doublées.

ri, celui-là même où se trouvent les affleurements de Crétacé cités plus haut. M. TOUCAS, donne la succession suivante ([1]):

1. Grès avec empreintes de végétaux (*Voltzia brevifolia*) et traces de pas d'animaux. Calcaire caverneux dolomitique;
2$_1$. Calcaire bleuâtre compact, avec *Terebratula vulgaris*;
2$_2$. Marnes jaunâtres avec *Ter. vulgaris*, *Gervillia socialis*, *Ceratites nodosus*, etc. ;
2$_3$. Calcaire très compact, formant des lumachelles avec les fossiles pré-cédents;
2$_4$. Calcaire très compact non fossilifère.

La colline de La Mame, faisant partie de ce que j'ai appelé le re-bord extérieur, ne serait donc pas renversée comme celles qui lui font suite du côté du Petit Canadeau. Il est bien difficile alors de s'expliquer comment peuvent se raccorder ces deux coupes, ou de trouver la place et le trajet de la faille importante qui devrait les séparer. En dépit du *Voltzia*, je ne crains pas de révoquer en doute la présence du Grès bigarré, et je crois qu'on lui a attribué à tort les couches inférieures des Marnes irisées; l'asimilation était d'ailleurs naturelle, puisque ces couches sont surmontées par le Muschelkalk, et peut-être la détermination du *Voltzia* mérite-

[1] *Mém. Soc. Géol. de France*, IX, n° 4, 1875, p. 61.

rait-elle d'être revisée, sans l'idée préconçue d'un niveau sûrement établi [1].

Je n'ai pu d'ailleurs voir que les gros bancs de dolomies; l'affleurement des grès était sans doute très restreint et est aujourd'hui masqué par les ronces. Mais M. TOUCAS en cite deux autres affleurements, l'un au pied du Vieux Beausset, l'autre sur la colline du Castellet. Il ne m'a pas semblé que les marnes rouges gréseuses qu'on observe en ces points rappelassent beaucoup les caractères minéralogiques du Grès bigarré de Toulon. De plus, leur position est telle que chacun de ces deux affleurements constituerait une grosse anomalie, difficile, sinon impossible, à expliquer. Pour le premier, M. TOUCAS est forcé de supposer une pointe de Grès bigarré faisant saillie au milieu des Marnes irisées. Pour le second, il faudrait admettre que les deux petits îlots du Castellet, si rapprochés, ont une composition toute différente: celui qui est auprès du village comprend à la base des cargneules, puis la lumachelle à *Plicatula intusstriata* et les gros bancs de calcaire blanc de l'Infralias; il me semble, par suite, bien vraisemblable que les marnes rouges et les dolomies de l'îlot voisin représentent le sommet des Marnes irisées, ce qui d'ailleurs correspond mieux à leur nature minéralogique.

En résumé, l'existence du Grès bigarré est loin d'être établie dans les collines du Beausset; partout où elle a été signalée, elle serait une anomalie et une contradiction. La présence d'un *Voltzia* mériterait d'être éclaircie, mais il resterait encore à discuter sa signification paléontologique. Jusqu'à nouvel ordre je repousse formellement l'ancienne interprétation, et je reste persuadé que ce sont des lambeaux de Marnes irisées qu'on a pris à tort pour du Grès bigarré.

Ainsi, l'étude de l'îlot du Beausset nous amène à ces trois conclusions importantes:

1° le Trias est superposé au Crétacé;

2° le Crétacé forme un pli anticlinal couché, ouvert vers le Nord;

3° le Trias forme un pli également couché, dont le sommet est au Nord.

---

[1] Il faut remarquer en outre qu'en Provence, les calcaires à *Terebratula vulgaris* et les marnes jaunâtres à *Gervillia socialis* se trouvent ordinairement non pas à la base, mais à la partie supérieure du Muschelkalk.

L'axe du pli synclinal atteint l'horizontale; celui du pli anticlinal l'a même dépassée.

J'ai déjà signalé les deux petits îlots du Castellet, plus avancés vers le Nord, mais dont l'existence est évidemment due aux mêmes phénomènes; l'un d'eux, auprès du village, est formé de cargneules, surmontées par la lumachelle à *Plicatula intusstriata* et par les gros bancs calcaires de l'Infralias; le second, plus rapproché du Beausset, est moins étendu, et comprend un petit affleurement de marnes rouges gréseuses, surmontées par des gros bancs de cargneules horizontales; il est en contre-bas d'une petite éminence formée par les couches à Cyrènes du Fuvélien. Ces marnes ont été attribuées par M. TOUCAS au Grès bigarré, et les cargneules à la base du Muschelkalk; j'ai déjà dit qu'en l'absence d'autres données que les rapprochements minéralogiques, je croyais plus naturel de les rapporter aux Marnes irisées.

M. TOUCAS a de plus signalé à l'Ouest, près de La Ciotat, un autre affleurement de Trias avec Grès bigarré et Grès vosgien, dont l'existence aurait été reconnue dans des creusements de puits. D'après M. COSTE, il y aurait encore un petit gisement de Marnes irisées au milieu du Crétacé du cap Méjean. Je n'ai pas encore étudié ces parties, mais il est clair que ces affleurements (en admettant que l'existence du dernier soit confirmée par des observations ultérieures) doivent suivre le sort de ceux du Beausset et être expliqués par des actions analogues.

Il est à remarquer que les îlots du Castellet, situés plus au Nord, ont subi un charriage plus long, et la conséquence en a été de faire disparaître les parties renversées des plis, comme s'il y avait eu en réalité *déroulement*. Le Trias, comme le Crétacé, pris isolément, y montre une stratification normale, et il ne reste plus trace des plissements, qui sont pourtant sans aucun doute la raison d'être et la cause des phénomènes.

Raccordement du pli du Beausset et du pli du Gros Cerveau. — Ce premier résultat établi, il n'est pas difficile de rattacher ce pli anticlinal couché des collines du Vieux Beausset aux plis dont on peut constater l'existence au Sud du bassin crétacé, et de montrer ainsi les relations de la coupe décrite avec celle du reste de la région. L'étude du chaînon du Gros Cerveau, qui limite au Sud les affleurements crétacés, permet de déterminer ces relations. Ce chaînon est formé par le relèvement des couches de Crétacé inférieur et du Jurassique supérieur; partout il est limité au Sud par une grande faille, qui fait réapparaître le Trias, et au-dessus de lui la série complète du Jurassique avec un pendage faible et régulier vers la mer (voir les coupes, pl. III). Seulement, près de la faille, le Trias se replie sur lui même, et sans que la direction des couches se modifie, on voit réapparaître les bancs supérieurs du Muschelkalk, les Marnes irisées et par place les dolomies de l'Infralias. On peut démontrer que les couches qui forment ce pli anticlinal se reliaient autrefois d'une manière continue avec le Trias du Beausset; que c'est ce pli, qui, en se renversant de plus en plus, a recouvert le Sénonien sur plusieurs kilomètres, et que c'est la prolongation de la faille du Gros Cerveau qui sépare cette zone de recouvrement du Crétacé sous-jacent.

Il importe d'abord de compléter la coupe de la partie occidentale du chaînon (coupes 1 et 2, pl. III). A mi-chemin environ entre Ollioules et la route de Bandol, une bande étroite de marnes aptiennes s'intercale entre les dolomies jurassique et le Trias; elle s'élargit à l'Ouest et finit par rejoindre la bande aptienne du versant opposé; en même temps, l'affleurement des dolomies se rétrécit, et finit par se terminer en pointe au milieu des assises crétacées, marquant ainsi l'extrémité d'un pli anticlinal secondaire, sur un des flancs duquel l'Urgonien a presque entièrement disparu par suite de l'étirement des couches. La détermination de l'Aptien n'est pas douteuse; j'y ai recueilli, avec des fragments de *Belemnites semicanalicatus*, l'*Ammonites fissicostatus*.

La faille qui sépare cet Aptien du Trias a très probablement un prolongement assez accusé vers le Sud, comme le montre le tracé de son contour au point où elle traverse le vallon de Bandol. Il y a donc déjà là recouvrement oblique de l'Aptien par le Trias, et ainsi se trouve en quelque sorte amorcé le raccordement du Trias du Sud avec celui du Beausset; mais on peut toujours objecter que toute la partie intermédiaire (*ab*, fig. 50), est hypothétique, et qu'il peut rester place au doute sur l'ensemble de l'interprétation, telle que la montrent les coupes (pl. III).

Là encore, c'est en nous transportant à l'Ouest que nous pouvons combler cette lacune, et l'étude des collines du Télégraphe de La Cadière va nous permettre d'achever la démonstration. De même en effet que nous l'avons vu pour le pli crétacé, le pli triasique se continue à l'Ouest, les mêmes phénomènes de renversement s'y sont produits, ainsi que cela est naturel; car *a priori* des actions aussi énergiques n'ont pu se manifester sur un point sans se poursuivre sur une assez grande distance; l'effet n'a pu en cesser brusquement, et c'est l'action seule des dénudations postérieures qui peut donner aux témoins conservés l'apparence de phénomènes locaux. Or si l'on examine la figure 50, on voit qu'elle suppose que la dénudation a enlevé la partie (*ab*). Du côté de Fontanieu et du Télégraphe de La Cadière, c'est au contraire cette partie qu'elle a respectée, tandis qu'elle a enlevé les marnes triasiques qui devaient faire face à celles du Vieux Beausset et même primitivement les continuer (coupes 3 et 4, pl. III). Les deux coupes combinées permettent donc de reconstituer complètement et sans incertitude l'ensemble du phénomène.

Commençons par suivre, à l'Ouest de la route de Bandol, la faille qui limite le Trias; au lieu du parcours presque rectiligne qu'elle avait conservé depuis Ollioules, et même depuis le voisinage de Toulon, nous allons la voir prendre un contour sinueux (voir la carte, pl. IV), bien différent du contour d'une faille ordinaire. Ce contour, que j'ai suivi pas à pas, en grande partie avec M. GENCIANE, ingénieur de la mine de Fontanieu, ne peut laisser prise au moindre doute, vu la grande différence des terrains mis en contact.

La ligne se recourbe d'abord vers le Nord, mettant là en contact l'Aptien et les Marnes irisées; les Marnes irisées occupent la base d'un talus abrupt qui est couronné par le Muschelkalk presque horizontal. L'Aptien est en contre-bas des Marnes irisées. Puis la faille reprend sa direction vers l'Ouest; l'Aptien et les Marnes irisées disparaissent, et le Muschelkalk se trouve en contact avec la barre d'Hippurites de Sainte-Anne (Angoumien supérieur de M. TOUCAS). Les calcaires à Hippurites, d'abord normalement inclinés vers le Nord, se relèvent jusqu'à la verticale, puis arrivent à se renverser; on les voit ainsi, même de loin, dessiner l'extrémité du pli synclinal que forme, nous le savons, l'ensemble des assises crétacées (coupe 3, pl. III). Il y a là à noter, à la base des couches à Hippurites, l'existence d'une brèche, formée d'élément triasiques anguleux, enclavés dans le calcaire crétacé. Cette brèche ne se trouve qu'aux points où le calcaire à Hippurites est en contact avec le Muschelkalk, c'est-à-dire aux points où aucune couche moins résistante n'a amorti les actions de friction; elle se trouve dans les mêmes conditions jusqu'auprès de Saint-Cyr. C'est incontestablement une brèche de faille, comme j'en ai déjà signalé une à la Sainte-Baume, et comme j'en ai observé également dans le Jura.

La faille dessine ensuite une anse profonde, puis un promontoire étroit, sur lequel est construit le hameau de Fontanieu; puis elle contourne la colline du Télégraphe de La Cadière, et reprend alors sa direction normale vers l'Ouest jusqu'à la Pointe Grenier. Nous avons déjà vu de quelle manière elle est bordée par le Crétacé. Quant au Trias, des lambeaux de Marnes irisées s'observent au pied du Muschelkalk, tout le long de ce bizarre promontoire du Télégraphe et de Fontanieu; ils permettent d'affirmer que là, comme au Sud de l'îlot du Beausset, le Trias est renversé et qu'il y a correspondance exacte entre *l'île* et la *presqu'île*.

L'examen seul des contours, inexplicables dans toute autre hypothèse que celle d'une faille peu inclinée, suffirait à démontrer, surtout après les développements précédents, que le Crétacé s'étend sous toute cette presqu'île. Mais ici, il n'y a besoin ni d'hypothèses, ni de raisonnements; pour ceux qui se méfieraient des conclusions stratigraphiques, ou qui voudraient contester la signification des affleurements mis au jour par les érosions, on a ici la preuve matérielle et brutale du recouvrement. Au Sud de Fontanieu, *un puits a été creusé dans le Muschelkalk et a rencontré les couches à* Melanopsis galloprovincialis.

De plus, *des galeries d'exploitation ont suivi la couche de charbon sous le Trias.*

Ces deux faits étaient connus depuis longtemps de M. GENCIANE, qui les avait montrés avant moi à plusieurs géologues, mais on croyait à un accident tout local et inexpliqué, et l'idée n'était pas venue d'en tirer quelques conclusions sur l'ensemble de la structure du pays.

La confirmation des coupes du Beausset est encore rendue plus nette par l'existence à Fontanieu, entre le Danien et le Trias, de calcaires à Hippurites et de grès à Ostracées, sans aucun doute renversés, quoique je n'y aie pas recueilli de fossiles déterminables. C'est l'analogue de la zone renversée du Canadeau, mais là cette partie du pli est plus réduite encore et rappelle plus le « lambeau de poussée » du bassin houiller franco-belge.

Il y a également dans la presqu'île triasique qui nous occupe une enclave de Crétacé complètement isolé. C'est un peu au-dessus de la ferme de Maren; une barre à Hippurites (*Hippurites organisans*) forme une légère saillie sur une longueur d'environ

300 mètres; elle plonge légèrement au Sud et montre à sa partie supérieure la brèche déjà mentionnée; au-dessous viennent des calcaires marneux à Foraminifères et des grès à Ostracées (Sénonien).
Là encore, il y a renversement.

Bien que des mouvements postérieurs (probablement une faille
locale de tassement) aient amené là le calcaire à Hippurites en
saillie au-dessus du Trias, il semble d'après ce qui précède qu'on
est en présence, comme à La Mame, d'un affleurement des couches
crétacées recouvertes par le Trias et amenées au jour par la dénudation.

Mais pour ce point particulier je n'oserais être affirmatif comme pour les autres, et on peut, à la rigueur, concevoir la possibilité
d'un glissement local qui ait amené ce lambeau renversé sur le
Trias (fig. 51). J'ai cru devoir, malgré cette insuffisance de documents, mentionner ce point intéressant, dont des observations
plus détaillées arriveront, peut-être, à montrer avec certitude la
signification vraie.

En tout cas, il n'y a là qu'une question de détail. Pour l'ensemble du phénomène du recouvrement, il n'y a possibilité ni d'aucun
doute, ni d'aucune autre explication: le pli anticlinal de Trias qui
suit le pied méridional du Gros Cerveau s'est renversé, s'est *déversé* sur le Crétacé, et est venu le recouvrir sur une largeur de
5 kilomètres. Je ne crois pas que, parmi les autres exemples connus de ces phénomènes, exemples que je rappellerai tout à l'heure, aucun soit prouvé avec plus de certitude.

Un autre fait se trouve mis en évidence dans ces coupes du

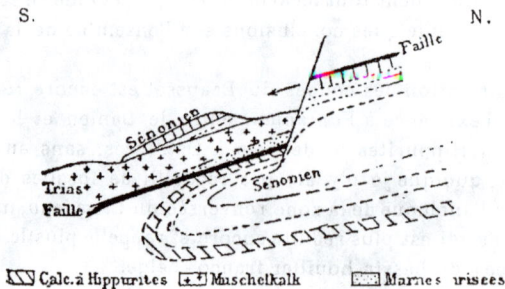

Fig. 51. — Coupe au-dessus de la ferme de Maren.

Beausset, c'est l'importance du rôle de la dénudation. Il n'eut fallu
ni une action beaucoup plus énergique ni des circontances bien dif-

férentes pour que le Trias qui forme recouvrement au Vieux Beausset et à Fontanieu fût enlevé et disparût en même temps que celui qui recouvrait le Val d'Aren. *Il ne resterait plus alors aucune trace de ces phénomènes.* En combien de points n'en a-t-il point été ainsi dans les régions plissées? D'ailleurs, plus ces lambeaux de recouvrement sont réduits, plus leur signification devient difficile à concevoir; imaginons-nous ainsi que, dans l'hypothèse d'une dénudation complète au Sud, les petits îlots du Castellet, protégés par une cause quelconque, aient seuls été respectés: là, il n'y a plus indice de pli ni de renversement des couches; le Trias le plus voisin serait à 5 kilomètres. Comment expliquer ces lambeaux? Assurément, l'hypothèse d'une superposition anormale, si elle était émise, ne rencontrerait guère de faveur.

Mais ce qui n'est ici qu'un cas supposé est un cas réel en Suisse; on a souvent discuté sur les lambeaux de cargneules et de gypses qui se trouvent isolés au milieu du flysch. La Société Géologique Suisse a visité en 1882 un de ces îlots, sous la conduite de M. MOESCH; toutes les explications ont été proposées, sauf celle-là, qui est sans doute la vraie.

Coupe générale de la Provence. — La coupe du Beausset complète celle que j'ai donnée de la Sainte-Baume, ce sont les mêmes actions de plissement, mais en quelque sorte poussées plus loin, plus énergique ou plus prolongées. D'ailleurs, ces deux plis ne sont séparés que par le bassin du Beausset, qui représente le pli synclinal intermédiaire, et leur ensemble, si l'on y joint le massif cristallin au Sud et la chaîne de la Nerthe au Nord, permet de donner une coupe type de la Provence à l'Ouest de Toulon. La zone des terrains cristallins, au moins entre Gonfaron et Pignans, est renversée sur le Permien. Le pli du Beausset, qui fait suite, s'est, comme je viens de l'expliquer, *déversé horizontalement* sur le Crétacé; le pli de la Sainte-Baume est seulement *couché*, mais encore sous un angle de près de 30°, et enfin, de l'autre côté de la vallée de l'Huveaune, le pli de la Nerthe (mont Regaignas), qui domine le bassin de Fuveau, est un pli presque droit, légèrement *renversé* sur les bords du bassin. Le croquis ci-joint (fig. 52) donne une idée de cette succession, où la gradation des plis et des efforts mécaniques se présente avec une régularité qu'on oserait à peine prévoir théoriquement.

Nul exemple en tout cas ne semble plus propre à montrer l'ac-

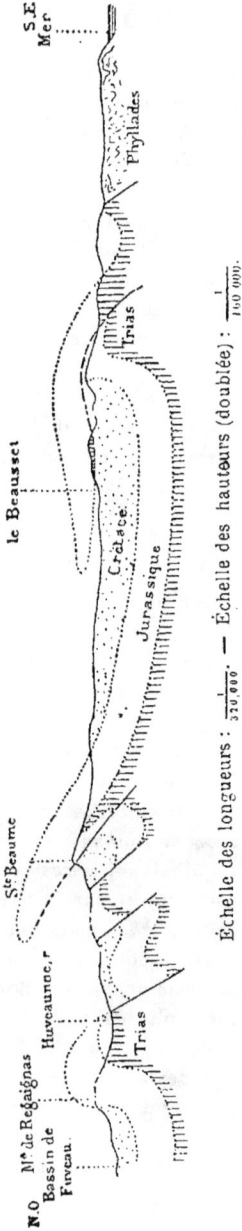

Fig. 52. — Coupe générale de la Provence, à l'Ouest de Toulon (Pli du Beusset).

Échelle des longueurs : $\frac{1}{370,000}$. — Échelle des hauteurs (doublée) : $\frac{1}{100,000}$.

tion d'une cause d'ensemble, d'un vaste refoulement, semblable à celui qui a donné naissance aux Alpes.

J'avais cru déjà pouvoir, par analogie, tirer cette conclusion de l'étude seule de la Sainte-Baume: l'existence d'un grand pli couché, avec plissements ou froissements secondaires, ne saurait en effet être un fait isolé ni provenir d'actions locales: à moins de modifier profondément les idées acquises sur la formation des montagnes, la structure alpine d'un chaînon doit entraîner l'existence d'une zone de plissements et par conséquent d'une chaîne, au sens géologique du mot et abstraction faite des questions de relief. La nouvelle interprétation de l'anomalie du Beausset et la coupe qui en résulte apportent, je crois, une confirmation définitive à cette première vue, et la Provence doit prendre place, avec les Alpes et les Pyrénées, parmi les régions où les actions de plissement se sont manifestées avec le plus d'énergie.

Dès lors, c'est dans les modifications de détail que peut subir l'allure des plis qu'il faut chercher l'explication des irrégularités de la structure de la Provence. Ces irrégularités sont beaucoup plus nombreuses et plus importantes qu'on ne l'avait supposé jusqu'à ce jour, et leur explication successive, quand on arrivera à la dégager des observations de détail, sera peut-être de nature à jeter quelque jour nouveau sur plusieurs problèmes relatifs à la mécanique générale des mouvements terrestres.

Le premier soin doit être de suivre ces trois grands plis anticlinaux qui s'échelonnent depuis la mer jusqu'au bassin de Fuveau, de voir comment ils se bifurquent, se dévient ou se terminent, puis de reconnaître les plis parallèles qui prennent naissance entre eux, et qui plus loin les remplacent en formant avec eux une même zone continue de plissements; à défaut en effet de l'orographie, dont les traits complexes et mal accusés ne sont pas en Provence de nature à éclaircir le problème, c'est le tracé des axes des plis successifs qui peut seul donner en quelque sorte un squelette de la chaîne, montrer sa direction générale, son allure et son extension. Je ne puis, sans sortir du cadre de cette Note, entreprendre ici cette étude, que mes observations personnelles ne me permettraient d'ailleurs d'étendre qu'à un coin de la région, mais je veux du moins indiquer, en quelques mots, les résultats que l'examen de la carte d'ensemble de M. CAREZ laisse prévoir avec une grande probabilité, sinon avec une certitude déjà complète.

Le massif cristallin des Maures forme comme une barrière, en face de laquelle les plis successifs viennent se terminer; mais ceux qui leur succèdent plus au Nord conservent, en dépit des irrégularités de détail, une orientation générale de l'Est à l'Ouest. Il en est ainsi jusqu'à la vallée du Var, qui marque une déviation brusque vers le Nord. Le pli anticlinal, partiellement réduit en faille, qui forme l'axe de cette vallée, peut se suivre au Nord, malgré les recouvrements pliocènes, jusqu'auprès du confluent de la Vésubie; là il s'infléchit de nouveau vers l'Ouest, accompagné d'autres plis parallèles qui donnent naissance à une série de chaînons Est-Ouest; puis cet ensemble, après quelques sinuosités plus ou moins nettement accusées, va se raccorder avec la bordure sédimentaire des Alpes Dauphinoises, et plus loin avec celles des Alpes Suisses. Ainsi, non seulement la Provence est une région plissée dont la structure rappelle, par plusieurs traits, celle des Alpes, mais elle est la *continuation des Alpes*; elle sert d'intermédiaire entre les Pyrénées et les Alpes, la large coupure de la vallée du Rhône n'interrompant guère plus profondément la continuité de la zone de plissements que ne le fait la coupure de Vienne entre les Alpes Autrichiennes et les Carpathes.

Ainsi se trouve complété le dessin général donné par M. SUESS des lignes principales des plissements tertiaires en Europe (*Leit-linien der Alpen*); les Pyrénées, qui n'y apparaissent que comme une ligne isolée, sans lien avec les autres, forment avec les Alpes et les Carpathes le bord de la zone de plissement, du « fuseau » de l'écorce terrestre qui a été écrasé entre l'Europe septentrionale et l'Afrique. Quant aux apophyses méditerranéennes qui, avec leurs directions divergentes, occupent la partie méridionale de ce fuseau, leur signification en ressort avec plus de clarté; les Apennins sont une branche de l'éventail ouvert dans la zone plissée par la masse résistante des Maures, de la Corse et de la Sardaigne; de même que les Alpes Illyriennes sont une branche de l'éventail ouvert à l'Ouest par le massif de la Hongrie et du Banat.

Comparaison avec d'autres régions de plissement. — Après avoir ainsi indiqué sommairement les conséquences générales qui me semblent résulter de la structure plissée de la Provence, je reviens au phénomène même qui fait plus particulièrement le sujet de cette Note, celui de plis couchés jusqu'à l'horizontale et se prolongeant par une série de glissements bien au-delà de l'espace que l'analogie avec les plis verticaux permettrait de prévoir. Si le grand pli couché du Beausset n'est que le rabattement d'un pli primitivement vertical, sa longueur est hors de toute proportion avec la largueur de son noyau, tel qu'on l'observe au pied du Gros Cerveau, et en le rétablissant dans sa position première, on arriverait à une figure tout à fait invraisemblable. Il y aurait même là une raison qui pourrait sembler de nature à faire rejeter *a priori* la possibilité de l'interprétation que j'ai donnée. Il n'est donc pas inutile d'indiquer le rapprochement avec d'autres coupes semblables, prises dans les Alpes, dans le bassin houiller franco-belge et dans les Grampians; ce rapprochement, que j'ai développé pour deux de ces coupes, est de nature à ne laisser aucun doute sur la réalité de ces phénomènes extraordinaires.

Alpes de Glaris. — En Suisse d'abord, l'exemple le plus célébre, grâce aux beaux travaux de M. HEIM, est celui des Alpes de Glaris. J'ai proposé pour cette région une interprétation un peu différente de celle de M. HEIM, et la coupe qui en résulterait est presque identique à celle du Beausset. Sans vouloir tirer un argument de cette identité, je rappelle seulement les faits directement constatés par l'observation: une série de hauteurs ont leurs sommets

15

formés par le Trias à peu près horizontal, et toutes les vallées qui les séparent entament, au-dessous de ce Trias, le Nummulitique plissé; entre les deux existe une bande étroite de terrains jurassiques, très amincis et *renversés*. Ainsi, comme au Beausset, il y a recouvrement de terrains plus récents par le Trias peu incliné; comme au Beausset, l'existence d'une zone renversée au contact montre que ce recouvrement est une conséquence des actions de plissement et qu'il a été produit par le déversement et l'étirement d'un grand pli rabattu jusqu'à l'horizontale. M. HEIM suppose qu'il y a deux plis rabattus l'un vers l'autre; j'ai supposé qu'il n'y en avait qu'un rabattu vers le Nord; mais, dans l'hypothèse même la moins favorable (¹), la partie rabattue de l'un des plis donne une largeur de 15 kilomètres, c'est-à-dire une largeur triple de celle que donne la coupe du Beausset; là encore, il y aurait la même disproportion entre la hauteur et la largeur du pli relevé; le phénomène mécanique a été le même et demande la même explication dans les deux cas.

Alpes Vaudoises et Dauphinoises. — En suivant, vers l'Ouest, le bord des Alpes, on arrive aux Alpes Vaudoises; là, les renversements de la Dent de Morcles et du Grand Muveran, si bien étudiés par M. RENEVIER, montrent une série de terrains crétacés et jurassiques plissés horizontalement et superposés au Nummulitique. La largeur de la zone de recouvrement est encore là de 5 kilomètres au moins. La coupe diffère des précédentes parce que, dans ces terrains de recouvrement, la série est à peu près complète et que les parties renversées des plis ne sont pas étirées ou supprimées; elle en diffère à peu près comme un pli ordinaire diffère d'un pli étiré ou d'un pli-faille. Mais on y retrouve les deux traits frappants, les deux anomalies capitales des exemples précédents: le rabattement des plis jusqu'à l'horizontale, la longueur inusitée et on peut presque dire l'allongement du pli rabattu.

Il faut de plus noter que c'est au Nord de ces plis des Alpes Vaudoises que se trouvent les gisements isolés, si souvent discutés et encore mal expliqués, de cargneules et de gypse, occupant une situation analogue à celle des îlots du Castellet par rapport au pli du Beausset. J'ai déjà proposé d'y voir les restes de la dénudation

. (¹) Voir *Bull. Soc. Géol. de France*, 3ᵉ série, XII, 1883-1884, pl. XI, fig. 1 [reprod. ci-après, art. LVIII].

exercée sur une zone de recouvrement primitivement plus étendue.

Si nous descendons encore au Sud-Ouest, le long des massifs cristallins des Alpes, nous rencontrons, à la hauteur d'Annecy, les deux îlots de Serraval et de la montagne des Anes, îlots de Trias et de Lias isolés au milieu du Nummulitique. Plus au Sud encore l'îlot de Barcelonette, récemment décrit par notre confrère M. GORET, se présente dans des conditions de gisement identiques; ces conditions sont absolument celles de l'îlot du Beausset, sauf le remplacement du Nummulitique par le Crétacé. La même explication est donc bien vraisemblable. Les preuves faisant encore défaut, il n'y a pas lieu d'insister; on voit pourtant quel caractère de généralité, au moins en ce qui regarde les Alpes, on est amené à prévoir pour ces phénomènes.

Chaînes anciennes. — Mais ils ne sont pas bornés aux Alpes; on les retrouve également dans les zones de plissement plus anciennes. J'ai montré dernièrement comment ces zones plus anciennes, au moins pour l'Europe, pouvaient se réduire à deux, et comment chacune d'elles correspondait a une grande chaîne, plus ou moins arrasée, géographiquement disparue ou morcelée, mais dont l'importance avait été comparable à celle du système alpin. La première a dû atteindre son relief maximum vers la fin des temps primaires, la seconde vers la fin de l'époque silurienne. Comme les Alpes, l'une et l'autre ont été produites par la compression d'un fuseau de l'écorce terrestre, et l'on peut s'attendre à y retrouver les mêmes effets d'ensemble et de détail que dans la chaîne plus récente.

Il semble pourtant que, de tous ces effets, ceux qui nous occupent aient été plus spécialement condamnés à disparaître. Le déversement d'un pli donne une zone de recouvrement, plus ou moins puissante, plus ou moins étendue, mais à laquelle s'attaquent immédiatement les actions de dénudation superficielle; celle-ci les découpent d'abord en îlots isolés comme cela a déjà eu lieu au Beausset, puis font progressivement disparaître ces îlots; ainsi que je l'ai déjà fait remarquer, il *ne reste plus alors aucune trace du phénomène.* La coupe du Beausset montre combien facilement cette hypothèse se serait réalisée. A plus forte raison, sans doute, en a-t-il été ainsi pour la plupart des plissements primaires où il a pu y avoir *déversement.* Cependant, pour l'une et pour l'autre de deux chaînes anciennes, un exemple au moins est resté accessible à nos recherches, comme pour mettre hors de doute l'unité des forces développées dans les diverses périodes géologiques et l'identité de leurs actions.

Bassin houiller franco-belge. — Le premier de ces exemples est celui du bassin franco-belge; j'ai déjà essayé de montrer quelles analogies le rapprochaient des Alpes de Glaris; la coupe pourait aussi se comparer à celle du pied Sud du Grand Cerveau, là où affleure la bande aptienne; il y a en plus les froissements plus aigus des couches; il y a en moins la zone de recouvrement horizontal du Vieux Beausset. Mais à l'Ouest de Mons cette lacune dans les analogies semble se combler; là, en effet, on trouve au milieu des terrains houillers un îlot, ou, selon l'expression de M. GOSSELET, un *paquet* de terrains plus anciens, formé de Calcaire carbonifère et de Dévonien. Les sondages ont montré que les couches de ce paquet sont renversées, que partout le terrain houiller existe au-dessous d'elles et qu'il en est séparé par une faille. MM. CORNET et BRIART ont cherché ingénieusement à expliquer cette situation par une série de mouvements successifs et indépendants, mais il me semble plus naturel, comme on l'a également proposé, de voir dans ce massif du Boussu une continuation de la masse de recouvrement du Sud. C'est ce que montrent les pointillés de la figure ci-jointe (fig. 53), qui devient, en quelque sorte, une reproduction de celle du Beausset, compliquée par un tassement local et postérieur.

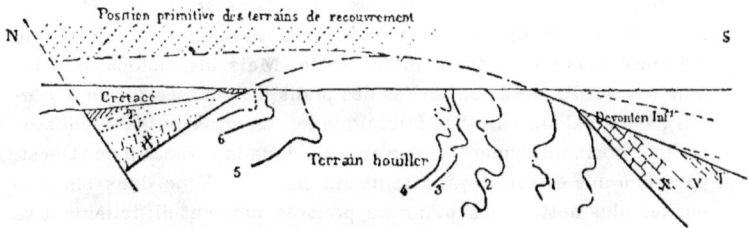

Fig. 53. — Coupe théorique de la partie Sud du bassin houiller de Mons (paquet du Boussu).

Ainsi ce paquet isolé, malgré l'affaissement qui l'a, en quelque sorte, enseveli au milieu du terrain houiller et lui a permis d'échapper aux dénudations, suffirait à montrer que les couches dévoniennes à Mons, comme les couches triasiques au Beausset, ont été « traînées et charriées » horizontalement, sur au moins 6 kilomètres de longueur.

Monts Grampians. — Dans les Grampians ([1]), les résultats des études du Survey n'ont pas encore été publiés, mais le directeur, M. GEIKIE, en a formulé le résumé dans une coupe d'ensemble, dont je détache ici une partie (fig. 54). Le fait que ces études ont

N. O.   S. E.

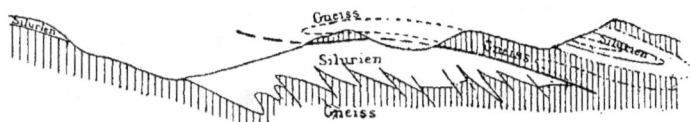

Fig. 54. — Coupe des Grampians, d'après A. GEIKIE.

mis hors de contestation, c'est que les gneiss ont été amenés par refoulement à chevaucher sur le Silurien, comme le Dévonien sur le Houiller de Belgique. La superposition des gneiss au Silurien est connue depuis longtemps, mais au lieu d'y voir le résultat d'une action mécanique, MURCHISON avait supposé que les gneiss étaient eux-mêmes siluriens et provenaient du métamorphisme de terrains sédimentaires. Cette opinion, longtemps admises, ne peut plus être soutenue aujourd'hui, au moins pour les Grampians: « un système de failles inverses (*reversed faults*) a amené, dit M. GEIKIE, tout un groupe de couches en recouvrement au-dessus de membres plus élevés de la même série. Mais les dislocations les plus extraordinaires sont celles des plans de poussée (*thrust planes*); l'inclinaison en est si faible que les terrains ont été poussés comme horizontalement à leur surface dans la direction de l'Ouest, parfois à une distance qui atteint dix milles. Même dans les coupes les plus nettes, ces plans de poussée peuvent difficilement se distinguer des plans ordinaires de stratification, et ils ont subi les mêmes actions, c'est-à-dire qu'ils ont, été comme eux, plissés, faillés et dénudés. En plusieurs points, on trouve des témoins de

---

[([1]) En réalité, la région dont il est question ici n'appartient pas aux Grampians, et est toujours désignée par les géologues écossais sous lenom de *North-western Highlands.*]

gneiss archéen, ainsi charriés horizontalement, et recouvrant une colline de quartzite et calcaires siluriens, comme le ferait une formation régulièrement superposée ([1]) .» On retrouve donc là, plus nettement encore que dans le bassin houiller franco-belge, tous les traits caractéristiques de la coupe du Beausset: la faille inclinée qui s'infléchit jusqu'à l'horizontale et se prolonge ainsi sur plusieurs kilomètres, et l'îlot isolé qui repose sur les couches plus récentes.

Conclusion. — Ainsi, dans les plissements les plus anciens, comme dans ceux dont la date est plus rapprochée de nous, les mêmes faits se sont reproduits, et partout avec une amplitude de nature à déjouer toutes les prévisions. Quelque résigné qu'on soit à faire bon marché de la cohésion des corps dans les grands bouleversements de l'écorce terrestre, en admettant même que les masses les plus résistantes ont pu se comporter comme des matières entièrement plastiques, on n'en a pas moins peine à concevoir ces grands plis couchés qui se déroulent, s'allongent, forment de larges traînées au-dessus des couches plus récentes et simulent de véritables *coulées* de terrains sédimentaires, rappelant presques les coulées du basalte. On peut se demander comment les efforts de compression dont le siège doit être en profondeur ont continué à s'exercer et à se transmettre sur les masses superficielles, déjà amenées en saillie par le refoulement général; on peut s'étonner que les effets du métamorphisme soient si faibles ou même souvent manquent tout à fait le long de la surface de glissement; mais ces difficultés théoriques ne peuvent prévaloir contre des faits d'observations: les travaux de mines en Belgique, les grandes parois rocheuses des Alpes Suisses, la concordance des coupes au Beausset, fournissent des preuves distinctes, indépendantes et irréfutables. S'il est vrai qu'on puisse encore discuter le mécanisme de ces phénomènes grandioses de recouvrement, on n'en peut mettre en doute ni l'existence, ni même la généralité: on sera amené tôt ou tard à y trouver l'explication d'une partie des « Klippen » attribués à des discordances locales, et dès maintenant on ne saurait se refuser à y voir une phase normale des grands mouvements orogéniques.

[1] A. GEIKIE, *Text-book of Geology*, 2d ed., p. 574.

XXIV

NOTES ET ADDITIONS SUR LE PLI DU BEAUSSET

(*BULLETIN DE LA SOCIÉTÉ GÉOLOGIQUE DE FRANCE*,
3e série, XVI, 1887 - 1888. p. 79 - 84. — Séance du 21 Novembre 1887).

Sommaire

Rectification à la carte. — Je tiens d'abord à rectifier une erreur de la carte géologique jointe à ma Note du 20 Juin dernier ([1]). La teinte du Muschelkalk y a été étendue à tort sur la partie de la côte qui s'avance en promotoire entre Pointe Grenier et Sèche d'Allon; le Trias forme en réalité une bande relativement étroite le long de la grande faille, et au Sud-Est on ne trouve que le Bathonien et les dolomies du Jurassique supérieur, ramenés par une faille secondaire. Toute cette partie est d'ailleurs en dehors de la région dont traite le texte de ma Note.

Dans les tournées qui m'ont permis de faire cette rectification, j'ai exploré de nouveau le vallon si curieux de Fontanieu, où le lignite du Crétacé supérieur a été exploité sous le Trias, et j'y ai constaté avec M. GARANCE, ingénieur de la mine, deux faits intéressants: l'existence d'un nouvel îlot de Trias isolé au milieu du Crétacé, et celle d'un lambeau d'Urgonien intercalé entre le Muschelkalk et les calcaires à Hippurites qui recouvrent les couches de Fuveau.

Ilot triasique. — J'ai montré qu'au Nord de la ligne qui va de l'Oratoire Saint-Jean aux moulins de Fontanieu, le Trias est renversé sur le Crétacé: les érosions ont entamé, par places, cette masse de recouvrement et ont mis au jour le Crétacé, dont les affleurements dessinent comme une anse profonde au Sud de Fontanieu.

([1]) Voir *Bull. Soc. Géol. de France*, 3e série, XV, 1886-1887, p. 667-702 [Note reproduite ci-dessus, art. XXIII].

Dans cette anse s'élève, à l'Ouest des bâtiments de la mine, une colline allongée, dont la base est formée au Nord par les calcaires à Hippurites, au Sud par le Sénonien supérieur et par les couches à *Ostrea acutirostris*. C'est au sommet de cette colline qu'il existe un lambeau de Muschelkalk. Ce serait une nouvelle anomalie à ajouter à tant d'autres, si l'on se refusait à admettre les preuves que j'ai données du recouvrement; une fois, au contraire, le recouvrement admis, le fait était presque à prévoir d'après l'altitude de la colline et celle du Trias voisin. Les calcaires à Hippurites font partie du *lambeau de poussée*.

Lambeau urgonien. — Dans la galerie de travers-bancs, qui va du du jour rejoindre les travaux de la mine, les observations faites sur place, complétées par les renseignements de M. GARANCE sur les parties exploitées, m'ont permis de relever la coupe ci-jointe (fig. 55) pour les 120 premiers mètres, avant le coude qui ramène la galerie en direction.

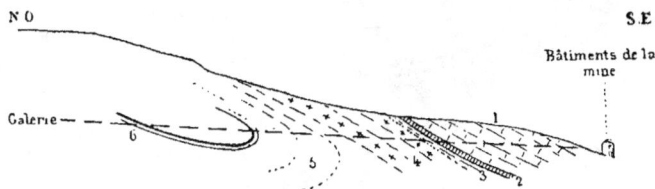

Fig. 55. — Coupe de la Mine de Fontanieu.

Le repli de la couche de charbon, qui, une fois renversée, s'étire et disparaît, a été suivi sur plus de 150 mètres; il correspond au centre du pli couché, dont j'ai montré l'existence depuis Sainte-Anne jusqu'à Taurentum; c'est la confirmation indiscutable, *par des travaux de mine*, des coupes relevées sur le terrain.

Il y a de plus à noter les argiles noires verdâtres qui séparent le Muschelkalk des Hippurites; on n'en voit pas l'affleurement au jour. Il est impossible au point de vue pétrographique d'y voir un membre du Trias; elles rappelleraient plutôt l'aspect de certaines marnes aptiennes; mais, quel que soit leur âge, le fait intéressant est qu'on y voit enclavé un morceau anguleux, gros comme une tête d'enfant, de calcaire blanc, avec un fragment de coquille à test épais, rappelant les coupes de Requiénies. Ce bloc ne peut guère avoir été amené là que par les actions mécaniques de friction et de glissement; en tout cas, il donne lieu de supposer que des morceaux d'Urgonien ont pu être entrainés avec le lambeau de poussée.

En effet, en suivant pas à pas sur le terrain avec M. GARANCE la limite du Trias et des Hippurites, nous avons trouvé d'abord dans des murs de soutènement un grand nombre de morceaux d'Urgonien, avec coupes très nettes de Requiénies; puis, un peu à l'Ouest du Colombier, nous avons rencontré un affleurement des mêmes calcaires, bien en place, visibles sur quelques mètres carrés, avec

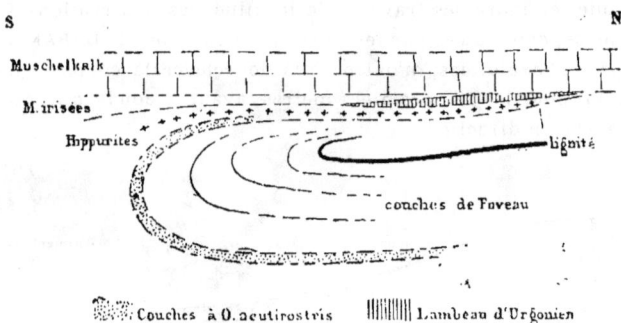

Fig. 56. — Coupe schématique à l'Ouest du Colombier.

le Muschelkalk au-dessus et les Hippurites au-dessous. C'est bien, comme le montre la figure 56, la place que l'Urgonien doit occuper dans la série des couches *étirées et renversées*. Toute autre position serait en contradiction avec la coupe que j'ai donnée avant de connaître ce lambeau. Par contre, je ne vois pas comment, dans aucune autre hypothèse, on pourrait expliquer sa présence.

Crétacé de La Ciotat. — J'avais, dans ma Note, d'après notre confrère M. TOUCAS, signalé l'existence d'un îlot de Grès vosgien près de La Ciotat, c'est-à-dire à peu près dans la continuation de la ligne Canadeau-Fontanieu. J'ajoutais que ce lambeau devrait probablement suivre le sort de ceux du Beausset, et sa présence s'expli-

quer d'une manière analogue. Je n'avais pas encore visité La Ciotat; je puis affirmer maintenant qu'il n'y a pas de Trias dans cette localité, et que c'est un faciès très spécial du Turonien qui a
été gris pour du Grès vosgien.

Ces couches, que M. TOUCAS indique comme rencontrées dans
des fouilles assez profondes à La Ciotat même, se relèvent vers le
Sud du côté de la mer, le long de laquelle elles vont former des falaises abruptes du Bec de l'Aigle; c'est là qu'on peut bien les observer. Ce sont des conglomérats, avec ciment sableux peu abondant, dont la désagrégation inégale à donné naissance aux formes
pittoresques de la côte. La superposition normale à ces poudingues de marnes bleues, qui forment la base du Sénonien, peut se
constater à l'extrémité de la tranchée de la voie ferrée qui aboutit
aux chantiers de construction.

Ces conglomérats diffèrent profondément de toutes les couches
qu'on rencontre dans le bassin du Beausset; les cailloux roulés,
qui atteignent et dépassent la grosseur de la tête, y sont formés
en majorité de galets permiens, avec morceaux de mélaphyre assez abondants. Certaines couches permiennes sont ainsi formées,
surtout près de l'Esterel, de galets arrachés à l'étage même, et il
est certain qu'au premier aspect les poudingues font plutôt songer
à ces couches permiennes qu'à aucune autre de la série crétacée.
Mais un examen attentif lève facilement les doutes: les poudingues sont bien turoniens, comme l'indique leur position stratigraphique (¹).

Il suffit pour s'en convaincre de suivre la route qui mène au sémaphore; là, on trouve intercalé, à la partie supérieure des poudingues, un banc calcaire d'un mètre environ, presque uniquement formé de Polypiers et de fragments d'Hippurites. Des poudingues à moindres éléments reparaissent au-dessus du calcaire,
ils passent à des grès grossiers avec baguettes d'Oursins peu déterminables, rappelant le *Cidaris sceptrifera*. Plus à l'Ouest, en suivant les sentiers de douane en haut de la falaise, on voit un nouveau banc d'Hippurites s'intercaler dans les poudingues et un autre
dans les grès supérieurs. Les poudingues disparaissent, remplacés
par des grès grossiers, puis par des calcaires spathiques à grains

(¹) Ils sont d'ailleurs marqués comme tels sur la carte de M. TOUCAS. Il
est pourtant bien certain que ce sont les mêmes poudingues qu'ont rencontrés les fouilles faites à La Ciotat.

de quartz; les bancs calcaires augmentent d'épaisseur, et au-dessus de La Bedoule, entre La Bedoule et Ceyreste, on ne rencontre plus, sur 200 mètres d'épaisseur, que la masse uniforme des calcaires angoumiens.

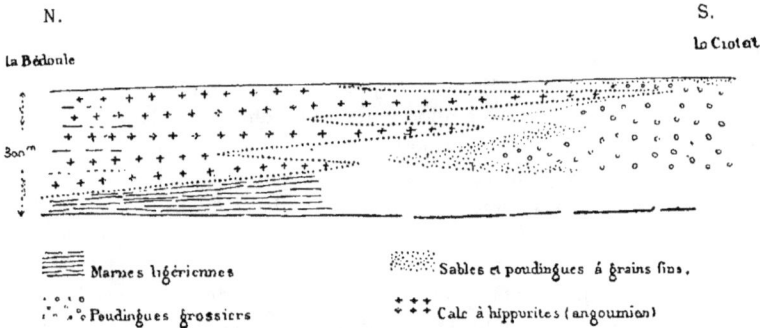

Fig. 57. — Coupe de La Bedoule à La Ciotat.
Échelle des longueurs 1: 80 000.

Le diagramme ci-joint (fig. 57) rend compte de cette rapide modification des faciès de l'étage. On peut le rapprocher de celui que j'ai donné entre le mont Caoumé et Fontanieu, où le changement de faciès est accompagné d'une rapide diminution dans les épaisseurs; malgré des changements profond dans l'intervalle, il est remarquable de trouver une analogie complète dans les coupes des deux extrémités, celle de Cassis et celle du Caoumé; elle montrent toutes deux des puissances comparables: au-dessus des mêmes marnes ligériennes, le même dédoublement des calcaires angoumiens, avec intercalation des mêmes grès grossiers.

La masse des poudingues atteint à La Ciotat 200 mètres d'épaisseur, mais elle se termine très rapidement vers le Nord. On peut encore citer un banc bréchoïde au milieu de l'Angoumien, vers la sortie du second tunnel du chemin de fer entre Cassis et La Ciotat, un autre à la partie inférieure du Sénonien, au-dessous de la gare de Ceyreste; encore ne sont-ce là que des points isolés, et peu éloignés de La Ciotat: à moins de 5 kilomètres au Nord de la côte, toute trace de transport violent a disparu. Les poudingues sont donc formés d'éléments venus du Sud, et c'est de ce côté qu'il faut chercher, à faible distance, la place de l'ancien rivage de la mer crétacée. Or, c'est aussi au Sud que doit se trouver la continuation, aujourd'hui submergée, de la chaîne des Maures. Il faut en conclure que cette chaîne formait rivage à l'époque turonienne avec une bordure émergée de Permien et même de Trias; j'ai, en effet, trouvé dans les poudingues quelques galets de Muschelkalk. Cette conclusion, que d'autres indices auraient permis de prévoir, est intéressante à retenir au point de vue de l'histoire géologique de la région.

La Ciotat est à 20 kilomètres du Beausset; à La Ciotat, l'influence de la proximité du rivage change complètement la composition des couches; au Beausset, dans l'ancienne hypothèse admise, cette même influence aurait été complètement nulle. J'ai déjà fait ressortir d'une manière générale combien il est peu vraisemble que des îlots escarpés aient existé dans les mers crétacées, sans que des fragments en aient été détachés et sans que les sédiments du bord en aient été modifiés; mais l'argument prend une force nouvelle, si l'on ajoute que cette mer, inoffensive au Beausset, arrachait des millions de mètres cubes aux falaises d'une côte voisine.

XXV

REMARQUES SUR L'ANALYSE,
PAR M. EMM. DE MARGERIE,
DE RÉCENTS TRAVAUX DE MM. MAC CONNELL
ET MIDDLEMISS

(*BULLETIN DE LA SOCIÉTÉ GÉOLOGIQUE DE FRANCE*,
3e série, XVI, 1887 - 1888, p. 515. — Séance du 7 Mai 1888).

M. M. BERTRAND se réjouit de voir si tôt se réaliser ses prévisions sur la généralité des phénomènes de recouvrement. Il peut affirmer maintenant qu'en Provence ces phénomènes ne sont pas bornés au Beausset, mais qu'il se retrouvent sur les bords de tous les grands plis.

XXVI

LES PLIS COUCHÉS ET LES RENVERSEMENTS
DE LA PROVENCE.
ENVIRONS DE SAINT-ZACHARIE

(*COMPTES-RENDUS DE L'ACADÉMIE DES SCIENCES,*
CVI, 1888, 1ᵉʳ semestre, p. 1433-1436. — Séance du 14 Mai.
Note présentée par M. DAUBRÉE).

J'ai montré qu'auprès du Beausset un îlot triasique reposait sur
le Crétacé supérieur, et j'ai indiqué comment cette superposition
anormale résultait naturellement de l'existence d'un pli couché et
de la continuation des efforts horizontaux qui l'ont produit. Le pli
couché complet montrerait en haut et en bas des couches normalement stratifiées, et entre elles une bande de couches renversées;
mais, si l'effort horizontal s'est continué plus longtemps, les couches ont glissé les unes sur les autres, s'échelonnant en quelque
sorte sur la route parcourue, et, à une distance suffisante, il ne
reste plus dans la masse de recouvrement que les bancs supérieurs, c'est-à-dire ceux qui ne sont pas renversés. Les coupes du
Beausset permettent d'observer tous les intermédiaires entre les
deux cas extrêmes.

Je puis annoncer aujourd'hui que ces phénomènes ne sont pas,
en Provence, bornés à un exemple unique; ils s'y retrouvent sur
les bords de tous les grands plis. Les dénudations et les tassements postérieurs ont plus ou moins compliqué les apparences,
mais toutes les anomalies de la région, qui ont jusqu'ici passé inaperçues ou sont restées inexpliquées, s'expliquent de la même
manière. Les recherches sont facilitées par une remarque très
simple: les glissements successifs dont je parlais ont produit comme
une infinité de petites failles parallèles aux bancs, se confondant
par conséquent avec les joints de stratification; de là résulte l'a-
mincissement intermittent ou la disparition complète de certains
étages. Quand des couches horizontales et non renversées présentent ainsi cette succession lacunaire, on peut être à peu près certain qu'elles appartiennent à un lambeau de recouvrement ou plus
généralement à la partie supérieure d'un pli couché. C'est d'ailleurs là un point important à noter au point de vue de l'étude des

étages; si l'on attribuait toutes ces lacunes et toutes ces irrégularités aux circonstances même du dépôt des couches, on se ferait
une idée inexacte des conditions où s'est effectuée la sédimentation dans les mers jurassiques et crétacées de la Provence.

Parmi les exemples que je puis déjà citer, un des plus intéressants est fourni par les environs de Saint-Zacharie (Var). Là sont
rassemblés, comme en miniature, dans une bande de 1^{km} de largeur, tous les accidents caractéristiques de la région. La vallée de
l'Huveaune, au Nord, est dans le Trias, ainsi qu'une grande partie
des premiers coteaux qui la bordent au Sud (fig. 58), puis
vient un vallon étroit (B) de terres cultivées, rempli par les couches de Fuveau (Danien); entre les deux, on trouve des lambeaux
assez importants, mais irréguliers (A) de Jurassique, plongeant
toujours au Sud, c'est-à-dire sous le Crétacé; par places, il y a

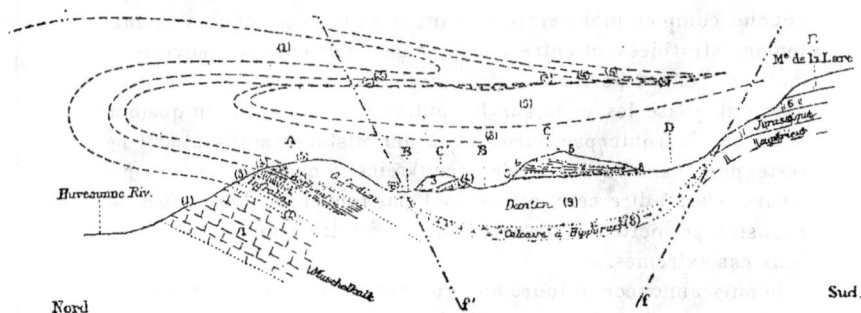

Fig. 58. — Coupe des environs de Saint-Zacharie (1: 20 000 environ).

quelques placages de calcaires à Hippurites. La signification de ces
lambeaux (un peu exagérés sur la figure) ne peut faire de doute:
c'est la retombée étirée de l'anticlinal triasique de la vallée de
l'Huveaune. Le vallon crétacé (B) est suivi, au Sud, par une série
de coteaux jurassiques (C) à couches horizontales, mais étirées,
où tantôt l'Infralias, le Lias ou le Bajocien font défaut; puis vient
un nouveau vallon de Crétacé supérieur (D), plus étroit que le
premier, bordé au Sud par la haute muraille jurassique de la Lare (E), c'est-à-dire par les dolomies et les calcaires blancs du Jurassique supérieur, peu inclinés et puissants de plus de 100^m. En
suivant cette falaise, on y rencontre encore de nombreux placages
de calcaires à Hippurites.

A la rigueur, tous ces faits pourraient s'expliquer par une discordance des couches de Fuveau, mais l'hypothèse serait en opposition avec toute la géologie de la région; elle ne rendrait pas compte de l'étirement des assises jurassiques dans les coteaux (C). De plus, en examinant les détails des coupes, les contradictions se multiplieraient: les coteaux jurassiques (C) ne forment pas une bande continue, mais une série d'îlots séparés par des détroits crétacés; on peut en compter jusqu'à sept. Contre l'un des îlots, on trouve les Hippurites au-dessus du Fuvélien; dans un autre (C'), situé un peu plus au Nord, les couches sont *renversées*, le Lias plonge sous l'Infralias. Une seule explication est possible: c'est le renversement vers le Sud du pli anticlinal de la vallée de l'Huveaune, et celle-là, comme le montre la figure, rend compte de toutes les anomalies mentionnées. Il faut supposer seulement que la partie comprise entre les deux plans f et f' s'est affaissée de 200^m à 300^m au-dessous de son niveau primitif. C'est d'ailleurs cet affaissement qui explique l'étirement des terrains jurassiques au Nord et les placages hippuritiques sur les deux bords du petit bassin fuvélien. Au centre, les terrains sont descendus sans grande modification dans leur situation respective, tandis que les bords de la cuvette, par suite de la flexion et des glissements successifs, se garnissaient de lambeaux des terrrains intermédiaires.

Ces affaissements se montrent liés, sous, des formes diverses, mais d'une manière très générale, aux phénomènes de recouvrement, comme si le poids des masses superposées en était la cause. Il y a près de quatre ans que j'ai proposé cette explication, dans le bassin houiller du Nord, pour le *cran de retour* d'Anzin. Le cran de retour d'Anzin en tout cas a son équivalent exact, à Saint-Zacharie, dans la faille (f), qui borde au Nord la montagne de la Lare.

Il est intéressant de voir ainsi l'analogie entre les différentes régions et entre les plissements d'âge différent se poursuivre jusque dans les détails.

Je tiens encore plus à noter la rapidité inespérée avec laquelle se vérifient mes prévisions sur la généralité de ces phénomènes. M. DE MARGERIE vient de signaler à la Société Géologique les nouvelles découvertes dans les Montagnes Rocheuses et dans l'Himalaya; dans les premières, c'est le Cambrien qui recouvre le Crétacé sur 11^{km} de largeur; dans l'Himalaya ce sont les schistes cristallins qui recouvrent le Tertiaire. Dans les régions plus anciennement

connues, dans les bassins houillers du Somerset et de la Westphalie (¹), des lambeaux de calcaire carbonifère apparaissent au milieu des terrains houillers; on les croyait ramenés par des failles
verticales; l'exploitation a continué et passé sous ces lambeaux.

Ainsi, dans ce bassin de la Ruhr (²), cité jusqu'ici comme un
exemple typique de régions à plis droits et réguliers, une butte
calcaire suffit à nous apprendre qu'il y a eu des renversements et
des masses poussées en superposition anormale. L'érosion n'en a
laissé subsister que ce dernier indice, longtemps méconnu; de même, à Saint-Zacharie, si l'on considère le croquis joint à cette Note, on voit que, sans l'affaissement *ff'*, il ne resterait plus trace de
ces phénomènes. Dans combien de cas n'en a-t-il pas été ainsi?
Malgré le nombre croissant des exemples connus, il est probable
que ce nombre reste bien loin de la réalité, et l'on en arrive à se
demander si ce n'a pas été là, partout où la poussée a été suffisante, c'est-à-dire dans toutes les grandes chaînes, la forme normale
des mouvements de plissement.

La théorie d'ailleurs l'avait en partie prévu: l'indication première des phénomènes se retrouve implicitement dans les pages célèbres où ÉLIE DE BEAUMONT a formulé ses idées sur les soulèvements des montagnes (³). L'écorce de la planète, dit-il, tend à « diminuer son ampleur incommode par la formation d'une sorte de
rempli ». L'expression est vague, mais M. DE CHANCOURTOIS en a
précisé le sens dans une figure schématique, qui ne laisse place à
aucune anbiguité (⁴). Le rempli, tel que le concevait ÉLIE DE BEAU-
MONT, est bien le pli couché avec recouvrement; la figure de
M. DE CHANCOURTOIS est celle qu'on pourrait donner aujourd'hui
pour traduire à une échelle très réduite l'ensemble des faits sur
lesquels j'ai appelé l'attention.

(¹) Il y a, ici, confusion entre le bassin houiller de Westphalie, sur la
rive droite du Rhin, et celui qui le prolonge à l'Ouest de ce fleuve, aux environs d'Aix-la-Chapelle, dans la Province Rhénane.

[(²) Voir la note précédente.]

(³) *Notice sur les systèmes de montagnes*, p. 1257 et suiv.

(⁴) *Bull. Soc. Géol. de France*, 2ᵉ série, XXIX, 1871-1872, p. 239.

XXVII

ALLURE GÉNÉRALE DES PLISSEMENTS DES COUCHES
DE LA PROVENCE:
ANALOGIE AVEC CEUX DES ALPES

(*COMPTES-RENDUS DE L'ACADÉMIE DES SCIENCES,*
C VI, 1888, 1er semestre, p. 1613 - 1615. — Séance du 4 Juin.
Note présentée par M. DAUBRÉE).

Parmi les complications grandioses de la Géologie alpine, une des
plus célèbres est celle qu'ESCHER DE LA LINTH et M. HEIM ont fait
connaître sous le nom de *double pli des Alpes* de *Glaris.* J'en ai
proposé, en 1884 ([1]), une explication nouvelle, et j'ai eu la sa-
tisfaction de retrouver, trait pour trait, en Provence, les phénomènes dont j'avais présumé la possibilité dans les Alpes. La coupe
du Beausset ([2]) est identique à celle que j'avais proposée pour
Glaris.

Je viens de trouver, dans le massif de la Sainte-Baume et dans
ses dépendances une nouvelle coupe qui, cette fois, est identique à celle de M. HEIM. Deux grands plis anticlinaux, celui de
la Sainte-Baume et celui de l'Huveaune, se déversent l'un vers le
Nord, l'autre vers le Sud, tous deux avec un cortège semblable de
lambeaux de recouvrement jurassiques superposés au Crétacé; un
troisième pli anticlinal de moindre importance, celui de la Lare,
sépare nettement les deux bandes synclinales ainsi recouvertes.
Tout cet ensemble, au lieu des 20^{km} des Alpes de Glaris, n'occupe qu'une largeur 7^{km} à 8^{km}.

J'ai décrit, dans une Note précédente, la coupe de la vallée de
l'Huveaune et de Saint-Zacharie. Celle de l'autre versant de la Lare est à peu près identique. Une faille secondaire complique un
peu l'interprétation en ramenant 100^m plus bas la continuation des
terrains crétacés du Plan d'Aups; mais, à partir du pied de la
falaise que cette faille détermine, on trouve également deux ban-

---

([1]) *Bull. Soc. Géol. de France,* 3e série, X II, 1883 - 1884, p. 318 [Mémoire
reproduit ci-après, LVIII].

([2]) *C. R. Acad. Sc.,* CIV, 1887, 1er Sem., p. 1735, et *Bull. Soc. Géol. de
France,* XV, 1886-1887, p. 667 [travaux reproduits ci-dessus, XXII et XXIII].

des crétacées séparées par des collines jurassiques. Le Crétacé se
complète là par une série de poudingues (sans doute analogues
à ceux de Vitrolles), concordants avec les couches de Fuveau
et passant, comme elles, sous le Jurassique: on peut voir
la superposition très nette en deux points, dans les tranchées de
la route de Saint-Zacharie au couvent et dans les grands escarpements, à l'Est de la Roque-Forcade. En somme, la symétrie de part
et d'autre de la Lare est à peu près complète, et une coupe de
Saint-Zacharie à la Sainte-Baume pourrait mériter le nom de
double pli provençal.

Mais l'intérêt de ces coupes de la Sainte-Baume est plus grand
que celui d'une analogie possible avec la Suisse. Sur le même versant d'une chaîne, tous les plis sont en général inclinés dans le
même sens, et cela doit être s'ils sont le résultat d'un même effort
d'ensemble. Dans quel cas peut-il y avoir exception à cette règle,
et quelle peut en être la cause? M. SUESS, M. HEIM, M. RENEVIER
ont proposé de voir cette cause dans une sorte de poussée au vide
qui tiendrait à rabattre toute falaise verticale sur les champs d'affaissement qu'elle domine. L'explication semble rationnelle et peut
suffire pour certains cas simples, comme dans le Jura; mais,
quand il s'agit de grands plis couchés où les terrains sont plusieurs fois repliés sur eux-mêmes, comme au Glärnisch, quand les
couches portent les traces de glissements horizontaux, comme
en Provence, la pesanteur évidemment n'est plus une cause suffisante, et il faut une autre explication. Pour la Sainte-Baume, au
moins, cette explication peut se trouver avec certitude, et je serais
assez tenté de croire qu'elle s'applique d'une manière générale à
tous les exemples analogues.

Le pli anticlinal de la Sainte-Baume, qui semble s'arrêter brusquement au ravin de Saint-Pons, se poursuit en réalité dans le
massif de Tête de Roussargue; c'est là encore un pli couché, mais
qui ne laisse plus apparaître en son centre que le Bathonien, puis
même que les dolomies du Jurassique supérieur. Masqué pendant
2km sous les terrains tertiaires du bassin de Marseille, il reparaît
auprès de l'Étoile avec toute la retombée étirée des terrains jurassiques et crétacés; on voit là sa direction, qui était Est-Ouest,
s'infléchir vers le Nord, puis vers le Nord-Est; il se poursuit alors
sans interruption par le Trias de la vallée de l'Huveaune jusqu'à
Saint-Zacharie, où sa direction a tourné de 180°. *L'anticlinal
de Saint-Zacharie et celui de la Sainte-Baume ne sont qu'un*

seul et même pli, dont l'arête directrice forme un demi-cercle autour du Plan d'Aups.

De même le Crétacé du Plan d'Aups et celui de Saint-Zacharie se relient d'une manière continue autour du massif de la Lare; *ils ne forme qu'un seul et même pli synclinal,* dont l'arête directrice décrit un demi-cercle concentrique au précédent.

Dans ce double demi-cercle vient en quelque sorte s'emboîter à son tour l'anticlinal de la Lare.

Les terrains jurassiques déversés qui recouvrent le Crétacé au Nord de la Sainte-Baume forment une ceinture qui accompagne le pli anticlinal, sur tout son parcours, qui tourne avec lui et avec le synclinal crétacé, et ainsi le déversement, quoique toujours dans le même sens par rapport au pli, se fait d'abord vers le Nord, puis vers l'Est, puis vers le Sud. On comprend ainsi comment une coupe dirigée suivant le diamètre commun de ces demi-circonférences donne l'apparence d'un double pli. On comprend en même temps combien l'expression serait inexacte.

Un exemple géographique bien connu fera mieux comprendre ce qui précède, c'est celui de la ceinture semi-circulaire que forment les Alpes autour de la plaine du Pô; c'est une ceinture analogue que forme le pli de la Sainte-Baume, avec son demi-tore de terrains déversés, autour du massif de la Lare.

Nous voilà donc arrivés à préciser une nouvelle anomalie dans la structure de la Provence: certains plis, au lieu d'y affecter l'allure rectiligne, y décrivent des sinuosités très marquées. Mais là encore, comme pour les recouvrements du Beausset, le phénomène, une fois bien constaté en un point, se retrouve en beaucoup d'autres. L'exception apparente devient la règle, et l'on peut résumer dès maintenant la structure de la Provence, avec toutes ses singularités, dans cette formule relativement très simple:

La Provence est un pays plissé, où les plis, en gros parallèles à la bordure des Maures, décrivent une série de sinuosités, et où chaque pli anticlinal se déverse sur le synclinal qui lui fait suite au Nord.

Avec les anciennes idées sur la rectilignité des chaînes, la Provence apparaîtrait donc comme une anomalie étrange, comme un type aberrant dans l'ordre orogénique. Est-il besoin d'ajouter que, là comme toujours, le prétendu type aberrant ne semble tel qu'à cause de nos idées préconçues? Les chaînes sinueuses et les plis sinueux sont en réalité presque aussi fréquents que les chaînes

rectilignes. M. SUESS a montré que les Carpathes, les Alpes Transylvanes et les Balkans forment une seule et même chaîne dont le
contour décrit un grand S renversé. Les Alpes Suisses, Françaises
et Liguriennes, l'ensemble de la Sierra Nevada et de l'Atlas, la
chaîne en partie sous-marine des Antilles, ne fournissent pas des
exemples moins frappants. M. LECORNU pour les plis carbonifè-
res du Calvados, M. BRÖGGER pour les plis siluriens du golfe de
Christiania, ont indiqué une allure également sinueuse. Les exemples se multiplieront sans aucun doute avec le progrès des connaissances géologiques; et il restera à déterminer quelles causes
dévient ainsi en certains points les vagues de l'écorce terrestre, et
les laissent en d'autres se propager rectilignement.

XXVIII

NOUVELLES ETUDES SUR LA CHAINE
DE LA SAINTE-BAUME.
ALLURE SINUEUSE DES PLIS DE LA PROVENCE

(*BULLETIN DE LA SOCIÉTÉ GÉOLOGIQUE DE FRANCE,*
3º série, XVI, 1887-1888, p. 748-778, pl. XXVI et XXVII.
— Séance du 18 Juin 1888).

Sommaire

Dans mes études précédentes sur la Provence, j'ai montré que la Provence est en réalité un pays plissé ([1]), et que c'est par conséquent dans la comparaison avec les grandes régions de plissement, avec les Alpes notamment, qu'on doit chercher l'explication de sa structure complexe; j'ai montré ensuite ([2]) que certains plis y sont couchés jusqu'à l'horizontale, et qu'il peut en résulter, comme au Beausset, un élément inattendu de complication: la présence de lambeaux de Trias et de Jurassique, isolés au milieu du Crétacé supérieur, reposant sur les couches plus récentes, amenés là par les actions mécaniques et pouvant donner l'illusion de discordances étroitement localisées. J'ai aujourd'hui à signaler de nouveaux exemples de ces *phénomènes de recouvrement*, comme j'ai proposé de les désigner, et je désire en même temps appeler l'attention sur une nouvelle particularité intéressante des plis de

---

[1] *Bull. Soc. Géol. de France*, 3e série, XIII, 1884-1885, p. 115 [Mémoire reproduit ci-dessus, art. XIX, p. 159].

[2] *Bull. Soc. Géol. de France*, 3e série, XV, 1886-1887, p. 667 [Mémoire reproduit ci-dessus, art. XXIII, p. 192].

la Provence: ces plis, au lieu de se poursuivre en ligne droite suivant la règle ordinaire, se dévient et s'infléchissent en plusieurs
points, de manière à décrire des sinuosités très marquées: ce sont
en quelque sorte, au lieu de plis rectilignes, des *plis tordus*. On
s'explique ainsi le caractère un peu confus de la topographie provençale, l'absence de directions dominantes, la rareté ou la brusque terminaison des chaînons rectilignes, l'isolement apparent des
massifs montagneux. Dans la plupart des régions plissées, les actions mécaniques ont laissée leur empreinte dans le relief, et
l'on peut déjà en présumer l'existence d'après le parallélisme des
chaînons successifs; s'il n'en est pas ainsi en Provence, cela tient
précisément à ce que les plis n'y conservent pas sur d'assez longs
espaces leur allure rectiligne.

Le massif de la Sainte-Baume, dont j'ai repris cette année l'étude, me semble essentiellement propre à donner un exemple typique de ces phénomènes. J'en ai déjà décrit le versant méridional,
avec les étirements de couches et le grand renversement qui lui
donnent son cachet spécial. Le versant septentrional m'avait semblé dès lors présenter des complications et des difficultés d'un autre ordre; c'est lui dont je vais m'occuper dans cette Note.

J'ai été amené, pour en comprendre la structure, a étendre mes
explorations vers le Nord jusqu'à la vallée de l'Huveaune, et j'ai
eu entre les mains pour cette étude, la minute manuscrite de la
feuille d'Aix, dont les contours, tracés avec beaucoup de soin et
de détails par M. COLLOT, m'ont constamment servi de guide dans
mes recherches; je tiens donc à rappeler ici la part importante qui
revient à notre confrère dans la connaissance du massif.

Cette Note comprendra deux parties: l'interprétation de la coupe
et celle de la carte; dans la première, j'essaierai de montrer l'existence de plis couchés et de phénomènes de recouvrement, analogues à ceux du Beausset; dans la seconde, je m'attacherai à suivre
les plis en direction, et à en dégager l'allure curviligne et sinueuse.

COUPE DE SAINT-ZACHARIE A LA SAINTE-BAUME

Le caractère général du massif est d'être formé de chaînons ou de
bandes à peu près parallèles entre elles, orientées du N. E. au S. O,
mais s'arrêtant toutes avant d'atteindre la grande dépression N.-S.
que suit l'Huveaune, d'Auriol à Aubagne; c'est d'abord au Sud la
grande crête rocheuse qui constitue la chaîne proprement dite,

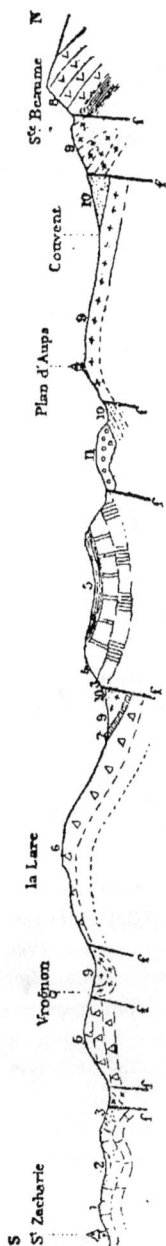

Fig. 59. — Coupe générale du massif de la Sainte-Baume, d'après H. COQUAND.

1. Muschelkalk; 2. Marnes irisées; 3. Infralias; 4. Lias et Bajocien; 6. Jurassique supérieur; 7. Néocomien; 8. Urgonien et Aptien; 9. Calcaire à Hippurites; 10. Série de Fuveau; 11. Poudingues. — Échelle de 1: 50 000 environ.

avec des hauteurs de 1000 à 1200m., et qui s'interrompt brusquement avec la haute muraille verticale du Baou de Bretagne. En avant, s'étend le petit plateau du Plan d'Aups, véritable plaine unie, de 2 à 3 kilomètres de largeur, à une altitude moyenne de 700m. ; ce plateau domine, au pied d'un nouvel escarpement de moindre importance, une région de collines profondément découpées, dont les sommets ne dépassent guère 600m., et qui forment une bande de 2Km. environ de largeur, également parallèle à la chaîne. Au Nord se dresse une masse rocheuse plus homogène, la montagne de la Lare (ou du Deffend), atteignant 837m. de hauteur; plus au Nord la vallée de l'Huveaune (200m.) suit, entre Saint-Zacharie et Auriol, la même direction N. E.-S. O., et est séparée des hauteurs précédentes par une série de coteaux peu élevés (de 300 à 350m.).

En dehors du massif de la Lare, qui est constitué par une masse à peu près homogène de Jurassique supérieur, en forme de voûte surbaissée, la région qu'on traverse ainsi du Plan d'Aups à l'Huveaune, et dont la grande route du Couvent donne une coupe facilement observable, est remarquable par la succession capricieuse et le véritable enchevêtrement des terrains les plus variés, du Crétacé supérieur et même du Tertiaire jusqu'au Trias. Pour en donner une première idée, je reproduis ici avec quelques modifications (fig. 59) l'ancienne coupe

de COQUAND ([1]), qui explique par des failles verticales multiples les alternances répétées des affleurements jurassiques et
crétacés. Cette coupe en elle-même n'aurait rien que de très
admissible, mais dès qu'on cherche à suivre les contours de
ces failles, on est frappé de leur irrégularité; ce ne sont pas
des lignes droites formant un réseau plus ou moins complexe, ce sont des lignes sinueuses, suivant dans leurs détails les
irrégularités du sol et s'arrondissant en grandes boucles allongées
ou même en ellipses complètement fermées; les affleurements de
ces failles se comportent comme le feraient ceux d'une limite naturelle de terrains. On est ainsi averti immédiatement qu'on n'est
pas en présence de failles ordinaires, se prolongeant en profondeur; on trouve notamment des *paquets* de Jurassique isolés au
milieu du Crétacé, qui font penser à l'îlot du Beausset. Les coteaux
qui s'élèvent au Nord de Saint-Zacharie sont particulièrement
instructifs à ce point de vue, et c'est par eux que je commencerai
l'examen détaillé de la coupe.

Environs de Saint-Zacharie. — Je ne m'occuperai pas ici de la rive droite de l'Huveaune, qui est en grande partie occupée par un
bassin tertiaire, discordant avec les séries plus anciennes; les
couches en sont par places, et notamment sur les bords du bassin,
relevées jusqu'à la verticale; il n'en est pas moins incontestable
qu'elle se sont déposées postérieurement aux grands mouvements
que nous cherchons à analyser.

Au Sud, l'Huveaune est bordée par une première ligne de coteaux, en grande partie formée de Muschelkalk. Cette première ligne est suivie d'une dépression, le long de laquelle sont bâtis le
petit village des Lagets et la ferme de La Gastaude. Cette dépression est remplie par les couches de Fuveau bien développées, avec
lignites et nombreux fossiles d'eau douce, parmi lesquels les
Cyrènes de Fuveau (*Corbicula galloprovincialis*) sont particulièrement abondantes. *A priori*, il est probable que la ligne de
Trias représente le sommet d'un pli anticlinal et la ligne de Fuvélien le fond du pli synclinal qui l'accompagne; l'examen de la zone
de contact des deux bandes confirme pleinement cette manière de

([1]) *Description géologique du massif montagneux de la Sainte-Beaume,*
1863. La figure reproduit plutôt l'*interprétation* que la coupe de COQUAND;
elle a pour but de montrer la physionomie que prend la coupe du massif,
quand on attribue tous les accidents à des *failles verticales.*

voir. En effet, tandis qu'en certains points le Muschelkalk et le Fuvélien butent l'un contre l'autre par faille, comme à l'Ouest de la route du Couvent, en plusieurs autres on voit se compléter la série des couches intermédiaires, et la faille ne se traduit plus que par une diminution irrégulières d'épaisseur, par un *étirement* de ces couches. Ces couches intermédiaires, plus ou moins développées, s'appuient d'ailleurs normalement et en concordance sur le Muschelkalk, et plongent partout au Sud, sous le Fuvélien. Ainsi en montant aux Lagets, on rencontre sur le Muschelkalk, après une interruption qui correspond probablement à la présence d'un peu de Marnes irisées, les calcaires et dolomies de l'Infralias, puis le Bathonien marneux très développé; le Lias semble faire défaut. Entre ce point et La Gastaude, et de même un peu plus à l'Est, la série se complète encore par les calcaires compacts du Bathonien supérieur et de l'Oxfordien (¹), et par des dolomies du Jurassique supérieur. Aux Lagets même, quelques bancs de calcaires à Hippurites s'intercalent au contact du Fuvélien.

Un peu plus à l'Ouest, le long du ruisseau qui descend des Bosqs et de Coutronne et va se jeter dans l'Huveaune auprès d'Auriol, la bande se réduit à une quinzaine de mètres, où l'on distingue, au-dessus de l'Infralias, un banc de Lias avec surface supérieur couverte d'Huîtres et de débris siliceux (Bajocien), 3 mètres de calcaires compacts et dolomies (Oxfordien), puis 10 mètres de calcaires blanc (Jurassique supérieur). Le tout est presque vertical. Au-dessus, un banc de calcaire grumeleux (3 m.), puis des marnes et des calcaires à Hippurites représentent la série crétacée, qui dépasse là, au-dessous du Fuvélien, une épaisseur d'une trentaine de mètres.

De l'autre côté du ruisseau (rive gauche), on ne trouve plus entre le Trias et le Fuvélien (avec lignites) qu'un banc de calcaires à Hippurites. Mais en suivant plus loin la bande de Trias jusqu'à

(¹) Comme j'ai déjà eu l'occasion de l'expliquer, le Bathonien marneux (zone à *Amm. tripartitus* et *Amm. Parkinsoni*) est séparé des dolomies du Jurassique supérieur par une masse de calcaires compacts qui renferment près de Toulon des fossiles bathoniens (*Terebratula flabellum*), mais qui, près d'Aix, ont fourni à M. COLLOT des Ammonites oxfordiennes. Le faciès marneux monte ainsi plus haut vers le Nord-Ouest: à la Sainte-Baume, les calcaires compacts n'ont pas jusqu'ici montré de fossiles; on peut donc hésiter entre leur attribution au Bathonien supérieur ou à l'Oxfordien.

Roquevaire, on rencontre encore une succession lacunaire analogue entre le Muschelkalk et le Fuvélien, au-dessus du lieu marqué Le Fauge, sur la Carte de l'État-major.

Il ne peut donc y avoir de doute sur la signifacation de ces deux premières bandes: le Trias de la vallée de l'Huveaune, qui se présente d'ailleurs en plis étroits et serrés, marque la place d'un anticlinal, dont la retombée Sud est étirée, a été comme laminée, et même en certains points complètement supprimée par une faille (faille d'étirement, pli-faille), mais qui sur tout son parcours est suivi parallèlement par un bassin synclinal, rempli de Fuvélien.

Le Fuvélien est composé de calcaires marneux très délitables, et ses affleurements forment des lignes de champs cultivés qui contrastent avec les pentes rocheuses ou boisées des coteaux jurassiques. Les fragments ramenés par la culture permettent partout d'y recueillir des fossiles et d'en suivre la continuité. On reconnaît ainsi qu'il occupe deux lignes de dépression, ou deux *combes* parallèles, séparées par une série de collines jurassiques; la première ne dépasse guère 200 mètres de largeur, la seconde est plus étroite encore et suit le bord des escarpements de la Lare. Ces escarpements sont formés de calcaires blancs et de dolomies, qui représentent le Jurassique supérieur, et qui sont en général presque horizontaux; mais si on les suit sur toute leur longueur, on voit par places les calcaires blancs accentuer leur plongement vers la dépression fuvélienne; des lambeaux plus ou moins importants de calcaires à Hippurites viennent s'intercaler, tantôt sous la forme de placages (fig. 60), tantôt en superposition normale; enfin, à

N.O.   S.E.

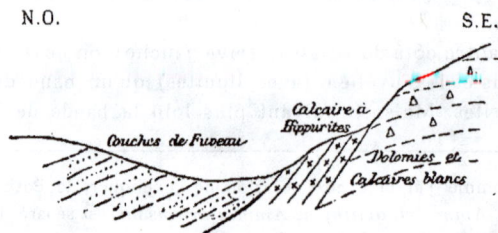

Fig. 60. — Coupe du versant Nord-Ouest du massif de la Lare·

l'Est et à l'Ouest, ces lambeaux sont plus développés et arrivent à donner une succession régulière et complète. On est donc là, comme du côté de l'Huveaune, en présence de la retombée plus ou moins étirée d'un pli anticlinal.

La coupe, réduite aux termes précédents, serait donc très simple et très facile à comprendre: deux plis anticlinaux entre lesquels affleure le Crétacé supérieur, c'est là la succession ordinaire des voûtes et de cuvettes, à laquelle on doit s'attendre dans une région plissée; l'étirement des couches sur les bords de la cuvette est un phénomène trop fréquent et trop connu pour qu'il y ait lieu d'y insister davantage. Mais au milieu de la cuvette synclinale, au milieu des couches fuvéliennes, on retrouve du Jurassique; c'est là le point qui constitue la singularité de la coupe et la difficulté de son explication (voir l'extrémité gauche de la coupe n° 2, pl. V et la carte, pl. VI).

Ces coteaux jurassiques ne forment pas une ligne continue, mais une série de buttes isolées, séparées les unes des autres par des dépressions plus ou moins marquées; dans toutes ces dépressions, j'ai trouvé des fragments de Fuvélien fossilifères; ce sont comme une série de détroits qui font communiquer entre elles les deux bandes crétacées; les collines jurassiques forment des îlots comparables en tout point à celui du Beausset.

Les couches y sont à très peu près horizontales, avec une légère pente vers le Sud; la série commence avec l'Infalias et va jusqu'à l'Oxfordien, mais nulle part les différents étages ne s'y présentent avec leur épaisseur ordinaire, et souvent plusieurs d'entre eux disparaissent complètement. Sur le versant Nord, qui regarde l'Huveaune, on trouve en général quelques bancs d'Infralias à la base; le Lias fossilifère, avec ses calcaires bleuâtres, le Bajocien avec ses silex, ne dépassent guère 10 mètres d'épaisseur et souvent manquent complètement; le Bathonien marneux est plus constant et mieux développé; il atteint 50 mètres. Enfin au sommet et sur le versant Sud, affleurent les calcaires compacts, gris rougeâtres, de l'Oxfordien. Il n'y a aucun indice de retombée sur les bords, qui permette de présumer là l'existence d'un pli anticlinal intermédiaire. Il faudrait pourtant faire exception pour le coteau qui est à l'Est de La Gastaude; là l'Oxfordien se retrouve sur les deux versants, tandis qu'au centre on observe le Bathonien avec un peu d'Infralias, mais ce coteau est trop évidemment homologue de ceux qui lui font suite à l'Ouest pour qu'il y ait aucune conclusion à tirer de ce fait isolé; c'est simplement le résultat d'un glissement local sur le bord de la colline. Partout ailleurs, sur le versant Nord, ce sont les terrains jurassiques les plus anciens qui sont en contact avec le Danien, et qui plongent, non pas vers lui, mais en sens inverse. De plus, on chercherait en vain quelques uns de ces lambeaux intermédiaires qui marquent la retombée du pli de l'Huveaune; le contact des séries jurassiques et crétacées se fait évidemment ici dans des conditions toutes différentes.

Le problème est donc le suivant: expliquer la présence d'îlots jurassiques, *à couches horizontale est amincies*, au milieu du Crétacé. J'ai déjà dit, à propos du Beausset, que l'hypothèse d'une discordance est inadmissible dans la région: partout où les couches de Fuveau s'y montrent en stratification régulière et sans failles, elles reposent avec tous les passages et sans apparence de ravinement sur les calcaires à Hippurites. Partout où des failles plus ou moins complexes pourraient faire songer à une discordance, l'absence de modifications dans la nature minéralogique des bancs et dans leur faune exclut l'hypothèse d'un soulèvement contemporain et de la proximité immédiate d'un rivage escarpé. D'ailleurs, dans les îlots de Saint-Zacharie, l'amincissement des bancs jurassiques suffirait à montrer qu'ils ne sont pas dans leur position originaire, et qu'ils ont été amenés là par des actions mécaniques. Les couches sont horizontales, par conséquent on ne peut invoquer la pénétration d'une voûte anticlinale au milieu d'assises moins résistantes. Il ne reste donc que l'hypothèse du *recouvrement.*

Les preuves directes, comme pourrait seulement en fournir un puits ou un sondage, font ici défaut; mais deux coupes des environs de La Gastaude, en montrant qu'il y a des renversements de couches, indice incontestable de l'existence d'un pli couché, me semblent entraîner un caractère absolu de certitude. Sur le versant Sud-Est du plus oriental des coteaux jurassiques, à peu près à la

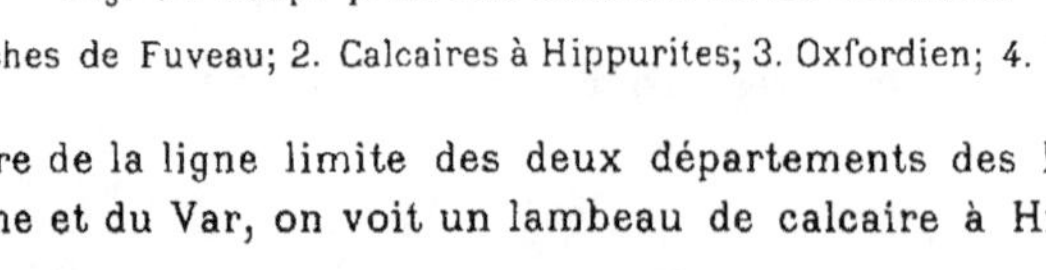

N.   S.

Fig. 61. Coupe prise aux environs de La Gastaude.

1. Couches de Fuveau; 2. Calcaires à Hippurites; 3. Oxfordien; 4. Bathonien

rencontre de la ligne limite des deux départements des Bouches-du-Rhône et du Var, on voit un lambeau de calcaire à Hippurites superposé aux couches de Fuveau (ici partiellement à l'état de grès), et semblant plaqué contre le Jurassique voisin (fig. 61). Celui-là ne s'est certainement pas déposé au point où nous le voyons aujourd'hui. La seconde coupe est plus nette encore et plus probante; c'est celle du coteau situé entre les deux petits cols qui mènent de La Gastaude aux Lagets; ce coteau (coupe n° 2, pl. V) est presque uniquement formé d'Infralias, en gros bancs bien lités, atteignant 50 mètres d'épaisseur et plongeant assez fortement *vers le Nord*, c'est-à-dire en sens inverse des lambeaux précédemment mentionnés. Il est partout entouré de Fuvélien, sauf en un point, au col du Nord, où l'Infralias butte directement contre le Jurassique supérieur de la bande étirée; quelques marnes rouges au voisinage de ce point pourraient appartenir aux Marnes irisées, mais marquent plus probablement le début des couches rouges et des poudingues qu'on trouve partout dans la région superposés au Fuvélien. Or, au Sud, on peut voir 2 mètres environ de calcaires du Lias, avec débris de fossiles siliceux, *plongeant sous l'Infralias*, et sous ces bancs de Lias des marnes bathoniennes froissées. Ainsi dans ce coteau, au moins dans sa partie Sud, *les couches sont renversées*.

Sans doute, il n'y a pas dans ces données de quoi reconstruire la coupe de proche en proche, comme on peut le faire au Beausset, mais il y a là, semble-t-il, des particularités assez nombreuses et assez diverses pour qu'une coupe schématique qui les explique toutes ensemble ait de grandes chances d'être l'expression de la vérité.

Et d'abord, cette coupe schématique ne peut guère être que celle d'un pli couché. L'existence d'assises renversées au milieu de couches peu inclinées ne peut guère avoir d'autre origine. Mais, de plus, on peut prévoir que c'est vers le Nord qu'on aura à chercher la partie centrale de ce pli; il est facile de s'en convaincre en résumant sommairement la théorie des plis couchés, telle qu'elle me semble résulter des exemples déjà connus.

Le pli couché simple est représenté par la figure 62; il a pour résultat d'introduire sur une même verticale la triple série des couches dans leur ordre régulier (1, 2, 3, 4), puis des couches renversées (4', 3', 2', 1'), de nouveau surmontées par la série normale (1", 2", 3", 4"). L'observation montre que presque toujours les couches renversées sont étirées; il faut donc évidemment, leur volume restant invariable, qu'elles se soient étalées sur une plus grande longueur, c'est-à-dire que la partie couchée du pli se soit allongée par suite de glissements successifs (fig. 63). Si ces glissements horizontaux continuent, c'est-à-dire si l'effort de poussée persiste, la série supérieure (1″, 2″, 3″, 4″) subira un mouvement analogue: elle s'étirera et s'allongera à sont tour, les bancs inférieurs disparaissant d'abord, puis les plus élevés; et alors (fig. 64), on pourra observer sur une même verticale, suivant qu'on est plus ou moins loin du plan axial: 1° deux séries normales (*ab*), séparées par une série renversée; 2° deux séries normales (*cd*), séparées par des *lambeaux* renversées; 3° deux séries normales (*ef*), directement superposées. La seconde de ces séries présente une succession

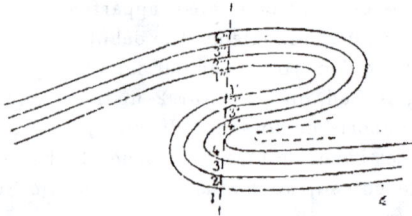

Fig. 62. — Coupe schématique d'un pli couché simple.

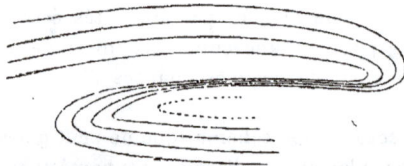

Fig. 63. — Étirement des couches renversées.

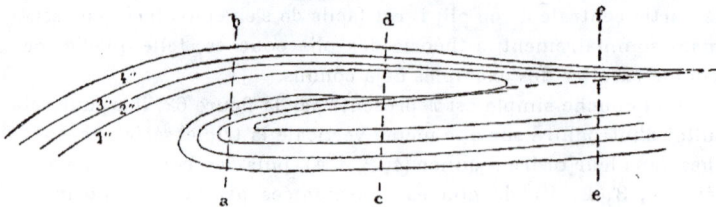

Fig. 64. — Étirement de la partie supérieure d'un pli couché.

d'autant moins complète, ou si l'on veut, des couches d'autant plus amincies, elle débute de plus par des termes d'autant moins anciens, qu'on s'éloigne davantage de la partie centrale. Dans ce mouvement progressif, où les bancs s'échelonnent sur la route parcourue, les bancs supérieurs doivent être ceux qui s'avancent le plus loin, et il ne semble pas possible qu'il en soit autrement.

A Saint-Zacharie, les lambeaux renversés font défaut au Sud; il en existe un au Nord de la bande de recouvrement; le mouvement horizontal des bancs, leur *traînage*, a donc dû se faire du Nord vers le Sud, et c'est au Nord qu'il faut chercher le pli anticlinal correspondant. C'est d'ailleurs au Nord seulement qu'on trouve un pli assez accentué pour qu'on voie affleurer en son centre des terrains plus anciens que ceux des collines de La Gastaude, et pour qu'on puisse par suite lui rattacher nos *lambeaux de recouvrement*. Ce pli est celui de la vallée de l'Huveaune. Il ne se montre, dans ses affleurements actuels, que comme un *pli droit*; mais c'est le cas de tous les plis assez profondément dénudés; nous pouvons supposer qu'il a été pli couché et en rétablir les lignes conformément au schéma précédent. Nous sommes amenés ainsi à reproduire, presque nécessairement, et dans leur position relative, toutes les particularités que nous a révélées l'observation directe (pl. V, coupe n° 1, extrémité gauche).

Il y a seulement une différence: tous ces lambeaux que la dénudation a découpés dans la masse de recouvrement devraient, d'après la figure théorique, se trouver 400 à 500 mètres plus haut qu'ils ne se trouvent réellement. Il faut donc supposer que, postérieurement au mouvement de plissement, il s'est produit un grand affaissement entre les plans f et f'. D'un côté, en f', l'affaissement se serait traduit par une inclinaison graduelle des couches, dont les fragments étirés auraient garni et comme tapissé le bord de la cuvette; de l'autre côté, en f, il se serait traduit par une déchirure brusque, au moins le long de la plus grande partie de l'escarpement de la Lare. Les coupes 1 et 2 de la planche V montrent les deux positions correspondantes, avant et après l'affaissement.

Je ne crois pas que la petite complication qu'introduit cette nouvelle hypothèse puisse constituer une objection sérieuse. Parmi les phénomènes mécaniques dont la Géologie nous démontre l'existence, les affaissements sont ceux dont il est le plus facile de concevoir la possibilité et le mécanisme; on sait de plus, comme l'a montré M. SUESS, qu'ils sont particulièrement fréquents sur le bord des régions plissées, et enfin au-dessous des masses de recouvrement, ils apparaissent presque comme un fait général et con-

stant. Dans une première Note à ce sujet (¹), j'émettais l'hypothèse
que le poids des masses superposées pouvait y avoir contribué; mais
on peut dire aussi que ces affaissements sont liés aux phénomènes
de recouvrement parce que, là où ils ne se sont pas produits, la dénudation a facilement fait disparaître toute trace de ces phénomènes. Quelle qu'en soit la raison, la connexité des deux faits, recouvrement et affaissement, est incontestable; le Cran de retour
d'Anzin est l'exemple le plus connu, mais la coupe du Boussu (²)
est plus frappante encore; dans les coupes du Beausset (³), la grande inflexion du pli couché au-dessus du Gros-Cerveau n'a sans
doute pas une autre cause; il y tantôt simple *flexure*, tantôt flexure avec faille, mais le phénomène est toujours le même. Dans le
cas actuel, la faille f serait le *cran de retour* du pli de l'Huveaune.

Collines du Plan d'Aups et de Nans. — Je passe maintenant à
l'examen des coteaux qui sont situés de l'autre côté de la montagne de Lare, la séparant du plateau du Plan d'Aups et de l'arête de
la Sainte-Baume. On est frappé de retrouver là, avec quelques légères différences, une reproduction presque symétrique de la disposition constatée à Saint-Zacharie: les calcaires blancs de la Lare plongent, en général sans faille, sous la série crétacée, formée
principalement de calcaires à Hippurites, et couronnée en plusieurs points par les couches à Turritelles, puis par les couches de
Fuveau; une série de coteaux jurassiques forme ensuite une crête allongée du N.E. au S.O., parallèlement au bord de la Lare, et ces coteaux sont séparés du plateau du Plan d'Aups par une bande étroite mais continue de Fuvélien ou de conglomérats plus récents. Là
encore, nous trouvons donc, comme de l'autre côté de la Lare,
une bande de Jurassique intercalée entre deux bandes crétacées;
comme de l'autre côté, nous allons être amenés à conclure que cette bande intercalée est *superposée* au Crétacé.

Occupons-nous d'abord de la première bande crétacée, celle qui
borde la Lare. De Coutronne à la route du Couvent, elle se présen-

---

(¹) *Bull. Soc. Géol. de France*, 3ᵉ série, XII, 1883-1884, p. 318 [ci-après,
art. LVIII].

(²) *Bull. Soc. Géol. de France*, 3ᵉ série, XV, 1886-1887, p. 701 [ci-dessus,
p. 228].

(³) *Ibid.*, pl. XXIII [pl. III du présent volume].

17

te en superposition normale aux calcaires blancs du Jurassique supérieur. M. COLLOT indique sur sa carte une lèche intermittente de Néocomien, qui sépare les Hippurites du Jurassique; l'Urgonien en tout cas fait défaut, ainsi que l'Aptien. Il est possible que l'absence de ces derniers étages, si développés à la Sainte-Baume, soit due à une lacune de sédimentation, et en effet, comme l'a déjà remarqué M. COLLOT, ils ne se retrouvent pas dans les coupes plus septentrionales; mais en tout cas l'intermittence du Néocomien prouve clairement à mes yeux qu'il y a eu là des glissements qui ont fait disparaître localement une partie des couches. On s'explique ainsi comment cette ligne de contact devient un peu plus à l'Est une ligne de faille: à partir de La Taulère, les Hippurites disparaissent sur plus de denx kilomètres et le Jurassique est en contact direct avec des poudingues intercalés dans des marnes rouges.

Ces poudingues jouent un rôle considérable dans la stratigraphie de cette région. COQUAND, puis M. COLLOT les ont rapprochés des poudingues du bassin de Marseille, et j'ai moi-même adopté cette manière de voir dans ma première Note sur la Sainte-Baume. Ils ne contiennent pas de fossiles, et quand on parcourt rapidement la région, ils apparaissent d'une manière tellement inattendue au milieu des formations plus anciennes, qu'il est difficile de ne pas songer à une discordance; mais un examen plus attentif montre qu'ils sont partout en rapport avec les couches de Fuveau et directement superposés à ces couches; je montrerai tout à l'heure qu'ils sont antérieurs aux grands mouvements de plissement. Les argiles et poudingues du bassin de Marseille ont au contraire rempli des cuvettes dans la région déjà plissée. Cette considération stratigraphique suffit à séparer nettement les deux systèmes, et la carte, une fois cette remarque faite, prend immédiatement une autre signification. Il semble, il est vrai, au premier abord en résulter de nouvelles et plus grandes complications dans la structure de la région, mais ces complications se groupent et s'ordonnent en quelque sorte de manière à permettre une explication d'ensemble.

En suivant le bord de la Lare, depuis la route du Couvent vers l'Est jusqu'à la ferme de La Taulère, puis jusqu'à Nans, on voit, comme je l'ai déjà dit, la masse des couches crétacées à Hippurites disparaître assez brusquement, et les poudingues buter directement contre le Jurassique; ces poudingues, qui ont au moins 100 mètres d'épaisseur, contiennent à la base des cailloux très roulés, surtout quartzeux, de provenance lointaine, avec ciment et patine rougeâtre et avec alternances d'argiles d'un rouge foncé; un peu plus haut, on trouve des bancs presque entièrement formés de pisolithes calcaires, à structure concentrique, atteignant la grosseur du poing, et rappelant ceux qu'on rencontre à divers niveaux dans le bassin de Fuveau; enfin, à la partie supérieure, les cailloux augmentent de volume, deviennent presque uniquement calcaires, et proviennent plutôt des terrains secondaires de la région voisine. Plus à l'Est, en continuant vers Nans, les calcaires à Hippurites et les couches de Fuveau s'intercalent de nouveau entre les poudingues et le Jurassique; leur disparition locale n'est donc, comme celle du Néocomien, que le résultat de l'étirement qui correspond à la retombée de l'anticlinal de la Lare.

Après cette première bande crétacée vient, au Nord, la bande jurassique, large en moyenne de 1 kilomètre; elle comprend l'Infralias, le Lias, le Bajocien et le Bathonien: la série des couches y est complète, et forme dans son ensemble un synclinal bien accusé, avec le Bathonien au centre. Malgré la régularité générale de la succession des couches, normalement développées avec toute leur épaisseur, il y a à signaler deux points, près de la ferme de Coutronne et à l'Ouest du Plan d'Aups, où le Lias fait complètement défaut, et où le Bathonien repose même directement sur l'Infralias. Le Lias reprenant avec tous ses caractères et toute son épaisseur quelques centaines de mètres plus loin, il ne peut être question de lacune de sédimentation, mais seulement d'un étirement mécanique; et les couches étant là à peu près horizontales, cet étirement est la preuve d'un mouvement de glissement et par suite d'un transport horizontal.

La ligne des coteaux jurassiques est continue sur 8 kilomètres entre La Taulère et Roque-Forcade, où elle va se relier au grand massif de Tête de Roussargue. Elle est interrompue au vallon de La Taulère par un *détroit* de poudingues, qui fait là communiquer les deux bandes crétacées; mais elle reprend vers l'Est, du côté de Nans, où elle est même accompagnée de quelques îlots isolés au milieu des poudingues (voir la carte, pl. VI).

La ligne de contact du Crétacé et du Jurassique se présente partout avec les apparences d'une ligne de superposition, les bancs crétacés et jurassiques ont une inclinaison à peu près concordante et le contact suit les irrégularités du sol, pénétrant en anses dans les vallons comme le ferait un affleurement ordinaire; il est incontestable en tout cas que la faille, ou mieux que le plan de séparation, est un plan très oblique.

À la bande jurassique en succède une autre, beaucoup plus étroite, continue tout le long de l'escarpement du Plan d'Aups jusqu'à
Nans et de là jusqu'à Rougiers, s'élargissant seulement près de
Nans où les couches de Fuveau, à la Bastide-Blanche, ont donné
lieu à des recherches de combustible. Cette bande correspond à
une ligne de dépression bien marquée sur le terrain. Sa continuité géologique pouvait se présumer d'après les nombreux affleurements fuvéliens qu'on y rencontre; elle devient évidente dès qu'on
s'est convaincu que les poudingues qui masquent souvent les couches de Fuveau leur sont régulièrement superposés et font partie
avec elles d'un même système.

Les affleurements sont bien découverts en plusieurs points au pied
de la falaise de dolomies jurassiques que gravit le chemin de Nans
à la Sainte-Baume, notamment en face du ravin de La Taulère, et
en face de celui qui lui fait suite à l'Ouest. Ces affleurements sont
plaqués contre la falaise, et on constate au second de ces affleurements que ces couches plaquées sont *renversées*. Dans le bas du vallon on trouve les poudingues, puis en montant au Sud vers la falaise, les couches de Fuveau avec Cyrènes, puis les bancs saumâtres
à *Melanopsis* et enfin les calcaires à Hippurites. L'ensemble de ces

N. O.   S. E.

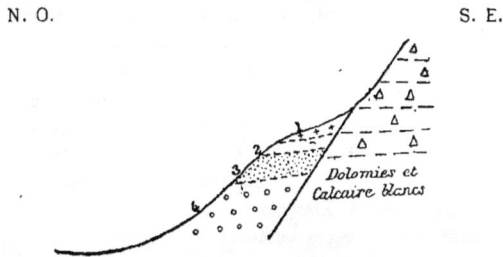

Fig. 65 — Coupe prise en face du ravin de La Taulère.

1. Calcaires à Hippurites; 2. Valdonnien; 3. Fuvélien;
4. Poudingues supérieurs.

couches très réduites n'a guère qu'une vingtaine de mètres; mais
la succession est très nette, et la superposition bien visible. La
stratification est à peu près horizontale (fig. 65).

Au ruisseau de La Taulère, les couches crétacées montrent des
rapports encore plus inattendus, elles sont également horizontales, mais *repliées sur elles-mêmes*: à la base, dans le ruisseau, on
trouve les calcaires à Hippurites, puis 10 mètres de calcaires et
de marnes de Fuveau, très fossilifères, et de nouveau par-dessus

ces dernières les calcaires à Hippurites avec quelques bancs des couches à *Cardium, Venus* et Cyclolites du Sénonien supérieur (fig. 65) ([1]).

N. O.   S. E.

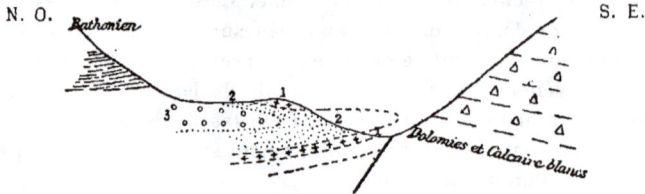

Fig. 66. — Coupe du ruisseau de La Taulère.

1. Calcaires à Hippurites; 2. Couches de Fuveau (couches à Physes); 3. Poudingues.

J'ai déjà signalé au Beausset ([2]) un fait analogue: un vallon creusé dans le Trias faisant apparaître des couches crétacées renversées. La présence seule du Crétacé au milieu de coteaux jurassiques pourrait se concevoir par un affaissement local; il y en a un exemple, dans la chaîne même, à Vrognon ([3]), sur la route de Saint-Zacharie au Couvent (voir la carte, pl. VI); mais il est tout à

([1]) Une course commune faite récemment avec M. COLLOT (Septembre 1888) me permet, grâce à l'étude particulière que notre confrère a faite du bassin de Fuveau, de préciser quelques points de cette coupe intéressante: les couches fossilifères qui sont au centre sont les couches à Physes; elles représentent un niveau supérieur à celui des Cyrènes; c'est le point le plus méridional où elles soient connues. *Au-dessus* d'elles, les couches à Cyrènes seraient représentées par un gros banc de calcaire noir, durci, cristallin, tout pénétré de veines de carbonate de chaux, et rappelant comme apparence les calcaires alpins. Ce banc ne se prolonge pas; il se termine en pointe dans les marnes, fournissant ainsi un bel exemple à la fois d'étirement et de métamorphisme mécanique. Ces exemples de métamorphisme sont rares dans la région. Il est donc naturel que quand on en trouve, ce soit, comme ici, près du centre, dans le noyau même des grands plis synclinaux couchés, c'est-à-dire aux points où la compression et l'écrasement ont dû être le plus énergiques.

([2]) *Bull. Soc. Géol. de France*, 3e série, XV, 1886-1887, p. 685 [ci-dessus, p. 211].

([3]) A vrai dire, l'affaissement de Vrognon n'est que l'élargissement d'une bande synclinale, par suite de la torsion brusque d'un de ses bords. Mais je connais d'autres exemples dans la région, où l'affaissement d'un bassin

fait inadmissible que cet affaissement, en laissant l'ensemble des couches horizontales, ait renversé pour quelques-unes d'entre elles l'ordre naturel de succession. L'étrangeté même du fait en facilite l'interprétation, en ne laissant qu'une seule explication possible: il faut que ces affleurements se rattachent à un pli couché, qui a pu seulement être morcelé par les tassements postérieurs, et dont il reste à reconstruire la position primitive.

Ici ce pli couché ne peut être que celui de la Sainte-Baume, dont la grande arête urgonienne du Sud ne serait ainsi que l'amorce et le début. Prenons en effet la coupe du Pied de la Colle au Plan d'Aups, que j'ai décrite dans une communication précédente (¹); les couches renversées de la crête de la Sainte-Baume et les couches non renversées de l'escarpement du Plan d'Aups forment les deux flancs d'un pli synclinal (fig. 67), dont la partie centrale, dis-

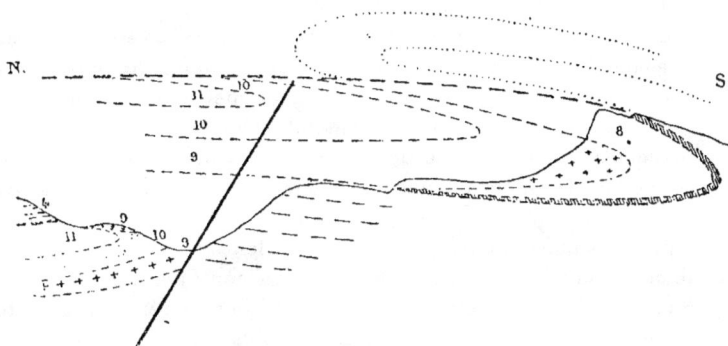

Fig. 67. — Coupe du Pied de la Colle au Plan d'Aups.
4. Dolomies; 8. Urgonien; 9. Calcaires à Hippurites; 10. Série de Fuveau; 11. Poudingues.

parue par dénudation, devait comprendre les couches de Fuveau et les poudingues supérieurs concordants. Rétablissons par continuité les assises disparues, en les marquant par des pointillés; on voit que les couches de Fuveau, enveloppées par les Hippurites, se

---

elliptique semble incontestable et sans rapport avec aucun phénomène de plissement, où il semble seulement dû à un phénomène de *tassement*.

(¹) *Bull. Soc. Géol. de France,* 3ᵉ série, XIII, 1884-1885, pl. VII [pl. II du présent volume].

trouvent précisément au-dessus des lambeaux signalés précédemment; la faille de tassement qui a déterminé la falaise du Plan d'Aups a abaissé, avec l'ensemble des terrains, cette partie du pli de 200 à 300 mètres. Le renversement des couches crétacées s'explique donc de lui-même, et en même temps on est mis sur la voie de l'explication de la présence de la bande jurassique décrite précédemment. Si on reconstruit non plus seulement le centre du pli, mais son ensemble conformément au schéma théorique donné plus haut, on voit (pl. V, coupe 1) qu'il ramène en effet des terrains jurassiques au-dessus des affleurements actuels, et que le même affaissement de 200 à 300 mètres (pl. V, coupe 2) suffit alors pour expliquer leur position, telle que nous l'avons constatée.

Cette induction peut ici se vérifier par l'observation directe; on peut voir en deux points *la superposition du Jurassique aux poudingues supracrétacés.* Il faut pour cela continuer vers l'Ouest l'étude de la petite bande crétacée.

Un peu avant la route du Couvent, cette bande s'étrangle presque complètement et, entre l'Infralias et la falaise dolomitique, il reste à peine une dépression de quelques mètres de largueur, où l'on rencontre encore des fragments de calcaires noir, durci, profondément métamorphisé, mais renfermant des Cyrènes bien reconnaissables. Immédiatement après le col où a lieu cet étranglement de la bande, elle s'élargit brusquement et on voit s'y développer des marnes blanchâtres sans fossiles, avec la masse puissante des poudingues; les couches de Fuveau continuent à former au Sud une dépression étroite et plongent sous la série précédente. Or, dans cette partie élargie, on trouve plusieurs petits îlots jurassiques, formés surtout de Bathonien et d'Oxfordien; les tranchées de la route du Couvent, un peu avant le dernier tournant, recoupent un de ces îlots et montrent les marnes bathoniennes, avec *Pecten Silenus, reposant sur les poudingues.* Des recherches de charbon ont été récemment entreprises de ce côté; si elles se continuent, on peut prévoir qu'elles fourniront de nouvelles constatations.

Plus loin encore au Sud-Ouest, au-delà du Plan d'Aups, on arrive, en suivant la dépression fuvélienne, au pied du col abrupt qui limite les grands escarpements déchiquetés de Roque-Forcade (Ouest du point 870), Là, on voit les poudingues former la base de la falaise verticale et supporter les calcaires compacts de l'Oxfordien. La ligne de contact est ondulée et irrégulière, mais voisine de l'horizontale, et la superposition est manifeste.

Ainsi, la symétrie entre les deux versants de la Lare n'est pas seulement due à une ressemblance superficielle; elle tient à une structure identique de part et d'autre: un bassin de Crétacé supérieur, recouvert de lambeaux plus ou moins étendus de Jurassique. Ces lambeaux proviennent de part et d'autre du déversement d'un pli anticlinal voisin, celui de la vallée de l'Huveaune au Nord, et celui de la Sainte-Baume au Sud; le premier est couché vers le Sud, le second vers le Nord. Tous les deux présentent cette particularité que la partie couchée a été disloquée par des affaissements postérieurs.

Si l'on supposait le sommet de la Lare, au centre de la voûte que forme le Jurassique supérieur, garni d'une couverture de terrains crétacés jusqu'au Danien, ce dernier se trouverait précisément au niveau de deux lignes de recouvrement primitives (pl. V, coupe n° 1); il semble donc permis d'en conclure que la forme de voûte actuelle résulte simplement du double affaissement mentionné, et non pas de la poussée d'ensemble qui a plissé la région; on aurait donc là un exemple intéressant d'un anticlinal en quelque sorte secondaire, résultant du tassement de la chaîne et non de sa formation même.

Ce point me semble bien mis en évidence par les deux figures de la planche V: une première coupe montre la position des plis avant le tassement; rien n'y marque la place d'un pli anticlinal intermédiaire; une seconde coupe montre la position actuelle, ainsi que la manière dont ces deux positions se correspondent et se déduisent l'une de l'autre. La partie centrale, restée immobile, forme saillie et a pris l'apparence d'une voûte.

On peut remarquer aussi dans la seconde coupe la faille qui limite l'escarpement de la Sainte-Baume, et dont il n'a pas été question jusqu'ici. En réalité, cette faille n'existe qu'à l'Ouest du Couvent et ne se poursuit pas vers l'Est; la seconde faille, celle qui limite l'escarpement du Plan d'Aups, diminue au contraire d'amplitude du côté de l'Ouest. Mais toutes deux ont joué un rôle équivalent, toutes deux sont postérieures au pli, qu'elles interrompent brusquement et dont elles étagent en quelque sorte les morceaux. Cette interruption est surtout bien marquée près de la ferme de Giniez, où elle a déjà été figurée par COQUAND, avec le < couché formé par les calcaires à Hippurites (1). J'ai tenu à faire figurer cette faille

(1) H. COQUAND, *Description géologique du massif de la Sainte-Baume,* 1863, p. 87 et 113.

dans la même coupe, pour montrer que l'affaissement a pu se faire par échelons successifs; les failles en gradin, la faille unique, la
courbure lente ou brusque (pli monoclinal), avec ou sans étirements, ce ne sont là que les formes diverses d'un même phénomène; ce sont les apparences différentes que, suivant les cas et
suivant les points considérés, peuvent présenter les bords d'une
même cuvette d'affaissement.

Mais, en dehors de ces remarques de détail, le grand intérêt des
coupes de la Sainte-Baume est de montrer deux plis, non pas couchés dans le même sens, mais inclinés l'un vers l'autre. C'est là
une disposition remarquable, faite assurément pour surprendre et
assez difficile à expliquer. Elle rappelle la coupe célèbre de M. HEIM,
dans les Alpes de Glaris; il semble qu'on soit ici en face d'un
« *double pli provençal* ». Mon but n'est pas ici de développer une
comparaison avec les phénomènes alpins; je rappellerai seulement
que j'avais proposé une autre interprécation pour la coupe de Glaris (¹); mon explication s'est trouvée s'appliquer terme pour terme au Beausset; celle de M. HEIM ne semble pas s'appliquer moins
fidèlement à la Sainte-Baume. Il est curieux de trouver ainsi dans
une même région et dans deux points aussi rapprochés, la double
série des phénomènes dont la possibilité avait été présumée pour
expliquer une coupe qui pouvait sembler un exemple sans analogue et comme le dernier terme des complications alpines.

Ce changement dans l'inclinaison des plis soulève une question
théorique importante: comment expliquer que, dans une chaîne où
tous les plis sont couchés généralement dans un même sens, vers
le Nord par exemple, un d'entre eux soit couché dans un sens opposé, vers le Sud? Quelle idée peut-on se faire des forces qui ont
produit ces mouvements divergents? M. SUESS, dans sa classification remarquable des accidents et des fractures de l'écorce terrestre (²), admet que l'inclinaison générale des plis dans un sens
indique la direction de l'effort dominant: les plissements résultent
de compressions horizontales, c'est-à-dire de l'action combinée de
deux forces opposées; si ces forces sont égales, il se forme des plis
droits; si l'une d'elle est prépondérante, elle tendra à coucher tous
les plis d'un même côté. Seulement, si un escarpement considéra-

---

(¹) *Bull. Soc. Géol. de France*, 3ᵉ série, XII, 1883-1884, p. 318-330 [re-
prod. ci-après, art. LVIII].

(²) *Das Antlitz der Erde*, I, 1883, p. 142 et suiv. [traduction française:
La Face de la Terre, I, 1897, p. 138 et suiv.].

ble s'est trouvé dominer un champ d'affaissement, une seule des deux forces s'est transmise à la masse en saillie, elle a donc pu la coucher et la plisser dans un sens qui dépend uniquement du « regard » de l'escarpement. Suivant les cas, l'énergie du plissement sera seulement plus marquée (*Vorfaltung*), ou le sens du plissement sera modifié (*Rückfaltung*).

M. BITTNER (³) a fait remarquer avec raison que l'on se trouve ainsi en possession de deux explications qu'on peut également appliquer à tous les cas et que cette trop grande latitude diminue singulièrement la valeur des conclusions. MM. HEIM et RENEVIER pensent que la seconde règle doit être seule invoquée, et que les chevauchements et recouvrements sont dus surtout à la « poussée au vide » que déterminent les champs d'affaissements; enfin M. DE MOJSISOVICS (⁴) et, après lui, M. DE MARGERIE, ont émis l'idée que le sens dans lequel un pli s'est couché, ne dépend pas seulement de la direction de la force ou de la résultante agissant, mais surtout de son point d'application.

Toutes ces considérations théoriques sont difficiles à discuter, parce que dans l'état de nos connaissances mécaniques, et vu surtout l'indétermination du problème, elles doivent se maintenir dans des termes trop généraux; la nature et la décomposition détaillée des forces mises en œuvre pour élever une chaîne de montagnes nous échappent complètement. Tout ce que nous pouvons espérer, c'est de trouver une assimilation qui rapproche les faits observés des phénomènes mieux connus, plus simples et plus à la portée de nos sens. Personne ne peut dire ainsi que le plissement d'une barre de fer ou d'une pile d'étoffes soit en rien comparable à la formation d'une chaîne de montagnes; ce n'est ni une reproduction en petit du même phénomène, ni une démonstration des explications proposées; ce n'est qu'une image, la traduction matérielle d'une comparaison, et nous ne pouvons aller au delà.

Or, toutes les comparaisons et tous les raisonnements ne me semblent pas pouvoir prévaloir contre le fait que, sur un même versant d'une chaîne, les plis sont en général couchés dans le même sens; si la « poussée au vide » était la véritable raison d'être des plis couchés, elle devrait s'être produite sur les deux bords de tous les affaissements, et la coupe « en double pli », ou, si l'on veut, en éventail renversé, devrait être la forme ordinaire et normale des

---

(³) *Jahrb. der K. K. geol. Reichsanstalt*, 1887.
(⁴) *Jahrb. der K. K. geol. Reichsanstalt*, 1873.

coupes dans les grandes chaînes. Cette forme n'est, il est vrai, pas rare dans le Jura, où les renversements, peu accusés, ne sont souvent que des oscillations autour de la verticale; mais quand il s'agit de grands plis couchés avec chevauchements et glissements horizontaux des bancs, on peut affirmer que les « plis en retour » sont des exceptions tout à fait rares. Il n'en serait pas de même évidemment si, se fondant sur la prédominance en Europe des plis inclinés vers le Nord, on considérait comme plis en retour tous ceux qui sont tournés vers le Sud; il se trouverait alors, comme l'a fait remarquer M. BITTNER, que la plus grande partie des plis du versant Sud des Alpes appartiendrait à cette catégorie; mais je crois qu'il faut seulement conclure de là que le sens général du plissement change avec le versant et que la structure normale des chaînes, prises dans leur ensemble, est une structure en éventail. C'est en tout cas en restant sur un même versant qu'il faut examiner la question, et alors on peut affirmer que le changement de sens, le renversement de deux chaînons l'un vers l'autre est un fait exceptionnel et anormal; je n'en connais pas, pour ma part, d'autres exemples que celui de Glaris et celui de la Sainte-Baume; encore faut-il remarquer que tous les deux, s'ils sont admis, ne se montrent que sur une faible longueur. A l'Est et à l'Ouest de Glaris, le double plis disparaît, ou du moins la continuation n'en est pas connue; c'est là, d'ailleurs, une des objections qu'on a faites à l'interprétation de M. HEIM. De même, à quelques kilomètres à l'Est et à l'Ouest de la Sainte-Baume, la coupe, complètement différente, ne montrerait aucun indice du double renversement.

Avant donc de chercher à montrer la possibilité et la vraisemblance théorique de ces coupes anormales, il faut essayer de voir comment elles se raccordent avec les coupes voisines, et à quelles autres particularités se trouve liée en fait cette modification locale dans la coupe générale. La région de la Sainte-Baume, par la distinction facile et par la séparation bien nette des massifs, est éminemment propre à mettre ces rapports en évidence: elle permet de consater ce fait inattendu que le pli de la Sainte-Baume et celui de la vallée de l'Huveaune, le pli déversé vers le Nord et le pli déversé vers le Sud, ne sont qu'un *seul et même pli*, qui, au lieu de se continuer en ligne droite, décrit une sinuosité assez brusque et tourne de 180°, avant de revenir par une nouvelle inflexion à sa direction première. On s'en rend facilement compte en suivant par voie de continuité les différentes bandes que nous avons étudiées.

ÉTUDE GÉNÉRALE DU MASSIF. — ALLURE
ET DIRECTION DES PLIS

Un premier fait, sur la carte comme sur le terrain, saute d'a-
bord immédiatement aux yeux et sert de guide pour les autres
raccordements: le massif jurassique de la Lare s'arrête vers
l'Ouest, en s'abaissant sous la petite vallée des Bosqs; cette vallée
est remplie par des couches à Hippurites et par les couches de Fuveau, qui complètent au massif une ceinture semi-circulaire et ininterrompue. Les deux bandes crétacées, qui limitent la Lare au
Nord et au Sud, se raccordent et ne forment qu'une seule et même
bande.

Ce qu'il faut chercher maintenant, c'est si cette bande crétacée
est sur tout son parcours, comme en face de Saint-Zacharie, accompagnée de lambeaux plus anciens amenés en superposition
anormale. Or les îlots de Saint-Zacharie (voir la carte) font face,
de l'autre côté du ruisseau des Bosqs, à un petit îlot, comme eux
formé de Bathonien marneux, que surmontent, avec une épaisseur réduite, tous les autres termes de la série jurassique, jusqu'aux dolomies et même aux calcaires blancs. Ces couches montrent également l'inclinaison déjà signalée vers le Sud. Comme situation, comme nature et comme pendage des bancs, il y a donc
similitude absolue avec les îlots précédemment décrits. Or ce nouveau lambeau n'est séparé du grand massif jurassique des Bosqs
que par une petite dépression, une combe étroite, dont on peut dire, à cause de la concordance exacte des couches jurassiques de
part et d'autre, que c'est une *combe d'érosion*. Elle est remplie de
débris de roches diverses, mais la nature marneuse du sous-sol et
la continuité topographique permettent à peu près d'y affirmer
la présence du Fuvélien. L'îlot précédent, qui est superposé au
Crétacé, n'est donc qu'un morceau détaché du massif des Bosqs. Il
y a là un premier indice important.

Ce massif des Bosqs n'est pas, comme les précédents, complètement isolé au milieu des couches crétacées, mais il s'y avance en
promontoire allongé, bordé à l'Est et à l'Ouest par les couches de
Fuveau ou par les poudingues. Après tout ce qui précède, l'idée
que les couches de Fuveau doivent passer et se continuer sous ce
promontoire vient naturellement à l'esprit. D'anciens travaux de
mines, qui malheureusement n'ont pas été poussés assez loin, ont
fourni un commencement de preuve matérielle. Je tiens en effet

de M. GARANCE, qui a dirigé les travaux de recherches à La Veyde, sur le versant Est de ces coteaux, qu'une galerie dans le lignite crétacé s'est avancée de 150 mètres sous la colline; là, un brouillage local a fait disparaître les calcaires jurassiques. Ce fait prouve au moins qu'il ne peut en aucun cas être question d'une faille verticale entre les deux séries (¹).

L'étude du massif fournit d'ailleurs d'autres arguments: quoique la série des couches soit là bien développée, et que le Bathonien notamment y atteigne 150 mètres d'épaisseur, il y a des points où le Lias manque complètement; ainsi près de la ferme Nicole, on voit le Bathonien, à peu près horizontal, reposer directement sur l'Infralias; c'est là l'indice de mouvements horizontaux, et un rapprochement avec les collines de Saint-Zacharie.

Le pied des escarpements de Tête de Roussargue fournit un argument d'un autre genre. Si l'on suit le chemin charretier d'Auriol à Coutronne jusqu'au point culminant, où ce chemin tourne vers l'Est, on se trouve sur les calcaires à Hippurites, inclinés légèrement vers la masse jurassique. En montant de là vers le col qui s'ouvre dans cette masse au Sud-Ouest, on trouve successivement, et presque horizontales, les couches à Turritelles, celles du Valdonnien et du Fuvélien, puis de nouveau les calcaires jaunes de Valdonne et les couches à Hippurites. L'Infralias très réduit et le Lias font suite en concordance apparente; entre les deux séries on trouve même quelques affleurements de calcaires blancs, qui ne peuvent appartenir qu'au Jurassique supérieur. C'est le fait que j'ai déjà signalé sur le bord des masses de recouvrement, et qui peut en être considéré comme caractéristique: la présence, entre la série plus ancienne et la série plus récente qui est à son pied, de lambeaux de *terrains intermédiaires renversés*.

Un point également intéressant est le petit vallon qui se trouve au pied du signal marqué: *Fin de la chaîne de la Sainte-Baume* sur la Carte de l'État-Major. Là, de même que l'ensemble du Jurassique forme un promontoire au milieu du Crétacé, le Fuvélien à son tour forme une anse dans le Jurassique, ainsi qu'on peut le voir sur le croquis géologique (pl. VI). Si par ce vallon on fait une coupe dirigée de l'Est à l'Ouest (fig. 68), on trouve à l'Est la série complète des assises jurassiques, depuis l'Infralias jusqu'à l'Oxfor-

---

(¹) J'avais eu l'occasion, dans une tournée commune, de signaler l'an dernier ce fait à M. COLLOT, qui admettait déjà alors la possibilité de superpositions anormales dans la région.

dien, ayant presque 400 mètres de hauteur, et montrant une légère inclinaison vers l'Est: de l'autre côté, les côteaux qui bordent le vallon sont moins élevés; on trouve à la base l'Infralias et au sommet les dolomies du Jurassique supérieur; entre les deux n'affleurent que des lambeaux des étages intermédiaires, quelques bancs intermittents de Lias, de Bathonien ou d'Oxfordien; la série qui a 400 mètres à l'Est n'a plus guère là que 40 mètres d'épaisseur moyenne. L'inclinaison des bancs n'est pas très forte, mais nettement marquée vers l'Ouest. Ainsi les deux coteaux se présentent comme les deux retombées d'une voûte, l'une normale, l'autre étirée. Dans le vallon qui en forme le centre, on devrait donc s'attendre à trouver les terrains plus anciens, c'est-à-dire le Trias; or, au lieu du Trias, on trouve le Fuvélien.

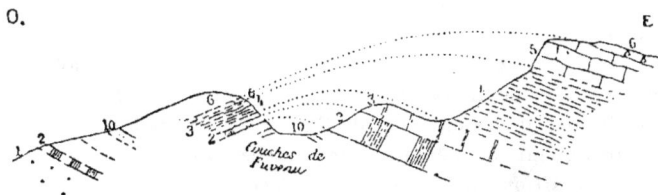

Fig. 68. — Coupe du vallon descendant du signal: Fin de la chaîne de la Sainte-Baume.

1. Trias; 2. Infralias; 3. Lias et Bajocien; 4. Bathonien;
5. Oxfordien; 6. Jurassique supérieur; 10. Couches de Fuveau.

Ce sont, il est vrai, des grès sans fossiles, mais tout à fait identiques à ceux qu'on rencontre dans le bassin de Fuveau, et faisant incontestablement suite aux couches à Cyrènes qui affleurent plus au Nord. C'est M. COLLOT qui m'a montré cette coupe l'année dernière, et pour lui comme pour moi, l'attribution de ces grès au Fuvélien ne saurait être douteuse.

Cette disposition singulière d'une voûte jurassique qui laisse affleurer en son centre le Crétacé supérieur, s'explique tout naturellement si le Jurassique repose sur le Crétacé; elle semble inexplicable dans tout autre hypothèse. Ce fait, rapproché des étirements locaux de couches horizontales, des indices fournis par les anciennes galeries de recherche, de la disposition générale des affleurements, et surtout des couches renversées au pied de Tête de Roussargue, me semble permettre de conclure avec certitude que tout

ce promontoire, qui s'avance vers le Nord en partant de Tête de
Roussargue, est bien lui aussi un *massif de recouvrement*, et qu'il
est l'homologue des collines jurassiques de Saint-Zacharie.

Une fois ce point acquis, nous sommes en possession d'un élément important de raccordement, c'est la continuité de la faille [1]
qui limite ce massif jurassique et qui le sépare du Crétacé. On
peut, comme le montre la carte, suivre cette faille depuis les
points précédemment cités, depuis les Bosqs, tout le long de la
bande crétacée jusqu'à Coutronne à La Taulère; partout elle met en
contact avec la même netteté le Jurassique moyen ou inférieur
avec le Crétacé supérieur. Puis, de la ferme de La Taulère, toujours sans discontinuité, la faille se retourne vers le Sud, puis
vers l'Ouest, pour revenir passer en dessous du Plan d'Aups; elle
enveloppe ainsi les massifs jurassiques dont j'ai montré plus haut
la superposition au Crétacé, et il y a là une nouvelle confirmation
de l'interprétation admise pour le promontoire qui s'avance au
Nord de Tête de Roussargue. La carte montre à l'évidence comment le massif des environs de Nans se rattache à cette série, et
par conséquent, de même que le Crétacé, *les couches jurassiques
en superposition anormale sur le Crétacé forment une ceinture
semi-circulaire autour de la Lare.*

Pour mieux faire saisir cette disposition, j'ai marqué sur la carte par des hachures croisées l'ensemble des affleurements jurassiques qui forment recouvrement, c'est-à-dire sous lesquelles un
puits ou un sondage rencontrerait le Crétacé.

Sur une longueur de plus de 20 kilomètres, le Crétacé s'enfonce
sous les massifs jurassiques, et sauf pour les 4 kilomètres qui sont
en face de Tête de Roussargue, il va ressortir de l'autre côté de
ces massifs; on voit ainsi l'étendue relativement considérable sur
laquelle les recherches entreprises aux affleurements auraient
chance de suivre les lignites de Fuveau; malheureusement, les conditions difficiles d'exploitation ne permettent pas d'entrevoir pour
ces recherches un avenir industriel en rapport avec leur intérêt
géologique.

---

[1] J'emploie toujours ce mot de faille pour désigner les lignes de discontinuité, faute d'autre mot admis et adopté en France. Il est clair qu'on
s'expose aux confusions les plus fâcheuses en désignant par un même mot
ces surfaces de superposition anormale et les véritables failles (*Verwerfun-
gen*), les failles d'affaissement.

Continuité du pli anticlinal. — Les lambeaux de recouvrement ne sont que le produit du déversement du pli anticlinal voisin; ces lambeaux formant ceinture autour du massif de la Lare, nous devons nous attendre à voir ce pli anticlinal suivre, lui aussi, concentriquement les courbes précédentes, et son axe, ou mieux son arête directrice, s'infléchir et tourner autour du même massif. C'est bien aussi la conclusion à laquelle mène l'étude des coupes successives, malgré la présence des terrains tertiaires discordants, qui masquent un moment les plis anciens et permettent seulement d'en présumer la continuation.

Au Nord, c'est la bande de terrains triasiques qui marque la place du pli anticlinal; depuis Saint-Zacharie, elle suit, comme je l'ai dit, la vallée de l'Huveaune jusqu'à Auriol, puis s'infléchit avec cette vallée vers le Sud, et se continue jusque près de l'Étoile, où elle disparait sous les terrains miocènes. Un petit ilot isolé près de la station du chemin de fer (Pont de l'Étoile) permet de constater que la bande se dévie là légèrement vers l'Ouest, puis montre une tendance à se retourner vers le Sud-Est. Cet ilot, que le chemin de fer traverse en tunnel, était considéré comme formé uniquement des dolomies et des cargneules du Trias; j'ai pu constater que les dolomies du tunnel appartiennent au Jurassique supérieur, aussi bien que celles qui affleurent sur la route au Nord du village. A l'Ouest, elles sont séparées du Muschelkalk par une petite combe où affleure le Bathonien marneux, et près de la route elles sont surmontées par des calcaires néocomiens à *Ostrea Couloni*. La direction des couches décrit en réalité un quart de circonférence tournant de la direction Est-Ouest à la direction Nord-Sud, et presque Sud-Est. On peut donc suivre le pli anticlinal jusqu'à l'Étoile, et on l'y retrouve avec la même retombée étirée de couches jurassiques déjà constatée de Saint-Zacharie à Auriol.

Au-delà de ce point, le bassin miocène s'étend jusqu'à Aubagne et jusqu'à Marseille. Sur tout ce parcours, il n'y a pas de pli anticlinal qui vienne d'une manière apparente aboutir et s'arrêter sur ses bords. En face même de l'Étoile le massif de Tête de Roussargue montre les couches jurassiques qui plongent vers le Sud, c'est-à-dire normalement à la limite du bassin; partout ailleurs, jusqu'auprès d'Allauch et de Marseille, la plaine tertiaire est bordée par des terrains crétacés qui plongent vers elle. Il n'y a donc que deux hypothèses possibles sur la continuation du pli anticlinal, ou supposer qu'il se poursuit, toujours masqué, dans la plaine ter-

tiaire, en suivant la direction du bassin, ou chercher si le massif
de Tête de Roussargue ne présenterait pas d'une manière plus ou
moins latente la structure anticlinale.

Les considérations qui s'opposent à la première hypothèse se
rattacheraient à l'étude de l'ensemble des massifs voisins, que je
ne puis entreprendre ici; on peut seulement remarquer qu'il est
peu vraisemblable que le bassin tertiaire se présente ainsi comme
remplissant une cuvette synclinale, sur les bords de laquelle il
empiète seulement légèrement et par placés, et que sur tout son parcours il masque complètement un pli anticlinal intermédiaire,
sans en laisser nulle part apparaître de traces.

Le massif de Tête de Roussargue ne semble pas, il est vrai, d'a-
près sa structure, pouvoir non plus fournir une solution satisfaisante. L'étude en présente quelques difficultés matérielles; on ne
peut l'aborder que par le fond des grands vallons sinueux et boisés qui le découpent, et dans ces vallons, assez mal marqués sur
la Carte de l'État-Major, il est malaisé de se faire une idée de l'ensemble. On arrive pourtant à se convaincre que toutes les couches
y plongent uniformément vers le Sud, ou plus exactement vers
Gémenos, et que la succession, sauf quelques accidents locaux, en
est régulière. J'avais cru d'abord, vu l'étude de la bordure, pouvoir conclure à la probabilité de l'existence d'un pli couché; en
effet, en suivant cette bordure depuis le ravin de la Piguière jusqu'à Saint-Jean de Garguier, on trouve la même série de couches
se répétant deux fois, depuis les dolomies jurassiques jusqu'à
l'Urgonien; mais c'est là seulement le résultat d'une petite faille
d'affaissement, à peu près parallèle à la bordure.

Les affleurements de Tête de Roussargue constituent donc une
série normale, continue avec celle qui, à l'Ouest, plonge sous le
bassin crétacé du Beausset, et allant passer sans aucun doute sous
le Crétacé supérieur d'Aubagne. Mais d'un autre côté cette série
est en continuité ininterrompue vers le Sud avec celle des Bosqs,
que j'ai montré être en recouvrement sur le Danien. Ce rapprochement permet alors, en se reportant à la figure 63 du texte ou à
la coupe n° 1 de la planche V, de présumer et de comprendre la
structure véritable du massif. Le pli anticlinal, que j'ai en vain
cherché sur le terrain, existe bien, mais en profondeur: il est *masqué par les affleurements*. Autrement dit, la partie déversée et la
retombée normale du pli sont en continuité et en cachent la partie

18

centrale. C'est ce qui arriverait pour tous ces plis couchés, comme le montre clairement la coupe théorique que je citais tout à l'heure (fig. 63), si la dénudation n'avait fait son œuvre et si elle n'avait entamé plus ou moins profondément le manteau primitif des formations plus récentes.

Le pli reparaît au jour et redevient visible au grand ravin de Saint-Pons, d'où on peut le suivre jusqu'à Saint-Pons même; là viennent affleurer successivement le Lias, l'Infralias et les Marnes irisées. La courbure anticlinale n'est pas encore très marquée, parce que toute la retombée en est supprimée du côté de l'Est par une grande faille, mais les lambeaux intercalés le long de cette faille (qui sépare là l'Infralias ou les Marnes irisées de l'Aptien), et la continuité de la retombée des terrains à l'Ouest, ne peuvent laisser aucun doute sur l'existence du pli en cet endroit.

A Sant-Pons, il y a une plaine d'alluvions, vers laquelle, comme je l'ai déjà dit dans ma Note sur la Sainte-Baume, viennent converger presqu'à angle droit le pli anticlinal de Tête de Roussargue et celui de la Sainte-Baume, avec les lignes de faille ou d'étirement qui les accompagnent. Je supposais alors que toutes ces lignes réunies avaient leur continuation commune dans le vallon de Gémenos, où j'avais cru constater qu'il n'y avait pas correspondance entre les affleurements des deux rives. L'étude détaillée n'a pas confirmé cette manière de voir; il n'y avait là qu'une illusion due à l'obliquité de la vallée par rapport à la direction des couches: en réalité, cette vallée de Gémenos n'est qu'une vallée d'érosion, sans dénivellation d'aucune sorte. C'est seulement en amont, auprès du moulin, qu'elle a épousé la ligne de torsion suivant laquelle les deux plis se raccordent.

J'ai d'ailleurs ici une autre rectification à faire: la coupe (fig. 8 de la Note publiée [1]) que j'avais donnée du bas du ravin de Saint-Pons est inexacte; les grands escarpements marneux que je n'avais abordés et qui m'avaient semblé ne pouvoir être formés que de Bathonien, sont en réalité de l'Aptien; les falaises du sommet, que j'avais cru faire suite aux affleurements du chemin de Cuges, sont de l'Urgonien, et la coupe doit être modifiée de la manière suivante (fig. 69).

Ces rectifications ne permettent plus qu'une seule interprétation des faits observés: du moment qu'on définit les plis, non plus, comme on l'a fait trop longtemps, par leur direction, mais par

---

[1] Reproduite ci-dessus, p. 174, fig. 40].

leur continuité, deux plis qui se rencontrent et s'arrêtent brusquement à leur point de rencontre ne forment en réalité qu'un seul
et même pli. Le prétendu point de rencontre n'est qu'un point de
déviation de l'arête directrice. Le pli qui, avec sa grande faille de
bordure, vient aboutir de Tête de Roussargue au vallon de Saint-
Pons ne peut s'arrêter brusquement: entré dans la petite plaine

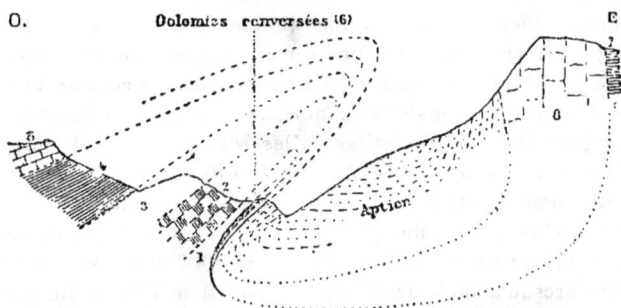

Fig. 69. — Coupe à travers le ravin de Saint - Pons (partie inférieure).

1. Trias; 2. Infralias; 3. Lias et Bajocien; 4. Bathonien; 5. Oxfordien;
6. Jurassique supérieur; 7. Néocomien; 8. Urgonien.

d'alluvions, il doit en sortir, et l'on n'a pas le choix sur le point de
sortie: il ne peut se continuer que par le pli du versant méridional
de la Sainte-Baume, dont j'ai déjà décrit l'allure et les particularités. De même pour les failles: la faille du Plan d'Aups et du ravin
de Saint-Pons, celle-là même dont nous avons suivi jusqu'à Nans
et jusqu'aux Bosqs les remarquables sinuosités, vient se raccorder
avec celle qui, sur le versant méridional de la Sainte-Baume, prolonge ou remplace la ligne d'étirement des couches. De part et
d'autre, ce sont les affleurements de la même surface de glissement,
intimement liée au pli anticlinal, suivant dans son ensemble la
courbure des couches, comme elles assez fortement inclinée au
Sud et presque horizontale au Nord.

La carte (pl. VI) a surtout pour objet de faire ressortir la
continuité de ces lignes: j'y ai marqué par un double trait ponctué
l'axe du pli anticlinal; on voit comment de la Sainte-Baume il
se poursuit dans le vallon de Saint-Pons et sous le massif de Tête de
Roussargue, et comment, après une disparition de 2 kilomètres
sous les terrains tertiaires, il reparaît avec la bande triasique

de la vallée de l'Huveaune; il forme donc, lui aussi, comme les couches crétacées et comme les lambeaux de recouvrement, *une ceinture semi-circulaire autour du massif de la Lare.*

C'est le propre des régions plissées que tous les affleurements y suivent parallèlement la direction des plis; on peut donc chercher une confirmation du résultat précédent dans l'étude du flanc méridional du pli de la Sainte-Baume, c'est-à-dire des bords du bassin dn Beausset. En choisissant par exemple l'affleurement du Néocomien, qui est presque partout bien marqué par une dépression au pied des collines urgoniennes, on le voit d'abord aux environs de Cuges suivre la direction de la crête de la Sainte-Baume; puis auprès de Gémenos il s'infléchit vers le Nord et va, à Saint-Jean de Garguier, disparaître sous les terrains miocènes; cet affleurement est figuré sur la carte, et on voit qu'il accompagne rigouseusement l'axe du pli anticlinal; l'inflexion brusque qui crée à Saint-Pons une petite difficulté est remplacée ici par une inflexion à large courbure; son tracé ne prête donc lieu à aucune ambiguïté. Vers le Nord, cet affleurement ne peut se raccorder qu'avec ceux de Roquevaire et d'Auriol, suivant la ligne pointillée marquée sur la carte; les petites bandes de Crétacé supérieur qui bordent le massif d'Allauch à l'Ouest et celui d'Aubagne au Sud-Ouest ne laissent place à aucune autre hypothèse. D'ailleurs, la suite de ces affleurements néocomiens s'infléchit vers l'Est en arrivant à Auriol, et par conséquent la retombée méridionale du pli, comme sa retombée septentrionale, comme son arête directrice, décrivent bien des courbes concentriques autour de la Lare. La série des confirmations est donc aussi complète qu'on peut le désirer.

Que devient le pli de la Saint-Baume après cette inflexion? Il ne me semble pas douteux qu'il ne doive revenir à sa direction première par une seconde inflexion; mais se contourne-t-il immédiatement au Sud du bassin de Fuveau? Va-t-il se terminer dans les monts de Regaignas, ou se rattache-t-il au contraire au pli de Sainte-Victoire, au Nord du bassin? Je ne puis pour le moment répondre à ces questions: les couches tertiaires de Saint-Zacharie introduisent une nouvelle discontinuité dans les affleurements; la bande crétacée des Lagets s'amincit et disparaît à l'Est, après un élargissement local à Vrognon, en même temps que le Trias de la vallée de l'Huveaune s'arrête brusquement au défilé de la route de Saint-Maximin et de Rougiers; c'en est assez pour affirmer que le pli se dévie de nouveau vers le Nord, mais de nouvelles études sont nécessaires pour retrouver avec certitude les diverses lignes qui caractérisent et pour préciser sa continuation dans la chaîne qui borde la plaine de Fuveau.

Quoi qu'il en soit de cette nouvelle question, on s'explique maintenant le caractère spécial des coupes de la Sainte-Baume: le déversement en sens contraire n'a ici rien de commun avec un double pli; il est le résultat de la *sinuosité* d'un pli unique; ce pli, que nous voyons à la Sainte-Baume incliné vers le Nord, avec accompagnement de terrains déversés et charriés sur plusieurs kilomètres, se contourne au lieu de se poursuivre en ligne droite, et en se contournant il reste accompagné partout des mêmes phénomènes. Les failles d'étirement se contournent avec lui, restant du même côté par rapport au pli; les lambeaux de recouvrement continuent à se montrer en avant du pli, c'est-à-dire toujours du même côté par rapport à lui, au Nord, quand il court de l'Est à l'Ouest, à l'Est quand il se dirige vers le Nord, au Sud quand il revient vers l'Est. En d'autres termes, tout se passe comme si le pli, ayant été d'abord rectiligne, avait été postérieurement tordu. La coupe rencontre deux fois ce même pli, telle est la seule cause des anomalies constatées; elle devrait même le rencontrer trois fois si elle était prolongée plus au Nord. Une autre coupe, prise plus à l'Est ou plus à l'Ouest, ne le rencontrerait qu'une fois et par suite ne montrerait rien de semblable.

Autres exemples de plis sinueux. — Le pli de la Sainte-Baume n'est pas un fait isolé de Provence; la cause, quelle qu'elle soit, qui a produit la torsion de ce pli, a dû agir également sur les plis voisins, et on doit y retrouver des sinuosités analogues. C'est là en effet un des caractères les plus frappants, et aussi les plus déroutants, des plissements de la Provence; j'aurai à y revenir plus en détail quand un schéma général pourra se dégager de l'ensemble des observations. Mais il n'est peut-être pas inutile d'en indiquer dès maintenant une des conséquences les plus faciles à constater, c'est celle qui est relative au tracé des failles. En Provence, comme dans tous les pays plissés, la plupart des failles sont des *plis-failles*, c'est-à-dire des failles longitudinales, suivant la direction des plis et correspondant à un étirement des couches sur la retombée des aticlinaux ou sur le bord des synclinaux. Quand le pli tourne, ces failles tournent avec lui, et comme elles sont souvent d'une grande amplitude, le contraste des terrains mis en contact permet de les suivre sans difficulté et de constater leurs allures sinueuses. J'ai eu l'occasion d'en figurer quelques unes de cette nature sur la feuille de Toulon, et elles y ont été tracées avec d'autant plus de soin que je ne pouvais alors m'en expliquer l'origine: ainsi la faille du Revest (fig. 70), au Nord de Toulon, met en contact le Lias avec l'Aptien; elle continue vers l'Ouest jusqu'à Broussan, séparant la masse crétacée du Caoumé des étages inférieurs du Jurassique et du Trias; mais là, elle s'infléchit brusquemen t en enveloppant

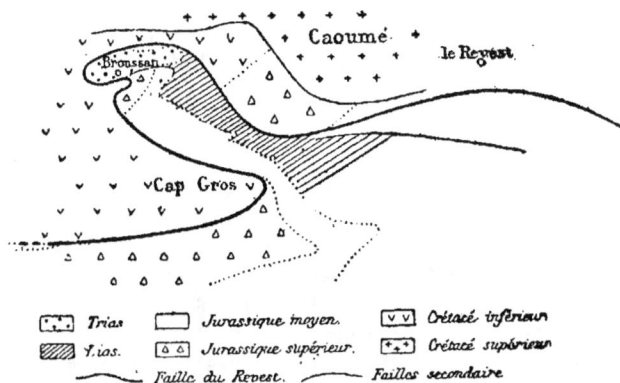

Fi5. 70. — Allure de la faille du Revest (environs de Toulon).
— Échelle de 1: 80 000.

le petit vallon de Broussan, se retourne vers l'Est et fait alors buter l'Urgonien du Cap Gros contre le Bathonien; puis une nouvelle inflexion, également brusque, la ramène vers l'Ouest, le long du versant méridional du Cap Gros; là, elle diminue progressivement d'amplitude et disparaît avant Ollioules. La direction des couches plissées suit partout celle de la faille; au fond, ce n'est là qu'une des lignes qui jalonnent le grand pli du Beausset, et elle montre que ce pli a subi par places des efforts de torsion brusque, comme celui de la Sainte-Baume.

Il y a là, je crois, un fait important, non seulement au point de vue de l'étude de la Provence, mais au point de vue de l'étude générale des régions plissées. C'est la négation de l'ancienne théorie des chaînes rectilignes, et cependant le fait n'est pas aussi nouveau et aussi inattendu qu'il pourrait le paraître: si la *sinuosité des chaînons* semble avoir peu jusqu'ici attiré l'attention, la si-

nuosité des chaînes a déjà été mise hors de doute par les travaux de M. SUESS. Or ce sont là des anomalies de même ordre; une chaîne de montagnes, considérée dans son ensemble, n'est autre chose qu'un grand anticlinal, avec plis ou froissements secondaires, et alors l'amplitude du phénomène fait qu'il a laissé sa trace profondément empreinte dans le relief du sol et qu'on peut presque l'étudier *géographiquement*: tout le monde sait ainsi que la chaîne des Alpes (Alpes Suisses, Alpes Françaises et Alpes Liguriennes) forme ceinture autour de la plaine du Pô; cette ceinture est tout à fait l'analogue de celle que forme le pli de la Sainte-Baume autour du massif de la Lare. Les Carpathes fournissent un exemple plus net encore; non seulement elles s'infléchissent en un large croissant autour de la plaine Hongroise; mais M. SUESS a de plus montré que les Alpes Transylvanes, les collines du Banat et, de l'autre côté du Danube, les Balkans s'y rattachent intimement; l'ensemble ne forme qu'une même chaîne, qui décrit un S renversé, c'est-à-dire la sinuosité complète dont nous n'avons pu étudier que la moitié à la Sainte-Baume. De même encore, l'Atlas et la chaîne Bétique enveloppent l'extrémité de la mer Tyrrhénienne; la chaîne en partie sous-marine des Antilles et les montagnes de la côte de Caracas enveloppent la mer des Caraïbes. Ce n'est pas, je crois, un des moindres intérêts de la Provence de fournir ainsi, sur une moindre échelle, des exemples faciles à étudier de ces grandes irrégularités; l'étude détaillée et la comparaison attentive des plis de la Provence sera peut-être appelée à jeter quelque jour sur les causes qui les ont produites et sur le mécanisme de leur formation.

XXIX

LES PLIS COUCHÉS DE LA RÉGION DE DRAGUIGNAN

(*COMPTES RENDUS DE L'ACADÉMIE DES SCIENCES,*
Tome *CVII, 1888,* 2ᵉ *Semestre, p. 701-703.* — Séance du 29 Octobre.
Note présentée par M. DAUBRÉE).

Les plis couchés que j'ai signalés au Beausset ([1]) et à la Sainte-
Baume ([2]) se retrouvent peut-être encore avec plus d'ampleur auprès de Salernes, à l'Est de Draguignan. Nous venons, avec
M. ZURCHER, qui fait la carte de la région, d'en recueillir les preuves incontestables; la constatation est plus facile encore que dans
les exemples précédents. Sur 4 km. au moins de largeur et sur une
longueur de 30 km., l'Infralias et les différents termes de la série jurassique, régulièrement stratifiés et presque horizontaux, surmontent et masquent en partie les couches de Rognac, c'est-à-dire les
couches les plus élevées du terrain crétacé.

Entre les deux séries s'intercalent presque partout les lambeaux
de terrains jurassiques *renversés.*

Si je signale cette confirmation de mes observations antérieures,
c'est surtout pour faire ressortir quelques particularités nouvelles, qui complètent l'analogie avec les coupes classiques de la
Suisse.

Jusqu'ici, en Provence, j'avais toujours trouvé les masses de recouvrement concordantes avec les terrains plus recents qu'elles
recouvrent. Il n'en est pas ainsi à Glaris, dans la région qu'ont
rendue célèbre les beaux travaux d'ESCHER DE LA LINTH et de
M. HEIM: le Permien, horizontal, surmonte les couches nummulitiques *plissées*; des sommets de la Richetli Alp, au-dessus de Linth-
thal, on peut suivre des yeux, tout le long de la grande chaîne, à
2 500 m. de hauteur, le liseré blanc jurassique qui forme la base du
Permien, se poursuivant horizontalement, avec la régularité d'une
ligne géométrique, au-dessus des couches éocènes dont on constate
à ses pieds les violents contournements. C'est certainement, au

---

([1]) *Comptes Rendus,* 13 Juin 1887 [ci-dessus, art. XXII, p. 188].

([2]) *Ibid.,* 14 Mai 1888 et 4 Juin 1888 [ci-dessus, art. XVI, p. 238, et
XXVII, p. 242].

point de vue de la puissance des actions mécaniques, un des plus beaux spectacles que présente la chaîne des Alpes.

Je peux maintenant signaler, en Provence, un exemple à peine moins saisissant des mêmes phénomènes: dans le défilé de La Bouissière, au Sud de Salernes, le Bathonien, le Bajocien et l'Infralias, plusieurs fois ramenés par une série de coudes brusques, se dressent en couches verticales des deux côtés de la vallée, et à l'Ouest, au sommet des collines, au-dessus de cette série tourmentée, on voit reposer l'Infralias en bancs parfaitement horizontaux; sous l'Infralias on touve des lambeaux de brèches et de sables rouges, appartenant aux couches de Rognac. La supériorité de la Provence sur la Suisse, c'est qu'on peut voir la coupe sans descendre de chemin de fer et qu'on peut la vérifier en une journée de course.

A Salernes même, on trouve une autre coupe intéressante; là, sur la hauteur de la Croix de Solliès, c'est la masse de recouvrement, presque horizontale sur plusieurs kilomètres, qui se plisse brusquement; au sommet de la colline le Bajocien forme un V couché (<), englobant le Bathonien. C'est la reproduction de la coupe du sommet de la Dent de Morcles dans le Valais; c'est en petit le phénomène qui a formé le Glaernisch.

Sur une ligne presque rigoureusement Est-Ouest, de 20 kilomètres de long, de Salernes à Barjols, par Sillans et Rognette, on retrouve dans la masse de recouvrement des accidents analogues à celui de la Croix de Solliès, et il semble bien probable qu'ils marquent la *terminaison du pli couché*. A Barjols surtout la signification n'en paraît pas douteuse: on voit là la petite bande renversée, qui à La Bouissière fait complètement défaut, qui au Nord-Est de Rognette est réduite à peine à un mètre, augmenter d'épaisseur, montrer sous l'Infralias le Bajocien et le Bathonien, puis toute la série jurassique jusqu'aux dolomies supérieures, et se relever verticalement. Évidemment, c'est là l'amorce du mouvement de retour qui reliait la bande renversée à la série normale: c'est le *noyau* du pli anticlinal. Ainsi, le biseau que forment les couches successivement amincies ne marque pas, comme je l'avais cru, l'extrémité, mais le milieu du pli couché; à l'extrémité, au contraire, la courbure anticlinale existe, et la série des couches se complète. C'est là un point important pour la théorie de ces phénomènes de recouvrement; il montre qu'ils ne sont pas le produit seulement d'un *charriage*, mais d'un véritable *déroulement* du pli, et que la désignation de *pli couché* n'est pas une traduction schématique des faits, mais qu'elle correspond à une réalité.

Le pli de Salernes permet également d'observer les deux apparences caractéristiques dues aux progrès de la dénudation: les bassins isolés de Bathonien (Saint-Barnabé) ou de Crétacé (la Ferme) au milieu de l'Infralias, et les chapeaux de Jurassique couronnant les collines crétacées. Dans ce dernier cas, qui est le plus fréquent, et dont je connais maintenant plus de vingt exemples en Provence, la nature sableuse des assises crétacées amène ici des conditions spéciales dont la conséquence est assez curieuse et fournit un nouveau rapprochement avec un des phénomènes les moins expliqués de la Géologie des Apes.

A mesure que la denudation entraîne les parties sableuses d'une colline, les rochers durs du sommet s'éboulent sur les pentes, et, faute de support, descendent verticalement sous l'action de la pesanteur. La colline entière peut ainsi disparaître à la longue, et il ne reste plus sur son emplacement qu'un entassement de blocs, débris du couronnement primitif. C'est ainsi qu'à Barbizon on voit de petites collines, formées de blocs de grès de Fontainebleau, s'élever au milieu de la plaine de calcaire de Brie; les sables intermédiaires ont complètement disparu. Dans le cas des îlots de recouvrement de la Provence, ce sont des rochers triasiques ou jurassiques qui se trouvent ainsi épars sur le Crétacé ou sur le Tertiaire, sans qu'on voie de quelle colline voisine la pesanteur ou les courants auraient pu les faire descendre: ce sont de véritables *blocs erratiques*. De même, dans le flysch de la Suisse et de la Bavière, on trouve, isolés à la surface ou à moitié enfoncés dans les schistes, des blocs souvent énormes, d'origine lointaine ou inconnue, qu'on a nommés *blocs exotiques*. Sans nier les difficultés spéciales du problème tel qu'il se pose dans les Alpes, il semble qu'une analogie au moins partielle avec les blocs de Provence soit assez vraisemblable, et, en tout cas, on voit que la double action, continuée pendant de longues périodes géologiques, des forces orogéniques et des phénomènes de dénudation, a pu produire des résultats tout à fait semblables à ceux du transport par les glaciers.

XXX

UN NOUVEAU PROBLÈME DE LA GÉOLOGIE PROVENÇALE. PÉNÉTRATION DE MARNES IRISÉES DANS LE CRÉTACÉ

(*COMPTES RENDUS DE L'ACADÉMIE DES SCIENCES,*
Tome *C VII, 1888, 2ᵉ Semestre, p. 878-881.* — Séance du 26 Novembre.
Note présentée par M. DAUBRÉE).

Dans le massif montagneux qui domine Allauch, au Nord-Est de Marseille, au milieu des masses blanches des rochers crétacés, on voit apparaître brusquement et l'on peut suivre pendant 3 kilomètres une bande de marnes rouges et de cargneules qui ne peuvent appartenir qu'au Trias. La bande se présente avec de véritables apparence de filon, elle n'a que quelques mètres de largeur et sépare l'Urgonien, avec quelques marnes néocomiens à sa base, de la série puissante des calcaires à Hippurites.

Une intercalation semblable se retrouve au Faron (près de Toulon) et à La Nerthe, au Nord-Ouest de Marseille. C'est une anomalie qui rappelle les « vallées tiphoniques » de M. CHOFFAT, en Portugal, et les pointements triasiques, avec ophite, des Pyrénées. On ne peut affirmer que l'explication soit partout la même; il n'en est pas moins intéressant de pouvoir en un point rattacher ces apparences à d'autres phénomènes mieux connus; tel est, je crois, le cas dans le massif d'Allauch.

Ce massif, entre Pichauris, Allauch et la plaine de l'Huveaune, montre à première vue une structure assez régulière; il est limité de trois côtés par les escarpements du Néocomien inférieur, et, sur les plateaux profondément ravinés, les calcaires à Hippurites couronnent les sommets; entre les deux, les termes intermédiaires font défaut ou ne se montrent que par places, ordinairement très amincis. De nombreuses failles N. E.-S. O., d'amplitude très variable, denivellent plusieurs fois la série.

Sur les bords, au lieu de cette régularité relative, tout ne semble que confusion et anomalies: une zone étroite, où se pressent les terrains les plus variés, depuis le Trias jusqu'au Crétacé supérieur, fait le tour du massif. Dans les points où elle s'élargit, le

Trias y forme un pli anticlinal bien marqué; dans ceux où elle se resserre, le Trias peut arriver à subsister seul, comme c'est le cas au Nord-Est, et l'on a alors les apparences filoniennes signalées au début.

On est donc mené à admettre que le *cordon* de Trias représente lui aussi une *bande anticlinale étirée*. Sans doute, l'étirement prend là des proportions invraisemblables, puisqu'il supprime d'un côté tout le Jurassique, de l'autre le Jurassique et le Crétacé inférieur. Mais la continuité avec Allauch, à peine masquée sur un court espace par des terrains tertiaires discordants, ne semble pas permettre d'autre interprétation.

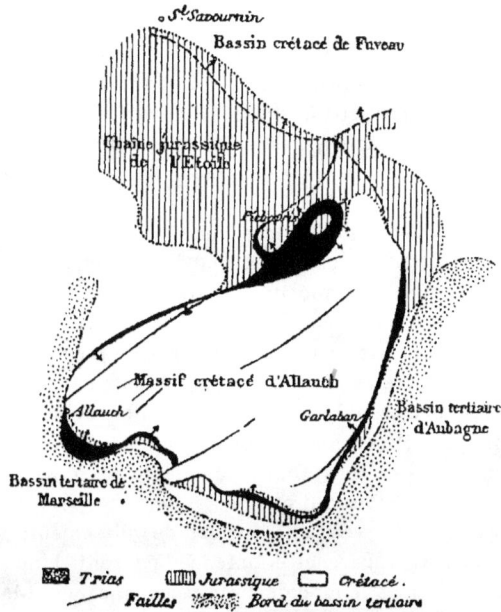

Fig. 71. — Carte du massif d'Allauch.

Échelle de 1: 160 000. — La bande anticlinale qui entoure le massif est marquée, soit par un trait plein discontinu, soit par la ligne noire des affleurements triasiques. Les flèches indiquent en chaque point le sens dans lequel le pli est rabattu ou déversé.

Si l'on trace sur une carte l'affleurement du pli anticlinal, on voit qu'après avoir fait le tour complet du massif, il décrit encore une nouvelle sinuosité plus brusque, et va se raccorder au Nord avec le pli de l'Étoile et de La Nerthe, qui borde le bassin de Fuveau.

A cette forme bizarre se joint une autre particularité: ce pli est sur tout son parcours un pli couché et le renversement *a toujours lieu dans le même sens*, c'est-à-dire qu'un observateur qui, de La Nerthe et de Saint-Savournin, suivrait l'arête anticlinale du pli, aurait du même côté le pli synclinal qui a été recouvert par des couches plus anciennes. Pour lui, le pli serait toujours rabattu vers la gauche.

J'ai montré qu'il existait en Provence des plis sinueux, et que cette sinuosité n'empêchait pas le pli de se renverser toujours sur le même synclinal. Il y aurait ici une confirmation de la règle énoncée, mais trop complète en quelque sorte; une torsion si compliquée n'est pas vraisemblable; et surtout dans des mouvements aussi irréguliers, on ne peut comprendre que le sens des mouvements soit resté assujetti à une régle invariable. Enfin un argument plus précis et décisif, c'est que le pli, après avoir décrit cette profonde sinuosité, vient exactement se raccorder à sa direction première.

L'explication, dès lors, s'impose d'elle-même: la ligne qu'on suit autour du massif d'Allauch n'est que l'affleurement d'une même surface anticlinale; les sinuosités constatées ne sont que les sinuosités de l'intersection de cette surface avec la surface du sol. Dans un pli couché, il existe en effet une surface de forme plus ou moins complexe qui sépare la partie renversée de la partie normale; partout où cette surface affleure, elle donne lieu évidemment à l'affleurement d'un pli anticlinal couché, et naturellement toujours couché dans le même sens. On sait d'ailleurs les étirements et les suppressions de couches qui ont lieu suivant cette surface anticlinale, qui devient une véritable surface de glissement; les Marnes irisées, avec leur apparence filonienne, ne sont donc qu'un des lambeaux échelonnés le long de cette surface, ce que M. GOSSELET a appelé les *lambeaux de poussée*.

Ce qui donne aux affleurements d'Allauch une physionomie inusitée, c'est que là, la surface anticlinale, au lieu d'être restée une surface plane ou au moins réglée, a été dénivelée par des failles et relevée par des compressions ultérieures, de telle sorte que sa forme, qu'on peut reconstruire, puisqu'on en a l'intersection par une surface très voisine, est une forme excessivement complexe. Mais par là même on se trouve pouvoir étudier avec détail la zone du noyau synclinal et les couches qui l'enveloppent; il en résulte plusieurs conséquences importantes:

1° *Le massif d'Allauch, avant les dénudations, a été couvert complètement par le Trias ou par les couches Jurassiques;* le Chapeau de Garlaban, formé de Néocomien inférieur qui repose sur des couches plus récentes, est un dernier témoin de ce recouvrement, et le renversement de la série près d'Allauch en montre encore l'amorce.

2° Cette couverture enlevée par la dénudation était la continuation des massifs respectés à l'Ouest; *les couches crétacées pénètrent donc profondément, de plusieurs kilomètres, sous le massif jurassique de l'Étoile.*

3° Le massif d'Allauch forme le centre d'un pli synclinal couché; il a donc subi des efforts horizontaux considérables, et *les lacunes* qu'on y observe dans la série crétacée ne sont pas, comme on l'a cru, des lacunes véritables et des indices d'émersion, mais *seulement des suppressions mécaniques par étirement et glissements des bancs les uns sur les autres.*

Mais la conclusion qui, au point de vue des conséquences générales, me semble la plus importante, c'est que les *surfaces de recouvrement* ont pu être dénivelées et plissées après leur formation; c'est là un dernier élément de complication, qui jusqu'ici semble rare, il est vrai, mais peut-être seulement parce que les points où il se produit sont ceux dont l'explication reste à trouver.

XXXI

PLIS COUCHÉS DE LA RÉGION DE DRAGUIGNAN

(*BULLETIN DE LA SOCIÉTÉ GÉOLOGIQUE DE FRANCE,*
3ᵉ série, X VII, 1888-1889, p. 234-246. — Séance du 17 Décembre 1888).

Sommaire:

J'ai visité pendant l'automne dernier, avec notre confrère
M. ZURCHER, une partie de la région qui s'étend à l'Ouest de Draguignan. Cette région a été depuis plusieurs années l'objet d'études
approfondies de la part de M. ZURCHER, qui en a à peu près terminé
la carte géologique; nos courses communes avaient pour objet l'examen plus spécial des anomalies apparentes constatées entre Salernes
et Barjols; elles nous ont amenés à conclure à l'existence d'un nouveau pli couché, qui vient s'ajouter à ceux que j'ai décrits au Sud-
Ouest, au Beausset et à la Sainte-Baume. Ce pli a, sur une largeur
de 3 kilomètres au moins, et sur près de 30 kilomètres de longueur, amené une bande de Jurassique en superposition sur les couches de Rognac. La régularité générale de la stratification de cette
bande superposée serait de nature à faire écarter *a priori* l'idée de
ces énormes déplacements; l'étude de détail en fournit pourtant
des preuves indéniables, plus faciles même à vérifier que dans les
exemples précédents. De plus, certaines coupes me semblent de
nature à compléter les conclusions que j'avais proposées sur le
mécanisme de ces phénomènes.

De Salernes à Barjols, et au Nord de cette ligne, on rencontre de
nombreux affleurements de grès et sables rougeâtres, avec calcaires intercalés, que les fossiles, d'ailleurs peu abondants (Cyclo-
phores et débris de Reptiles) ont permis de rapprocher des couches de Rognac. Ces couches forment une série de bassins isolés;
dans une partie des affleurements, elles reposent en concordance
sur les dolomies du Jurassique supérieur, dans une autre partie,
elles sont en contact avec les termes les plus variés de la série ju-

rassique. Les autres terrains crétacés font complètement défaut.

Én quelques points, notamment au Sud de Salernes, on trouve à la base de ces grès un conglomérat bréchoïde, avec quelques cailloux quartzeux de provenance lointaine, mais presque uniquement formé de blocs et de débris arrachés aux dolomies voisines. Il y avait là un argument sérieux en faveur de l'hypothèse de discordances locales, et l'isolement des bassins, l'irrégularité des terrains qui les limitent, même en donnant une large part aux failles, ne semblaient guère pouvoir s'expliquer autrement. Il n'en est rien cependant; l'absence de dépôts crétacés intermédiaires peut sans doute être attribuée à l'existence d'un haut-fond, et la présence des galets dolomitiques indique même des émersions partielles; mais nulle part les couches de Rognac ne reposent sur les tranches des terrains plus anciens; nulle part même elles ne reposent sur d'autres termes que les termes les plus récents de la série jurassique; la transgression des couches de Rognac n'a été précédée ni de mouvements violents du sol, ni de dénudations observables; quoique lacunaire, la série a été uniforme et régulière dans la région, et c'est seulement par des *mouvements postérieurs* qu'on doit expliquer ses irrégularités apparentes.

Le bassin crétacé de Salernes et de Barjols présente les contours sinueux qu'indique la figure ci-jointe (fig. 72); au Nord, suivant

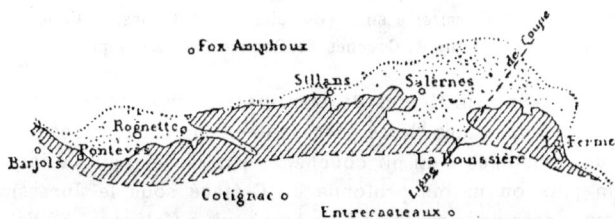

Fig. 72. — Carte du bassin crétacé de Salernes (pointillé), avec sa bande de recouvrement (partie barrée). — Échelle de 1: 320 000.

la ligne pointillée, les couches reposent normalement sur les dolomies du Jurassique supérieur, et en quelques points seulement, du côté de l'Ouest, sur des calcaires blancs, qui en sont un faciès latéral. Au Sud, au contraire, sauf à l'extrémité Sud-Est que je n'ai pas visitée, mais où M. ZURCHER a noté les mêmes dolomies, ce sont des terrains plus anciens, et le plus souvent l'Infralias, qui bordent le bassin.

Ce n'est pas là le résultat d'une faille, ou au moins d'une faille verticale; car aux points où les vallées ont attaqué assez profonfondément la petite falaise de bordure, les mêmes couches rouges se retrouvent au fond de ces vallons et forment ainsi des anses ou même des enclaves complètement isolés (la Ferme) dans les terrains jurassiques. C'est là un premier indice, qui peut par analogie faire présumer que le Jurassique est en réalité *superposé* au Crétacé; mais, de plus, en suivant cette bordure, on constate presque partout la présence d'un liseré intermittent de terrains renversés. La figure ci-jointe (fig. 73) montre les coupes observées près de Salernes (*a*), près de Rognette (*b*), et près de Pontevès (*c*), au Nord de la grande route.

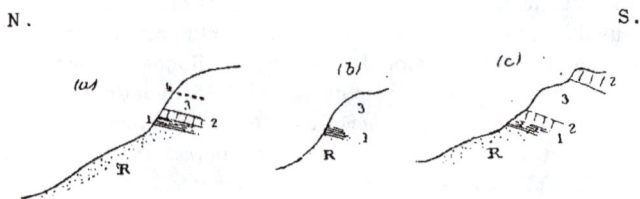

Fig. 73. — Coupes observées près de Salernes (*a*), près de Rognette (*b*) et près de Pontevès (*c*).

1. Bathonien; 2. Calcaires à silex (Bajocien); 3. Infralias; 4. Couches à *Avicula contorta*; R. Couches de Rognac (Crétacé supérieur).

Ces bandes intermittentes de terrains renversés sont, comme je l'ai expliqué dans mes Notes précédentes, une preuve presque certaine de l'existence d'un pli couché, et par conséquent de la pénétration plus ou moins profonde du Crétacé sous le Jurassique. D'ailleurs, près de la route de Fox-Amphoux à Cotignac, à l'Est des Muets, une petite déchirure récente m'a montré sur quelques mètres la superposition, suivant une ligne presque horizontale, de l'Infralias sur les grès rouges.

La petite bande renversée n'existe pas partout, et là où elle existe, elle n'est pas toujours visible, non seulement à cause de la végétation, mais par suite des éboulements et des glissements qui ont une importance considérable le long de ces petites falaises. Ils sont ici particulièrement fréquents à cause de la nature meuble et sableuse du substratum. Tantôt il ne s'agit que de blocs isolés, comme c'est le cas pour les blocs de grès dans la forêt de Fontainebleau; mais parfois aussi des lambeaux de couches ont glissé sur

19

d'assez grandes étendues, et donnent l'illusion de couches en place; elles se présentent alors avec les inclinaisons les plus variées, souvent verticales, et peuvent paraître jalonner une ligne de dislocation. L'apparence chaotique de ces talus d'éboulement, comparée à l'allure horizontale des couches du plateau, permet le plus souvent de reconnaître immédiatement la véritable cause de ces perturbations locales; mais, en d'autres points, il peut y avoir doute, et il devient difficile de faire la distinction entre les éboulements et les plis secondaires qui ont pu se produire au moment du grand mouvement de chevauchement.

Je ne veux pas empiéter sur une tâche qui revient de droit à notre confrère M. ZURCHER, ni donner une description détaillée de ce petit bassin de Salernes, dont l'étude devra d'ailleurs être jointe à celle des petits bassins crétacés qui l'avoisinent et faisaient avec lui partie d'un même ensemble continu au moment du dépôt. Je désire seulement signaler quelques coupes dont les particularités, inexpliquées jusqu'ici, me semblent présenter un certain intérêt au point de vue de l'étude générale des phénomènes de recouvrement.

Coupe de La Bouissière. — C'est celle dont la direction est indiquée sur la petite carte (fig. 72).

Elle rencontre d'abord au Nord les grès rouges crétacés, puis une colline d'Infralias qui, d'après ce qui précède, est superposé à ces grès. Au Nord, quelques couches renversées (Bajocien et Ba-

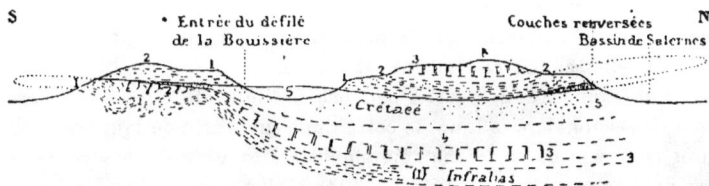

Fig. 74. — Coupe de La Bouissière.
1. Infralias; 2. Bajocien; 3. Bathonien; 4. Jurassique supérieur (Dolomies);
5. Couches de Rognac (Crétacé). — Échell 1: 40 000 environ

thonien) s'intercalent au contact; au Sud, les dolomies de l'Infralias reposent directement sur le Crétacé (fig. 74).

Un peu plus au Sud s'ouvre le défilé de La Bouissière, creusé par la rivière de la Bresque, et où passent la grande route d'Entrecasteaux ainsi que le nouveau chemin de fer de Salernes. Ce défilé permet de reconnaître l'extrémité du pli synclinal formé par les couches crétacées, ou, si l'on veut, la limite de l'enfoncement du Crétacé sous le Jurassique. La coupe est la plus nette et la plus curieuse que j'aie vue en Provence, et elle me semble mériter de devenir classique au même titre que les grandes coupes des Alpes.

Les couches crétacées (fig. 74) se relèvent contre le Jurassique, et montrent à la base la brèche dont j'ai déjà parlé, presque uniquement formée de débris de dolomies jurassiques. Il y a eu des glissements entre les deux terrains; les dolomies sont là presque rudimentaires. Le Bathonien et le Bajocien leur font suite, très fortement relevés, et la tranchée du chemin de fer a même mis au jour les marnes vertes de l'Infralias; puis une série de plis brusques amène plusieurs fois le Bajocien et le Bathonien, dont on voit à deux reprises les bancs durs et bien lités se dresser verticalement des deux côtés de la route. A la sortie du défilé l'inclinaison diminue: l'Infralias, la lumachelle à *Avicula contarta* et les Marnes irisées apparaissent successivement et plongent régulièrement sous la série précédente.

Si, après avoir examiné cette coupe et cette succession de couches tourmentées, on lève les yeux à l'Ouest vers le sommet des collines, on voit que cette succession de bancs ondulés et en partie verticaux est *surmontée par des couches horizontales*. Les plis s'arrêtent brusquement à une ligne horizontale, située à 40 mètres environ au-dessus de la vallée. Plus haut, on trouve les dolomies de l'Infralias occupant tout le plateau et surmontées horizontalement par les calcaires à silex du Bajocien.

Un chemin forestier suit à peu près la ligne de contact et permet de reconnaître le long de cette ligne une série de lambeaux de grès rouges et de la brèche déjà signalée à leur base. La série plissée du bas est ainsi séparée de la série plus ancienne du haut par un liseré de couches crétacées, qui vont se rejoindre sans discontinuité à celles du bassin de Salernes. Le pli synclinal vient finir en pointe, s'écraser en quelque sorte entre la masse de recouvrement et les plis secondaires inférieurs (fig. 74).

L'intérêt de cette coupe est, d'abord, dans la netteté avec laquelle les phénomènes se présentent, et dans la facilité avec laquelle l'ensemble peut s'embrasser d'un coup d'œil et les détails se vérifier sans ambiguïté. Mais il importe de noter aussi les analogies frappantes qu'elle présente avec la coupe célèbre des Alpes de Glaris. Les phénomènes que j'ai décrits jusqu'ici en Provence présentaient avec ceux de Glaris une ressemblance que j'ai signalée: le transport horizontal, dans l'une et dans l'autre région, sur plusieurs kilomètres, de masses stratifiées, ayant conservé l'horizontalité de leurs couches, et se trouvant amenées en superposition sur des masses plus récentes. Mais un des traits les plus étonnants de la coupe de Glaris manquait en Provence, où la stratifiation des masses recouvertes s'était toujours montrée jusqu'ici parallèle à celle des masses de recouvrement. A Glaris, au contraire, le Permien (*Verrucano*) et son petit soubasement de calcaire jurassique étiré (*Lochseitenkalk*) surmontent en couches horizontales le Nummulitique violemment plissé. M. HEIM a de plus montré que le soubasement du Nummulitique, les couches jurassiques sur lesquelles il repose, sont affectées de plissements parallèles (*harmonische Faltung*); la série de recouvrement est *discordante* avec la série inférieure. A La Bouissière, c'est le même phénomène, sur une moindre échelle il est vrai, mais avec une égale netteté. L'Infralias du sommet correspond comme situation au Verucano du Kärpfenstock, les lambeaux du grès de Rognac au Lochseitenkalk et les étages jurassiques plissés du défilé aux plis du Malm et du Nummulitique. La seule différence est qu'ici les couches les plus récentes ne sont pas affectées par les plissements secondaires de la base: elles ont suivi les mouvements de la masse supérieure, et non pas ceux de la masse inférieure.

Coupe de la Croix de Solliès. — Le pli de Salernes offre une autre particularité qui permet aussi un rapprochement avec les coupes connues de la Suisse; ce sont des plissements secondaires, ou, si l'on veut, de larges froissements dans la nappe de recouvrement. Le trait caractéristique de la plupart de ces nappes, en Provence, est l'horizontalité qu'elles conservent sur de larges espaces. Les parties qui, en réalité, nous donnent la preuve des plus violents bouleversements sont aussi celles qui contribuent le plus à donner à l'ensemble du pays son apparence de régularité générale. J'ai bien signalé qu'en certains points il s'y creuse des cuvettes synclinales plus ou moins profondes, et qu'en d'autres l'ensemble est dénivelé par des failles, comme à la Sainte-Baume; mais il n'y a dans ces exemples rien qu'on ne puisse expliquer par des affaissements et des tassements postérieurs. Il n'en est plus de même évidemment quand ces plis secondaires sont eux-mêmes couchés, et couchés dans le même sens que le grand pli; on ne peut alors se refuser à voir là des effets secondaires et contemporains de la cause qui a produit le pli principal. L'exemple le plus connu de ces plis secondaires en Suisse est la Dent de Morcles, mais on peut dire que le Glärnisch lui-même, malgré sa masse énorme, n'est pas autre chose qu'un de ces empilements, par des froissements multiples, des couches successives d'une masse de recouvrement, ou de la partie supérieure d'un pli couché.

La colline qui domine de plus de 200 mètres la petite ville de Salernes, la Croix de Solliès, montre à ce point de vue une coupe intéressante. En partant de la ville, au-dessus des grès crétacés, et après quelques parties éboulées qui masquent les termes renversés, on trouve la série régulière des assises jurassiques: Infralias, calcaires à silex (Bajocien) et Bathonien marneux. Mais le sommet est formé par un retour du Bajocien. Le Bathonien marneux qui s'intercale ainsi, au Nord, n'affleure pas sur l'autre versant, mais on peut le suivre, formant une ligne de champs cultivés, sur les trois quarts du pourtour de la butte qui porte la chapelle du sommet. La coupe est donc la suivante (fig. 75):

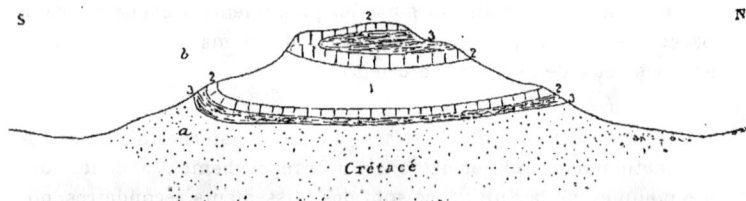

Fig. 75. — Coupe de la Croix de Solliès.

1. Infralias; 2. Bajocien; 3. Bathonien. — Échelle 1:20 000.

Le Bathonien marneux est enclavé dans un pli en $<$.

Si l'on descend le versant Sud, on trouve, après le Bajocien et l'Infralias horizontaux, des couches verticales où nous avons pu reconnaître de nouveau, avec M. ZURCHER, le Bajocien et le Bathonien marneux; il est là plus difficile de les suivre et de reconnaître avec certitude la signification de ces affleurements. Je serais pourtant porté à y voir la continuation du même accident. L'Infralias devait, lui aussi, se recourber en *ab* pour envelopper le Bathonien du sommet; les couches renversées qu'il surmonte ont dû également suivre le même mouvement, et par conséquent se relever verticalement. Ce que j'ai dit plus haut des éboulements et glissements sur les bords des falaises jurassiques ne permet cependant de donner cette explication, malgré sa vraisemblance, que comme une hypothèse. Quoi qu'il en soit de cette question de détail, le pli, le froissement secondaire existe sans contestation possible, et c'est lui qui forme le sommet de la Croix de Solliès, comme le pli de la Dent de Morcles en forme le sommet.

Ce pli n'est d'ailleurs pas le seul[1]; un peu à l'Ouest, la ligne des coteaux jurassiques s'avance vers le Nord, et cette avancée, vue de Salernes, montre la succession de deux plis, moins complètement couchés que le précédent, mais pourtant inexplicables par un simple affaissement postérieur; le second englobe, avec le Bathonien marneux, un peu de Bathonien calcaire (Bathonien supérieur).

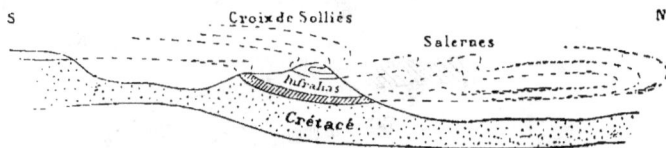

Fig. 76. — Coupe schématique de l'extrémité du pli de Salernes. — Échelle des longueurs 1: 40 000.

Ainsi la figure schématique du pli (fig. 76), au lieu du simple déroulement d'une nappe horizontale, présente une série de ressauts qui ne semblent pas se faire sentir dans la surface de séparation avec le Crétacé; autant qu'on peut en juger, cette dernière reste à peu près horizontale.

Le pli couché apparaît donc là comme un phénomène plus complexe qu'au Beausset et qu'à la Sainte-Baume; il y a des plissements secondaires, aussi bien dans le substratum que dans la masse de recouvrement elle-même, et les deux sortes d'irrégularités sont indépendantes l'une de l'autre, c'est-à-dire que là où le substratum est plissé, la série de recouvrement est restée horizontale, et que là où cette dernière est plissée, le substratum (*Muldeschenkel*) n'en semble pas affecté.

Des accidents analogues à celui de la Croix de Solliès semblent se rencontrer à Sillans, à Rognette, à Barjols; ils sont assez exactement alignés suivant une ligne Est-Ouest, et il me semble probable qu'ils marquent le voisinage de la terminaison du pli; mais leur étude détaillée demanderait un temps plus long que celui que j'ai pu y consacrer. A Barjols pourtant, on peut, je crois, affirmer que les affleurements donnent la terminaison même, ou, pour mieux dire, la boucle terminale, la courbure anticlinale du pli. En effet, on voit là, à partir de Pontevès, la limite méridionale des affleurements crétacés se dévier de sa direction générale de l'Est à l'Ouest, et se contourner vers le Nord; si on prend là une série de coupes normales à cette bordure, la première montre le Bathonien et le calcaire à silex réduits, surmontés par l'Infralias, au-dessus duquel reprend la série mormale inclinée vers Barjols (fig. 73. c); plus loin, l'Infralias fait défaut, et le centre du pli ne montre plus que le Bathonien supérieur, superposé à l'Oxfordien.

L'Infralias est donc là complètement enveloppé par les couches plus récentes, et comme il ne reparaît pas de l'autre côté de la colline, il faut que la coupe du Nord au Sud soit disposée comme l'indique le croquis schématique ci-joint (fig. 77).

Fig. 77. — Extrémité du pli couché à Barjols.

Il y a à remarquer l'épaisseur plus grande que prennent dans cette partie terminale les couches renversées. C'est là un fait important, au moins à mes yeux, car il modifie légèrement le schéma, qu'en généralisant la coupe du Beausset, j'avais été amené à proposer pour ces phénomènes.

Au Beausset, à mesure qu'on s'éloigne du noyau vertical du pli dans le sens du mouvement des couches, c'est-à-dire vers le Nord, on trouve que la suppression des couches le long de la surface du glissement va en augmentant d'importance. Au Sud de l'îlot de recouvrement, l'Infralias et les Marnes irisées supportent le Muschelkalk; plus loin le Muschelkalk repose distinctement sur le

Crétacé: plus loin encore au Nord, ce sont les Marnes irisées non renversées, puis l'Infralias, qui forment la base de la masse de recouvrement. La chose me semblait toute naturelle; dans le mouvement de charriage, ce sont les couches inférieures qui ont subi l'effet de laminage; ce sont d'abord les couches les plus inférieures de la série normale, jusqu'à ce que l'épaisseur ne soit plus suffisante pour que la masse conserve sa cohésion et puisse continuer son mouvement sans se morceler; les différentes parties du pli s'échelonnent ainsi successivement sur la route parcourue.

Il en est cependant autrement dans le pli de Salernes. Le pli est, là, couché vers le Nord: la conclusion n'a rien d'hypothétique, puisqu'on voit l'extrémité du pli synclinal à La Bouissière et l'extrémité du pli anticlinal à Barjols. Or, à La Bouissière, ce sont les dolomies de l'Infralias qui reposent sur le Crétacé; à un kilomètre plus au Nord, c'est la lumachelle à *Avicula contorta*, c'est-à-dire des couches plus anciennes; et à Salernes, on voit apparaître sous cette lumachelle des couches renversées, qui se complètent et augmentent d'importance à Barjols. Ici, c'est en s'éloignant du noyau vertical que les couches se complètent. Ces observations semblent d'abord en contradiction absolue avec celles du Beausset; il est cependant facile de voir qu'elles peuvent se concilier. Il suffit de supposer qu'on ne voit plus au Beausset qu'une moitié du pli et que le reste, l'extrémité Nord, a été enlevé par la dénudation. La partie que j'avais crue terminale ne serait que la partie médiane du pli. Dans cette partie médiane a eu lieu le maximum d'étirement, le laminage le plus complet des couches.

Ce que nous observons à Salernes, c'est ce qui vient au - delà de cette partie médiane, c'est la partie terminale, respectée là par la dénudation. Les deux coupes ne se contredisent pas, elles se complètent, et elles permettent de rétablir pour l'ensemble du pli un schéma théorique, tel que le montre la figure ci-jointe (fig. 78). Les couches inférieures disparaissent au milieu; elles reparaissent aux deux extrémités. Pour se rendre compte du mécanisme qui a pu amener ce résultat, il faut supposer, comme l'à déjà fait M. HEIM, qu'il y a eu double mouvement, double afflux des couches vers le laminoir (*Auswälzungsmachine* de M. HEIM). Les flèches de la figure 78 indiquent ce mouvement, c'est celui qu'on peut reproduire en pressant simultanément dans les deux sens avec les deux mains les deux extrémités d'une feuille de papier. Il faut concevoir le phénomène non comme le simple déplacement de

masses poussées en avant, mais bien comme un véritable déroulement du pli. Il en résulterait que les parties mêmes qui sont restées (comme en A) dans leur ordre normal de superposition, qui ne
surmontent pas des termes plus récents, ont dû subir des déplacements; ces déplacements ne se sont pas faits tout d'une pièce; il
a pu au moins en résulter des glissements et des étirements, et il
ne faut pas s'étonner si l'on trouve parfois dans ces parties normales, quoique moins souvent que dans les masses de recouvre-

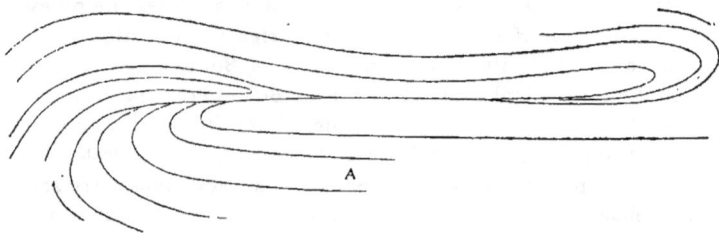

Fig. 78. — Schéma d'un pli couché complétant les figures théoriques
données précédemment (¹).

ment, des successions lacunaires et des suppressions locales de
couches, que pourraient difficilement expliquer les phénomènes
mêmes de sédimentation.

Quoi qu'il en soit de ce dernier point, il faut renoncer à deviner
le sens dans lequel s'est fait le mouvement d'après le seul examen
des masses de recouvrement et d'après le côté où leur base est formée par les terrains les plus récents. Un des principaux arguments
sur lesquels je m'étais fondé (²) pour conclure que les lambeaux
de Saint-Zacharie étaient venus du Nord, perd alors toute sa valeur, et je me demande maintenant si l'on ne pourrait pas, avec autant de raison, rattacher ces lambeaux à la partie méridionale du
pli de la Sainte-Baume, c'est-à-dire les supposer également venus
du Sud. En d'autres termes, je serais porté aujourd'hui à faire à mon
double pli provençal les objections que j'avais snggérées contre le
double pli de Glaris, et qu'on peut faire à tous les doubles plis.

(¹) (*Bull. Soc. Géol. de France*, 3ᵉ série, XVI, 1887-1888, p. 756 [reprod.
ci-dessus, p. 255, fig. 62, 63, 64].
(²) *Bull. Soc. Géol. de France*, 3ᵉ série, XVI, 1887-1888, p. 755 [reprod.
ci-dessus, p. 254].

Tant qu'on n'a pas pu observer la terminaison même, le centre de courbure synclinal ou anticlinal, il ne peut y avoir que probabilité et non certitude. La possibilité des plissements secondaires, démontrée à Salernes et à la Croix de Solliès, introduit un nouvel élément de complication, dont il faut tenir compte; cependant, si les terrains de recouvrement de Saint-Zacharie et du Plan d'Aups ont fait partie primitivement d'une même masse continue, on s'explique mieux comment ma figure restituée (¹) arrive à les placer si remarquablement en face les uns des autres.

Il y a là une nouvelle hypothèse à examiner; aussi bien que celle que j'avais adoptée et qui, je l'avoue, s'était seule présentée à mon esprit, elle peut s'accorder avec tous les faits observés et avec les autres conclusions de ma Note précédente. Je ne vois pas que l'étude de la Sainte-Baume puisse fournir d'arguments décisifs dans un sens ou dans l'autre; peut-être seulement, quand on sera parvenu à raccorder avec certitude les plissements de ce massif à ceux des massifs voisins (Nord de Saint-Zacharie et d'Auriol, massif d'Allauch), les considérations de continuité pourront-elles intervenir utilement pour traiter la question.

J'ajouterai pour terminer que l'amincissement plus grand des couches inférieures et la disparition d'un grand nombre de termes vers la partie centrale du pli, ne peuvent même être regardés comme vrais que si l'on considère l'ensemble du phénomène, et qu'on ferait erreur en y voyant une règle absolue. Je puis, dans le pli même de Salernes, citer une exception, qui me permettra en même temps d'appeler l'attention sur une des apparences les plus remarquables dues au démantèlement progressif des masses de recouvrement.

Quant on suit vers le Sud, à partir de Cotignac, le petit vallon de Saint-Barnabé, on voit se succéder en série normale les assises bathoniennes, bajociennes et liasiques: on remonte ainsi régulièrement jusqu'aux couches inférieures de l'Infralias, jusqu'à la lumachelle à *Avicula contorta*, et, au point où l'on devrait s'attendre à trouver le Trias, on arrive à un élargissement du vallon, qui est rempli par les couches bathoniennes. Leur affleurement forme un îlot complètement fermé, et bordé de toutes parts par l'Infralias. L'explication, après ce qui précède, ne peut être douteuse: le Bathonien est sous l'Infralias; il fait partie de la série renversée

---

(¹) T. XVI, pl. XXVI, coupe n° 1 [pl. V, du présent volume, coupe n° 1].

qui le sépare du Crétacé. Un puits creusé dans ce Bathonien rencontrerait à faible profondeur les couches de Rognac. Or, à un
kilomètre plus au Nord, à Saint-Barnabé même, à l'extrémité du
vallon, le Crétacé est directement en contact avec les couches infraliasiques, sans intermédiaire de Bathonien ni d'aucune couche
renversée. Cependant, si l'on prenait pour termes de comparaison
la coupe parallèle de La Bouissière et de Salernes, c'est vers le Nord
que la série inférieure devrait progressivement se développer.

En réalité, ce ne sont pas là des phénomènes dont on puisse prévoir les détails avec une grande sûreté géométrique. La coupe de
Bras, au Sud-Ouest, est curieuse à citer de ce point de vue (fig. 79);

S.   N.

Fig. 79. — Coupe de Bras. — Échelle 1:20 000.

1. Trias; 2. Infralias; 3. Bathonien; 4. Jurassique supérieur;
7. Couches de Fuveau à *Cyrena galloprovincialis*; 8. Sables et argiles
rouges (Crétacé supérieur); 9. Poudingue; 10. Calcaires lacustres tertiaires.

elle se rapporte à un pli plus méridinnal, au pli de Brignoles, encore insuffisamment étudié dans son ensemble; ce sont là des terrains tertiaires, d'âge encore mal déterminé, mais concordants
avec la série de Fuveau, qui sont recouverts par le Trias et le Jurassique; la ligne de conctact peut se suivre du Nord au Sud, à
peu près horizontale, sur plusieurs kilomètres; la série inférieure
amène successivement en conctact avec la surface de glissement
des couches à *Melanopsis* (10), des poudingues (9) et des couches
rouges assimilables à celles de Rognac (8); quant à la série supérieure, elle dessine une sorte de cuvette, et le contact s'y fait d'a-
bord avec le Trias, puis successivement avec tous les termes jurassiques jusqu'au Bathonien, puis de noveau avec l'Infralias, et,
après un nouvel abaissement (*b*), avec le Trias en *c*. On ne peut
supposer que ce soit une apparence due à un *enfoncement* plus ou
moins grand de la série supérieure dans les argiles tertiaires et
crétacées; car la série de recouvrement est très différemment développée: en *c*, par exemple, les termes inférieurs sont étirés, et
les mêmes termes sont régulièrement développés, avec leur épaisseur normale, en *a*.

Cet exemple met bien en relief un fait curieux, qui semble général en Provence: c'est que ces mouvements de glissement semblent avoir relativement peu raviné ou raboté la surface inférieure, et que c'est plutôt la surface supérieure qui semble être coupée irrégulièrement par le plan de glissement, comme si le ravinement et le rabotage s'étaient faits en haut et non en bas.

Je résume, en terminant, les faits que j'ai voulu indiquer dans cette courte Note, et qu'il m'a semblé intéressant de noter en attendant une description plus détaillée de la région:

1° La structure typique de grands plis couchés, constatée à l'Ouest de la Provence, se continue au Nord-Est, dans la région de Draguignan. Mais ces nouveaux plis (plis de Salernes et de Brignoles) ne sont pas les mêmes que ceux du Beausset et de la Sainte-Baume; en effet, le synclinal *recouvert* à la Sainte-Baume, le synclinal du Plan d'Aups, peut se suivre sans discontinuité jusqu'à Camps, au Sud de Brignoles. Il y a donc au moins quatre plis couchés qui se sont formés et qui s'échelonnent en avant de la bordure des Maures, et contrairement à la coupe schématique que j'avais indiquée d'abord ([1]), il n'y a pas diminution progressive du Sud au Nord dans l'énergie des efforts; tous ces plis, le plus septentrional comme le plus méridional, présentent exactement les mêmes phénomènes. Il y a là un rapprochement intéressant avec les trois grands *Thrustplanes* des Grampians ([2]).

2° Le glissement des masses charriées s'est fait ordinairement sur la surface des couches restées à peu près horizontales, mais il a pu se faire aussi sur la tranche de couches déjà plissées. Il peut y avoir ainsi concordance grossière ou discordance complète entre la série normale et la série de recouvrement.

3° Cette dernière série (série de recouvrement) est en général horizontale, sauf dans le cas de tassements postérieurs; elle peut cependant présenter des froissements et des plissements secondaires, qui, à la Croix de Solliès comme au Glärnisch, empilent les couches les unes sur les autres.

([1]) *Bull. Soc. Géol. de France*, 3e série, XV, p. 695 [reprod. ci-dessus, p. 223, fig. 52].

([2]) *Quart. Journal Geol. Soc. London*, XLIV, 1888, p. 412.

4° A la base de la masse de recouvrement, les couches s'amincissent et disparaissent progressivement à mesure qu'on s'éloigne du noyau vertical ou pli couché; mais elles semblent reparaître symétriquement à l'autre extrémité. Il y a de plus de nombreuses irrégularités locales, et l'étude de ces disparitions de couches ne peut suffire pour apprendre *dans quel sens* s'est fait le mouvement de glissement.

XXXII

PANNEAU DE LA PROVENCE
ET DES ALPES MARITIMES

(MINISTÈRE DES TRAVAUX PUBLICS.
EXPOSITION UNIVERSELLE INTERNATIONALE DE 1889.
CARTE GÉOLOGIQUE DÉTAILLÉE DE LA FRANCE
ET TOPOGRAPHIES SOUTERRAINES.
In-8°, Paris, Imprimerie Nationale, 1889, p. 92-134).

Sommaire

Le panneau de la Provence embrasse une des régions de la France qui étaient le moins connues avant les recherches de ces dernières années. Les contours ont été tracés:

Pour les feuilles d'Antibes, Nice et Saint-Martin-de-Lantosque, par M. POTIER, Ingénieur en chef des Mines;

Pour les feuilles de Digne, Le Buis et Forcalquier, par MM. KILIAN ([1]), HAUG ([2]) et LEENHARDT ([3]);

Pour les feuilles de Castellane et Draguignan, par M. ZURCHER, Ingénieur des Ponts et Chaussées;

Pour la feuille d'Aix, par M. COLLOT, Professeur de Géologie à la Faculté des Sciences de Dijon;

Pour les feuilles de Toulon et Marseille, par M. BERTRAND ([4]) et par M. DEPÉRET ([5]) pour le bassin tertiaire de Marseille;

Pour les feuilles d'Orange, Avignon et Arles, par M. CAREZ, Docteur ès Sciences naturelles (terrains secondaires), et FONTANNES (terrains tertiaires).

Le travail de coordination a été fait par M. POTIER pour les Alpes-Maritimes, et BERTRAND pour la Provence et les Basses-Alpes. La Notice a été rédigée par M. BERTRAND.

DESCRIPTION ET EXTENSION DES DIFFÉRENTS ÉTAGES.

QUATERNAIRE. — On trouve des dépôts quaternaires marins, véritables faluns, uniquement composés de coquilles actuelles de la Méditerranée, près d'Antibes et à Monaco, au niveau de la mer, et dans des fentes du Mont-Boron, près de Nice, à 100 mètres d'altitude. Les mouvements du sol dont ils témoignent ont dû être locaux, car la mer quaternaire ne semble pas avoir pénétré dans la vallée du Rhône.

Les dépôts alluviaux sont surtout importants dans les vallées du Rhône et de la Durance; les terrasses de la haute vallée de la Durance, près de Sisteron, dominent de 80 mètres le niveau actuel de la rivière. Près de la côte, on ne trouve que des alluvions tor-

[1] Chef des travaux pratiques à la Sorbonne.
[2] Préparateur de Géologie à la Sorbonne.
[3] Professeur à la Faculté de Théologie de Montauban
[4] Ingénieur en chef des Mines.
[5] Professeur de Géologie à la Faculté des Sciences de Marseille.

rentielles, mêlées dans le fond des vallées aux débris d'éboulements sur les pentes et souvent recimentées en une brèche très dure.

PLIOCÈNE. — La mer du Pliocène ancien a pénétré profondément dans la vallée du Rhône, dans celles de l'Argens, du Var et de la Roya; celle du Pliocène moyen a abandonné progressivement l'espace précédemment submergé et n'a laissé que quelques sables marins (sables jaunes de Montpellier, mollasse de Biot) suivis par des dépôts saumâtres et lacustres; enfin, le Pliocène supérieur correspond à une époque de transports violents dans les vallées, avec formation de tufs dans les parties continentales.

Les tufs forment, auprès de Marseille et à l'Ouest de Draguignan, des entablements puissants au sommet de coteaux qui dominent de 50 et de 100 mètres les vallées actuelles; la flore en est voisine de la flore actuelle; mais, dans les conglomérats qui en forment la base, on a trouvé l'*Elephas meridionalis*.

Les alluvions pliocènes forment dans la vallée du Rhône une vaste nappe qui vient aboutir à la Crau et s'élève progressivement vers le Nord; elles ont laissé au sommet des coteaux des amas puissants de cailloux roulés, souvent de grande dimension et toujours de provenance alpine. En amont de la vallée du Rhône, près de Lyon, ces cailloux atteignent la cote 400; dans les vallées affluentes ils remontent encore plus haut, mais là les dépôts de deltas ont naturellement commencé plus tôt; ainsi les poudingues du Var semblent embrasser toute la période pliocène et ceux de la Durance, qui, en face de Manosque, forment avec 300 mètres de puissance le plateau de Valensole et de Riez, datent du Miocène supérieur (intercalations lacustres à *Planorbis Mantelli* = *solidus auctorum*).

Le Pliocène moyen comprend, dans la vallée du Rhône (Saint-Geniès), des sables jaunes surmontant des marnes grises lignitifères à *Potamides Basteroti* et *Limnæa Bouilleti*; il succède, tantôt assez brusquement, tantôt par transitions insensibles, aux marnes bleues de Saint-Ariès (couches à *Nassa semistriata* et *Turritella subangulata*), dont l'épaisseur dépasse 200 mètres, mais dont les affleurements sont presque toujours restreints et masqués par les alluvions quaternaires. Les dépôts marins pliocènes se trouvent toujours au pied des formations plus anciennes, dans le fond des vallées, dont le réseau était déjà par conséquent tracé à cette époque.

MIOCÈNE. — L'époque miocène est marquée comme l'époque pliocène: au début, par une grande transgression de la mer méditerranéenne, qui est allée embrasser tout le pourtour des Alpes; puis par un retrait des eaux marines. La transgression correspond au dépôt de la mollasse marine; la seconde période aux marnes d'eau douce de Visan et aux limons rouges de Cucuron.

Miocène supérieur. — Des limons rouges à *Hipparion gracile* sont une formation continentale qui surmonte au mont Luberon des marnes et des calcaires à *Helix Christoli.* Dans le bassin d'Aix on trouve à ce niveau un calcaire travertineux; dans la vallée de la Durance on y trouve les poudingues de Valensole. On ne connaît pas de termes analogues sur le littoral.

Miocène moyen. — La mollasse marine présente partout des caractères minéralogiques très constants et elle est surtout composée de sables et grès micacés. On peut y distinguer de haut en bas:

Les marnes et calcaires marneux à *Cardita Jouanneti*;

Les sables et grès à *Pecten Gentoni*, passant vers le Sud à des argiles bleues;

Les grès et sables marneux à *Ostrea crassissima*;

Et enfin, la mollasse à *Pecten præscabriusculus.*

Le *Miocène inférieur* n'est représenté, dans l'intérieur des chaînes, que par quelques petits bassins discordants à *Mastodon angustidens.*

Le Miocène s'est déposé dans les synclinaux préexistants plutôt que dans des vallées d'érosion. Il en résulte souvent une concordance grossière avec les terrains antérieurs; sur le bord de la vallée du Rhône, il a été plissé avec ces terrains, mais il a aussi empiété plus ou moins profondément sur les bords des synclinaux et pénétré par des vallées anciennes dans l'intérieur de la région montagneuse; il est alors nettement discordant et recouvre les failles des terrains secondaires sans en être affecté.

OLIGOCÈNE. — Il existe peu de régions où ce groupe se trouve délimité d'une manière aussi naturelle que dans la Provence, pourvu qu'on y adjoigne l'étage du gypse parisien. La mer oligocène n'a d'ailleurs, en dehors du point de Carry, pénétré sur le litoral et dans la vallée du Rhône que par ses prolongements lagunaires. Par contre, elle est peut-être entrée par une autre voie dans la haute chaîne, où l'on retrouve ses dépôts à Barrême.

20

Il y a eu deux bassins de sédimentation distincts: celui de Manosque et d'Aix, d'une part; de l'autre, celui de Marseille et de Saint-Zacharie; leur communication avec la mer ouverte se faisait certainement du côté de la Méditerranée. Dans le premier bassin, la série des couches atteint au Nord, à Manosque et à Volx, où elle est composée de schistes et marnes lignitifères, une puissance de 700 mètres; au Sud, du côté d'Aix, elle devient plus calcaire et beaucoup moins puissante, mais également avec l'*Helix Ramondi* au sommet et le *Potamides margaritaceus* vers la base. A Aix et à Apt, l'étage débute par des marnes et des calcaires gypseux, avec Poissons et Insectes, par des lignites (lignites de Gargas) avec la faune de *Palæotherium* et de *Xiphodon* des gypses de Paris, et par des sables et argiles réfractaires, avec quelques bancs de calcaires à Limnées.

Dans le bassin de Marseille, la série inférieure est analogue, mais la partie supérieure est occupée par des poudingues de plus en plus développés à mesure qu'on s'éloigne de la mer et qu'on remonte vers Saint-Zacharie.

Plus nettement encore que la mollasse, l'Oligocène, quoique discordant avec les formations antérieures, s'est borné à remplir le fond des synclinaux, en empiétant légèrement sur leurs bords. Les synclinaux se sont plus tard accentués et les couches oligocènes, quoique postérieures aux grands mouvements de la région, ont été en plusieurs points relevées jusqu'à la verticale.

Dans la haute vallée de l'Argens, entre Barjols et Saint-Maximin, des calcaires concordants avec l'Éocène et le Crétacé ont été, d'après une étude provisoire des fossiles, classés comme aquitaniens. Ce fait, s'il étaient prouvé, entrainerait, comme on le verra plus loin, de trop graves conséquences relativement à l'histoire des plissements, pour qu'on puisse l'admettre sans plus ample examen.

Dans les Basses-Alpes, à Barrême, le Tongrien marin à *Natica crassatina* et à *Cerithium cf. plicatum*, ainsi que l'Aquitanien à *Helix Ramondi*, se montre à l'état de lambeaux isolés concordants avec la série nummulitique. De plus, il faut signaler, à Tanaron, au Nord de Digne, des argilolithes et grès rouges avec galets alpins qui sont intercalés en concordance entre le Miocène moyen et le Nummulitique.

ÉOCÈNE. — Avec l'Éocène, on arrive au premier terme franchement antérieur aux grands mouvements de plissement. La mer éocène n'a pénétré dans la région que par l'Est des Maures et de l'Esterel, et de là elle s'est étendue sur tout l'emplacement actuel des Alpes centrales, mais elle n'a pas pénétré dans la vallée du Rhône. De ce côté et dans toute la Provence à l'Ouest d'Antibes, l'Éocène n'est représenté que par des sables bigarrés, par un lambeau de calcaires à *Planorbis pseudo-ammonius* (Nyons) et par les derniers termes du remplissage du lac de Fuveau (voir plus bas).

A Nice et dans les Basses-Alpes, la série nummulitique s'étend transgressivement sur les dépôts plus anciens. La transgressivité va en s'accentuant au Nord et au Sud de la ligne qui rejoint Digne à Menton: le long de cette ligne médiane (Annot, Entrevaux), c'est le Crétacé supérieur qui forme le substratum, mais au Nord les mêmes couches éocènes reposent d'abord sur le Cénomanien, puis sur l'Aptien (haut Var); de même au Sud elles recouvrent directement les grès à *Ostrea columba* à Escragnolles, et le Jurassique à Antibes.

Dans toute la région alpine, on peut distinguer trois termes principaux: le flysch, contemporain en partie de la base de la série d'Aix ou de Marseille, composé de poudingues, de schistes et grès à Fucoïdes, augmentant d'épaisseur vers l'Est et le Nord-Est et contenant des bancs de lignites à l'Est du Var et en Italie; les marnes argileuses brunes et bleues à *Rotulina spirulæa* et *Operculina ammonea*; les calcaires à Nummulites, où il n'est pas toujours facile de distinguer les deux niveaux de la *Nummulites Brongniarti* en haut, et de la *Nummulites complanata* vers le bas.

Enfin, dans quelques localités isolées, près de Barrême, on trouve, à la base, des couches marneuses sans Nummulites (Branchaï, Allons), parfois lignitifères, contenant des Cythérées et des Cérithes (couches à *Cerithium Diaboli*). C'est le même niveau que représentent probablement les marnes rouges avec Cérithes de la vallée de la Roya et les couches saumâtres à lignites (*Melania hordacea*) de Briançonnet et de Mons.

La base du Nummulitique est souvent formée par des conglomérats puissants.

CRÉTACÉ. — La mer crétacée a couvert probablement toute la région de la carte (sauf les Maures et l'Esterel), avec des alternatives d'avancée et de recul du côté du rivage formé par cette chaîne et le Plateau Central. Peut-être y avait-il aussi un massif émergé au Nord de Saint-Martin-de-Lantosque. De plus, un large promontoire semble, dès l'époque du Gault, avoir réuni le Pelvoux avec les Maures; ce promontoire est sans doute resté longtemps à l'état de plateau sous-marin, car il ne semble, jusqu'au Crétacé supérieur, avoir joué aucun rôle dans l'apport sédimentaire des terrains. Mais, en tout cas, il n'a pas reçu de dépôts et il a établi pendant toute la période une séparation très nette entre deux régions distinctes: celle de l'Est ou région alpine et celle de l'Ouest ou région rhodanienne. C'est donc à ce moment qu'on voit se dessiner pour la première fois la vallée du Rhône; aux époques suivantes, la barrière orientale s'élève et la vallée s'accentue en se rétrécissant et en subissant l'alternative d'émersions et de submersions répétées. Mais la direction première reste la même.

PROVINCE RHODANIENNE. — La dénomination de bassins (bassins de Dieulefit, d'Uchaux, du Beausset) appliquée aux différents groupes d'affleurements de cette région n'est évidemment qu'une fiction. Tous ces bassins communiquaient largement ensemble; ils faisaient partie, pendant le Crétacé inférieur, d'un même bras de mer qui reliait la Méditerranée au Jura et aux Alpes Suisses, et, pendant le Crétacé supérieur, d'un même golfe qui allait se fermer vers Grenoble ou même dans le Jura. Les sédiments, dans ce golfe, sont naturellement beaucoup plus différenciés qu'à l'Est; le peu de profondeur des eaux s'y traduit par l'abondance des dépôts récifformes (Urgonien, calcaire à Caprines, calcaire à Hippurites) absents dans la région alpine. La tendance à l'émersion s'accuse, dès le Cénomanien et le Turonien, par l'existence de dépôts saumâtres. Enfin, l'émersion devient définitive à l'époque danienne, où le grand bassin de Fuveau est comblé lentement jusqu'à la fin de l'Éocène par des dépôts lacustres, puis franchement terrestres.

Il faut remarquer l'analogie complète de cette histoire avec celle de l'époque miocène; c'est aux deux époques, dans le bassin du Rhône, la même succession de faits: bras de mer entre la Méditerranée et la Plaine Suisse, golfe, lac ou lagunes et émersion.

Bassin de Fuveau. — La partie supérieure du remplissage du bassin (Vitrolles, le Cengle) est formée par 200 mètres de marnes rouges, parfois entremêlées de grès et de poudingues où s'intercalent et que surmontent plusieurs bancs de calcaires fossilifères. Cet ensemble de couches est à rapporter à l'Éocène inférieur et à l'Éocène moyen (*Planorbis Leymerici*).

Au-dessous et sans discontinuité de stratification viennent les calcaires de Rognac (*Lychnus* et *Melania armata*), dont la base détritique se compose de grès grossiers, rosés et verdâtres, et de marnes rouges avec ossements de Reptiles (*Hypselosaurus priscus*). Puis se développe la grande masse des calcaires marneux, bien lités, puissants de 500 à 600 mètres, où l'on peut distinguer deux groupes: celui des couches à Physes (*Physa Michaudi, Anostoma rotellaris*) et celui des couches à Cyrènes (*Corbicula galloprovincialis*) avec couches importantes de lignites exploitées. Enfin des bancs marneux avec calcaires jaunâtres (couches de Valdonne) forment la base de la série lacustre et contiennent en abondance le *Melanopsis galloprovincialis*. Ils reposent sur des couches saumâtres à Turritelles (*Cassiope Coquandi*) qui surmontent elles-mêmes des bancs marins à *Ostrea acutirostris*.

Toute cette série est concordante, et toujours concordante avec les termes plus anciens sur lesquels elle repose, mais elle présente deux transgressions étendues, l'une correspondant aux couches à Cyrènes, l'autre aux couches de Rognac. La seconde s'est étendue au Nord-Ouest jusqu'aux Alpines, à l'Est jusqu'auprès de Draguignan, elle fait reposer les couches à *Lychnus* d'un côté sur l'Urgonien, de l'autre sur les dolomies jurassiques, mais malgré l'immense lacune, toujours en concordance. Les bords du bassin sont donc restés, pendant toute sa formation, une région plate et basse; seule la chaîne de La Nerthe, au Nord de Marseille, montre un poudingue discordant, que des intercalations lacustres rattachent au calcaire de Rognac; le chaînon semble donc dès cette époque avoir commencé à s'élever et à dessiner sa courbure anticlinale.

Au grand bassin lacustre de Fuveau se rattache indirectement la formation de la bauxite, dont l'origine est encore problématique. La bauxite se présente en véritables couches, associée parfois à des sables grossiers et ravinant les étages inférieurs. Elle ne dépasse pas l'emplacement du bassin lacustre, elle n'existe qu'aux points où il y a lacune, et cette lacune plus ou moins considérable comprend toujours l'Aptien et le Gault. L'âge de la bauxité (Aptien ou Albien) semble en résulter avec d'autant plus de certitude qu'elle a été intéressée par tous les mouvements du sol et qu'on en trouve des grains remaniés à la base des calcaires lacustres.

Sénonien. — Le Sénonien est composé au Sud (bassin du Beausset):
1° De bancs à *Ostrea acutirostris*;

— 310 —

2° Des calcaires noduleux à *Lima ovata*;

3° De grandes masses de marnes et de grès calcarifères (*Micraster brevis* et *Micraster Matheroni*).

Dans ces derniers s'intercalent des bancs de calcaires à Hippurites (*H. dilatata*), lenticulaires au Beausset, mais se développant au Nord et arrivant à occuper presque tout l'étage (Mazaugues, Plan-d'Aups, Allauch). Plus près des bords, d'où venait l'apport sédimentaire, c'est-à-dire à l'Ouest dans le bassin d'Uchaux, les grès deviennent plus abondants et plus grossiers (grès de Mornas); des bancs d'Hippurites s'y intercalent également et atteignent jusqu'à 100 mètres d'épaisseur. A l'Est, vers le centre du bassin, les Hippurites ne se sont pas avancées jusqu'à Nyons, où le Sénonien est formé de calcaires blancs crayeux, quelquefois glauconieux, avec *Micraster cortestudinarium* et *Ananchytes gibba*.

Dans cette région septentrionale, comme au Beausset, l'assèchement progressif du golfe a donné lieu à des dépôts saumâtres et lignitifères (Piolenc, Nyons, Vagnas).

Turonien. — Les dépôts côtiers ont été mieux conservés et la variation des faciès est plus grande. Au centre du bassin du Beausset, près de Cassis, l'étage se compose d'une grande masse (200 mètres) de calcaires compacts à Hippurites (*Hipp. organisans, Radiolites cornupastoris*) surmontant les marnes à *Periaster Verneuili* (100 mètres). Au Sud du bassin, c'est-à-dire du côté des Maures, on voit successivement s'intercaller les sables quartzeux de Sainte-Anne, les grès grossiers du Caoumé et du cap Canaille (près La Ciotat), qui divisent en deux la masse des calcaires à Rudistes, et enfin les conglomérats de La Ciotat qui la remplacent complètement. Au Nord, au contraire, l'épaisseur décroît et les calcaires à Rudistes occupent tout l'étage; au Plan-d'Aups et à Mazaugues, ces calcaires arrivent à se souder à ceux du Sénonien, et la séparation, difficile à faire, n'en a pas encore été suffisamment étudiée.

Dans le bassin d'Uchaux, l'étage est à l'état de grès calcarifères (grès d'Uchaux, 150 mètres) avec *Ammonites peramplus, Amm. Woolgari*, etc.

La tendance à l'émersion s'accuse déjà par les bancs saumâtres d'Allauch et des Martigues, ainsi que par les bancs d'*Ostrea Mailleteana* (sables réfractaires et lignites) de Courac.

Cénomanien. — Le promontoire qui reliait le Pelvoux aux Mau-

res se prolongeait à l'Ouest, du côté de Tarascon, par une large
avancée dont le rôle, peu marqué pour les étages supérieurs, se
traduit d'une manière intéressante à l'époque cénomanienne; cette
avancée, dirigée de l'Est à l'Ouest, sépare une province où se sont
développés les calcaires à Caprines, d'une autre où ces calcaires
font défaut. Les bancs de Caprines s'étendaient entre Marseille et
Signes; ils ont formé là des masses de près de 100 mètres de puissance et surmontent des bancs grumeleux à Oursins (*Heterodiade-
ma lybicum*) ou des grès à *Ammonites varians*. Au Sud de cette
bande, le Cénomanien se montre sous des aspects très variables:
calcaires à silex, avec *Ostrea flabella*, *Terebrirostra Bargesi*,
gros bancs gréseux peu fossilifères, marnes à Ostracées (*O. flabella*, *O. biauriculata*). Il faut signaler aussi près de Toulon un niveau saumâtre (Gardonien).

Dans le bassin d'Uchaux et dans la vallée de la Durance, le Cénomanien se compose:

Au sommet, de calcaires gréseux, avec *Orbitolina concava* et
Ostrea columba (les grès de Mondragon en sont un faciès local);

A la base, des calcaires grumeleux plus ou moins glauconieux,
marneux ou sableux, ayant de 20 à 100 mètres de puissance et
contenant *Ammonites varians* et *Amm. rothomagensis*.

Albien. — La partie supérieure de l'Albien, sous forme de grès
ou de calcaires sableux à *Ammonites inflatus*, est bien caractérisée
dans la vallée de la Durance et dans le haut Comtat.

Le Gault proprement dit, qui vient au-dessous, marque une époque de curieuse uniformisation des faciès et des faunes dans toute
la région et même jusqu'aux Alpes-Maritimes: c'est aussi une
époque de déplacements importants dans les rivages, comme le
montrent les transgressions observées sur plusieurs points de la
vallée du Rhône (Clansayes, les Martigues). A Fondouilles (extrémité de La Nerthe), le Gault présente une épaisseur inusitée, avec
calcaires marneux (*Inoceramus concentricus*, *Ammonites Mayor-
ianus*) et grès chloriteux (*Amm. latidorsatus*) à la base; il faut
peut-être voir là un prélude du développement que prend le même
étage dans l'Ariège. Partout ailleurs le Gault, toujours peu épais
et souvent transgressif, est formé de grès verts ou de marnes chlo-
ritées avec rognons de phosphate de chaux et nombreux fossiles à
apparence roulée.

Aptien. — Le type de l'étage est aux environs d'Apt (Gargas); ce sont des marnes à Ammonites pyriteuses avec *Ammonites Nisus,* *Amm. Dufrenoyi, Belemnites semicanaliculatus,* surmontant les calcaires marneux à *Ancyloceras Matheroni* et à *Ammonites Deshayesi*; ces calcaires, à peine représentés dans la vallée de la Durance, croissent d'épaisseur vers le Nord et atteignent 200 mètres de puissance. La même succession se retrouve dans l'Ouest du bassin du Beausset (La Bédoule), mais à la riche faune des environs d'Apt ne correspondent plus, pour la division supérieure, que des marnes ou des calcaires à silex très puissants avec rares Bélemnites.

Dans le Gard, on peut distinguer dans le sous-étage supérieur:

Des sables verts à *Belemnites semicanaliculatus* (60 mètres); des calcaires à *Discoïdea decorata* (15 à 20 mètres); des marnes bleues à *Bel. semicanaliculatus* (60 mètres); tandis qu'un calcaire marneux à *Ostrea aquila* continue à représenter l'Aptien inférieur.

Urgonien. — L'Urgonien n'est pas à proprement parler un étage, mais un faciès réciforme, formé de calcaires blancs compacts à *Requienia ammonia,* qui représente tantôt l'Aptien inférieur ou même l'Aptien tout entier, tantôt la partie supérieure du Néocomien. Il atteint, sur la rive droite du Rhône, 700 à 800 mètres de puissance et forme, de Toulon à Grenoble et à la Suisse, une large ceinture, véritable récif côtier, autour du demi-cercle de la chaîne alpine.

Néocomien. — Le Néocomien se développe progressivement de l'Est (environs de Toulon) vers le Nord-Ouest et vers le Nord. A Toulon il ne comprend qu'une cinquantaine de mètres de calcaires marneux et feuilletés, avec moules de Bivalves et rares *Terebratula pralonga.* A Cuges, Aubagne et Marseille, les *Ostrea Couloni,* les *Echinospatangus cordiformis* commencent à abonder dans ces couches, tandis qu'au - dessous se développe une grande masse de calcaires sans fossiles, ayant à son sommet la faune d'Allauch.

Dans ces calcaires inférieurs, au Nord de Rians et jusqu'à Nyons, on trouve quelques Ammonites de Berrias. Dans la vallée de la Durance et dans les Basses-Alpes, toutes les divisions et toutes les zones fossilifères du Nord du Gard et de l'Isère se développent, permettant de distinguer de haut en bas:

1° Calcaires à *Ammonites difficilis* et *Scaphites Yvani* (Barrémien, 50 à 200 mètres);

2° Calcaires marneux à *Crioceras Duvali*, avec couches à *Belemnites dilatatus* à la base (100 mètres);

3° Calcaires marneux à *Ammonites Jouanneti* (50 mètres);

4° Marnes à Ammonites pyriteuses, avec *Ammonites neocomiensis* et *Belemnites Emerici* (120 mètres);

5° Calcaires à ciment de Berrias avec *Ammonites Honnorati*, *Ammonites Boissieri* (30 à 50 mètres).

PROVINCE ALPINE. — Dans la province alpine, les dépôts présentent des caractères beaucoup moins variés et l'on y constate le caractère général des sédiments alpins: de grandes épaisseurs de couches conservant le même aspect minéralogique. Du côté des Maures, c'est-à-dire au Sud, le voisinage du rivage se traduit par des dépôts glauconieux et très réduits. Au Nord, entre le Pelvoux et le massif de Vinadio, le soulèvement progressif de cette zone alpine se fait sentir, dès le Crétacé supérieur, par l'amincissement et la disparition des dépôts correspondants au-dessous du Nummulitique.

Sénonien. — On ne connait pas, dans la region alpine, de couches qui correspondent avec certitude au Danien. Le Sénonien n'apparait pas au Sud de la ligne sinueuse que forment le val de Barrême, l'Estéron et la basse vallée du Var. Dans la vallée de l'Estéron, le sommet en est formé par des grès siliceux à *Ostrea plicifera*, Trigonies et Actéonelles; ces grès surmontent des calcaires et des marnes bleuâtres avec Ananchytes et grands Inocérames; à la base, des couches souvent glauconieuses renferment le *Micraster cortestudinarim* et l'*Echinoconus subconicus*. A l'Est et au Nord du Var, ces couches glauconieuses disparaissent et l'étage se compose de calcaires bleuâtres, bien lités, avec Ammonites (*A. Texanus, tricarinatus, Neubergicus, Pailleteanus, Inoceramus Cripsi, Micraster gibbus* et *Ananchytes*). La partie la plus élevée est notablement plus marneuse et riche en Spongiaires (du haut Var à Menton).

Ces dépôts forment des masssifs considérables autour de la vallée du Verdon (Saint-André-de-Méouilles, massif du Cheval-Blanc), mais du côté de Digne, en se rapprochant du promontoire de séparation avec le bassin du Rhône, l'épaisseur se réduit et l'on ne compte plus que 50 mètres environ de craie à Micraster, Inocérames et Spongiaires.

Turonien. — L'existence du Turonien n'a été démontrée qu'en un petit nombre de points; on peut lui rapporter des calcaires siliceux à Spongiaires et des calcaires gréseux à *Periaster oblongus* (vallée de l'Estéron) et à *Inoceramus problematicus* (col de Braus).

Cénomanien. — Le Cénomanien est formé en général de calcaires marneux en petits bancs, avec marnes noires intercalées, contenant *Ammonites varians, Ammonites Mantelli, Ammonites rothomagensis, Orbitolina concava* et *Holaster subglobosus*; ces couches sont surmontées, sur la lisière Sud et Ouest du bassin, par des grès à *Ostrea columba* et à Turritelles qui s'étendent à l'Ouest vers Castellane et atteignent 200 mètres de puissance à La Foux. L'étage s'amincit dans le haut Var.

Le Cénomanien s'est étendu beaucoup plus au Sud que le Crétacé inférieur; tandis qu'au Nord et à l'Ouest du Var il repose directement sur l'Aptien, à Mons, Saint-Vallier, Vence et Monaco on le trouve en contact direct avec le Jurassique.

Albien. — Des argiles noires qui, entre Escragnolles et Briançonnet, contiennent l'*Ostrea vesiculosa*, forment un horizon constant à la base du Cénomanien. Au Nord des Alpes-Maritimes et à l'Est des Basses-Alpes, elles reposent directement sur l'Aptien et sont difficiles à en distinguer. Vers le Sud seulement on trouve, au-dessous de ces argiles, des assises glauconieuses peu épaisses, avec quelques rognons phosphatés.

Aptien. — L'Aptien n'est pas connu avec la certitude au Sud de Castellane et de Montblanc; à l'Est, il semble s'étendre en formant une mince lisière le long de la branche N.-S. du haut Var, pour se développer largement à Thorane et à Colmars sous forme de marnes noires à *Belemnites semicanaliculatus*. A l'Ouest, il atteint de grandes épaisseurs aux environs de Barrême, Saint-André et Vergons, et comprend des marnes à *Ammonites Dufrenoyi* avec calcaires à *Ancyloceras Matheroni* à la base.

Néocomien. — Le Néocomien des Basses-Alpes se relie intimement à celui de la province rhodanienne. La limite extrême de ses affleurements, du côté de l'Est, se trouve aux environs de Colmars et d'Allos, où le Néocomien supérieur à *Ammonites infundibulum, Belemnites grasianus* et Criocères se présente sous forme de calcaires noirâtres, à veines spathiques.

Dans les Alpes-Maritimes, le Néocomien est encore épais au pied des grandes chaînes: à Levens, dans le bassin du Var en amont du confluent de la Tinée et surtout au Sud-Ouest d'Entrevaux. Plus au Sud, il s'amincit progressivement de l'Ouest à l'Est, avec des caractères de rivages de plus en plus accentués: à l'Ouest, le sommet seul est glauconieux avec *Belemnites dilatatus et subfusiformis, Ammonites Astierianus, Ammonites cryptoceras, Ammonites Leopoldinus et Toxaster* assez fréquents; la base est formée par des marnes grises à Ammonites pyriteuses. A l'Est, cette série se réduit à une bande de calcaire ferrugineux et à la couche glauconieuse entre Nice et Monaco. Le banc calcaire devient noir sur la Roja et est exploité comme marbre.

JURASSIQUE. — La mer jurassique s'est étendue uniformément sur toute la région; les deux provinces signalées pour le Crétacé supérieur n'existaient pas encore; les Maures et l'Esterel seuls, et peut-être quelques chaînons précurseurs des Alpes, formaient rivage. Les variations de faciès sont donc plus simples et se rattachent à des causes moins complexes. Il n'y a à distinguer que deux zones ou deux provinces: celle du littoral, celle du moins où l'influence du rivage se faisait directement ou indirectement sentir et qui suivait le bord des Maures et du Plateau Central; et la région pélagique, enveloppé par la précédente, et s'étendant sur l'emplacement des chaînes alpines. La limite de ces deux zones ne s'est déplacée que faiblement pendant la période Jurassique.

Jurassique supérieur (Tithonique, Corallien du Midi). — La limite de la zone littorale est marquée par la bande des calcaires blancs à *Terebratula moravica* et *Rhynchonella Astieriana*, courant de l'Est à l'Ouest (par Rougon), de Menton à Moustiers et Saint-Jurs; de là, la continuation s'infléchissait vers le Sud (du côté d'Aups) et allait sans doute, en contournant les Alpines, rejoindre les calcaires blancs de l'Hérault, puis suivait vers le Nord la concavité hercynienne jusqu'à l'Échaillon et au Salève. Il est à remarquer que ces récifs jurassiques se sont élevés à peu près sur le même emplacement que ceux de l'Urgonien et qu'ils datent tous du Jurassique supérieur; les Coraux plus anciens (astartiens, rauraciens), qui du côté du Jura se sont développés en retrait successif du Nord vers le Sud, ne sont pas connus dans les dépôts méditerranéens.

Au Sud de la bande des calcaires blancs, des calcaires analogues, mieux lités mais moins fossilifères, alternent avec une masse puissante de dolomies ou la surmonte; au Nord des Alpes-Maritimes, on peut citer des calcaires gris à Encrines associés à des dolomies et parfois oolithiques.

A l'intérieur de la courbe de récifs, le Jurassique supérieur a uniformément le faciès tithonique et comprend de haut en bas:

1° Des calcaires lithographiques et des brèches à *Terebratula janitor* et *Ammonites calisto*;

2° Des calcaires bréchoïdes puissants, avec *Ammonites geron*, *Ammonites ptychoïcus* et des *Aptychus*.

Astartien et Oxfordien (Oxfordien du Midi). — L'Influence du rivage méridional est restreinte à une bande étroite le long des Maures, et la dénudation n'a laissé subsister les dépôts correspondants que sur une faible étendue entre Bandol, Toulon et Draguignan. Ce sont des dolomies, inséparables de celles du niveau supérieur. Du côté de Marseille, à l'Ouest, et d'Escragnolles, à l'Est, elles vont se terminer lenticulairement dans l'Oxfordien calcaire. Vers le Nord, ces dolomies font place à des calcaires gris compacts, bien lités, assez pauvres en fossiles, à la base desquels un niveau glauconieux (zone à *Ammonites transversarius*) a été reconnu à Vence et au Mont Agel. En remontant plus haut vers le Nord, on voit se différencier, avec des faciès lithologiques distincts, toutes les zones connues de la région méditerranéenne:

1° Les calcaires à *Ammonites polyplocus* et *Ammonites subfascicularis*, calcaires durs, en plaquettes, atteignant jusqu'à 300 mètres de puissance et se reliant au Tithonique dans la région de Digne par des calcaires massifs et bréchoïdes à *Ammonites acanthicus* (avec *Ammonites Loryi* et *Ammonites ptychoïcus*);

2° Des calcaires gris à structure concrétionnée, à *Ammonites bimammatus*; ce niveau est moins puissant et moins régulièrement fossilifère que les autres;

3° Des calcaires plus ou moins marneux, passant à la base à de véritables marnes argileuses à Rians et au Nord-Est de Rians, et comprenant les zones à *Ammonites canaliculatus*, à *Ammonites cordatus* et *transversarius*, et à *Ammonites Lamberti*; au Nord et au Nord-Ouest, ces deux dernières zones sont représentées par des marnes très épaisses, de couleur foncée et contenant des géodes à la base.

Le *Callovien* ne semble représenté par des calcaires marneux fossilifères (*Ammonites macrocephalus*) qu'à l'Ouest d'une ligne qui irait de Marseille (Vaufrège) à Rians et à Digne. Au Nord (Saint-Geniez), il est formé de schiste noirs, puissants, à *Posidonomya Dalmasi*. Dans le Nord des Basses-Alpes, les marnes noires calloviennes contiennent de puissants amas de gypse.

Bathonien. — La zone littorale est plus étendue à la fin de cet étage et de nouveau plus restreinte à son début, elle est marquée pour le Bathonien supérieur par des dolomies qui surmontent, près de Toulon, des calcaires compacts à Polypiers et où s'intercalent, au Nord et à l'Est de Draguignan, des calcaires à Nérinées et à *Rhynchonella decorata*; à l'Est du Var, on ne trouve plus de nouveau que des dolomies. Ce faciès s'étend du Nord jusqu'à la vallée de l'Estéron et jusqu'à Rians, puis sa limite redescend brusquement vers le Sud et il ne dépasse guère vers l'Ouest la ligne de Rians à Bandol. Le Bathonien inférieur au contraire conserve le faciès pélagique de calcaires marneux à Ammonites jusqu'à ses derniers affleurements méridionaux, dans toute la région qui est à l'Ouest de Draguignan. A l'Est, il se confond dans un même faciès avec le Bathonien supérieur.

Il y a à signaler, comme bancs plus nettement littoraux, les calcaires à oolithes ferrugineuses de Saint-Hubert, au Nord-Est de Toulon, avec une faune analogue à celle de Ranville; les calcaires jaunes à Oursins (*Leiosoma Jauberti, Acrosalenia pseudodecorata*), qui forment la base des calcaires bathoniens compacts entre Toulon et Brignoles; et surtout les argiles et marnes à Lamellibranches des environs de Grasse et d'Antibes, qui en un point, près de Clausonne au Nord d'Antibes, renferment un banc de lignites.

Le faciès pélagique est uniformément formé de calcaires marneux (avec nombreux *Cancellophycus*); ces calcaires passent progressivement vers le Nord à des schistes noirs (régions de Digne, de Barcelonnette et du haut Var) identiques à ceux du Bajocien et de l'Oxfordien inférieur et constituant avec eux d'immenses talus schisteux, où les niveaux ne peuvent plus se reconnaître que par leurs fossiles. On peut distinguer dans ces schistes bathoniens: des couches à *Ammonites contrarius*, bien développées près de Chaudon, et des couches à *Ammonites tripartitus*.

Dans les environs de Bayons (Basses-Alpes) et au col du Labouret, de grandes masses lenticulaires de gypse sont intercalées dans le Bathonien.

Bajocien et *Lias*. — L'existence de la bande littorale s'accuse ici (comme dans la «Malière») par un nouveau caractère: l'abondance des silex et des débris de Crinoïdes. Comme les précédents, ce faciès forme ceinture autour des Maures; il représente le Lias moyen et supérieur, ainsi que le Bajocien inférieur (*Lima hetero-morpha*) à l'Ouest de Toulon; autour de Draguignan et au Sud de Puget-Théniers, il ne représente plus que le Bajocien, et il disparaît à l'Est du Var. Au-dessus des calcaires à silex, près de Solliès et de Salernes, on trouve une couche mince à oolithes ferrugineuses, avec Ammonites de la zone à *Ammonites Sowerbyi*.

Le faciès marneux, comme toujours, commence au Nord de cette bande; il existe déjà, pour le Bajocien et pour les deux étages du Lias, au Nord de Marseille; pour le Bajocien seul, autour d'Aix; il se développe surtout dans la région de Castellane et de Digne, avec des épaisseurs qui augmentent vers le Nord et atteignent 400 mètres près de Digne. On y retrouve les différentes zones d'Ammonites connues; il faut de plus signaler au sommet un dépôt schisteux à *Posidonomya alpina* qui établit un lien faunique intéressant entre cette région et celle des Alpes Tyroliennes.

Le *Lias inférieur*, qui manque partout dans la zone de bordure, reparaît dans la région pélagique à partir de Castellane; sa limite se dirige vers l'Est en suivant le Var, passe au val de Blore, à Digne, à Barcelonnette et va longer au Nord le massif de Vinadio; mais dans toute cette bande, contrairement aux étages précédents, il présente un faciès littoral (bancs de Gryphées arquées et silex).

Au Nord de Digne et surtout dans les environs de Seyne, les limites entre les différentes assises jurassiques perdent beaucoup de leur netteté. Les calcaires et les marno-calcaires gris qui constituent toute la série du Bajocien et du Bathonien passent insensiblement aux marnes noires calloviennes au sommet, et à un système de marno-calcaires noirs à la base. Ces marno-calcaires, alternant souvent avec des bancs schisteux, correspondent à tous le Lias supérieur et à une partie du Lias moyen (couches à *Ammonites margaritatus*); ils reposent toujours sur des bancs de calcaires noirs très puissants, dont la partie supérieure est pétrie de Bélemnites (*Belemnites elongatus*) et constitue un précieux point de repère. Ces calcaires noirs représentent la partie inférieure du Lias moyen et passent insensiblement aux calcaires à Gryphées arquées du Lias inférieur.

Infralias. — Pour cet étage, la bande littorale prend une grande extension et se caractérise par une succession de couches très uniforme à ce niveau dans tout le Midi de la France (Est des Pyrénées et Languedoc). Ce sont, à la base, des marnes vertes, des petits bancs en plaquettes couvertes d'*Avicula contorta* et une lumachelle à *Plicatula intrusstriata*; puis, plus haut, une série de dolomies blanches, bien litées, parfois siliceuses et ordinairement moins cristallines que celles des étages jurassiques supérieurs. Elles atteignent une épaisseur de 60 mètres. Dans le Gard, on y a trouvé l'*Ammonites angulatus*; il est donc probable qu'elles représentent les deux zones à *Ammonites planorbis* et à *Ammonites angulatus*; mais rien n'autorise à croire qu'elles représentent nulle part des termes plus élevés. Et cependant sur ces dolomies, quand on s'avance de Marseille vers les Alpes-Maritimes, on voit successivement reposer le Lias moyen, le Lias supérieur, le Bajocien et les dolomies vraisemblablement bathoniennes de Nice, sans que nulle part il y ait discordance ni ravinement profond. La lacune est incontestable, mais ne semble pas correspondre à une émersion.

Dans la région septentrionale, la zone à *Avicula contorta* conserve à peu près les mêmes caractères, mais les zones supérieures sont représentées par des argiles noires et des calcaires compacts fossilifères.

TRIAS, — Le Trias a dans toute la région le faciès continental ou lagunaire de l'Europe septentrionale, avec ses trois termes bien développés: le Keuper gypsifère, le Muschelkalk calcaire à *Terebratula vulgaris* et le Grès bigarré, sous forme de grès et argiles et argiles rouges avec poudingues quartzeux à la base. Ils supportent partout, en concordance, les assises jurassiques. Il y a à noter l'abondance des cargneules dans le Keuper, les marnes subordonnées étant souvent très réduites. Outre le gypse, le Keuper contient quelques lignites au Nord de la Sainte-Baume; ces lignites se retrouvent, avec continuité, entre Draguignan et la frontière italienne.

Dans la vallée de Barles, on voit certains bancs des calcaires dolomitiques, qui au Sud ont donné naissance aux cargneules, passer latéralement à des schistes verdâtres, lustrés et onctueux, identiques à ceux du Queyras, qui prennent jusqu'au Mont Cenis et jusqu'au Valais une si grande extension. Il y a là une remarquable analogie avec la disposition des deux faciès des étages jurassiques, l'un, littoral ou continental, formant bordure aux Maures, l'autre, pélagique, se développant en avant de cette bordure et se traduisant par des grandes accumulations de schistes.

PERMIEN. — Avec le Permien, toute trace de faciès pélagique disparaît; la Méditerranée houillère, à peine indiquée, ne s'est encore avancée que jusqu'à la Carinthie et la Sicile et n'a pas envahi la région des Alpes. Le Permien se présente, comme toujours sur le bord des massifs hercyniens, sous forme de grès rouges et de poudingues grossiers, avec schistes rouges intercalés. Le Grès bigarré semble transgressif, mais sans qu'il y ait nulle part discordance entre les étages.

A la base, des grès micacés à grains plus grossiers, avec schistes noirs et poudingues quartzeux, se développent en concordance entre Toulon et Collobrières et contiennent des bancs de houille avec une flore indiquant le Permien inférieur de Sarrebrück ou le passage du Permien au Houillier supérieur (*Callipteris conferta, Pecopteris Pluckeneti*).

Le Permien forme bordure aux Maures depuis Saint-Nazaire et Toulon jusqu'auprès de Draguignan; de là, à Grasse et à Cannes, le Grès bigarré s'appuie directement sur les schistes cristallins. Le Permien pénètre de plus en plus profondément dans les dépressions de la chaîne cristalline (vallée d'Hyères et rade de Toulon, vallée de Collobrières et surtout basse vallée de l'Argens entre Draguignan et Cannes ou l'Esterel proprement dit). C'est dans cette dernière dépression qu'ont eu lieu les grandes éruptions porphyriques. Dans toutes, le Permien affecte la forme de bassins synclinaux dont le bord méridional est souvent renversé, et il semblerait naturel d'en induire que le Permien a dû recouvrir toute la chaîne. Il n'en est rien cependant: sans parler des conglomérats grossiers à roches cristallines, on trouve à la base, près de Pignans, des bancs formés de petits fragments aplatis de phyllades à peine roulés, analogues aux produits des ruissellements quaternaires et témoignant d'un très faible transport. C'est l'indice incontestable d'un rivage immédiat.

Le Permien se retrouve à Saint-Martin-de-Lantosque, sur les bords du massif de Vinadio, et même plus au Nord, rudimentaire, au Nord-Est de Larche; dans cette région, il occupe encore le centre du pli anticlinal de Guillaumes et se continue dans les Alpes Liguriennes, avec les mêmes caractères que dans l'Esterel.

TERRAIN HOUILLER. — Le terrain houiller forme deux petits bassins isolés: celui de Plan-de-la-Tour et celui du Reyran, allongés du Nord au Sud parallèlement aux plis des gneiss qui les enclavent et par conséquent dans les conditions de gisement qui indiquent nettement la discordance avec les étages précédents. Les empreintes végétales leur assignent un âge voisin de celui de Rive-de-Gier ou peut-être même des couches supérieures du Nord.

Dans la cluse de Verdaches, près de Barles, au Nord de Digne, on rencontre, sous le Grès bigarré, un petit affleurement de schistes argileux très riches en empreintes végétales (*Sphenopteris, Annularia, Nevropteris*) bien caractéristiques du terrain houiller supérieur. On a tenté d'exploiter les lits d'anthracite contenus dans ces dépôts.

SCHISTES CRISTALLINS. — La série cristalline, discordante avec tous les étages sédimentaires, comprend:

Des phyllades ou schistes à séricite, couronnés par des bancs de quartzite; des micaschistes qui dans leur partie supérieure passent insensiblement aux phyllades et montrent dans leur masse énorme (plus de 3000 mètres) plusieurs accidents minéralogiques intéressants: au sommet, des lentilles d'amphibolite (Collobrières); plus bas une lentille de gneiss compact (plus de 500 mètres) qui semble s'amincir vers le Sud; enfin des bancs à minéraux (grenat, staurotide, disthène, andalousite).

A la basse (Gassin, Cavalaire) se développent de nouveau des amphibolites; puis vient l'étage des gneiss (gneiss de Saint-Tropez et de Cannes), surtout développé à l'Est du massif.

ROCHES ÉRUPTIVES. — Les roches éruptives sont nombreuses et variées tout autour du massif des Maures, mais contrairement à l'opinion anciennement admise, elles n'ont joué aucun rôle dans le soulèvement de la région.

Basaltes. — Les basaltes forment quelques rares filons (Saint-Tropez et cap Nègre, dans les schistes cristallins; les Sambles à l'Est du Beausset, dans les calcaires à Hippurites); mais ils se présentent surtout sous forme de pitons isolés (Cogolin, Bauduffe, Rougiers) ou en large couverture sur les plateaux (Évenos). La série des afffeurements qui ont échappé à la dénudation se répartit assez irrégulièrement entre Aix (Beaulieu) et Saint-Tropez. Malgré

21

des diffférences de composition et de structure très notables, il semble vraisemblable que ces affleurements se rattachent tous à une même période d'éruptions, mais rien n'autorise à les relier, même hypothétiquement, à ceux de l'autre rive du Rhône, ni à la trainée d'Agde et de Lodève, ni, ce qui serait à la rigueur plus plausible, au basalte des Coirons.

Les basaltes sont accompagnés de pépérites ou de produits de projection à Cogolin, Rougiers et Beaulieu; ils reposent indifféremment sur tous les terrains de la région, depuis les gneiss et le granite dans les Maures jusqu'au Tongrien supérieur à Beaulieu et même l'Aquitanien à Bandol. Leur âge ne peut pas encore s'établir avec certitude d'après les rapport de gisements: à Beaulieu, il est vrai, des cinérites forment des bancs interstrafiés dans le calcaire lacustre, mais il est possible que ce soit une apparence due à la séparation d'un lambeau ou paquet de calcaires tongriens, qui, sans dérangement sensible de stratification, aurait été englobé à la base des cinérites. En effet, le banc intercalé se termine en pointe dans ces cinérites et se prolonge par des blocs isolés de même nature et de même provenance, avec les mêmes fossiles.

A Bandol, des filons ou apophyses en chapelets pourraient également faire croire à l'existence de galets de basalte dans l'Aquitanien, mais l'absence des galets de basalte dans les conglomérats de cet âge est au contraire bien établie, et la bonne conservation des marnes scoriacées à la surface des coulées tiendrait à faire attribuer à ces roches un âge beaucoup plus récent.

Le pointement de Rougiers comprend une variété pétrographique intéressante de néphélinite.

Labradorites d'Antibes. — A l'Est des Maures, le long du littoral, entre Antibes et Monaco, on rencontre, en filons et en coulées bréchiformes, une roche verte ou brune, de couleur foncée, qui correspond à la composition des labradorites (labrador et augite engagés dans une pâte amorphe). Elle perce les couches nummulitiques, et ses coulées bréchiformes reposent sur les assises tertiaires en stratification concordante; de plus, on en trouve des galets dans la mollasse marine, près de Vence, et dans des poudingues du Nord de l'Estéron, rapportés à l'Éocène supérieur.

Porphyre bleu des Romains. — Cette belle roche forme un massif isolé près d'Agay, à l'Est de Fréjus; les filons qui s'en déta-

chent coupent les grès et les mélaphyres permiens; ses débris n'ont
été rencontrés dans aucune roche stratifiée: c'est donc seulement
la fraîcheur de ses cristaux et son analogie avec les dacites et
grünsteintrachytes de Hongrie qui permettent de la rapporter
à l'époque tertiaire.

Porphyrite de La Garde. — Une observation analogue s'applique à l'âge d'une roche porphyritique verdâtre (ophitique par places)
qui forme un piton isolé dans le Permien au Nord-Est de Toulon.

Mélaphyres et porphyres permiens. — Les roches porphyriques
jouent un rôle considérable dans la composition du Permien de
l'Esterel; leurs éruptions semblent pourtant s'être concentrées à
peu près dans une dépression E.-O. du massif cristallin, entre Draguignan et Cannes, correspondant actuellement à la basse vallée
de l'Argens.

Les mélaphyres datent du Permien supérieur. Ils se présentent
généralement en nappes puissantes, interstratifiées, quelquefois
vacuolaires, et l'on en retrouve des blocs dans les grès sédimentaires près de Saint-Raphaël. Leur extension géographique est un
peu plus considérable que celle des porphyres quartzifères. Ils
existent, en effet, également en coulées dans le Permien de Car-
queyrane auprès d'Hyères, et on les rencontre en filons dans les
Maures, formant alors une roche verdâtre, très dure, qui se désa-
grège en grosses boules.

Les porphyres quartzifères sont surtout, comme en Saxe, développés dans le Permien moyen; dans les schistes rouges à nodules calcaires qui terminent en haut cette subdivision, on trouve
déjà, en filons et en coulées, des pyromérides, roches acides, toujours rubannées en grand, dont le rubannement est produit par
l'alignement de globules (grosseur variant de 1 centimètre jusqu'à
une fraction très petite de millimètre). Les plus gros globules sont
toujours dans le voisinage des pechsteins, qui ne sont qu'un accident de la pyroméride et y forment des veines à la Colle de Grasse
près de Fréjus. Plus bas, la masse des conglomérats porphyriques
et gneissiques (avec schistes à *Walchia*) alterne avec des coulées
épaisses de porphyre quartzifère et avec des argilolites intimement liées aux porphyres.

Roches houillères. — Ces roches sont beaucoup moins développées que celles du Permien; dans le bassin de Plan-de-la-Tour,

une microgranulite à pâte finement cristalline se montre en coulées dans le Houiller. On peut rapporter à la même époque, quoique avec moins de certitude, la porphyrite à microlithes d'oligoclase
et à gros grains de quartz qui traverse et altère les grès et la
houille du Reyran, ainsi que les nombreux filons minces de porphyrite micacée ou augitique, ordinairement très décomposés,
qui traversent les gneiss des Maures.

Serpentine. — La serpentine de La Quarrade (près Cavalaire)
semble provenir de la transformation d'une roche éruptive périodo-
tique; celles de la Mole et de la Moure sont au contraire en lentilles dans les micaschistes et pourraient provenir de la transformation de lits amphiboliques ou pyroxéniques.

Granulite et granite. — Les roches granitiques affleurent dans les
Maures à Bagnols, à Plan-de-la-Tour et à la Tour de Camarat; leur
ensemble paraît former une grande trainée N. E.-S. O., c'est-à-dire
à peu près parallèle à la stratification, dont une partie seulement aurait été mise au jour par les dénudations. Les intervalles qui séparent
les massifs sont criblés de filons de granulite, rares à l'Est et à
l'Ouest; de plus, le bord méridional du granite de Plan-de-la-Tour
montre une telle profusion de filons (ou d'apophyses) granulitiques
qu'ils arrivent à faire disparaître et à remplacer complètement le
granite.

On n'a aucun indice sur l'âge de ces granites et granulites, sinon qu'ils sont postérieurs aux gneiss qu'ils traversent et antérieurs au terrain houiller qui s'appuie sur eux et en contient des
fragments.

STRUCTURE GÉNÉRALE DE LA RÉGION. — DISLOCATIONS ET PLISSEMENTS.

Orientation et sinuosité des plis. — La Provence est une région
plissée comme les Alpes, et cette région se rattache sans interruption aux plissements alpins: tel est le fait important que les nouvelles études ont mis en évidence.

Le raccordement se fait suivant des lignes profondément sinueuses, de l'allure desquelles la courbure de la grande chaîne autour
de la plaine du Pô et des Carpathes autour de la plaine Hongroise
ne donne même qu'une idée imparfaite. En attendant l'achèvement

des études de détail, on peut déjà essayer de suivre vers le Sud les différentes zones de plissement distinguées dans les Alpes Bavaroises, Suisses et Françaises et indiquer au moins la correspondance générale avec les différentes parties de la Provence.

Les plis subalpins vont d'une part s'atténuer au Sud-Ouest en traversant le Rhône à Montélimar; mais de l'autre ils se recourbent vers l'Est pour former la Montagne de Lure et le Léberon, qui se rattachent à des mouvements du même âge, sans que le raccordement continu puisse encore se dégager avec certitude. Il y a là une série de chaînons E.-O. (Montagne de Chabre, chaîne Ventoux-Lure, montagnes de Feissal et de Tanaron) qui, au moins en apparence, butent à l'Est contre les plissements plus anciens de la zone suivante.

Les plis de la première zone alpine (massifs de Belledonne et du Mont-Blanc) se retrouvent dans les chaînes montagneuses de la région de Digne; là, d'abord orientés vers le S. E., ils prennent franchement, à partir de la ligne Seyne-Barles-Thoard, la direction N.-S. (bombement néocomien de Colmars et d'Allos, crête des Dourbes, chaîne de Blayeul). En arrivant vers Castellane, ils se dirigent insensiblement vers le S. E., puis prennent, dans le Cheiron et l'Estéron, la direction E.-O. Mais ils ne paraissent pas traverser la vallée du Var; il semble que les plis contournent le petit bassin crétacé de Coursegoules, pour aller se raccorder à la bordure septentrionale des Maures, par Saint-Vallier, Bargemont et Callas.

Enfin la zone du Briançonnais va rejoindre les Alpes Liguriennes et l'Apennin, mais avec une nouvelle complication: le massif cristallin de Vinadio produit une bifurcation ou en marque au moins la place; une partie de la zone plissée suit le bord S. O. du massif et va former, à l'Est du Var, la région complexe des Alpes Maritimes, dont la prolongation, masquée par la mer, ne peut jusqu'ici se présumer avec quelque certitude.

Ainsi, de même que les Alpes, à l'Est, en arrivant à la plaine Hongroise, s'ouvrent des Carpathes à l'Illyrie en un vaste éventail de branches divergentes, de même, au Sud-Ouest, en arrivant auprès des Maures, elles se ramifient en un système complexe de chaînons qui embrasse la mer Tyrrhénienne.

La cause du phénomène est facile à concevoir: les Maures sont, comme le prouve l'étude des faciès, un ancien continent émergé, un *horst* hercynien, dont la masse a fait obstacle à la propagation des plissements et les a forcés à se diviser en décrivant des replis sinueux.

Cette sinuosité des plis, qui est une des particularités de la Provence, ne se retrouve pas seulement dans les traits généraux qui viennent d'être indiqués, mais dans le détail de chacun d'eux. Ainsi, entre Draguignan et Toulon, la bande triasique qui borde les Maures et la plaine permienne pénètre dans la région jurassique par une série d'avancées plus ou moins profondes, dont chacune constitue par elle-même un pli anticlinal très accentué, normal ou très oblique à la bordure. Les deux avancées les plus profondes ont jusqu'à 40 kilomètres de long et vont se réunir à la large bande transversale de Saint-Maximin et de Barjols, formée de couches triasiques presque toujours verticales, normales à la direction générale des plis et souvent renversées sur des lambeaux crétacés ou tertiaires. La limite du Trias dessine ainsi une véritable dentelure, qu'accompagne fidèlement la ligne discontinue des bassins crétacés. Les plis successifs forment une série de courbes parallèles qui s'emboîtent les unes dans les autres.

Les sinuosités semblent s'atténuer vers l'Ouest, c'est-à-dire à mesure qu'on s'éloigne de la zone de torsion. Le pli de la Sainte-Baume décrit encore une sinuosité brusque, un S complet, en atteignant la vallée de l'Huveaune, puis il se continue presque rectilignement vers l'Ouest. Plus au Sud, le pli d'Ollioules, qui borde le bassin du Beausset, va disparaître sous la mer près de Cassis, sans avoir présenté de déviation notable. Ainsi, quand on arrive à la vallée du Rhône, les plis reprennent une direction bien déterminée et vont s'aligner de l'Est à l'Ouest, parallèlement à ceux du Léberon et des Alpines, c'est-à-dire à ceux qui continuent la zone subalpine.

Plis couchés. Recouvrements. — Par une coïncidence qui ne doit pas être un hasard, la région où les plis ont été soumis à ces efforts de torsion est aussi celle où ils ont atteint leur maximum d'amplitude, celle où l'énergie des forces horizontales de compression a été la plus grande et a produit les effets les plus extraordinaires. Tous les grands plis, au moins entre Marseille et Draguignan, sont des *plis couchés*, c'est-à-dire que chaque pli anticlinal, au lieu de se dresser verticalement, est rabattu et appliqué horizontalement sur le bassin synclinal qui l'accompagne au Nord. Il y a, sur des largeurs qui dépassent certainement 5 kilomètres, *recouvrement* du fond des synclinaux, c'est-à-dire des terrains les plus récents qui se soient déposés avant ces phénomènes, par une série de terrains plus anciens.

La série qui forme ainsi recouvrement conserve souvent son horizontalité sur de grands espaces et *n'est pas renversée*, la succession des couches y est la succession normale. Elle présente seulement un caractère particulier: c'est de montrer souvent des lacunes, sans trace de véritables failles, et, dans une série de bancs régulièrement superposés, on voit en certains points des étages entiers faire défaut ou se réduire à des épaisseurs inusitées. De plus, à la base de cette série, on trouve irrégulièrement des lambeaux encore plus amincis, souvent froissés, des couches renversées; il n'est pas rare de rencontrer là, dans quelques mètres ou même quelques décimètres d'épaisseur, des représentants et des fossiles de plusieurs étages jurassiques.

Tous ces phénomènes s'expliquent facilement par la continuation prolongée des efforts qui ont déterminé le plissement. Les masses qui formaient la partie supérieure du pli ont été poussées en avant; puisqu'elles ne se sont pas morcelées en fragments, il faut qu'il y ait eu allongement, et cet allongement n'a pu se produire que par des glissements successifs des bancs les uns sur les autres, par une sorte de déroulement du pli. La partie inférieure, c'est-à-dire la partie renversée, s'est la première amincie et laminée, et ses lambeaux se sont échelonnés sur la route parcourue; mais des glissements simultanés dans la partie supérieure des bancs ont amené également des disparitions de couches dans la série normale et non renversée.

Il faut pourtant ajouter que la masse de recouvrement ne semble pas s'être terminée en biseau, comme le ferait supposer cette explication. On peut, à Barjols, observer un point de la ligne suivant laquelle s'est arrêté le glissement ou le charriage, ou autrement dit l'extrémité du pli couché, on constate que le noyau anticlinal y a été en partie conservé; les couches renversées augmentent d'épaisseur, et on les voit se relever de l'horizontale jusqu'à la verticale, comme pour aller rejoindre la partie non renversée du pli.

Les dénudations ont partiellement fait disparaître ces masses de recouvrement. Il en résulte: ou des *trous* dans la série jurassique, qui laissent apercevoir par exemple, au milieu de l'Infralias, le Bajocien (Saint-Barnabé), ou même le Crétacé supérieur (oratoire Saint-Jean); ou, plus souvent encore, des *îlots de recouvrement*, c'est-à-dire des paquets de terrains triasiques ou jurassiques à peu près horizontaux, couronnant les hauteurs au milieu des bassins crétacés. L'îlot triasique du Beausset est particulièrement intéressant à cause de la richesse en fossiles des terrains recouvrants et recouverts; mais les exemples de Saint-Zacharie, de Rians, de Bras, de Salernes et d'Aups ne sont ni moins nets, ni moins probants.

Les progrès de la dénudation, surtout quand le substratum est sableux, peuvent réduire ces îlots à de simples blocs, de tout volume, qui s'amoncèlent en descendant verticalement à mesure que les couches sableuses qui les supportent sont entraînées, comme les blocs de grès de Fontainebleau sur le calcaire de Brie. On a alors de véritables blocs erratiques (à comparer probablement aux blocs exotiques de la Suisse) amenés à leur position actuelle, non par des glaciers, mais par l'action combinée, pendant de longues périodes géologiques, des forces orogéniques et des dénudations.

Discordance possible du pli couché avec les plis secondaires. — En général, les terrains crétacés et tertiaires qui ont été recouverts ne présentent que de larges ondulations ou des plissements à grande courbure; dans son ensemble, le pli synclinal est un pli simple, sur lequel est couché horizontalement le pli anticlinal. Mais il peut arriver, comme cela a lieu à Glaris, qu'une série de petits plis secondaires, restés droits ou peu inclinés, se soit formée à l'intérieur et surtout près du noyau synclinal du grand pli. On trouve alors la masse de recouvrement horizontale et formée par exemple d'Infralias (défilé de La Bouissière au Sud de Salernes) avec des lambeaux tertiaires ou crétacés à la base, reposant sur des couches bajociennes et bathoniennes verticales et plusieurs fois repliées sur elles-mêmes.

Il peut arriver en outre que la masse de recouvrement, surtout près du noyau anticlinal, présente, elle aussi, des plissements secondaires. Ainsi, à la Croix de Solliès, au-dessus de Salernes, le Bajocien (de recouvrement) forme un < couché, au centre duquel est le Bathonien; il y a là une disposition qui rappelle tout à fait celle du sommet de la Dent de Morcles.

Dislocations postérieures de la masse de recouvrement. — Les coupes de la Sainte-Baume montrent à l'évidence que ces masses de recouvrement, primitivement à peu près horizontales, ont pu être disloquées et dénivelées par de véritables failles, *failles de tassement*, et leurs lambeaux présentent la forme de cuvettes synclinales bien accusées; mais le massif d'Allauch, près de Marseille, qui offre des circonstances particulièrement favorables à l'étude des couches étirées autour du noyau synclinal du pli de La Nerthe, permet de constater qu'il y a eu un véritable plissement (sans doute postérieur) des couches et des surfaces qui formaient le pli couché. Le fait n'a rien d'extraordinaire; en effet, le bassin tertiaire de Marseille, dont le dépôt est, comme on l'a vu, postérieur aux grandes dislocations, puisqu'il repose en discordance sur les terrains secondaires plissés, montre cependant des couches très fortement ondulées et relevées jusqu'à la verticale. Les actions de refoulement qui ont amené ce résultat ont dû aussi se faire sentir sur les parties voisines et *plisser* plus ou moins les plis couchés. Pour peu qu'en certains points cette seconde phase de plissement ait atteint une grande énergie, on conçoit quelles complications peuvent en résulter, et c'est sans doute à des phénomènes de ce genre qu'il faut attribuer les singularités encore inexpliquées de la région.

Physionomie générale de la Provence. — Quoi qu'il en soit, ces complications accessoires ne semblent jusqu'ici se présenter en Provence que comme des faits locaux. Le caractère général de la région, ce qui constitue sa véritable originalité, c'est la grande étendue des terrains restés horizontaux au milieu de ces grands bouleversements.

Le bassin de Fuveau et celui du Beausset, toute la basse vallée du Gapeau et même une partie des plateaux de recouvrement de Salernes, donnent, à première vue, l'impression de couches restées à peu près, comme celle du bassin de Paris, dans leurs conditions et dans leurs relations originaires de dépôt. Tandis que les Alpes Suisses étalent aux yeux leurs plissements, la Provence dissimule les siens, et il faut arriver à l'observations de détail pour les constater. Il faut ajouter pourtant que les chaînons et massifs qui bordent ces bassins (Sainte-Baume, Sainte-Victoire, la Loube), malgré des altitudes relativement faibles, montrent, par la hardiesse des lignes et par l'escarpement de leurs cimes déchiquetées, une physionomie qui rappelle celle des chaînes alpines et qui pourrait déjà, aux yeux d'un topographe exercé, trahir en partie le secret de la région.

Age des mouvements de plissement. — Les grands mouvements de plissement sont antérieurs aux couches du bassin de Marseille (à *Palæotherium*). Cela est du moins incontestable pour les environs de Marseille, mais les actions de compression ont continué à s'exercer, avec une énergie moindre, jusqu'après le dépôt de ces couches, c'est-à-dire jusqu'à la fin de l'Aquitanien. Au Nord d'Aix, des mouvements importants ont également relevé la mollasse marine, et, à partir du Léberon, ce sont même ces derniers mouvements qui semblent avoir joué le rôle principal (concordance de tous les termes jusqu'à la mollasse). Si, de là, on s'avance vers l'intérieur de la chaîne, on trouve, vers l'Est comme vers le Sud, que la mollasse est de nouveau discordante, c'est-à-dire que les plissements principaux sont plus anciens. D'autres faits sont de nature, en Provence, à jeter quelque jour sur la lenteur et sur la propagation progressive des actions de plissement.

Les couches de Rognac (Crétacé supérieur), qui sont généralement concordantes avec la série inférieure, semblent s'étendre, à La Nerthe, transgressivement et en discordance sur les couches jurassiques. Il faudrait en conclure que le pli de La Nerthe avait commencé à s'accuser et même avait déjà subi des dénudations avant la fin du Crétacé supérieur.

Les poudingues tertiaires qui, à l'Est de la Sainte-Baume et du côté de Saint-Maximin, sont *recouverts* par le Jurassique et par le Trias, sont en certains points presque uniquement formés de gros fragments des terrains voisins. Ces terrains étaient émergés, et par conséquent un pli avait déjà commencé à se dessiner avant que le pli voisin eût commencé son mouvement de charriage ou de transport horizontal. La conclusion, dans les deux cas, serait au fond la même: c'est que la formation d'un pli couché exige une durée très longue, correspondant au dépôt de plusieurs étages géologiques.

Enfin les poudingues tertiaires sont, entre Saint-Maximin et Barjols, surmontés par des calcaires lacustres qui sont également *recouverts*, et dont la faune, encore insuffisamment étudiée, semblerait jusqu'ici indiquer un âge plus récent que la base du bassin de Marseille. Si les déterminations devenaient définitives, elles prouveraient que tous les plis couchés de la région ne seraient pas du même âge, et l'on aurait là un nouvel indice de la propagation graduelle des mouvements du Sud vers le Nord, du centre de la chaîne vers ses bords.

Il y a là des faits qui demandent de nouvelles études; mais il est certain dès maintenant que l'âge moyen des grands mouvements de la Provence se place vers la fin de l'Éocène, qu'on trouve le même âge (postnummulitique) pour les plissements des Pyrénées qui font face à la Provence de l'autre côté du golfe du Lion, et que c'est aussi celui qu'on doit attribuer au soulèvement de la zone correspondante des Alpes (seconde zone des Alpes Dauphinoises, zone du flysch dans les Alpes Suisses et Bavaroises).

Ridements plus anciens. — Les Maures sont discordants avec les terrains secondaires et permiens, par suite d'un ridement plus ancien qu'on peut rattacher à celui des bords du Plateau Central, c'est-à-dire à la Chaîne Hercynienne. Comme dans le Plateau Central, les bassins houillers y sont allongés et plissés parallèlement aux schistes cristallins qui les enclavent; il semble donc qu'ils devraient également, quoique discordants, y marquer la place des plis synclinaux. L'étude des affleurements, malgré la présence au voisinage de quelques lambeaux de schistes à séricite, n'a pas réusssi jusqu'ici à mettre le fait en évidence.

La direction des plis des gneiss est N.-S. du côté de l'Est et s'infléchit vers l'Ouest du côté de Collobrières et de Toulon. La chaîne ancienne présente donc là une torsion d'ensemble, comparable à celle de la chaîne tertiaire. Les mêmes sinuosités de détail, naturellement moins faciles à étudier, s'y retrouvent dans les contours des différents horizons, et spécialement dans celui de la limite inférieure des phyllades. Ce dernier dessine de véritables dentelures, analogues à celles du Trias à l'Ouest de Draguignan, et les phyllades pènétrent ainsi plus ou moins profondément dans les vallées des Maures: dans celle de Collobrières, avec le Permien; dans la vallée de la Môle, dans la vallée sous-marine des rades d'Hyères et de Toulon, avec le Permien et même avec les terrains jurassiques.

Quoique son rôle dans la seconde période ait surtout été celui de résistance et d'obstacle, le massif des Maures n'en a pas moins subi l'action et conservé la trace des pressions qu'il déviait. Ainsi le long de la bordure entre Pignans et Gonfaron, à Pierrefeu, dans la vallée de Collobrières, les phyllades sont renversées sur le Permien. Il est intéressant de rapprocher ce fait du parallélisme frappant entre la chaîne ancienne et la chaîne tertiaire.

XXXIII

CARTE GÉOLOGIQUE DÉTAILLÉE
DE LA FRANCE.
Feuille n° 247 (Marseille).

NOTICE EXPLICATIVE

(Octobre 1890).

Sommaire

INTRODUCTION.

La plus grande partie de la feuillle de Marseille est occupée par le bassin synclinal du Beausset, bordé au Sud par le pli anticlinal du Beausset et au Nord par celui de la Sainte-Baume. Au Sud-Est de la feuille, le promontoire de Sicié et de Six-Fours représente la terminaison extrême du massif cristallin des Maures; au Nord, et sur le flanc du bassin synclinal du Beausset qui s'accidente là de plis secondaires, s'ouvre une large dépression remplie de sédiments tertiaires discordants. La côte du cap Méjean et de Carry, au Nord-Ouest, est formée par la retombée du pli de La Nerthe, qui est situé au Nord de celui de la Saint-Baume et se termine sur la feuille d'Aix. En dehors de cette petite région isolée, c'est le pli synclinal du Beausset, bien nettement dessiné par les contours géologiques, qui donne à la feuille son unité et permet, malgré les complications de détail, d'en résumer simplement la structure.

DESCRIPTION DES TERRAINS.

a^{2-1} a^1. Les **alluvions** de la feuille ont partout un caractère torrentiel qui, joint à l'absence de débris fossiles, ne permet guère d'y reconnaitre de niveaux. Les sables marins de plage sont peu développés, ils forment quelques dunes (amas éoliens) au Nord de Marseilleveyre (Valette) et au Sud de Saint-Cyr. Les alluvions torrentielles sont en partie en rapport avec les vallées actuelles (a²⁻¹), comme celles de l'Huveaune, qui occupent le plus large emplacement; d'autres (alluvions de ruissellement), avec des épaisseurs qui dépassent 15 mètres, remplissent et nivellent les dépressions fermées (bassins d'éffondrement) qui s'alignent de Signes à Carpiagne. Enfin les alluvions puissantes, formées de débris de phyllades, qui garnissent les flancs ravinés et le pied des collines de Sicié, semblent en rapport trop indirect avec les conditions actuelles de l'écoulement des eaux, pour ne pas être entièrement attribuées aux alluvions anciennes (a¹).

p¹. **Travertins et poudingues.** Les coteaux, aux environs de Marseille, sont couronnés par des travertins, puissants d'une dizaine de mètres, et souvent très compacts, tufacés à leur partie inférieure et se reliant à des conglomérats bréchoïdes où l'on a trouvé une molaire d'*Elephas meridionalis*.

m³ᵇ. L'**Helvétien inférieur** existe seulement à l'Ouest de Carry; le terme le plus élevé est un calcaire marneux et grumeleux, pétri de fragments de Bryozoaires; au-dessous vient (6 à 8 mètres) une véritable mollasse, plus argileuse au sommet, plus calcaire à la base, avec nombreux Peignes (*Pecten galloprovincialis*) et un banc de grosses Huîtres (*O. crassissima*). A la base, conglomérat à gros galets verdâtres.

m²⁻¹. Au-dessous des couches précédentes, et recouverte par elles transgressivement, affleure, entre Sausset et Carry, une série de couches sableuses (25 mètres) à Peignes et à Huîtres, consolidées à divers niveaux en une mollasse gréseuse, dont quelques bancs sont remplis d'une riche faune de Gastéropodes, identiques pour la plupart à ceux de Léognan (*Turritella turris*, *Pyrula rusticula*, *Cytherea erycina*, *Amphiope elliptica*).

m₁ᵃ. On a pu distinguer par des couleurs différentes l'*Aquitanien marin* de Carry et l'*Aquitanien lacustre* du bassin de Marseille. La mollasse aquitanienne de Carry comprend de haut en bas: une mollasse jaune et rouge, calcaréo-siliceuse (25 mètres), à *Turritella quadriplicata*, Rétépores et Polypiers; des sables et des grès saumâtres (12 mètres), à *Potamides plicatus*, Cyrènes et Corbules, avec *Cytherea undata* et *Pyrula Lainei*; enfin des sables et marnes gréseuses (15 mètres), à *Pecten subpleuronectes*. A la base, les conglomérats rouges du Rouet (m$_{lb}$), avec quelques rares fossiles marins, atteignent 30 mètres de puissance.

m$_{l-ll}$. **Argiles et poudingues de Marseille.** Quand on s'éloigne de Marseille vers l'Est ou le Nord-Est, le remplissage des bassins tertiaires a une composition de plus en plus uniforme, et est formé d'une série de poudingues, où, malgré quelques intercalations sableuses ou argileuses, aucune subdivision n'est possible. Près de Marseille, on peut distinguer: les argiles jaunes de Marseille avec poudingues intercalés (*Helix Ramondi*, Potamides, Cyrènes) et les argiles rouges de Saint-Henri avec *Hyænodon* et *Anthracotherium*.

m$_{lllb}$. **Calcaire à Nystia Duchasteli.** Au-dessous, et garnissant presque partout les bords du bassin de Marseille, vient un calcaire, tantôt en plaquettes minces (*Sphærium plantarun*), tantôt compact et cristallin, comme à Lestaque (*Nystia Duchasteli*). Du gypse y est intercalé aux Camoins et à Saint-Jean-de-Garguier. Des argiles lignitifères (e³), traversées sur 45 mètres par un puits de recherche, à Gemenos, avec quatre bancs de lignites, n'affleurent qu'en un point, au fond d'un ravin, et sont provisoirement rapportées à l'Éocène, par comparaison avec le bassin de Sainte-Zacharie, où l'on a trouvé un *Palæotherium*.

e$_v$. Des **poudingues**, qui jouent un rôle assez important dans la structure du versant septentrional de la Sainte-Baume, se prolongent en un point de la feuille. Ces poudingues ont participé, avec le Crétacé qu'ils surmontent, aux grands mouvements de dislocation auxquels sont postérieurs les étages précédents. Ils doivent donc être séparés des poudingues de Marseille, et, faute d'arguments plus précis, ils ont été classés dans l'Éocène.

c^n. **Couches de Fuveau.** La série crétacée se termine, dans la région, par une série puissante d'assises lacustres dont les termes supérieurs (dénudation, ou recul du lac vers le Nord) n'existent pas sur la feuille. Les couches les plus élevés sont des calcaires marneux gris et noir (Fuvélien), développés sur une centaine de mètres de puissance, dont certains bancs sont remplis de Cyrènes (*C. galloprovincialis*) et dont la partie supérieure renferme une couche de lignites, longtemps exploitée à Fontanieu. Au-dessous viennent des calcaires plus durs, souvent noduleux, avec *Melanopsis galloprovincialis*; ils atteignent 50 mètres d'épaisseur à la Sainte-Baume et là ils renferment à leur base une nouvelle couche de lignites. La transition au régime marin se fait par des couches à Turritelles (*Renauxia Coquandi*), et par un banc d'Huîtres (*Ostrea acutirostris*). Des poudingues sans fossiles, superposés en concordance au Crétacé, près de Signes et de Chibron, ont été provisoirement réunis à cet étage.

c⁵. **Marnes et calcaires noduleux à Lima ovata.** Ces couches, très fossilifères au Castellet, fournissent en abondance *Exogyra Matheroni* et *Sphærulites sinuatus*. A la base, au Sud du Beausset, grès renfermant des végétaux terrestres. (L'attribution au Campanien serait, d'après les nouveaux travaux, rendue douteuse par la présence de l'*Ammonites polyopsis*; et il y aurait lieu plutôt maintenant de rattacher cet ensemble à l'étage suivant, comme partie supérieure du Santonien).

c⁷. **Marnes et calcaires gréseux à Micraster.** Série puissante de plusieurs centaines de mètres, dans toute la hauteur de laquelle on cite le *Micraster brevis*. Les marnes bleuâtres dominent à la partie supérieure (*Micraster Matheroni*, grands Inocérames), et les grès ou calcaires gréseux à la partie inférieure (*Ammonites subtricarinatus*), mais avec des alternances. C'est vers le sommet de cette série qui s'intercale, autour de La Cadière, une lentille importante de calcaires à Hippurites (*Hipp. galloprovincialis, Sphærulites Toucasi, Ostrea Caderensis*). Ces calcaires à Hippurites se retrouvent au Sud, mais moins développés, au Canadeau et à Fontanieu; ils s'amincissent et disparaissent rapidement à l'Ouest aussi bien qu'à l'Est. Sur le versant Nord de la Sainte-Baume, les calcaires à Hippurites sont plus développés et envahissent presque tout l'étage.

c⁶. Au-dessous des couches à *Micraster*, on trouve à l'Est, au Nord et à l'Ouest du bassin du Beausset, une masse puissante de calcaires (200 à 300 mètres) avec Nérinées, Polypiers et Rudistes, beaucoup moins fréquents et plus empatés que dans le niveau supérieur. Le *Biradiolites cornupastoris* s'y rencontre surtout à la partie moyenne, entre Cassis et La Ciotat. Le faciès calcaire ne s'arrête pas à un niveau constant, et empiète plus ou moins sur les marnes et grès de l'étage supérieur. La barre de Cimaï et le Sainte-Anne, au Sud du Beausset, semblerait ainsi correspondre à une faune d'Hippurites intermédiaire entre celle du *Biradiolites cornupastoris* et celle de La Cadière. Au Sud du bassin, ces calcaires tendent à disparaître, et ils passent latéralement, à l'Est de Cassis, à des calcaires gréseux avec grains de quartz (baguettes d'Oursins indéterminables) et aux poudingues qui forment le Bec de La Ciotat et l'île Verte.

La partie inférieure du Turonien est formée dans l'axe du bassin (La Bédoule à l'Ouest et Le Revest, près de Toulon) par des marnes puissantes (100 mètres) à *Periaster Verneuili* et *Ammonites Rochebrunei*. Au Nord du bassin, elles deviennent de plus en plus calcaires et tendent à se confondre avec les calcaires précédents; au Sud, au contraire, le faciès détritique s'accentue (grès grossiers de Sainte-Anne et poudingues de La Ciotat).

c^{3-4}. Le Cénomanien montre, à La Bédoule, une masse puissante de calcaires à Caprines (100 mètres), surmontant 50 mètres de grès et calcaires avec *Ammonites varians* et *Terebrirostra Bargesi*. Au Nord du bassin du Beausset, la puissance des grès diminue rapidement du côté de l'Est; à l'Est du bassin, les calcaires compacts du sommet se réduisent eux-mêmes à quelques mètres et surmontent des marnes sableuses à *Ostrea flabella* et à petits Polypiers. Au Sud, l'étage est composé de calcaires blancs et siliceux (*Cidaris Sorigneti*) surmontant des calcaires bleuâtres à silex (*Ostrea carinata, Terebrirostra Bargesi, Ammonites varians*) qui se fondent avec ceux de l'Aptien. A l'Ouest, au cap Méjean, les calcaires à Caprines subsistent seuls, entre les calcaires à Hippurites et l'Urgonien.

c_i^2. **Grès glauconieux de la Folie.** Les fossiles du Gault ont été trouvés sous le Château de Cassis. A l'Est de la feuille, des grès glauconieux et des calcaires siliceux, conservés dans les bassins d'effondrement de la Folie et de Patapoux, où ils sont recouverts par des calcaires gréseux à Cyclolites, sembleraient appartenir, au moins en partie, à cet étage, dont plusieurs témoins sont connus de ce côté de la feuille d'Aix.

c_i. **L'Aptien,** à l'Ouest du bassin, se compose de marnes à *Belemnites semicanaliculatus,* surmontant des calcaires marneux (chaux hydraulique) à *Ancyloceras Matheroni* et *Ammonites fissicostatus*; il s'amincit et disparaît au Nord du bassin; au Sud, il est représenté par une grande masse de calcaires à silex peu fossilifères (rares Bélemnites, Orbitolines). A l'Ouest de la feuille (côte de Méjean), il disparaît de nouveau; il est probable que là, comme à l'Est, il est représenté par la partie supérieure des calcaires urgoniens.

c_{II}. **Urgonien.** Calcaires compacts (200 à 300 mètres) avec nombreuses coupes de Requiénies exploités comme pierres de taille près de Cassis. Des dolomies s'intercalent du côté de Carry. L'étage est très réduit par places dans le massif d'Allauch, où il est souvent surmonté par un banc irrégulier de bauxite.

c_{III-IV}. Le **Néocomien** est représenté par une alternance de calcaires marneux et compacts, d'autant plus développés et plus fossilifères (*Echinospatagus cordiformis, Ostrea Couloni*) qu'on s'avance plus vers l'Ouest. L'étage a souvent été aminci ou supprimé (Corniche de Marseille) par les glissements résultant des mouvements orogéniques, et peut alors être représenté par une simple brèche de friction.

$c_{..}$. Dans le massif d'Allauch, au-dessus d'une couche à gros Gastéropodes, se développent une centaine de mètres de calcaires bien lités, compacts, blancs ou grisâtres, alternant avec des marnes feuilletées sans fossiles et des petits lits d'argile verdâtre durcie. Ils ont pu là être séparés comme représentant le Néocomien inférieur.

j^{7-6}. Les **Calcaires blancs** forment, à l'Est, un niveau assez constant au sommet du Jurassique, sans atteindre nulle part la puissance qu'on leur connaît plus au Nord. A l'Ouest ils disparaissent, le faciès dolomitique (j^{8-7}) montant jusqu'à la base du Crétacé.

$j^{5}j_{I}^{5}$. Des **dolomies cristallines**, à faciès très uniforme et à puissance variable, représentent, à l'Ouest, tous les étages jurassiques jusqu'au Bathonien et, à l'Est, seulement le Jurassique supérieur. Dans ce dernier cas, elles surmontent des calcaires gris bien lités (j^{4-1}) où l'on a signalé, dans le massif de Carpiagne, des Ammonites de la faune de Baden, plus bas, des *Perisphinctes* oxfordiens, et à la base, dans une zone plus marneuse, *Ammonites Backeriæ* et *Ammonites macrocephalus*.

j_{II}. Les **calcaires compacts** intercalés entre les dolomies et les marnes bathoniennes sont continus à l'Est avec ceux de la feuille de Toulon (zone à *Rhynchonella decorata*); il ne sont pas du même âge que ceux qui, à l'Ouest (j^{4-1}), séparent les deux mêmes faciès; dans la partie centrale de la feuille, en l'absence de fossiles, l'attribution d'âge reste douteuse (j_{II}^{4}).

j_{III}. Des **calcaires marneux** très puissants (jusqu'à 150 mètres) représentent le *Bathonien inférieur* (nombreuses traces de *Cancellophycus, Pecten Silenus, Ammonites Parkinsoni*). A l'Ouest, ce faciès marneux pourrait correspondre à tout l'ensemble du Bathonien.

j_{IV}. La base de ces calcaires marneux est déjà bajocienne à Cuges

22

(*Ammonites Humphriesi*). Au-dessous viennent des calcaires à silex (*Lima heteromorpha*).

l$^{4-3}$. Le **Lias** est également représenté par des calcaires à silex (*Rhynchonella tetraedra, Terebratula punctata* dans le Lias supérieur; *Pecten æquivalvis, Gryphæa cymbium* dans le Lias moyen).

l$_1$. L'**Infralias**, très constant dans toute la région, débute par 60 à 80 mètres de calcaires dolomitiques blancs sans fossiles (représentant peut-être la zone à *Ammonites angulatus*); la base est formée par une alternance de marnes feuilletées, de cargneules, de calcaires lumachelliques à *Plicatula instusstriata* et de calcaires en plaquettes avec *Avicula contorta*.

t$^{3-1}$. Les **Marnes irisées** se présentent partout sous la forme de dolomies et de cargneules, avec intercalations irrégulières de marnes bariolées et lentilles de gypses à la partie supérieure.

t$_{1-11}$. Le **Muschelkalk** conserve son faciès ordinaire de calcaires noirs (*Terebratula vulgaris, Encrinites liliiformis*); la base est souvent à l'état de cargneules.

t$_{111}$. Le **Grès bigarré** n'affleure qu'à l'Est: alternance de grès et de schistes rouges, avec rognons dolomitiques et galets de quartz à la base.

r$_1$^{1}. Les **grès et argiles rouges** du Permien continuent ceux de la feuille de Toulon; l'étage inférieur (r$_{11}$) est bien développé au Nord de Six-Fours où il contient, dans des schistes à apparence houillère, un minerai de fer carbonaté: grès et poudingues quartzeux au sommet, schistes siliceux à la base.

x. Les **phyllades** ou schistes satinés occupent la presqu'île du cap Sicié; des bancs puissants de quartzites se développent à la partie supérieure, notamment à Six-Fours.

ROCHES ÉRUPTIVES.

β. Le **basalte** couronne les coteaux voisins d'Évenos et d'Ollioules; on le voit, près des Sambles, traverser en filon les calcaires à Hippurites. A Bandol, il traverse les poudingues aquitaniens. On n'a pas de limite supérieure pour l'âge de son éruption.

REMARQUES STRATIGRAPHIQUES.

La feuille de Marseille présente de magnifiques exemples des

deux phénomènes caractéristiques de la stratigraphie provençale:
les grands déplacements horizontaux, résultant de la formation et
du *déroulement* de *plis couchés*, et les amincissements ou suppressions locales de couches, qui ont été la conséquence de ces déplacements horizontaux. Le pli d'Ollioules, au Sud du bassin du
Beausset, se présente à un premier examen comme une faille simple, mettant en contact le Crétacé et le Trias; mais les contours
sinueux de cette faille, qui contourne et enveloppe le promontoire
de Fontanieu, permettent de démontrer que la surface de séparation des deux systèmes, au lieu de rester verticale, se rabat jusqu'à l'horizontale. Des travaux de mine ont en effet vérifié que les
lignites crétacés passent sous le Trias de Fontanieu. La faille marque
seulement la place du flanc étiré d'un grand pli anticlinal qui s'est
renversé et couché sur les assises crétacées. La surface de recou-
couvrement avait une largeur de plus de 5 kilomètres, comme le
montrent les îlots du Beausset et du Castellet, seuls respectés par
la dénudation. Des bandes intermittentes de terrains renversés accompagnent la surface de séparation, qui était à très peu près horizontale.

Le pli de la Sainte-Baume, au Nord, s'est également couché sur
le bassin crétacé, aujourd'hui morcelé, qui lui fait suite au Sud; la
crête de la Sainte-Baume est ainsi formée de calcaires urgoniens
renversés, qui reposent sur le Sénonien. Mais les *lambeaux de
recouvrement*, qui témoignent de l'étendue du déplacement horizontal, ne peuvent s'étudier que sur la feuille d'Aix.

Le pli de la Sainte-Baume s'emble s'arrêter à la plaine de l'Huveaune. C'est le résultat d'une torsion brusque qui en ramène la
direction vers le Nord, puis vers l'Est, jusqu'à Saint-Zacharie. Les
considérations de continuité montrent qu'il faut considérer le pli
qui, un peu plus à l'Ouest, borde le Sud du massif d'Allauch
comme la suite du pli de la Sainte-Baume, compliquée par une série d'accidents transversaux, qui se rattachent au même phénomène de torsion.

L'étirement des couches, déjà bien marqué sur la retombée
Nord de la Sainte-Baume, dépasse, dans le pli d'Allauch, toutes les
prévisions. La bande de Trias et d'Infralias qui entoure le massif
néocomien en se renversant constamment vers lui laisse apparaître, d'une manière intermittente, des représentants amincis de
tous les étages et arrive en certains points à ne plus former qu'une
traînée étroite entre deux séries crétacées. Le renversement géné-

ral du pli vers le massif est bien accusé à Allauch même et au pic de Garlaban, où un chapeau de Néocomien inférieur couronne le Néocomien marneux et le Crétacé supérieur. Il est probable que les déplacements horizontaux n'ont pas affecté seulement les parties superficielles et que les lacunes constatées dans la série crétacée du massif d'Allauch tiennent en partie à des glissements à peu près parallèles aux plans des couches.

Les affaissements ont aussi joué un rôle, quoique beaucoup moins important, dans la structure de la région. Ainsi, sur le bord septentrional du bassin du Beausset, entre Signes et Carpiagne, on trouve à Chibron, à Roubières, à Carnoux, une série de bassins d'affaissement, qui ont enfoui au milieu de l'Urgonien des terrains plus récents. Les plaines de Signes et de Cuges, sur le même alignement, n'ont sans doute pas une autre origine, mais les terrains affaissés y sont masqués par le remplissage des alluvions quaternaires. Deux bassins semblables (Patapoux et la Folie) se rencontrent au Nord de Carry.

Les terrains oligocènes, nettement discordants, occupent à Bandol, comme dans la vallée de l'Huveaune, la place des synclinaux anciens, mais ils ont débordé les bords déjà dénudés de ces synclinaux et reposent ainsi indifféremment sur tous les terrains. Il est à remarquer que ces dépôts oligocènes, dont la traînée se suit jusqu'au Nord de la feuille de Draguignan, sont nettement lacustres au Nord, ont un caractère saumâtre près de la mer et plus torrentiel dans la vallée de l'Huveaune; on peut donc admettre que la vallée de l'Huveaune existait dès cette époque et formait le canal d'écoulement des lacs, ou plutôt du lac unique de Saint-Maximin et de Brue-Auriac, vers la mer oligocène dont les dépôts nous ont été partiellement conservés sur la côte de Carry.

DOCUMENTS ET TRAVAUX CONSULTÉS.

Mémoire sur les terrains crétacés des environs du Beausset, par M. TOUCAS (1873); Notes sur l'*Ilot triasique du Beausset* et sur la *Chaîne de la Sainte-Beaume,* par M. BERTRAND (1886-1888); *Les terrains aquitaniens de Carri,* par MM. FONTANES et DEPÉRET (1889); *Notes sur le bassin tertiaire de Marseille,* par M. DEPÉRET (1889); Notes diverses de MM. HÉBERT, JAUBERT, COQUAND, TOUCAS, DE SAPORTA, GORET.

XXXIV

SUR UN TÉMOIN D'UN NOUVEAU PLI COUCHÉ
PRÈS DE TOULON;
PHYLLADES SUPERPOSÉS AU TRIAS.

Note de MM. MARCEL BERTRAND et ZURCHER,
présentée par M. DAUBRÉE

(*COMPTES RENDUS DE L'ACADÉMIE DES SCIENCES*,
Tome CXII, 1891, 1ᵉʳ Semestre, p. 1083-1086. — Séance du 11 Mai).

Dans une petite crique au-dessus du Fort Sainte-Marguerite,
près de Toulon, on voit apparaître d'une manière inattendue, au
milieu des calcaires du Muschelkalk, un étroit affleurement de phyllades, accompagné par des lambeaux de terrains rouges (Permien
ou Grès bigarré). Cet affleurement ne figure pas sur la Carte géologique (feuille de *Toulon*); c'est postérieurement à la publication
de cette carte que l'un de nous, ingénieur à Toulon, l'a découvert
et a pu le limiter en partie, lors des études préparatoires du tunnel qui doit conduire à la mer les eaux de l'Éygoutier. Les phyllades forment au milieu du Trias une bande de quelques mètres de
largeur, reconnue sur 500 m. de longueur environ, et jalonnée sur
ce parcours par la croissance des chênes-lièges.

Cet affleurement, si restreint qu'il soit, présente un intérêt considérable, parce qu'il semble de nature à jeter quelque jour sur les
rapports stratigraphiques, encore mal expliqués, des phyllades et
des terrains permotriasiques aux environs de Toulon, et, comme
conséquence, sur le rôle du massif cristallin des Maures dans la
formation des plis de la Provence.

Les phyllades (schistes précambriens) forment le long de la côte
toulonnaise des massifs à contours complexes et sinueux, et cette
sinuosité est d'autant plus remarquable que la ligne qui les limite semble presque partout une ligne de faille: ce ne sont pas les
termes les plus anciens, mais au contraire les termes les plus récents de la série permo-triasique, le Grès bigarré et le Muschelkalk, qui viennent s'appuyer contre les phyllades paraissant tantôt
buter contre les schistes froissés, tantôt s'enfoncer au-dessous

d'eux. L'affleurement mentionné sous le fort Sainte-Marguerite semble établir comme un trait d'union entre les deux massifs principaux de phyllades, celui du cap Brun, promontoire relié à la grande masse du cap Sicié, et celui du Pradet (au Nord-Ouest du cap Garonne), îlot complètement isolé au milieu du Trias. L'idée qui s'offrait naturellement à l'esprit était de voir dans cette bande étroite la trace d'un pli anticlinal écrasé, reliant les deux massifs. Le tunnel de l'Eygoutier, ouvert à ses deux extrémités dans le Muschelkalk, devait passer sous l'affleurement de cette bande de phyllades et promettait ainsi des observations intéressantes sur l'allure et sur les contacts des couches dans ce pli écrasé. Mais contrairement aux prévisions, le tunnel n'a rien rencontré d'anormal; il est resté dans les Grès bigarrés, qui forment une large voûte régulière, et n'a présenté aucun accident notable. Le percement, il est vrai, n'est pas entièrement achevé: mais on a passé depuis longtemps sous l'affleurement des phyllades, et tout porte à croire qu'on n'en peut désormais en rencontrer aucune trace.

Nous sommes allés dernièrement nous livrer à une étude plus attentive des affleurements; nous avons pu obtenir l'accès des propriétés privées qui bordent la côte, et, dans celle de M. TASSY, ingénieur des Ponts et Chaussées en retraite, nous avons découvert, sur le flanc même de la falaise abrupte qui descend à la mer, une coupe très nette et tout à fait decisive: sur le Muschelkalk, presque horizontal, reposent 2 m. environ de grès et d'argiles rouges, et sur ces argiles reposent les phyllades froissés. Au contact des deux terrains, on distingue même 0 m. 50 de quartzites, dans lesquels on peut reconnaître l'équivalent réduit des gros bancs de quartzites qui, au château d'Hyères et à Six-Fours, forment la partie supérieure du système des phyllades. Ainsi, *les phyllades sont superposés au Muschelkalk, et séparés de lui par 2 m. de terrains renversés, correspondant au laminage d'une série dont l'épaisseur normale est de près de mille mètres.* Ce sont bien là les phénomènes qui accompagnent ordinairement les grands plis couchés de la Provence: à la rigueur, il est vrai, on pourrait songer à expliquer les faits sans recourir à de grands déplacements horizontaux, et à ne voir dans la coupe de la propriété Tassy que le déversement local d'un anticlinal écrasé; mais la coupe du tunnel met à néant cette hypothèse: *la bande de phyllades n'a pas de racine en profondeur.*

Il n'est peut-être pas inutile de faire remarquer que, dans le seul point où ce nouvel affleurement de phyllades est observable en dehors des clôtures privées, c'est-à-dire dans l'anse à l'Est du fort, les apparences sont, à première vue, tout à fait contraires à ce résultat. Les phyllades s'y montrent à peu près verticaux, en contrebas de deux escarpements de Muschelkalk. L'explication de cette disposition est la suivante: un affaissement local s'est produit dans les calcaires, et a permis aux terrains superposés de s'y enfoncer et de s'y enfouir en forme de V. Comme ces terrains superposés étaient, par le fait du recouvrement, des terrains plus anciens, ils semblent naturellement venir de la profondeur; on se les figure dressés en forme de Λ, c'est-à-dire en forme d'anticlinal, tandis qu'en réalité on est en face d'une cuvette, où les terrains les plus récents enveloppent au centre les terrains les plus anciens.

Si l'on jette maintenant les yeux sur la Carte géologique, on voit que notre lambeau de phyllades ne peut guère être venu que du massif, aujourd'hui submergé, qui réunissait la pointe de Sicié à la presqu'île de Giens. *Il y a donc eu trajet horizontal d'au moins cinq kilomètres.* De nouvelles études sont nécessaires pour savoir l'étendue exacte des parties superposées au Trias; mais, sans en attendre le résultat, cette petite bande de phyllades, insignifiante comme étendue superficielle, nous permet de reconstituer un des déplacements horizontaux les plus importants qu'aient subis les terrains de la Provence. C'est un nouveau pli couché qui s'ajoute aux quatre grands plis déjà décrits.

L'intérêt de ce nouveau pli couché réside surtout dans le fait qu'il intéresse les terrains cristallins des Maures, et dans la preuve ainsi fournie que ces terrains ont pris part, de la même manière que les terrains sédimentaires plus récents, aux grands déplacements horizontaux. On ne peut plus comme l'avait fait un de nous précédemment, considérer les Maures comme un massif résistant, dont le rôle principal aurait été de dévier les plis en ne subissant pour sa part que des déplacements d'une moindre importance. Les schistes cristallins ont été, eux aussi, mis en recouvrement par les énormes compressions qui ont bouleversé la Provence; et de même que le massif du Brévent et du Mont-Blanc dans les Alpes, le massif des Maures est, pour une de ses parties du moins, le centre d'un grand pli couché, rasé par la dénudation.

XXXV

SUR LE MASSIF D'ALLAUCH

*(BULLETIN DE LA SOCIÉTÉ GÉOLOGIQUE DE FRANCE,
3ᵉ série, XIX, 1890-1891, Compte-rendu sommaire, p. CII-CV. —
Séance du 8 Juin 1891).*

M. M. BERTRAND fait une communication sur le massif d'Allauch.

Ce massif, situé au Nord-Est de Marseille, présente une structure tout à fait exceptionnelle, et sans relation apparente avec celle des massifs voisins. C'est un grand plateau de forme triangulaire, d'environ 8 kilomètres de côté; le Néocomien inférieur, en bancs à peu près horizontaux, en constitue le soubassement et les calcaires à Hippurites en couronnent les sommets. Au Nord, une faille d'affaissement très nette, pouvant se suivre assez loin du côté de l'Est, a ramené au niveau de la base du Néocomien deux grands lambeaux de calcaires à Hippurites. Avec le premier massif, dont ils sont une dépendance évidente, ces lambeaux complètent une sorte de large îlot crétacé, complètement isolé au milieu de terrains beaucoup plus anciens.

Cet îlot est entouré d'une ceinture presque continue de Trias et d'Infralias. Ce Trias ne plonge pas sous le massif, mais au contraire dans la direction opposée: au Sud, à l'Est et au Nord, il s'enfonce sous les bords très amincis et très irréguliers d'une cuvette crétacée qui décrit une demi-circonférence autour du massif; à l'Ouest, il va buter, ou directement, ou avec le Lias qui le recouvre, contre une faille transversale qui isole une région toute différente, celle du pli couché de l'Étoile et de La Nerthe.

De plus, partout où la bande triasique s'élargit, on peut y reconnaître très nettement la *structure d'un pli anticlinal, couché vers le massif*. Non seulement le Trias est incliné comme pour aller recouvrir le massif d'un manteau de couches plus anciennes, mais en plusieurs points, il en est séparé par de couches d'âge intermédiaire, toujours renversées, toujours plongeant sous le Trias et présentant la même inclinaison que les couches crétacés sur lesquelles elles s'appuient.

Il semble incontestable que cette bande continue de Trias, partout encadrée de la même manière, a partout la même signification; on serait donc en face d'un pli anticlinal dont la ligne directrice décrit *une courbe complètement fermée*. Une seule explication est possible: un manteau de couches plus anciennes aurait réellement existé au-dessus du massif; la surface de glissement, dans ce pli couché, aurait été dénivelée et bosselée par des compressions postérieures, et les érosions, s'attaquant aux parties en saillie, auraient fait apparaître le substratum à la place actuelle du massif. Il est clair, en effet, que, dans ce cas, l'affleurement de la surface de glissement doit dessiner une ligne circulaire autour de ce dôme du substratum (ou flanc inférieur), que cet affleurement doit montrer le Trias de recouvrement incliné vers le massif, et séparé de lui, par places, par des lambeaux de poussée, qu'il doit donc présenter partout l'apparence d'un pli anticlinal écrasé, renversé vers le massif ou couché vers lui.

M. BERTRAND rappelle que déjà, il y a trois ans, dans les *Comptes rendus de l'Académie des Sciences*, il a présenté cette explication comme la seule possible (¹). A la suite de nouvelles études, il est disposé à être moins affirmatif: les difficultés commencent en effet quand on essaie de raccorder le pli couché hypothétique avec les plis couchés voisins, celui de l'Étoile à l'Ouest et celui de la Sainte-Baume à l'Est.

On peut démontrer que la *charnière synclinale* qui, dans le pli d'Allauch, engloberait les couches crétacées, ne peut pas se raccorder simplement avec la charnière synclinale des plis voisins, qu'il faut qu'elle enveloppe le massif d'Allauch, en suivant de très près l'affleurement des couches crétacées, puisqu'elle se retourne de nouveau vers l'Est et vers le Sud-Ouest; qu'elle décrive en d'autres termes une double sinuosité, sous forme de deux boucles évasées, ouvertes l'une vers le Nord, l'autre vers le Sud. M. BERTRAND s'attache à montrer que ce déplacement inégal de la charnière synclinale, dans un même pli couché qui aurait produit partout un même déplacement d'ensemble, est une chose mécaniquement possible, explicable par l'inégalité des résistances superficielles; il n'en est pas moins vrai que la part de l'hypothèse y devient bien considérable.

Si le Trias n'a pas passé par dessus le massif d'Allauch, ce massif représente une *partie affaissée*, et non plus une partie suréle-

[(¹) Voir ci-dessus, art. XXX, p, 283.]

vée. La superposition oblique du Trias et du Jurassique sur le Crétacé, avec des chevauchements qui vont jusqu'à deux kilomètres, écarte toute idée d'un simple affaissement sous l'action de la pesanteur; il faut donc que ce soit par la formation d'un pli ou d'une cuvette synclinale que le Crétacé ait été ainsi enfoui au milieu du Trias. Il y a deux objections: la profondeur de l'enfouissement, qui, précisément, dans la partie la plus étroite du bassin, atteindrait un millier de mètres; et de plus, la cessation brusque du bassin synclinal, qui, au lieu de s'effacer progressivement, s'arrêterait tout d'un coup, au point où il est creusé le plus profondément, *sans se continuer, même par une légère ondulation, dans les terrains jurassiques voisins.* Pour que l'hypothèse soit admissible, il faut donc que la cuvette soit, à l'endroit où elle s'arrête ainsi, beaucoup moins profonde qu'elle ne paraît, c'est-à-dire qu'elle se soit creusée à un point où le Crétacé reposait directement ou presque directement sur le Trias ou sur l'Infralias; c'est-à-dire qu'il faut admettre l'existence d'une grande faille horizontale, qui aurait supprimé tous les terrains intermédiaires. Il y aurait donc eu, en tout cas, sur l'emplacement actuel du massif, de grands déplacements horizontaux, preuve indirecte que le pli couché qu'on retrouve à l'Est et à l'Ouest, et qui semble ici interrompu, a aussi fait sentir ses effets sur cet emplacement.

C'est là une conséquence importante: elle permet, dans cette nouvelle hypothèse comme dans la première, de rétablir la continuité presque rectiligne de la large bande, sur laquelle se sont produits les déplacements horizontaux vers le Nord; elle permet de relier l'un à l'autre, malgré la lacune apparente qui les sépare, le pli de la Sainte-Baume et le pli de l'Étoile.

Il est facile de voir que la cuvette synclinale d'Allauch, ainsi comprise, se rattacherait à une série de plis transverseaux, orientés suivant la direction de la bande triasique de la vallée de l'Huveaune, celle-là même qui semble couper et arrêter brusquement le pli de la Sainte-Baume. On arriverait donc à reconnaître en Provence l'existence d'un second système d'ondulations, obliques et postérieures aux plis principaux, comparables aux ondulations transversales qui, dans le bassin de Paris, se disposent perpendiculairement aux plis du Pays de Bray et de la vallée de la Seine.

On voit que des conséquences importantes, tant pour la Géologie générale que pour celle de la Provence, se trouveraient liées à une explication définitive des anomalies du massif d'Allauch.

L'hypothèse des ondulations transversales sera spécialement à poursuivre par de nouvelles études, et elle pourra peut-être donner la clef des sinuosités apparentes reconnues dans les plis de la Provence.

Le massif d'Allauch présente une dernière singularité: c'est l'existence de lacunes importantes et tout à fait locales dans la série crétacée qui le surmonte. Ces lacunes ont été jusqu'ici attribuées aux phénomènes même de sédimentation; les grandes poussées horizontales, qu'il faut également invoquer dans les deux hypothèses discutées, permettent avec plus de vraisemblance d'expliquer ces lacunes par des actions mécaniques et par des glissements des bancs les uns sur les autres.

XXXVI-XLIV

SOCIÉTÉ GÉOLOGIQUE DE FRANCE.
RÉUNION EXTRAORDINAIRE AU BEAUSSET,
du 29 Septembre au 5 Octobre 1891.
COMPTES RENDUS D'EXCURSIONS, OBSERVATIONS
ET ALLOCUTIONS DE Marcel BERTRAND

(*BULLETIN DE LA SOCIÉTÉ GÉOLOGIQUE DE FRANCE,*
3ⁿ série, XIX, 1890-1891, p. 1051-1162, passim).

Sommaire

XXXVI

COMPTE RENDU DE LA COURSE DE LA CIOTAT
ET DE BANDOL (p. 1051-1057)

La visite de la coupe classique de La Bédoule avait eu surtout pour but de nous fournir un terme de comparaison avec la coupe toute dissemblable qui se voit dans les falaises de La Ciotat, à une distance de 4 kilomètres à peine. Ces brusques modifications latérales des étages sont fréquentes dans le bassin du Beausset, mais nulle part elles ne sont aussi frappantes qu'auprès de La Ciotat. Les 100 mètres de marnes à *Periaster Verneuili* (Ligérien), et les 200 mètres de calcaires angoumiens disparaissent au Sud de La Ciotat, et à leur place, sous les marnes sénoniennes, on trouve une accumulation, plus puissante encore, de poudingues grossiers que rien n'annonçait dans la coupe de la matinée. On peut, en suivant le haut de la falaise, arriver, par une course assez pénible, à voir le passage des poudingues à des grès, puis à des calcaires gréseux, et l'intercalation progressive de bancs de calcaires à Hippurites, dont la pointe extrême va se perdre au milieu même des poudingues. En passant en mer à petite distance des falaises, dont le pied est malheureusement inabordable, tous les détails de ce passage se voient plus facilement et avec une admirable netteté. C'est pour nous permettre de faire cette constation que M. ZURCHER avait organisé le transport en bateau à vapeur de La Ciotat à Bandol.

Nous sommes allés d'abord voir en place les poudingues dans la première petite anse qui se trouve au Sud de La Ciotat. Sur le chemin déjà, qui ne montre pas la roche en place, on voit le sol couvert de cailloux siliceux roulés; ces cailloux, cimentés en une masse très dure, forment l'ensemble des rochers de l'Aigle, dont nous admirons devant nous les contours déchiquetés; de ce côté, il n'y a pas de stratification apparente, parce que c'est un même banc qui, comme une grande écaille, recouvre toute la pente qui nous fait face. Mais du côté de la mer, dans l'Ile Verte, composée des mêmes bancs, on voit très bien la pente accentuée des couches vers La Ciotat et vers le bassin sénonien. Avec les profils tourmentés des rochers, et grâce à la teinte rougeâtre d'une partie des galets, on se croirait transporté dans une région permienne. M. TOUCAS nous raconte, en effet, que COQUAND lui à reproché de ne pas avoir, sur sa carte du bassin du Beausset, marqué de Permien à La Ciotat.

L'illusion, d'ailleurs, ne peut durer logtemps quand on examine de près, comme nous l'avons fait, les cailloux du conglomérat. Une grande partie d'entre eux, en effet, semble bien d'origine permienne; mais, à côté de ces grès micacés, on trouve de nombreux blocs calcaires, parmi lesquels nous avons pu reconnaître des morceaux d'Infralias et des calcaires blancs qui ne peuvent appartenir qu'au Jurassique supérieur ou au Crétacé. On remarque aussi des morceaux de grès lustrés, véritables quartzites, que M. DEPÉRET est tenté de rapprocher des grès cénomaniens du bassin d'Apt. Ce faciès du Cénomanien n'est pas connu aujourd'hui en Provence, mais il se pourrait en effet qu'il eût existé dans les régions littorales situés au Sud et aujourd'hui dénudées. Quoi qu'il en soit, il est certain, d'après le seul examen des galets, que le poudingue ne peut être permien et qu'il est certainement crétacé. On peut, d'ailleurs, à peu de distance, sur le chemin du Sémaphore, voir un banc formé de fragments de Rudistes, intercalé dans ces poudingues.

Les galets sont, en général, bien roulés; quelques-uns pourtant ont leurs angles seulement émoussés. Les dimensions varient depuis celle du poing jusqu'à plusieurs décimètres cubes. A ce point de vue, le dépôt peut se comparer avec ceux du delta pliocène du Var; c'est, à mes yeux, un dépôt de delta torrentiel, ou plûtot un dépôt formé en face d'un delta de ce genre, dans la partie où les apports étaient déjà remaniés par les vagues. Il ressort, en effet, de l'étude générale du bassin, que le poudingue est localisé dans l'axe du bassin, c'est-à-dire suivant la ligne où toutes les couches atteignent leur épaisseur maximum, et que, de part et d'autre de de cette ligne, on voit, à l'Est comme à l'Ouest, c'est-à-dire dans la direction des bords, reparaître les calcaires à Hippurites (fig. 80, 81, et 82). Il ne peut donc s'agir d'une ligne côtière de galets, et la seule hypothèse possible devient alors celle d'un delta.

Après le déjeuner, nous avons doublé en bateau la pointe de l'Aigle, et suivie d'aussi près que possible le rivage jusque en face de Cassis. L'énorme épaisseur des poudingues apparait alors dans les falaises presque verticales, hautes de plus de 200 mètres, atteignant même près du Sémaphore la cote 373. Toute cette hauteur est formée par les poudingues, sans aucune intercalation de bancs d'autre nature. Puis, à mesure qu'on avance vers l'Ouest, la falaise, quoique toujours aussi abrupte, perd son caractère rocailleux par suite de la substitution des grès aux poudingues; les bancs de grès, plus ou moins grossiers, plus ou moins calcarifères, se distinguent par des nuances différentes; les calcaires à Hippurites, qui viennent s'intercaler en deux bancs bien apparents, tranchent par leur couleur plus claire, et l'on voit toutes ces .couches se coincer les unes dans les autres. C'est le dessin le plus net et le plus complet qu'on puisse rêver du schéma théorique d'un passage latéral, réalisé sans interruption sur une falaise de 300 mètres de hauteur et de 6 kilomètres de longueur. On émet le vœu qu'une

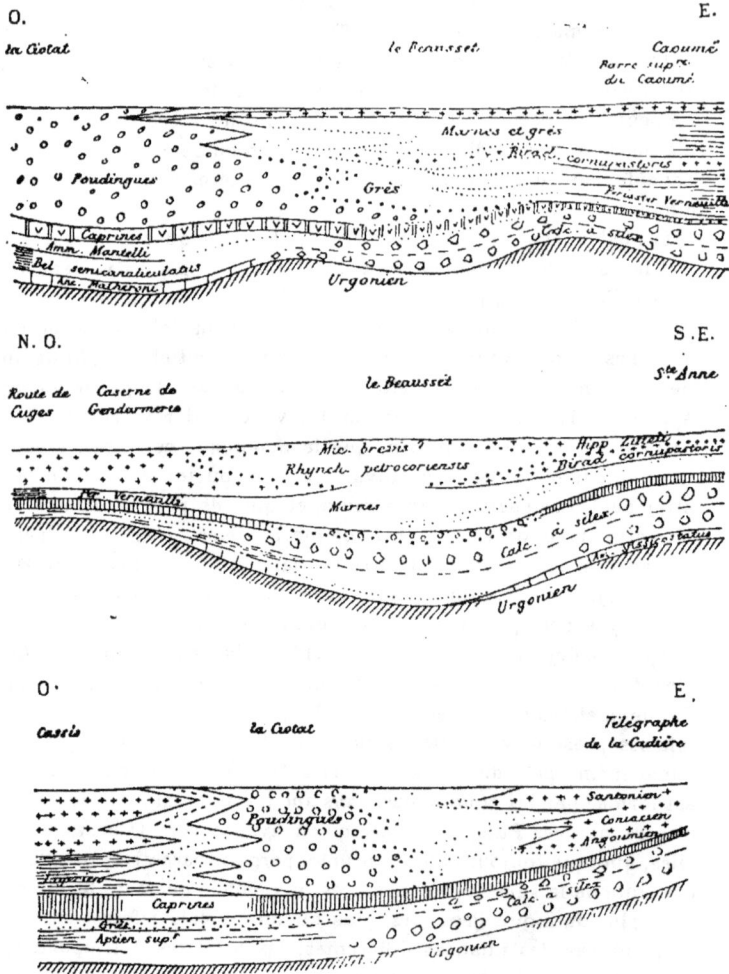

Fig. 80, 81 et 82. — Coupes schématiques des épaisseurs et des faciès des étages turonien, cénomanien et aptien dans le bassin du Beausset.

photographie puisse en paraître dans le Bulletin de la Société (¹), et l'on vote de chaleureux remerciements à M. ZURCHER qui a eu l'idée de cette belle promenade en mer.

Nous nous sommes ainsi avancés vers l'Ouest jusqu'en face de Cassis, de manière à revenir en vue des collines que nous avions traversées le matin et à pouvoir embrasser d'un même coup d'œil le raccordement complet des deux coupes. M. FOURNIER nous montre le dernier point où sur le rivage il a recueilli le *Periaster Verneuili*; nous pouvons ainsi nous convaincre que l'ensemble des poudingues équivaut non seulement aux calcaires angoumiens que nous avons vus s'y intercaler, mais aussi aux marnes ligériennes. Toute donnée manque pour savoir si la formation des poudingues a commencé plus tôt et s'ils occupent aussi par exemple la place du Cénomanien.

Nous reprenons alors notre route vers l'Est, en nous dirigeant directement vers Bandol. Nous voyons de loin, à la Pointe Grenier, la place de la faille qui limite au Sud le bassin crétacé et met là le Sénonien en contact avec le Trias; nous apercevons plus loin la petite anse où DIEULAFAIT a découvert l'*Avicula contorta*, et nous arrivons rapidement dans le joli petit port de Bandol, où les voitures nous attendent pour nous conduire au Beausset.

Pendant qu'on charge les bagages, nous allons visiter à l'extrémité du port la petite colline qui portait l'ancien château. Cette colline est formée de poudingues aquitaniens, dans lesquels ont pénétré des filons de basalte qui forment au sommet des épanouissements discontinus. Ces filons sont intéressants par leur disposition en chapelet; les grosses boules de basalte, en apparence séparées les unes des autres, pourraient presque au premier abord être prises pour des galets du conglomérat qu'elles traversent. Mais de plus, sur les bords de ces filons, on constate des pénétrations irrégulières de basalte fragmentaire dans le poudingue, et en les suivant, on arrive, à quelques décimètres des bords du filon, à trouver des morceaux anguleux de basalte, dont l'un avait plus de deux décimètres de long, mêlés sans ordre aux autres galets. La pénétration mécanique d'un fragment anguleux, non scoriacé, et complétement isolé, au milieu des autres galets du poudingue, est

(¹) M. VASSEUR, qui avait bien voulu se charger du soin d'essayer de prendre cette photographie, n'a pas eu le temps cet hiver de mettre son projet à exécution.

évidemment une impossibilité. D'un autre côté, il n'y a jamais, sauf dans ces points immédiatement voisins des filons, de galets de basalte dans le poudingue aquitanien, pas plus auprès de Bandol qu'auprès de Marseille. On le voit, la question qui se pose là se rattacherait à celle que M. MICHEL LÉVY a posée pour les pépérites d'Auvergne, et à celle que MM. DEPÉRET et COLLOT ont récemment discutée à propos du basalte de Beaulieu. Est-il possible que la pénétration du basalte dans des assises déjà consolidées ait pour résultat, sur certains points de sa route, une fragmentation et une sorte de remaniement des assises traversées, de manière à mêler les morceaux de basalte aux morceaux plus ou moins recimentés des terrains voisins? En ces sortes de questions, un exemple quelconque pris isolément ne peut que sembler défavorable à cette théorie, complexe et un peu obscure, du remaniement sur place; aussi M. RENEVIER, et plusieurs de nos confrères avec lui, n'hésitent-ils pas à se prononcer pour la contemporanéité du basalte. Mais il faut avouer qu'alors, l'étroite localisation de ces fragments de basalte au voisinage immédiat des filons, dans des dépôts qui sont évidemment des dépôts d'eau courante et agitée, est de son côté difficile à expliquer.

Sur la route du Beausset, qui aurait pu nous montrer une coupe régulière et assez complète de la série jurassique, l'heure assez avancée ne nous a permis de nous arrêter qu'en un point, c'est le point où cette série jurassique et le Trias qu'elle surmonte font place brusquement aux assises crétacées. Il existe là une faille manifeste; les calcaires marneux de l'Aptien sont en contact avec le Trias. Cette faille est celle que tout à l'heure nous avons aperçue du bateau à la Pointe Grenier; c'est celle qui, à partir d'Ollioules, limite au Sud le bassin crétacé. J'ai expliqué, dans ma Note sur le Beausset, comment le contour sinueux de cette faille permet déjà de préjuger son inclinaison de plus en plus faible sur l'horizon, et comment elle se rattache ainsi à la surface horizontale qui sépare auprès du Beausset le Crétacé du Trias superposé.

Le point où la faille traverse la route et où nous l'avons observée, correspond précisément à un de ces changements apparents de direction. L'affleurement en est facile à suivre, même à distance, à cause de l'aspect différent des terrains mis en contact; on constate qu'il est Est-Ouest d'un côté de la route, tandis que de l'autre il s'infléchit rapidement dans la direction Nord-Sud. De place en place, on voit des têtes de rochers blancs faire saillie entre l'Aptien et le Trias, et plonger sous ce dernier. C'est un de ces rochers, sur le bord du ruisseau, que nous avons spécialement examiné.

Je n'y avais jusqu'ici pas vu de fossiles; mais nos confrères n'ont pas été longs à y découvrir plusieurs coupes de Réquiénies. M. VASSEUR en a d'ailleures emporté des morceaux pour les soumettre à l'examen microscopique qui, comme il nous l'expliquera, lui permet de dintinguer l'Urgonien du Jurassique supérieur. La conclusion de son examen a bien été celle qu'on pouvait prévoir d'après la présence des coupes ds Réquiénies: ces calcaires sont bien urgoniens.

On voit, sur le sentier qui monte à l'Est, l'Aptien plonger sous ces calcaires urgoniens; on ne voit pas moins nettement, sur la rive opposée, que les autres rochers urgoniens plongent sous le Trias. On est donc en présence d'une *faille inverse*, présentant le caractère commun à presque toutes les failles de la Provence, et d'une manière générale à presque toutes les failes des pays de montagnes, celui d'être parallèle à la surface des bancs qu'elle sépare. Ces bancs sont ici assez inclinés, mais quand, plus au Nord, ils deviendront horizontaux, la faille elle-même deviendra horizontale. C'est ce que nous constaterons les jours suivants.

A mesure que, vers le Nord, la faille se couche horizontalement, on voit aussi disparaître une partie des assises crétacées renversées qui en formaient la lèvre inférieure; en d'autres termes, le mouvement de glissement de la nappe supérieure semble avoir écrasé en biseau les bancs sous-jacents. C'est ainsi qu'au point où nous sommes arrêtés, l'Aptien et le Cénomanien, comme nous le constatons en suivant la route, ont un très grand développement, tandis qu'ils font défaut à Fontanieu et au Canadeau. Mais à la première de ces deux localités on trouve encore, comme nous le verrons, sous le Trias et au-dessus du Sénonien renversé, deux lambeaux d'Urgonien, charriés loin de la masse du même étage le long de la surface de contact, et dont la présence, en tout cas très étonnante, se conçoit mieux quand on la rattache aux autres lambeaux qui jalonnent la faille plus au Sud.

Il n'est pas inutile de rappeler que la faille dont il s'agit n'a rien de commun avec les dénivellations produites par la pesanteur; c'est essentiellement un pli-faille, c'est-à-dire une surface de glissement résultant de la réunion des glissements élémentaires qui se produisent sur le flanc d'un pli. Les assises de Muschelkalk se répètent deux fois, avec Marnes irisées à la base: le Trias forme donc un pli anticlinal; c'est ce pli qui, en s'allongeant et se déroulant horizontalement vers le Nord, a amené les masses du Trias et le Jurassique au-dessus du Crétacé du Beausset, et la faille n'est qu'un épisode de sa formation.

Nous suivons quelque temps sur la route la série presque verticale des calcaires marneux, alternant avec des calcaires à silex, et représentant l'Aptien. A la partie supérieure, les calcaires deviennent plus durs, mieux lités et renferment alors, sur la surface de certains bancs, des fossiles siliceux, mis en saillie par l'altération atmosphérique, et assez difficiles à détacher: nous pouvons y reconnaître des *Terebrirostra* (*T. Bargesi*), des *Turrilites*, avec *Ostrea carinata*. La limite entre ces bancs cénomaniens et l'Aptien qui est au-dessous est difficile à tracer, et il n'est pas certain que le Gault ne soit pas représenté entre les deux. En tout cas, l'ensemble de ces formations, que surmontent encore des calcaires compacts à *Cidaris Sorigneti*, représentant des calcaires à Caprines, atteint là une énorme épaisseur qui contraste avec l'absence ou le développement rudimentaire des mêmes étages à l'Est du bassin.

Nous reprendrons le surlendemain, à Sainte-Anne, la coupe du Crétacé au point où nous le quittons, c'est-à-dire à la base des sables turoniens. D'ailleurs il ne nous reste plus que le temps d'arriver avant la nuit au Beausset, où, grâce aux soins prévenants de M. le Maire, notre installation se fait avec rapidité.

XXXVII

COMPTE RENDU DE L'EXCURSION AU VAL D'AREN, AU CANADEAU ET AU VIEUX-BEAUSSET (p. 1062-1077).

Partis, à 6 heures et demie du matin, du Beausset avec les voitures, nous sommes descendus au hameau de Sainte-Anne, d'où nous sommes allés d'abord le long de la route examiner la partie inférieure de la série crétacée, à partir du Cénomanien. Ce dernier se présente, comme on l'avait vu sur la route de Bandol, sous la forme de calcaires bleuâtres, siliceux, très durs, avec silex qui deviennent plus nombreux dans les bancs inférieurs. J'y ai trouvé autrefois, dans la tranchée même de la route, une Ammonite indéterminable. Au-dessus du Cénomanien, qui dessine là une petite cuvette secondaire, séparée des affleurements plus récents par une dépression cultivée, on trouve des sables sans fossiles, formés d'une agglutination de grains de quartz, inégalement roulés, et atteignant parfois la grosseur d'une noix, sans aucun mélange d'éléments étrangers. Ces sables, toujours très blancs et exploités pour verrerie, ont là une puissance de 70 mètres environ, et forment à l'Ouest, tout le long du Val d'Aren, de magnifiques escarpements où les érosions atmosphériques ont creusé à toute hauteur de grandes cavités arrondies, d'un effet très curieux.

Ces grès sont sans aucun doute un dépôt de plage, dont les éléments ont été empruntés au massif cristallin des Maures; on les suit à l'Ouest jusqu'à la route de Bandol, toujours intercalés entre des calcaires cristallins à *Cidaris Sorigneti* et Térébrirostres (Cénomanien supérieur) et des calcaires à Hippurites angoumiens. Du côté de l'Est, on peut suivre quelque temps, dans le vallon de Cimaï, une coupe semblable; mais il y a réduction progressive dans l'épaisseur des sables, et ils se ramifient en deux bancs distincts, qui se prolongent jusque au-delà du Revest, au Nord de Toulon, l'un au sommet même du Cénomanien, en contact avec les bancs à Caprines, l'autre au milieu des marnes fossilifères du Ligérien. L'âge de ces sables est donc bien déterminé comme Turonien inférieur; ils indiquent que la mer turonienne ne s'est guère avancée plus loin vers le Sud. Il est intéressant de les rapprocher de la masse si voisine des poudingues de La Ciotat; la continuité dans les affleurements est malheureusement interrompue par la faille de Taurentum et par la mer; mais il semble bien probable que, tandis que les uns présentent un dépôt de plage, les autres représentent l'apport d'un delta torrentiel qui venait du Sud ou du Sud-Ouest déboucher dans le bassin du Beausset. Dans l'axe du bassin, c'est-à-dire suivant la ligne La Ciotat, le Beausset, Caoumé, l'approfondissement était plus rapide et la sédimentation plus active que sur les bords; de là l'épaisseur exceptionnelle du Turonien, que nous avons constatée à La Ciotat et que nous retrouverons au Caoumé. Il est vraisemblable qu'on la retrouverait aussi, avec une composition analogue de l'étage, dans les points intermédiaires, c'est-à-dire sous le Beausset (voir les figures 80, 81 et 82).

Nous avons pris ensuite le chemin charretier de Font-Vive, qui nous a montré les calcaires à Hippurites superposés aux grès; le passage est insensible, et se fait même par alternances; les premiers bancs calcaires contiennent de nombreux grains de quartz et les sables supérieurs contiennent parfois des fragments d'Hippurites, évidemment arrachés aux bancs voisins. La disposition lenticulaire des bancs d'Hippurites fait alors comprendre comment en certains points, où il n'y a pas d'alternances visibles, on peut trouver dans les grès des Rudistes remaniés, qui semblent arrachés à des couches plus récentes. La même route montre, après le premier lacet, une intercalation intéressante d'un petit banc marneux et noduleux dans les calcaires à Hippurites. Ce banc contient, avec de petites Huîtres indéterminables, de nombreuses baguettes de *Cidaris pseudosceptrifera*, et M. ZURCHER y a recueilli une baguette de *Cidaris clavigera*. Il y aurait là un indice pour remonter un peu l'âge de ces calcaires à Hippurites. Nous n'avons pas eu le temps d'aller visiter une carrière, située un peu plus à l'Ouest, où de nombreuses coupes de Rudistes empâtés auraient peut-être permis à M. TOUCAS de formuler un avis intéressant sur la question: nous avons dû nous contenter d'examiner la faune d'un banc de calcaire marneux, qui forme la partie supérieure de la barre, et où de nombreuses Hippurites, toutes dégagées, ont été mises au jour dans le fossé du chemin. M. TOUCAS a déterminé une de ces Hippurites comme *Hippurites Zitteli* typique; une autre, semblant voisine de *H. giganteus*, montrait une arête cardinale très allongée, avec premier pilier pincé à la base et un second pilier moins pincé. Il en résulte que la faune du *banc supérieur* de la barre hippuritique serait de la base du Santonien; ou la conclusion s'étend à toute la barre, ou la limite d'étage est à mettre à une hauteur indéterminée dans l'épaisseur même de la barre (¹).

Les calcaires à Hippurites sont surmontés par une grande épaisseur de calcaires marneux et gréseux (épaisseur bien moindre pourtant qu'auprès du Beausset, c'est-à-dire que dans l'axe du bassin), où M. TOUCAS a retrouvé les deux zones à *Micraster brevis* (ou a *Ammonites Emscheri*) et à *Inoceramus digitatus* (ou à *Ammonites texanus* (²).

Le long du chemin les affleurements sont rares, mal découverts et à peu près sans fossiles; nous nous sommes donc rendus sans nous arrêter jusqu'au col, où nous avons constaté l'intercalation d'un nouveau banc de calcaires à Hippurites. C'est un banc peu épais de calcaire dur bleuâtre, qui n'a pas les caractères d'un banc *construit*, et où les Hippurites semblent avoir vécu sporadiquement. M. TOUCAS, sur les sections visibles, n'a pu déterminer qu'une Hippurite, comme du *groupe de Hippurites Toucasi*. Dans les bancs marneux où ce banc est intercalé, la Société a recueilli plusieurs exemplaires bien nets de *Micraster brevis*.

Il importe de remarquer que ce banc ne représente pas, au Val d'Aren, la première intercalation, ou, si l'on veut, l'intercalation la plus basse des calcaires à Hippurites dans le Santonien. Sans parler du niveau, déjà santonien, que nous avons constaté au sommet de la barre dite angoumienne, il existe, à plus de 50 mètres au-dessous du point où nous nous trouvions, une autre intercalation plus importante; c'est elle qui, prolongée un peu à l'Ouest, donne naissance au gisement très riche, souvent visité et désigné sous le nom de gisement du Val d'Aren dans plusieurs collections, notamment dans celle de M. ZURCHER. Ces deux niveaux d'Hippurites ne sont même probablement pas les seuls qui existent dans le Santonien; il est difficile en effet de faire nulle part, en s'élevant directement sur les pentes, une coupe continue et complète, et par conséquent il n'est guère possible de raccorder avec certitude les bancs rencontrés dans les coupes voisines. En tout cas, les faits

(¹) M. ZURCHER m'a dit que M. GABRIEL aurait trouvé *Biradiolites cornupastoris* dans la prolongation de cette même barre, du côté de la route de Bandol. Ce serait, en ce cas, la seconde hypothèse qu'il faudrait adopter.]

(²) *Bull. Soc. Géol. de France.* 3ᵉ sér., XIV, 1885-1886, p. 521. La coupe de M. TOUCAS est prise sous le Canadeau, c'est-à-dire à l'Ouest du point visité par la Société.

certains, qu'il importe de noter, sont les suivants: 1° on trouve
dans le Santonien plusieurs bancs de calcaires à Hippurites *qui
n'existent pas au Nord*; 2° le Santonien se réduit progressivement
d'épaisseur du côté de l'Ouest, au-dessus de Fontanieu, où l'on
voit les affleurements des deux principales barres d'Hippurites
la barre angoumienne et la barre équivalente à celle de La Cadière) se rapprocher de plus en plus et presque se rejoindre au
moment où elles disparaissent toutes deux au contact du Trias.
Il me semble donc très probable que ñous sommes, au Val d'Aren,
sur le bord extrême, inégalement ramifié, d'un massif d'Hippurites qui, plus au Sud-Ouest (direction probable du rivage),
se serait continué pendant une grande partie au moins du Santonien, en se soudant sans discontinuité au massif angoumien
(schéma, fig. 83). On a vu aux Martigues une composition du Santonien semblable à celle qui résulte de cette hypothèse; elle est ana-
gue à Allauch, et c'est aussi le cas dans le massif de la Sainte-Baume. Il ne faudra donc pas s'étonner si, dans les courses suivantes,
nous trouvons dans la direction indiquée, au Télégraphe de La Cadière, des Hippurites santoniennes dans des bancs que je considère comme la continuation bien prouvée du massif inférieur. Quand
j'ai fait la carte, on ne savait pas, comme commencent seulement
à nous l'apprendre les travaux de M. DOUVILLÉ, faire servir les
Hippurites à la détermination précise d'un niveau. Quand en

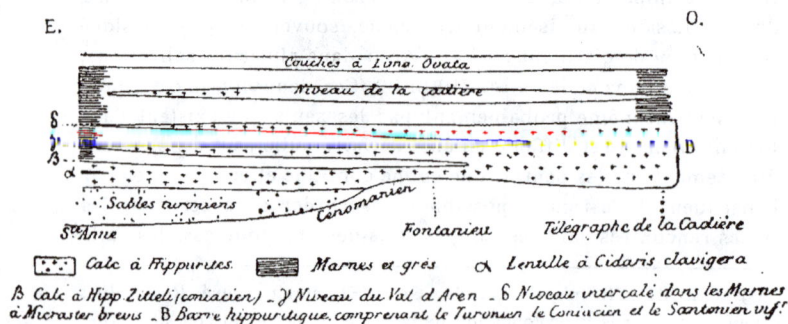

Fig. 83. — Schéma montrant les variations des niveaux hippuritiques
entre Sainte-Anne et le Télégraphe de La Cadière.

un point cette détermination s'est trouvée en désaccord avec ce que
j'avais annoncé, je n'ai pu qu'opposer l'affirmation stratigraphique,
dont j'étais certain, à l'affirmation paléontologique, dont mes contradicteurs n'étaient pas moins certains. Je n'ai pas aperçu sur le

champ le moyen de les mettre d'accord; les remarques que je viens de développer, et que je me suis cru le droit d'intercaler dans ce compte-rendu, quoique je ne les aie pas exposées sur place à mes confrères, ont pour but de préparer une explication sur laquelle j'aurai à revenir.

La Société, quittant au col le chemin charretier, s'est élevée par un petit sentier vers la propriété Olivo. Au-dessus des derniers champs cultivés, à la lisière du bois, nous coupons un nouveau banc de calcaires à Hippurites. Les Rudistes abondent, tout dégagés. Il n'y a ici ni doute ni discussion; ce sont toutes les espèces de La Cadière. C'est le niveau que M. TOUCAS considère comme campanien, qui, sur la carte géologique, est figuré comme Santonien supérieur, et qui, pour M. DE GROSSOUVRE, ne serait même que du Santonien moyen. C'est en tout cas, indépendamment du nom d'étage, un niveau bien certain, qui nous permet de raccorder notre coupe avec celle de la veille.

Il est bon encore d'observer que ce banc d'Hippurites, que nous allons d'ailleurs retrouver sans modification au Petit Canadeau et à Fontanieu, partout également semblable, quoique moins épais, à celui du Castellet et de La Cadière, semble ne plus exister dans l'intervalle qui les sépare. Sur les autres versants des collines du Vieux-Beausset, on n'en retrouve plus trace. Il faudrait imaginer un contour bizarre et compliqué pour supposer une communication souterraine par les points où affleurent des terrains plus récents; c'étaient évidemment deux masses lenticulaires, formées indépendamment l'une de l'autre, quoique au même moment. Le schéma de la figure 81, s'il était étendu aux couches sénoniennes, montrerait au niveau de La Cadière deux lentilles séparées, au lieu de la lentille unique de la figure 84.

Nous reprenons l'ascension, et nous traversons, sans voir d'affleurements, les grès à plantes et les couches à *Lima ovata*. Chemin faisant, je fais remarquer à la Société la masse considérable de gros blocs triasiques qui parsèment la pente et sont descendus des sommets vers lesquels nous marchons. Il est difficile, avec la pente actuelle du sol, d'attribuer leur position actuelle à des éboulements récents; comme pour les blocs des grès de Fontainebleau, il semble qu'une descente lente de ces blocs suivant la verticale, au fur et à mesure de l'érosion des bancs plus tendres sous-jacents, puisse seule fournir une explication satisfaite. On peut presque affirmer *a priori*, et avant toute observation géologique, que si les bancs durs du sommet étaient amenés en saillie par une faille verticale ou par un pli droit, il n'y aurait pas, si bas sur la pente, une telle accumulation de blocs étalés (¹). La présence de ces blocs permet donc de prévoir, au moins comme induction provisoire, la superposition du Trias au Crétacé. Ces phénomènes de *descente sur place* sont plus marqués et plus importants quand les assises sous-jacentes sont des sables; nous les verrons ainsi particulièrement frappants dans le bassin de Salernes; c'est là que j'ai d'abord fait cette remarque et j'en ai depuis vérifié toujours la généralité.

M. FICHEUR appuie l'observation précédente; il dit qu'en effet, en Algérie, où les calcaires compacts du Lias font souvent saillie au millieu des marnes crétacées ou tertiaires, avec racine évidente en profondeur, on ne voit pas, sur les pentes voisines, de ces grandes accumulations de blocs éboulés.

Mais la Société n'est pas venue jusque-là pour se contenter de cette preuve indirecte, et nous abordons l'étude des bancs supérieurs à la propriété Olivo. Nous y observons les couches à Turritelles, très developpées, et au-dessus d'elles nous trouvons le sol jonché d'*Ostrea acutirostris*. A la grille de la propriété, là où est captée la source du Beausset, on voit l'Infralias former un gros rocher qui interrompt brusquement les affleurements crétacés. Ce rocher se poursuit à l'Est par une petite falaise, au bas de laquelle on trouve des calcaires à Hippurites, et plus haut l'*Avicula contorta*. C'est la coupe que j'ai donnée en la désignant comme « coupe de Fontvive » (²); c'est celle que nous devons voir plus complète et étudier en détail au Canadeau; nous ne nous y arrêtons donc pas longtemps. Nous remarquons seulement que les caractères lithologiques des bancs d'Infralias (gros bancs dolomitiques surmontés par des calcaires en plaquettes et des marnes vertes) permettent d'affirmer que cet Infralias est renversé. On peut d'ailleurs, un peu plus au Nord, le voir plonger sous les Marnes irisées, et un puits creusé dans le Muschelkalk a pénétré dans ces

---

(¹) Il faut pourtant mettre à part le cas d'un éboulement en grande masse, qui permet l'*écoulement* sur une pente relativement faible, et permet même au courant des blocs, comme l'a montré M. HEIM, de remonter les pentes.

(²) *Bull. Soc. Géol. de France*, 3ᵉ sér., XV, 1886-1887, p. 681 [ci-dessus, p. 207].

marnes jusqu'au gypse. Au point où nous l'observons, l'Infralias a, au contraire, une pente inverse vers le Sud; mais cette pente est tout à fait locale et on semble disposé à l'expliquer par un simple glissement sur le bord de la vallée (¹).

De la propriété Olivo jusqu'au Petit Canadeau, le sentier suit à peu près une ligne de niveau; il permet, dans les deux dépressions qu'il traverse, d'observer les Marnes irisées, et se tient le reste du temps sur les éboulis d'Infralias, en montrant seulement quelques gros bancs dolomitiques en place, et près du Canadeau, les couches à *Avicula contorta*. Mais, tout le long de ce sentier, la vue du coteau qu'il cotoie est particulièrement instructive. Au-dessus des gros bancs infraliasiques qu'on rencontre sous ses pieds, on suit de l'œil la ligne horizontale des Marnes irisées, marquée par la teinte rougeâtre des champs et continuant les affleurements qu'on vient de traverser. Au-dessus de la ligne, le sommet du coteau est formé par un chapeau de calcaires compacts, qui appartiennent au Muschelkalk.

Au Petit Canadeau, nous nous arrêtons un instant pour nous rafraîchir; nous en profitons pour résumer dans un coup d'œil d'ensemble la structure simple du vallon que nous venons de longer et bien fixer le point de départ des nouvelles constatations qui nous restent à faire. Nous avons derrière nous le massif triasique; à nos pieds est le Val d'Aren, profondément creusé à la limite des calcaires à Hippurites inférieurs et des marnes sénoniennes, et de l'autre côté d'un second ravin plus profond dans les sables de Sainte-Anne, nous voyons se dresser, avec sa grande paroi presque verticale, la masse blanche du Gros Cerveau. Le Gros Cerveau est formé de calcaires urgoniens à peu près verticaux, plaqués de calcaires blancs à silex et de calcaires marneux (Aptien inférieur); puis vient la grande masse des marnes grises et des calcaires bleus à silex (Aptien supérieur, Gault? et Cénomanien); le pendage se réduit progressivement; les grès turoniens et les calcaires à Hippurites sont encore assez fortement inclinés vers nous; mais le Sénonien qui forme à nos pieds tout le talus du coteau est à peu près horizontal. C'est ce que montre la coupe (fig. 84), où j'ai figuré la succession normale des couches crétacées, la succession inversée

(¹) Voir plus loin [p. 393-397] la Note [art. XL] où je développe une opinion différente.

des bancs infraliasiques et triasiques, et où j'ai laissé en blanc le petit intervalle qui les sépare. C'est cet intervalle que nous allons maintenant examiner.

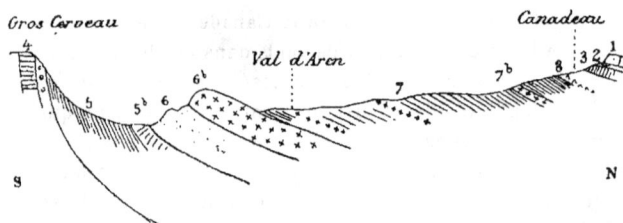

1 *Muschelkalk*. — 2 *Marnes irisées*. — 3 *Infralias*. — 4 *Urgonien(et calc à silex)*
5 *Marnes et calc à silex (Aptien et Cénomanien*. — 5ᵇ *Calcaires compacts.
(Niveau des Caprines)* — 6 *Sables turoniens*. — 6ᵇ *Barre inf° à Hippurites.* —
7 *Marnes santoniennes*. — 7ᵇ *Barre supérieure (Niveau de la Cadière)*. —
8 *Couches à Turritelles.*

Fig. 84. — Coupe du Gros Cerveau au Canadeau.

Nous commençons par descendre de quelques mètres pour nous convaincre que la série crétacée normale est bien toujours à nos pieds dans le même ordre qu'à la propriété Olivo. Nous retrouvons les Hippurites de La Cadière, toutes dégagées dans un banc marneux qu'on a défoncé pour des travaux de soutènement; les couches à *Lima ovata* sont masquées par les cultures; mais un peu plus haut nous retrouvons l'*Ostrea acutirostris*, puis les couches à Turritelles, affleurant juste au-dessous du chemin du Beausset, et semblant atteindre un développement exceptionnel. Je rappelle qu'au milieu de ces couches un petit banc ligniteux, qui à Fontanieu se retrouve à la base de la série lacustre (valdonnienne), a été mis au jour à l'époque où l'on a planté les vignes américaines. C'est le centre du pli horizontal qui peut seul, selon moi, expliquer l'allure des couches crétacées.

Au-dessus des couches à Turritelles, le chemin du Beausset nous montre des calcaires à Hippurites et une série nouvelle que nous allons reprendre à la maison même du Petit Canadeau (fig. 85).

Ce sont d'abord des sables blancs quartzeux, que tout le monde reconnaît comme identiques à ceux du Val d'Aren (5 à 6 m.); au-dessus de ces sables, deux petites poches sont remplies par des calcaires noduleux, absolument écrasés et spathisés, sans fossiles, qui ne permettent pas de détermination d'âge, mais qui sont intéressants par le « dynamométamorphisme » dont ils témoignent.

Les sables se relèvent brusquement presque jusqu'à la verticale, et au-dessous d'eux apparaissent des calcaires à Hippurites très compacts, rappelant l'aspect de la barre inférieure de Sainte-Anne. M. TOUCAS constate en effet l'existence de l'*Hippurites giganteus*,

S.   N.

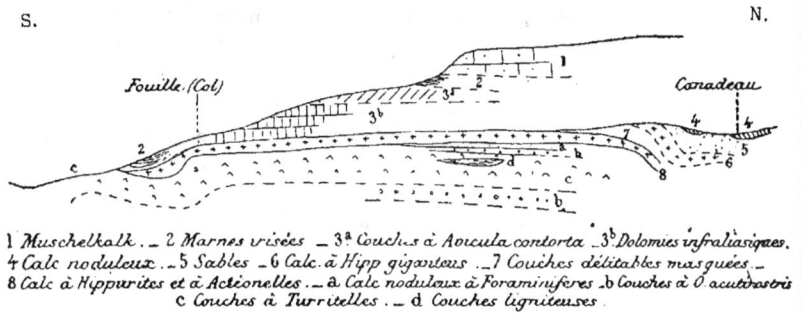

1 *Muschelkalk.* _ 2 *Marnes irisées* _ 3ᵃ *Couches à Avicula contorta* _3ᵇ *Dolomies infraliasiques.*
4 *Calc noduleux.* _5 *Sables* _6 *Calc. à Hipp giganteus* _7 *Couches délitables masquées* _
8 *Calc à Hippurites et à Actéonelles.* _ a *Calc noduleux à Foraminifères* _b *Couches à O. acutirostris*
c *Couches à Turritelles.* _ d *Couches ligniteuses.*

Fig. 85. — Coupe du chemin du Canadeau au Beausset, avec vue des collines qui le bordent à l'Ouest.

et considère l'assimilation avec le niveau angoumien comme incontestable. Les calcaires à Hippurites reprennent bientôt une inclinaison voisine de l'horizontale, et M. TOUCAS peut alors constater, par la disposition des piliers, que les Hippurites sont *renversées*, la valve plate en bas, c'est-à-dire dans la position inverse de celle où elles ont vécu ([1]).

Sous les calcaires à Hippurites vient un petite espace, qui est masqué et correspond à des couches plus délitables; puis un nouveau banc, moins épais et plus grumeleux, de calcaires à Hippurites, montrant une belle section d'Actéonelle. M. PERON et M. TOUCAS déclarent ne connaître d'Actéonelles dans le bassin que dans la barre supérieure, au niveau de La Cadière; c'est ce que semble indiquer aussi la structure grumeleuse du banc, et ce qu'admettent tous les membres présents.

Plus loin, en continuant à suivre le chemin, viennent, sur un mètre à peine, des calcaires noduleux, reproduisant l'aspect des bancs à *Lima ovata*. On y trouve les Foraminifères constatés la

([1]) Cette constatation est rarement possible, car la plupart des Hippurites sont couchées dans le sens de la stratification.

veille à ce niveau. Enfin, un banc mince de calcaires marneux à *Ostrea acutirostris* sépare cette dernière assise des couches à Turritelles qu'on a reconnues précédemment au-dessous du chemin, et que la pente des bancs ne tarde pas à faire remonter. Toute la série turonienne et sénonienne est donc là représentée; elle est renversée et l'épaisseur en est réduite de 300 mètres (au moins) à 30 mètres à peine. Les faits sont incontestables et l'évidence en a été admise par tous les membres présents.

Les dolomies infraliasiques qui sont à droite du chemin tranchent toute cette série suivant une ligne oblique. Elles sont en contact près de la maison avec les sables turoniens, et au col avec les couches à Hippurites supérieures.

Il restait encore, pour remplir le programme de la matinée, à aller vérifier de près le renversement du Trias. Mais auparavant on s'est arrêté un instant, près du col, à un endroit où M. VASSEUR a fait faire cette hiver une petite fouille, pour étudier la position relative du Crétacé et du Trias à leur contact. M. VASSEUR explique à la Société que, si l'on descend le chemin de l'autre côté du col, on trouve, à un niveau de plusieurs mètres au-dessous des derniers calcaires à Hippurites, les Marnes irisées les plus typiques; ces Marnes irisées lui avaient semblé d'abord devoir certainement passer *sous* les Hippurites, et être ainsi dans une position contradictoire avec l'hypothèse d'un recouvrement. Il a fait alors creuser une fouille à la limite approximative des deux formations, et il a constaté que le calcaire à Hippurites plonge brusquement, avec une pente presque verticale, c'est-à-dire qu'il prend l'allure nécessaire pour aller passer, en effet, sous les Marnes irisées du chemin.

La constatation faite par M. VASSEUR est d'un haut intérêt. Je m'étais, je l'avoue, peu inquiété de cette différence de niveau, que j'attribuais simplement à une petite faille de tassement. Mais cette plongée, symétrique de celle que nous avons constatée au Petit Canadeau, suggère une autre explication: la nappe de recouvrement serait en réalité plissée, et évidemment, d'après la forme symétrique du pli, plissée *postérieurement* à sa formation. Je montrerai dans une Note spéciale que ce pli peut se suivre assez loin, et qu'il permet de rattacher à un phénomène unique toute une série de particularités encore restées sans explication.

La constatation du renversement du Trias a été faite sans difficulté: on monte du col vers l'Ouest sur les dolomies infraliasiques; on traverse un petit méplat, anciennement cultivé, où la lumachelle rhétienne et les plaquettes à *Avicula contorta* abondent dans les champs et dans les murs, puis on arrive au pied du dernier escarpement formé par les calcaires enfumés du Muschelkalk, associés à des dolomies sombres, sans fossiles en ce point ([1]), mais reconnaissables sans ambiguité dans toute la région à leurs caractères minéralogiques. Ces calcaires reposent horizontalement, suivant une surface de contact bien découverte, sur les Marnes irisées, froissées et amincies. Ces marnes irisées sont la continuation ininterrompue de celles que nous avions traversées près de Fontvive et longées au-dessus du chemin du Canadeau.

Nous sommes redescendus sur le versant Sud, de manière à nous trouver un moment à l'intérieur de l'îlot triasique; nous y avons constaté la présence des couches à Turritelles et des calcaires à Hippurites, toujours renversés, et se reliant ainsi avec évidence, par dessous le Trias, aux affleurements semblables du Petit Canadeau.

J'ai développé, dans ma Note sur le Beausset, les conséquences de ces faits; je me contente dans ce compte-rendu de constater qu'ils ont été, après un examen attentif, vérifiés et acceptés sans réserve par l'unanimité des membres présents.

Après le déjeûner, la seconde partie de la journée devait être consacrée à l'examen de l'îlot triasique lui-même et des enclaves crétacées qui s'y trouvent, notamment au Rouve. La première de ces enclaves a été traversée sur le sentier qui mène à l'ancienne propriété de La Mame. On y voit les couches à Turritelles, à *Ostrea acutirostris* et les calcaires à Hippurites, toujours en ordre inverse de la stratification, présenter une forte inclinaison vers le S. E. Cet ensemble plonge sous l'Infralias, sous les Marnes irisées étirées et sous le Muschelkalk, tandis qu'au Nord les couches triasiques reparaissent à un niveau plus bas. Je traiterai à part la structure de ce point singulier.

A La Mame, gisement cité par d'ORBIGNY pour sa richesse, le Muschelkalk, dont les couches marneuses ne sont plus ramenées au jour par les cultures, ne fournit plus en abondance que des *Terebratula vulgaris*, des *Lima striata* et des *Gervillia socialis*, en état médiocre de conservation. On y a trouvé aussi quelques fragments de *Ceratites nodosus*. C'était assez en tout cas pour ne laisser aucun doute sur l'âge des couches et sur l'existence, dans la région, du Muschelkalk fossilifère. Nous sommes alors descendus

---

([1]) M. VASSEUR a y pourtant trouvé quelques traces de Bivalves indéterminables. Le même calcaire est très fossilifère sur les sommets voisins.

par un sentier étroit et pierreux vers le fond du ravin de Gavari, et en remontant légèrement sur sa rive droite, nous nous sommes dirigés vers le vallon du Rouve. Dans ce trajet, nous sommes restés constamment sur les calcaires du Muschelkalk, et j'ai pu, chemin faisant, montrer aux membres qui m'accompagnaient, le point où M. TOUCAS a, dans son Mémoire sur le Beausset, si gnalé, d'après les observations de son père, l'existence du Grès bigarré avec empreinte de *Voltzia*. Dans le ravin, très envahi aujourd'hui par la végétation, je n'ai jamais trouvé que des cargneulles, un peu rougeâtres. J'ai de plus suivi les Marnes irisées sur tout le bord du petit massif de La Mame, avec les mêmes relations de position que nous avons vérifiées autour du sommet du Canadeau. Je crois donc pouvoir maintenant affirmer avec une complète certitude ce que j'avançais avec une certaine réserve dans ma Note sur le Beausset: le prétendu gisement de Grès bigarré de Gavari, de même que les deux autres lambeaux signalés par M. TOUCAS, ne sont autre chose que des Marnes irisées. M. TOUCAS, d'ailleurs, nous a déclaré n'avoir jamais vérifié par lui-même ces gisements et n'a pu nous donner à leur sujet aucune indication nouvelle.

On peut remarquer en outre qu'en arrivant au vallon du Rouve, on descend, par un brusque ressaut du sol, du plateau calcaire dans les champs cultivés qui entourent le vallon, et qu'au pied de ce ressaut se trouvent les Marnes irisées, en contrebas du Muschelkalk. On ne voit pas, il est vrai, la superposition, mais c'est au moins un nouvel indice pour conclure que dans toute cette partie les Marnes irisées existent et se continuent sous le Muschelkalk.

Le vallon du Rouve, connu depuis longtemps par les beaux et nombreux fossiles de la zone à *Lima ovata* qui y ont été rencontrés, présente un intérêt particulier, d'abord à cause de sa position isolée au milieu des Marnes irisées dont les éboulis le recouvrent presque complètement, et aussi, à un autre point de vue, à cause des échantillons qu'il a fournis de l'*Ammonites polyopsis*. Dans ma Note sur le Beausset, j'avais seulement conclu que le Sénonien apparaît par une dénudation du Trias superposé, sans parler de l'ordre même de succession des couches crétacées; dans les coupes lithographiées distribuées pour la Réunion, j'avais admis que les couches sénoniennes sont au-dessous du Trias, que ce dernier présente encore à la base une bande de couches renversées, mais que dans le Crétacé la série se présente en ordre normal. La valeur qu'on peut accorder, dans les discussions de parallélisme, à la présence de l'*Ammonites polyopsis*, dépend évidemment de la connaissance exacte de la stratigraphie de ce petit

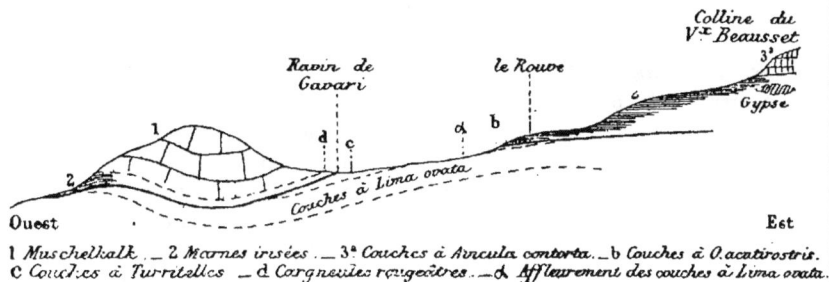

1 *Muschelkalk*. _ 2 *Marnes irisées*. _ 3ª *Couches à Avicula contorta*. _ b *Couches à O. acutirostris*. c *Couches à Turritelles* _ d *Corgneules rougeâtres*. _ *Affleurement des couches à Lima ovata*.

Fig. 86. — Coupe longitudinale du Ravin du Rouve.

complexe de couches. Il y avait donc un grand intérêt à ce que la Société pût trancher la question; c'est ce qu'elle a pu faire, grâce à la découverte des couches à *Ostrea acutirostris*, qui n'avaient pas encore été signalées en ce point.

Les observations connues se bornaient aux suivantes: dans le bas du vallon, il y a un petit affleurement des couches à Turritelles; vers le haut du vallon, il y a, formant berge sur la rive gauche et sur la rive droite, un double affleurement des bancs à *Lima ovata*, bien fossilifères et bien typiques. La pente de ces bancs est vers l'aval, à peu près égale à celle du ruisseau. On peut donc se demander s'ils passent au-dessus ou au-dessous des couches à Turritelles de l'aval. Dans le second cas seulement, on pourra affirmer qu'aucune couche d'âge plus ancien que la *Lima ovata* n'affleure dans le ravin, et par conséquent on pourra donner une égale signification aux fossiles trouvés en place ou dans les blocs détachés.

Je m'étais décidé pour l'hypothèse d'une série non renversée à cause de la parfaite régularité des couches mises au jour, de leur séparation en bancs bien lités, de la bonne conservation des fossiles non déformés et de l'absence de toute trace de métamorphisme mécanique. Mais ce n'étaient là que des probabilités. Pendant que la plupart de nous cherchaient des fossiles, quelques membres se sont mis en quête d'autres affleurements; notre confrère M. REYMOND a d'abord trouvé près du ruisseau un échantillon d'*Ostrea*

— 369 —

acutirostris, et bientôt, en haut du talus de la rive gauche, on a trouvé ces Huîtres abondantes et la couche en place dans les broussailles. Les couches sont donc bien en ordre normal, comme le faisait prévoir leur apparence; il ne peut y avoir dans le vallon de couches plus anciennes que celles qui affleurent en bas de la berge, et comme ces couches sont, d'après leurs fossiles, déjà élevées dans le système (les fossiles appartiennent à la zone à *Nerinea bisulcata* de M. TOUCAS), l'*Ammonites polyopsis* vient certainement de la partie supérieure des couches à *Lima ovata*. M. PERON, que la question intéressait spécialement, est resté après nous sur le gisement pour en recueillir une faune plus complète, et il se chargera avec plus d'autorité de confirmer cette conclusion.

Du Rouve, nous nous sommes dirigés vers le sommet du Vieux-Beausset, en nous élevant d'abord sur les Marnes irisées, dans lesquelles nous avons visité la grande carrière de gypse, puis en gravissant la série régulière et puissante de l'Infralias qui leur est régulièrement superposé. Sans revenir ici sur une coupe qui a été donnée en détail par M. TOUCAS, j'insisterai un instant sur les remarques stratigraphiques que j'ai eu l'occasion d'exposer à nos confrères.

Les Marnes irisées que nous avons suivies dans la montée sont la continuation de celles que nous avions vues au bas du vallon du Rouve, et qui semblaient passer sous le Muschelkalk. Près de la carrière de gypse, au contraire, elles sont nettement superposées au Muschelkalk qui descend des hauteurs de Cambeiron, et passent sous l'Infralias. Il y a là une contradiction apparente, ou du moins les deux observations ne peuvent se concilier que si l'on est là précisément près de la charnière anticlinale du Muschelkalk, ou en d'autres termes si l'on considère le Muschelkalk comme formant un noyau central, entouré de toutes parts, du côté du haut comme du côté du bas, par les Marnes irisées. C'est ce que j'ai supposé dans la coupe schématique que j'ai donnée autrefois de l'îlot triasique ([1]). M. VASSEUR m'a signalé une carrière, que j'avais d'ailleurs déjà remarquée, un peu au Sud-Ouest du gypse (à côté d'une petite ferme abandonnée), où cette hypothèse semble très nettement se vérifier. Les bancs du Muschelkalk accentuent brusquement le plongement jusqu'à la verticale, et commencent même vers le bas à se renverser. C'est exactement le mouvement que ma coupe

([1]) *Bull. Soc. Géol. de France*, 3ᵉ série, XV, 1886-1887, p. 688, fig. 9 [reproduite ci-dessus, p. 215, fig. 50].

24

indiquait. Il y a d'ailleurs d'autres indices, dont l'étude minutieuse mériterait d'être reprise par un géologue de la région, ce sont ceux qui sont fournis par l'examen des deux bordures, orientale et occidentale, de l'îlot triasique. A l'Est comme à l'Ouest, quand on part du Sud, on voit le Muschelkalk reposer sur les Marnes irisées réduites (mais contenant encore du gypse à La Grenadière) jusqu'en face à peu près des points que nous considérons (col du Vieux-Beausset). Plus au Nord, le Muschelkalk continue encore sur une centaine de mètres vers le Beausset, sans que j'aie pu vérifier si dans cette partie il existe encore des Marnes irisées au-dessous des calcaires; et enfin, vers la pointe de l'îlot, les Marnes irisées, en contact avec le Crétacé, supportent directement l'Infralias. Ainsi, il semble que là on pourrait, par une recherche attentive (rendue difficile par les éboulis et les cultures), vérifier si le Muschelkalk se termine, en biseau ou en cylindre horizontal, dans les Marnes irisées; ou bien s'il vient s'écraser obliquement contre la ligne de séparation du Trias et du Crétacé. Les deux croquis schématiques ci-joints (fig. 87 et 88) expliquent les deux solutions possibles;le

1ʳᵉ Hypothèse

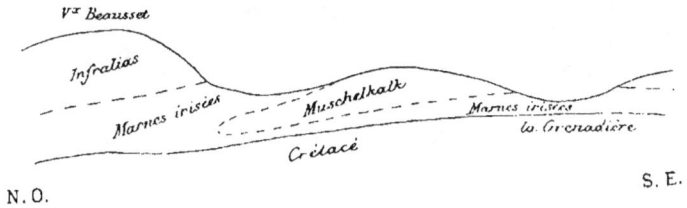

2ᵉ Hypothèse

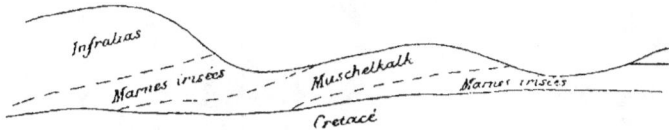

Fig. 87 et 88. — Vues du bord Est de l'îlot triasique.

choix entre elles deux, si l'on pouvait le fixer, aurait une certaine importance; car si la première se vérifiait, elle montrerait d'une

manière irréfutable que le pli n'est pas une explication schématique, mais le point de départ réel du chevauchement observé.

Du sommet du Vieux-Beausset, nous avons embrassé une dernière fois la région que nous venions de parcourir, en la rattachant
dans un ensemble plus vaste aux rochers de La Ciotat et au bassin
du Beausset, au milieu duquel l'isolement de la colline triasique
apparaît avec une rare netteté. Nous avons vu se détacher du côté
de l'Ouest les collines plus sombres du Télégraphe de La Cadière,
formant pointe sur le bord du bassin et devant nous montrer le lendemain des phénomènes analogues. Enfin au Nord, derrière les
collines où se relève la barre d'Hippurites turoniennes, nous aper-
cevions encore, dans la brume du soleil couchant, les profils déchiquetés de la Sainte-Baume, coupés d'une part brusquement au
Baou de Bretagne, s'abaissant de l'autre plus lentement vers la
dépression où nous traverserons la chaîne et où nous pourrons
constater l'existence d'un second pli couché, au moins comparable
à celui du Beausset pour l'amplitude des déplacements horizontaux.

XXXVIII

COMPTE RENDU DE L'EXCURSION
AU TÉLÉGRAPHE DE LA CADIÈRE ET A FONTANIEU
(p. 1077-1087).

Nous sommes partis le 30 Septembre, à 7 heures du matin; les voitures nous ont déposés au pied de La Cadière et nous nous sommes dirigés, par le chemin charretier de Saint-Come, vers le versant Ouest des collines où est marqué, sur la Carte de l'État-Major, l'ancien Télégraphe de La Cadière. Nous avons aussi longé, dans une montée lente et graduelle, tout le pourtour de la colline dont nous avions le premier jour examiné la base au Moutin, et nous avons pu constater la parfaite régularité des bancs dont elle est composée. Nous avons recoupé successivement les grès à plantes, les couches à *Lima ovata,* les bancs à Turritelles, les couches valdoniennes à *Melanopsis galloprovincialis,* et nous avons vu de nombreux échantillons éboulés des calcaires à *Cyrena galloprovincialis* qui couronnent le sommet. Toutes ces couches sont très peu inclinées; leurs affleurements dessinent à peu près des courbes de niveau. Aux différents points où l'on peut chercher à faire la coupe de la colline, au Nord comme à l'Ouest, on ne trouve nulle part aucune trace d'accident. Il y a pourtant une différence: la série régulière qui, au Nord, monte jusqu'aux couches de Fuveau, à l'Ouest ne monte pas plus haut que les couches à Turritelles, et même plus loin, du côte de Saint-Cyr, ne dépasse pas les couches santoniennes.

J'ai expliqué ces faits en admettant l'existence d'un grand pli synclinal couché, formé par les couches crétacées et ouvert du côté Nord. A mesure que la dénudation nous permet d'observer les affleurements en des points plus rapprochés de la charnière synclinale, nous trouvons naturellement dans le centre du pli des couches de moins en moins récentes (fig. 89). Ce pli, s'il est admis, serait évidemment la continuation de celui qui peut seul expliquer le renversement des couches crétacées au Canadeau, et serait, toujours comme au Canadeau, recouvert par le pli anticlinal couché que forme le Trias. C'est l'existence de ce pli, ou d'une manière plus précise, l'existence de couches crétacées renversées entre la série normale et le Trias, que la Société se proposait de vérifier au pied du Télégraphe de La Cadière, dans la petite anse que forment les escarpements au Sud du col où passe le chemin de Pontier et de Bandol ([1]).

Nous nous sommes un peu arrêtés, avant le col, aux premiers affleurements de calcaires à Hippurites; ces calcaires sont là descen-

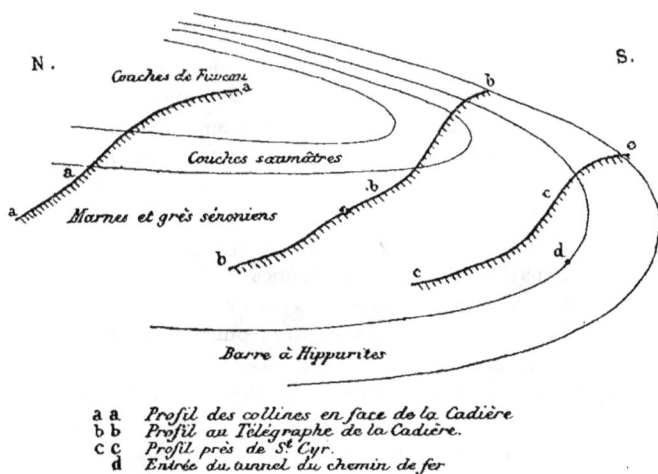

a a	Profil des collines en face de la Cadière
b b	Profil au Télégraphe de la Cadière.
c c	Profil près de St Cyr.
d	Entrée du tunnel du chemin de fer

Fig. 89. — Coupes successives du synclinal crétacé de La Cadière.

dus au-dessous de leur niveau primitif, par un phénomène analogue à celui dont j'ai parlé pour les pentes du Canadeau. Mais ici la descente ne s'est plus faite par blocs, mais par grandes masses; ces masses couronnent, au niveau ou au-dessous du chemin, de petites buttes isolées qu'elles ont protégées contre l'érosion et qui interrompent la continuité du talus marneux. Dans l'escarpement, à gauche du chemin, on peut voir le Muschelkalk à *Terebratula vulgaris* directement en contact avec ces calcaires à Hippurites, sans intermédiaire de Marnes irisées. Ces dernières apparaissent près du col, où elles forment un affleurement peu étendu, s'avaçant pourtant assez loin dans le vallon du côté de Maren, toujours au pied du Muschelkalk qui les surmonte.

([1]) Ce chemin a été rectifié d'une manière inexacte sur la nouvelle Carte de l'État-Major, qui le fait passer dans un escarpement infranchissable, au Nord, et non pas, comme cela a lieu en réalité, au Sud des points observés.

Nous contournons l'éperon du calcaire à Hippurites au Sud du col; nous remarquons là un îlot de Muschelkalk descendu au-dessous du niveau de ces derniers par un accident que j'avais toujours cru local, mais qui pourrait être en connexion avec le pli de la surface de chevauchement découvert par M. VASSEUR au Petit Canadeau, et nous arrivons dans la dépression de champs cultivés où doivent se faire nos observations. Nous nous arrêtons sur les couches à Turritelles, bien développées, et comme toujours bien reconnaissables, et je rappelle encore une fois qu'il y a au-dessous de nous une série sénonienne, *complète et normale*, identique à celle que nous avons vue au Moutin et sur le chemin qui nous a amenés. Entre nous et le Muschelkalk du sommet, nous allons voir une série de couches, superposées sans aucun doute possible aux bancs à Turritelles et toutes plus récentes qu'eux; j'ajoute qu'on peut en conclure *a priori* que ces couches sont renversées, comme celles qui se trouve au Canadeau dans une situation analogue; n'ayant pu me servir dans mes études des déterminations d'Hippurites, je n'ai pas rencontré dans ces diverses couches (en dehors d'un *Platycyathus Terquemi*) de fossiles caractéristiques, mais les couches sont mieux développées et plus puissantes qu'aux Canadeau, et je n'hésite pas à annoncer qu'avec les efforts et les marteaux réunis de trente géologues, on trouvera certainement assez de fossiles pour entraîner la conviction.

Ces prémisses bien posées, nous commençons à nous élever; nous rencontrons en effet les couches à *Ostrea acutirostris* au-dessus des couches à Turritelles, et au-dessus d'elles, un mètre environ de calcaires noduleux, rappelant bien, malgré les traces évidentes d'un métamorphisme énergique, l'aspect connu des bancs à *Lima ovata*. M. DEPÉRET trouve au pied du talus de ces calcaires un fragment d'*Ammonites polyopsis*. La démonstration paraît complète; quand, en montant au-dessus du talus, je retrouve avec étonnement le banc à *Ostrea acutirostris*, cette fois bien nettement superposé aux calcaires à *Ammonites polyopsis*. Dans mes courses précédentes, je n'avais sans doute jamais passé à ce point précis et je n'avais jamais remarqué cet accident secondaire qui, sur le moment, m'a complètement désorienté. L'explication en est pourtant bien simple; il y a là (fig. 90) un petit pli secondaire comme celui du sommet de la Dent de Morcles, et, au-dessus de ce pli qui ramène un instant l'apparence d'ordre normal, recommence la série renversée. Je n'ai pas su donner sur-le-champ l'explication évidente, corroborée d'ailleurs par la manière dont les assises se terminent en coin vers le fond de la dépression, et il en est résulté que plusieurs membres, perdant le souvenir ou tenant peu de compte de la succession inversée que l'on venait de constater avec moins d'évi-

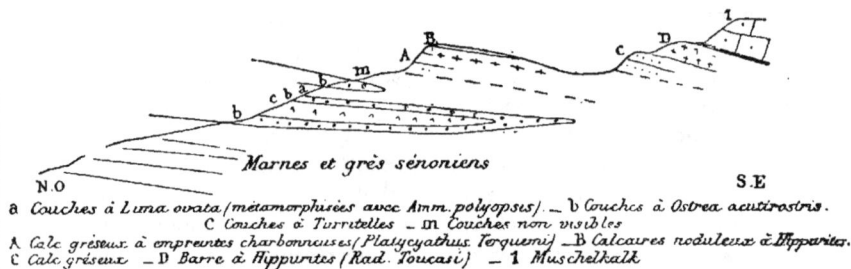

a *Couches à Luna ovata (métamorphosées avec Amm. polyopsis). —* b *Couches à Ostrea acutirostris.*
C *Couches à Turritelles —* m *Couches non visibles*
A *Calc gréseux à empreintes charbonneuses (Platycyathus Terquemi) —* B *Calcaires noduleux à Hippurites.*
C *Calc gréseux —* D *Barre à Hippurites (Rad. Toucasi) —* 1 *Muschelkalk*

Fig. 90. — Coupe du talus crétacé au Sud du Télégraphe de la Cadière.

dence, ainsi que du faciès caractéristique des calcaires étirés, n'ont retenu que le fait isolé d'une superposition accidentellement régulière et ont continué l'examen de la coupe avec l'idée bien arrêtée qu'elle avait pour base une série normale et que la récurrence incontestable des couches plus anciennes pouvait s'expliquer par une faille. Il en est résulté aussi, la chaleur aidant, et notre confrère M. TOUCAS affirmant qu'il reconnaissait pétrographiquement la succession normale et ordinaire des couches, qu'on les a explorées avec moins d'ardeur et qu'en dehors des Hippurites on n'y a pas trouvé de fossiles. Quoi qu'il en soit, la succession observée est la suivante: il y a deux escarpements en retrait l'un de l'autre, le second étant, par suite de la pente, formé de couches superposées à celles du premier. Dans le premier, on voit à la base des grès (calcaires gréseux) et des marnes où j'ai trouvé autrefois le *Platycyathus Terquemi*; les grès renferment des empreintes charbonneuses qui, d'après une remarque de M. DEPÉRET, pourraient les rapprocher des couches à végétaux ([1]). Plus haut viennent des calcaires à Hippurites avec faune incontestablement analogue à celle de La Cadière. Le second escarpement montre de nouveau des

---

([1]) Je ferai remarquer, en effet, que, quoique M. TOUCAS attribue au *Platycyathus Terquemi* une extension assez grande, je l'ai toujours trouvé, au Beausset, au-dessus des Hippurites de La Cadière.

calcaires gréseux, puis une masse importante de calcaires compacts à Hippurites. M. PERON ramasse, dans ces derniers, un exemplaire bien caractérisé du *Radiolites Toucasi*. Comme nous l'avons vu, le *Radiolites Toucasi* se trouve à La Cadière. J'ajouterai que j'ai trouvé, avec M. SEUNES, tout au sommet de la même barre, des exemplaires de grands Foraminifères semblables aux *Lacazina* des Martigues.

Les deux faits semblent se corroborer et M. TOUCAS en conclut que tout le massif des Hippurites est à assimiler à celui de La Cadière, qu'il est normalement superposé à des grès santoniens et qu'il n'y a pas de renversement. Je ne disconviens pas qu'il ne reste en ce point quelque choses à étudier, mais je repousse formellement cette conclusion. Sans même tenir compte de l'impossibilité de raccorder la coupe avec les coupes voisines et les accidents constatés, si la série n'est pas renversée, j'affirme formellement qu'on peut suivre sans discontinuité la même barre d'Hippurites jusqu'au tunnel du chemin de fer de Bandol et que, là, on la voit passer *sous* la série des couches marneuses qui se prolongent jusqu'à Taurentum avec *Cidaris clavigera* et qui sont déterminées par M. TOUCAS lui - même comme santoniennes.

Quant au fait que ces Hippurites soient ici superposées et au pied du tunnel inférieures aux mêmes couches, il suffit pour se l'expliquer de jeter un regard sur la coupe (fig. 89): prise en *b* elle donne la succession du télégraphe de La Cadière; prise en *d*, celle du chemin de fer.

J'ai expliqué, dans le compte rendu précédent, que les niveaux d'Hippurites semblaient, à partir de Sainte - Anne et du Val d'Aren, se multiplier dans le Santonien inférieur et moyen et qu'il était naturel de supposer que tous ces niveaux arriveraient du côté de l'Ouest à se souder entre eux et sans doute aussi à se souder à l'Angoumien. Ainsi s'expliquerait la contradiction apparente de Rudistes santoniens constatés dans la barre que, stratigraphiquement, je considérais comme angoumienne. Le *Radiolites Toucasi* est, il est vrai, campanien pour M. TOUCAS; mais il semble bien difficile, après les travaux de M. DE GROSSOUVRE, de maintenir ce rajeunissement du niveau de La Cadière, et je me demande si l'on connaît avec assez de certitude l'évolution des Radiolites pour prévoir avec certitude ceux qui ont pu vivre dans la zone à *Ammonites Emscheri* ou dans celle à *Ammonites texanus*.

En résumé, et pour s'en tenir aux faits observés, la Société a

constaté la récurrence au-dessus des couches à Turritelles d'une série sénonienne plus récente; elle n'a pu pour cette série constater
qu'en un point l'interversion des bancs, et cette observation a per-
du une partie de sa valeur par ce que l'*Ostrea acutirostris*, constatée au-dessous de l'assise à *Lima ovata*, s'est retrouvée au-dessus de la même assise. Quant aux autres termes, la Société n'a pas
recueilli de preuves en faveur d'un renversement, mais *elle n'en a
pas recueilli non plus en faveur d'une succession normale*. Quel
que soit l'âge du *Radiolites Toucasi*, l'âge des bancs qui sont au-
dessous reste indéterminé, et jusqu'à nouvel ordre, la coupe ne peut
être qu'une affaire d'interprétation. Celle que j'ai indiquée depuis
longtemps me semble la seule qui puisse se raccorder avec les
coupes voisines; si j'en avais entrevu une autre, je la proposerais;
si l'un de nos confrères en proposait une autre, je serai heureux
de la discuter. Je rappelle seulement que l'interprétation proposée
devra expliquer la présence du banc à *Lima ovata* entre les deux
couches à *Ostrea acutirostris*, et aussi, ce que le petit désarroi du
moment m'a empêché de montrer à la Société, le coincement des
couches à Turritelles entre deux bancs à *Ostrea acutirostris*.

Nous reprenons notre chemin vers Fontanieu, et après avoir
suivi quelque temps les Marnes irisées, surmontées à gauche et à
droite par le Muschelkalk, nous arrivons à un petit îlôt sénonien,
complètement isolé au milieu du Trias, montrant des marnes gréseuses et des calcaires à Foraminifères plongeant assez fortement
vers l'Est, sous des calcaires à Hippurites. Ces calcaires à Hippurites forment au bord du Trias voisin, qui est là du Muschelkalk,

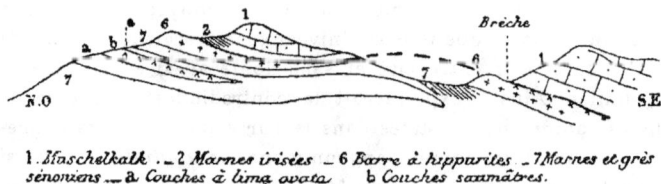

1. *Muschelkalk* . _ 2 *Marnes irisées* _ 6 *Barre à hippurites* _ 7 *Marnes et grès
sénoniens* _ a *Couches à lima ovata*   b *Couches saumâtres.*

Fig. 91. — Coupe du chemin de Maren (un peu au Nord de la coupe, fig. 90).

une petite crête saillante, mais leur pendage est tel que, prolongé,
il les ferait partout passer sous le Trias. Je renonce donc à l'explication compliquée et peu vraisemblable que j'avais autrefois pro-

posée (¹). Ce Sénonien se relie simplement, pas dessous le Trias, à
celui que nous venons d'examiner (voir la coupe, fig. 94). Il faut admettre seulement que la surface de contact a été plisseé postérieurement; je reviendrai sur ce fait, en le mettant en rapport
avec le plissement secondaire constaté au Petit Canadeau.

Le contact des Hippurites et du Muschelkalk présente là une
particularité remarquable, que j'ai observée également près de la
sortie Ouest du tunnel de Bandol, ainsi qu'au Télégraphe de La Cadière, et que nous retrouverons, avec de plus grandes facilités
d'observation, auprès de Fontanieu; c'est l'existence d'une brèche,
où des fragments anguleux de Muschelkalk sont comme noyés et
soudés dans une pâte très compacte, semblable à celle des Hippurites. Cette brèche fait en réalité partie du calcaire à Hippurites,
dont elle est inséparable, mais elle n'y forme pas un niveau déterminé; elle ne se rencontre, à ma connaissance (²), qu'au contact de
la faille, ou, pour mieux dire, le long de la ligne de contact du
calcaire à Hippurites et du Trias.

Nous traversons de nouveau le Muschelkalk et nous allons passer au petit col qui domine la mine de Fontanieu. Nous rentrons
alors sur le calcaire à Hippurites, sans voir nettement le contact
des deux formations, et avant de descendre dans le vallon, nous
jetons un coup-d'œil d'orientation générale sur la nouvelle région
que nous devons explorer. La barre d'Hippurites sur laquelle nous
nous trouvons est la continuation ininterrompue de la barre inférieure de Sainte-Anne; comme à Sainte-Anne, elle plonge au Nord
sous la série sénonienne qui remplit à nos pieds le fond du vallon
et paraît seulement assez réduite. Un coup-d'œil sur la carte géologique montre avec quelle probabilité cette bande doit se rattacher souterrainement aux lambeaux observés le matin et à leur
prolongation jusqu'au tunnel de Bandol. En avant de cette ligne,
la colline du Télégraphe de La Cadière, que nous venons de contou-
ner, forme un large éperon de Muschelkalk au milieu du Crétacé.
Devant nous, cet éperon se prolonge par une étroite languette de
Trias, orientée parallèlement à la barre d'Hippurites, et suivant le
sommet d'une croupe arrondie qui descend lentement vers la route de Bandol. Entre cette croupe et nous s'élève, un peu vers la

---

(¹) *Bull. Soc. Géol. de France*, 3ᵉ série, XV, 1886-1887, p. 693 [Voir
ci-dessus, p. 221].

(²) M. COLLOT (voir le compte rendu de la course suivante) a pourtant
trouvé, près de Broussan, un morceau de brèche, non pas identique, mais
comparable.

droite, une colline un peu plus élevée, dont la base est formée par le Crétacé et le sommet par le Trias. Ce second lambeau de Trias descend, parallèlement au premier, jusqu'auprès de Fontanieu. Plus loin, vers le Nord, la colline élevée qui nous masque La Cadière et au pied de laquelle est Le Moutin, celle-là même dont nous avons longé le flanc au Nord dans la matinée, est tout entière composée par les calcaires à Cyrènes de Fuveau. En résumé, les choses se présentent comme si nous avions devant nous une série crétacée normale, qui aurait été recouverte d'une nappe de Trias, postérieurement dénudée, et qui n'en aurait conservé que quelques lambeaux sur ses sommets. Ce vallon de Fontanieu présente des complications exceptionnelles parce que cette nappe de Trias, avant cette dénudation, a subi des affaissements irréguliers, ou même, plus probablement, des plissements postérieurs; c'est pourtant un des points les plus probants, grâce à l'exploitation des lignites qui s'y poursuit et qui permet d'observer les faits avec toute la certitude que donnent les travaux de mines.

Grâce l'aimable prévenance de M. ROCHE, directeur de la mine, nous avons trouvé le déjeûner servi dans un des hangars qui y attiennent. M. GARANCE, ancien ingénieur de la mine, et M. MATTA, chef actuel des travaux, se sont joints à nous et nous ont fait visiter après le déjeûner la galerie à travers bancs donc j'ai donné la coupe. La galerie, dirigée vers le Nord, entre dans le Muschelkalk, fortement incliné vers le thalweg; sous le Muschelkalk, nous avons traversé des Marnes irisées, puis une formation schisteuse d'âge indéterminé avec blocs d'Urgonien, puis, en complète concordance, les couches crétacées renversées: calcaires à Hippurites, couches à Turritelles, couches saumâtres à *Melanopsis*, calcaires à Cyrènes, et enfin le banc de lignite. L'exploitation a montré que ce banc de lignite se recourbe sur lui-même et qu'il forme ainsi le centre d'un pli synclinal ouvert vers le Nord. La netteté de la succession, constatée par des fossiles dans tous les niveaux, a frappé tous les membres présents.

Revenus au jour, et réunis à ceux de nos confrères qui étaient allés au Sud-Ouest de la mine visiter les affleurements fossilifères des calcaires à *Lima ovata* et les calcaires à Hippurites (niveau de La Cadière), nous avons repris l'étude de la même coupe au-dessus de la galerie. La succession inversée du Crétacé ne s'y voit pas moins nettement, et M. TOUCAS a pu mettre le doigt sur la surface de superposition des calcaires à Hippurites sur les couches à Turritelles. Au-dessus de ces calcaires à Hippurites, on trouve d'une manière bien inattendue, en contact avec le Trias qui reparaît au sommet de la colline dans laquelle est exploité le charbon, des lambeaux de calcaire urgonien nettement caractérisé, avec Requiénies. A la base de ces lambeaux, on remarque même les silex qui forment au Gros Cerveau la partie supérieure de l'Urgonien.

De l'autre côté du vallon, la même coupe se retrouve symétriquement avec pendage vers le Nord au lieu du pendage vers le Sud; le vallon est dans un pli synclinal de la nappe de recouvrement, et le gypse qui est exploité dans le fond repose sur le Crétacé. Ce second versant symétrique montre encore les calcaires à Requiénies dans la même situation entre les Marnes irisées et le Sénonien. Le Sénonien offre là, de plus, une particularité intéressante, que nous n'avons pas eu le temps d'aller vérifier: c'est l'intercalation apparente de fossiles d'eau douce dans les calcaires à Hippurites. M. VASSEUR m'a dit avoir trouvé, près de La Pomme, un banc lacustre à un niveau semblable; est-ce ici le cas, ou bien existe-t-il un pli secondaire, conformément au croquis (fig. 92 et 93)? J'aurais été heureux de poser sur place la question à mes confrères; mais le temps pressait, la chaleur avait ralenti notre ardeur, et je tenais avant tout à montrer, pour terminer la journée, la brèche située à 1 kilomètre vers le Sud, au contact de la barre à Hippurites et du Trias. Dans ce trajet un peu rapide, M. GARANCE appelle encore notre attention sur un fait intéressant: le gros banc à *Ostrea acutirostris* qu'on rencontre en rentrant dans la série normale, se montre dédoublé, avec Turritelles au milieu. M. GARANCE ne croit pas douteux, et je crois comme lui, que c'est là l'extrémité du pli formé par les couches à *Ostrea acutirostris* autour du pli incontesté de la couche de charbon.

Je suis heureux de pouvoir saisir cette occasion pour remercier MM. GARANCE et MATTA de tout ce que je leur dois pour l'étude de ce petit vallon de Fontanieu, dont les détails, offrant à chaque pas de nouvelles surprises, m'auraient, sans eux, présenté des difficultés inextricables. On peut dire qu'ils connaissent toutes les pierres de leur vallon, et ayant, dès le premier jour, adopté mon hypothèse comme la seule possible, ils m'ont successivement montré tout les faits qui s'y adaptaient sans difficulté et tous ceux qui semblaient créer de nouveaux problèmes. Tous ces fait peuvent se grouper autour d'une explication, incontestablement compliquée, mais plus simple pourtant encore que bien des coupes que *l'on voit* en

Coupe des environs de Fontanieu $(5.\overline{000})$

Nord

Sud

Coupe détaillée du vallon de Fontanieu $(2.\overline{000})$

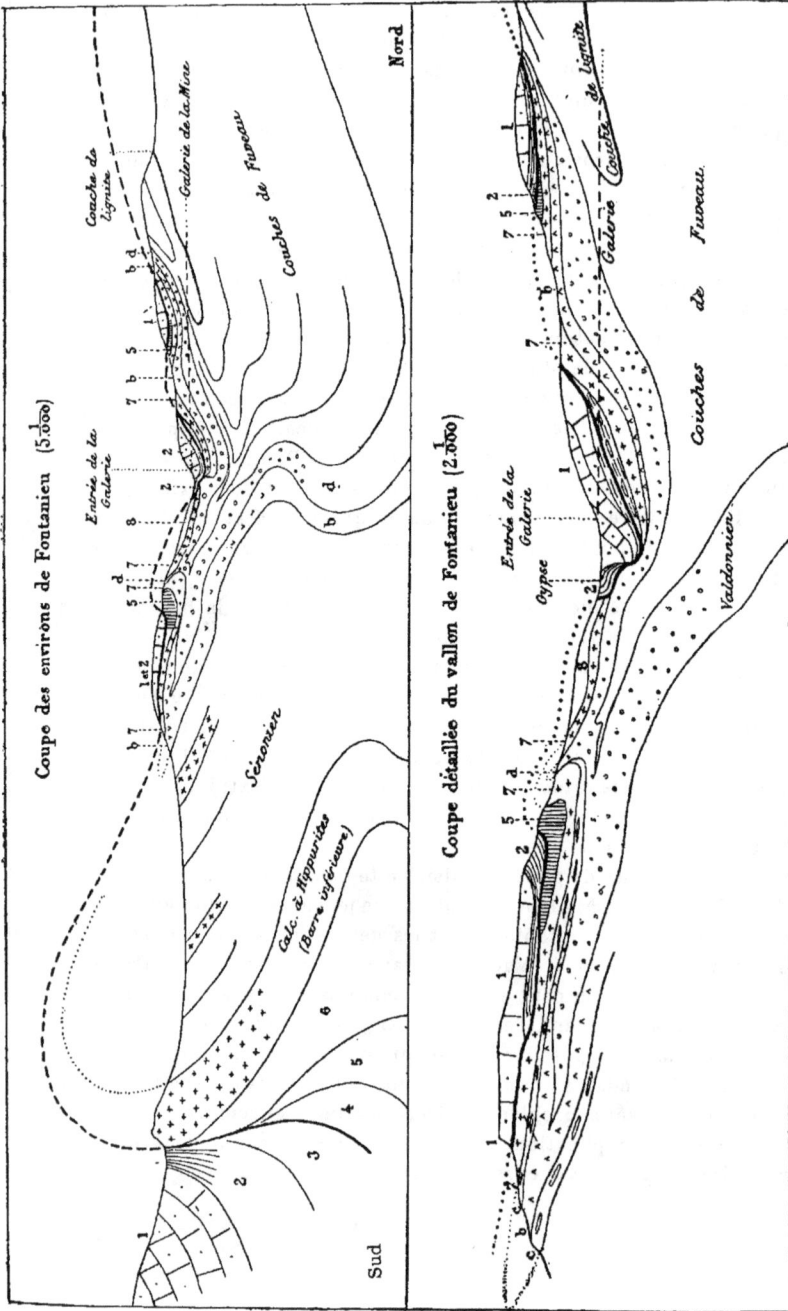

Fig. 92 et 93. — Coupes des environs de Fontanieu.

Suisse. Je donne (fig. 92) cette explication; les faits d'observation dont elle rend compte, *d'un bout à l'autre du vallon*, sont si nombreux et si complexes que la probabilité, même des détails, m'y semble équivaloir à la certitude (sauf en ce qui regarde la résolution de la grande faille en profondeur). Il aurait fallu plus d'une journée pour montrer tous ces détails à la Société, et moi-même je conservais encore alors quelques doutes, qu'une discussion ultérieure a fait évanouir. Je n'en crois pas moins la place opportune dans ce compte-rendu pour substituer une coupe exacte, ou tout au moins à peu près exacte, à la coupe schématiqne dont j'avais dû me contenter. Le curieux dessin qui en résulte pour la boucle synclinale a été amplifié dans une figure spéciale (fig. 93).

Après avoir traversé les bancs à *Ostrea acutirostris*, nous nous dirigeons, en suivant à peu près une courbe de niveau, vers la continuation de la barre que nous avons traversée le matin. On voit nettement, des différents points de ce trajet, que cette barre, verticale devant nous, inclinée au Nord au point où nous l'avons traversée le matin, montre entre ces deux points, dans sa partie supérieure, un pendage inverse vers le Sud; en d'autres termes, on voit la barre massive dessiner une coube concave vers Fontanieu et amorcer ainsi le gigantesque pli dont nous avons suivi les différentes manifestations. Au point où nous l'abordons, la barre à Hippurites, très réduite d'épaisseur, est interrompue par une coupure qui permet de la traverser; de l'autre côté, on voit se dresser au-dessus des Marnes irisées la face verticale des bancs. Cette surface montre et permet d'étudier une magnifique brèche où, dans le calcaire blanc compact, sont encastrés des morceaux anguleux de Muschelkalk, de cargneules, d'Infralias, d'Urgonien, des silex de l'Aptien, et jusqu'à des grains de quartz provenant évidemment du niveau turonien des sables de Sainte-Anne.

M. RENEVIER se refuse à voir là une brèche de faille; il remarque que les morceaux s'éloignent du contact et pénètrent dans le calcaire à Hippurites. Ce calcaire a en effet, sur une épaisseur de plus d'un mètre, une apparence bréchoïde, mais les fragments contenus ne semblent plus alors que des morceaux d'un calcaire semblable, comme dans les brèches formées par la recimentation d'un calcaire brisé en morceaux. Je rappelle à M. RENEVIER quels magnifiques exemples nous en avons vus ensemble dans les grands éboulements de la vallée du Rhin, entre Reichenau et Ilanz. Quant aux débris anguleux de terrains étrangers, ils sont bien nettement cantonnés dans une tranche de faible épaisseur, et, je le répète, toujours et seulement au contact de la faille. Quelle que ce soit l'explication du phénomène, il faut tenir compte de cette coïncidence de position.

La Société revient alors à Fontanieu et regagne les voitures qui ramènent ses membres au Beausset.

La discussion s'engage sur les faits observés dans ces deux excursions.

M. RENEVIER, tout en se ralliant à l'ensemble de l'interprétation de M. BERTRAND, ne peut admettre que la brèche observée dans la journée soit une brèche de faille. La pénétration des calcaires anguleux, à une profondeur même restreinte, dans un calcaire compact, lui semble un phénomène impossible à concevoir et à admettre.

M. FABRE dit qu'il a eu souvent l'occasion d'observer des brèches de failles. Leur existence est constatée en trop de points pour pouvoir être contestée; mais elles peuvent en général s'expliquer par la recimentation de fragments entraînés dans la faille. Pour sa part, il n'en a jamais vu avec un ciment aussi compact que celle de Fontanieu; il y a là certainement une difficulté.

M. BERTRAND reconnaît la valeur de ces objections et la difficulté qui en résulte. Il n'est pas rare malheureusement de rencontrer ainsi en Géologie des faits, dont, avec nos idées nées de l'observation actuelle de la surface, nous ne pouvons nous expliquer le mécanisme. Mais il lui semble impossible de ne pas tenir compte avant tout de la limitation absolue de la brèche au voisinage immédiat de la faille; dès que les calcaires à Hippurites se trouvent séparés de la faille par le Cénomanien ou par les sables turoniens, la brèche disparaît. Il y a là une coïncidence qui ne peut être l'effet du hasard, et dont il faut tenir compte avant tout dans l'explication du phénomène (¹).

(¹) Je me permets d'ajouter ici en note quelques remarques auxquelles j'ai été amené plus tard, et que je n'ai pas présentées en séance.

La première est que M. COLLOT a trouvé, dans l'excursion du 2 Octobre, près des Garniers, bien loin, par conséquent, de la continuation de la même faille, un morceau de calcaire à Hippurites présentant les mêmes caractères bréchoïdes et empâtant des grains de quartz. Le temps était trop

XXXIX

OBSERVATIONS DE M. TOUCAS (p.1088-1090).

M. TOUCAS rappelle que dans le Val d'Aren il a signalé depuis longtemps des bancs à Hippurites au milieu des couches santoniennes à *Micraster brevis*. Les grands exemplaires d'Hippurites appartiennent particulièrement au groupe de l'*Hippurites giganteus*, à premier pilier long et pédiculé: parmi eux se trouve une espèce de Gosau, l'*Hippurites Zitteli* Mun.-Chalm., facile à reconnaître à son arête cardinale excessivement mince et très allongée, à ses deux piliers longs et rétrécis à la base, à ses pores de la valve supérieure très petits et très nombreux, non réticulés et disposés en séries polygonales sur les bords. Cette espèce, remarquable par sa

---

mauvais pour qu'on ait pu s'arrêter et préciser les conditions de gisement; mais d'après mes notes antérieures, ce morceau provient d'un point où les couches sont renversées, où les calcaires à Hippurites très réduits sont surmontés (avec disparition locale des sables turoniens) par les couches cénomaniennes. L'explication de cette réapparition locale de la brèche par une nouvelle faille, ou plutôt par une nouvelle surface de glissement, me paraît donc, là encore, la plus vraisemblable.

Quant à la difficulté de la pénétration de fragments anguleux étrangers dans le calcaire compact, elle ne peut s'éviter que d'une manière, en supposant que le calcaire n'était pas encore durci au moment de la pénétration des fragments, c'est-à-dire qu'il y a eu formation, ou au moins jeu de la faille, au moment même du dépôt des calcaires. En d'autres termes, il faudrait admettre que la formation de la faille a été lente et progressive. M. WALCOTT (*Bull. Geol. Society of America*, 1, 1890, p. 49-64) nous a fait connaître l'exemple remarquable d'une faille qui s'est continuée et accentuée sans interruption pendant plusieurs périodes géologiques. Toute faille formée brusquement suppose d'ailleurs l'existence d'une falaise abrupte et souvent verticale, bien difficile à concevoir. Je serais donc disposé maintenant à admettre que la brèche serait due à un mouvement de glissement continué pendant le dépôt du Turonien; il faudrait même alors que ce phénomène de glissement ait été assez rapide pour mettre successivement en contact avec les bancs en formation toutes les assises dont elles contiennent des fragments. Il reste sans doute bien des difficultés, comme toutes les fois que l'on veut entrer profondément dans l'analyse d'un phénomène; mais je tenais à dire que les remarques de MM. RENEVIER et FABRE me semblent devoir fournir l'occasion de nouvelles études, qui seront peut-être susceptibles de donner quelques résultats intéressants.

grande dimension, n'a jamais été rencontrée dans les calcaires angoumiens et ne se retrouve pas dans les bancs à *Hippurites dilatatus* du Castellet et de La Cadière; elle paraît donc caractériser le Santonien à *Micraster brevis*.

Les grosses Hippurites, que la Société a rencontrées aux Martigues immédiatement au-dessus des premiers bancs à *Rhynchonella petrocoriensis*, appartiennent incontestablement à ce même groupe, qui occuperait là le même niveau entre les calcaires et grès angoumiens et les calcaires à *Hippurites dilatatus*.

Contrairement à ce que la Société a pu constater dans la partie occidentale du bassin du Beausset, on voit que le gisement du Val d'Aren présente la même particularité que celui des Martigues, avec cette différence cependant que dans le Santonien du Val d'Aren on rencontre avec les Hippurites les fossiles caractéristiques de la Craie de Villedieu comme *Micraster turonensis, Pyrina ovulum, Cyphosoma magnificum, Salenia scutigera, Echinoconus conicus, Cidaris pseudopistillum, Cidaris subvesiculosa, Cidaris sceptrifera, Rhynchonella difformis, Terebratulina echinulata, Ostrea proboscidea,* etc.

La coupe du Val d'Aren, qui a déjà été donnée dans le Bulletin, montre que la série crétacée, quoique fort réduite, présente néanmoins la même succession que dans la région Nord-Ouest du bassin. Le gisement fossilifère du Rouve, que la Société a visité en allant du Canadeau au Vieux-Beausset, est séparé de celui du Val d'Aren par le massif triasique du Canadeau et de La Mame. Situé à la partie supérieure du vallon de Gavari, ce gisement est entouré de tous côtés par le Trias, sauf à l'Ouest, où il est recouvert par les couches saumâtres à *Cassiope Coquandi, Cassiope Renauxi, Cardium Villeneuvi, Acteonella gigantea, Acteonella Baylei, Ostrea acutirostris,* etc., qui s'étendent au Sud au-dessus des Marnes irisées et des gypses exploités à la plâtrière d'Imbert, au fond du vallon de Gavari. C'est là un des points les plus difficiles à débrouiller au point de vue stratigraphique. La théorie fort séduisante de la superposition du Trias sur le Crétacé semble trouver sa consécration dans l'existence de quelques lambeaux isolés à série renversée; mais il ne faut pas perdre de vue que cette théorie rencontre à chaque pas des objections qui prouvent qu'on ne doit pas en faire une application trop générale. Sans être opposé systématiquement à l'idée émise par M. BERTRAND, on peut supposer

25

que le Trias a sa racine dans le massif du Vieux - Beausset comme
au Sud et à l'Est du bassin du Beausset; cette opinion est basée
sur les épaisseurs considérables du Trias dans cette région et sur
l'absence complète du Crétacé dans le fond du ravin de Gavari,
dont le niveau topographique est bien inférieur au niveau du Crétacé du Canadeau dans le Val d'Aren.

Quant à l'âge du gisement du Rouve, il est incontestable qu'il
appartient au Sénonien supérieur du Beausset et qu'il représente
sous une faible épaisseur les bancs à Hippurites et les calcaires
marneux à *Lima ovata* du Castellet et de La Cadière. Mais il est
bien difficile de préciser le niveau exact auquel appartiennent les
échantillons d'*Ammonites syrtalis* recueillis sur les murs de soutènement, au milieu des Hippurites et des fossiles des deux zones.
Toutes les probabilités sont pour la première zone, car l'*Ammonites syrtalis* n'a jamais été trouvée dans les couches marines supérieures du Castellet et de La Cadière, et dans les Corbières elle se
rencontre depuis la base des grès de Sougraigne jusqu'au milieu
des calcaires à *Hippurites bioculatus* et *Hippurites dilatatus*.

M. TOUCAS fait observer que le Trias du Télégraphe de La Cadière n'est que le prolongement, sans discontinuité au Nord, du massif triasique qui a sa place normale au Sud du Beausset. Tout autour, les assises crétacées se retrouvent également en série normale sans renversement bien constaté; car la Société n'a pu reconnaître le retour des calcaires marneux à *Lima ovata* annoncé par
M. BERTRAND; d'autre part les bancs à Hippurites du sommet,
que M. BERTRAND considérait comme un retour de la barre angoumienne, renferment les Hippurites et autres Rudistes, caractéristiques du niveau supérieur, comme *Radiolites Toucasi* recueilli
par M. PERON, et aucune des grosses Hippurites angoumiennes et
même santoniennes n'a pu être reconnue dans ces bancs. La coupe
du versant Ouest du vallon de Saint-Côme paraît donc être aussi régulière que celle de La Cadière. Sur le versant Est, du côté du ravin
de Fontanieu, on rencontre assez fréquemment des lambeaux de Crétacé à série renversée; mais cette partie du massif est excessivement tourmentée, et il n'est pas impossible que la dislocation qui
s'est produite sur ce versant ne soit le résultat d'un affaissement
des bords du plateau du Télégraphe de La Cadière sous une inclinaison telle, qu'une partie des couches aient pu en tombant se
renverser sur le flanc de la hauteur.

RÉPONSE AUX OBSERVATIONS DE M. TOUCAS ([1]),
PAR M. **M. BERTRAND** (p. 1090-1095).

Je me félicite d'abord d'être en accord complet avec M. TOUCAS sur la signification des bancs d'Hippurites rencontrés dans le Val d'Aren. C'est, comme je l'ai dit dans le compte-rendu rédigé avant que je n'aie pris connaissance de sa Note, un passage au faciès du Santonien des Martigues.

Il n'en est malheureusement pas ainsi pour le Rouve. L'indécision où j'avais toujours été sur les conditions stratigraphiques de ce gisement a été dissipée par les observations de la Société. La superposition de l'*Ostrea acutirostris* aux calcaires à *Lima ovata* montre d'une manière incontestable qu'il n'y a pas là de renversement. On a affaire à la série normale, recouverte par le Trias. Or, l'examen de tout le bassin montre que le chevauchement, le traînage des masses triasiques au-dessus des couches crétacées, s'est fait partout sans provoquer dans ces couches de glissements secondaires. Il y a deux sortes de gisements crétacés à considérer; ceux qui sont renversés, où l'épaisseur de toutes les assises subit toutes les diminutions possibles, et ceux où la série est normale, pour lesquels il n'y a à tenir compte ni des phénomènes d'étirement, ni de la présence du Trias superposé. Le gisement du Rouve est du second groupe: tous les bancs successifs de la zone à *Lima ovata* y sont parfaitement développés et il n'y a pas à parler là de représentations sous une faible épaisseur de niveaux différents; ce serait une hypothèse purement gratuite, contredite d'ailleurs par l'étude minutieuse des affleurements et faite uniquement pour ne pas trouver l'*Ammonites polyopsis* au niveau où on désire ne pas le voir.

En ce qui regarde maintenant la superposition du Trias au Crétacé, je relève d'abord l'affirmation que les couches à Turritelles s'étendraient au Sud au-dessus des Marnes irisées et des gypses

([1]) Quoique cette réponse, non plus que les observations de M. TOUCAS, ne reproduise pas exactement les paroles prononcées en séance, je crois devoir, comme mon confrère, réunir dans une Note d'ensemble les différents arguments émis, soit sur le terrain, soit en séance, dans les discussions qui se sont produites entre nous.

exploités à la plâtrière d'Imbert, au fond du vallon de Gavari. Je conteste absolument cette superposition; je me permets de rappeler à M. TOUCAS qu'en étudiant la région, il n'avait pas son attention encore appelée sur la possibilité d'interversions des couches. Or, je sais par mes souvenirs personnels qu'on croit facilement voir les choses dont on est certain, ou sur lesquelles au moins aucun doute ne semble possible: on rencontre le Crétacé auprès du Trias et, comme on croit savoir qu'il ne peut être qu'au-dessus, on inscrit sans y songer, dans ses notes ou dans ses souvenirs, que le Crétacé est sur le Trias. Pour ma part, j'ai pendant trois ans parcouru les environs du Beausset avec la préoccupation spéciale de constater en un point ou en l'autre la superposition du Crétacé sur le Trias ou sur celle du Trias sur le Crétacé. Pas plus à la plâtrière Imbert que sur le reste du pourtour de l'îlot, je n'ai vu un seul point où la superposition pût sembler certaine dans un sens ou dans l'autre. J'avais proposé à M. TOUCAS de trouver un moment pour monter ensemble vérifier la question; les journées ont été jusqu'au bout trop chargées pour que cela nous eut été possible; je ne puis donc que maintenir, à côté de l'affirmation de M. TOUCAS, celle de la certitute absolue de mes souvenirs plus récents.

Quant à la conclusion générale de M. TOUCAS, si je la comprends bien, il admettrait la superposition du Trias sur le Crétacé au Petit Canadeau, mais il croit «qu'on ne doit pas faire de la théorie une application trop générale»: dans le massif du Vieux-Beausset, il trouve l'épaisseur du Trias trop considérable; il allègue que le Crétacé manque dans le fond du ravin de Gavari, dont le niveau topographique est bien inférieur au niveau du Crétacé dans le Val d'Aren; enfin, pour réunir ensemble toutes les objections, il insiste sur l'absence de toute preuve de renseignement auprès du Télégraphe de La Cadière et, quant à Fontanieu, il se demande si un affaissement des bords du plateau triasique ne pourrait expliquer les anomalies observées, en supposant qu'une partie des couches se soient renversées en tombant sur le flanc de la hauteur.

Je distinguerai dans ces objections deux parties: celles qui se rapportent à l'interprétation isolée de telle ou telle observation considérée isolément des observations voisines, et celles qui se rapportent à l'interprétation d'ensemble de tous ces faits.

Les premières ont seulement rapport à la course du Télégraphe de La Cadière et de Fontanieu. J'ai répondu implicitement dans le compte rendu de la course à celles qui ont trait à la première partie de cette course; je reconnais n'avoir pas montré à la Société que les bancs crétacés qui sont au-dessus des Turritelles, se présentent dans un ordre inverse de stratification. Mais ils n'en sont pas moins au-dessus de ces bancs de Turritelles, quoique plus récents, et de plus, à leur base, nous avons vu les calcaires à *Lima ovata* entre deux bancs à *Ostrea acutirostris*. Ces faits à coup sûr suffisent pour ne pas permettre de dire que « la coupe du versant Ouest du vallon de Saint-Côme paraît être aussi régulière que celle de La Cadière. » L'explication peut en être difficile; mais ce n'en est pas une que de les passer sous silence.

Quant à Fontanieu, M. TOUCAS doit se rappeler, car j'ai insisté pour l'amener à la place, que, même sans être allé dans la galerie de mine, il a vu les calcaires à Hippurites reposant sur les couches à Turritelles. Or, si l'on peut concevoir qu'un affaissement du Trias sur les bords du plateau du Télégraphe de La Cadière ait pu en amener les bancs au-dessus du Crétacé, en les faisant même tourner de 180° et ramenant le Muschelkalk au-dessus des Marnes irisées, il m'est impossible de concevoir comment ce mouvement aurait amené aussi le retournement des couches crétacées et mis le calcaire à Hippurites au-dessus des Turritelles, en supprimant les bancs intermédiaires. Je ne parle même pas des lambeaux urgoniens, dont M. TOUCAS ne nous indique pas quelle pourrait, dans son hypothèse, être la provenance. Que la Société me permette, à propos de Fontanieu, de lui rappeler un souvenir qui m'est toujours resté précieux; c'est celui du jour où, me croyant déjà maître de ma théorie par l'étude seule des collines du Beausset, je suis allé pour la première fois visiter la mine de Fontanieu et où, après que M. GARANCE m'en eût sommairement montré les environs, je lui expliquai mon hypothèse. M. GARANCE me répondit aussitôt: « Comment n'y ai-je pas songé plus tôt? Cela est sûr, cela rend compte de tout ». Il me montra alors ses plans de mine et toutes les anomalies qu'il avait observées dans le voinage, et c'est seulement alors que, rassuré moi-même par cette vérification, je me décidai à publier ma Note sur le Beausset. Je croyais en effet et je crois encore qu'une théorie qui a subi ainsi l'épreuve d'une confrontation avec des travaux de mines est bien près d'être définitivement vérifiée. Je ne pense pas que celle d'un éboulement ait jamais un semblable succès.

J'arrive maintenant aux conclusions générales. L'argumentation de M. TOUCAS peut se résumer en ceci: on peut admettre qu'une partie de l'îlot du Vieux-Beausset soit couchée sur le Crétacé, sans que tout l'îlot le soit pour autant. Pour combattre cette distinction, j'ai besoin de revenir un instant sur les arguments que j'ai développés autre part et sur la théorie générale des plis. Le renversement des assises crétacées, si remarquablement réduites au Petit Canadeau, renversement constaté et admis par M. TOUCAS, montre qu'il existe un pli synclinal couché dans le Crétacé. Ce n'est là une hypothèse que si on attache une idée spéciale au mode de formation d'un pli; autrement, c'est simplement expliquer d'une manière succincte que les assises crétacées se répètent deux fois, la première en ordre normal, la seconde en ordre renversé. Ce pli peut seulement être ouvert du côté du Nord ou du côté du Sud. Le même raisonnement s'applique au Trias, qui forme un pli anticlinal couché dont la pointe peut être alors tournée vers le Sud ou vers le Nord. Avons-nous quelques indices pour choisir entre ces deux hypothèses? Pour le Crétacé, je n'hésite pas à répondre affirmativement, tout en reconnaissant que ce n'est pas d'après des preuves matérielles, mais d'après des inductions dont on jugera la valeur. Ces inductions sont fondées sur la simple application du principe de continuité: un pli de cette importance ne peut cesser brusquement; il doit se continuer vers l'Ouest, où, en effet, après une courte interruption causée par la dénudation, nous trouverons la reproduction des mêmes phénomènes (M. TOUCAS a vu les calcaires à Hippurites *sur* les couches à Turritelles et ceux qui ont pénétré dans la mine ont vu l'interversion de toute la série crétacée). Or, à Fontanieu, les travaux des mines nous montrent dans quel sens est tournée la concavité du pli: il est ouvert vers le Nord. J'ajoute pour mémoire que j'applique sans hésiter le même raisonnement de continuité à la récurrence du Sénonien inférieur sous le Télégraphe de La Cadière, et que là, si j'ai eu le tort de ne pas le montrer à la Société, j'ai vu avec M. GARANCE les calcaires à Turritelles se coinçant entre deux bancs à *Ostrea acutirostris*. Là encore, le pli est ouvert vers le Nord.

Passons maintenant au pli anticlinal du Trias. Il suffit de faire sous une forme quelconque le schéma de deux plis successifs pour voir que si le pli synclinal est ouvert vers le Nord, le pli anticlinal est fermé vers le Sud; que c'est vers le Sud par conséquent qu'il faut chercher sa racine en profondeur. Mais, si évidente que cette conclusion doive sembler à tous ceux qui se sont occupés de plissements, je ne veux pas m'en prévaloir. Il me suffira de faire remarquer que le renversement des assises triasiques n'est pas borné au point où nous l'avons observé, mais qu'on suit les Marnes irisées au pied du Muschelkalk sur tout le pourtour de l'îlot, sauf à la pointe septentrionale, où le Muschelkalk lui-même disparaît. Ce n'est pourtant, évidemment, qu'au point où cesse le renversement qu'on pourrait chercher la « racine » du pli. Je ne suis pas certain, comme je l'ai dit, qu'il y ait un endroit où le Muschelkalk repose directement sur le Crétacé; mais à coup sûr, si cet endroit existe, il correspond à un point où le Muschelkalk est réduit à une faible épaisseur; et il faudrait admettre alors une sorte de renflement du pli au moment où il s'étale horizontalement.

Cette solution ne supprime pas, d'ailleurs, la difficulté que voit M. TOUCAS dans la grande épaisseur du Muschelkalk du centre de l'îlot, car ce Muschelkalk central ne peut en aucun cas correspondre à la racine du pli en profondeur, d'abord parce qu'il est presque horizontal, et ensuite parce que les Marnes irisées continuent incontestablement à s'étendre à ses pieds. D'ailleurs, cette épaisseur inusitée dont M. TOUCAS tire argument est au contaire une nouvelle preuve en faveur de mon opinion: la puissance du Muschelkalk est là localement doublée parce que les bancs en sont repliés sur eux-mêmes.

Enfin il faut remarquer que ce pli, qui aurait sa racine au Sud, serait, aussi bien que celui dont j'admets l'existence, un pli d'une immense amplitude, avec déversement de plus de deux kilomètres, et ce pli serait si étroitement limité en direction qu'il s'arrêterait brusquement aux deux bords de l'îlot, sans faire même sentir sa trace affaiblie dans le Crétacé voisin. Il faut alors supposer avant le dépôt du Crétacé une dénudation qui ait seulement respecté l'îlot, et j'ai longuement expliqué ailleurs comment une pareille hypothèse est en contradiction avec la Géologie de toute la région.

Quant au dernier argument, tiré de la moindre altitude de certains points de vallon de Gavari où n'affleure pas le Crétacé, comparée à celle du gisement du Rouve, je suppose que M. TOUCAS lui-même n'y attache pas grande importance. C'est le même argument qui avait un instant embarrassé M. VASSEUR et qui l'a décidé à faire faire une fouille auprès du Petit Canadeau; nous avons vu qu'il avait fait ainsi la constatation intéressante d'un plongement brusque des calcaires à Hippurites, les ramenant en profondeur bien audessous du niveau où affleure le Trias. La surface de contact des deux formations est profondément ondulée, quoique restant dans son ensemble à une même altitude moyenne, et il n'y a aucune conclusion à tirer de la comparaison de deux cotes d'altitude, même voisines.

Je ne crois pas m'avancer beaucoup en assurant qu'il y a au fond des objections de M. TOUCAS une autre objection beaucoup plus grave, qu'il ne dit pas et que bien d'autres pourtant ont dû faire avec lui: *la théorie n'est pas vraie parce que la conséquence qu'on en tire est impossible; il n'est pas matériellement admissible* qu'une masse de terrains chemine ainsi horizontalement à la surface, sans qu'on puisse invoquer même l'action de la pesanteur, et qu'elle puisse effectuer, sans se disloquer, un trajet de plusieurs kilomètres. Cette objection, je me la suis faite moi-même pendant longtemps; et, si le fait était isolé, j'aurais peut-être eu de la peine à me décider entre la confiance que m'inspirait la critique impartiale d'un raisonnement irréfutable à mes yeux, et l'impression instinctive d'une impossibilité matérielle.

Mais, comme je l'ai dit, le cas du Beausset n'est pas isolé; sans parler des exemples analogues que nous allons voir en Provence, comment réfuter ceux qui sont tirés du bassin houiller franco-belge, où la part du raisonnement est pour ainsi dire nulle, et où toutes les constatations sont fondées sur des travaux de mines? Il n'y a pas place à plus d'incertitude pour les grands plis des Alpes, dont on voit en tant de points se dérouler le dessin sur les parois abruptes des hautes montagnes. Le cheminement horizontal joue dans les grandes dislocations de l'écorce terrestre un rôle au moins comparable à celui des déplacements verticaux. C'est une vérité acquise et maintenant irréfutable, en dehors de l'application possible à tel ou tel point particulier, et j'ai la ferme confiance que la visite de la Société au Beausset augmentera le nombre de ceux qui accepteront cette nouvelle donnée de la mécanique terrestre.

XL

SUR LE PLISSEMENT DE LA NAPPE DE RECOUVREMENT DU BEAUSSET (¹)

(*BULLETIN DE LA SOCIÉTÉ GÉOLOGIQUE DE FRANCE,*
3ᵉ série, XIX, 1890 - 1891, p. 1096 - 1100).

Dans la coupe si nette des assises crétacées renversées que la Société a vue au Canadeau, nous avons remarqué, en face même de la maison, un relèvement brusque des sables turoniens et des calcaires à Hippurites auxquels ils sont superposés. A quelques pas de là, M. VASSEUR nous a montré les traces de la fouille qu'il a fait faire pour s'expliquer la présence des calcaires à Hippurites à un niveau sensiblement plus élevé que celui des Marnes irisées visibles à la descente du col. M. VASSEUR nous a expliqué qu'il avait constaté là un nouveau plongement brusque des calcaires crétacés, en sens inverse du précédent. L'ensemble de ces deux plongées et du petit méplat qui les sépare constitue, en dehors de toute interprétation, ce qu'on est convenu d'appeler *un pli anticlinal* (fig. 85, p. 364).

Quand j'ai fait la carte de la région, j'avais attribué ces inégalités à de simples tassements du substratum sous le poids de la masse superposée. J'ai plus tard proposé la même explication pour les inégalités plus grandes de la nappe de la Sainte-Baume, où la disposition anticlinale du massif jurassique de la Lare (ou du Deffend), entre deux traînées de lambeaux jurassiques superposés au Crétacé, est tout à fait évidente. Je disais alors (²): « On aurait donc là un exemple intéressant d'un anticlinal en quelque sorte secondaire, résultant du tassement de la chaîne et non de sa formation même. » Le but de cette Note est de montrer, comme j'en avais d'ailleurs suggéré l'idée à propos du massif d'Allauch (³), qu'il s'agit bien dans ces différents cas d'un véritable plissement,

---

(¹) Cette Note n'a pas été communiquée à la Société pendant la session; l'impression à cette place en a été autorisée par le Conseil.

(²) Nouvelles études sur la Chaîne de la Sainte-Beaume (*Bull. Soc. Géol. de France*, 3ᵉ série, X VI, 1887-1888, p. 764) [ci - dessus, p. 264].

(³) *C. R. Acad. Sc.*, CVII, 1888, 2ᵉ sem., p. 878-881 [reprod. ci - dessus, art. XXX, p. 283-286].

que la *nappe de renversement du Beausset a été plissée postérieurement* à son grand cheminement horizontal.

C'est encore une observation de M. VASSEUR qui m'a mené indirectement à cette conclusion, qu'il y aura lieu sans doute de vérifier par des relevés précis à grande échelle, mais qui, dès maintenant, m'apparaît avec une grande certitude. M. VASSEUR m'a dit avoir recueilli des fossiles de l'Infralias sur le sommet du coteau qui fait face, à l'Ouest du Canadeau, à celui où la Société a vu la superposition du Muschelkalk aux Marnes irisées. Sur la carte géologique, ce coteau a été marqué tout entier en Muschelkalk, avec des Marnes irisées à la base. Ces deux termes se voient, en effet, dans un ordre de superposition inversé, sur le chemin forestier qui part de la maison et contourne horizontalement le coteau. Mais, en réalité, le Muschelkalk ne monte pas jusqu'au sommet.

Je suis retourné, avant la session, sur les indications de M. VASSEUR, visiter ce coteau (c'est celui au pied duquel la Société a passé en se rendant à La Mame). La question me semblait en effet avoir une certaine importance: ce coteau fait face symétriquement à celui qui domine à l'Est le Canadeau; il est, comme lui, sur le bord de l'îlot triasique, au contact des mêmes assises crétacées. Il paraissait donc étrange qu'il n'eût pas la même composition.

C'est ce qui a lieu cependant. C'est bien l'Infralias qui est au sommet, au-dessus du Muschelkalk de la base. Mais cet Infralias n'est pas superposé au Muschelkalk. Du côté de La Mame, d'abord, il est nettement superposé aux dolomies de l'Infralias supérieur; puis, sur le versant Nord-Est, on le voit plonger, avec une pente très forte, sous une mince bande de Marnes irisées, qui s'enfonce elle-même sous le Muschelkalk du chemin. La coupe Nord-Ouest du coteau, prise de La Mame à l'Ouest du Canadeau, est donc la suivante (fig. 94): elle montre encore bien nettement *une disposition en forme de pli anticlinal des assises triasiques renversées.*

Il devient dès lors tout naturel de voir, au centre du pli anticlinal, sur le sentier de La Mame, apparaître le Crétacé. On se rappelle que nous avons trouvé en effet sur ce sentier les couches crétacées très inclinées, le banc à Turritelles plongeant au Nord sous les calcaires à Hippurites. Je n'ai pas observé la retombée inverse de ces couches vers le Sud; mais elle résulte nécessairement des pendages constatés dans le Trias. De plus, les couches à Turritelles se voient encore, près du ruisseau de Gavari, sous une petite ferme qui est à 10 mètres environ en contrebas du chemin, et elles sont bordées au Sud par un gros banc de dolomies jurassiques, qui forment une petite crête et se relient aux dolomies infraliasiques

S. S. E.   N. N. O.

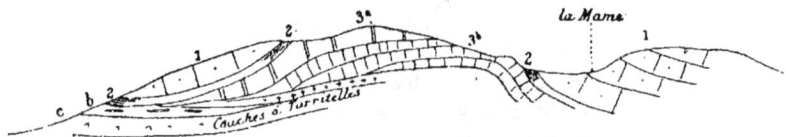

Fig. 94. — Coupe du coteau de La Mame à l'Ouest du Canadeau.

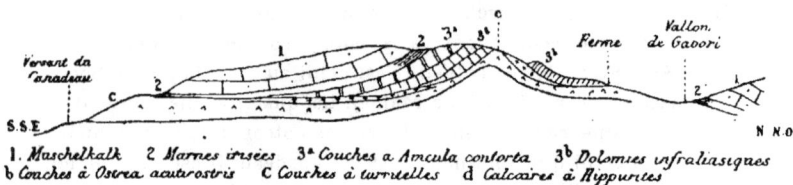

1. *Muschelkalk*   2 *Marnes irisées*   3ᵃ *Couches a Avicula contorta*   3ᵇ *Dolomies infraliasiques*
b *Couches à Ostrea acutirostris*   C *Couches à turritelles*   d *Calcaires à Hippurites*

Fig. 95. — Coupe prise à l'Ouest de la précédente.

du versant occidental. Il y a donc une sorte de symétrie de part et d'autre de l'affleurement crétacé, et la coupe (fig. 95), prise à l'Ouest de la précédente, met bien en évidence l'existence d'un pli anticlinal, *dont le noyau est constitué par les couches crétacées, et les deux retombées par les couches infraliasiques et triasiques.*

Or, ce pli anticlinal *n'est pas le même que celui que nous avons observé au Canadeau.* J'avais d'abord pensé à un décrochement transversal; mais je suis arrivé, par quelques observations nouvelles qui seront à compléter et par l'étude de mes notes, à suivre vers l'Est la trace des deux plis, ainsi que celle du synclinal qui les sépare. Ce synclinal, en effet, peut seul expliquer un petit îlot de Muschelkalk qu'on trouve près des gros bancs de l'Infralias (sans doute avec un peu de Marnes irisées interposées), vers l'amont du ruisseau de Gavari. L'anticlinal du Canadeau va passer à La Grenadière, où il fait apparaître les Marnes irisées (renversées) au milieu du Muschelkalk et relève la cote de la suface de contact du Trias et du Crétacé. L'anticlinal de La Mame va passer au sommet de l'îlot (point 412), dont il explique la surélévation. Je crois enfin, mais sans pouvoir en donner la preuve, à l'existence d'un dernier petit pli synclinal plus au Nord, dans le vallon du Rouve.

Une fois entré dans cette voie, on est amené à se demander si les pendages constatés près des bords de l'îlot, soit au Beausset même vers le Nord, soit dans l'Infralias de Fontvive (voir le compte rendu de la course du 29 Septembre [1]), ne seraient pas des amorces de plis nouveaux, au lieu d'être, comme nous l'avions supposé, un simple glissement sur les bords de la vallée. Une réponse affirmative me semble d'autant plus vraisemblable que je retrouve dans mes notes l'indication, à l'Ouest de la colline 389, au-dessus de Sainte-Anne, d'un gisement d'*Avicula contorta*, où les bancs sont fortement inclinés vers le Nord, en sens inverse de la pente constatée près de là, à Fontvive, dans les mêmes bancs.

Il existe donc dans la nappe triasique au moins trois et peut-être quatre plis anticlinaux, la plupart avec des retombées très brusques et très fortement inclinées, *s'orientant parallèlement à la chaîne du Gros Cerveau*, c'est-à-dire à une ligne directrice du grand pli couché. De plus, et sans vouloir ici trop longuement insister, on voit très bien, une fois ces plis tracés, s'accuser, d'après les cotes comparées des affleurements, des ondulations perpendiculaires, l'une anticlinale, passant par le sommet du plateau et par celui du Vieux-Beausset, la seconde, synclinale, suivant en partie le ravin de Gavari, et la troisième sur le bord Ouest de l'îlot. La vallée du Grand Vallat représente très nettement, d'après les pentes des couches sénoniennes, une seconde ondulation synclinale plus accusée.

Ainsi le plateau triasique du Beausset présenterait, comme M. HÉBERT l'a montré pour le bassin de Paris, une série de plis longitudinaux croisés par des ondulations perpendiculaires; et, comme dans le bassin de Paris, les plis longitudinaux sont beaucoup plus accusés et beaucoup plus brusques que les plis transversaux. Il est difficile de se figurer que ces plis aient existé avant le charriage du Trias et qu'ils aient été moulés par la nappe de recouvrement. Il faut donc en conclure que cette nappe a été, comme je l'ai annoncé, plissée postérieurement au phénomène de chevauchement.

Cette conclusion explique d'une manière satisfaisante une des invraisemblances apparentes de la coupe de la région. On se demande avec étonnement, quand on regarde cette coupe, et presque avec

[(1) Reproduit ci-dessus, p. 361.]

effroi quand on est sur les lieux, comment la nappe triasique a pu passer par dessus le sommet du Gros Cerveau pour venir s'abattre sur le bassin du Beausset. Puisqu'il y a eu des plis postérieurs, précisément parallèles au pli secondaire qui forme le sommet du Gros Cerveau, la difficulté disparaît. Ce pli du Gros Cerveau s'est, comme ceux de l'îlot, formé, ou du moins accentué postérieurement au passage de la nappe. L'ondulation transversale du Grand Vallat explique en même temps, et l'abaissement du sol, et la disparition des dolomies jurassiques au passage de la route de Bandol.

Si l'on passe maintenant à l'examen de la coupe de Fontanieu, donnée dans le compte-rendu de la journée du 30 Septembre, on voit s'y dessiner bien nettement, dans la position actuelle de la nappe triasique, un grand pli synclinal (précisément au-dessus du thalweg du vallon), avec indication non moins bien marquée de plis anticlinaux secondaires au Nord et au Sud.

Ces trois plis continuent très probablement ceux du Sud de l'îlot du Beausset, peut-être même aussi celui dont nous avons vu la naissance dans le Cénomanien au Sud de Sainte-Anne. Un raccordement plus précis sera peut-être possible par l'étude minutieuse des affleurements sénoniens qui forment l'intervalle. Enfin je ne doute pas qu'on ne puisse retrouver la continuation des mêmes plis au pied du Télégraphe de La Cadière, mais je n'ai pas actuellement en main de documents assez précis pour le tenter.

J'en ai dit assez pour montrer que l'accidentation actuelle de la nappe triasique ne peut être attribuée à de simples tassements. Il y a certainement eu formation de plis, et, autant qu'il peut sembler, dans des conditions très simples, *reproduisant le dessin des plis antérieurs*. C'est une nouvelle étude à poursuivre, qui demande des recherches d'autant plus précises que les plis dont il s'agit sont moins accentués; c'est une recherche du genre de celle que M. HÉBERT et après lui M. DOLLFUS ont menée à bien dans le bassin de Paris. Elle devra se compléter par l'étude (plus difficile à cause des repères moins nombreux) des ondulations des terrains oligocènes de la région, et nous pourrons ainsi arriver à nous faire une idée précise des mouvements subis par le sol de la Provence depuis la formation des grands plis couchés.

XLI

COMPTE RENDU DE L'EXCURSION DU 2 OCTOBRE,
A LA BARALIÈRE, A TURBEN ET A BROUSSAN (p. 1116-1123).

La course du 2 Octobre avait pour but de nous reposer de l'étude des plissements, et de nous montrer la Provence sous un nouvel aspect: celui des grands plateaux rocailleux et dénudés, à couches à peu près horizontales. Elle devait nous montrer aussi les
rapides variations des couches, surtout de celles qui sont comprises entre l'Urgonien et le Turonien. A la masse énorme de calcaires marneux et siliceux qui, sur la route de Bandol et sur tout le
bord méridional du bassin, sépare ces deux étages, nous allons
voir se substituer sur le bord méridional quelques dizaines de mètres de couches cénomaniennes d'un tout autre aspect. La sépara-
ration est si complète qu'au Revest, près de Toulon, où le bassin
rétréci ne comprend plus pour le Crétacé supérieur qu'un pli
synclinal couché, d'un kilomètre à peine de largueur, le bord
septentrional ne montre entre l'Urgonien et le Turonien qu'un Cénomanien à faciès littoral (Ostracées et couches saumâtres), avec
un mince lit de bauxite à la base, tandis que le bord méridional,
malgré son rapprochement, offre encore la série complète de l'Aptien marneux et du Cénomanien à silex ([1]).

La journée a été contrariée par le mauvais temps, qui a gêné
une partie des observations.

Nous sommes partis à 6 heures du matin, et le long du chemin
de La Baralière nous avons observé, par suite du relèvement progressif des bancs, les couches à *Micraster Matheroni* (avec une
magnifique empreinte d'*Inoceramus digitatus*), les couches à *Micraster brevis*, plus gréseuses, toutes deux avec un énorme développement, et nous sommes entrés dans les calcaires à Hippurites,
également très épais, formant ce qu'on appelle la barre angoumienne. Nous nous élevons d'abord, en suivant à peu près la pente
des bancs, sur ces calcaires durs et compacts, bien lités et peu
fossilifères. Nous ne traversons ainsi, dans les trois premiers quarts
d'heure, qu'une épaisseur de couches insignifiante, si bien que les

---

([1]) *Bull. Soc. Géol. de France*, 3ᵉ série, XV, 1886-1887, p. 670 [voir ci-
dessus, p. 195].

premiers bancs fossilifères rencontrés sont encore situés vers le
sommet de la série; on y rencontre de nombreuses Nérinées et de
grosses Hippurites voisines de *Hippurites giganteus*. Un banc voisin montre au contraire de nombreux individus formant bouquets
et appartenant au groupe de *Hippurites organisans*. Puis, arrivés au plateau, la pente des bancs nous fait couper plus rapidement le reste de la série, remarquablement monotone, sans aucune intercalation de bancs marneux ou gréseux, et puissante certainement de plus de 200 mètres.

Nous arrivons en vue de la ferme de La Baralière, et nous passons sur les calcaires marneux, épais d'une dizaine de mètres, qui
représentent, avec *Periaster Verneuili* et *Pterodonta inflata*,
le sous-étage ligérien si développé à La Bedoule. M. TOUCAS fait
remarquer qu'un peu plus au Nord, quelques mètres de sables
blancs quartzeux s'intercalent à ce niveau; nous avions déjà observé, au début de la course, des lits de sables grossiers intercalés
dans les couches à *Micraster brevis*; ce sont des indices de rapprochement du rivage intéressants à noter.

Le Cénomanien, sur lequel repose la ferme, est formé en haut
d'une trentaine de mètres de calcaires bien lités à Caprines, divisés en deux barres étagées par une zone marneuse à *Heterodiade-
ma lybicum*; ces calcaires reposent sur des couches marneuses,
qui déterminent un talus éboulé, haut de 20 mètres environ, se détachant de loin au pied de la falaise des calcaires à Caprines. Dans
ce talus, les Huîtres forment lumachelle à plusieurs niveaux; on
peut ramasser, presque à poignées, en exemplaires bien conservés
et montrant souvent les deux valves, les *Ostrea columba*, *Ostrea
flabellata*, *Ostrea biauriculata* et *Ostrea Tisnei*. Un banc saumâtre, et un banc à nombreux petits Polypiers, *Cyclolites*, *Cyclopte-
ris*, s'intercalent près de la base. Cette série repose directement,
sans intermédiaire d'Aptien ni de Gault, sur l'Urgonien corrodé et
présentant souvent une surface ferrugineuse. M. TOUCAS a donné
la coupe de ce Cénomanien à laquelle je renvoie; je rappelle seulement qu'on a trouvé plusieurs fragments de *Ceratites Vibrayei*.
M. ZURCHER nous a de plus signalé la présence de l'*Hemiaster
Toucasi* d'Orb., très voisin de l'*Hemiaster batnensis*, d'Algérie.

Entre La Baralière et Turben, le sentier reste constamment sur
le talus marneux du Cénomanien. J'avais prévenu mes confrères,
en cas de séparation, de ne jamais quitter ce talus et de ne pas s'a-
venturer sur les calcaires de droite et de gauche, où l'on a beau-

coup de chances de s'égarer. Grâce à cette remarque, malgré la
pluie et le brouillard épais, nous allions arriver sans encombre à
Turben, quand on s'aperçoit que les mulets, chargés du déjeuner
au départ, ne sont plus en vue; on les attend inutilement, et notre
confrère, M. REYMOND, toujours prêt à se dévouer, retourne les
chercher du côté de La Baralière. On se réunit dans la masure
ruinée de Turben; on se sèche au coin d'un grand feu, et ce n'est
qu'après une heure de sérieuse inquiétude que nous voyons arriver M. REYMOND, suivi de nos hommes auprès desquels il avait
fallu employer la menace pour les décider à se risquer sur le plateau par temps semblable. On remercie avec effusion notre aimable sauveur, et à une heure, une éclaircie nous permet de partir
du côté des Sambles. Nous suivons encore un instant le Cénomanien; nous constatons entre l'Urgonien et lui un petit affleurement
de bauxite, puis nous nous engageons sur le plateau, numérotés
comme au régiment, et pressés d'arriver aux Sambles, où le chemin devient bon et où il n'y a plus risque de s'égarer même en
cas de retour du brouillard. Nous avons pourtant le temps de
constater au passage l'existence de petites failles, le caractère nouveau de calcaires roussâtres, gréseux et très durs, présenté par le
Ligérien, et la superposition à ces bancs de calcaires angoumiens.
Nous voyons aussi les traces du grand incendie qui a, pendant l'é-
té, dévoré les broussailles et les maigres forêts de la région, et qui
a encore accentué le caractère de dévastation du pays. M. FICHEUR
remarque la frappante analogie du coup-d'œil avec certains paysa-
ges d'Algérie.

Au pied des Sambles, plus rassurés sur le temps, nous nous arrêtons un instant, et je fais observer à la Société combien l'Angoumien que nous venons de traverser paraît plus réduit que celui du
matin; devant nous est un grand talus de calcaires gréseux, qui
rappellent comme aspect les couches à *Micraster brevis*. Mais on
voit ces calcaires surmontés par une nouvelle barre à Hippurites,
qui semble sans ambiguïté aller se raccorder avec la partie supérieure des calcaires à Hippurites du matin. Il faut ajouter pourtant que, du côté de la ferme de La Vénère, les bois et les éboulis
du basalte qui couronnent le plateau, ne permettent qu'avec une
certaine difficulté de vérifier sur place ce raccordement. Je l'ai
pourtant, à la suite de mes courses, considéré comme au moins
très probable. J'estime donc qu'il y a en ce point un dédoublement
de la barre angoumienne, et intercalation en son milieu d'une ban-

de de calcaires gréseux, qui va en croissant d'épaisseur du côté du Caoumé, où elle se transforme en grès de plus en plus grossiers. Je rappelle que d'après la coupe que j'ai donnée de cette montagne [1], le versant Nord, que nous voyons devant nous se perdre dans les nuages, continue le versant Est, formé au-dessus du Revest de la manière suivante: un Ligérien marneux et gréseux (avec sables analogues à ceux de Sainte-Anne), présentant une puissance exceptionnelle; une première barre de calcaires à Hippurites; un second talus de 200 mètres de grès grossiers et de calcaires à grains de quartz; et enfin, au sommet le plus oriental, une nouvelle masse de calcaires à Hippurites. J'avais, sur la feuille de Toulon, assimilé la première barre à l'Angoumien et la partie supérieure au Sénonien. En faisant la feuille de Marseille, je suis revenu à l'opinion que tout l'ensemble doit être rapporté au Turonien, dont le développement en ce point rappellerait d'une manière remarquable celui de La Ciotat, surtout dans la partie intermédiaire entre les falaises de poudingues et Cassis.

La question a un certain intérêt au point de vue de l'étude du développement des Rudistes dans le bassin du Beausset, et même aussi au point de vue de l'étude des renversements du bord septentrional: la barre supérieure du Caoumé me semble, avec une probabilité très grande, aller se raccorder avec la partie supérieure de celle de Sainte-Anne; autrement dit, le dédoublement (ou la présence de grès intercalés) cesserait à une même distance du côté de l'Ouest et du côté du Nord. Il y a pour ce raccordement, au-dessus de La Vignale, une difficulté du même ordre que du côté de La Vénère; les broussailles fourrées et le basalte empêchent sur un petit espace de suivre la continuité des bancs; mais en vérité cet espace est si petit que le doute est bien faible, et je ne le mentionne que pour bien poser exactement tous les termes du problème.

On arriverait donc à ce double résultat: les deux barres hippuritiques du Caoumé, avec la puissante masse de grès qui les sépare, forment un ensemble qui, à l'Ouest (Ouest et Nord-Ouest), se réduit à une seule masse calcaire; c'est celle que nous avons traversée le matin en la désignant sous le nom d'Angoumien; c'est aussi celle que nous avons vue il y a deux jours à Sainte-Anne. Si donc

[1] *Bull. Soc. Géol. de France*, 3ᵉ série, XV, 1886-1887, p. 671 [voir ci-dessus, p. 197, fig. 45].

26

la barre supérieure du Caoumé est sénonienne, comme le prétend M. TOUCAS, *ce qu'on appelle l'Angoumien* au Nord et au Sud du bassin du Beausset *comprend déjà la base du Sénonien* (au moins la zone coniacienne). La limite du Turonien et du Sénonien sera à mettre dans l'épaisseur d'une masse de calcaires uniformes. La question, on le voit, vaut la peine d'être discutée, au moment où l'on commence justement à attacher une si grande importance à la distinction et aux comparaisons des faunes de Rudistes.

M. TOUCAS expose à son tour qu'il est d'un avis tout opposé: il croit que les deux barres d'Hippurites du Caoumé sont toutes deux sénoniennes. A l'appui de cette opinion, il nous donne lecture des épreuves d'une Note qui va paraître dans le Bulletin ([1]). Dans cette Note, M. TOUCAS dit qu'il se rappelle avoir recueilli au-dessus du Revest, *dans des grès inférieurs de la première barre*, des débris de *Micraster*, un bon radiole de *Cidaris clavigera* et le *Platycyathus Terquemi*. Il en conclut que ces grès sont déjà sénoniens, que l'Angoumien est représenté au-dessous d'eux par des calcaires marneux, contenant un certain nombre de Rudistes de la zone à *Biradiolites cornupastoris*, et que, par conséquent, les deux barres du Caoumé sont sénoniennes. Quant aux calcaires gréseux qui sont en face de nous, M. TOUCAS se rappelle y avoir recueilli près de La Vénère la *Rhynchonella petrocoriensis*; ils correspondent donc pour lui aux grès de la base du Caoumé, et les calcaires qui les surmontent, déjà franchement sénoniens, correspondent à la première barre.

La question est ainsi bien posée et facile à trancher; toutes les assises dont il vient d'être parlé se voient nettement du point où nous sommes arrêtés; sans les perdre de vue un seul instant, nous allons traverser une gorge où les bancs du Caoumé viennent se raccorder avec ceux de la colline opposée, et je peux annoncer qu'en dehors de toute interprétation, les faits contredisent les assimilations de M. TOUCAS.

Nous montons d'abord sur la colline qui nous fait face et dont nous allons tout à l'heure étudier le raccordement avec le Caoumé, pour examiner de près les calcaires supérieurs. Traversés là en tranchée par un chemin forestier, ils montrent en abondance des coupes de Radiolites et de grosses Hippurites du groupe de *Hippurites giganteus*. Il y a une grande analogie de faciès avec

([1]) Note présentée le 20 Avril 1891, parue dans le tome XIX, p. 506-552.

les bancs plus anciens à *Hippurites petrocoriensis* que l'on a vus le premier jour, à la descente de La Bédoule à La Ciotat.

Ce point est intéressant par la présence de filons de basalte qui traversent les calcaires. Le plus net de ces filons est formé par de grosses boules juxtaposées de basalte, entourées sur les bords par de belles cristallisations de calcite.

M. COLLOT est d'avis que la calcite n'est pas un produit de métamorphisme, mais qu'elle s'est formée, postérieurement à l'émission, dans les vides laissés par le refroidissement. Tous les membres présents semblent partager cette opinion. On est moins d'accord sur les particularités que présentent les autres filons: le premier se ramifie et semble s'arrêter avant d'avoir traversé toute l'épaisseur des calcaires. D'autres sont des fentes remplies par des fragments anguleux de basalte; on se demande si pour celles-là on n'aurait pas affaire à un remplissage *per descensum*, d'autant plus que cette origine paraît incontestable pour l'une des fentes, élargie par le haut, et dans laquelle des fragments de calcaire sont mélangés aux fragments de basalte. Un autre point attire quelque temps l'attention de la Société; ce sont des fragments noirâtres visibles à la surface d'un délit horizontal des calcaires à Hippurites. Il ne s'agit pas d'un enduit superficiel, car on peut détacher de petits fragments, dont on n'arrive pas avec la loupe à préciser la nature, mais qui ne sont certainement pas du calcaire noirci. On songe à des fragments de basalte, et MM. COLLOT et DEPÉRET, prêts l'un et l'autre à reprendre la discussion de Beaulieu (¹), emportent des morceaux pour les étudier au microscope. Il importe de rappeler que nous sommes au pied de coteaux couronnés par la grande nappe basaltique d'Evenos, que cette nappe, reposant indifféremment sur tous les termes de la série crétacée, est certainement d'un âge très postérieur, et qu'il semble impossible de ne pas rattacher à sa venue les filons examinés.

Enfin nous remarquerons encore, avant de descendre, le brusque contournement des calcaires dans l'escarpement qui nous fait face. M. REYMOND est disposé à rattacher la venue du basalte à ce plissement; en tout cas, je tiens à faire remarquer que je n'ai pas pu jusqu'ici suivre sur le plateau voisin la continuation de ce pli, et que la présence possible de ces plis brusques est une raison de

---

(¹) *Bull. Soc. Géol. de France*, 3ᵉ série, XVIII, 1889-1890, p. 905.

n'accepter qu'avec réserves les conclusions tirées de la continuité stratigraphique, dès qu'il y a la moindre lacune dans les observations.

Nous redescendons le chemin charretier du côté de Broussan, en marchant quelque temps sur les calcaires gréseux inférieurs, où nous ne trouvons aucun fossile, et dans la continuation desquels M. TOUCAS nous a dit avoir recueilli près de La Vénère la *Rhynchonella petrocoriensis*. Jusque au pied du Caoumé, nous ne les quittons qu'un moment pour traverser une petite pointe des calcaires à Hippurites inférieurs qui, depuis Les Sambles, continuent à former la rive gauche du vallon. M. TOUCAS reconnait alors lui-même le passage de nos calcaires gréseux *aux grès supérieurs* du Caoumé, et celui de la barre supérieure de la rive droite à la *barre supérieure* du Caoumé. Sans le brouillard qui commençait à redescendre, le passage des calcaires des Sambles à la barre inférieure du Caoumé, passage qui est d'ailleurs la conséquence forcée des précédents, n'aurait pas apparu avec moins d'évidence.

Ainsi, sans qu'il y ait d'objection formulée et sans qu'il y en ait de possible, les calcaires à Hippurites de la base du Caoumé correspondent aux calcaires des Sambles, c'est-à-dire à l'Angoumien, et même probablement à l'Angoumien inférieur, et la masse supérieure du Caoumé correspond aux formations de la rive droite du vallon des Sambles. Il est aussi certain pour moi, quoique cela ne soit pas matériellement prouvé, que cette masse supérieure du Caoumé, qu'elle soit turonienne ou sénonienne, *correspond à la partie supérieure des calcaires désignés comme angoumiens au Nord et au Sud du bassin* ([1]).

([1]) M. TOUCAS n'a pas pu à temps, comme il nous en avait annoncer l'intention, rectifier, dans sa Note du 10 Avril, l'interprétation qu'il y donnait de la coupe du Caoumé; il résulte de ce qu'il a déclaré que cette interprétation ne correspond plus exactement à son opinion actuelle. Je saisis en même temps cette occasion d'exprimer mes regrets d'avoir, dans ma Note sur le Beausset, employé en parlant de cette même question, une expression que M. TOUCAS a pu prendre pour un reproche. J'ai dit que sa coupe du Caoumé était *incomplète*, parce que cette coupe ne passe pas par le sommet et que, par conséquent, les assises supérieures n'y figurent pas. M. TOUCAS fait observer que ces assises sont mentionnées dans le texte de la Note; il n'en est pas moins vrai qu'en prenant, comme je l'ai fait, la coupe qui passe par le sommet, on a *une coupe plus complète*. C'est tout ce que j'ai voulu dire.

Il est désirable que des études nouvelles fixent prochainement les points de raccordement qui peuvent encore paraître douteux et précisent la faune des calcaires supérieurs. En attendant, j'ai cru utile de donner un schéma des variations probables de ce complexe de couches entre le Caoumé et La Ciotat en suivant l'axe du bassin, c'est-à-dire la ligne où les conditions de dépôt sont probablement les plus comparables, mais au milieu de laquelle malheureusement le Turonien est masqué et où sa composition (marquée en pointillés) ne peut être présumée que par induction. J'ai complété ce schéma par deux autres pris perpendiculairement, c'est-à-dire dans le sens probable de la plus rapide variation des faciès, l'un entre La Bédoule et La Ciotat, l'autre entre Sainte-Anne et l'ancienne caserne de gendarmerie, sur la route de Cuges (fig. 80, 81 et 82, p. 351).

Nous passons au pied de l'arête abaissée du Caoumé, et nous nous dirigeons vers Les Garniers. La coupe devient là singulièrement intéressante: nous constatons d'abord que les calcaires à Hippurites du haut du Caoumé arrivent jusqu'au chemin, mais qu'ils ne le traversent pas; ils sont pincés dans un pli synclinal bien accusé des calcaires gréseux, pli qui se reproduit nettement sur la rive opposée. Sur le flanc opposé de ce pli, les couches se renversent et s'étirent: nous traversons en peu de temps tout le Turonien, le Cénomanien et l'Aptien, inclinés vers le Nord, et nous pouvons constater que sur ce dernier étage repose directement le Muschelkalk de Broussan, dont l'affleurement en forme de croissant au milieu du Crétacé est une des bizarreries de la région. Sur le chemin, M. COLLOT a remarqué, vers la base du Turonien, un morceau de calcaire bréchoïde avec grains de quartz, dont j'ai déjà parlé, et qui rappelle un peu la brèche de Fontanieu.

Mais la pluie reprend avec une violence désespérante. Il ne faut plus songer qu'à hâter le retour. A peine les plus zélés peuvent-ils encore remarquer, en soulevant le parapluie ou en ouvrant le capuchon, qu'on traverse sur le plateau une nappe puissante de basalte, qu'on reste pendant plus d'un kilomètre sur des calcaires à silex (représentant de l'Aptien et du Cénomanien), dont l'épaisseur énorme, malgré des replis probables, contraste avec l'absence ou le faible développement de ces étages, tels que nous venons de les constater à La Baralière et à Turben; nous passons sans nous en douter auprès de l'admirable point de vue qui montre d'un côté le château ruiné d'Evenos et de l'autre la grande muraille rougeâtre des rochers de Cimaï, et nous arrivons enfin aux voitures qui nous attendent à Sainte-Anne, fortement mouillés, mais nous consolant en pensant qu'il aurait fait bien chaud sur les grands plateaux calcaires, si le soleil des premiers jours nous était resté fidèle.

XLII

NOTE SUR LA BANDE D'AFFAISSEMENTS DE CHIBRON
(p. 1132-1134).

La Société n'a pas eu le temps de s'arrêter à Chibron. Je désire pourtant ajouter quelques mots sur le phénomène très intéressant qu'on y constate.

Ce bassin se présente sous la forme d'une petite plaine d'alluvions au milieu des coteaux calcaires. Sur les bords de cette plaine, notamment au Nord, près de la maison de M. AGUILLON, affleurent des terrains beaucoup plus récents que ceux qui les entourent. En suivant ces terrains, on peut facilement constater que le bassin est limité au Nord et au Sud par des failles bien franches et bien nettes, à peu près rectilignes. Mais le pendage, au lieu de se faire à partir des bords vers le centre du bassin, se fait au contraire du centre vers les bords. En d'autres termes, la partie affaissée dessine un pli anticlinal (fig. 96). La retombée de ce pli montre au Sud les couches les plus récentes, en contact successivement avec les dolomies jurassiques, le Néocomien et l'Urgonien. Ces couches comprennent des calcaires à Hippurites et des poudingues concordants, d'âge encore indéterminé, se retrouvant seulement plus à l'Est à Signes, et indiquant avec vraisemblance un rivage voisin de

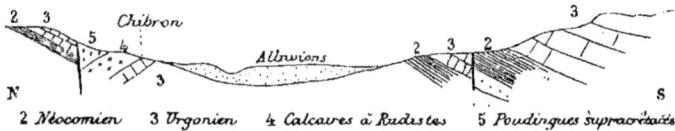

Fig. 96. — Coupe du bassin de Chibron. — Échelle de 1: 20 000.

la mer crétacée du côté du Nord, c'est-à-dire une première accentuation de la chaîne de la Sainte-Baume à cette époque.

L'existence de ce bassin d'affaissement n'est pas un fait isolé. Du côté de l'Ouest, la plaine de Cuges, quoique entièrement remplie d'alluvions, correspond certainement à un phénomène analogue. Plus loin, des deux côtés de la route suivie le premier jour, entre Aubagne et La Bédoule, on trouve deux dépressions semblables, complètement entourées par l'Urgonien, et remplies par l'Aptien et le Cénomanien. Dans ces deux bassins, on ne constate pas avec

certitude la même disposition anticlinale, mais elle se trouve
bien marquée dans l'intervalle qui les sépare (gisement néocomien
du pont de Carnoux, déjà signalé par M. HÉBERT). Enfin, plus près
de Marseille, et encore dans la même direction, on rencontre le
petit bassin de Carpiagne, où l'Aptien affaissé est de même recouvert par de puissantes alluvions.

Du côté de l'Est, la continuation des mêmes phénomènes est plus
discutable, quoiqu'elle me semble encore probable. Toute la vallée
entre Signes et Méounes, dans la prolongation exacte vers l'Est
de l'accident de Chibron, est formée par des couches de Trias
(Marnes irisées et Muschelkalk), en plis serrés et verticaux. Au
Nord et au Sud s'élèvent deux grands plateaux de dolomies jurasssiques à peu près horizontales. C'est une disposition qui semble
d'abord précisément inverse de celle d'un bassin d'affaissement (¹).
Mais en examinant les bords des deux plateaux, on y constate une
chûte très accentuée des couches vers la vallée (fig. 97). D'un côté,
au Nord, ce sont les couches crétacées qui apparaissent ainsi, d'a-
bord près de Méounes, régulièrement superposées aux dolomies,
puis, du côté de Signes, séparées d'elles par une seconde faille. Au
Sud, il n'y a pas de couches crétacées, mais les calcaires blancs,
qui sont toujours dans cette région au-dessus des dolomies, suffisent à mettre nettement en évidence une plongée analogue. Ainsi,

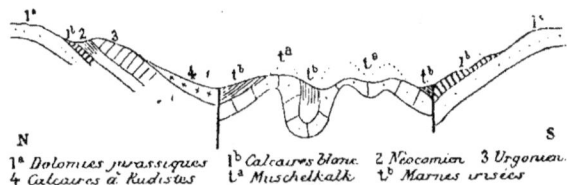

N   S

1ᵃ Dolomies jurassiques 1ᵇ Calcaires blanc. 2 Néocomien 3 Urgonien.
4 Calcaires à Rudistes tᵃ Muschelkalk tᵇ Marnes irisées

Fig. 97. — Coupe entre Signes et Méounes. — Échelle de 1: 20 000.

en faisant un instant abstraction du Trias, nous voyons une cuvette d'affaissement, bien marquée par le mouvement de ses deux
bords, et au centre de cette cuvette, un pli anticlinal très accentué
ramène le Trias. Il y a donc là, en somme, comme à Chibron, su-
perposition à la même place d'un affaissement et d'un pli anticli-

(¹) M. BITTNER a signalé une coupe analogue dans les Alpes Tyroliennes, et a cru y trouver un argument contre les idées de M. SUESS.

nal. On peut donc y voir, malgré des résultats en apparence bien différents, la répétition du même phénomène.

Le pli anticlinal de Signes et Méounes se poursuit vers le Nord-Est jusqu'à Roquebrussane et Garéoult, où il s'étale sous une large plaine recouverte d'alluvions. Dans cette plaine, à l'Ouest de Garéoult, on voit une série de petits affleurements de Muschelkalk, dont quelques-uns forment l'enceinte de véritables trous, circulaires et profonds, taillés à pic en forme de cratère, et remplis d'eau. Celui que m'a montré M. ZURCHER, qui m'y a conduit, passe pour avoir plus de vingt mètres de profondeur. On pourrait songer à voir là une prolongation, sous une nouvelle forme, de notre zone d'affaissements.

On se trouve donc en présence d'un phénomène qui, malgré l'apparence très diverse et essentiellement locale des apparences produites, se répète trop fréquemment sur une ligne longue de plus de 30 kilomètres, et à peu près parallèle à la direction des plis principaux, pour ne pas être très probablement dû à une cause générale. Il semble difficile, dans l'état de nos connaissances, de formuler même une hypothèse; mais les faits en eux-mêmes m'ont semblé assez curieux pour mériter d'arrêter un instant l'attention de la Société.

XLIII

COMPTE RENDU DE LA COURSE DU LUNDI 5 OCTOBRE
(p. 1166-1171).

Première partie: DE BRIGNOLES A SALERNES.

Les membres qui ont pu suivre la course jusqu'à Salernes, au nombre de dix-huit, sont partis de Brignoles en voiture à 7 heures du matin pour suivre la route de Salernes par Vins, Carcès et Entrecasteaux. M. ZURCHER, rappelé à Toulon pour affaires de service, n'avait malheureusement pu nous accompagner, et donner lui-même les renseignements sur les régions qu'il a si bien étudiées.

Nous suivons la vallée du Caramy, qui traverse obliquement les plis relativement calmes des environs de Brignoles, puis coupe dans une cluse fraîchement boisée la retombée des dolomies jurassiques; nous arrivons ainsi au bassin crétacé du Val, où les couches lacustres crétacées reposent directement sur le Jurassique, avec intercalation d'une nappe épaisse de bauxite, exploitée jusqu'au Thoronet. Ce bassin, relativement assez large à l'Ouest, du côté du Val, se rétrécit à partir de Vins, de manière à ne plus former qu'une languette étroite de sables, par places même masquée sous les alluvions de la vallée. Il présente une double particularité dont la discussion soulèverait de trop nombreux problèmes: d'abord les plis qui le bordent au Nord *se renversent vers le Sud*, ce qui est le premier exemple de ce genre que nous constatons, mais qui est loin d'être le seul en Provence. Ensuite ces plis multiples sont coupés obliquement par l'affleurement crétacé, si bien que dans le court trajet parcouru nous avons pu voir trois plis parallèles se renverser successivement sur le Crétacé. C'est même un quatrième pli, situé encore plus au Nord, qui a produit le chevauchement le plus important, et qui est venu, en rasant la tête des plis plus méridionaux (à Peygros, à l'Ouest du Thoronet), coucher la masse de l'Infralias, sur 2 kilomètres, au-dessus d'un promonetoire de sables crétacés qu'elle a protégés contre la dénudation.

Du côté du Sud, les sables crétacés reposent régulièrement, et sous une pente très faible, avec ou sans bauxite intercalée, sur les calcaires jurassiques. Mais, là encore, il y a à noter une nouvelle anomalie: ces calcaires sont bathoniens, et les dolomies du Jurassique supérieur font défaut entre le Thoronet et le Caramy. C'est, à ma connaissance, le seul point de la région où le fait se produise, si l'on élimine les points où il y a renversement et où, par conséquent, il est naturel de supposer qu'il y a étirement des couches intermédiaires.

Après avoir admiré avec quelle admirable netteté tous ces détails ressortent sur la carte de M. ZURCHER, nous nous arrêtons un peu plus longuement en deux points, pour étudier la bauxite. Le premier de ces points est dans le village même de Vins: les recherches faites dans la bauxite l'ont suivie sur près de 2 mètres *au-dessous* des dolomies jurassiques sous lesquelles elle s'enfonce. Là, M. VASSEUR fait une découverte intéressante: il trouve dans la bauxite même un petit lit d'argiles feuilletées, avec empreintes indéterminables, mais incontestables, de plantes Dicotylédones. Malheureusement, la fouille est un peu éboulée, ce qui suggère à M. COLLOT des doutes sur la réalité de l'intercalation. Après quelques efforts pour nettoyer la place, rendus malheureusement peu efficaces par la nature grasse des terres, après quelques questions posées au propriétaire de la carrière, la majorité des membres présents se prononce en faveur de l'intercalation. Il y aurait là un fait important, dont devrait tenir compte désormais toute théorie proposée sur l'origine de la bauxite.

La seconde halte a surtout pour but de nous faire admirer l'énorme masse de bauxite rouge que croise la route avant le grand coude du Caramy. L'épaisseur en ce point dépasse certainement dix mètres. Un peu auparavant, sur la route, nous avions remarqué la pénétration des sables crétacés dans les fontes du calcaire superposé.

Nous avons ensuite quitté le petit bassin crétacé pour nous élever directement vers le Nord, du côté de Carcès et d'Entrecasteaux. La région que nous traversons est formée par une série de plis parallèles, dirigés de l'Est à l'Ouest, montrant souvent les couches verticales, mais sans renversements. Nous remarquons les belles nappes de tufs, entremêlés de lits de graviers roulés, qui s'élèvent assez haut des deux côtés de la vallée, et nous sommes surtout frappés par la multiplicité des plis du Muschelkalk que nous traversons sur une largeur de près de 4 kilomètres autour de Carcès. Sur ce parcours, on voit à chaque instant les calcaires se dresser verticalement en étalant la surface remarquablement plane de leurs bancs. Les arêtes succèdent aux arêtes, sans presque qu'on puisse trouver dans leurs intervalles une seule intermittence

de repos relatif. Cette allure tourmentée est bien curieuse à constater à côté de l'allure si tranquille des grandes nappes de recouvrement. Elle n'est d'ailleurs pas spéciale au coin que nous
traversons: elle se retrouve tout le long de la bordure de la plaine
permienne, entre Carnoules et Lorgues; elle se retrouve également
dans toute la grande bande transversale de Trias qui vient, entre
Saint-Maximin et Barjols, couper et interrompre tous les autres
plis de la région. Enfin elle n'est pas moins marquée dans la seconde bande, continuation ou réapparition de la précédente, qui
joue un rôle analogue entre Auriol et Aubagne. Le Trias est pourtant bien certainement concordant partout avec le Jurassique qui
le surmonte; il faut donc que quelque cause spéciale ait déterminé cette étonnante modification d'allures sur les espaces où les
étages plus récents ont été largement dénudés. Cette cause n'a pas
encore été éclaircie.

Nous profitons des montées pour chercher quelques fossiles, et
M. VASSEUR fait à la surface d'un banc l'intéressante trouvaille
d'une petite Ophiure.

Après avoir vu le Jurassique reparaître à Entrecasteaux dans un
double pli synclinal, nous arrivons au défilé de La Bouissière, que
nous devons examiner plus en détail. Mais l'heure est trop avancée pour que nous puissions même jeter sur la coupe un premier
coup d'œil; nous entrons dans le bassin de Salernes, où partout les
terres rouges, exploitées pour la frabrication des briquettes, colo-
rent de leur teinte vive les champs cultivés et le pied des coteaux
boisés. C'est là que le déjeuner nous attend.

Deuxième partie: COUPE DU DÉFILÉ DE LA BOUISSIÈRE.

Le temps, pendant le déjeuner, était devenu très menaçant, et le
vent d'Est semblait nous prédire un changement définitif. Nous
nous décidons donc à modifier le programme et à profiter de ce
qui sera peut-être notre dernière journée utilisable pour voir au
moins la coupe remarquable qui nous a décidés à ce long trajet.
Nous avons vivement regretté d'être ainsi amenés à faire cette
course en l'absence de M. ZURCHER, d'autant plus que le temps
n'a pas réalisé ses menaces.

Nous nous dirigeons donc directement vers le défilé de La Bouissière, où la grande route et le chemin de fer ont utilisé la coupure
faite par la Bresque.

Le bassin crétacé de Salernes forme, autour de Salernes, une bande dirigée de l'Est à l'Ouest, remplie par les calcaires de Rognac que surmontent des argiles et des grès rouges sans fossiles. La transgression progressive des étages lacustres se continue, et c'est leur terme le plus récent qui repose ici directement sur les dolomies jurassiques. Les dolomies qui bordent au Nord le bassin plongent régulièrement sous les calcaires crétacés, tandis qu'au Sud les sables forment le pied de falaises plus abruptes, où affleure l'Infralias horizontal, normalement recouvert par les termes plus récents de la série jurassique. D'énormes éboulis, et parfois des pans entiers de la falaise, recouvrent en certains points et accidentent la pente sableuse, tantôt restés horizontaux, tantôt versés jusqu'à la verticale, et permettent de renouveler avec plus de force l'explication proposée près du Canadeau: la position de ces blocs ne peut s'expliquer que par une descente lente au fur et à mesure de l'entraînement par érosion des sables auxquels ils étaient superposés. D'ailleurs nous avons constaté en plusieurs points, avec M. ZURCHER, l'existence à la base de la falaise d'un liséré de couches jurassiques étirées et renversées; partout où le bord du plateau est entamé par une dépression assez profonde, les affleurements crétacés pénètrent dans cette dépression. Des îlots crétacés apparaissent même, comme des regards ouverts sur le substratum, à l'intérieur du plateau jurassique. En un mot toute la série des preuves examinées autour du Beausset se réunit pour montrer que *le Jurassique est superposé au Crétacé.*

Le double intérêt du bassin de Salernes est de permettre de déterminer exactement à quelle distance le Crétacé s'enfonce ainsi horizontalement sous le Jurassique, ou en d'autres de termes de montrer *la charnière synclinale* des couches crétacées pincées dans le Jurassique; puis, en second lieu, de montrer que la nappe de recouvrement repose *sur la tranche* de couches déjà plissées, et que le grand pli couché semble avoir, comme un immence rabot, rasé la tête des plis auxquels il s'est superposé.

La route que nous suivons avant d'atteindre le défilé complète déjà ces premières données. La falaise est interrompue sur une largeur de 2 kilomètres, à l'endroit où la Bresque la traverse, et le Crétacé pénètre vers le Sud dans un golfe profond de 2 kilomètres et large de 5 kilomètres. Partout, sur les bords de ce golfe, l'Infralias est de la même manière en contact avec le Crétacé; partout, par conséquent, il lui est superposé avec la même évidence. Dans

le lit de la Bresque, un gros rocher d'Infralias, de plus de 500 mètres de longueur, ne peut s'expliquer que par la descente sur place d'une partie de la nappe enlevée par l'érosion.

Arrivés à l'entrée du défilé, nous suivons la voie du chemin de
fer; nous entrons alors dans une série normalement en place, dans
la série jurassique qui forme le sustratum du Crétacé.

La base du Crétacé qui se relève brusquement, en dépassant même sur la voie la verticale, contre les dolomies jurassiques, est formée par une brèche très intéressante, entièrement composée de
galets de dolomies jurassiques. Cette formation est locale et ne se
retrouve pas au Nord du bassin; elle marque évidemment le bord
d'une saillie déjà émergée au moment du dépôt crétacé, et il est
bien naturel d'expliquer cette saillie par une ébauche, déjà exis-
tante à l'époque crétacée, du grand anticlinal ou plutôt de la grande série d'anticlinaux triasiques que nous avons traversée en venant de Brignoles. Nous voyons ensuite la bauxite, et un petit pli
secondaire qui ramène la brèche, et nous traversons sur un court
espace la série complète jusqu'à l'Infralias (fig. 99). L'attention est
appelée spécialement sur les lits fossilifères du Bajocien, auxquels
M. KILIAN a bien voulu consacrer une Note spéciale. Un nouveau
synclinal, dont les ondulations multiples sont bien marquées au-
dessous de nous au fond de la vallée, ramène les masses calcaires
du Bathonien, puis, de l'autre côté de ce synclinal, on voit se relever presque verticalement le Bajocien et l'Infralias sur lequel nous
nous arrêtons. Nous jetons alors un coup-d'œil sur l'autre paroi
de la vallée, et nous y voyons les mêmes plis se répéter avec une
admirable netteté. La coupe (fig. 98) ne rend qu'imparfaitement, à
cause de la petitesse de l'échelle, l'impression produite par ces
ondulations répétées qui, tout à coup, se dressent en grandes barres
verticales comme pour s'élever jusqu'au sommet de la colline.

Ces barres s'arrêtent pourtant, et s'arrêtent brusquement à mi-
côte; on voit alors, dans toute la partie supérieure de la colline,
un système de bancs horizontaux, parfaitement lités, interrompre
comme par un trait de couteau la série des plis de la base. Nous
allons tout à l'heure constater que ces bancs sont des dolomies
infraliasisiques, et qu'entre elles et la zone plissée il y a une
petite bande continue de Crétacé, également horizontale.

Nous devons descendre un peu vers l'aval pour trouver un pont;
nous gravissons la pente opposée, en passant à la bastide de Tem-
plarre, et nous nous engageons sur un chemin forestier qui suit

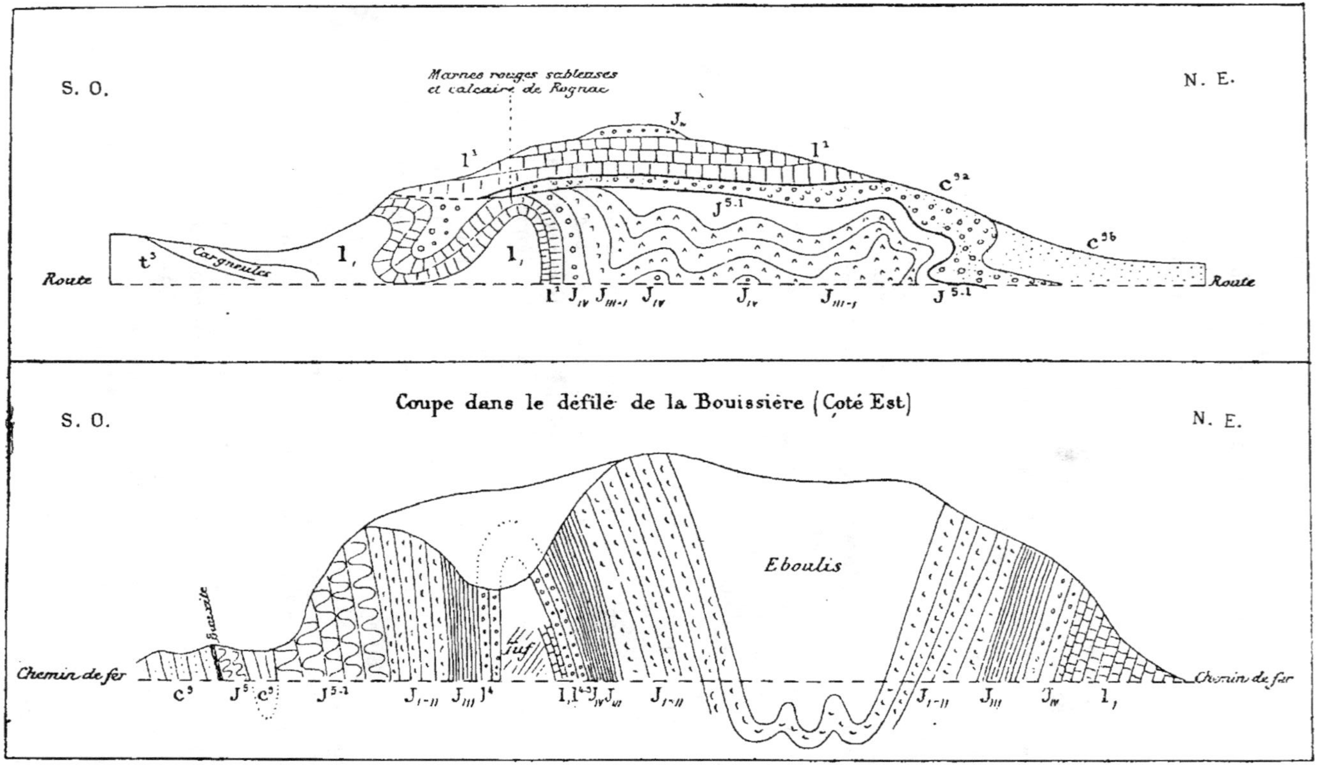

Coupe dans le défilé de la Bouissière (Coté Est)

Fig. 98 et 99. — Coupes du défilé de La Bouissière. — Échelle de 1: 5000 environ (voir la Légende sur la page suivante).

précisément le contact à étudier. Cette montée nous permet de constater la succession, en ordre qui semble normal, du Trias, des couches à *Avicula contorta* et des dolomies infraliasiques. L'âge de ces dolomies est en tout cas incontestable, car elles sont surmontées sur le plateau par les calcaires à silex du Bajocien fossilifère.

Un peu après le coude qui ramène le chemin dans la direction de la vallée, on trouve en effet, en grattant le talus, des marnes et des sables rouges, bien en place, avec morceaux de calcaires lithologiquement semblables au calcaires de Rognac. Il suffit de descendre d'un ou deux mètres pour se trouver sur la tranche des couches bajociennes verticales, et l'on vient de quitter l'Infralias horizontal qu'on voit se continuer au-dessus de soi. D'ailleurs, les brèches constatées à la base du Crétacé apparaissent presque immédiatement auprès des sables; leur affleurement, à mesure que nous marchons vers le Nord, va en s'élargissant sur le flanc du coteau et il va se raccorder avec celui du chemin de fer, à la base de la série développée jusqu'à Salernes.

Les faits sont d'une telle évidence que tout le monde les reconnaît sans discusion. Ici on n'a pas *admis* l'existence d'un pli couché: *on l'a vu.*

Légende des figures 98 et 99.

Fig. 98. — Coupe du défilé de La Bouissière (côté Ouest).

t³. Marnes irisées; l₁. Couches à *Avicula contorta*; l⁴. Dolomies infraliasiques; J₁ₓ. Bajocien (Calcaires à Silex); J₁₁₁₋₁. Bathonien; J³⁻⁴. Dolomies jurassiques; c⁹ᴬ. Brèche de la base du Crétacé; c⁹ᴮ. Sables rouges avec bancs calcaires intercalés (Calcaire de Rognac).

Fig. 99. — Coupe du défilé de La Bouissière (côté Est).

l₁. Infralias; l⁴⁻³. et J₁ₓ. Calcaires à Silex (l'attribution d'une partie des calcaires à Silex au Lias est douteuse); J₁₁₁. Calcaire marneux (Bathonien inférieur); J₁₁₋₁. Calcaires bathoniens; J⁵⁻⁴. Dolomies jurassiques; c⁹. Crétacé.

XLIV

CLÔTURE DE LA SESSION (p. 1161-1162).

La séance de Brignoles devant être la dernière de la Session, M. M. BERTRAND remercie de nouveau ses confrères, et il prie M. DEPÉRET de lire en son nom quelques paroles de clôture.

« J'espère, dit-il, avoir atteint le but que je m'étais proposé en conduisant la Société en Provence et avoir convaincu mes confrères de la réalité de ces grands phénomènes de chevauchement, qui forment le trait dominant de la structure du pays. Nous en verrons à Salernes de nouveaux exemples; M. COLLOT vient de nous exposer ceux qu'il a observés sur la feuille d'Aix. On peut donc dire que ces phénomènes ont en Provence un caractère frappant de généralité.

En présence de cette généralité, en présence de coupes aussi nettes que celle que M. ZURCHER nous montrait hier à Saint-Christophe, on s'étonne presque que la question de ces superpositions anormales se soit posée si tard. Au Beausset, la difficulté a été longtemps écartée par l'hypothèse d'anciens récifs dans la mer crétacée, mais partout ailleurs elle ne semble pas avoir été remarquée. Il y a là un exemple intéressant de la subordination involontaire des observations aux idées admises: pour voir les choses, il faut les croire possibles. Sans doute, on savait depuis longtemps que la houille existe en Belgique sous le terrain dévonien; on savait aussi que dans les Alpes de Glaris, le Permien est superposé au Nummulitique; mais tant que ces faits sont restés mal expliqués, on n'a rien signalé dans aucune région qui pût en être rapproché. A partir du jour, au contraire, où M. GOSSELET, pour le bassin franco-belge, a coordonné toutes les anomalies connues dans une théorie simple et rationnelle, à partir surtout du jour où M. HEIM, dans son admirable ouvrage sur la formation des montagnes, a démonté en quelque sorte le mécanisme du phénomène et l'a rendu familier à tous ses lecteurs, les découvertes du même ordre se sont succédé presque d'années en années. En Écosse, aux États-Unis, au Canada, aussi bien qu'en Provence, on a reconnu que les déplacements horizontaux jouent partout, dans les grandes chaînes de montagnes, un rôle au moins comparable à celui des

27

déplacements verticaux. C'est là un résultat théorique d'un grand
intérêt général, et dont l'honneur revient tout entier à ceux qui
l'ont préparé et rendu possible. Notre Session serait incomplète si
elle ne se terminait par un souvenir à l'adresse des deux maîtres
dont nous regrettons l'absence et par un hommage rendu à leurs
travaux.»

XLV

LE MASSIF D'ALLAUCH

*(BULLETIN DES SERVICES DE LA CARTE GÉOLOGIQUE
DE LA FRANCE ET DES TOPOGRAPHIES SOUTERRAINES,
Tome III (1891-1892), n° 24, p. 283-333. — Décembre 1891).*

Sommaire (¹)

INTRODUCTION

J'ai publié, il y a deux ans, dans les *Comptes rendus de l'Académie des Sciences* (²), une courte Note sur le massif d'Allauch (au Nord-Est de Marseille), et sur les phénomènes remarquables qu'une première étude m'y avait fait découvrir. Avant de donner de ces phénomènes une description détaillée, je crois utile de repro-

---

(¹) La légende, commune à toutes les figures du texte et aux coupes de la planche VIII, est donnée au-dessous de la figure 100, page 424.

(²) 26 Novembre 1888 [Voir ci-dessus, art. XXX, p. 283-286].

duire brièvement le résumé des faits principaux, et l'explication que j'avais cru pouvoir en proposer.

Le massif d'Allauch, entre Pichauris, Allauch et la plaine de l'Huveaune, a la forme d'un triangle presque équilatéral, d'environ 8 kilomètres de côté; il constitue une sorte de plateau très inégal et très profondément raviné, dont le Néocomien inférieur, en bancs généralement horizontaux, constitue le soubassement, et dont les calcaires à Hippurites couronnent les sommets. Mais ce massif à structure à peu près régulière est entouré d'une ceinture étroite et continue de couches étirées et disloquées, où se pressent les terrains les plus variés, depuis le Trias jusqu'au Crétacé supérieur; dans les points où cette bande s'élargit, la coupe en est bien nettement celle d'un pli anticlinal, toujours renversé vers le massif; dans les points où elle se resserre, jusqu'à n'être plus marquée que par un mince cordon de Marnes irisées et de cargneules, on est naturellement tenté, par raison de continuité, de lui attribuer la même signification et d'y voir un pli anticlinal écrasé. On se trouverait alors en face d'un problème d'un nouveau genre: un pli, qui au lieu de s'allonger en direction, se recourberait sur lui-même et décrirait une courbe complètement fermée.

Or, si l'on comprend l'existence d'un pli sinueux, si l'on conçoit qu'une ondulation, au lieu de se propager en ligne droite, soit déviée par un obstacle, subisse un ressaut ou change de direction, on ne peut comprendre, avec l'idée que nous nous faisons de la formation d'un pli, qu'il se propage *en rond*, et que son contour dessine une ligne elliptique. Il faut donc, ou que la structure anticlinale constatée dans la ceinture du massif soit une simple apparence, ou qu'elle soit produite par une autre cause que celle qui produit les phénomènes ordinaires de plissement.

La seconde particularité n'est pas moins remarquable: le pli qui ferait ainsi le tour du massif d'Allauch, n'est pas un pli droit, mais un pli *couché vers le massif*; partout du moins où la retombée du pli n'est pas supprimée de ce côté, c'est-à-dire partout où la bande périphérique de Trias est séparée du massif par des couches d'âge intermédiaire, ces couches sont renversées et plongent sous le Trias. Partout le Trias est incliné comme pour aller recouvrir le massif d'un manteau de couches plus anciennes.

L'explication de ces faits m'avait semblé s'imposer avec évidence: ce manteau de couches plus anciennes aurait réellement existé au-dessus du massif; la surface de glissement dans ce pli couché,

avec les *lambeaux de poussée* qui l'accompagnaient, aurait été dénivelée par des failles et bosselée par des compressions ultérieures, et les érosions, s'attaquant aux parties en saillie, auraient fait
apparaître le substratum à la place actuelle du massif. Il est clair
que, dans ce cas, l'affleurement de la surface de glissement doit dessiner une ligne circulaire autour de ce dôme du substratum (ou du
flanc inférieur); que cet affleurement doit montrer le Trias incliné
vers le massif et séparé de lui d'une manière plus ou moins continue par les lambeaux de poussée, qu'il doit donc présenter partout l'apparence d'un pli anticlinal écrasé, renversé vers le massif,
ou couché sur lui. L'hypothèse rendrait donc compte, non seulement de la courbe inusitée des affleurements, mais encore de l'étirement des couches et de l'écrasement de la bande triasique, qui
par places affecte presque l'allure d'un filon au milieu du Crétacé.

L'explication non seulement me semblait satisfaisante, mais elle
me semblait la seule possible. J'ai donc cru pouvoir la publier,
avant d'avoir vérifié par une étude suffisamment détaillée comment la coupe générale résultant de cette hypothèse pouvait se
raccorder avec celle des massifs voisins. Quand j'ai tenté ce raccordement, je me suis heurté à de sérieuses difficultés qui seront
exposées dans cette Note: elles ne me semblent pas condamner absolument ma première hypothèse, mais elles la rendent moins probable. J'ai alors repris, dans ces deux dernières années, l'étude du
massif et d'une partie des massifs voisins; je me suis attaché surtout à suivre les lignes de discontinuité et à caractériser leur nature, à distinguer en d'autres termes les failles de plissement ou
d'étirement, les failles de décrochement (*Blatt*) et les failles d'affaissement. J'ai été amené ainsi à concevoir la possibilité d'une
seconde hypothèse, que j'exposerai en regard de la première, sans
oser me prononcer entre elles deux d'une manière formelle. L'important est avant tout de décrire les faits et d'en permettre le
contrôle: les deux interprétations possibles soulèvent d'ailleurs
des problèmes importants, dont l'un surtout mérite de fixer l'attention, c'est l'existence probable en Provence d'une grande bande
de plissements indépendante des plis déjà décrits et transversale à
ces plis.

Pour permettre de suivre la description des faits, j'ai joint à cette
Note une carte géologique de la région au 1:80000. Cette carte
(pl. VII) réunit deux parties déjà publiées séparément par le Service
de la Carte géologique: la première, la plus étendue, située sur la

feuille d'*Aix*, a été faite par notre confrère M. COLLOT; la seconde seulement (feuille de *Marseille*) est le résultat de mes propres observations. A mes propres contours, aussi bien qu'à ceux de M. COLLOT, j'ai été amené à apporter quelques modifications de détail; dans ces pays, où l'extrême complication se dissimule si souvent sous une apparence de régularité relative, on ne peut arriver à l'exactitude complète que par des approximations successives.

DESCRIPTION DES FAITS OBSERVÉS

I. Massif d'Allauch (*Massif de Garlaban*). — Je désigne ainsi d'une manière plus spéciale le grand massif triangulaire de roches abruptes et dénudées, qui se dresse au Nord-Est d'Allauch, et se trouve compris entre deux failles dirigées obliquement l'une sur l'autre, l'une à peu près N.-S., l'autre N. E.-S. O; dans ce massif, les couches crétacées sont restées dans leur ensemble régulièrement horizontales, ou du moins faiblement inclinées. Je n'ai guère pour cette partie d'observations personnelles à mentionner; la carte de M. COLLOT, reproduite sans modifications, en traduit très exactement la physionomie.

Cette partie de la région a été l'objet, en 1888, d'un mémoire de MM. GOURRET et GABRIEL ([1]), qui, quoique ayant surtout pour but l'étude de la bauxite et des différents niveaux du Crétacé supérieur, renferme, avec de nombreuses coupes, beaucoup de détails stratigraphiques intéressants. Outre les failles principales, qui concordent naturellement avec celles qu'a indiquées M. COLLOT, un grand nombre de failles secondaires y sont indiquées. Pour une connaissance plus complète du massif, je me contente de renvoyer à ce travail; j'aurai seulement quelques réserves à indiquer à propos des failles de la bordure, dont d'ailleurs MM. GOURRET et GABRIEL ne se sont occupés qu'incidemment. Pour faciliter les comparaisons, j'ai employé dans ma Note les mêmes notations que ces auteurs.

Les calcaires du Néocomien inférieur (Valanginien de M. COLLOT et de MM. GOURRET et GABRIEL) forment le soubassement du mas-

---

([1]) P. GOURRET et ACH. GABRIEL, Le Crétacé de Garlaban et d'Allauch (*Bull. Société Belge de Géologie, de Paléontologie et d'Hydrologie*, II, 1888, *Mémoires*, p. 297-336, pl. VIII: coupes).

sif. Ces calcaires, dont l'épaisseur dépasse une centaine de mètres, sont seulement fossilifères dans leurs couches supérieures (couches à grosses Bivalves et à *Natica Leviathan*). Ils sont surmontés par les marnes et calcaires marneux du Néocomien, contenant une faune très riche (*Ostrea Couloni, Terebratula prælonga, Echinospatagus ricordeanus*, etc.) et se chargeant de silex à leur partie supérieure. Mais tandis que ces étages montrent une puissance au moins égale à celle qu'ils présentent dans le voisinage, et notablement supérieure à celle qu'on leur trouve à l'Est, les étages suivants sont au contraire très réduits ou font même défaut. L'Urgonien, si développé tout autour du massif, s'amincit rapidement du Sud-Ouest au Nord-Est, et disparaît dans tout l'angle septentrional. Une couche importante de bauxite surmonte au Sud ses derniers affleurements. L'Aptien fait partout défaut; le Cénomanien n'est pas mentionné par M. COLLOT; je suis disposé, ainsi que MM. GOURRET et GABRIEL, à en voir le représentant dans des calcaires compacts et grésiformes qui forment la base du Turonien; mais, pas plus que ces auteurs, je n'y ai trouvé de fossile déterminable; son épaisseur en tout cas serait très faible. Le Turonien, au Sud, correspond assez bien à celui des Martigues, ainsi que l'a montré M. DEPÉRET (¹), et comprend des bancs noduleux à *Biradiolites cornupastoris* surmontés par une alternance de marnes et de grès en partie saumâtres. Toutes ces couches disparaissent progressivement vers le Nord-Est, d'abord les bancs noduleux à *Biradiolites*, puis les couches saumâtres, si bien qu'au dernier sommet où apparaissent les calcaires à Hippurites (S. O. du point 642), ils reposent, d'après M. COLLOT, directement sur le Valanginien. Ces lacunes importantes dans la série crétacée sont d'autant plus dignes de remarque, que tous ces étages se retrouvent bien développés à peu de distance et dans toutes les directions autour du massif.

Un autre fait intéressant est à signaler: le massif est traversé par une série de failles, alignées dans le sens de sa plus grande largeur, du S. O. au N. E. La plus importante (faille principale de MM. GOURRET et GABRIEL) borde à l'Est les affleurements de calcaires à Hippurites; d'après ces auteurs, elle se suit jusqu'à la bordure méridionale, au Sud de la Tête de Peynaou. Quoique je ne l'aie pas prolongée aussi loin sur la feuille de Marseille, ce

---

(¹) *Bull. Soc. Géol. de France*, 3ᵉ sér., XVI, 1887-1888, p. 559.

parcours me semble assez vraisemblable; le temps m'a manqué pour retourner sur les lieux faire la vérification.

Une seconde faille à peu près parallèle se rencontre un peu plus à l'Est; elle longe le bas du grand ravin du Puits-du-Murier, et vient aboutir un peu au Sud des Bellons, au-dessus de La Treille; cette seconde faille rejette nettement les couches de la bordure. Elle se perd au Nord-Est, au milieu des calcaires uniformes du Valanginien.

Plusieurs autres failles moins importantes suivent la même direction; il en est de même de la grande faille qui limite au Nord-Ouest le massif (faille x de MM. GOURRET et GABRIEL), mais cette dernière fera plus loin l'objet d'une étude spéciale.

En résumé, le massif d'Allauch (ou de Garlaban) présente dans son ensemble une structure simple et régulière: une succession de couches horizontales, dénivelées par quelques failles N. E.-S. O.; de plus, la série de ces couches est incomplète, avec des lacunes qui ne se retrouvent pas autour du massif, dans quelque direction qu'on s'en éloigne.

II. **Bordure méridionale.** — Si, après ce premier examen du massif, on en suit le bord, entre Allauch et le Jas de Fontainebleau, on voit les couches prendre une inclinaison assez régulière vers le Sud, c'est-à-dire vers la plaine de Marseille; mais ce penda-

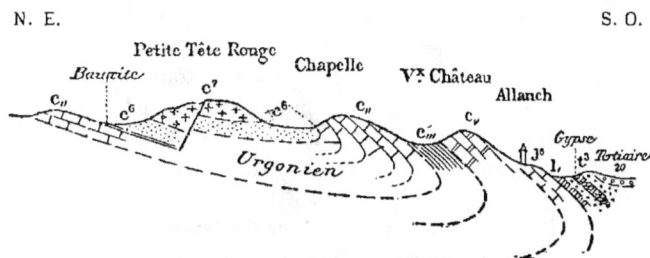

Fig. 100. — Coupe d'Allauch à la Petite Tête Rouge.

t_I. Muschelkalk; t^3. Marnes irisées; l_I. Couches à *Avicula contorta*; l^3. Lias et Bajocien (calcaires à silex); J_{III}. Bathonien; j^2. Calcaires oxfordiens; j^5. Dolomies du Jurassique supérieur; j^6. Calcaires blancs; c_v. Valanginien; c_{III}. Marnes et calcaires néocomiens; c_{II}. Urgonien; c^I. Aptien (et Gault?); c^5. Cénomanien; c^6. Turonien; c^7. Sénonien; c^9. Couches saumâtres et lacustres (série de Fuveau); 20. Terrains oligocènes discordants.

Nota. — Cette Légende s'applique aux figures 100 à 126, ainsi qu'à la planche VIII.

ge uniforme, au lieu d'amener l'affleurement de couches plus récentes, amène au contraire celui de termes variés du Crétacé inférieur, du Jurassique et du Trias. Ce retour de couches plus anciennes a été naturellement d'abord expliqué par une faille; il y a bien
faille en effet, ou plutot une série de failles, mais de ces failles
propres aux régions de plissement, qui se produisent parallèlement aux bancs, et qui ne sont que des étirements ou des glissements le long des flancs d'un pli. En réalité, les faits ne peuvent
donner lieu à aucune difficulté d'interprétation, et se traduisent
par l'existence d'un *pli anticlinal, très écrasé, couché vers le*
massif.

Je commencerai d'abord par reproduire la coupe d'Allauch même,
qui a été déjà donnée par M. DEPÉRET ([1]). Elle montre le Crétacé
se recourbant en un pli synclinal, qui ramène jusqu'au village la
série assez complète des étages renversés. Je crois même, comme
M. DEPÉRET l'indique avec un point d'interrogation, que les calcaires sur lesquels Allauch est construit, avec leurs intercalations
dolomitiques, sont les calcaires blancs du Jurassique supérieur.
M. COLLOT ([2]) voudrait y voir un retour de l'Urgonien par suite
d'un anticlinal secondaire, au centre duquel apparaîtrait le Néocomien à *Ostrea Couloni.* Rien ne me paraît justifier cette interprétation plus compliquée, ni l'hypothèse d'un pli secondaire qui
n'aurait d'analogue dans aucune des coupes voisines. Les calcaires
blancs, comme l'a figuré M. DEPÉRET, plongent sous l'Infralias
(plaquettes calcaires et lumachelles), visible dans un chemin au
Sud du village, et celui-ci plonge à son tour sous les Marnes irisées, où le gypse est exploité en de nombreuses carrières. On arrive là dans la région centrale du pli, sur le flanc duquel, comme on
voit, une grande surface de glissement a supprimé presque toute
la série jurassique.

Vers l'Est, du côté du château de Carlevan, le Tertiaire vient recouvrir transgressivement les derniers termes de cette coupe et
masque successivement le Trias et le Néocomien. Plus loin, notamment dans la colline qui au Nord de Montespin forme une saillie dans le bassin tertiaire, on voit apparaître les dolomies du Jurassique supérieur; on pourrait croire qu'elles continuent les calcaires blancs d'Allauch, mais en réalité elles en sont séparées par une

---

([1]) *Bull. Soc. Géol. de France,* 3ª série, XVI, 1887-1888, p. 563.
([2]) *Bull. Soc. Géol. de France,* 3ª série, XVIII, 1889-1890, p. 66.

bande étroite de Trias. Si l'on monte, derrière le château, dans la combe étroite où affleure le Néocomien, très contourné, on trouve, à partir du petit col auquel elle conduit, une ligne de champs cultivés avec puits et affleurements rougeâtres; ce sont les Marnes irisées et les cargneules qui les accompagnent; leur largeur n'atteint pas 100 mètres; mais on peut les suivre sans interruption jusqu'au-delà de la colline de Montespin, derrière laquelle j'ai observé la lumachelle de l'Infralias, et jusqu'aux Bellons, où le gypse est exploité. Au Nord de cette bande triasique s'élève la montagne crétacée, dont le revers est là constitué par les calcaires urgoniens renversés sur le Turonien, tandis qu'au Sud le Trias plonge sous les dolomies jurassiques déjà mentionnées, recouvertes par l'Urgonien, avec quelques lambeaux d'Aptien. On peut d'ailleurs constater que l'Urgonien du Nord s'enfonce sous le Trias: au col de Montespin, il se continue en effet par une barre calcaire presque horizontale, qui s'avance transversalement, au-dessous des calcaires délitables, sur plus de la moitié de la largeur de la bande cultivée. La coupe en ce point est donc la suivante (fig. 101):

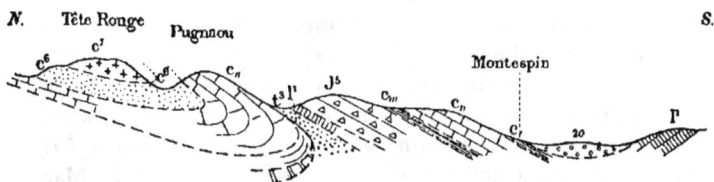

Fig. 101. — Coupe par Montespin et la Tête Rouge.

Au Sud, de l'autre côté d'un affleurement de poudingues tertiaires, s'étend la large traînée de terrains triasiques et d'Infralias, relativement peu disloqués, qui se développe entre Les Acates, Valentine, Les Olives et Allauch. Les terrains secondaires de Montespin remplissent donc une cuvette entre les deux traînées triasiques, avec cette particularité que sur le bord septentrional, seul observable, la série des terrains est très incomplète. Si l'on cherche à établir le parallélisme des deux coupes (fig. 100 et 101), on voit que cette cuvette serait à Allauch complètement vidée de son remplissage secondaire, ou même peut-être complètement effacée; qu'au Nord de cette cuvette, le pli anticlinal d'Allauch, toujours couché vers la montagne, se continue par la petite bande triasi-

que, et que l'axe s'en rapproche progressivement de la charnière
synclinale des Baous Rouges. Autrement dit, les termes renversés
qui forment le flanc inférieur du pli se réduisent de plus en plus:
à Allauch ils comprennent l'Infralias, le Jurassique supérieur, le
Néocomien, l'Urgonien et le Turonien; à l'Est de Carlevan, ils se
réduisent aux trois derniers termes, et plus à l'Est, ils ne comprennent plus que l'Urgonien.

Poursuivons notre examen vers l'Est: aux Bellons, il y a décrochement et rejet par la faille transversale dont j'ai déjà parlé. Ce
n'est plus le Trias, mais l'Infralias (marnes vertes, calcaires en
plaquettes et lumachelle) qui se retrouve plus au Sud, formant
une bande étroite, analogue à la précédente, à partir de Martelleine; cette bande s'élargit un peu au Sud-Est de La Treille, et laisse
apparaître les Marnes irisées; on la suit sans interruption, par le
versant de la colline 373 et par Les Lyonnaises, jusqu'au Jas de Fontainebleau, et tout le long du chemin d'Allauch, jusqu'à Font-de-
Mai, où elle se contourne vers le Nord, comme je le dirai tout à
l'heure. L'allure de la bande est là particulièrement instructive,
parce qu'elle s'élargit notablement à partir du Jas de Fontainebleau, et montre alors sans ambiguité sa structure anticlinale renversée vers le massif: au bas du vallon que suit le chemin d'Aubagne affleurent les dolomies de l'Infralias supérieur, pendant vers
le Sud; un peu au-dessous du chemin, elles sont surmontées par la
zone à *Avicula contorta*, très bien développée avec ses marnes
vertes, ses plaquettes à *Avicula contorta* et sa lumachelle à *Plicatula intusstriata*; plus haut, affleurent dans les champs les Marnes irisées, où un peu plus à l'Est le gypse est exploité; puis la série normale reprend, avec l'Infralias toujours incliné vers le Sud.
Le centre du pli est là complet, sans étirement ni suppression de
couches (fig. 103).

La position de l'axe du pli étant ainsi bien établie, on comprend
facilement les phénomènes variés que présentent ses retombées:
au Sud d'abord, près de La Treille, l'Urgonien est en contact direct
avec l'Infralias, sans doute par suite d'une faille de tassement secondaire; cet Urgonien, un peu à l'Est de Chapelette, plonge sous
l'Aptien marno-calcaire, sous le Cénomanien à Caprines et sous le
Turonien à Radiolites. Mais le contact anormal de l'Urgonien et
de l'Infralias ne se continue pas longtemps: entre eux on voit s'intercaler successivement les calcaires blancs, puis les dolomies du
Jurassique supérieur, le Bathonien calcaire, le Bathonien marneux

à *Cancellophycus*, les calcaires à silex et le Lias à *Pecten æqui-valvis* et à Spiriférines. Il y a là, au Sud-Ouest de Font-de-Mai, un point privilégié dans cette zone d'étirements exceptionnels, où la retombée Sud du pli est complète.

Au Nord, au contraire, la retombée du pli fait complètement défaut, ou présente des complications qui la rendent d'abord méconnaissable. Entre Martelleine et Les Lyonnaises, c'est le Néocomien, sans renversement, qui vient au contact de l'Infralias et du Trias; il surmonte le Valanginien des plateaux, qui s'abaissse lentement et régulièrement vers le Sud (fig. 102). Ainsi ce n'est pas seulement la retombée du pli anticlinal, mais aussi le centre du pli synclinal, où nous avions suivi de l'autre côté de la faille les Hippurites et le Turonien, qui semble là avoir disparu; ou au moins le pli synclinal, moins profondément creusé ou plus profondément dénudé, ne laisse plus là affleurer que le Néocomien. Un peu plus loin, vers Les Lyonnaises, une bande d'Aptien s'intercale entre ce Néocomien et l'Infralias, et elle va s'élargissant du côté du Nord-Est, vers Artussol et Les Camoins. J'y ai recueilli *Ostrea aquila, Orbitolina*

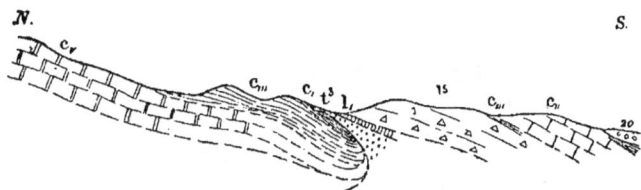

Fig. 102. — Coupe entre Martelleine et Les Lyonnaises.

(sp.), *Plicatula placunea, Belemnites* (sp.). Une grande partie de cette bande est formée par des calcaires gréseux et siliceux, qui, d'après les fossiles que M. COLLOT signale dans des calcaires analogues au hameau de Putis, pourraient partiellement représenter le Gault. Au milieu de cette bande, au Sud des Camoins, se dresse une haute barre calcaire, partageant le pendage général, et se terminant en pointe à ses deux extrémités, qui pourrait bien, d'après sa position et d'après l'aspect de la roche, représenter un morceau de Cénomanien pincé dans l'Aptien; mais je n'ai pu y trouver de fossiles.

Cet Aptien occupe une situation d'autant plus bizarre en apparence, que le Valanginien du plateau, au lieu de s'incliner et de passer au-dessous de lui, comme plus à l'Ouest, vient s'arrêter contre une nouvelle faille N. E.. La descente de ce Valanginien, au lieu de se faire par une pente régulière, se fait par une chute brusque, qui laisse ses couches horizontales et fait même un instant apparaître à ses pieds les dolomies du Jurassique supérieur (fig. 103 et 104), si bien que l'Aptien est enclavé entre l'Infralias et le Néocomien inférieur, et qu'il n'y a plus succession de terrains de plus en plus récents à partir du centre de l'anticlinal.

Les figures 102 et 103 résument cette description, en montrant la disposition des couches près des Lyonnaises et à Font-de-Mai. On remarquera dans cette dernière figure les dolomies jurassiques renversées qui s'intercalent entre l'Aptien et le Trias. La colline boisée que forment ces dolomies est bizarrement surmontée par une masse de calcaire compact, qui semble d'après l'aspect de la roche se rapporter au Valanginien, et qui sur l'autre versant est nettement superposée à l'Aptien (ou au Gault?). L'interprétation que donne la coupe m'a semblé la seule possible.

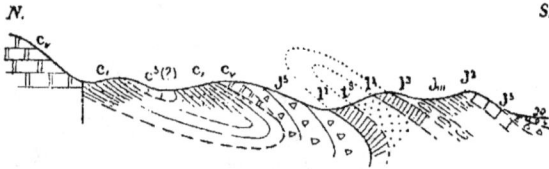

Fig. 103. — Coupe par Font-de-Mai.

III. Bordure orientale. — La bordure orientale continue sans interruption la bordure méridionale; c'est encore la continuité d'une bande étroite de Trias qui en forme le trait dominant. Cette bande triasique, un instant élargie à l'Ouest de Font-de-Mai, se rétrécit de nouveau en se contournant vers le Nord, et la place jusqu'aux Gavots n'en est plus marquée que par une étroite dépression cultivée, où se rencontrent partout des débris de cargneules. Sa largeur se réduit par places à une vingtaine de mètres, mais elle ne s'étrangle nulle part jusqu'à disparaître complètement. A l'Ouest, comme je viens de le dire, se montre l'Aptien avec sa barre médiane; les deux formations sont en contact aux Camoins (¹); au Sud, elles sont séparées par des dolomies jurassiques qui finissent

(¹) La ferme des Camoins, entre Font-de-Mai et Les Gavots, n'est pas marquée sur la Carte de l'État-Major.

en pointe avant la ferme. De l'autre côté de l'Aptien se dresse la muraille du Valanginien horizontal, au pied duquel apparaissent un instant les dolomies jurassiques (fig. 104).

Le fait remarquable à ce tournant du Trias est la rapidité avec laquelle disparaissent les termes jurassiques de l'autre retombée du pli, que nous avions vu se compléter au Sud de Font-de-Mai (fig. 103). La transgression des couches tertiaires empêche malheureusement de suivre les détails de cette disparition; à la route d'Aubagne au Jas de Fontainebleau, elles masquent tout jusqu'à un banc de calcaire à silex (Bajocien ou Lias), qui surmonte

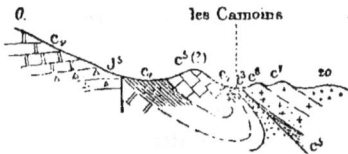

Fig. 104. — Coupe passant par Les Camoins.

l'Infralias. Dans le fond du vallon, qui au-dessous de la route va à Font-de-Mai, on ne trouve comme Jurassique que les dolomies de l'Infralias; mais un peu au-dessus du vallon, au Sud, j'ai trouvé des lambeaux de Lias et au Nord des lambeaux de Bathonien. Cet Infralias est directement surmonté par le Cénomanien, d'abord sableux, puis calcaire, avec *Ostrea columba* et Caprines, et ensuite par les calcaires à Rudistes. En remontant au Nord, l'Infralias disparaît, le Cénomanien lui-même s'étrangle, et aux Camoins, ce sont les calcaires à Hippurites turoniens qui s'appliquent contre le Trias (fig. 104). Puis, jusqu'aux Gavots (fig. 105), les termes intermédiaires reparaissent progressivement.

Quoique la suppression capricieuse et intermittente d'un nombre quelconque de termes de la série, et de plus la sinuosité des bandes formées par les termes conservés, donnent d'abord à ce petit coin de la région l'apparence d'un véritable chaos, où tout se mélange sans ordre et sans loi, on voit cependant qu'il y a en réalité un ordre, et un ordre très constant dans la succession des affleurements, et que cet ordre est celui des deux retombées d'un pli anticlinal. Cet ordre y peut servir de guide aussi sûr pour l'étude des couches que la superposition dans des terrains horizontaux; un

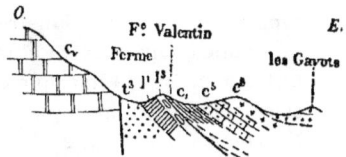

Fig. 105. — Coupe des Gavots à la Ferme Valentin.

terme qui ne serait pas à la place prévue serait une contradiction aussi choquante qu'une assise qui ne serait pas à son niveau
dans le bassin de Paris.

Au Nord des Gavots, les faits se simplifient beaucoup, parce que
la bande triasique arrive au contact de la faille qui limite la muraille valanginienne. Quelle que soit alors l'interprétation qu'on
adopte, on n'a plus au pied de la falaise qu'une série de couches
sans interversion, débutant par le Trias et s'enfonçant sous la plaine de l'Huveaune. Aucun indice ne porte à supposer à la faille une
inclinaison différente de la verticale; nulle part les couches ne
semblent se retrousser ou se replier à son contact, et quand le
Muschelkalk apparaît sous les Marnes irisées, au Nord de Lascours, il s'appuie directement contre la falaise. La coupe de l'Ouest
à l'Est est donc, pour toute cette partie: une série crétacée horizontale, puis une faille verticale ramenant une série plus ancienne qui
plonge à l'Est. On peut supposer que le pli anticlinal se continue, et
que la faille bordure en a supprimé toute la retombée Ouest. C'est
même l'hypothèse qui se présente le plus naturellement à l'esprit quand on considère la continuité de la bande de Trias, et la
continuité de la bande secondaire qui l'accompagne à l'Est, en
montrant jusqu'à Lascours les mêmes phénomènes d'étirements et
de suppressions intermittentes. Je tiens à me borner ici à l'examen des faits; mais, sans entrer dans la discusion, je dois indiquer
l'argument indirect qui ressort de la coupe du pic de Garlaban.

Le Pic de Garlaban, qui domine Les Gavots, est le plus haut
sommet du massif crétacé (687m), auquel pour cette raison on donne aussi le nom de massif de Garlaban (¹). La croix élevée à son
sommet est construite sur des calcaires gris compacts, qui reposent sur le Néocomien à *Ostrea Couloni*. Il était donc naturel,
comme on l'a fait ordinairement, de rapporter ces calcaires au
Néocomien supérieur ou à un faciès insolite de l'Urgonien. M. COL-
LOT a le premier remarqué que ces calcaires sont identiques aux
calcaires valanginiens qui forment sur le plateau le substratum du
Néocomien marneux, et il a de plus decouvert entre ce Néocomien
marneux et le sommet une petite bande de calcaires gréseux, jaû-
nâtres, avec débris de Crinoïdes et d'Oursins, qui appartiennent
certainement au Crétacé supérieur (²). Nous avons pu nous con-

(¹) C'est le nom donné par MM. GOURRET et GABRIEL.
(²) *Bull. Soc. Géol. de France*, XVIII. 1889-1890, p. 91. — M. FOURNIER,
de Marseille, m'a de plus signalé récemment la découverte intéressante de

vaincre dans une course commune que le Valanginien du sommet
était ramené par une surface de glissement à peu près horizontale, et que le Garlaban correspond en réalité à la charnière
synclinale d'un pli couché (fig. 106). Le Crétacé supérieur est limité à la partie N. O.; cela indique le sens de l'ouverture du pli; le

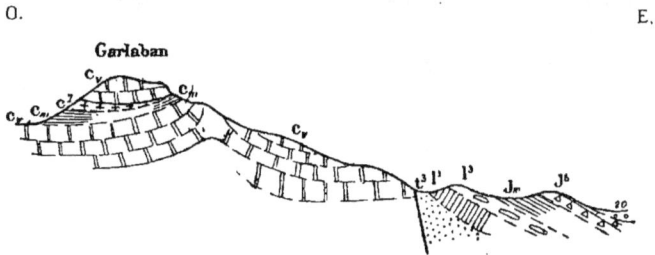

Fig. 106. — Coupe passant par le Chapeau de Garlaban.

Néocomien marneux fait à peu près le tour du sommet; pourtant,
à l'Est, il s'amincit et s'étire. La grotte qui est au-dessous du sommet est ouverte dans ses assises froissées et écrasées, réduites à
un mètre ou deux; et au Sud de la grotte il m'a même semblé disparaître complètement. Les calcaires valanginiens du sommet se
raccordent là directement avec ceux qui forment la falaise; une
petite voûte de calcaires verticaux, que l'on observe au commencement de la descente, me porte à croire que le pli du Garlaban
est seulement un pli secondaire, mais il n'en montre pas moins
que les phénomènes de plissement se continuent jusque-là, toujours
avec la même tendance au renversement vers le centre du massif.

J'ajouterai encore quelques mots, sans insister aussi longuement, sur la retombée des couches vers la plaine. Le système des
lacunes intermittentes continue jusqu'à Lascours, c'est-à-dire pendant 4 kilomètres environ vers le Nord; puis là, en même temps
que cessent les affleurements tertiaires, la série jurassique se ré-
tablit presque complète, plongeant avec des étages d'épaisseur normale sous le bassin urgonien de Roquevaire. Voici brièvement
comment les choses se passent: à partir du point où aux Camoins
le Trias était compris entre l'Aptien et le Turonien, les différents

---

lambeaux de bauxite *au-dessous* du Chapeau de Garlaban. En raison du niveau constant occupé par la bauxite dans la région, c'est une nouvelle preuve du renversement.

étages reparaissent progressivement des deux côtés d'une ligne médiane: d'abord à l'Ouest le Bathonien, puis les dolomies, puis le Bajocien et le Lias, en même temps à l'Est, le Cénomanien, puis l'Aptien, puis l'Urgonien. Le Crétacé, ainsi repoussé vers l'Est, est bientôt recouvert par les terrains tertiaires, et dans le vallon qui descend vers l'Étoile (fig. 106), on ne trouve plus que du Jurassique, le Bathonien marneux occupant la plus grande place. Suivant la ligne de thalweg de ce vallon, il y a tout à coup un resserre-

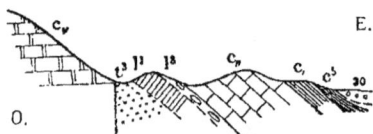

Fig. 107. — Coupe du Vallon de l'Étoile.

ment brusque de la bande; c'est l'Urgonien, l'Aptien et le Cénomanien (Caprines, *Ostrea columba*), qui font face aux dolomies de l'autre versant (fig. 107), et le Jurassique se trouve réduit à une mince bande de dolomies et de calcaires à silex (baguettes et plaques de *Rhabdocidaris*), qui vont bientôt s'écraser contre la bande triasique. De là jusqu'à Lascours, je n'ai plus vu que de l'Urgonien et de l'Aptien; enfin à Lascours un épanouissement brusque fait reparaître toute la série jurassique, formant des collines qui s'élèvent à plus de 200 mètres au-dessus de la plaine et s'étendent sur plus de 1500 mètres de largeur (fig. 108).

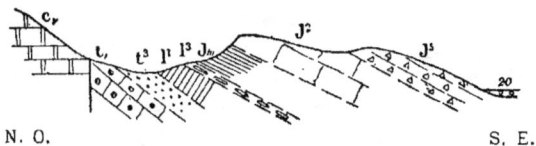

Fig. 108. — Coupe passant par Lascours.

Au haut du col auquel aboutit la bande triasique, au Nord de Lascours, le Trias cesse, s'écrasant contre la faille; l'Infralias et le Lias s'étirent au moins par places; le Bathonien marneux s'amincit à son tour; le Jurassique supérieur (calcaires oxfordiens et dolomies) conserve au contraire tout son développement, et l'on arrive ainsi à la faille (faille x) qui limite au Nord-Ouest le massif valanginien.

Cette faille se continue sans interruption à travers la série ju-

28

rassique; elle rejette d'une centaine de mètres celle que nous venons de suivre, mettant à l'Est le même massif en contact avec le Trias. C'est une faille d'affaissement bien caractérisée, postérieure à tous les autres accidents de la région. Au Nord de cette faille, le massif valanginien disparait; mais, géologiquement parlant, le promontoire crétacé des Mies en est la continuation, ramenée à un niveau plus bas, et la ligne de collines jurassiques que nous avons vu depuis Lascours faire bordure à ce massif, se prolonge avec des caractères analogues jusqu'au Terme (point culminant de la route de Marseille à Aix).

Au déplacement produit par la faille x correspond un nouveau resserrement dans la série jurassique. Il est curieux de constater que ce ne sont pas les mêmes termes qui ont disparu de part et d'autre de la faille: le Bathonien, presque supprimé au Sud, est très développé au Nord, dans le vallon de Font-de-Mulle, et le contraire a lieu pour les calcaires oxfordiens. Le contact a lieu à l'Est, non plus avec le Valanginien, mais avec des calcaires crétacés plus récents (Turonien, Sénonien et Aptien); mais ce contact continue à se faire par les termes jurassiques les plus anciens, qui sont successivement l'Infralias, le Lias, le Bathonien (froissé et écrasé au sommet du col qui mène de Font-de-Mulle au vallon du Terme); à la descente de ce col, des termes plus anciens apparaissent de nouveau, et j'ai même trouvé en un point (avec M. COLLOT) les marnes rouges du Trias. Au point où cessent les affleurements aptiens, l'Infralias qui les borde va se fondre dans une large bande infraliasique et triasique, dont je parlerai plus loin; mais la retombée continue à se faire vers le Sud-Est, en continuité avec la ligne de coteaux précédents. Le Lias et le Bathonien, prolongement ininterrompu de la série inférieure qui buttait contre l'Aptien, continuent à plonger, avec des lambeaux intermittents d'Oxfordien et de dolomies, sous le même bassin urgonien, celui de Peipin.

Ce bassin urgonien de Peipin, en continuité avec celui de Roquevaire, est le prolongement du Crétacé des Gavots, de La Treille et de Montespin; c'est lui qui permet de formuler simplement le résultat des descriptions précédentes: *une cuvette crétacée entoure le massif d'Allauch au Sud-Ouest, à l'Est et au Nord-Est;* le bord de cette cuvette, du côté du massif, est garni irrégulièrement par les différents termes, étirés et intermittents, de la série jurassique; le rebord culminant est presque partout formé de Trias. Ce Trias, à l'Est, s'appuie directement contre la falaise terminale du massif; mais au Sud, il en est séparé par un pli synclinal couché, dont le noyau étiré est tantôt enfoui par faille au pied du massif, tantôt supporté en concordance par les couches du plateau, qui forment alors le flanc relevé et non renversé de ce synclinal. Le schéma de la planche VIII, fig. 3, résume cette disposition. Il semble naturel de croire que le rebord supérieur de la cuvette marque partout la place d'un pli anticlinal, qui entoure parallèlement le massif; mais l'existence de ce pli anticlinal n'est prouvée que pour la partie méridionale.

IV. Bordure Nord-Ouest du massif. — Du côte du Nord-Ouest, le massif d'Allauch confine à la retombée du pli de l'Étoile, qui, orienté là à peu près Est-Ouest, est renversé sur le bassin crétacé de Fuveau. Toutes les collines au Sud-Ouest de l'Étoile, celles notamment du Pilon-du-Roi et de Notre-Dame-des-Anges, sont formées par la retombée régulière de ce pli, c'est-à-dire par la série des couches jurassiques et urgoniennes, en succession normale, avec leur puissance habituelle, et un pendage uniforme vers Marseille et vers la mer (fig. 109). Dans cette ensemble, le seul terme qui soit réduit, et même localement supprimé ([1]), est le Néocomien.

Je désigne sous le nom de bordure Nord-Ouest du massif deux triangles isolés, l'un près d'Allauch (triangle des Cadets), l'autre au Sud de Peipin (triangle de Pichauris), qui séparent le massif d'Allauch du pli de l'Étoile. Ces deux triangles, tous deux très compliqués, ont une structure en apparence complètement différente, et

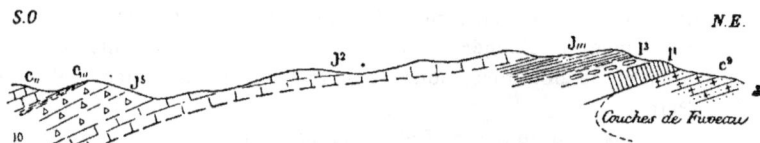

Fig. 109. — Coupe du versant Sud-Ouest de la chaîne de l'Étoile.

différente aussi de celle que je viens de décrire pour l'autre bordure. Le seul trait commun semble être l'apparation du Trias dans

([1]) COLLOT, *Bull. Soc. Géol. de France*, 3ᵉ sér., XVIII, 1889-1890, p. 58.

des situations inattendues, et sa tendance à se mettre en contact avec des terrains tous beaucoup plus récents. J'étudierai séparément ces deux triangles.

IV *a*. **Triangle des Cadets.** — Ce triangle n'est en réalité qu'une partie détachée et affaissée du massif d'Allauch ([1]). Il en est séparé par une faille (faille *x* de MM. GOURRET et GABRIEL), qui longe au Nord-Ouest tout le massif, et vient aboutir aux dernières maisons du village d'Allauch. Cette faille (chemin du Jas de Moulet) est remarquable, près d'Allauch, par l'existence d'un large remplissage de carbonate de chaux cristallisé (jusqu'à 2 mètres), qui en jalonne le parcours.

La presque totalité du triangle est occupée par les calcaires à Hippurites, dont les affleurements ont été étudiés en détail par MM. GOURRET et GABRIEL ([2]), et où ces auteurs ont signalé une suite de failles en échelons, ramenant plusieurs fois les mêmes couches (coupe du vallon des Amandiers). Mais ce qui est surtout important, c'est que ce petit massif de calcaires à Hippurites est séparé des couches néocomiennes et urgoniennes du massif de l'Étoile par une bande étroite de Marnes irisées et de cargneules, d'une largeur variant de 10 à 30 mètres. Cette bande a été signalée, à peu près en même temps que par moi, et d'une manière tout à fait indépendante, par MM. GOURRET et GABRIEL (faille *o* de ces auteurs). Mais ils ne semblent pas avoir attaché à ce fait singulier une grande importance. Voici d'ailleurs ce qu'ils en disent: après avoir constaté l'existence des Marnes irisées et des cargneules au haut du vallon des Amandiers, puis leur disparition momentanée au Sud-Ouest, ils ajoutent: « on ne tarde pas à voir ses lèvres [de la faille] s'élargir de nouveau et être séparées par une couche formée par le remaniement des Marnes irisées et des cargneules qui remplissent la faille, et des fragments du Néocomien et du Turonien qui en occupent les deux lèvres. Ce terrain remanié forme sur le parcours de la faille *o* une étroite bande cultivée, dont les plantations, consistant surtout en Amandiers, contrastent avec les rochers arides qui l'environnent. » Sur les coupes jointes au Mémoire cité, le Trias est représenté comme compris entre deux

[1] COLLOT, *Bull. Soc. Géol. de France*, 3ᵉ sér., XVIII, 1889-1890, p. 91.
[2] *Bull. Soc. Belge de Géol., de Paléontol. et d'Hydrol.*, II, 1888, *Mémoires*, p. 297-336, pl. VIII: coupes.

plans perpendiculaires, comme le serait un véritable filon de
Marnes irisées.

Je n'ai pas besoin d'insister pour montrer que cette interprétation
est difficilement admissible; les Marnes irisées ne peuvent ainsi
s'etre élevées dans une fente verticale, sur une hauteur qu'il faudrait évaluer à 600 ou 700 mètres, et l'on ne voit pas de quelle autre
manière on pourrait arriver à considérer le Trias comme *remplissage* d'une faille qui sépare deux étages crétacés. En réalité, cette
faille a une bien autre signification que d'avoir mis momentanément au même niveau le Néocomien et le Turonien: elle sépare
deux compartiments de la région qui ont subi des mouvements
complètement différents. En déplaçant verticalement, horizontalement ou obliquement l'un des compartiments le long de la faille,
on n'arriverait jamais à le faire se raccorder avec l'autre. La présence de la bande triasique entre ces deux compartiments est
un des faits qui pourra peut-être nous aider à concevoir les causes
d'une séparation aussi profonde.

Et d'abord, l'observation peut nous fournir un renseignement
précieux sur la position stratigraphique de ce Trias: *il est superposé au Sénonien*. Divers indices m'avaient fait déjà prévoir cette
conclusion; mais au point où la bande traverse le ravin, la berge
de la rive droite montre nettement la superposition; on y voit en
bas les calcaires marneux
du Sénonien, qui dans le
lit du ruisseau renferment
de grands Foraminifères
(*Lacazina*), et au-dessus
les Marnes irisées; toutes
ces couches plongeant également d'une trentaine de
degrés vers le Nord-Ouest
(fig. 110). Presque immé-
diatement, il est vrai, sur

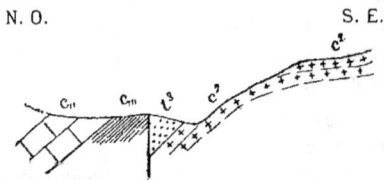

N. O.   S. E.

Fig. 110. — Coupe du Vallon
des Amandiers.

la rive gauche, affleurent les calcaires à Hippurites qui, d'après
les déterminaisons de MM. GOURRET et GABRIEL, seraient
plus anciens, et qui prennent un pendage opposé, celui qu'indiquent les coupes de ces auteurs. Peut-être entre les deux
points y a-t-il une nouvelle faille; la question demanderait de
nouvelles études, mais n'a qu'une importance secondaire: quelle
que soit la coupe exacte de ce lambeau de calcaires à Hippurites

(cette coupe m'a semblé en gros être celle d'une voûte dissymétrique, plus ou moins disloquée), ce lambeaux plonge sous les Marnes irisées. Ces Marnes irisées plongent-elles à leur tour *sous* le Néocomien du massif Nord? Je l'avais cru vraisemblable d'abord; mais le contact vers le haut du vallon semble bien se faire par faille verticale, et de plus la dissemblance complète des deux massifs me paraît maintenant nécessiter une autre interprétation.

Quoi qu'il en soit, là, comme sur la bordure opposée, le Trias se montre en cordon étroit le long du massif, et, comme de l'autre côté, il est couché sur les calcaires plus récents qui sont affaissés au pied de ce massif.

Si maintenant l'on étudie le petit côté du triangle, celui qui à l'Ouest confine à la bordure tertiaire, on retrouve des affleurements infraliasiques (lumachelle) au premier tournant de la route d'Allauch au Logis-Neuf, et en arrivant à Allauch, au pied du chemin qui monte au village. Il y a encore un affleurement jurassique (dolomies supérieures ou infraliasiques?) le long de la faille x, auprès d'un poste qui est à gauche du chemin du Jas de Moulet, un peu après le ravin (Le Gravon) qui monte vers Pugnaou. Ces affleurements sont disposés de la même manière que celui du Sud du village, c'est-à-dire qu'*ils recouvrent la série crétacée renversée.*

Si l'on fait en effet une coupe du Nord au Sud, près de la route du Logis-Neuf, on voit d'abord, comme l'a indiqué M. COLLOT ([1]), les calcaires à Rudistes passer sous les calcaires rouges et gréseux d'un mamelon couvert de grands pins. Un peu plus au Sud, dans

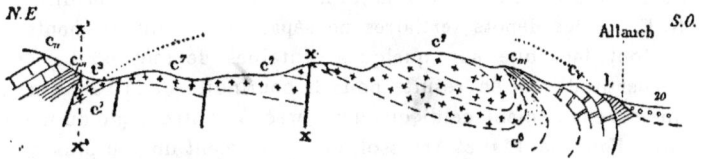

Fig. 111. — Coupe du lambeau de calcaires à Hippurites d'Allauch.

le petit vallon qui longe à l'Est ce mamelon, on trouve les couches saumâtres du Turonien, mais peut-être est-on là déjà sur l'autre versant de la faille. A l'Ouest du vallon, je n'ai trouvé au-dessus des calcaires roux que le Néocomien marneux assez réduit, avec un gros banc calcaire à la base qui forme barre (peut-être l'Urgonien), et au-dessus les calcaires valanginiens, d'un gris foncé, bordant la partie inférieure du ravin des Gravons. Ce sont ces calcaires qui plongent sous les lambeaux d'Infralias.

Ainsi la coupe de ce lambeau hippuritique, prise du N. E. au S. O., serait la suivante (fig. 111). Des deux côtés, le Trias ou l'Infralias a tendance à le recouvrrir.

Je n'essaie pas de discuter ici jusqu'où allait primitivement ce recouvrement, et les pointillés de la coupe n'ont d'autre but que de faire comprendre comment la petite traînée de Trias a pu, quoique en superposition sur les calcaires, être dans le vallon des Amandiers respectée si uniformément par la dénudation; ce ne serait que le reste d'une masse beaucoup plus étendue.

Quant aux lambeaux qui se montrent au contact du Tertiaire, ils correspondent sans aucun doute possible à celui du Sud du village: la bordure Ouest du triangle des Cadets est la continuation, rejetée et déviée, de la bordure méridionale du massif. La torsion des marnes valanginiennes (marnes durcies de M. COLLOT) et leur contournement vers le Nord est bien visible le long de la route de Marseille, à la sortie d'Allauch; elle suffit pour expliquer le rejet des affleurements, sans supposer que la faille à remplissage spathique (faille x) soit une faille de décrochement; d'ailleurs, vu l'inclinaison des bancs, un affaissement aurait également eu pour résultat de rejeter les affleurements plus au Nord.

Il semble bien légitime de croire, il est même dfficile de ne pas supposer que ces lambeaux infraliasiques se reliaient à la bande triasique (vallon des Amandiers); il n'y a même pas besoin d'invoquer pour cela un nouveau changement de direction; la torsion observable à Allauch a déjà ramené les couches à la direction N. E. et les dépôts tertiaires ne séparent les affleurements qui se font face que sur quelques centaines de mètres. Le degré d'incertitude qui en résulte pour la continuité de la bande triasique est exactement celui qu'aurait créé, à l'autre angle du massif, entre Font-de-Mai et Artussol, un avancement un peu plus grand de la transgression tertiaire. Il est même remarquable que ce soit précisément en ce point (c'est-à-dire au point de contournement vers le Nord-Ouest) que le Trias, à cette autre pointe de massif, réduise également la largeur de sa bande, et prenne des apparen-

___

(1) *Bull. Soc. Géol. de France*, 3e sér., XVIII, 1889-1890, p. 91.

ces de filon mince, comparables à celles de l'affleurement des
Cadets.

IV b. **Triangle de Pichauris.** — La bande des cargneules cesse
au grand ravin des Maurins. De l'autre côté de ce ravin, j'ai encore rencontré quelques morceaux de cargneules, mais il m'a été
impossible, malgré des recherches répétées dans les bois et les
broussailles épaisses qui couvrent les collines, de trouver trace
d'une continuation de la bande. Il est probable, d'ailleurs, que si
elle existait, elle serait facile à reconnaître par la continuité d'une
dépression, au moins légère, à la surface. D'ailleurs, les Hippurites, ou plutôt les calcaires roux sénoniens qui les surmontent, à
partir de la bastide du haut du vallon des Amandiers (Font-Rou-
ge), cessent également, et même un peu plus tôt. Les dernières
traces que j'en ai reconnues sont auprès du col qui domine la bastide, au haut de la descente vers le vallon des Maurins. Il y a
donc là un espace, d'une longueur de 500 mètres environ, où le
massif de l'Étoile (ici formé d'Urgonien) vient en contact direct
avec le massif d'Allauch (Valanginien horizontal). Après cette
interruption s'ouvre de nouveau, entre les deux massifs, le triangle
de Pichauris.

Le triangle de Pichauris offre une composition beaucoup plus
variée, et au premier abord toute différente; ce sont pourtant en réalité les deux mêmes termes que dans le triangle des Cadets: à l'Ouest
une bande triasique et infraliasique, et à l'Est une bande crétacée,
en partie au moins formée de calcaires à Hippurites. La bande
triasique, au lieu de former un mince cordon, est largement étalée
et régulièrement surmontée par le Lias, mais les rapports des
deux bandes sont encore les mêmes, c'est-à-dire que là encore le
Trias montre la même tendance à recouvrir le Crétacé, avec l'intercalation particulièrement instructive d'une série de terrains intermédiaires amincis et renversés. Il y a donc une véritable *homologie* de structure entre le triangle des Cadets et celui de Pichauris; et, de plus, comme je l'ai déjà indiqué, il y a *continuité absolue* entre le Trias et l'Infralias de Pichauris, et les mêmes terrains
suivis sur la bordure orientale. Le triangle de Pichauris *ferme le
cercle* des affleurements triasiques et infraliasiques qui font ceinture au massif crétacé.

Je m'occuperai d'abord des affleurements crétacés, qui comprennent, avec des développements très inégaux, tous les termes de-

puis l'Aptien jusqu'au Sénonien. Ces affleurements forment, en
plan, un promontoire N.-S., large de 3 kilomètres à la base, et
allant en se rétrécissant vers le Nord; ce promontoire s'appuie par
sa base élargie contre le massif valanginien, dont il forme évidemment un prolongement, affaissé de quelques centaines de mètres
par la faille x; il occupe exactement par rapport au massif la même situation que les calcaires hippuritiques des Cadets; le rejet
est seulement un peu plus considérable et va en augmentant de
l'Ouest à l'Est.

Une coupe Nord-Sud, suivant l'axe longitudinal de ce promontoire, montre deux parties distinctes: la première, au Sud, est formée par la série régulière de termes inclinés vers le Nord (fig. 112);
en bas, le Cénomanien à Caprines (affleurement peu développé);
puis une grande masse de calcaires à Rudistes (avec bancs bien lités et plus marneux à la base, ne contenant que de rares moules
de Bivalves); enfin, des calcaires gréseux, plus délitables, alternant
au sommet avec quelques couches à fossiles blancs (*Cardium,*
Crassatelles, Turritelles), où M. COLLOT [1] signale *Ostrea cade-*

Fig. 112. — Coupe à travers la bande crétacée de Pichauris.

rensis et *Ostrea acutirostris*; on y trouve, en outre, les *Lacazina*
des Martigues. Dans cette série régulière, d'une puissance de plus de
100 mètres, je ne doute pas qu'il n'y ait au-dessous du Sénonien
une partie à rapporter au Turonien à *Biradiolites cornupastoris*;
mais les fossiles n'en ont pas encore été signalés.

Cette série est manifestement la continuation de celle qui couronne, au-dessus du Puits-du-Murier, les sommets du massif de
Garlaban; il est à présumer qu'elle repose de la même manière sur
les calcaires néocomiens, ici masqués en profondeur.

[1] *Bull. Soc Géol. de France,* 3e sér., XVIII, 1889-1890, p. 92.

Cette présomption rend plus extraordinaire la suite de la coupe: aux couches sénoniennes succède une bande de calcaires marneux et de calcaires à silex, d'une épaisseur variable, ne dépassant pas 30 mètres; ces calcaires représentent l'Aptien ou le Gault, et au sommet de la colline, on les voit passer sous un chapeau concordant de dolomies jurassiques.

Au Nord de ce chapeau jurassique que prolongent vers l'Est (vers le col de Font-de-Mulle) quelques lambeaux de calcaires blancs, également superposés à l'Aptien, on ne voit plus reparaître les calcaires à Hippurites; les calcaires siliceux affleurent seuls et prennent un développement considérable, de plusieurs centaines de mètres; ils forment dans leur ensemble une cuvette allongée, dont l'axe serait dirigé du N. O. au S. E. A la base, près de Pied-de-Veyraud, on trouve des calcaires blancs marneux à Ancylocères et à *Ostrea aquila*, qui reparaissent renversés auprès des Trois-Fonts, où ils passent sous la continuation du chapeau de dolomies jurassiques déjà mentionné; les calcaires siliceux passent insensiblement à ces calcaires marneux de la base, et en l'absence de fossiles, je n'ai aucun argument à donner ni pour ni contre l'opinion de M. COLLOT, qui les rapporte au Gault (M. VASSEUR y a trouvé un Inocérame). Ils sont, en tout cas, identiques aux calcaires à Orbitolines d'Artussol.

La coupe (fig. 113) résume la composition du promontoire crétacé des Mies; on voit que les calcaires sénoniens paraissent pincés

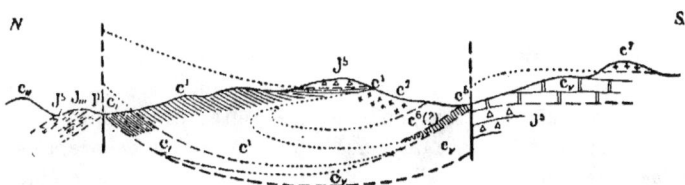

Fig. 113. — Coupe du promontoire crétacé des Mies.

dans un pli synclinal, qui semble manifestement se fermer sous les affleurements aptiens, mais sans que rien provisoirement nous permette de préciser la direction de la charnière synclinale.

Le promontoire crétacé des Mies est, sauf du côté de la base qui le rattache au Sud au massif d'Allauch, complètement entouré par le Trias et l'Infralias; dans ces couches anciennes, aucune faille, aucun dérangement, aucune ligne de discontinuité ne prolongent dans aucun sens les lignes qui limitent le Crétacé; ce Crétacé ne forme donc pas un massif compris entre plusieurs failles qui se croisent, mais un massif limité par une faille courbe unique; autour de cette faille, les affleurements successifs des différents étages du Lias dessinent, comme le montre la carte, une série de courbes concentriques, sans indice de rejet ni de discontinuité; les contours s'ordonnent régulièrement comme ils le feraient autour d'un pointement de terrains plus anciens. C'est là un point capital pour l'interprétation de l'ensemble du massif, et on peut le considérer comme établi avec une complète certitude. On peut, sans doute, objecter que, dans un pays boisé, quel que soit le nombre des affleurements, une faille peut toujours échapper à l'observation directe; mais j'ai suivi avec soin et successivement les limites des différents terrains, celle des couches à *Avicula contorta* et des dolomies infraliasiques, celle de ces dolomies et des calcaires à silex (Lias et Bajocien), et enfin celle des calcaires à silex et des calcaires marneux du Bathonien; il est inadmissible qu'il existe une faille de quelque importance et qu'elle ne se traduise pas sur la carte par une déviation appréciable de ces contours.

Sans chercher pour le moment à discuter les explications possibles, je dois insister un moment sur l'étrangeté d'un fait aussi exceptionnel: une cuvette aptienne enfouie dans l'Infralias, sans que les couches du terrain encaissant montrent aucun dérangement réflexe sur les bords d'une cuvette aussi profonde, les bords, comme s'ils avaient été taillés à l'emporte-pièce, ne se prolongeant ou ne se déviant par aucune cassure secondaire, et enfin les couches anciennes ne montrant aucune tendance à s'incliner vers l'axe de la cuvette, mais montrant, au contraire, de toutes parts une inclinaison opposée. Mais ce qui semble plus déroutant encore, c'est que la faille qui limite à l'Est ou à l'Ouest cette cuvette crétacée se présente des deux côtés avec des caractères complètement différents: à l'Est, ainsi que nous l'avons vu, il y a séparation brusque des terrains, comme par une faille verticale; à l'Ouest, la faille est très oblique; et *le Crétacé est séparé de l'Infralias ou du Trias par une bande de terrains renversés.*

Dès qu'en suivant le bord des affleurements aptiens on passe à l'Ouest du promontoire, on voit s'intercaler entre les calcaires siliceux (les calcaires marneux de la base cessent précisément en ce point) et les couches infraliasiques, un banc de calcaires blancs, surmonté bientôt par des dolomies (Jurassique supérieur). L'ensemble atteint jusqu'à 20 mètres, puis se rétrécit de nouveau vers le haut de la colline où est le P de Pied-de-Veyraud. Là, il n'y a plus que du calcaire blanc, dans lequel j'ai trouvé des silex; ce qui me porte à croire qu'une partie de ces calcaires blancs pourrait appartenir à l'Urgonien. En tout cas, dans le ravin au-dessous de la première ferme, on trouve une coupe bien nette (fig. 114), montrant sur 15 mètres d'épaisseur des représentants renversés de toute la série jurassique; les calcaires à silex ne sont là visibles qu'en morceaux et ne forment pas même un lit continu. De là vers le Sud, la série renversée se continue sans interruption, profondément entamée par le ravin qui suit le pied de la colline 625; les couches sont presque horizontales; les dolomies infraliasiques occupent le petit rebord du plateau, et au-dessous d'elles en descendant on trouve successivement: les calcaires à silex (de 2 à 10 m.), le Bathonien marneux, d'abord froissé et rudimentaire, puis plus développé, avec assez nombreuses Ammonites, vers la naissance du ravin; enfin, dans le fond, affleurent les dolomies du Jurassique supérieur, alternant avec des calcaires blancs. Ces dolomies, avec une pente moyenne de 15° environ, s'avancent de près de 2 kilomètres vers l'Est; à la source des Trois-Fonts (vallon aboutissant aux Mies), on les voit très nettement, à gauche et à droite, reposer sur les calcaires marneux à *Ostrea aquila*, et se relier de là sans interruption à celles qui forment chapeau (fig. 113) au-dessus du Sénonien des Mies (1).

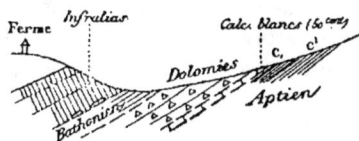

Fig. 114 — Coupe à l'Ouest du promontoire crétacé des Mies.

En continuant à suivre le bord de la bande crétacée, les termes

(1) Il faut noter en ce point l'apparition sur le chemin charretier, au Sud des Trois-Fonts, d'un lambeau de Cénomanien (?) à Orbitolines, intercalé entre les dolomies jurassiques et l'Aptien. Ce lambeau n'a guère que 2 mètres de largeur et ne se prolonge pas en direction. Sa position est bien difficile à expliquer; c'est l'Urgonien ou l'Aptien inférieur qu'on devrait s'attendre à trouver à cette place. Il est vrai que la détermination d'âge n'est fondée que sur le faciès de la roche et sur la présence des Orbitolines; elle pourrait donc être mise en doute.

renversés disparaissent progressivement: sur le chemin des Mies à Pichauris, on trouve encore un peu d'Aptien renversé, puis des dolomies, appartenant en partie au Jurassique supérieur, en partie à l'Infralias: les termes fossilifères (Lias et Bathonien) se sont déjà étranglés; en s'élevant un peu au Sud-Ouest, on ne voit plus que les dolomies blanches et bien litées de l'Infralias, et enfin le Sénonien, qui ne forme plus qu'une languette étroite au pied de la falaise valanginienne, butte directemennt, ou par l'intermédiaire de quelques cargneules, contre les calcaires noirs du Muschelkalk.

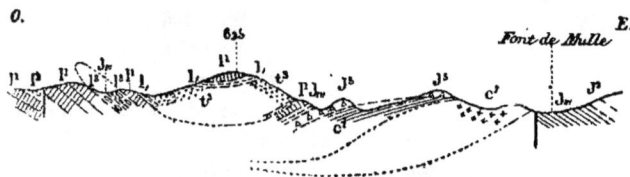

Fig. 115. — Coupe par la colline 625 (environs de Pichauris).

La longueur suivant laquelle cette bande étirée et renversée peut s'observer avec une rare netteté, est de plus de 1 kilomètre: sur toute cette longueur, elle plonge sous le Trias qui forme la plus grande partie des collines autour de Pichauris.

La plus remarquable de ces collines est la colline cotée 625, qui s'élève en forme de cône régulier, simulant presque un cône volcanique, et qui forme le point culminant du triangle de Pichauris. Les pentes en sont composées de Marnes irisées, et le sommet est couronné par l'Infralias, riche en plaquettes à *Plicatula intusstriata* bien conservées. C'est la base de cette colline si régulière, à couches presque horizontales, qui est formée à l'Est par l'Infralias et le Jurassique renversés. Une coupe partant du sommet de cette colline et dirigée vers l'Est donne donc la figure ci-jointe (fig. 115). Du côté de l'Ouest apparaissent de nouvelles complications: au lieu de trouver là, comme on devait s'y attendre, le Trias plongeant sous le Jurassique, c'est encore, comme à l'Est, l'Infralias qui s'enfonce sous les Marnes irisées.

La coupe peut surtout bien s'observer le long du chemin de l'Auberge (route de Marseille) à la ferme de Pichauris ([1]). Après une

---

([1]) Cette coupe a déjà été donnée par M. FOURNIER dans son *Esquisse géologique des environs de Marseille* (in-8°, Marseille, 1890).

première ondulation suivie d'un affleurement de Lias et de Bathonien ([1]), on trouve une série régulière, inclinée au S. E. vers la
ferme, et montant jusqu'au Bathonien; puis le Lias et l'Infralias
réduits reparaissent avec la même inclinaison, c'est-à-dire en série
renversée, et viennent s'enfoncer sous les Marnes irisées (fig. 116).
La cuvette couchée que forme ainsi le Bathonien se continue sur

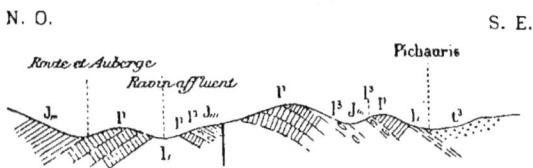

Fig. 116. — Coupe du chemin de l'Auberge à la Ferme de Pichauris.

plus de 2 kilomètres, suivant de près le contour sinueux de l'affleurement triasique, et s'écrasant par places, surtout à ses extrémités,
de manière à ne laisser subsister qu'une étroite traînée de marnes
à *Cancellophycus* au milieu des dolomies infraliasiques; c'est ce
que montre la coupe (fig. 117) prise un peu au Sud de La Verrerie.

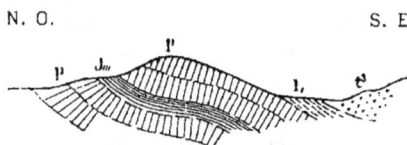

Fig. 117. — Coupe prise au Sud
de La Verrerie.

Ainsi la colline 625,
composée de Marnes iri-
sées surmontées d'Infra-
lias, repose à l'Est com-
me à l'Ouest sur des cou-
ches infraliasiques: si ces
couches ne se rejoignent
pas sous le Trias, hypo-
thèse qui sera à discuter, il faut admettre pour cette colline aux
allures si tranquilles une véritable structure en éventail.

L'ensemble de ces plissements complexes me semble limité du
côté de l'Ouest par une faille importante, difficile il est vrai à suivre sur tout son parcours, mais très nette en beaucoup de points;

([1]) L'Infralias à *Avicula contorta* montrait dans le talus du chemin un
curieux contournement de couches, sous forme d'une petite cuvette penchée
vers l'Ouest; un élargissement du chemin, pour la construction d'un nouveau four à plâtre, ne laisse plus voir maintenant à la même place qu'une
série en apparence régulière; c'était donc un accident purement local.

c'est à cette faille que je limite ce que j'ai appelé *le triangle de Pichauris* (voir la carte, pl. VII).

On voit que cette dernière partie de la bordure du massif d'Allauch offre de bien grandes singularités stratigraphiques, moins étranges peut-être à première vue que celles des parties précédemment décrites, mais en réalité plus difficiles à expliquer. Ce promontoire crétacé, qui forme vers le Nord un prolongement affaissé du massif d'Allauch, se trouve de toutes parts entouré par l'Infralias et le Trias: ce n'est pas un système de failles, mais une faille courbe unique qui le circonscrit; cette faille doit donc être considérée comme l'affleurement d'une même surface de discontinuité, bien qu'elle se présente d'un côté comme une faille d'affaissement, et de l'autre comme une surface oblique de superposition (*thrust plane*), avec lambeau de poussée. L'allure du Trias n'est pas moins déconcertante: elle peut se résumer dans l'existence de deux plis obliques, couchés dans deux sens opposés, l'un vers l'Est, l'autre vers l'Ouest, s'arrêtant tous deux rapidement en direction et sans rapports apparents avec les accidents des massifs voisins.

Quelle qu'en soit l'explication, ces faits et les précédents peuvent se résumer dans la formule suivante: *le massif crétacé d'Allauch* (avec ses annexes affaissés des Cadets et des Mies) *est entouré d'une ceinture de couches triasiques et infraliasiques, tantôt largement épanouie, tantôt restreinte à une largeur de quelques mètres*, mais toujours continue, s'écrasant seulement sur une longueur de 2 kilomètres contre une des failles qui borde le massif. Partout, ces couches anciennes, au lieu de plonger sous le massif plus récent, s'inclinent en sens opposé vers l'extérieur; de trois côtés elles vont s'enfoncer *sous un nouveau bassin crétacé qui entoure le massif en forme d'un demi-cercle; du quatrième côté, elles sont accolées à la retombée du pli de l'Étoile, c'est-à-dire à un système complètement différent.*

Tous ces faits, tous les étirements et toutes les superpositions anormales sur lesquelles j'ai suffisamment insisté, s'expliqueraient facilement, si l'on bornait là son examen, par l'existence d'un grand pli anticlinal couché, dont les différentes parties auraient été dénivelées par des failles, et relevées par des compressions ultérieures. Le massif lui-même représenterait une partie relevée du substratum ou flanc inférieur, le Trias périphérique une partie de la nappe de recouvrement. Le rôle d'actions postérieures qu'il faudrait invoquer n'a rien que de très admissible, puisque les couches oligocènes, postérieures au grand mouvement de plissement, sont, elles aussi, fortement ondulées et souvent relevées jusqu'à la verticale. Mais cette hypothèse, que je n'avais pas craint de déclarer d'abord la seule possible, se heurte elle-même à de graves difficultés quand on essaie de faire le raccordement avec les massifs voisins. Il est donc nécessaire, avant d'aller plus loin et avant d'aborder la discussion des interprétations possibles, de donner quelques détails sur la structure de ces massifs.

COMPARAISON AVEC LES MASSIFS VOISINS.

I. **Massif de l'Étoile. Faille transversale.** — A l'Ouest de la région décrite s'étend le massif de l'Étoile. Ainsi que je l'ai déjà dit, *la structure n'en a aucun rapport* avec les diverses complications du massif d'Allauch. La région accidentée à laquelle j'étends ce nom est formée par la retombée très régulière d'un grand pli anticlinal, renversé sur le bassin crétacé de Fuveau; je vais d'abord montrer que cette région est séparée de celle qui nous occupe par une grande faille transversale. Cette faille m'a longtemps échappé; je ne la soupçonnais pas lors de ma première Note, et elle ne figure pas non plus sur la carte de M. COLLOT; je dois ajouter qu'auprès de Pichauris son contour est encore hypothétique; je ne suis pas arrivé dans les bois à la suivre d'une manière continue. Je reconnais qu'il y a là un motif sérieux de méfiance: on ne comprend guère qu'une faille d'une pareille importance, puisqu'elle séparerait deux régions de structure tout à fait différente, soit aussi difficile à reconnaître, et, une fois reconnue, aussi difficile à suivre. J'espère pourtant que mes dernières observations suffiront à en mettre l'existence hors de doute.

Le sommet du pli anticlinal de l'Étoile correspond à peu près à la crête des collines (Notre-Dame-des-Anges) qui dominent le bassin de Fuveau. A Notre-Dame-des-Anges il ne laisse affleurer que les dolomies jurassiques supérieures, sous lesquelles paraît plonger l'Aptien, lui-même renversé sur les couches à Hippurites et sur le Crétacé lacustre. En s'avançant à l'Est, le pli s'ouvre et fait apparaître successivement le Bathonien marneux, le Lias et l'Infralias; en même temps la série des termes renversés s'amincit et finit par disparaître avant d'arriver à la route d'Aix, soit par simple étirement, soit encore, quoique la chose semble peu probable, par suite d'une vraie faille d'affaissement. Il serait séduisant sans doute d'admettre l'existence de cette faille, si on pouvait la relier à celle qui limiterait à l'Ouest le Crétacé des Mies et le massif d'Allauch; mais, ainsi que je l'ai dit, je me suis assuré qu'il n'y a pas trace de dénivellation ni de rejet dans l'intervalle jurassique où se ferait la jonction.

Vers le haut de la montée de la route d'Aix à Marseille, avant d'arriver au Terme, au-dessus du nouveau puits de la mine de Peipin et Saint-Savournin, on se trouve sur le sommet de l'étage à Cyrènes de Fuveau; les couches sont bien litées, peu inclinées, sans trace de renversement. L'Infralias, en contact avec ces couches, leur est probablement superposé le long d'une surface oblique de glissement (fig. 109); il affleure sur le flanc de la colline 377, et sur la route même en arrivant au Terme. Au point culminant de la route, cet Infralias est mis brusquement en contact avec le Bathonien marneux, très froissé, du massif de Peipin, qui se relie, comme je l'ai déjà dit, à celui du massif d'Allauch. On est ainsi averti de l'existence d'une faille importante, facile à suivre au Nord, où elle met en contact les couches de Fuveau exploitées à l'Ouest, avec des argiles bariolées et des conglomérats calcaires qui sont beaucoup plus élevés dans la série lacustre. Cette faille est d'ailleurs bien connue des exploitants, et décrite sous le nom de *faille Doria* dans l'intéressant travail de M. VILLOT, Inspecteur général des Mines ([1]), qui lui attribue une dénivellation verticale de 350 mètres. A la route, il est vrai, la dénivellation est beaucoup moindre (une centaine de mètres au plus), mais comme la faille pénètre là dans des assises plissées et souvent amincies, il faut s'attendre en tout cas à de grandes variations dans le rejet apparent, d'autant plus que cette faille est peut-être plutôt une faille de décrochement qu'une faille de simple affaissement.

A la descente de Pichauris, en suivant le grand lacet que forme la route, on trouve la retombée normale du Jurassique: Infralias, calcaires à silex (amincis) et Bathonien marneux. Puis, auprès du second tournant, toujours avec le même pendage vers le Sud, il y a récurrence des mêmes couches: Infralias (cargneules de la base), Lias exploité en carrière, Bajocien et Bathonien, sur lequel reste la route presque jusqu'à l'auberge. Il est aisé de se convaincre

---

([1]) Étude sur le bassin de Fuveau et sur un grand travail à y exécuter (*Annales des Mines*, 8ᵉ sér., IV, 1883, p. 5-66).

qu'il y a là un nouveau rejet transversal, facile à suivre sur 500 mètres environ à l'Ouest de la colline 377 et dans le ravin que longe la route. Il y a amincissement et suppression de couches le long de cette faille: ainsi, au-dessous du point où la route rejoint le ravin, une pointe de Lias à *Ammonites margaritatus* se trouve isolée entre deux masses de Bathonien marneux. Plus au Sud, la faille faisant buter Bathonien contre Bathonien est impossible à suivre; on la retrouve qui monte vers La Bastidonne, mettant en contact les dolomies infraliasiques et les marnes bathoniennes; c'est sans doute sa continuation qui ramène, près de l'auberge de Pichauris, l'Infralias inférieur presque en contact avec le Bathonien. Au Nord, la faille se perd également dès que ses deux lèvres sont formées d'Infralias; il y aurait à rechercher si elle amène un petit rejet dans la limite du bassin crétacé, et si elle se continue dans les assises lacustres.

Cette faille (faille D[1]), importante à constater comme étant probablement une manisfestation secondaire du phénomène plus général qui a produit la faille Doria, est certainement distincte de cette dernière et située plus à l'Ouest. Si pourtant, à partir du second coude de la route, on suit vers l'Ouest le chemin tracé sur la carte comme se dirigeant vers Pied-de-Veyraud, on ne remarque d'abord aucune trace d'accident, la succession des couches, inclinées vers l'Ouest, semble parfaitement régulière: on reste sur le Bathonien jusqu'au vallon N.-S., où l'on rencontre le chemin du Terme à La Bastidonne; de l'autre côté de ce vallon, on trouve les calcaires à silex, supportant même encore un lambeau de Bathonien, puis l'Infralias, toujours avec le pendage Ouest ou Nord-Ouest. Mais le sol du vallon est semé de débris de cargneules, et en les suivant vers le Nord, on arrive à trouver les plaquettes et les marnes vertes de l'Infralias, en place, comprises entre le Lias et le Bathonien (fig. 118). En remontant plus loin vers Le Terme, on voit, entre cet Infralias et le Bathonien, s'intercaler la bande de calcaires à silex, dont j'ai déja signalé l'amincissement sur la route. C'est donc bien la faille du Terme qui vient passer là, *mais sa continuation n'est plus marquée que par l'existence d'un liseré d'Infralias entre le Lias et le Bathonien* ([1]).

_____

([1]) Je dois ajouter pour être complet que je perds la trace de l'accident au milieu des dolomies de l'Infralias, sur une longueur de quelques centaines de mètres, en facs de la sortie au jour du plan incliné des mines de Saint-Savournin. Il y a là, soit une déviation locale que je n'ai pas su suivre

On voit même qu'en réalité il y a là deux failles, limitant de part et d'autre la petite bande de cargneules; en arrivant à La Bastidonne, cette bande s'épanouit brusquement en donnant naissance à un petit affleurement de Marnes irisées et à une sorte d'oasis de champs

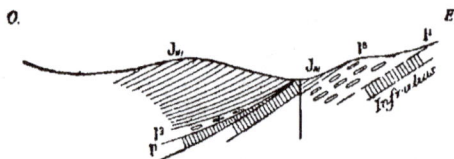

Fig. 118. — Coupe à l'Ouest du Terme.

cultivés au milieu des bois. A l'Ouest de cette zone de cultures, la continuation d'une des deux failles est manifeste et sans déviation, elle met en contact l'Infralias successivement avec le Bathonien et le Lias, puis va probablement rencontrer le prolongement de la faille D[1] et ne semble pas se prolonger très loin vers le Sud. Cette première faille n'offre d'ailleurs qu'un intérêt secondaire, parce que c'est l'autre seulement, celle qui limite le liseré infraliasique à l'Est, qui doit être considérée comme le prolongement de la faille Doria.

Le prolongement de cette seconde faille ne peut malheureusement s'établir que d'une manière un peu hypothétique; il est manifeste qu'elle se dévie vers l'Est, en interrompant la bande de dolomies infraliasiques qu'elle limitait de ce côté (pl. VII); mais ensuite ce sont les plaquettes à *Avicula contorta* ou les cargneules qui la bordent de part et d'autre; ou, pour mieux dire, sur une centaine de mètres il n'y a plus de faille visible. Mais à l'Ouest de la zone des cultures reparaissent les dolomies infraliasiques, bientôt surmontées vers le Sud par le Lias et le Bathonien, ce dernier séparé par une faille manifeste du bord infraliasique de l'autre cuvette bathonienne précédemment décrite. C'est cette même faille, bien jalonnée par les affleurements plus récents au milieu de l'Infralias, qui ramène au jour le premier lambeau de Lias et de Ba-

---

au milieu des bois, soit la mise en contact momentané de deux terrains semblables d'aspect Je ne crois pas pourtant que la continuité *effective* de la faille puisse être mise en doute.

thonien mentionné plus haut dans la coupe de l'Auberge à la ferme de Pichauris.

On voit donc à quoi se réduit la part d'hypothèse: deux failles très nettes, dont la *dénivellation* est en sens inverse, se font face et semblent toutes deux cesser à une centaine de mètres de distance. Je considère ces deux failles comme n'en faisant qu'une seule, dont l'amplitude verticale est réduite à zéro sur une petite partie de son parcours. Ce n'est pas là une simple question de mots, car cette faille, dont je cherche à établir la continuité au moins probable, serait à mes yeux une *faille de décrochement horizontal,* c'est-à-dire une faille dont l'importance est indépendante de la dénivellation apparente et de ses variations.

De l'autre côté du vallon de Pichauris, le tracé précis de la faille n'est pas beaucoup plus facile à arrêter sur le terrain; mais les contours géologiques la mettent bien en évidence; toutes les bandes successives de la retombée du pli de l'Étoile, le Bathonien, l'Oxfordien et les dolomies supérieures, viennent s'arrêter obliquement contre une ligne continue de Marnes irisées et d'Infralias. Plus loin, dans l'intervalle entre le triangle de Pichauris et celui des Cadets, cette faille se confond un instant, ainsi qu'il résulte des descriptions précédentes, avec celle qui limite la falaise valanginienne; puis elle se continue manifestement le long de la faille x, la suivant parallèlement et séparée d'elle, le long du triangle des Cadets, par l'étroit liseré de Marnes irisées que j'ai décrit plus haut. Elle continue donc là à séparer le massif crétacé de la retombée du pli de l'Étoile.

Malgré les incertitudes locales dans le tracé de cette faille, les points qui le jalonnent semblent assez nombreux pour mettre sa continuité hors de doute; cette continuité est d'ailleurs nécessaire pour expliquer la différence complète et l'indépendance absolue des deux massifs en contact. Il y a là ceux compartiments de l'écorce terrestre, qui ont *joué* d'une manière complètement différente; la faille est le résultat direct et inévitable de cette inégalité dans les déplacements.

Ainsi, *le massif de l'Étoile est séparé du massif d'Allauch par une grande faille. Cette faille, qui produit des dénivellations de sens et d'amplitude rapidement variables, est une faille de décrochement (Blatt); elle sépare deux régions plissées, mais dont l'une est plissée simplement (retombée de l'Étoile), tandis que l'autre est signalée par une complication extraordinaire d'acci-*

dents secondaires ([1]). Je désignerai dans la suite cette faille sous le nom de faille Doria (faille *o*).

Les forces de refoulement, dépendant de causes générales, ne varient pas subitement d'un point à un autre; ce sont les résistances superficielles qui peuvent seules se modifier assez brusquement pour produire des différences aussi profondes dans les déplacements des couches, et la faille Doria, évidemment antérieure à la cessation des efforts de refoulement, doit être en relation avec les causes, quelles qu'elles soient, auxquelles étaient dues ces différences de résistance. Mais il semble évident que cette faille n'a pu arrêter subitement une ondulation aussi énorme que celle du pli de l'Étoile, et que, quelque compliquée et obscurcie qu'elle puisse être par les accidents secondaires, la continuation de ce grand pli longitudinal doit pouvoir se retrouver à l'Est de la faille. Le premier problème qui se pose est donc de rechercher où est cette continuation.

A la première inspection de la carte, il paraît évident que cette continuation est à chercher au Nord dans le massif de Peipin, également poussé au-dessus de la prolongation du même bassin crétacé.

II. Massif de Peipin. — Ce massif est creusé en forme de cuvette, dont le centre est occupé par de l'Urgonien, recouvert par les couches oligocènes discordantes. Le bord méridional est formé par la prolongation ininterrompue de la bordure Est du massif d'Allauch, déjà décrite. Il ne reste donc plus à parler que du bord septentrional.

([1]) Le contour sinueux de la faille qui sépare ainsi les deux massifs semble, il est vrai, peu favorable à cette interprétation. Peut-être cette sinuosité des affleurements actuels pourrait-elle s'expliquer en invoquant l'action de compressions ultérieures, qui auraient gauchi irrégulièrement le plan de faille primitif et l'auraient légèrement couché vers le massif d'Allauch et de Pichauris (voir p. 470). Il est bon de remarquer que, dans cette hypothèse, la disparition momentanée de la bande périphérique de Trias, entre le massif des Cadets et celui de Pichauris, pourrait n'être qu'apparente et *due à l'insuffisance des dénudations*. Si en effet l'on suppose, dans la figure 111 (p. 438), que la faille d'affaissement xx se rapproche de la faille de décrochement (comme cela a lieu en réalité), et qu'elle occupe la position $x'x'$, un petit triangle de Trias pourra se trouver masqué en profondeur entre les deux failles (dont une seulement paraît alors au jour), et sous les affleurements crétacés.

En suivant vers Valdonne la lèvre orientale de la faille du Terme, on rencontre sous le Bathonien des lambeaux d'Infralias et de Lias; bientôt le Bathonien s'étrangle, laissant le Jurassique supérieur arriver presque au contact de la faille. A ce moment le Crétacé (argiles et poudingues) s'introduit définitivement entre la faille et le massif jurassique, et la limite des deux étages se contourne d'abord vers l'Est, puis vers le Sud-Est. L'Infralias à *Avicula contorta*, assez développé, en forme la base, et est surmonté, au moins à l'Ouest, par les dolomies infraliasiques. Mais plus haut, je n'ai trouvé qu'un lambeau de calcaire à silex, sans traces de Bathonien: les dolomies du Jurassique supérieur sont en contact direct avec les dolomies infraliasiques. Un peu avant le point culminant de la route de Peipin, l'Infralias disparaît, et les dolomies supérieures viennent en contact avec le Crétacé (voir la coupe, fig. 119: cette coupe est destinée à mettre en évidence l'étirement

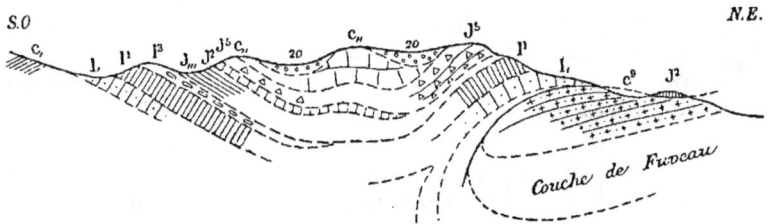

Fig. 119. — Coupe du massif de Peipin

des couches sur les deux bords de la cuvette). C'est le même phémène, il est bon de le rappeler, que nous avons suivi sur tout le pourtour du massif d'Allauch, et sur les bords de *la même cuvette crétacée*.

La coupe montre de plus l'Infralias chevauchant sur les couches crétacées; c'est la conclusion qui me semble nécessairement résulter de l'existence, en avant du massif, d'une série d'îlots, ou même de gros rochers, isolés au milieu du Crétacé. Quelques-uns sont formés de dolomies jurassiques; un autre de calcaires oxfordiens; un autre, un peu plus à l'Est, le long du chemin des Matelots à Peipin (fig. 120), montre les calcaires sénoniens (calcaires noduleux à Foraminifères) plongeant au Sud sous l'Oxfordien et superposés aux marnes lacustres ([1]). De plus, sur les flancs même du massif, au milieu de l'Infralias, j'ai trouvé un petit îlot de ces poudingues, qui ne peut s'expliquer que par une discordance inadmissible ou par un « trou », un regard ouvert par la dénudation dans une mas-

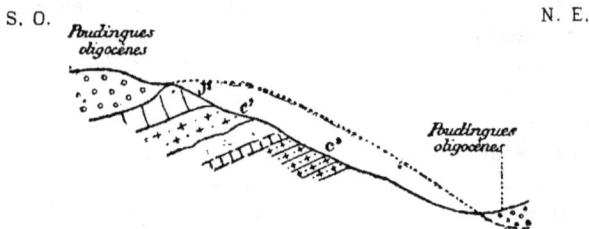

Fig. 120. — Coupe le long du chemin des Matelots à Peipin.

se superposée. Enfin l'hypothèse qui verrait dans ces rochers épars le résultat d'un gigantesque éboulement, est contredite par leur petit nombre comparé à leurs grandes dimensions, par l'insuffisance de la pente de la colline, et surtout par le fait que l'un d'eux est formé d'Oxfordien, quand l'Oxfordien n'existe pas dans la partie correspondante de la falaise.

D'ailleurs, à l'Est de la route de Peipin, à partir du point où le bord du massif se dirige vers le Sud-Est, l'existence d'un pli couché devient plus manifeste par le rétablissement des termes renversés; ce pli n'est plus ouvert que jusqu'au Bathonien. Le Bathonien commence à se montrer dans une fouille auprès du point culminant de la route; il se retrouve au dessus des premières maisons de Peipin, où il est encore très froissé, et se continue sur la rive du ruisseau qui descend à La Détrousse. L'Oxfordien au Nord plonge sous ces calcaires marneux et repose sur les dolomies, elles-mêmes couchées sur les poudingues crétacés. Il y a même une nouvelle ondulation dans les couches très étirées, avant d'arriver à l'Urgonien du centre de la cuvette: on peut constater en effet un retour

---

([1]) Une seule objection serait possible, ce serait la confusion possible de ces poudingues avec les couches oligocènes voisines. La confusion est en effet à craindre pour les poudingues siliceux dont je parlerai tout à l'heure, et qui me paraissent exister dans les deux formations; elle ne l'est pas, au moins à mon avis, pour ceux qui entourent les premiers de ces îlots, couches qui ont-aussi été marquées en Crétacé par M. COLLOT sur la feuille d'*Aix*.

des marnes bathoniennes (avec *Pecten silenus*) sur le raccourci de la route de Peipin à La Détrousse.

Du côté de l'Est, le promontoire jurassique est entouré et comme noyé par des poudingues siliceux, certainement oligocènes. Ces poudingues laissent pourtant apercevoir un fort décrochement de la bande jurassique, qui rejette le Bathonien jusqu'auprès des Mascaras, d'où il revient vers le Sud, formant entre deux masses de Jurassique supérieur qui barrent le ravin une bande étroite un peu sinueuse, qui disparaît définitivement à l'Est des Pigoulières, un peu au-dessus de la route de La Détrousse. Le pli dans cette partie se redresse, et n'est plus que légèrement renversé.

Ainsi, le massif de Peipin est couché sur le même bassin crétacé que le massif de l'Étoile; les deux lignes de superposition oblique sont presque dans le prolongement l'une de l'autre; il semble impossible de ne pas rattacher les deux massifs à la formation du même pli couché. Mais l'homologie des deux massifs ne se poursuit pas au-delà de cette similitude de position par rapport au bassin crétacé: tandis que les couches jurassiques forment dans le massif de l'Étoile une retombée régulière, étalée sur plus de 4 kilomètres, dans le massif de Peipin elles se creusent brusquement d'une cuvette très accentuée, qui fait apparaître l'Urgonien à près de 5 kilomètres au Nord-Est de l'affleurement de même âge situé à l'Ouest de la faille. Tandis que d'un côté les couches jurassiques sont régulièrement développées, de l'autre elles sont irrégulièrement supprimées ou réduites à une faible épaisseur, et ces phénomènes d'étirement, qui cessent tout d'un coup à l'Ouest de la faille Doria, se poursuivent au contraire vers l'Est et le Sud-Est, tout le long de la cuvette crétacée qui forme ceinture autour du massif d'Allauch. De plus, si l'on poursuit la comparaison vers le Sud, la masse triasique de Pichauris, qui, avec ses accidents complexes, représente au moins un pli anticlinal nouveau, trouverait encore moins de correspondance possible (même hypothétiquement sous le Tertiaire) à l'Ouest de la faille Doria. Il faut donc admettre, si réellement le massif de Peipin est la prolongation du pli de l'Étoile, qu'un autre système d'accidents a superposé là ses effets au plissement principal, sans se faire sentir plus à l'Ouest. Il faut admettre de plus que c'est à se second système que sont dues les complications du triangle de Pichauris.

On pourrait être tenté aussi de faire correspondre le pli anticlinal complexe de Pichauris au pli de l'Étoile, c'est-à-dire supposer un rejet vers le Sud et non vers le Nord. Alors le synclinal sur lequel se renverse ce pli (bassin des Mies) devrait être la continuation de celui sur lequel se déverse la chaîne de l'Étoile, c'est-à-dire du bassin de Fuveau. Or, cette hypothèse est absolument contredite par le fait qu'il n'y a pas trace de prolongation synclinale entre la pointe du promontoire des Mies et celle du bassin lacustre. De plus, lors même qu'une ondulation correspondante se retrouverait dans le Jurassique, on ne s'expliquerait pas que ce fût du côté des Mies, c'est-à-dire dans la partie affaissée, que la dénudation ait été la plus profonde.

Le pli anticlinal de Peipin et de l'Étoile, masqué un instant sous les couches tertiaires, semble reparaître au Nord-Est (c'est-à-dire après un nouveau rejet ou une nouvelle déviation) à La Bourine: à partir de là, des Boyers à La Mellonne, c'est-à-dire sur 4 kilomètres environ, on trouve de nouveau les dolomies jurassiques poussées sur le Crétacé. Puis le bassin tertiaire de Saint-Zacharie interrompt définitivement toute trace de chevauchement horizontal; les couches crétacées, qu'on suit jusqu'auprès du Moulin-de-Redon, deviennent verticales. Le pli de l'Étoile semble donc se redresser et disparaître, juste au moment où il rencontre la bande triasique, dirigée obliquement, de la vallée de l'Huveaune.

Quoique, comme on vient de le voir, le raccordement immédiat du pli de l'Étoile et du pli de Peipin ne puisse guère prêter à discussion, la singularité d'un cas évidemment exceptionnel force à examiner toutes les hypothèses: or, il est manifeste qu'auprès d'Allauch, le Valanginien dessine une inflexion brusque vers le Nord (voir p. 439); les affleurements révèlent une torsion semblable dans les couches triasiques, et on est amené à se demander si ce n'est pas ainsi toute la saillie anticlinale de Valentin et des Acates qui vient s'écraser et s'étirer contre la faille Doria, c'est-à-dire contre la grande faille de décrochement, en se détournant vers le Nord-Est. La conséquence serait inévitable si l'on pouvait prouver que le Trias ne se prolonge pas vers l'Ouest sous le Tertiaire de La Joliette et de L'Estaque: tout renseignement à ce sujet fait malheureusement défaut, et on ne peut sortir du domaine des hypothèses. On peut seulement remarquer que vers le Sud, en se rapprochant de Marseille, tous les affleurements et les plis secondaires qui accidentent le grand bassin crétacé du Beausset (calanques de Sormiou et de Morgiou) montrent une tendance très marquée à remonter vers le Nord; cette tendance est également indiquée par le contour de la faille du massif de Saint-Cyr (voir la feuille de *Marseille*). La torsion observée près d'Allauch serait non pas un fait local et accidentel, mais la manifestation d'un phénomène général, et l'hypothèse proposée en prend plus de probabilité. Elle expliquerait d'ailleurs d'une manière satisfaisante l'écrasement successif des divers étages et l'existence du liseré triasique des Cadets.

Mais dans ce cas, le massif triasique, momentament dévié vers le Nord, doit tôt ou tard reprendre sa direction vers le l'Ouest, et il est clair qu'une seule masse triasique s'offre comme pouvant en représenter la continuation, c'est celle qui forme souterrainement le noyau du pli de l'Étoile. Ce pli serait donc, dans cette hypothèse, le prolongement du pli des Acates; et comme il continue déjà le pli de Peipin, il serait à la fois le prolongement de deux plis distincts, venant se réunir de l'autre côté de la faille de décrochement. Si étrange que puisse paraître la conséquence, elle vaudra la peine d'être discutée.

L'étude du raccordement des plis du côté de l'Ouest laisse donc subsister de grandes incertitudes, qui tiennent à la dissemblance trop complète des massifs en contact. La discussion qui précède mène pourtant déjà à l'idée d'un plissement superposé au plissement principal et limité à la région située à l'Est de la faille du Terme; mais cette idée ne peut prendre corps que si l'on arrive à faire la part de chacun des deux systèmes, et que si, une fois cette part faite, elle fournit une explication des anomalies signalées.

Il reste maintenant à étudier le raccordement des plis du côté de l'Est.

III. Raccord avec le pli de la Sainte-Baume. Bande triasique de Saint-Zacharie et chaînons d'Auriol. — Le massif d'Allauch est, d'après ce qui précède, séparé à l'Ouest du pli de l'Étoile par une grande faille transversale. Du côté de l'Est, il est séparé du pli de la Sainte-Baume non plus par une faille unique, mais par une large bande de Trias, également transversale à la direction d'ensemble des plis; j'ai déjà parlé de cette bande dans ma Note sur la Sainte-Baume ([1]), et je l'ai considérée comme continuant l'axe anticlinal de cette chaîne. Quelques nouveaux détails sont nécessaires.

([1]) *Bull. Soc. Géol. de France*, 3ᵉ sér., XVI, 1887-1888, p. 748 [ci-dessus, art. XXVIII, p. 246].

Dans la partie occidentale du pli de la Sainte-Baume (massif de Tête-de-Roussargue), la continuation du pli, comme je l'ai expliqué, n'est plus marquée que par la prolongation des masses de recouvrement; ces dernières sont en continuité avec la retombée normale des couches au Sud, et par conséquent la charnière anticlinale et le noyau triasique sont masqués en profondeur. Le Trias reparaît dans la vallée de l'Huveaune par suite d'une grande faille qui relève les couches; à cause des lambeaux jurassiques qui jalonnent cette ligne, je l'avais considérée comme une ligne d'étirement, au Sud de laquelle j'admettais en même temps un affaissement considérable du côté de Saint-Zacharie. Mais il est naturel que la même dénivellation se poursuive tout le long de cette ligne: du ruisseau d'Auriol jusque auprès de La Piguière, sur près de 5 kilomètres, le Trias est directement en contact avec le Crétacé supérieur; l'étirement seul expliquerait mal une lacune aussi considérable et aussi persistante. La conclusion à en tirer est que *le pli de la Sainte-Baume, ainsi que le pli de l'Étoile plus à l'Ouest, est interrompu par une grande faille transversale.* Comme direction générale et comme rôle dans la structure du pays, ces deux failles se correspondent exactement: *elles limitent la région où se sont produits les phénomènes exceptionnels décrits dans cette Note.*

L'existence de cette faille permet d'expliquer de deux manières la disparition brusque des masses de recouvrement du côté de l'Ouest. Leur continuation vers l'Ouest peut être arrêtée par la torsion du pli (c'est ce que j'avais d'abord admis), ou elles peuvent avoir disparu parce qu'elles ont été dénudées dans la partie surélevée. Je m'étais arrêté à la première solution, parce que je ne connaissais pas encore l'affleurement triasique de Saint-Julien et des Acates, et que l'existence d'un grand anticlinal, masqué sous la plaine tertiaire de Marseille, me semblait peu vraisemblable. Mais en réalité le Trias, qui marque une réapparition au jour du noyau anticlinal de la Sainte-Baume, se poursuit à la fois vers l'Ouest et le Nord-Est, du côté de Marseille et du côté d'Auriol. Il y a *ou bifurcation du pli, ou interruption du pli par un pli transversal*; dans les deux cas, on est en présence d'une difficulté, pour l'interprétation de laquelle les exemples connus me semblent de peu de secours.

Ce Trias de la vallée de l'Huveaune forme donc (quoique en partie masqué sous le Tertiaire) une nouvelle zone demi-circulaire autour du massif d'Allauch, enveloppant celles que j'ai décrites précédemment. Il constitue le second bord de la cuvette crétacée, suivie plus haut de Carlevan jusqu'au-delà d'Auriol. Les mêmes irrégularités dans les épaisseurs et les mêmes suppressions de couches se retrouvent d'ailleurs sur ce nouveau bord de la cuvette. A cause du Tertiaire, elle ne sont observables qu'entre Roquevaire et Auriol, et là elles peuvent se résumer dans l'existence d'une faille unique, mettant successivement le Trias en contact avec le Jurassique supérieur, le Néocomien et l'Urgonien. Cette faille est presque parallèle aux bancs, comme l'a montré l'exploitation du gypse près de Roquevaire, et comme le fait d'ailleurs prévoir la sinuosité de ses affleurements. Les mêmes suppressions de couches se constatent, le long du Trias, au Nord-Est, jusqu'auprès de Saint-Zacharie; au Sud et au Sud-Ouest, l'absence de saillies rocheuses au milieu du Tertiaire, semble prouver que les énormes masses calcaires du Jurassique n'existent pas ou sont réduites à l'état rudimentaire.

La faille ou la série de failles qui suppriment ainsi les couches sur les deux flancs, les suppriment aussi bien probablement au fond de la cuvette; un puits creusé au centre de cette cuvette ne rencontrerait pas une série plus complète que celles qui affleurent sur ses bords.

A la hauteur d'Auriol, la bande triasique cesse d'accompagner la cuvette crétacée vers Peipin, et entre les deux prend naissance le petit système des collines d'Auriol, qui présente un nouvel accident, remarquable par son amplitude et par la faible longueur sur laquelle on l'observe.

Le massif d'Auriol est compris entre la bande triasique de l'Huveaune et les affleurements crétacées des Boyers, au-dessus desquels, comme je l'ai déjà dit, en continuation apparente du pli de Peipin et du pli de l'Étoile, sont poussées les dolomies jurassiques. L'ensemble en fait face, de l'autre côté du vallon de La Détrousse et de la ligne chemin de fer, à la cuvette urgonienne de Peipin; l'interruption amenée par ce vallon (rempli de sédiments tertiaires) se poursuit par les affleurements quaternaires de la gare d'Auriol, et, de l'autre côté de l'Huveaune, par la dépression de Joux, occupé en partie par l'Oligocène et en partie par le Trias (pl. VII). Si courte que soit cette interruption, le raccordement des accidents de part et d'autre n'est pas sans difficultés.

A l'Ouest, une première dépression se creuse dans les dolomies

jurassiques à la hauteur de Saint-Vincent, et fait apparaître l'Urgonien avec Réquiénies; autour de cet Urgonien s'observent au Sud les
marnes néocomiennes, que je n'ai pas retrouvées à l'Ouest, et dont
la place à l'Est serait marquée par un petit vallonnement de terres
cultivées. Cette dépression semble un phénomène très local; la
continuation et la fin s'en trouveraient sur le chemin d'Auriol
(Le Martinet) à Joux (calcaires blancs enclavant un lambeau
tertiaire).

Apres cette dépression urgonienne reparaissent les calcaires
blancs jurassiques, exploités et très developpés sur la route nationale, et suivis d'une nouvelle bande néocomienne, qui se poursuit
jusqu'à Roquevaire (*Terebratula carteroniana* au-dessus de la
station et près de l'Église), et qui plonge sous le massif urgonien
de Pierrascas. Ce Néocomien descend jusqu'à la gare d'Auriol, compris (par faille, à ce qu'il semble) entre deux petites falaises de
calcaires blancs, dont la torsion est manifeste. Le second affleurement jurassique est très limité, et on trouve de nouveau au Nord
les marnes néocomiennes, plongeant sous les calcaires blancs, qui
sont en continuité de gisement avec l'Urgonien de Peipin.

Le petit lambeau jurassique qui apparaît en ce point entre deux
affleurements néocomiens se continue à l'Ouest par celui qui,
près des Hermites, pointe au milieu du Tertiaire et sépare deux
masses urgoniennes; tous deux jalonnent la prolongation de la
grande faille qui, depuis Allauch, limite la falaise valanginienne,
et abaisse par rapport à elle les couches à Hippurites des Mies.
Cette faille ne semble pas d'ailleurs se poursuivre plus à l'Est.

Au-delà de la gare d'Auriol, on ne voit plus, à l'Ouest de la route
nationale, que des poudingues tertiaires, mais ce que j'ai dit
du massif de Peipin permet de conclure qu'à l'Urgonien de Peipin succède un pli anticlinal, creusé d'une nouvelle dépression secondaire.

Sur l'autre rive du vallon, c'est-à-dire à l'Est, l'anse tertiaire de
La Bourine correspondrait à cette dépression secondaire; un peu
plus vers le Sud, le bassin tertiaire de La Détrousse forme une cuvette étroite et irrégulière entre deux séries de coteaux jurassiques;
les lambeaux néocomiens (à *Terebratula carteroniana*) observables sur son bord Sud montrent que cette cuvette correspond
bien à un pli synclinal, qui est situé en face de celui de Peipin.
Enfin un troisième accident, de beaucoup le plus important et le
plus remarquable, succède aux précédents et prend naissance au-

près de la gare: c'est le *pli-faille de Sainte-Croix*. Pour correspondre à ce pli de l'autre côté de la voie, il ne reste donc plus dans l'énumération précédente que la petite bande néocomienne, qui descend vers la gare entre deux murailles de calcaire blanc.

On est amené ainsi à voir dans le pli de Sainte-Croix une continuation de la cuvette crétacée de Roquevaire; et comme le bassin de Peipin est une prolongation encore plus évidente de cette même cuvette, il en résulte qu'elle se diviserait là en deux branches, dont l'une se dirige vers l'Est, et l'autre vers l'Ouest. La branche principale (qui se trouve être la moins apparente) est évidemment celle qui est en corrélation de direction avec les accidents voisins, et par conséquent le bassin de Peipin n'est qu'un élargissement de la cuvette ou qu'une déviation locale de ses bords. Comme, parmi les directions reconnues, c'était une des plus aberrantes, la conclusion est utile à noter.

Revenons au pli-faille de Sainte-Croix. De la gare d'Auriol jusqu'à Auriol, il met en contact la retombée incomplète de la bande triasique du Sud (Oxfordien, dolomies et calcaires blancs) avec une nouvelle série jurassique inclinée dans le même sens. Une petite bande de Néocomien le jalonne sur presque tout ce parcours.

Ce Néocomien partant de la gare va rejoindre la route d'Auriol, qu'il suit jusqu'au-delà de la bifurcation de Joux. Il est adossé par faille évidente aux dolomies jurassiques qui forment en majeure partie la colline de La Détrousse; les coteaux que traverse la route de Joux et celui qui surmonte la gare sont seuls formés de calcaires blancs, où je n'ai pas trouvé de Réquiénies et qui sont probablement jurassiques. Les couches néocomiennes sont très écrasées et très froissées; la vue suivante (fig. 121), prise du haut de la route de Joux en regardant la grande carrière située au Nord de la route, près de la bifurcation, montre que le Néocomien forme un pli synclinal très aigu, avec une sorte de digitation du fond de la cuvette, qui fait descendre deux fois le Néocomien jusqu'à la route. Ce pli synclinal est comme écrasé contre le Jurassique horizontal. La faille se poursuit avec un contour un peu sinueux le long de la colline. Dans le fond de la cuvette qu'elle longe, des argiles rouges apparaissent avant les premières maisons d'Auriol. Au-dessus de ces premières maisons (chemin des Boyers), le Néocomien a disparu, et la prolongation de la cuvette n'est plus marquée que par 2 mètres de poudingues, tombés verticalement entre les dolomies jurassiques. Près de la mairie, ces poudingues s'étalent un peu et forment une traînée triangulaire sous la colline de Sainte-Croix; un autre lambeau en reparaît sur le chemin de La Bardeline et paraît se relier aux argiles rouges exploitées de l'autre côté de la colline.

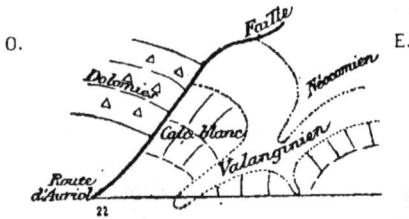

Fig. 121. — Vue d'une carrière au Nord de la route de Joux.

Au-dessus de La Bardeline, dans le vallon qui remonte vers Sainte-Croix, on rencontre une coupe inattendue, qui m'a été signalée par M. COLLOT: des argiles rouges, se reliant aux poudingues signalés plus haut, entrent profondément dans ce vallon, où elles sont exploitées; l'affleurement de la faille, au lieu de se continuer à l'Est, se contourne et accompagne les argiles. Partout l'exploitation des argiles se continue sous le Jurassique qui les borde, et elle passe sous des îlots isolés au milieu des argiles. La coupe prise de l'Est à l'Ouest, un peu au-dessous de la chapelle, est donnée figure 122. Une centaine de mètres plus au Nord, le Tertiaire de l'Ouest (bassin de La Détrousse), nettement discordant, et sans analogie de composition avec les argiles, empiète sur la retombée des couches de Sainte-Croix, et la coupe devient celle de la figure 123.

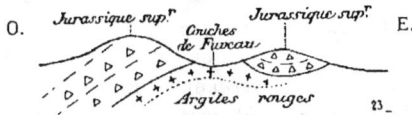

Fig. 122. — Coupe prise au-dessous de la Chapelle de Sainte-Croix.

Ainsi, le Jurassique a été poussé au-dessus de ces argiles, presque horizontalement; la faille, verticale jusqu'à Auriol, s'est couchée en se contournant, d'abord vers l'Est, puis vers le Sud, et elle met en contact avec les argiles des calcaires *non renversés*, dont l'âge varie de l'Oxfordien supérieur (Sainte-Croix) au Néocomien. Un peu plus à l'Est, la faille et les argiles vont disparaître sous les affleurements tertiaires du bassin de Saint-Zacharie.

Cette dernière remarque tranche à mes yeux la question de l'âge de ces argiles. Elles sont intéressées par la faille qui, 2 kilomètres plus loin, n'affecte pas la série oligocène; elles sont donc distinctes de cette série et plus anciennes. D'ailleurs, au contact de la faille, les exploitations entament des argiles bariolées, dans lesquelles un lit noirâtre contient, avec des Mélanies écrasées, les Cyrènes de Fuveau indiscutables.

Fig. 123. — Coupe prise au Nord de la précédente.

M. COLLOT m'écrit qu'il a fait la même constatation, mais elle ne prouverait pour lui que l'âge du banc fossilifère et non celui des bancs sousjacents. Rien n'autorise à mes yeux une séparation dans l'ensemble des argiles, et l'argument stratigraphique est ici trop immédiat pour ne pas trancher la question.

La présence en ce point des argiles de Fuveau est intéressante à rapprocher de *l'absence complète des calcaires à Hippurites*. Ces calcaires existent tout à l'entour, à quelques kilomètres à peine de distance; on ne peut donc guère supposer qu'ils ne se soient pas déposés à Auriol et à Sainte-Croix, dans une petite région qui aurait formé une île émergée dans la mer crétacée. Surtout après les exemples précédents, il faut admettre que la faille, qui ne les fait apparaître nulle part sur son parcours, et fait partout apparaître des termes plus récents, les a supprimés par étirement; on se trouve donc en face d'un pli à parcours très limité, qui amène pourtant des chevauchements et des suppressions de couches aussi importantes que celles des plus grands plis. Le fait est d'autant plus remarquable, que le transport aurait eu lieu ici *vers le Sud*, et non plus vers le Nord, comme dans les plis voisins, et notamment dans celui des Boyers, qui est seulement à 2 kilomètres (¹).

Je viens de dire que le pli-faille d'Auriol allait disparaître sous le bassin tertiaire de Saint-Zacharie. Il en est de même de toutes les ondulations précédemment mentionnées. Le bassin crétacé, sur lequel s'est couché le pli des Boyers, se continue encore un peu

---

(¹) Voir plus loin l'hypothèse, malheureusement dénuée jusqu'ici d'appuis solides, qui consisterait à faire se rejoindre le Crétacé des Boyers et les argiles de Sainte-Croix par dessous les collines d'Auriol, et à considérer ces collines comme une *masse de recouvrement*.

plus à l'Est sous forme d'une bande de calcaires à Hippurites et de grès grossiers, qui accompagne jusqu'à sa pointe la plus méridionale le versant de la montagne de Regaignas; mais ces couches se rapprochent de plus en plus de la verticale, et, vers leur extrémité, un petit pointement de dolomies jurassiques, qui apparaît au Sud à leur contact, montre que le pli synclinal non seulement se redresse, mais aussi se resserre, et tend par conséquent à diminuer d'importance. Sa continuation correspondrait sans doute à la pointe Nord-Est du bassin tertiaire.

Il y a dans ce bassin, jusqu'au moulin de Redon, une série de pointements jurassiques qu'il est bon de mentionner à côté de celui dont je viens de parler. Le plus méridional, au moulin de Redon, au milieu des alluvions anciennes de l'Huveaune, est formé de calcaires oxfordiens et paraît appartenir à la retombée directe de l'anticlinal triasique. Les autres m'ont paru trop disséminés pour que je puisse émettre une opinion sur leur rattachement à l'une ou à l'autre des lignes d'accidents précédemment décrits. Mais, en tous cas, aucun d'eux, par la direction des bancs, ne peut venir à l'appui de l'hypothèse d'une torsion qui permettrait, par exemple, de rattacher le pli d'Auriol à celui des Boyers, ou celui des Boyers à la bande triasique de l'Huveaune. A la suite de mes études sur la Sainte-Baume ('), j'avais indiqué cette possibilité d'une nouvelle déviation qui, sous le bassin tertiaire de Saint-Zacharie, ramènerait le pli vers l'Ouest à sa direction première. Je dois déclarer que, malgré des recherches répétées, aucun fait d'observation n'est venu à l'appui de cette supposition.

L'étude du massif calcaire que traverse la route de Saint-Maximin, et qui topographiquement relie les montagnes de l'Olympe à celle de la Lare (ou du Deffend), semble d'ailleurs montrer que l'anticlinal triasique de Saint-Zacharie se continue vers l'Est, sous forme, il est vrai, d'un dôme beaucoup plus surbaissé, et qu'il va rejoindre, en s'accentuant là de nouveau et en s'ouvrant plus largement, la grande bande triasique de Rougiers et de Saint-Maximin.

Sans doute, il y a là une sorte de barre transversale qui se dresse brusquement comme si elle avait fait obstacle à la propagation

---

(') *Bull. Soc. Géol. de France*, 3ᵉ sér. , XVI, 1887-1888, p. 779 [ci-dessus, art. XXVIII, p. 246].

30

des plis. La falaise jurassique (Oxfordien) qui, au Sud-Est de Saint-Zacharie, termine la bande triasique, est particulièrement frappante à ce point de vue. Les calcaires oxfordiens couronnent à peu près horizontalement une pente cultivée, où les terrains, au lieu de se succéder régulièrement, se pressent en plis obliques à la falaise, continuant les ondulations du Trias. Mais, quelle que soit la cause de cet arrêt brusque, la bande crétacée qui borde au Sud le Trias se continue jusqu'à Vrognon (¹), avec une légère interruption, où affleure le calcaire blanc, substratum immédiat du Crétacé; les Hippurites se trouvent même un peu plus loin au Nord-Est, au haut du col qui ramène à la route de Saint-Maximin. Ce synclinal se continue donc vers le Nord-Est, et l'Oxfordien (avec un peu de Bathonien), qui le limite d'abord au Nord, dessine parallèlement une crête anticlinale qui, bien que peu accentuée, continue la ligne des affleurements triasiques. Il est vrai que la bande triasique, très ondulée, est formée au moins de deux anticlinaux, dont un au moins s'arrêterait brusquement. Il est vrai aussi que la coupe Nord-Sud (fig. 124) de Vrognon à l'Oratoire Saint-Jean, ne permet qu'un raccordement bien hypothétique avec les collines d'Auriol; elle montre combien les plis sont réduits, comme nombre et comme importance. Mais ces plis affaiblis ne s'en poursuivent pas moins, sans déviation notable, vers le Nord-Est. Toute idée de torsion en ce point doit donc être écartée.

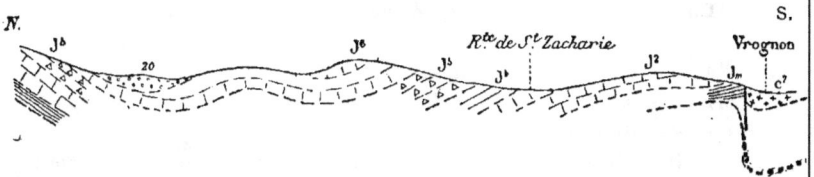

Fig. 124. — Coupe de Vrognon à l'Oratoire Saint-Jean.

Nous nous sommes ainsi beaucoup éloignés du Massif d'Allauch; mais la conséquence à laquelle nous sommes amenés intéresse directement l'interprétation des anomalies de ce massif. Si la bande triasique de Roquevaire et de Saint-Zacharie ne fait pas retour vers l'Ouest, il devient bien difficile d'y voir la continuation déviée du pli de la Sainte-Baume. Il faut alors, comme je l'ai dit, qu'elle

(¹) COLLOT, *Bull. Soc. Géol. de France*, 3ᵉ série, XVIII, 1889-1890, p. 96.

corresponde à un *pli transversal*. De plus, cette bande se trouve reliée à celle de Saint-Maximin et de Barjols, qui coupe transversalement et interrompt les plis Est-Ouest du Val, de Salernes et d'Esparron; on arrive ainsi à ce résultat important, et pour l'explication du massif d'Allauch, et pour la Géologie générale de la Provence: *il existe, d'Aubagne à Saint-Zacharie, à Saint-Maximin et à Barjols, une large bande d'ondulations transversales, dirigées du Sud-Ouest au Nord-Est, et coupant obliquement les plis principaux de la région.*

Il est bien remarquable que cette bande d'ondulations transversales soit aussi celle des affleurements oligocènes. Y a-t-il là une simple coïncidence, ou, ce qui est plus probable, une relation de cause à effet? Il semble bien certain, en tout cas, que les plissements plus récents qui ont affecté les terrains tertiaires ne se sont pas fait sentir sur le reste de la région avec une égale importance, qu'ils ont, par conséquent, localisé leur action le long de cette bande transversale. Il y a là toute une série de problèmes, qui appellent de nouvelles études et de nouvelles discussions, et qui se rattachent, je crois, à des questions d'un intérêt très général. Je me contente pour le moment d'indiquer et de retenir l'existence de cette *ondulation transversale*, qui seule permet d'expliquer dans le principe, sinon dans tous les détails, la différence profonde entre les massifs voisins de l'Étoile et d'Allauch.

Comme je me suis vu forcé, dans cette Note, de toucher à bien des questions et d'étendre mes descriptions bien au-delà du massif d'Allauch, il est bon maintenant de rappeler et de résumer les principales difficultés stratigraphiques sur lesquelles j'ai voulu appeler l'attention.

1° Dans le massif d'Allauch, on trouve un grand affleurement crétacé entouré de toutes parts par le Trias ou l'Infralias, avec tendance ordinaire de ces terrains à recouvrir le Crétacé, comme si l'on avait affaire à un pli anticlinal circulaire complètement fermé.

2° Dans le point où cette ceinture triasique s'élargit (Pichauris), elle se creuse d'un pli synclinal secondaire, très limité en direction et couché en sens inverse du précédent.

3° La ceinture triasique est elle-même entourée, en forme de demi-cercle, d'une cuvette crétacée, sur les flancs de laquelle toutes les couches sont très fortement et très irrégulièrement étirées.

4° Ces accidents n'ont aucune prolongation ni aucun écho dans la région voisine des grands plis Est-Ouest, qu'ils séparent et dont ils interrompent la continuité. Ils paraissent, au contraire, en relation de direction avec la bande triasique transversale de la vallée de l'Huveaune. Au Nord de cette bande, en dehors du massif d'Allauch, on retrouve encore un pli (pli-faille de Sainte-Croix), qui, sur une très courte longueur, se couche en sens inverse des plis voisins.

DISCUSSION ET INTERPRÉTATION DES FAITS OBSERVÉS.

La première difficulté est celle dont l'explication pourrait donner la clef de toutes les autres, c'est elle surtout que je vais essayer de discuter.

Comme je l'ai déjà dit, on peut supposer qu'il y a là une sorte de cylindre crétacé réellement enfoui au milieu du Trias, ou bien que la ceinture triasique est le reste d'une nappe continue qui aurait recouvert le massif.

Première hypothèse. — Occupons-nous d'abord de la première hypothèse: les afflcurements crétacés marqueraient alors la place des parties plus profondément enfoncées, et les affleurements triasiques celle des parties amenées en saillie; le massif d'Allauch serait, non pas un massif surélevé, mais un massif affaissé. La ligne sinueuse qui entoure les affleurements crétacés représenterait les bords de la cuvette affaissée.

Une objection se présente immédiatement: c'est la profondeur énorme de l'enfouissement; elle est surtout frappante pour le promontoire des Mies; l'Aptien, ou même les calcaires à Hippurites, sont venus là au contact de l'Infralias; en donnant aux étages leur épaisseur normale, c'est une descente de près de 1 000 mètres, qui se serait opérée tout d'une masse, comme à l'emporte-pièces, sans qu'aucun contre-coup du mouvement se soit fait sentir dans les terrains encaissants. C'est une hauteur de chûte bien invraisemblable, surtout quand on la compare à la largeur de la bande ainsi descendue. On pourrait, il est vrai, admettre que les étages, au moment où se serait produit le phénomène, n'avaient pas sur ce point leur épaisseur normale, ou, en d'autres termes, que la place de la cuvette d'affaissement avait été préparée par des étirements et des amincissements exceptionnels des terrains intermédiaires. Mais l'objection la plus sérieuse, que j'ai déjà indiquée dans la description du promontoire des Mies, est que la ligne qui circonscrit ce promontoire ne peut être considérée comme une faille d'affaissement que d'un seul côté, du côté de l'Est. De l'autre côté, c'est l'affleurement d'une surface oblique de superposition, parallèle aux bancs, c'est la trace d'un phénomène de poussée horizontale, et non pas de descente verticale.

Sans doute, on peut concevoir la possibilité d'une poussée au vide, qui ait fait surplomber et même chevaucher les terrains du bord sur la partie affaissée; mais il est manifeste que ces chevauchements irréguliers ne pourraient en aucun cas expliquer la situation des Marnes irisées horizontales de la colline 625, *au-dessus* du Jurassique étiré et renversé; il est manifeste également que cette combinaison de mouvements complexes n'aurait pu amener le parallélisme constant et général des assises dans les masses affaissées et dans la masse plus ancienne qui l'a recouverte; entre ces deux parties soumises à des déplacements indépendants, il y aurait une séparation brusque et non pas un passage ménagé par l'intercalation de terrains intermédiaires. Enfin, il faut se souvenir que le promontoire des Mies n'est séparé du massif d'Allauch que par une faille postérieure, qui affecte également les terrains crétacés et leur bordure, dont il faut, par conséquent, faire abstraction dans l'examen de ces phénomènes. Il faut donc réunir dans une étude et dans une explication communes le promontoire des Mies et le reste du massif auquel il se rattache. Or, la superposition du Trias au Crétacé et le parallélisme des assises mises en contact se retrouvent, comme je l'ai dit, le long du triangle des Cadets, et sur toute la bordure méridionale, entre Allauch et Font-de-Mai; dans cette dernière partie, il y a de nouveau interposition de couches renversées. C'est un phénomène général, comme je me suis longuement appliqué à le démontrer dans la première partie de ce Mémoire; et plus le phénomène s'étend loin en restant toujours semblable à lui-même, moins il est admissible qu'on l'explique par la combinaison accidentelle de mouvements indépendants.

Il est inutile d'insister davantage: *un massif limité sur les deux tiers de ses bords par une faille oblique de chevauchement, ne peut être considéré comme un massif affaissé sous l'action de la pesanteur, comme un simple bassin d'affaissement.*

Ce serait donc seulement comme un *bassin synclinal* qu'on pourrait considérer le massif d'Allauch. Cela revient à dire que, si le massif représente réellement une partie plus profondément enfoncée que celles qui l'entourent, cet enfoncement serait dû, non pas à l'action de la pesanteur, mais à des actions de compression latérale.

L'objection à cette nouvelle hypothèse, c'est que ce bassin synclinal, presque aussi large que long, et par conséquent d'une forme assez inusitée, serait étroitement et brusquement limité dans le sens de sa longueur. Au-delà du promontoire des Mies, ce synclinal, si fortement accusé dans les terrains crétacés, ne se prolongerait même pas par une légère ondulation dans les terrains jurassiques. Quoique ce fait seul me porte à rejeter la solution, elle mérite pourtant d'être discutée plus en détail.

En effet, si l'on jette les yeux sur les croquis schématiques qui résument les descriptions précédentes et font ressortir la position des lignes synclinales et anticlinales successives (fig. 3 et 4, pl. VIII), on ne peut nier qu'une coordination très apparente ne préside à l'arrangement de ces accidents: la ligne de l'Huveaune joue le rôle de directrice générale, que suit fidèlement le Trias. Une première bande crétacée la suit parallèlement, en accentuant seulement (bassin de Peipin) l'inflexion d'Auriol. Un second synclinal, celui de Pichauris, dessine contre le massif de l'Étoile une autre courbe, plus courte et plus aplatie, mais encore parallèle aux précédentes. Et enfin, entre ces deux dernières, le massif crétacé d'Allauch forme une bande beaucoup plus large, mais qui s'emboîte concentriquement dans celle de Peipin et de Roquevaire. Cet emboîtement régulier est évidemment très favorable à l'idée de voir dans ces bandes des synclinaux produits par une même action d'ensemble; cette action d'ensemble, dont la direction générale serait nettement oblique aux grands plis de la région, serait l'*ondulation transversale*, dont j'ai parlé plus haut, en terminant la description du massif d'Auriol; elle se serait superposée à celle des grands déplacements horizontaux, qui seraient plus anciens; *elle se serait exercée sur des terrains déjà plissés*.

Or, une particularité frappante dans les accidents qui se rattacheraient à cette action postérieure, à cette ondulation transversale, serait précisément la soudaineté et la brusquerie avec laquelle ces accidents prennent naissance ou prennent fin. Ainsi près du château de Carlevan, un peu à l'Est d'Allauch, on voit tout d'un coup apparaître la première cuvette crétacée, celle qui va accompagner la bande triasique jusqu'au-delà d'Auriol; la coupe d'Allauch n'en montrait pas l'amorce; elle se creuse dans le Trias sans

préparation visible. A son autre extrémité, du côté du bassin tertiaire de Saint-Zacharie, elle semble s'arrêter aussi brusquement.
Sur son parcours, à Sainte-Croix, des chevauchements importants
se produisent, auprès même du point où elle se termine, et ne se
prolongent guère sur plus de 1 kilomètre. Le synclinal de Pichauris, bien que ce soit un synclinal renversé, témoignant par suite de
poussées importantes, cesse rapidement, de part et d'autre, contre
la faille Doria (faille de décrochement), sans qu'on trouve nulle
part une trace de sa continuation, même atténuée ([1]). C'est ce caractère, si remarquable et si spécial, qui serait encore exagéré
dans la cuvette d'Allauch, arrêtée plus brusquement encore au
Nord des Mies, comme le serait une cuvette d'affaissement. Cette
cuvette, faiblement allongée en forme de croissant, se serait produite sous la même influence que les plis synclinaux voisins, dont
elle épouse la direction.

L'hypothèse, contestable dans tous les cas, ne peut évidemment
se soutenir que si, au point où la cuvette cesse brusquement, l'enfouissement est relativement faible. Il faudrait donc admettre
qu'au moment où s'est accentuée cette cuvette synclinale, l'Aptien
reposait déjà directement sur l'Infralias, ou n'était séparé de lui
que par une faible épaisseur de couches intermédiaires. La conséquence s'appliquerait alors à tout le massif d'Allauch, *sous lequel
on ne devrait retrouver en aucun point la série complète des assises jurassiques*; autrement dit, une grande faille de glissement horizontal, ou une série de failles analogues, aurait, sur l'emplacement
actuel du massif, supprimé une partie des assises, et préparé ainsi
sa structure actuelle. Ce serait le même phénomène dont on retrouverait la continuation sous la cuvette crétacée de Carlevan, de
Roquevaire et de Peipin, et qui expliquerait, au moins en partie,
les lacunes précédemment décrites.

Ainsi, *une grande faille ou une série de glissements horizontaux préexistant sur l'emplacement du massif d'Allauch*, telle est
la condition nécessaire pour pouvoir admettre la possibilité de
l'hypothèse actuellement discutée. Or, à l'Ouest de cet emplacement se développe le pli couché de l'Étoile; à l'Est, le pli couché

([1]) Il est vrai que le synclinal de Pichauris pourrait ne pas être un synclinal distinct, mais seulement un affleurement de la charnière synclinale
du pli d'Allauch (voir p. 475). Une objection semblable pourrait s'appliquer à l'exemple de la faille de Sainte-Croix.

de la Sainte-Baume; tous deux donnent la preuve de déplacements horizontaux importants, qui, pour la Sainte-Baume atteignent 6 et 8 kilomètres. Ces glissements horizontaux ne seraient donc que la conséquence d'une action générale bien constatée dans la région, de la formation des grands plis couchés. Sans doute, on est surtout habitué à voir ces glissements se produire dans le flanc renversé des plis ou dans leur flanc supérieur, c'est-à-dire dans les masses de recouvrement; mais il n'y a aucune raison pour qu'il ne s'en produise pas d'analogues dans le flanc inférieur ou normal (moins souvent observable dans son ensemble), et ce serait précisément le cas dans la région d'Allauch. Dans la partie comprise entre le pli de l'Étoile et le pli de la Sainte-Baume, entre les deux failles qui semblent les interrompre brusquement (faille Doria et faille de La Piguière et des Lagets), les dénudations auraient enlevé toute trace du flanc supérieur du pli et des terrains de recouvrement, en laissant apparaître par contre les irrégularités du substratum. Plus tard, ce serait dans cette partie *surélevée* que se serait en quelque sorte localisée la résultante des actions postérieures, et deux causes viendraient ainsi concourir à la complication des apparences actuelles: la superposition de deux séries distinctes d'accidents, et les conditions spéciales créées à la formation des plis plus récents par l'inégalité des résistances.

L'explication, ainsi complétée, devient à la rigueur admissible, mais il importe bien de préciser ce qu'elle suppose: *la continuation entre la Sainte-Baume et l'Étoile des phénomènes de déplacements horizontaux*, et par conséquent la liaison primitive des deux plis. La dénudation rend impossible tout essai sérieux de reconstitution de la partie intermédiaire; on peut seulement remarquer que ces déplacements horizontaux se seraient, dans cette partie intermédiaire, étendus sur une largeur de plus de 8 kilomètres, et y auraient amené des suppressions de couches de près d'un millier de mètres.

Avant de passer à l'examen de la seconde solution, qui comporte aussi de sérieuses difficultés, j'indiquerai les deux objections qui m'empêchent d'adopter celle que je viens de développer: la première de ces objections, dont je n'ai pas encore parlé, est relative à la petite bande étroite de Trias qui borde sur 3 kilomètres, comme un liseré, le triangle des Cadets. Sans doute l'apparition du Trias s'explique là comme sur le reste du pourtour; mais l'étroitesse et la continuité de cette bande, qui lui donnent un caractère si étrange, ne se motivent par aucune raison spéciale; il faut y voir un simple effet du hazard, qui, pour n'être pas impossible, n'est pas moins invraisemblable. La seconde objection est la plus grave; c'est celle que j'ai indiquée en débutant: il faut, si le massif d'Allauch est un pli synclinal, que ce pli s'arrête tout d'un coup vers le Nord, sans trace aucune de continuation, comme s'il affectait le Crétacé sans affecter le Jurassique.

Quoique, au point de vue des conséquences générales, l'hésitation entre deux solutions diminue singulièrement la portée de chacune d'elles, j'ai cru devoir, dans un sujet aussi difficile, énumérer successivement les raisons qui peuvent militer pour l'une aussi bien que pour l'autre. Il n'en est que plus nécessaire de dégager et de mettre en lumière le résultat commun aux deux solutions: la correspondance entre les deux grands plis, aujourd'hui séparés, de l'Étoile et de la Sainte-Baume, et l'importance des déplacements horizontaux dans l'intervalle qui les sépare. Dans son ensemble, le pli de l'Étoile, par rapport à celui de la Sainte-Baume, se trouve reporté un peu plus vers le Nord; mais ce déplacement, relativement faible pour la ligne de superposition du Jurassique au Crétacé, c'est-à-dire pour la charnière anticlinale, est au contraire très grand pour la limite de pénétration du Crétacé sous le Jurassique, c'est-à-dire pour la charnière synclinale. Cette dernière considération sera surtout développée dans la discussion de la seconde solution.

Seconde hypothèse. — La seconde hypothèse est celle que j'avais autrefois admise sans discussion. Elle peut se résumer de la manière suivante: le massif d'Allauch n'est pas un massif affaissé, mais un massif *surélevé*. Le Trias qui l'entoure se prolongeait primitivement au-dessus du massif. En d'autres termes, un grand pli couché étendait ses masses de recouvrement depuis Allauch jusqu'au bassin de Fuveau: un bossellement postérieur, et la dénudation qui en a été la conséquence, ont fait apparaître, comme un large îlot triangulaire, le substratum crétacé. Le pli anticlinal fermé qui semble entourer le massif, ne serait que l'affleurement d'une surface anticlinale, ou pour mieux dire, de la surface axiale du pli.

Un pli de cette amplitude (recouvrement de 9 kilomètres environ) ne peut être un pli isolé; il doit se relier aux plis voisins, celui de l'Étoile et celui de la Sainte-Baume, et ce qu'il faut chercher, c'est la manière dont peut se faire ce raccordement. Or, la discussion mène à ce résultat inattendu: *le raccordement avec les plis voisins ne peut se faire directement, et la charnière synclinale, dans l'hypothèse d'un pli couché, suit toutes les irrégularités des affleurements crétacés.*

Cherchons en effet jusqu'à quelle distance le Crétacé pénètre sous les terrains voisins; évidemment, dans une direction quelconque, il se prolonge souterrainement: ou jusqu'à la rencontre d'un nouvel affleurement crétacé; ou jusqu'à la rencontre d'une faille qui supprime cet affleurement, c'est-à-dire qui mette en contact les terrains de recouvrement avec ceux du substratum; ou enfin jusqu'à la charnière synclinale du pli couché.

Du côté de l'Est, il est impossible que le Crétacé d'Allauch aille rejoindre souterrainement d'autres affleurements de même âge. Ce ne pourrait être en effet que les affleurements du flanc septentrional de la Sainte-Baume, de l'autre côté de la plaine de l'Huveaune. Or, le Crétacé de ce massif est nettement superposé au Trias de Roquevaire ([1]); il ne peut donc se raccorder avec celui qu'on supposerait prolongé sous le même Trias.

Ainsi, du côté de l'Est, et cela sur toute la longueur du massif, la pénétration du Crétacé doit être limitée par la charnière synclinale du pli, c'est-à-dire que cette charnière synclinale doit suivre de plus ou moins loin le bord du massif. Et même l'hypothèse la plus vraisemblable, d'après la disposition des affleurements crétacés, semble alors que la pénétration soit nulle, c'est-à-dire que la charnière synclinale coïncide avec la faille qui limite de ce côté le Crétacé.

D'ailleurs, que la pénétration soit nulle ou qu'elle soit faible, la question a peu d'importance et les conclusions sont les mêmes. La charnière synclinale, après avoir suivi le Sud des affleurements crétacés, doit nécessairement aller rejoindre, par dessous le massif de Peipin, la charnière synclinale de ce massif. Mais nous avons vu qu'entre Peipin et La Détrousse, le Jurassique supérieur, au lieu de continuer à se déverser sur le Crétacé, se redresse presque verticalement. Le Crétacé ne peut donc pénétrer que sous la partie occidentale du massif de Peipin, et la limite de pénétration, ou ligne de raccordement des deux charnières synclinales, ne peut

([1]) Voir ma Note sur la Sainte-Baume *(Bull. Soc. Géol. de France,* 3ᵉ sér., XIII, 1884-1885, p. 115-130 [reprod. ci-dessus, art. XIX, p. 159-176]).

qu'envelopper de bien près le promontoire aptien, pour se contourner ensuite le long du bord du massif de Peipin.

Ainsi, de proche en proche, on arrive à cette conclusion: le contour des affleurements crétacés du massif d'Allauch n'est pas une ligne accidentelle, dont la forme est due aux hasards de la dénudation: *c'est bien réellement une ligne directrice*. Comme semblait déjà l'indiquer son enveloppement en demi-cercle par un autre bassin crétacé (de Peipin à Font-de-Mai et à Carlevan), c'est une ligne dont la forme est liée à la nature même des accidents qui ont déterminé l'isolement de ces affleurements crétacés (fig. 5, pl. VIII).

Du côté de l'Ouest, les conclusions sont les mêmes. Nous avons vu qu'à Saint-Savournin et à Mimet, l'enfoncement du Crétacé semble très faible sous le massif de l'Étoile. Il faut donc que d'Allauch la charnière synclinale (ou limite de pénétration du Crétacé) se dirige vers Mimet, et par conséquent qu'elle suive de plus ou moins près la faille de décrochement (faille Doria). Ce que nous savons du massif de Pichauris permet même de préciser sa position en un point intermédiaire.

En effet, nous avons vu qu'à l'Ouest aussi bien qu'à l'Est, l'Infralias et le Lias s'enfoncent sous la colline 625. Si le Crétacé pénètre profondément de ce côté sous le Trias, il en est de même des termes renversés qui l'accompagnent, et par conséquent quand ceux-ci reparaissent à l'Ouest, auprès de la ferme de Pichauris, ils ne peuvent représenter que la continuation du même pli (fig. 115), *en un point où ce pli n'englobe plus, comme terme le plus récent, que du Bathonien*. Il faut donc que la charnière synclinale du Crétacé soit plus à l'Est, c'est-à-dire sous la colline 625. Il serait tout à fait invraisemblable de supposer, sans qu'aucune observation vienne à l'appui, une sorte de rebroussement de cette charnière synclinale, conformément au croquis ci-joint (fig. 125); ce serait pourtant la seule hypothèse qui pourrait expliquer une pénétration plus profonde sous le Trias.

Si donc les accidents du massif d'Allauch se rapportent à un pli couché, *la charnière synclinale de ce pli décrit une boucle presque complètement fermée*. A l'endroit où cette boucle se rétrécit, au-dessus des Mies, le Crétacé englobé a été, comme nous l'avons vu d'après l'étude des affleurements, *entièrement recouvert par le Jurassique* (voir la fig. 115), ou du moins il n'y a que quelques mètres de distance entre les derniers blocs de calcaire blanc superposés à l'Aptien et la falaise oxfordienne qui en limite à l'Est l'af-

fleurement. Plus au Nord, au-dessus du Pied-de-Veyraud, l'Infralias, qui existe de part et d'autre, devait se rejoindre par dessus
l'Aptien; et plus au Nord encore, en approchant du Terme, la
nappe infraliasique de l'Est se réunit effectivement à celle de

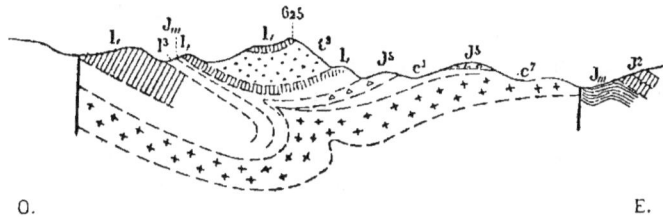

Fig. 125. — Coupe par la colline 625 (environs de Pichauris).

l'Ouest, continuant, sans que rien vienne en avertir à la surface, à
recouvrir une sorte de boyau crétacé. Ce boyau ferait communiquer souterrainement le Crétacé des Mies avec le bassin de Fuveau, et la coupe dans la partie intermédiaire aurait quelque analogie avec celle que j'ai essayé de représenter dans la figure 126.

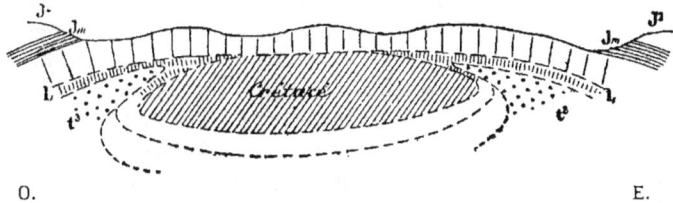

Fig. 126. — Coupe au Nord des affleurements crétacés des Mies.

La nappe d'Infralias ne peut ainsi être continue en un point que
si elle l'a été au-dessus de toute la boucle, c'est-à-dire au-dessus de
tout le massif d'Allauch. C'est bien l'idée première dont nous
étions partis; mais elle se trouve modifiée en un point important. Cette nappe, que nous rétablissons par la pensée au-dessus
du massif d'Allauch, ne se rattache plus à un phénomène de recouvrement plus étendu et plus général; il n'y aurait eu superposition du Trias au Crétacé que sur l'emplacement des affleurements
actuels, qui correspondraient à une sorte d'*invagination* de la
charnière synclinale du pli de l'Étoile.

A l'Ouest du massif de Peipin, le pli de l'Étoile se continue, comme je l'ai déjà montré, dans le massif des Boyers, et on perd sa trace en arrivant au bassin tertiaire de Saint-Zacharie. Sous le massif jurassique des Boyers, il y a incontestablement pénétration du Crétacé, mais rien ne peut indiquer jusqu'à qu'elle profondeur. Il serait assez séduisant, assez conforme à la disparition simultanée des deux plis avant Saint-Zacharie, de supposer que c'est ce même Crétacé qui va ressortir à Sainte-Croix, près d'Auriol. La faille, vers Sainte - Croix, ne serait alors que l'affleurement de la surface de superposition représentant le flanc moyen ou flanc étiré du pli, et le déversement local vers le Sud ne serait qu'une simple apparence. On serait en présence d'un important lambeau de recouvrement, se rattachant, comme ceux des Boyers et de Saint-Zacharie, au pli de la Sainte-Baume. Mais il faut se rappeler que ces collines, malgré l'interruption causée dans les affleurements par les poudingues discordants de La Détrousse, semblent se rattacher assez étroitement à celles de Peipin, pour lesquelles la même hypothèse est inadmissible. Les mêmes terrains entrent dans la composition des deux massifs; les plis secondaires y sont en même nombre et et s'y font face assez exactement; ce qui serait un hasard bien extraordinaire, dans le cas où le premier de ces massifs ferait partie du substratum resté en place, et où le second aurait été amené en juxtaposition fortuite par un charriage de près de 10 kilomètres. Je ne vois pas le moyen, dans l'état des observations, de discuter plus à fond cette nouvelle hypothèse; mais je crois qu'en l'absence d'arguments précis, il serait téméraire de s'y arrêter.

Son intérêt, du reste, est purement local; la charnière synclile, dont nous avons suivi le tracé hypothétique autour du massif d'Allauch, se dirige en tout cas, au moins jusqu'à La Détrousse, vers le bassin de Saint-Zacharie, et le problème qui reste à résoudre est de la raccorder avec la charnière synclinale du pli de la Sainte-Baume. On pourrait objecter que ce raccordement n'est pas nécessaire, et que le pli peut se terminer là, au moins en tant que pli couché, le pli de la Sainte-Baume étant un autre pli qui le remplacerait parrallèlement. Mais ces phénomènes de plis qui cessent rapidement et se substituent les uns aux autres, sont bien admissibles quand il s'agit de plis droits; ils cessent de l'être dans le cas de grands déplacements horizontaux. Quelles qu'aient été les complications secondaires, explicables par des différences de résistance, le mouvement qui aurait poussé l'Infralias d'Allauch jusqu'à Pichauris et celui qui a poussé l'Infralias de Saint-Pons jusqu'auprès de Saint-Zacharie ne peuvent être que le résultat d'une même translation d'ensemble vers le Nord. Si, dans les deux massifs qui se font face exactement de part et d'autre de l'Huveaune, il y a eu, dans le même sens et en parfaite correspondance, des déplacements équivalents de plusieurs kilomètres, il serait contraire à toute vraisemblance, et même à tout bon sens, d'y voir la conséquence de deux actions indépendantes et de deux plis réellement distincts.

Il faut donc admettre que la charnière synclinale, à partir du point où nous perdons sa trace, que ce soit sous le bassin tertiaire de La Détrousse ou sous celui de Saint-Zacharie, se trouve ramenée vers le Sud par un nouveau décrochement. La place de ce décrochement correspondrait à la bande triasique de la vallée de l'Huveaune, au-dessus de laquelle la charnière synclinale et les couches crétacées qu'elle englobait auraient disparu par dénudation. En d'autres termes, la charnière synclinale, après avoir contourné le massif d'Allauch et celui de Peipin, serait rejetée vers le Sud, ou contournerait dans un dernier circuit la pointe triasique d'Auriol et de Saint-Zacharie. C'est ce que nous montre le croquis (fig. 5, pl. VIII), dans lequel les parties actuellement superposées au Crétacé ont été barrées de traits pleins, tandis que des traits ponctués indiquent les parties où il y aurait eu recouvrement dans l'état primitif, et où les terrains superposés au Crétacé auraient été enlevés par dénudation.

Quoique les hypothèses successives s'enchaînent et se déduisent les unes des autres, elles sont trop nombreuses, trop peu appuyées sur des faits d'observation, pour qu'elles puissent entraîner quelque certitude. Le système d'interprétation auquel on arrive est possible; c'est tout ce qu'on peut dire. Les figures 1 et 2 de la planche VIII montrent quelle serait la coupe résultante pour l'ensemble du massif.

Théoriquement, cette interprétation soulève une question sur laquelle quelques explications ne sont pas inutiles: le pli couché, dans son ensemble, se serait propagé à peu près en ligne droite, ou, pour être plus précis, l'ensemble des déplacements horizontaux qui lui correspondent se seraient repartis dans une bande orientée assez régulièrement de l'Est vers l'Ouest; mais à l'intérieur de cette bande, large d'une dizaine de kilomètres, une des lignes directrices du pli, la charnière synclinale qui enveloppe les couches crétacées, décrirait une série de sinuosités. Il me semble, en essayant de me représenter les diverses phases de la formation d'un pli couché, que cette anomalie apparente peut se concevoir et s'expliquer d'une manière satisfaisante.

Le point de départ de la formation d'un pli couché est la formation d'un simple bourrelet superficiel, qui peut être ou droit ou couché, c'est-à-dire composé de couches dressées verticalement ou restées horizontales. Dans le second cas, les forces de compression, continuant à agir, tendent à pousser ce bourrelet en avant, et plus spécialement la partie en saillie, qu'aucun obstacle ne maintient. Cette partie *plus mobile* se compose de deux moitiés, l'une, la moitié supérieure, où l'ordre de superposition des couches est l'ordre normal, l'autre, la moitié inférieure, où cet ordre est inversé. Lors de la mise en mouvement, il y a afflux de matière possible pour la première partie, tandis que la seconde reste limitée à son volume primitif. Quand le bourrelet s'allonge en pli couché, la moitié renversée s'étale sur une plus grande surface, et par conséquent diminue d'épaisseur; les couches s'y étirent en proportion de l'allongement. C'est le cas du pli couché ordinaire. Il suppose que *la charnière synclinale reste fixe*.

Mais il se peut que le mouvement de déplacement se propage plus profondément, et qu'il entraîne aussi la charnière synclinale, insuffisamment maintenue par les couches qu'elle englobe. Le résultat apparent sera alors seulement de transporter le bourrelet primitif en avant de sa position première, sans changer de forme et tout d'une pièce. Le rapprochement superficiel des deux lèvres du fuseau comprimé est le même dans les deux cas; mais l'arrangement des matières est tout différent, et cette différence donne lieu, soit à une faille de décrochement, soit à une déviation plus ou moins brusque de la charnière syclinale. D'un côté de cette faille ou de cette ligne de déviation, les phénomènes de recouvement sont très importants, de l'autre ils pourront être très peu étendus.

C'est un exemple de ce genre que nous offrirait la région étudiée: la charnière synclinale serait restée immobile dans la chaîne de Sainte-Baume; elle aurait été reportée de plusieurs kilomètres vers le Nord dans le massif de l'Étoile. Entre les deux, la résistance opposée à sa mise en mouvement a donné lieu aux complications spéciales du massif d'Allauch. Dans la seconde interprétation, ce massif serait à comparer à un immence bloc qui, pincé dans la charnière synclinale, aurait entravé localement son déplacement vers le Nord. Les couches qui l'englobaient, forcées de rester en arrière du mouvement général, auraient subi d'énormes efforts de traction, comme une membrane élastique qui se distendrait en moulant un obstacle, et telle serait la cause des étirements inusités observés tout autour du massif.

Une des conséquences importantes de la première interprétation était le rôle considérable attribué à des pressions transversales, mises en jeu postérieurement à celles qui ont déterminé les grands plis couchés. Le rôle de cette *ondulation transversale* deviendrait ici beaucoup plus faible; il n'est pas moins manifeste, et le serait d'ailleurs par le seul fait du plissement des couches oligocènes; mais il reste plus étroitement limité à la région triasique de l'Huveaune, c'est-à-dire à la région au-dessus de laquelle les phénomènes du recouvrement se seraient trouvés interrompus par l'avancement de la charnière synclinale. Sous cette forme, il semble qu'on s'explique assez bien comment cette région triasique a dû former une région moins élevée que les massifs voisins, prédestinée par suite à recevoir les dépôts oligocènes, et comment en même temps elle pouvait constituer une ligne de moindre résistance, spécialement propre à se plisser sous des actions ultérieures.

Résumé. — En résumé, le massif d'Allauch présente une série d'accidents exceptionnels, mais assez étroitement coordonnés entre eux pour qu'ils doivent sans aucun doute être rapportés à une cause d'ensemble. Le fait dominant, celui d'un massif crétacé englobé dans une ceinture de couches triasiques, peut s'expliquer de deux manières: ou en supposant que le massif correspond à une région plus enfoncée que les parties voisines, et par conséquent moins dénudée, ou en supposant qu'il correspond à une partie relativement saillante, et par conséquent plus profondément dénudée. Dans la première hypothèse, les accidents du massif seraient dus à un système de plissements secondaires et postérieurs, qui aurait produit des plis ou plis-failles très limités en direction et couchés dans des sens opposés. Dans la seconde hypothèse, ces accidents seraient une conséquence directe du plissement principal, et des déplacements inégaux de la charnière synclinale. Mais dans les deux cas, la discussion des deux seules solutions possibles mène à relier le pli de la Sainte-Baume à celui de l'Étoile, à en faire une même unité, et à admettre dans la région intermédiaire des déplacements horizontaux au moins aussi importants que dans les massifs voisins. Ces déplacements horizontaux offrent là un intérêt spécial, parce qu'ils se sont, quelle que soit l'hypothèse adoptée, produits dans le flanc inférieur du pli: ce n'est plus seulement dans le flanc renversé ou dans les masses amenées en superposition anormale qu'on peut constater les glissements des assises les unes sur les autres, c'est dans la partie inférieure, dans le substratum normal du pli couché qu'une partie des étages se trouve supprimée par des étirements ou par des failles parallèles à la stratification.

Quant aux deux questions plus générales soulevées par la discussion précédente, à savoir le rôle des ondulations transversales en Provence et celui des déplacements inégaux de la charnière synclinale dans les plis couchés, ce n'est pas jusqu'à nouvel ordre l'étude du massif d'Allauch qui permettra de se prononcer à leur sujet, puisque ce rôle varie avec l'interprétation adoptée. Mais sans prétendre à les résoudre, c'est peut-être déjà un résultat utile d'avoir été amené à poser ces questions, et à appeler l'attention sur l'importance qu'elles peuvent avoir dans la structure des massifs montagneux.

Lacunes et suppressions de couches. — Je n'ai pas voulu interrompre la discussion, déjà bien compliquée, de la structure du massif d'Allauch, en insistant sur les phénomènes de suppressions de couches, si fréquentes autour du massif, ni sur les lacunes que, dans le massif lui-même, présente la série crétacée. Je crois, pour ma part, que ces phénomènes si particuliers, et si remarquablement localisés dans la région, doivent être attribués à une même cause: aux glissements qui se sont produits dans le flanc inférieur d'un pli couché. Comme l'existence de ces glissements est la conséquence principale qui se dégage de cette étude, il est bon maintenant de revenir avec quelque détail sur ce sujet.

D'abord, en ce qui concerne la zone de bordure, personne ne peut mettre en doute que les suppressions intermittentes de couches observées sur les bords de la cuvette crétacée de La Treille, Roquevaire et Peïpin, ne soient dues à des actions mécaniques. Il ne peut être question de lacunes de sédimentation, quand partout les terrains supprimés reparaissent à peu de distance avec tous leurs caractères et toute leur épaisseur. Il ne peut non plus être question de failles verticales, quand partout les assises se suivent parallèlement; ces surfaces de glissement, inclinées comme les couches

31

dans les affleurements, continuent certainement en profondeur à en suivre la courbure et en partager les inflexions: un puits creusé au centre de la cuvette ne rencontrerait pas sous le Crétacé une série plus complète que celle qu'on observe sur les bords.

La seule objection est non pas dans l'exagération, mais dans l'irrégularité de ces phénomènes: à l'Est de la bande périphérique de Trias, on voit souvent les terrains supprimés, au lieu de reprendre graduellement leur place, reparaître brusquement avec toute leur épasseur. Ainsi à l'Ouest de Font-de-Mai, la série jurassique est à peu près complète, et au Nord de la ferme le Trias est presque en contact avec le Cénomanien; au Sud du ravin qui descend à la station du Pont de l'Étoile, le Lias, le Bathonien et les dolomies jurassiques sont bien développées; au Nord du même ravin on ne trouve plus que quelques mètres de calcaires à silex. Il en est de même au Nord et au Sud de Lascours. Il y a en quelque sorte, comme je l'ai dit plus haut, resserrement et épanouissement brusques des bords de la cuvette.

Les points où se font ainsi ces disparitions et ces réapparitions de terrains, donnent naissance à de petites failles transversales de décrochement, qu'on déduit du tracé des contours plutôt qu'on ne peut les observer directement. Mais ces décrochements restent toujours limités au bord de la cuvette crétacée *et ne déplacent nulle part la petite bande triasique qui entoure le massif.* Il semble donc que ces failles transversales doivent être considérées comme continuant les lignes de discontinuité les plus accusées dans la retombée des couches jurassiques. En essayant ce raccord sur la carte géologique, on voit que les lignes qui en resultent dessinent sur le bord du bassin tertiaire une série de courbes concaves vers ce bassin, comme une série de golfes comparables à ceux d'une côte accidentée, la côte Ouest de l'Italie par exemple (¹). Ces courbes circonscrivent à leur intérieur un ensemble de couches toujours plus récentes que celles qui les entourent; elles semblent donc délimiter autant de bassins d'affaissement (La Treille, Les Camoins, Lascours, Peipin), disposés en rangée demi-circulaire autour du massif d'Allauch. Ces affaissements seraient en tout cas antérieurs au dépots des couches oligocènes, qui ne sont certainement pas affectées par ces failles.

(¹) Voir ED. SUESS, *Das Antlitz der Erde*, I, 1883, p. 178 [trad. française: *La Face de la Terre*, I, 1897, p. 175-176].

Je n'ai eu l'idée de ces bassins secondaires qu'en rédigeant cette Note; il y aurait donc lieu de vérifier par une nouvelle étude la continuité, ainsi que l'uniformité d'allures des failles qui les limitent. Mais l'existence de ces bassins est en tout cas un fait secondaire, indépendant des autres accidents; les affaissements supposés n'interviennent que pour expliquer les variations brusques des étirements et pour les compenser; mais ces étirements restent le fait principal et incontestable. Et ce n'est pas un seul glissement, ni même un nombre limité de glissements qui peuvent les expliquer; il est exceptionnel, tout le long de la bordure, qu'un seul étage, quel qu'il soit, se présente longtemps avec son épaisseur normale.

Si maintenant on passe de la bordure à l'intérieur du massif, les apparences changent complètement; il semble qu'on rencontre là la série crétacée avec son plein développement; le soubassement valanginien, presque partout horizontal, a même une épaissseur plutôt plus grande que l'épaisseur ordinaire de cet étage. Mais au-dessus de ce soubassement, tandis que certains étages, comme les calcaires à Hippurites, restent bien représentés, d'autres font complètement défaut: la série crétacée, horizontale et puissante, présente *des lacunes*, qui ne semblent d'abord pouvoir s'interpréter que comme lacunes de sédimentation.

Ainsi, l'Urgonien existe bien dans la partie Sud du massif; mais il diminue rapidement d'épaisseur vers le Nord-Est, puis disparaît complètement dans cette direction. L'Aptien n'a jamais été signalé, le Cénomanien est au moins douteux et en tout cas rudimentaire, et vers la pointe septentrionale du massif, les calcaires à Hippurites reposent directement, sans discordance visible, sur le Néocomien inférieur ([1]). Et cependant l'Urgonien existe au Nord-Ouest à Simiane, au Nord à Peïpin, au Nord-Est à Pierrascas, il est bien développé tout le long de la bordure du massif. L'Aptien existe au Sud, de Martelleine jusqu'au-delà de Garlaban, au Nord dans le massif des Mies; il est très développé à Saint-Pons et dans la Sainte-Baume, et se retrouve dans les massifs du Sud de l'Huveaune (Carpiagne, Corniche de Marseille) aussi bien qu'au Nord de l'Étoile (Mimet et Saint-Savournin). J'ai de tous côtés, dans la bordure, retrouvé le Cénomanien: au Nord du triangle des Cadets ([2]), aux

([1]) COLLOT, *Bull. Soc. Géol. de France,* 3ᵉ sér., XVII, 1889-1890, p. 92.
([2]) COLLOT, même vol., p. 77.

Mies (¹), au pied du Garlaban, à Font-de-Mai, à Chapelette. Il n'est sans doute pas impossible, comme le pense M. COLLOT (²), que depuis l'époque valanginienne, le massif ou une partie du massif ait formé un haut fond balayé par les vagues, où la sédimentation aurait été arrêtée, tandis qu'elle se continuait tout à l'entour; il est même très admissible, en ce cas, que la présence de ce haut fond n'ait modifié en rien la composition des sédiments voisins. M. COL-LOT signale, à l'intérieur du massif, « une surface percée de litho-phages et enduite de limonite, immédiatement au-dessus de la partie la plus fossilifère des marnes néocomiennes. » J'ai moi-même observé, au-dessus du Jas de Palenchon, au milieu des marnes néocomiennes, une sorte de mur vertical formé d'un calcaire dur, pétri d'Huîtres et de Polypiers, contre lequel venaient buter les marnes peu inclinées. Ces phénomènes indiquent évidemment une faible profondeur d'eau; mais toutes les couches crétacées de cette partie de la Provence sont des couches d'eau peu profonde, et on n'a guère le droit de déduire de ces faits une tendance spéciale à l'émersion pour tout le massif. La présence de la bauxite, celle de couches saumâtres dans le Turonien, sont aussi des faits beau-coup moins localisés que les lacunes du massif. Ils ne suffisent pas à lui attribuer une histoire aussi spéciale.

Il me semble plus vraisemblable d'attribuer ces lacunes, non pas aux conditions de sédimentation, mais à des glissements posté-rieurs. Nous avons vu que, quelle que soit l'interprétation qu'on adopte, le massif a été soumis à d'énormes tractions horizontales; dans la première hypothèse, ces tractions ont déterminé sous tout le massif une grande surface de glissement; dans la seconde, elles ont transporté à plusieurs kilomètres, au Nord, des masses primi-tivement attenantes au massif. Elles ont en tout cas déterminé des glissements complexes dans la zone de bordure; des glissements analogues ont dû se produire dans le massif lui-même, et ces glis-sements ont pu amener en superposition directe des couches pri-

---

(¹) Aux Mies, outre un affleurement de calcaires à Caprines sous la masse des calcaires à Hippurites, j'ai trouvé un lambeau de calcaire à Orbitolines, sur le chemin au Sud de la source des Trois-Fonts, pincé d'une manière as-sez inattendue et peu explicable, entre l'Aptien et le Jurassique renversé.

(²) COLLOT, *Bull. Soc. Géol. de France*, 3ᵉ sér., XVIII, 1889-1890, p. 66.

(³) COLLOT, même vol. , p. 58.

mitivement séparées par une plus ou moins grande épaisseur ([1]).
Sans doute, *a priori*, il semble que la distinction entre une surface
de stratification et une surface de superposition mécanique doit
toujours être facile à faire, et que le raccord ne puisse être assez
parfait pour qu'une observation un peu attentive ne suffise pas à
lever tous les doutes. Mais l'examen de nombreuses coupes (en Provence et dans les Alpes), où l'origine des lacunes n'est pas contestable, montre au contraire que ces raccords se font sans biseau de
couches, sans irrégularités spéciales, que la superposition par
glissement reproduit tous les caractères apparents de la superposition par sédimentation. Le *réarrangement* des assises déplacées est
si parfait que toute trace de déplacement a disparu, et que la
comparaison seule avec les coupes voisines, en montrant la lacune, peut faire soupçonner le phénomène. Cette particularité s'explique parce que, dans ces sortes de mouvements, tous les plans
de stratification sont des plans de glissement facile, et que le déplacement d'ensemble se répartit alors en un grand nombre de déplacements élémentaires, qui par leur petitesse échappent à l'observation. Si ces déplacements étaient rigoureusement parallèles
aux couches, ils ne changeraient rien aux apparences observées;
mais il suffit qu'ils leur soient légèrement obliques pour amener
des suppressions d'assises ou des diminutions importantes dans
leur épaisseur.

Dans le cas actuel, le doute est permis parce qu'on est dans la
proximité de régions où des lacunes analogues existent, et sont continues sur de trop grands espaces pour ne pas êtres originelles ([2]).
Mais on est séparé de ces régions par des bandes d'affleurement où ces lacunes disparaissent; la liaison géographique avec
les phénomènes mécaniques est donc plus nette et plus intime qu'a-
vec les modifications incontestables des bassins sédimentaires; c'est
là, à mes yeux, une raison suffisante pour chercher dans ces phénomènes la raison d'être des lacunes, si localisées, du massif
d'Allauch.

On le voit, sur bien des points le massif d'Allauch reste encore
un problème, et il peut prêter encore à bien des discussions. Il y a
là un point singulier, où l'allure des plis voisins s'interrompt brus-

[1] C'est probablement au même phénomène d'ensemble qu'il faudrait rattacher les *failles obliques* signalées par MM. GOURRET et GABRIEL.

[2] COLLOT, *Bull. Soc. Géol. de France*, 3ᵉ sér., XIX, 1890-1891, p. 74-92.

quement avant de reprendre plus loin, et où cette interruption donne lieu à une série d'accidents spéciaux, d'une orientation capricieuse et d'une complication inusitée. J'ai montré que, en dehors de quelques affaissements plus récents, il était possible de voir dans tous ces accidents, de nature et d'importance diverse, une conséquence directe du plissement général, mais la preuve n'est pas faite, et tout en reconnaissant sans aucun doute l'influence de ces plissements, on peut encore prétendre qu'elle n'a pas été seule en jeu pour donner à ce coin de la Provence son caractère exceptionnel; que déjà à l'époque crétacée, la sédimentation s'y est produite dans des conditions spéciales, et avec de nombreuses lacunes; que plus tard, un nouveau système de plissements, dont les traces sont ailleurs peu reconnaissables, a sur cet emplacement superposé ses effets à ceux des grands déplacements horizontaux. Il est clair qu'au point de vue théorique, la première solution serait préférable, ou du moins plus séduisante; c'est l'espoir d'arriver à trouver en sa faveur un argument décisif qui a si longtemps retardé la rédaction de cette Note; mais il faut avouer que cet argument décisif n'est pas jusqu'ici fourni par les faits d'observation. Chacune des deux interprétations proposées aurait des conséquences importantes, et d'un intérêt général; il faut, je crois, attendre de nouvelles données pour pouvoir entre elles deux faire son choix avec quelque assurance.

XLVI

SUR L'ORIGINE DES POUDINGUES DE LA CIOTAT

(*BULLETIN DE LA SOCIÉTÉ GÉOLOGIQUE DE FRANCE,*
3e série, XX, 1892, Compte rendu sommaire, p. LI - LIII. —
Séance du 21 Mars).

M. M. BERTRAND fait une communication sur l'origine des poudingues de La Ciotat. Ces poudingues, épais de plus de 300 mètres,
tiennent la place de l'étage turonien, et la Société les a vus, dans
la réunion de l'automne dernier, le long de la falaise de La Ciotat à
Cassis, passer latéralement, par croisements successifs des bancs
détritiques, aux marnes ligériennes et aux calcaires angoumiens
à *Biradiolites cornupastoris*. Il est facile de se convaincre que
ces dépôts détritiques se répartissent parallèlement au bord méridional du bassin, suivant une ligne dirigée de La Ciotat au
Caoumé (près de Toulon), et que c'est cette ligne qui correspond au maximum d'épaisseur des différents étages; elle correspond donc aussi (puisqu'il s'agit de dépôts évidemment formés
sous une mince nappe d'eau) au maximum d'affaissement du fond
du bassin; cette ligne est également l'axe synclinal du grand pli
que forment actuellement les couches crétacées.

Or, les coupes prises perpendiculairement à cette direction
montrent partout que les dépôts détritiques restent étroitement limités dans cette zone d'affaissement, et que partout, au Nord
comme au Sud, ils sont bordés par des calcaires à Hippurites, représentant sous une épaisseur de plus en plus faible, un nombre
de plus en plus grand de zones distinctes à mesure qu'on se rapproche du bord. On ne peut donc pas supposer que les poudingues
aient été arrachés par la mer à des falaises voisines, ni qu'ils
aient été amenés par des courants marins côtiers. Ils ne peuvent
alors provenir (comme les poudingues pliocènes du delta du Var)
que d'un apport torrentiel: *c'est une formation de delta.*

On a de plus la direction de ce courant torrentiel, qui venait du
Sud-Ouest; il faut donc qu'une terre assez étendue ait existé de ce
côté, reliant le massif des Maures à l'extrémité du massif central
des Pyrénées. Cet isthme, qui n'existait certainement pas à l'épo-

que néocomienne (comme la similitude des faunes en donne la preuve), a dû se former à l'époque albienne ou cénomanienne, et, sauf peut-être à l'époque garumnienne, il n'a pas cessé, jusqu'à l'envahissement de la mer et des lagunes oligocènes, de séparer le bassin du Rhône de la mer des Baléares. M. BERTRAND expose des cartes des mers hauterivienne et turonienne, qui reconstituent les anciens rivages, conformément à cette interprétation.

L'existence d'un delta turonien en Provence appelle la comparaison avec le delta bien connu du Weald. L'origine d'estuaire pour les couches du Weald n'a guère été contestée que par M. JUKES BROWNE, qui a allégué surtout la difficulté de concevoir la mer dans laquelle ce grand fleuve se serait jété. Tous les faits connus indiquent pourtant avec évidence que la mer de Speeton s'étendait sur l'emplacement actuel de la Mer du Nord et de la Baltique, allant rejoindre de ce côté la mer à Aucelles de la Russie. On peut même reconstituer avec une grande probabilité un grand nombre des cours d'eau qui se jetaient dans cette mer, notamment celui qui, venant de Bohême, a donné lieu au delta du Hanovre, ainsi que celui de Bernissart et d'Anzin, qui suivait, en descendant de l'Ardenne, le synclinal de Namur. Deux autres fleuves, venant également de l'Ardenne pour se jeter dans le golfe étroit du bassin de Paris, et suivant, l'un le synclinal de Dinant, l'autre celui du Luxembourg, expliqueraient d'une manière satisfaisante les sables de Fourmies et les lambeaux néocomiens signalés par M. GOSSELET au Sud de Mézières.

La différence qui existe entre ces dépôts d'estuaires, sableux et argileux au Nord, composés de gros galets au Sud, correspond bien à ce que l'on sait de l'hisioire géologique des deux régions; au Nord, la fin de l'époque jurassique et le début de l'époque crétacée ne nous montrent que de lents mouvements d'exhaussement et d'affaissement du sol, tandis que la période du Crétacé moyen semble marquée dans la région pyrénéenne par une grande mobilité de l'écorce: les dépôts fluviatiles du Nord correspondent à un régime voisin d'une période d'équilibre, ceux du Sud correspondent à un régime d'équilibre constamment troublé.

M. BERTRAND termine par quelques considérations qui lui semblent ressortir de l'examen comparé des cartes des mers crétacées. D'abord la grande transgression cénomanienne, signalée par M. SUESS, paraît accompagnée d'une *régression* non moins marquée dans les régions arctiques. Cette sorte de jeu de bascule en-

tre les mers arctique et méditerranéenne se reproduirait d'ailleurs
à plusieurs époques, et notamment à l'époque quaternaire.

En second lieu, on peut difficilement ne pas être frappé du grand
fait qui se produit vers le début du Crétacé moyen, celui d'une
communication pour la première fois largement ouverte entre nos
mers européenne et l'Océan Atlantique. Il semble naturel de rechercher si cette communication ne pourrait être mise en rapport
avec l'arrivée d'une faune nouvelle; or les Polyconites des Pyrénées, les Caprines du golfe de la Provence, ne peuvent être venus
que de l'Ouest; les Ichthyosarcolites (et peut-être les Caprinules)
apparaîtraient dans le Portugal, d'après M. CHOFFAT, plus tôt que
dans l'Aquitaine. Il y aurait peut-être là des arguments pour considérer les Rudistes, non pas comme une faune dérivant sur place
des *Diceras* et des Réquiénies, mais comme une faune immigrée,
dont le centre de dispersion serait à chercher dans l'Atlantique,
du côté des Antilles.

XLVII

Observations sur les bandes triasiques de la Provence

(*BULLETIN DE LA SOCIÉTÉ GÉOLOGIQUE DE FRANCE,*
3ᵉ série, XXI, 1893, Compte rendu des séances, p. LII - LIII. —
Séance du 15 Mai).

M. MARCEL BERTRAND rend compte de quelques observations récentes dans le voisinage des *bandes triasiques*, qui, bien mises en évidence par les cartes de MM. COLLOT ([1]) et ZURCHER ([2]), semblent traverser en écharpe les autres plis de la Provence. Dans les courts intervalles qui séparent ces trois bandes, les terrains jurassiques présentent aussi une structure anticlinale (sous forme de large voûte, au lieu de plis serrés et répétés), si bien que l'ensemble dessine une grande bande anticlinale qui, des environs de Marseille à la chaîne de Sainte-Victoire, par Saint-Zacharie, Saint-Maximin, Barjols et Rians, entoure en demi-cercle le bassin de Fuveau. Les autres plis anticlinaux que la bande paraît couper, ou se raccordent exactement avec elle, ou s'arrêtent et disparaissent avant d'en atteindre les bords; les plis synclinaux intermédiaires s'infléchissent le long de ces bords en s'étirant et s'écrasant, de manière à mettre sur d'assez grandes longueurs le Jurassique supérieur ou le Crétacé en contact direct avec le Trias. La bande triasique se rattache ainsi étroitement au réseau général des plis de la région.

Près de Rians cependant, il en est autrement pour un pli anticlinal Est-Ouest (celui de Mont-Major), qui, en arrivant à la bande triasique dirigée Nord-Sud, au lieu de s'arrêter ou de s'infléchir, la pénètre comme de vive force, en se tordant par une double sinuosité. Il en est de même du pli synclinal qui l'accompagne au Sud. La bande triasique a ici manifestement fonctionné comme obstacle. Il faudrait conclure, du rapprochement de ces apparences di-

---

[(1)] *Carte géologique détaillée de la France* à 1: 80 000, feuille d'*Aix* (235).]
[(2)] Id., feuille de *Draguignan* (236).]

verses, que l'emplacement de la bande triasique était déjà *spéciali-sé* avant le plissement principal, que cette spécialisation, de quel-que nature qu'elle ait été, a fait de cette bande une *ligne directri-ce imposée* aux plissements subséquents. L'accommodation de cet-te direction imposée et de celles qui résultaient des nouveaux ef-forts, s'est faite généralement sans violence par des déviations à large courbure; en quelques points seulement les directions se sont trouvées inconciliables, et il y a eu pénétration brutale des plis les uns dans les autres.

XLVIII

SUR LES BANDES TRIASIQUES
DE BARJOLS ET DE RIANS

(*BULLETIN DES SERVICES DE LA CARTE GÉOLOGIQUE
DE LA FRANCE ET DES TOPOGRAPHIES SOUTERRAINES*,
Tome VI, (1893-1894), n° 38. *Comptes rendus des Collaborateurs
pour la Campagne de 1893, p. 105-106.* — 1894).

A l'angle S. O. de *Draguignan*, M. KILIAN a signalé des plis couchés, dont le prolongement n'était pas apparent sur les feuilles déjà publiées, et dont le raccordement avec le système de la région
de Draguignan restait un peu obscur. J'ai étudié cette région soit
seul, soit avec M. ZURCHER; nous avons pu y reconnaître le grand
développement du Néocomien, en partie attribué sur la feuille de
Draguignan au Bathonien, et celui des dolomies du Jurassique supérieur. Grâce à ces corrections, le raccordement cherché se dégage bien dans ses traits principaux, mais il offre encore dans les détails de sérieuses difficultés, à cause de deux particularités de la
structure du pays: d'abord, les plis n'ont très souvent qu'un parcours très limité en direction; ceux même qui sont renversés et
couchés s'abaissent et s'arrêtent brusquement, souvent sans se relever à leurs extrémités, faisant apparaître les calcaires jurassiques comme de grandes ampoules, crevées obliquement, au milieu
des terrains meubles du Crétacé supérieur et du Tertiaire. En second lieu, tous les plis, aux environs de Barjols, semblent arrêtés
et coupés par une bande transversale de Trias qui, lui-même très
plissé, surgit comme en discordance au milieu des étages plus récents qui le bordent. J'ai déjà indiqué (¹) quelques-uns des résultats de cette étude, qui n'est pas encore terminée. J'en parlerai
l'année prochaine. Je me contente ici de dire en quelques mots la
manière assez curieuse dont se présente le problème.

Toutes les discordances observables dans la région (si l'on ne
parle pas de la *transgression* du Crétacé supérieur) sont des dis-

---

(¹) *Bull. Soc. Géol. de France*, Année 1893, p. LII-LIII [reprod. ci-dessus,
art. XLVII, p. 490-491].

cordances mécaniques. Les deux systèmes de plis qui semblent se croiser ne forment en réalité qu'un système unique, produit en une seule fois par un même effort de compression. Le réseau résultant de cet effort se rapproche des réseaux ordinaires de plissement par l'existence d'une série de rides à peu près parallèles; il s'en distingue, en outre de la brusque limitation de quelques-unes des chaînes, *par l'adjonction d'une ligne étrangère, indépendante comme direction*, et dessinant, dans son ensemble, un vaste demi-cercle autour du bassin crétacé de Fuveau. Je suis porté à considérer cette ligne comme une ligne de faiblesse, préparée par des circonstances antérieures qui restent à définir, et prédestinée comme telle à s'associer, par suite d'une décomposition de forces toujours possible, à tout réseau de plis formé dans la région. Dans ce cas, par simple raison de continuité, ces plis aberrants doivent se raccorder avec les autres plis formés en même temps qu'eux. C'est ce raccordement qu'il reste à vérifier dans ces détails, en suivant et délimitant, comme j'espère pouvoir le faire, les subdivisions du système des calcaires et cargneules triasiques.

XLIX

SUR LES PLIS DES ENVIRONS DE RIANS

(BULLETIN DE LA SOCIÉTÉ GÉOLOGIQUE DE FRANCE,
3e série, XXIII, 1895. — Compte rendu des séances, p. XCII - XCIV.
— Séance du 10 Juin).

M. MARCEL BERTRAND fait une communication sur les plis des
environs de Rians, en Provence ([1]). Il rappelle qu'il existe en Provence trois bandes triasiques, échelonnées autour du bassin de Fuveau, celle de Roquevaire et Saint-Zacharie, celle de Saint-Maximin et Barjols, et enfin celle de Rians, qui semblent, d'après les
cartes, jouer un rôle spécial dans la structure du pays. La bordure
de ces bandes, très plissées, présente presque partout des contacts
anormaux; l'orientation générale en est indépendante de celle des
plis voisins, qui tantôt se raccordent avec elles d'une manière
continue, tantôt, au contraire, s'interrompent à leur approche
comme s'ils avaient trouvé là un obstacle à leur propagation.

En essayant de reprendre en détail l'étude de ces phénomènes,
M. BERTRAND a pu constater que les bandes triasiques ne coupent pas les autres plis, mais que ceux-ci se terminent plus ou
moins brusquement avant de les rencontrer, en s'infléchissant parallèlement à leur contour. Mais, de plus, du moins pour la région
de Rians, cette terminaison rapide des plis n'est pas un fait spécial
au bord des bandes triasiques: en réalité, toute cette partie de la
Provence se compose d'une série de dômes ellipsoïdaux, distincts
et isolés, formés de plis qui ne se prolongent pas d'un dôme à l'autre. L'allongement très marqué de la plupart de ces dômes crée, il
est vrai, une analogie apparente avec le type ordinaire des régions
plissées; il permet de parler d'une direction générale des plissements, mais il n'y a nulle part de ligne directrice continue.
M. FOURNIER, également, a récemment indiqué cette structure en
dômes dans les environs de Marseille, et il en a bien fait ressortir
l'importance théorique.

La terminaison de ces dômes présente plusieurs types intéres-

---

[[1] L'étude détaillée, annoncée comme devant paraître dans les *Notes et
Mémoires*, n'a jamais été rédigée.]

sants. Le cas le plus simple est celui où l'abaissement est lent et
graduel; le pli qui forme le dôme prend naissance et se termine
sans accidents notables (plis de Lingouste et de La Simiane, pli
du Pigeonnier de Ginasservis). Dans d'autres cas[1], la terminaison
est brusque, et le dôme est limité par une faille périphérique, qui
découpe son extrémité comme à l'emporte-pièces (Sainte-Confosse,
voûte de calcaire de Rognac à l'Ouest de Rians). La bande triasique de Rians semble elle-même rentrer dans ce second cas: le
Trias surgit brusquement au milieu d'un synclinal étroit de sables
éocènes, tandis qu'à l'extrémité orientale de la bande, au Sud de
Ginasservis, l'Infralias, le Bathonien et l'Oxfordien se superposent
au Trias, et dessinent une voûte de moins en moins accusée, qui,
un moment masquée par l'Oligocène discordant, semble se continuer jusqu'à Montmajor, où elle s'abaisse et disparaît définitivement.

Le cas le plus complexe et le plus intéressant est celui de la
Chapelle Saint-Pierre; ce pli, très bien décrit par M. COLLOT, est
formé de Jurassique supérieur qui se renverse au Nord sur les sables éocènes. Le massif auquel il donne naissance s'arrête, auprès
de Rians, au moment même où le pli produit ses effets maximum
de renversement et d'étirement. Il se trouve donc également limité
par une faille courbe; mais, tout le long de cette faille, l'*Éocène
plonge sous le Jurassique*; l'apparence est la même que celle d'*une
demi-klippe alpine*. De plus, si l'on cherche comment se termine
le pli observé le long du bord septentrional, on voit qu'en réalité
il se continue tout le long de la courbe limite, et qu'il tourne avec
elle de 180°. *Le dôme de la Chapelle Saint-Pierre est bordé à
son extrémité par un pli périphérique, constamment renversé
vers l'extérieur*; c'est un fait qui rappelle ceux que MM. HAUG et
LUGEON ont décrits pour le massif de Sullens, et l'explication
qu'ils ont donnée est ici la seule possible. Sans doute il ne s'agit
que de *demi-cercle*, et non de cercle complet comme ce serait le
cas pour la klippe alpine; mais il faut bien avouer que la difficulté
mécanique invoquée contre cette explication est à peu près la même dans les deux cas. M. BERTRAND reconnaît que les arguments
qu'il avait d'abord opposés à M. HAUG, tant pour Sullens que pour
les plis de la vallée de l'Arve et du Giffre, se trouvent ainsi infirmés.

[1] Ces différents exemples sont d'ailleurs très exactement indiqués sur la
carte de M. COLLOT,

Les dômes de Saint-Julien et de Montmajor paraissent aussi, au moins à une de leurs extrémités, entourés par un pli périphérique; mais pour le dernier, il y a une sorte de pénétration et d'enchevêtrement avec le dôme triasique voisin, qui exige de nouvelles recherches.

A une question de M. MUNIER-CHALMAS, M. MARCEL BERTRAND répond que les phénomènes constatés près de Rians ne peuvent nullement remettre en question l'existence de grands charriages horizontaux et de massifs de recouvrement. Ces massifs descendent à des dimensions tellement restreintes (même des amas de blocs isolés), qu'alors toute autre explication est impossible. Mais il est clair que, dans plusieurs cas, une nouvelle discussion est nécessaire: si l'on admet la possibilté qu'un dôme ellipsoïdal soit entouré par un pli périphérique qui se renverse de toutes parts vers l'extérieur, l'apparence résultante sera évidemment la même que celle d'un massif superposé et sans racines; c'est ce qu'a déjà fait remarquer avec raison M. FOURNIER. Le choix *entre les deux solutions possibles* ne peut alors provenir que de considérations d'ensemble qui, souvent même, seront insuffisantes. M. BERTRAND croit que pour Le Beausset les données qu'il a décrites permettent de se prononcer avec certitude pour le recouvrement; mais, dans la Sainte-Baume, pour les massifs de Nans et du Plan d'Aups, il ne voit pas actuellement, et sans de nouvelles études, le moyen de trancher la question.

M. MUNIER-CHALMAS dit qu'il croit qu'on sera amené à reconnaître de plus en plus la généralité de la structure en dômes. Il donne quelques indications sur de nouvelles observations au Sud du Pays de Bray.

L

RÉPONSE À M. FOURNIER,
AU SUJET DES DOMES À DÉVERSEMENT PÉRIPHÉRIQUE

(*BULLETIN DE LA SOCIÉTÉ GÉOLOGIQUE DE FRANCE*,
3ᵉ série, XXIV, 1896, p. 763-765. — Séance du 23 Novembre).

Je ne comprends pas bien en quoi la dernière Note de M. FOUR-
NIER (¹) répond à ce que j'avais dit; il m'a mal lu ou je me suis
mal expliqué.

J'ai dit, en spécifiant que je parlais de Fontanieu, que, si l'étroite languette du Trias de la mine a une racine, il faut supposer là
un pli en éventail (comme le marque bien la coupe maintenant
publiée de M. TOUCAS), et j'ai indiqué la double difficulté qui
en résulterait: 1° une coupe prise un peu plus à l'Est ne laisserait
plus voir aucune trace d'un pli si intense; 2° une coupe prise un
peu à l'Ouest montrerait la nappe déversée par ce pli allant se souder et se recoller avec le nappe charriée, en face d'elle et en sens
inverse, par le pli principal.

A cela, M. FOURNIER répond qu'il n'a jamais supposé que le
Trias du Vieux-Beausset fût en continuité avec celui de Fontanieu.
Qui l'en accuse? — Il dit qu'il est bien évident qu'une coupe prise à
l'Est (ou à l'Ouest?) du dôme du Vieux-Beausset, ne doit même
pas montrer un léger froissement dans les couches crétacées.
Mais ce n'est pas le prétendu dôme du Beausset, c'est le prétendu
pli de Fontanieu que j'avais cité comme objection. — M. FOURNIER
se défend d'avoir jamais vu dans le Trias de Fontanieu deux plis
distincts. A-t-il dit qu'il y avait là, au lieu du promontoire de
recouvrement, une bifurcation du pli principal? Si je l'ai mal
compris, je ne puis que m'en réjouir.

Enfin, j'avais dit en terminant qu'un dôme indépendant des
accidents voisins serait pour moi un exemple unique en Provence.
M. FOURNIER répond, en soulignant, qu'en Basse Provence la
structure en dôme *est bien loin d'être « un cas unique »*. Des dis-

---

(¹) *Bull. Soc. Géol. de France*, 3ᵉ sér., XXIV, 1896, p. 709-711.

cussions ainsi menées pourraient durer longtemps, et, si j'en fais ici l'observation, c'est pour m'excuser de ne plus vouloir, en cas semblable, contribuer à les prolonger.

Les observations de M. FOURNIER, j'en suis persuadé, valent mieux que sa polémique, et je suis naturellement disposé à en tenir compte et à les discuter après nouvelle visite sur le terrain. Si je ne l'ai pas fait jusqu'ici, c'est que les écarts entre nos observations me paraissaient peu nombreux et de peu d'importance, et que la discussion des interprétations deviendrait fastidieuse, si on la reprenait pour chaque massif. Je veux dire seulement ici que M. FOURNIER me semble se faire complètement illusion, quand il croit avoir établi en Provence l'existence de « plis en champignon ». Ainsi pour la colline triasique du Collet-Redon, qui, dans le massif d'Allauch, repose de trois côtés sur des terrains plus récents, M. FOURNIER admet, sans apporter de faits nouveaux, que la ligne de superposition anormale n'est pas une ligne déterminée par l'érosion, mais qu'elle marque l'affleurement d'un pli périphérique. J'ai peine à le croire, mais en tout cas il n'y a même pas commencement de preuve; et le fait seul que l'ensemble de sa conception amène M. FOURNIER à voir près de là, dans une nappe unique d'Infralias, la reunion par *recollage* de deux nappes charriées en face l'une de l'autre, aurait dû l'avertir et le faire hésiter sur la certitude de ses conclusions.

Pour l'intéressant lambeau infraliasique des Trois-Frères, découvert par M. FOURNIER au milieu de l'Aptien (¹). M. FOURNIER dit qu'on peut réfuter *d'une manière péremptoire* l'hypothèse d'un lambeau de recouvrement, parce que ce lambeau ne pourrait pas venir du Sud, où n'existe pas l'Infralias. Or, il ne discute même pas l'hypothèse que le lambeau pourrait venir du Nord, où existe dans le voisinage le Trias déversé vers le Sud. Quant à l'îlot de La Galinière, M. FOURNIER a fait disparaître lui-même une des difficultés qu'on pouvait trouver à y voir un îlot de recouvrement, en indiquant l'Infralias, réduit mais en place, dans la falaise voisine. Là encore, l'interprétation de M. FOURNIER n'est pas démontrée. Mais le fut-elle, il est à remarquer qu'il n'est question de dômes à déversement périphérique que dans les conclusions (²). Si l'on se reporte aux descriptions, pour les Trois-Frères il n'y a de renversement indiqué que vers le Nord; pour La Galinière, le renversement est indiqué de trois

---

(¹) *Bull. Soc. Géol. de France*, 3ᵉ sér., XXIV, 1896, p. 261.
(²) Même vol., p. 264.

côtés (Nord, Est et Ouest), ce qui, vu la forme allongée de l'îlot, pourrait correspondre simplement à une « lame » couchée vers le Nord. Je n'émets pas d'opinion personnelle, j'ai trop peu étudié cette partie; c'est en me fondant uniquement sur le texte de M. FOURNIER que je conclus: 1° d'après sa description et ses coupes, il n'y aurait pas là de véritable champignon; 2° son interprétation n'est pas démontrée et l'hypothèse de recouvrements est écartée sans discussion suffisante.

J'ajoute maintenant que les plis en champignon me paraissent en principe une véritable impossibilité, au moins dans les conditions où on les a invoqués. On peut admettre que la tête d'un pli, débarassée même des couches intermédiaires qui formaient ses flancs, sorte en colline isolée, circulaire ou elliptique, au millieu de terrains plus récents, et on peut admettre aussi que cette tête amenée en saillie retombe de toutes parts sur les terrains voisins. Mais il est impossible qu'elle couvre alors la totalité de l'espace sur lequel elle se rabat. Si on la conçoit, par exemple, divisée en plusieurs segments, chacun d'eux couvrira un rectangle en face de lui, et entre ces rectangles resteront des vides triangulaires, d'autant plus élargis vers l'extérieur que le déversement est plus considérable.

Si l'on veut au contraire que ce soient les terrains récents qui, pressés de toute part, se soient enfoncés sous la couverture ancienne, la difficulté reste la même (inégalité des surfaces occupées avant et après), à moins qu'on ne suppose que les terrains refoulés vers un même point se soient comprimés, écrasés, et aient ainsi diminué leur surface primitive. Mais précisément, qu'il s'agisse des Alpes ou de la Provence, les terrains recouverts par ces prétendus déversements périphériques s'enfoncent, toujours tranquillement, en stratification régulière et sans froissements secondaires, sous les masses plus anciennes.

Bien entendu, la difficulté n'est plus la même s'il s'agit d'un simple et léger renversement des couches, d'une simple oscillation autour de la verticale; la poussée au vide et le *foisonnement* suffiraient alors à tout expliquer. Je ne connais pas d'exemple certain où ces sortes de renversements se soient produits sur toute la périphérie d'un massif, mais il est clair que cela est possible. La difficulté commence et devient une impossibilité lorsque les vides, correspondant à la différence des surfaces occupées, ne pourraient manifestement être comblés par le foisonnement des roches.

LI

LA BASSE PROVENCE.

RELIEF ET LIGNES DIRECTRICES.
LES MASSIFS MONTAGNEUX ET LES VALLÉES

(*ANNALES DE GÉOGRAPHIE*, VI, 15 Mai 1897, p. 212-229,
pl. VI; — VII, 15 Janvier 1898, p. 14-33, pl. I (¹).

Sommaire

[(¹) Cette planche, intitulée « Carte hypsométrique de la Provence », et établie sur un report partiel de la Carte de France à l'échelle de 1: 500 000, publiée par le Service Géographique de l'Armée, n'a pas été reproduite dans le présent volume, en raison de ses dimensions et des frais élevés qu'aurait exigé son tirage en chromolithographie (9 teintes).]

I. — RELIEF ET LIGNES DIRECTRICES.

L'ancienne province de Provence ne correspond pas à une véritable unité géographique; elle se compose en réalité, comme le montre un simple coup d'œil sur une carte topographique, de deux régions distinctes: une région alpine, qui se rattache à la grande chaîne et doit être étudiée avec elle, et une région moins élevée, quoique encore montagneuse, qui s'étend des Alpes jusqu'au Rhône et jusqu'à la mer; cette dernière a souvent été désignée sous le nom de *Basse Provence*. Au fond, c'est la vraie Provence: climat et cultures, langue et histoire, caractère des reliefs et structure géologique, tout se réunit pour donner à ce coin de la France une physionomie et une individualité spéciales. C'est un pays *de type méditerranéen*, dont la vraie parenté géologique est avec les divers rivages de la mer Tyrrhénienne, Espagne, Italie, Algérie, bien plus qu'avec aucune autre province de la France, ou même avec aucune partie des grandes chaînes voisines, Alpine et Pyrénéenne.

Un premier examen de la carte laisse une impression un peu confuse. Même en faisant une large part aux actions de dénudation superficielle, on peut reconnaître sans peine qu'on est en face d'un sol tourmenté par des actions profondes; les brusques variations de relief, la fréquence des hautes murailles calcaires, le désordre des crêtes déchiquetées, permettent de prévoir ce que l'étude géologique confirme: la basse Provence est un pays de plissements énergiques, dont l'empreinte est restée marquée à la surface. Mais, si l'on veut aller plus loin, chercher un ordre dans la disposition des chaînons et des massifs, reconnaître des éléments de groupement, soit dans la continuité de grandes lignes directrices, soit dans la persistance de certaines orientations, on se trouve presque immédiatement arrêté. Il n'y a plus ici rien qui ressemble aux longues lignes orientées des crêtes ou des vallées alpines: les accidents les mieux marqués se suivent sur quelques kilomètres, puis disparaissent en direction; les crêtes les plus nettes et les mieux alignées vont se perdre à courte distance dans un réseau complexe de collines sans orientation apparente. Ce n'est plus l'image d'une chaîne de montagnes, telle que les Alpes nous ont appris à en concevoir le dessin, formée de chaînons qui se suivent et se succèdent parallèlement; on croit plutôt voir une série de morceaux de chaîne, juxtaposés et mal rejoints.

L'étude géologique n'a pas donné immédiatement la clé de cette structure singulière. L'attention s'est portée d'abord sur les grands plis couchés, restés eux-mêmes longtemps inaperçus, et sur tous les phénomènes de renversements, de charriages horizontaux, d'étirement ou d'amincissement de couches, qui en sont les conséquences. On a vu surtout les analogies avec les régions classiques de la Belgique ou des Alpes, et on a plutôt été porté à atténuer les différences. La continuité en direction des grandes zones de plissement paraissait un axiome, presque une nécessité mécanique, et l'on a cherché, par exemple pour la Sainte-Baume, à ne voir dans l'interruption brusque de certains plis qu'une apparence superficielle, explicable par des sinuosités locales, par des décrochements ou des dénudations. Aujourd'hui que la carte est achevée et qu'elle a pu servir de point de départ à de nouvelles recherches de détail, il faut se rendre à l'évidence: le type des plissements de la basse Provence n'est pas celui que l'étude des Alpes nous a habitués à considérer comme un type nécessaire. La matière comprimée et manquant de place à l'intérieur ne s'est pas soulevée sous la forme de grandes ondes alignées et continues, mais sous celle de massifs distincts, de *dômes* ellipsoïdaux, dont l'allongement ordinaire dans un sens déterminé a seul pu faire illusion pendant longtemps sur leur véritable nature. En réalité, l'allure des reliefs n'est que la mise en évidence de ce mode spécial de dislocation; le morcellement des chaînons est la suite et la traduction géographique du morcellement des plis.

Il existe donc, en Basse Provence comme presque partout, un lien direct et immédiat entre la Géologie et la Géographie, entre l'étude des reliefs actuels et celle des anciens mouvements du sol.

L'intérêt qui peut s'attacher à ce rapprochement n'est pas seulement d'un ordre théorique: plus l'assemblage des parties semble confus au premier abord, plus il importe d'en dégager la loi cachée, ou de trouver du moins un mode de groupement rationnel. C'est la Géologie qui peut le mieux fournir une solution: elle montre que les dômes juxtaposés ne le sont pas sans loi, et qu'ils s'alignent en chapelets suivant des directions déterminées; ils sont le résultat d'une action d'ensemble, et non pas d'actions isolées et locales; ils laissent subsister la notion simple et féconde des *lignes directrices*, autour desquelles viennent se coordonner naturellement la description du présent et l'histoire du passé. Bien plus, la terminaison même des dômes fournit un second élément de coordination; la plupart d'entre eux s'arrêtent au voinage de lignes accusées, obliques aux premières, montrant des caractères différents, mais jouant également un rôle *directeur*. Ces deux systèmes, les grands axes des dômes d'une part, tout à fait comparables dans leur ensemble aux axes des plis ordinaires, et d'autre part les lignes le long desquelles les dômes viennent se fermer, définissent un véritable *réseau quadrillé*, dont il importe essentiellement de préciser la position et la signification pour arriver à une description méthodique de la région. J'essaierai de le faire en n'introduisant de Géologie que les notions strictement nécessaires, celles surtout qui peuvent se retrouver et même se prévoir d'après l'examen du relief.

COUP D'ŒIL GÉNÉRAL.

La Basse Provence est limitée d'un côté par les Alpes, de l'autre par la vallée du Rhône et par la mer. Du côté de la mer, le massif des Maures, quoique faisant partie de la région, peut s'en distinguer comme une unité spéciale, différente par la nature de ses roches et par l'allure de ses reliefs, et séparée du reste du pays par la large plaine qui va de Toulon à Fréjus. Les Alpes et les Maures forment le cadre à l'intérieur duquel se sont développés les plissements de la Basse Provence. « *Toutes les montagnes rapprochées du massif des Maures*, dit ÉLISÉE RECLUS ([1]), *affectent.... une sorte de parallélisme avec le noyau de granite* (ou plutôt de terrains cristallins) *qui s'élève au Sud-Est; mais elles se relient di-*

([1]) *Nouvelle Géographie Universelle*, II. *La France*, p. 183.

versement à des chaînons montagneux qui font déjà partie du système des Alpes. » La phrase est, peut-être volontairement, un peu vague, et ce qu'elle semble vouloir dire n'est même pas tout à fait exact; mais au fond, elle montre bien la double dépendance de la région à étudier avec les unités voisines qui peuvent s'en distraire.

En fait, il n'y a pas de limite nette entre la Basse Provence et les Alpes: les chaînons provençaux sont géologiquement de formation plus ancienne; ils donnent naissance à des altitudes moindres, et vont se terminer en face du massif des Maures au lieu de le contourner; mais ils s'alignent parallèlement aux chaînons alpins; le passage des uns aux autres est graduel et il est impossible de préciser une ligne de démarcation. Du côté des Maures, au contraire, il y a comme un large fossé de séparation: c'est la grande plaine au sol rougeâtre que suit le chemin de fer, de Toulon et même de Saint-Nazaire jusqu'auprès de Fréjus. Nous verrons seulement que l'extrémité orientale de cette plaine, celle qui avoisine le golfe de Fréjus, présente un caractère un peu différent, et que, géologiquement au moins, il est plus naturel de rattacher aux Maures l'Esterel et le massif de Tanneron.

Quoi qu'il en soit, que la limite soit indécise ou bien marquée dans ses détails, c'est entre ces deux branches extrêmes que se manifestent les particularités de structure dont j'ai parlé. Les rapports de position avec les deux massifs de bordure fournissent un des éléments essentiels pour leur coordination.

On peut, dès le début, indiquer quelques grandes lignes, qui serviront de base à une description détaillée: c'est d'abord la dépression médiane qui court de l'étang de Berre au golfe de Fréjus, et correspond aux deux vallées de l'Arc et de l'Argens; c'est la grande voie naturelle de traversée de la Basse Provence, la voie d'invasion des Cimbres dans l'Antiquité et des troupes des Impériaux au XVIᵉ siècle [1]; elle se dédouble du côté de l'Est de part et d'autre du massif de Bras (vallée de l'Argens et plaine de Brignoles).

Toutes les parties de cette bande déprimée n'ont pas une signification structurale de même ordre: la large vallée de l'Arc est entourée par un hémicycle de collines, la Nerthe, l'Étoile et l'Olympe au Sud, Sainte-Victoire au Nord. Cet hémicycle lui-même est bor-

[1] C'est ausssi là que passait la voie Aurélienne, et que passe actuellement la route d'Aix en Italie.

dé et comme isolé par une ceinture de vallées, d'origine manifestement structurale: l'Huveaune au Sud, les hauts affluents de l'Argens à l'Est et les vallons de Rians au Nord. C'est avec cette seconde ceinture, et non avec la vallée de l'Arc, que se raccordent directement les dépressions de l'Argens et de Brignoles. Tout cet ensemble dessine ainsi une véritable *fourche*, qui occupe la partie médiane de la Basse Provence: le massif de Bras en représente le *manche* un peu tordu, souligné par les deux dépressions qui en suivent le bord; les chaînes de la Nerthe à l'Olympe d'une part, le massif de Sainte-Victoire de l'autre, ou si l'on veut les vallées de l'Huveaune et de Rians, forment les deux *branches* entre lesquelles s'ouvre la vallée de l'Arc. Le manche et les deux branches jouent le rôle de lignes directrices principales et définissent l'orientation générale. Le manche est normal à la bordure des Maures; la branche Sud s'infléchit parallèlement à cette bordure; la branche Nord se relève parallèlement aux lignes alpines. Or, autant que l'élargissement et l'empâtement de certaines parties permettent de parler de direction pour les autres massifs, c'est bien la même règle qui prévaut; c'est aussi celle que l'étude géologique dégage plus nettement pour les différents plis: ils partent et s'élèvent normalement à la bordure des Maures; ceux du Sud (Sainte-Baume, bassin du Beausset) s'allongent parallèlement à cette bordure; ceux du Nord (massifs de Salernes, d'Aups, de Saint-Julien) s'allongent parallèlement aux plis alpins.

Quant au morcellement des plis, ainsi que je l'ai dit, il éclate partout, sans règle apparente, pouvant même masquer à un premier examen les données précédentes. On peut reconnaître pourtant que l'arrêt des principaux massifs est spécialement brusque en face de trois lignes qui se confondent partiellement ou s'enchevêtrent avec les lignes précédentes: l'une est la bordure des Maures ou *plaine de Cuers*; la seconde se confond avec la vallée de l'Huveaune et celle des hauts affluents de l'Argens (*dépression de Barjols*); la troisième, moins marquée topographiquement, est la *dépression d'Aix*. L'introduction de ces nouvelles données est une complication nécessaire, et l'importance que je leur donnerai dans la description est légitimée par le rôle qu'elles ont joué dans l'histoire géologique du pays.

Ce premier exposé montre que l'orientation des plis dépend, dans son ensemble, de celle des massifs voisins, et, dans son détail, des *bandes transversales* entre lesquelles ces plis se sont trouvés cantonés et gênés dans leur développement. Il convient donc d'étudier successivement: 1° les massifs de bordure, 2° les bandes transversales, 3° les plis eux-mêmes et les massifs ou dômes, séparés mais alignés, auxquels ils ont donné la naissance.

MASSIFS DE BORDURE. — LES ALPES ET LES MAURES.

Région alpine. — La partie des Alpes contiguë à la Basse Provence est une des plus compliquées comme allure, et pourtant cette allure peut se lire assez facilement sur une carte hypsométrique: en suivant avec soin les lignes de dépression, en éliminant les parties des cours d'eau qui sont *en cluses*, c'est-à-dire qui traversent obliquement ou normalement des accidents ou chaînons qui se correspondent sur les deux rives, en s'attachant seulement, et sans souci de l'importance relative des cours d'eau, aux parties qui suivent l'alignement des chaînons voisins, on arrive facilement à se faire une idée d'ensemble du dessin général des lignes directrices, et l'on reconnaît très nettement la double courbure qui les fait s'enrouler autour des Maures, comme pour envelopper la Basse Provence.

Ainsi la vallée du Var, dans son cours inférieur dirigé du N. au S., apparaît bien comme une ligne *structurale*; la disposition des chaînons N.-S. sur la rive gauche, E.-O. sur la rive droite avec tendance près du fleuve à l'infléchissement vers le S., ne peuvent guère laisser de doute à cet égard. Plus en amont, la branche E.-O. jusqu'à Entrevaux s'aligne parallèlement aux chaînons allongés de la rive droite. A Entrevaux, le Var entre en cluse; on est donc mené, non sans quelques incertitudes de détail, à prolonger la ligne précédente, avec une assez forte inflexion vers le S., par le torrent de la Chavagne, le Bernard, l'Iscle et le torrent d'Angles, au débouché duquel on rejoint le haut cours du Verdon.

Plus au Sud, la dépression de l'Estéron se relie, par le col qui en domine la source, à la petite branche E.-O. du Verdon au sortir de Castellane, et de là, par le col de Taulanne, à la dépression des Asses, celle de Blieux et celle de Barrème.

Enfin la vallée de la Cagne, prolongée au-delà de Coursegoules par celle du Loup, puis, sur le versant du Verdon, par le vallon de Rioutourt, peut se rattacher, par le vallon du Bourguet et le torrent des Rioux, à la branche du Verdon qui est comprise entre le confluent du Jabron et le village de Rougon. De là, si l'on s'as-

treint toujours à ne pas suivre de vallée en cluse, on voit la dépression remonter vers le N., le long des petites vallées du Baux
et de la Mayaiche.

Si l'on poussait plus loin l'examen, sur une carte à grande
échelle, on verrait que, surtout à l'Ouest, l'intervalle entre ces
trois lignes directrices n'est pas formé par des séries de crêtes
strictement parallèles et régulièrement orientées; cela tient à ce
que, dans cette région très bouleversée, à la notion des plis simples des chaînes jurassiennes, il faut substituer celle des *faisceaux de plis*, décrits par M. ZURCHER; mais chacun de ces faisceaux, sinon chacun des plis qui les composent, a bien une direction d'allongement conforme aux directions précédentes. Au moins
dans une première vue d'ensemble, on peut dire que les trois
grandes lignes précédemment indiquées définissent, non seulement
par leur allure sinueuse, mais aussi par leur continuité, le caractère général et le type propre de cette première région.

Région intermédiaire. — Les reliefs s'atténuent progressivement vers le Sud, et, avant d'arriver en Provence, on peut distinguer une bande intermédiaire, où le caractère alpin domine encore, mais avec quelques modifications. Cette bande peut-être arrêtée au Sud à la base des hauts plateaux qui dominent la route de
Vence à Grasse, et qui se relient à ceux de Blac Meyanne, Peygros
et Beau-Soleil; à l'Ouest, la limite en est mieux accusée par la dépression de Vérignon (haute vallée de la Nartuby et vallée de la Combe), jusqu'à la grande plaine caillouteuse des affluents de la Durance. Dans cette nouvelle bande, on peut encore signaler une ligne de
dépression à peu près parallèle aux précédentes, c'est celle que
marquent si nettement, en partant du Sud de Moustiers, le cours
du Verdon et celui de l'Artuby jusqu'au confluent de la Bruyère,
et qui, passant au col de la Glacière, va remonter au Nord le long
du vallon du Fil. Sa continuation vers Escragnolles est au moins
douteuse, et il semble qu'elle vienne se terminer là, *à angle droit
contre les directions alpines*. Ce fait est d'autant plus remarquable
qu'il n'est pas isolé: une autre dépression concentrique (haut cours
de la Bruyère et bas cours du Jabron) va également, au moins à
l'Ouest, en face de la cluse du Verdon, buter *à angle droit* contré
les plis alpins. De plus, toute cette partie est hachée de dépressions
N. - S., dont un petit nombre seulement sont des cluses d'érosion: ainsi, pour ne citer que les plus importantes, la gorge de

l'Artuby au Sud de Comps, les deux dépressions (Avelan et Bro-
vès) qui encadrent la cluse de la Bruyère; et un peu plus au Nord, la
série de rainures qui limitent la montagne de Brouis et le signal
de Clare. C'est là évidemment un trait essentiel de cette région intermédiaire; bien que surtout marqué dans cette partie centrale,
il se retrouve aussi dans les prolongements au Nord-Ouest et à l'Est
(débouché de l'Asse près de Mezel, gorges de la Siagne et de la
Siagnole près d'Escragnolles, gorges du Loup au-dessus du
Bar). La signification semble en être la suivante: dans cette
zone, la propagation des plis alpins a été gênée par la formation de
plis ou accidents croiseurs, et les deux actions, en se combi-
nant, ont donné naissance à une série de *festons* à plus forte courbure, appliqués contre l'arc alpin. C'est, au fond, cette particularité qui légitime la distinction d'une zone intermédiaire; pourtant
au Sud, dans les hauts plateaux de Canjuers, que je rattache à la
même zone, elle ne se fait plus sentir, ou se traduit tout au plus
par la discontinuité des chaînons, qui paraît aussi indiquer une
atténuation momentanée des actions de plissement. En tout cas,
c'est au pied de ces plateaux que commencent seulement les phénomènes propres à la région de la Basse Provence.

Les Maures. — Le massif cristallin des Maures est beaucoup
mieux délimité que les chaînes alpines; il occupe toute la région située au Sud de la large plaine que suit le chemin de fer entre Toulon et Fréjus. La nature schisteuse et plus ancienne des terrains
qui le composent s'accuse bien à distance par la dentelure des pics
juxtaposés et par les ravinements profonds dont elle témoigne. Les
mêmes caractères se retrouvent d'ailleurs dans la montagne de Tanneron, au Nord-Ouest de Cannes, et y sont de même mis en évidence
par les longues sinuosités des courbes de niveau. Géologiquement,
en effet, le massif de Tanneron n'est qu'une réapparition du massif
des Maures, et l'Esterel, qui les sépare, c'est-à-dire l'ensemble des
pics formés par les porphyres permiens, n'est que le remplissage
d'une dépression creusée dans le massif ancien.

Le plissement des schistes cristallins, discordants avec le Permien et le Trias, est dû en majeure partie à des actions beaucoup
plus anciennes que celles qui ont soulevé les Alpes; mais les plis
tertiaires les ont aussi affectés et ont plus ou moins contribué à
remettre les anciennes lignes directrices en évidence. En tout cas
l'érosion, guidée par la schistosité et par l'inégalité des résistan-

ces, aurait suffi à amener ce résultat et l'orientation des chaînons,
E.-O. dans la partie occidentale, N.-S. dans la partie orientale, aussi bien autour de Saint-Tropez que dans le Tanneron, traduit assez fidèlement dans son ensemble le dessin des anciens plis.
Ceux-ci forment une grande courbe, concave vers le Nord, tout
à fait indépendante en apparence des lignes directrices alpines, venant seulement se raccorder vers l'Ouest avec la direction des plis
méridionaux de la Provence. Sans suivre rigoureusement les plis,
l'allure des principales lignes de crêtes indique bien cette concavité: l'arête de Notre-Dame-des-Anges et de La Sauvette (779 m.) se
continue par les hauteurs de La Garde-Freinet (638 m.); l'arête de La
Verne (640 m.) et celle qui plus au Sud suit la côte entre Bormes et
Cogolin, paraissent correspondre à l'ensemble des hauteurs (Signal
Preire 412 m., et Courrent 451 m.) que coupe en deux la plaine de
Plan-de-la-Tour: enfin le massif de Saint-Tropez et Ramatuelle
(324 m.) a sa continuation dans la ligne de crêtes qui aboutit à Roquebrune. Toutes ces lignes suivent de loin, et en l'accentuant, la
courbure du bord du massif.

Tel est le cadre: les Maures d'une part, les Alpes de l'autre.
Tout se passe à peu près comme si entre les deux bords de ce cadre la Basse Provence avait été comprimée et écrasée. Mais il ne
faut pas oublier qu'un de ces bords seulement est antérieur comme formation aux plis de la Basse Provence; quand ces derniers
ont pris naissance, les Alpes n'existaient pas encore, du moins avec
leur relief actuel; les couches oligocènes sont englobées, en concordance apparente, dans les plis alpins, et se sont déposées sur les
flancs des plis provençaux déjà dénudés. On ne peut donc pas, sans
autre explication, attribuer dans l'étude de notre région la même
action de présence au massif alpin qu'à celui des Maures; ou bien
alors il faut, comme je le dirai, éluder la difficulté en supposant
que les Alpes étaient déjà ébauchées et leurs lignes directrices déjà fixées avant l'époque de leur soulèvement principal.

BANDES TRANSVERSALES.

Le massif des Maures, compris dans le sens plus large que j'ai
indiqué, permet d'établir une distinction fondamentale entre les
plis alpins et les *plis provençaux*: les premiers contournent le
massif, les seconds vont s'arrêter normalement à ses bords. Ils
s'arrêtent même à distance, séparés du massif cristallin par la lar-

ge plaine permienne, que désormais j'appellerai, pour simplifier, *plaine de Cuers*. Dans la plaine même on ne trouve aucune trace de la continuation des plis: les plis anticlinaux viennent se perdre sur les bords dans un réseau complexe d'accidents, qui semblent être locaux et n'afffecter que le Trias; les plis synclinaux s'arrêtent très brusquement, limités chacun, comme à l'emporte-pièce, par une faille périphérique.

Ce phénomène si particulier se reproduit le long de deux autres bandes, qui correspondent, comme la plaine de Cuers, à des dépressions topographiques, et qui s'échelonnent vers le Nord-Ouest parallèlement à la première. Ces bandes, elles aussi, ont eu une *action de présence*, sans que rien dans leur relief, ni dans le fait de plissements antérieurs, semblât les y prédisposer, elles ont joué un rôle qu'on ne serait d'abord tenté d'attribuer qu'à des massifs résistants: elles ont arrêté le développement des plis. Ceux-ci, au lieu de se propager librement entre les branches du cadre précédemment défini, se sont trouvés gênés par une série de traverses parallèles à l'une des branches. Ils se sont morcelés: arrêtés longitudinalement, ils ont eu tendance à se *pelotonner*, à revenir sur eux-mêmes, ou, comme le pense M. ZURCHER, à se raccorder près de leurs extrémités; à la structure ordinaire en plis parallèles se trouve ainsi substituée la structure en dômes ou en massifs ellipsoïdaux. Les rainures transversales de la région de Comps marqueraient bien un intermédiaire, un acheminement vers cette nouvelle structure.

On comprend donc qu'il y ait intérêt à fixer d'abord la position et le caractère de ces bandes transversales; ce sont en quelque sorte des annexes du cadre précédemment défini.

1. *Plaine de Cuers*. — Très étroite en son milieu, à Gonfaron, où est aussi le point de partage des eaux, la plaine permienne s'élargit très rapidement de part et d'autre en formant les deux bassins de la rivière d'Aille et du Réal Martin, toutes deux rejetées vers le bord Sud, vers la limite des terrains cristallins, qu'elles arrivent même partiellement à entamer. Les deux rivières vont rejoindre la mer, presque symétriquement, par suite d'un coude brusque qui correspond à leur rencontre avec un cours d'eau plus important venant de l'intérieur, l'Argens au Nord, le Gapeau au Sud; on est ainsi averti que ces parties coudées ne doivent pas être les prolongements *équivalents* de la plaine de Cuers. Au Sud-Ouest, la

correspondance manifeste du massif du cap Brun avec celui de la Seyne, des collines de Carqueyranne avec la presqu'île de Saint-Mandrier, et enfin de la presqu'île de Giens avec la falaise du cap Sicié, mènent à voir le véritable prolongement de cette plaine dans la vallée de l'Eigoutier, la Petite Rade de Toulon et le golfe de Saint-Nazaire, c'est-à-dire suivant la ligne que continue à suivre la voie ferrée. De même au Nord-Est, on peut remarquer que depuis Gonfaron la plaine est limitée au Nord par une falaise surmontée d'un plateau peu élevé, à molles ondulations, dont aucun équivalent ne se retrouve au Nord de la basse vallée d'Argens, tandis qu'on peut suivre les mêmes traits et les mêmes caractères topographiques sur la rive gauche de l'Endre, du Riou Blanc, du Biançon et de la Siagne. C'est bien en effet par ce réseau de petites rivières que se complète la dépression périphérique du massif cristallin, là encore, comme plus au Sud, légèrement rejetée vers l'intérieur du massif. Quant à la grande plaine de Fréjus, c'est seulement (comme le golfe de Saint-Tropez), une dépression transversale dans le système spécial des plis des Maures; c'est même probablement une dépression très ancienne, où se sont localisées les éruptions des porphyres permiens qui donnent maintenant à ses bords, surtout au Nord, un relief si accentué (hautes cimes abruptes de l'Esterel, du Cap Roux au Mont Vinaigre et à la Colle du Rouet; au Sud, conglomérats porphyriques et Rochers de Roquebrune).

Rien n'est plus curieux que les rapports de cette plaine permienne avec le plateau qui la domine au Nord. A première vue, tout semble simple et normal: une petite falaise calcaire, ordinairement composée de Muschelkalk, paraît surmonter régulièrement les terrains rouges de la plaine, et forme le bord d'un plateau plus élevé et plus ondulé (altitude moyenne: 300 m.), où dominent les cargneules du Trias supérieur. Du côté de l'Ouest (massifs de Puget et de Cuers), le Jurassique se superpose à cet ensemble horizontal sur de grandes étendues et forme, aux altitudes de 600 et 700 m., de larges tables pierreuses morcelées par la dénudation. C'est à peu près l'aspect et le caractère des reliefs que l'on pourrait s'attendre à trouver, si toutes les couches étaient restées horizontales et dans leur ordre normal de superposition.

Mais quand on y regarde de plus près, on voit combien cette apparence est trompeuse: le relief complexe du plateau triasique serait mal explicable par la seule érosion de couches horizontales; les dépressions, s'anastomosant dans tous les sens, entourent et séparent une série de mamelons arrondis, qui se dressent comme autant de pustules (¹) au-dessus du niveau moyen du plateau. Ces mamelons sont formés par les bancs calcaires du Muschelkalk, souvent relevés jusqu'à la verticale et successivement orientés dans toutes les directions; les dépressions qui les entourent sont remplies par les couches plus délitables du Trias supérieur, avec marnes, gypses et cargneules; ce sont donc des dômes, mais si nombreux et si rapprochés qu'il n'y a plus à parler d'une direction d'ensemble pour les plis au milieu desquels ils surgissent.

Ce qui n'est pas moins extraordinaire, c'est que, dès que reparaissent les formations supérieures au Trias, l'allure se régularise, les plis s'individualisent et s'allongent en traînées parallèles, avec vallées triasiques dans le centre des anticlinaux et chaînons calcaires dans leur intervalle. C'est alors le véritable système des plis provençaux que nous étudierons tout à l'heure.

Il n'y a pas de limite entre ces vallées triasiques et le plateau mamelonné de pustules ou de dômes: ils se fondent l'un dans l'autre. Par contre les chaînons calcaires, ou synclinaux intermédiaires, se terminent tous brusquement, sans continuation visible d'aucune sorte, entourés par une faille périphérique, et apparaissant ainsi à leur extrémité comme des éléments étrangers, amenés d'autre part et superposés tout d'une pièce au plateau triasique. Le plus remarquable de ces groupes de chaînons est celui qui court du Tholonet au Cannet du Luc, en continuation du massif de Bras, et qui, après avoir coupé en deux tout le plateau mamelonné pour s'avancer jusqu'au bord de la plaine permienne, disparaît là comme par enchantement, au moment où le pli qui lui donne naissance atteint son maximum d'intensité et produit les effets les plus énergiques.

Je reviendrai plus loin sur ces faits; si je les ai mentionnés ici, c'est pour bien montrer quel profond fossé de séparation la plaine de Cuers établit entre les régions qui la limitent. Ce n'est pas par un groupement plus ou moins rationnel, par une systématisation plus ou moins arbitraire qu'on arrive à la mettre en évidence. C'est essentiellement une limite naturelle; marquée géographique-

---

(¹) M. JANET, qui prépare un livre descriptif sur la Basse Provence, a le premier remarqué et désigné par ce mot de « pustuleuse » cette structure très singulière.

ment avec une grande évidence sur une partie au moins de son parcours, elle joue au point de vue structural un rôle de premier ordre, que fera encore mieux ressortir le rôle analogue des autres bandes transversales.

II. *Dépression de l'Huveaune et de Barjols.* — Cette dépression est moins marquée topographiquement que celle de la plaine de Cuers; les vallées qui l'empruntent, au moins pour la plus grande partie de leur cours, d'une part les hauts affluents de l'Argens et l'Huveaune d'autre part, n'ont pas commencé à en niveler le fond, mais s'y encaissent au contraire dans d'étroits défilés qui en font une région très accidentée. Mais si l'on regarde le pays d'un sommet voisin, ou si l'on examine avec soin la carte hypsométrique, le large fossé transversal qui lui correspond saute aux yeux et ressort avec une grande évidence. Elle est occupée par des terrains plus anciens que ceux qui la bordent; ici ce n'est plus du Permien, mais uniquement du Trias, très fortement plissé et restant pourtant toujours à la même altitude moyenne, sans que nulle part aucun terrain plus ancien apparaisse dans les anticlinaux, ni aucun terrain plus récent dans les synclinaux. Entre Saint-Zacharie et Saint-Maximin, une barre calcaire, dont l'allure tranquille contraste avec celle des plis triasiques, divise en réalité la bande triasique en deux moitiés et forme un seuil de séparation entre les deux bassins hydrographiques de l'Argens et de l'Huveaune; mais les deux moitiés ont une allure si semblable et se font si bien face qu'on serait tenté de dire que la bande triasique plissée doit passer *en tunnel* sous le massif calcaire, et en tout cas leur réunion dans un même chapitre et sous un même nom, comme deux parties d'une même ligne directrice, s'impose naturellement ([1]).

Le caractère topographique de la dépression n'est pas sans rapport avec celui du plateau triasique qui borde la plaine de Cuers;

([1]) En réalité pourtant, l'étude de détail montre que la bande triasique de Saint-Zacharie et celle de Saint-Maximin ne sont pas formées par les mêmes plis; les premiers, qui s'effacent de plus en plus vers l'Est, passeraient tous au Nord des seconds. Ce n'est pas le même faisceau de plis qui reparaît après une courte disparition; c'est un nouveau faisceau qui *relaie* le premier et joue le même rôle. Géographiquement, il n'y a aucun inconvénient à en parler comme d'une bande unique.

Il en diffère par un alignement mieux marqué des plis, qui en général se pressent parallèlement aux bords de la dépression, mais partout des noyaux calcaires se dressent aussi et s'isolent en forme d'amandes au milieu du réseau de ces plis. Au Sud, entre Rougiers et Saint-Maximin, l'allongement est moins marqué, et la structure *pustuleuse* s'accuse de nouveau. Elle est bien mise en évidence par ce fait curieux qu'un de ces mamelons, une de ces *pustules*, est, au Nord de Rougiers, un véritable dôme volcanique, formé de projections et de coulées basaltiques, et que cependant il se distingue à peine, dans le relief, des mamelons calcaires voisins.

Du côté du Nord, autour de La Verdière, le Trias s'arrête brusquement le long d'une grande courbe semi-circulaire, parallèlement à laquelle les plis s'infléchissent. C'est une véritable faille périphérique, tout à fait comparable à celles qui du côté de la plaine de Cuers entourent l'extrémité des synclinaux. Cette faille périphérique marque topographiquement la fin de la bande déprimée, et géologiquement la fin de la bande triasique transversale; mais (et c'est là le point délicat où intervient une part d'hypothèse et de systématisation), elle ne marque pas la fin de la dépression transversale, *qui se retrouve plus au Nord sous une autre forme*. Ce point exige quelques explications.

Les grands massifs calcaires et les plis qui leur correspondent viennent s'arrêter sur le bord de la dépression triasique: à l'Est, celui de Bras et celui des deux Bessillons, comme plus au Sud, celui de la Sainte-Baume; à l'Ouest, celui de l'Olympe, ceux d'Esparron et du Mont-Major. Mais, du côté de l'Est, au moins, les vallées anticlinales triasiques intermédiaires viennent se raccorder avec les plis du Trias de la dépression transversale, de la même manière qu'elles allaient se fondre de l'autre côté dans les plis sinueux du plateau triasique superposé à la plaine de Cuers. Du moment qu'une partie des plis principaux se continuent ainsi dans la bande transversale, qui a arrêté les autres, on peut donc dire que ces plis principaux ont forcé là l'obstacle qui s'offrait à leur libre propagation, et ont emprunté en partie la dépression transversale. C'est grâce à cet emprunt que la dépression a été *soulignée*, et qu'elle forme un trait topographique bien apparent; mais son caractère essentiel, sa définition vraie reste indépendante de ces phénomènes superposés, et consiste dans l'arrêt brusque des plis sur ses bords. Or, ce qui s'arrête et prend fin à La Verdière avec la faille périphérique mentionnée plus haut, ce sont les plis qui avaient emprunté la dépression transversale; mais, et c'est bien là la preuve de son existence indépendante, celle-ci continue vers le Nord après la disparition de l'anticlinal triasique; elle continue alors sous une autre forme, sous sa forme propre, celle d'un synclinal transversal (visible encore topographiquement jusqu'aux Rouvières), au bord duquel viennent s'arrêter les plis échelonnés de part et d'autre. Ce pli transversal n'est plus que faiblement marqué à la traversée du Verdon (en face d'Esparron), où il interpose pourtant encore une région de superpositions normales entre les deux plis couchés de Montmeyan et de Gréoux.

Il importait d'expliquer pourquoi cette seconde dépression transversale est inégalement marquée dans le relief, et pourquoi elle semble totalement s'enchevêtrer avec les plis dont elle interrompt le réseau. Mais ce qui reste incontestable, en dehors de toute explication, c'est que la seconde bande transversale est assez fortement accusée, que dans son ensemble elle ressort assez nettement sur la carte hysométrique, pour qu'il n'y ait rien de forcé ni d'irrationnel *géographiquement* à la prendre avec les deux autres pour base d'une division et d'un groupement des massifs.

III. *Bassin d'Aix.* — La troisième dépression diffère des deux autres en ce qu'elle est presque entièrement remplie par les terrains oligocènes discordants. Ce remplissage par des terrains très épais a masqué en partie la dépression, qui serait pourtant encore facile à suivre, le long de la zone de cultures plus riches qui accompagnent ces terrains plus délitables, si des mouvements postérieurs n'avaient fait surgir en travers de la zone toute une série de collines plus accentuées (Trévaresse, Éguilles, Vitrolles). En fait, la bande de dépression ne se dessine plus sur la carte hypsométrique, et si l'on peut facilement en pressentir l'existence quand on suit de l'œil les collines qui bordent au Sud la Durance, c'est à cause de la différence de nature du sol et des reliefs, mais non par la diminution absolue des altitudes.

Pour bien caractériser cette nouvelle bande, il faut encore recourir à l'arrêt des plis éocènes sur ses bords. Il est vrai encore que le remplissage oligocène empêche d'étudier cet arrêt dans le détail, mais il est bien manifeste dans l'ensemble. Ainsi le grand pli de Sainte-Victoire et le massif de La Fare, bien que situés en face l'un de l'autre, sont évidemment deux unités distinctes. Les lam-

beaux de Crétacé supérieur indiqués par M. COLLOT au Sud de Meyrargues et à l'Est de Rognes prouvent encore plus sûrement la séparation des deux massifs correspondants. Le dôme de Lingouste
s'abaisse bien visiblement auprès de Pertuis et, au Nord de la Durance, le massif de Grambois, s'il n'est pas la terminaison certaine
des plis de Vinon et de Gréoux, en est au moins la continuation
bien affaiblie.

On est amené ainsi à considérer la dépression d'Aix comme se
poursuivant au Nord-Est vers le pied oriental du Luberon, à peu
près suivant la route de Pertuis à Manosque, et au Sud-Ouest, vers
l'étang de Berre, par dessus les collines de Vitrolles, dont la cause
et la signification géologiques ne sont pas bien élucidées. Qnant aux
deux bourrelets qui barrent la dépression au Sud de la Durance
(Trévaresse et chaîne d'Eguilles), il est remarquable qu'ils raccordent grossièrement le massif Sainte-Victoire avec celui de La Fare, le massif de Meyrargues avec celui de Rognes. La cause, quelle
qu'elle soit, qui à l'époque éocène avait arrêté la propagation des
plis à travers la dépression transversale, ne semble plus avoir eu
d'action efficace à l'époque miocène ou post-miocène, quoique les
efforts de plissement se soient alors encore exercés dans le même sens.

Vallée du Rhône. — J'ajoute enfin pour mémoire que la basse
vallée du Rhône, prolongée en amont par celle de l'Ouvèze ou par
celle de l'Aygues, semble aussi, quoique avec moins d'évidence
(arrêt des plis du Léberon et du Ventoux), jouer un rôle comparable à celui des trois premières dépressions transversales.

*Rôle des dépressions transversales dans l'histoire géologique
du pays.* — J'ai insisté un peu longuement sur la position et sur
le caractère des bandes transversales, parce que leur importance a
été jusqu'ici peu remarquée, et qu'elles me semblent pourtant
fournir la véritable base de tout groupement systématique des reliefs. Je veux encore, pour légitimer la place que je leur ai donnée
dans cette étude, montrer quel a été leur rôle dans l'histoire ancienne du pays. Ce sont elles qui, jusqu'à une époque relativement
récente, *ont déterminé la position des principales lignes de drainage de la région.* Un court résumé de l'histoire stratigraphique de
la Provence mettra facilement le fait en évidence, et sera en même temps une introduction utile à la description des différents
massifs.

Le massif cristallin des Maures semble, depuis des temps très reculés, avoir joué un rôle à part et avoir délimité une province spéciale entre son bord septentrional et le futur emplacement des Alpes. Dès l'époque permienne, île ou continent, il formait rivage: on trouve à la base des dépôts permiens, près de Pierrefeu, des lits formés de débris de phyllades en plaquettes ([1]), non roulés et à peine cimentés, tout semblables à l'alluvion qu'entraînent encore actuellement les ruissellements sur les pentes voisines. Les eaux permiennes pénétraient plus ou moins irrégulièrement dans cet ancien massif (vallée de Collobrières), mais l'immersion partielle est indubitable. Au Nord, du côté de Cannes, la transgression triasique permet de fixer une limite septentrionale, on voit ainsi que les dépôts permiens se sont formés dans une dépréssion allongée au pied des Maures et continuée à l'Est par la plaine de Fréjus; il y déjà, à cette époque lointaine, une indication de notre première dépression transversale.

Pendant le Trias et le Jurassique, la submersion tend à devenir générale; il ne reste plus de traces de rivage immédiat, mais pour une partie des étages, on trouve, en se rapprochant des Maures, des faciès de plus en plus littoraux ([2]).

A l'époque crétacée, l'isolement des Maures devient manifeste. M. COLLOT ([3]) a pu restituer les contours successifs de la mer. Sa carte indique un retrait des eaux au début de la période, suivi d'une transgression qui va toujours en progressant pour les étages supérieurs. Ces deux mouvements inverses donnent une indication sur la direction des lignes de hauteurs ou de dépressions déjà esquissées: on voit ainsi que l'émersion (qu'il semble naturel, en modifiant un peu la carte de M. COLLOT, d'étendre jusqu'à Sainte-Victoire) a provisoirement rattaché aux Maures la région de la *fourche centrale*, avec deux éperons, sur la future place de l'Olympe et de Sainte-Victoire, et avec une golfe médian correspondant à la vallée de l'Arc; la transgression finale a rapproché de plus en plus les rivages successifs de la bordure actuelle du massif cristal-

---

([1]) Notice jointe à la feuille de *Toulon* (n° 248) de la *Carte Géologique détaillée de la France* [reprod. ci-dessus, art. XXI, p. 178 - 187].

([2]) Ministère des Travaux Publics Exposition Universelle de 1889. Notice sur le *Panneau de la Provence et des Alpes Maritimes*, p. 110-117 [reprod. ci-dessus, art. XXXII, p. 315 - 320].

([3]) COLLOT, Description du terrain crétacé dans une partie de la Basse Provence (*Bull. Soc. Géol. de France*, 3ᵉ sér., XIX, 1890-1891, p. 39).

lin, et dessiné en même temps une ligne de dépression centrale,
allongée parallèlement aux Maures et prolongeant le bassin de La
Ciotat et du Beausset jusque vers Draguignan. *La bordure des Maures a reculé vers le Nord.* Les lacunes spéciales de la série crétacée près d'Allauch, le développement des poudingues près de Barjols, pourraient même faire supposer que les bords de la seconde
dépression transversale commençaient en même temps à s'accuser. En tout cas, cette même considération de la répartition des
poudingues à la fin de la période montre avec certitude qu'une
partie des chaînons longitudinaux (Nerthe, Sainte-Baume, collines
de Salernes) étaient déjà émergés. Ces remarques sont importantes, parce qu'elles mettent en évidence l'accentuation simultanée
ou alternative des deux systèmes d'accidents, que j'ai appelés longitudinaux et transversaux, et qu'elles écartent ainsi l'idée, assez
naturelle, d'y voir deux séries indépendantes et d'âge différent.

C'est après l'assèchement des lacs crétacés et éocènes que se pla-
cent les grands mouvements qui ont déterminé l'allure générale
des reliefs actuels. Puis, presque immédiatement (la base des couches du groupe d'Aix, pour certains auteurs, est encore éocène),
les lagunes oligocènes sont revenues occuper les parties basses.
La distribution de ces dépôts est très instructive: d'abord la mer,
venant du Sud, au lieu d'être refoulée plus loin par le mouvement
récent, y trouve au contraire l'occasion de pénétrer dans la vallée
du Rhône; cela peut-être une indication de tassements locaux qui
auraient suivi de très près la formation de la zone de plissements,
mais cela peut aussi suggérer l'idée du morcellement originel de
la chaîne. Quoi qu'il en soit, les eaux pénétraient, plus ou moins,
vers l'intérieur, *précisément par les quatre dépressions transversales* précédemment signalées, c'est-à-dire la vallée du Rhône, la
vallée de la Durance avec le bassin d'Aix, la vallée de l'Huveaune
avec son prolongement vers Barjols, et enfin le golfe de Bandol,
qui, s'il ne coïncide pas tout à fait avec le débouché de la plaine
de Cuers, en est du moins bien voisin. Pour les deux premières,
la trace d'une communication continue, qui pour l'une d'entre elles au moins a dû nécessairement exister, a été effacée par les dénudations, et il semble même qu'il faille admettre que ces dénudations ont été antémiocènes, ou tout au moins produites par la
mer miocène. Dès lors, la présence de couches miocènes et l'absence de couches oligocènes sur les bords de l'étang de Berre ne constituent pas une objection sans réplique à l'idée de faire pénétrer

les eaux saumâtres par cette voie, l'existence du lambeau conservé sur les derniers contreforts de La Nerthe viendrait au contraire appuyer cette conclusion (¹). L'entrée directe par la vallée du Rhône se heurte à des difficultés au moins aussi fortes; j'admets donc comme probable que la vallée de la Durance prolongée par le bassin d'Aix (troisième dépression transversale) formait l'entrée principale des lagunes oligocènes.

Elles pénétraient aussi dans la vallée de l'Huveaune, mais avec des caractères de dessalure rapidemment augmentée vers l'amont. Les poudingues du sommet semblent indiquer là le débouché d'une grande vallée, à un moment où la plaine de Barjols aurait été transformé en un véritable lac. Il est à noter de plus en que l'Oligocène repose là ordinairement sur le Trias, et non plus, comme auprès d'Aix, sur les terrains les plus récents. *La dépression de l'Huveaune existait*, mais déterminée en partie, ou au moins accentuée par l'érosion.

Quant au golfe de Bandol, les dépôts oligocènes semblent y avoir pénétré assez tard, le maximum de transgression (*limnische Transgression*) correspondant là comme partout à la fin de la période. Ce sont surtout des poudingues, qui n'ont même pas remonté jusqu'à Toulon. Il y a donc à ce moment un véritable échelonnement dans le rôle et dans la valeur des trois dépressions, de même qu'il y en a un dans le rôle successif de chacune d'elles, la dépression principale étant toujours reportée de plus en plus loin du massif cristallin.

Le même déplacement se poursuit dans les périodes suivantes: le golfe de la Durance communique avec la mer, à l'époque miocène par-dessus les collines de Lambesc, à l'époque pliocène par Lamanon; et la vallée qui s'y établit, après le retrait des eaux marines doit, à l'époque quaternaire, se frayer un chemin au Nord-Ouest vers Avignon.

L'étude des mers qui ont successivement couvert la région met ainsi en évidence un phénomène d'élévation progressive, qui, partant des Maures, s'est continué et propagé, pendant toute la durée

---

(¹) M. COLLOT a montré (*Description géologique des environs d'Aix en Provence*, in-4°, Montpellier, 1880) qu'on trouvait sur les deux bords de la dépression d'Aix des couches de rivage, avec galets arrachés aux formations voisines. Mais précisément ces galets ne sont pas signalés à l'extrémité Sud-Ouest. Les faits observés s'accorderaient donc aussi bien avec l'idée d'un bras de mer qu'avec celle d'un golfe fermé vers le Sud.

des temps secondaires et tertiaires, jusqu'à la vallée de la Durance et qui a ainsi, peu à peu, embrassé toute la Basse Provence. Ce mouvement d'élévation n'a naturellement pas été uniforme; il s'est fait par ondulations, qui ont pu, tour à tour, accentuer et faire disparaître les dépressions transversales. Même, près des côtes, l'absence de tout dépôt tertiaire ou quaternaire indique que la somme des mouvements subis dans les dernières périodes a été un mouvement d'affaissement; c'est peut-être ainsi que l'ancienne dépression permienne a repris aujourd'hui une importance relative qu'elle paraissait avoir perdue dans les périodes intermédiaires. Il faut bien remarquer d'ailleurs que, même en tenant compte de ce caractère ondulatoire, ces mouvements sont complètement indépendants des grands phénomènes de plissement; ils n'ont fait que légèrement modifier la forme d'ensemble ou le niveau moyen de la surface sur laquelle ces derniers se sont accentués.

RÉSUMÉ

J'ai essayé, dans cette première partie, de définir *le cadre* des plissements de la Basse Provence, et de montrer qu'aux lignes de bordure de ce cadre, formées par les Alpes et par le massif des Maures, il convenait d'ajouter d'autres lignes moins apparentes, correspondant à trois, ou même, si l'on compte la vallée du Rhône, à quatre grandes bandes transversales. J'ai indiqué que ces bandes transversales ne sont pas des lignes de plissements énergiques, à l'exception des points où elles ont été *empruntées* par les plis d'un autre système, mais qu'elle ont au contraire fonctionné comme des massifs résistants, ou plutôt comme des barrages le long desquels les plis principaux se sont arrêtés. Enfin, j'ai montré que ces lignes avaient depuis longtemps joué un rôle important dans l'histoire du pays. Il est naturel de se demander maintenant quelle cause leur a donné naissance, ou tout au moins, sans vouloir entrer plus qu'il n'est possible dans le fond des choses, comment elles se relient aux autres lignes directrices des systèmes montagneux voisins, spécialement à celles des Alpes.

On sait que les chaînons alpins, après s'être dirigés vers le Sud-Ouest dans le Dauphiné, se replient vers l'Est au Sud du Pelvoux, en décrivant une grande sinuosité qui les relie partiellement aux chaînons de Digne. Là, la direction N.-S. reprend, puis une nouvelle sinuosité ramène les chaînons vers l'Est jusqu'au Var, où reprend encore la direction N.-S. Ce n'est même pas le terme de ce régime sinueux, car plusieurs plis se tournent encore vers l'Est le long de la côte de Nice, et ceux du Nord du Mercantour vont en partie jusqu'à Gênes. J'ai émis l'hypothèse ([1]) que toutes ces sinuosités ne font que retarder la propagation naturelle des plis vers l'Ouest, que la chaîne ne rebrousse pas chemin définitivement en sens inverse, mais qu'elle finit par trouver passage vers les Pyrénées par l'intermédiaire d'une branche E.-O., aujourd'hui submergée. Les traces de l'effort développé pour adopter une voie plus directe se retrouveraient d'abord dans les plis qui traversent le Rhône près de Montélimar. Elles se retrouveraient aussi dans nos bandes transversales: une ébauche de plissement aurait eu lieu suivant ces lignes, et aurait suffi pour en faire des lignes de barrage dans les plissements ultérieurs. En tout cas, le fait matériel et indépendant de toute hypothèse, c'est que ces bandes, par leur position, par leur direction première et par leur infléchissement vers l'Ouest, représentent bien *des lignes de raccordement virtuelles entre les Alpes et les Pyrénées.*

On peut même ajouter, en faisant alors une part à l'hypothèse, qu'il y aurait là une explication possible de la structure si spéciale de la Basse Provence. Les branches des Alpes, avec leurs sinuosités, formeraient une sorte de golfe profond, ou de cul-de-sac, qu'on peut admettre avoir été dessiné dès l'ébauche du plissement, c'est-à-dire bien avant l'accentuation de la grande chaîne. A l'intérieur de ce golfe, à mesure que les forces de plissement continuaient à agir et que les Alpes se soulevaient lentement, les forces de compression ont dû atteindre leur maximun, et c'est là que, vers la fin de l'Éocène, ont pris naissance les premières rides importantes; elles ont dû se former parallèlement aux long côtés et normalement au fond du golfe, dont le massif des Maures représente la position approximative. On conçoit de plus que, dans cette sorte d'enceinte presque fermée, les efforts venant des bords, c'est-à-dire dans tous les sens, se soient aussi exercés normalement à ces plis et en aient amené le *morcellement*, encore augmenté par l'existence des barrages transversaux. Plus tard seule-

---

([1]) Ilot triasique du Beausset (*Bull. Soc. Géol. de France*, 3ᵉ série, XV, 1886-1887, p. 697 [ci-dessus, p. 224)]; Ministère des Travaux Publics. Exposition Universelle de 1889. Notice sur le *Panneau de la Provence et des Alpes Maritimes*, p. 133 [ci-dessus, p. 331].

ment, quand le fond du golfe a été suffisamment tassé et définitivement modelé, les lignes alpines continuant à l'entour leur mouvement de soulèvement, les mêmes actions, dans la partie élargie et plus librement ouverte, se sont propagées vers le Nord et ont formé (à l'époque miocène) les reliefs du Léberon et de la montagne de Lure.

II. — LES MASSIFS MONTAGNEUX ET LES VALLÉES (¹).

Nous avons vu que la Basse Provence, au moins la partie de la Basse Provence qui est au Sud de la Durance, peut être considérée comme une enclave dans les sinuosités de la chaîne alpine, et que cette enclave est encore hachée par une série de barrages, tenant la place de lignes de raccordement virtuelles entre les Alpes et les Pyrénées. Ce sont les plis formés dans ce champ restreint, clos à l'extérieur de murailles mobiles, mais impénétrable et barré d'obstacles à l'intérieur, qui ont donné naissance aux reliefs principaux de la région.

Après avoir défini le cadre dans lequel se sont développés ces plissements, il me reste à décrire les plissements eux-mêmes et les massifs morcelés qu'ils ont fait surgir. La première partie n'était guère qu'une étude préparatoire; c'est avec cette seconde partie, à vrai dire, que commencerait l'étude vraie des reliefs et de la Géographie physique. Je serai plus bref cependant, à cause des limites qui me sont imposées par la nature de ce recueil, et aussi parce que l'examen des cartes et celui des mémoires géologiques déjà publiés permettra facilement de combler les lacunes de la description.

Un mot d'abord sur les deux caractères géologiques essentiels de ce système de plis. Ce sont des plis *morcelés*, c'est-à-dire qu'au lieu de s'allonger en lignes continues, ils s'égrènent en chapelets, se séparent en dômes ellipsoïdaux, isolés mais alignés, continuant par conséquent à définir un système de lignes directrices. Ce premier caractère ressortira bien de la seule énumération des massifs, et l'on en retrouve l'empreinte nette dans l'allure topographique. Il y a deux types de dômes distincts: celui des voûtes simples, formées par des plis ordinaires qui s'abaissent aux deux extrémités, et ce-

(¹) Voir la carte ci-jointe (pl. IX).

lui des voûtes complexes, où un pli périphérique entoure une dépression centrale. Il peut même arriver, dans ce dernier cas, surtout si la dépression centrale est un peu vaste, que le pli périphérique se décompose lui-même en une série de plis ou dômes juxtaposés.

Le second caractère a une influence moins directe sur la topographie, il mérite pourtant d'être signalé: les plis de la Basse
Provence, au lieu d'être des plis droits, qui se dressent en hauteur, sont le plus souvent des *plis couchés* ou rabattus horizontalement. Les déplacements horizontaux qui en résultent peuvent
être énormes, et atteindre plusieurs kilomètres, les mêmes forces
qui ont produit le pli déterminant dans les couches rabattues horizontalement une série de glissements relatifs, qui étalent les mêmes masses sur une plus grande surface. Cette exagération dans
les effets des plissements semble quelque peu contradictoire avec
leur brusque limitation longitudinale; il faut admettre des variations très rapides dans les coupes successives d'un même pli.
Pourtant, on peut remarquer que l'ampleur des déplacements horizontaux est jusqu'à un certain point en rapport avec la longueur
du pli qui les a produits.

Comme je l'ai dit, l'existence des plis couchés et la grandeur des
charriages horizontaux n'ont qu'une influence indirecte et assez faible sur la nature des reliefs. L'érosion, en faisant reculer le front
des masses charriées, peut le découper plus ou moins irrégulièrement, mais respecte en général dans l'ensemble sa direction première, et le caractère des escarpements qui résultent de ce recul
progressif dépend bien plus de la nature et de l'épaisseur des couches entamées que de l'importance des déplacements subis. Quelquefois, pourtant, l'érosion est assez profonde et assez inégale pour introduire de véritables discontinuités dans le dessin topographique
des reliefs: ainsi les deux promontoire qui se font face des deux
côtés de la Bresque, en aval de Salernes, ou encore l'îlot saillant
du centre du bassin du Beausset, sont des formes qui font tache,
l'une par l'interruption momentanée d'une longue ride de plissement, l'autre par son isolement, et qui suffiraient, dans ces
parties plissées, pour appeler l'idée de *phénomènes de recouvrement*. Ce sont là, il est vrai, des points de détail, mais dans l'ensemble on comprend aussi que ces masses étrangères, en quelque
sorte surimposées au reste du pays, doivent trancher à sa surface,
et en effet presque toutes les cîmes les plus hautes et les plus har-

dies, la Sainte-Baume, l'Olympe, la Loube, les deux Bessillons, rentrent dans cette catégorie, et reposent au moins partiellement sur un substratum plus récent. Il y a là une coïncidence qui n'est sans doute pas fortuite; toutefois, il ne faut pas oublier que des plis droits ou peu inclinés produiraient facilement (comme on le voit à Sainte-Victoire) des reliefs aussi marqués; et au fond, la sinuosité ou la dentelure du front des escarpements reste le seul caractères qui distingue topographiquement les plis couchés des plis droits.

Énumération des plis principaux et des massifs correspondants. — On peut considérer le massif cristallin des Maures comme se prolongeant à l'Ouest, en face de la presqu'île de Giens, par le promontoire de Sicié. En avant de ce massif, les plis s'échelonnent du Sud au Nord, en donnant naissance à une série de massifs, aussi bien délimités géographiquement que géologiquement.

C'est d'abord le pli du Beausset, déversé sur le bassin synclinal du Beausset, et formant avec lui et les collines des environs de Marseille un ensemble que je désignerai sous le nom de *bassin du Beausset.*

En avant, le pli de la Sainte-Baume forme l'arête saillante du pays; on peut y rattacher, sous le nom de *massif de la Sainte-Baume,* non seulement toutes les collines qui entourent la dépression centrale du Plan d'Aups et de Camps, mais aussi les plateaux plus ou moins isolés de Mazaugues, du Pilon Saint-Clément, du Pujet et de Pignans.

Au Nord s'allonge le *massif de Bras*, correspondant, comme on l'a vu, à la partie médiane de la Basse Provence, au manche de la fourche centrale. Enfin, comme dernier terme, on trouve le massif de *Salernes et d'Aups*, plus largement épaté que les précédents, sans orientations aussi précises et sans reliefs aussi accentués.

Ces quatre grands massifs et les dépressions intermédiaires occupent presque tout l'espace compris entre la première et la seconde bande transversale. Il faut encore, pour être complet, y ajouter: au Nord le pli d'Ampus, qui va se relier à la dépression de Vérignon, déjà indiquée comme séparant la Provence de la région alpine, et au Sud la cuvette synclinale de Bandol, qui, correspondant au golfe du même nom, vient s'intercaler entre le bassin du Beausset et la bordure des Maures.

Ainsi que je l'ai déjà expliqué, les deux plis anticlinaux qui bordent au Nord et au Sud le massif de Bras (vallée de l'Argens et plaine de Brignoles) ne sont pas arrêtés par la dépression transversale de Barjols, mais l'empruntent au contraire, en se dirigeant l'un vers le Nord, l'autre vers le Sud-Ouest, englobant entre eux la large plaine de l'Arc avec sa ceinture de collines. Il en résulte une séparation complète entre les plis précédents et ceux de la fourche centrale: ou, si l'on veut pourtant chercher une homologie, ces derniers sont compris entre les deux mêmes anticlinaux que les plis du massif de Bras, et c'est à eux seulement qu'on peut les faire correspondre. Par contre, on peut au Nord de cette fourche centrale trouver une série d'accidents qui font suite au massif de Salernes, c'est le dôme de Saint-Julien, puis les plis de Vinon et de Gréoux; de même le pli de l'Argens, après avoir emprunté la dépression transversale de Barjols et s'être arrêté à La Verdière, peut être considéré comme reparaissant plus loin dans les dômes de Ginasservis et de Lingouste. La plaine du Valavès et le ruisseau de Jouques suivent le bord Sud de ces massifs, et complètent avec la vallée de l'Argens la limitation naturelle d'une Provence septentrionale, où l'élévation plus grande du sol compense et explique peut-être la moindre accentuation des reliefs.

Entre cette région septentrionale et la Provence méridionale, formée par les massifs du Beausset et de la Sainte-Baume, la première orientée parallèment aux Alpes, la seconde parallèlement aux Maures, la vallée de l'Arc ouvre son large cirque de collines ondulées, fermé au Sud par les escarpements des *massifs de l'Olympe, de l'Étoile et de La Nerthe*, au Nord par ceux du *massif complexe de Sainte-Victoire*.

Quant à la partie située au delà de la troisième dépression transversale, je me contenterai d'en mentionner ici les plis. On commence à sortir du régime particulier à la Basse Provence, avec une orientation plus régulière des plis de l'Est à l'Ouest Il suffit de dire que les collines de La Fare et de Lambesc, reliées topographiquement au massif de Sainte-Victoire par les petits chaînons d'Éguilles et de La Trévaresse, représentent la continuation ou plutôt la réapparition des mêmes plis. Quant aux deux massifs du Léberon (avec les Alpilles) et de Lure (avec le Ventoux), ces deux grandes murailles rectilignes, limitées d'une part à la chaîne des Alpes, de l'autre à la vallée du Rhône, c'est-à-dire à notre quatrième dépression transversale, il se rattachent bien encore au même ensemble, mais leur histoire est un peu différente et exigerait une étude spéciale que je n'ai pas faite personnellement.

Après cette énumération, j'aborde la description des différents massifs, en me bornant pour chacun d'eux aux traits essentiels de la structure géologique et à leur correspondance avec les caractères topographiques bien marqués dans le relief.

Bassin du Beausset. — Le trait géologique essentiel est ici le grand pli couché, qui, disparissant sous la mer à la Pointe Grenier, a charrié vers le Nord, jusqu'au centre du bassin, les masses de Trias du Vieux-Beausset. Le noyau de ce pli anticlinal ne correspond pas, comme il arrive si souvent en Provence, à une ligne de dépression continue; on la voit bien prendre naissance à l'Est, normalement à la bordure des Maures, entre le Faron et le Coudon; elle envoie à l'Ouest, dans le vallon des Pomets, une branche qui se perd près de Broussan (le grand ravin de Broussan ayant un autre caractère), et qui motive la puissante saillie du Caoumé; la seconde branche se détourne au Sud-Ouest et dessine seulement l'amorce du pli principal. La direction du pli est pourtant bien marquée dans son ensemble par une ligne de hauteurs morcelée et formée de trois tronçons principaux: à l'Ouest les escarpements du cap Grenier, de l'Oratoire Saint-Jean et de Fontanieu, qui correspondent au front de la masse charriée; puis le Gros-Cerveau, correspondant à la naissance d'un pli secondaire, le même probablement qui reparaît plus accentuée à Broussan; et enfin les collines d'Ollioules et du Cap-Gros, correspondant au synclinal compris entre ce plis secondaire et le pli principal. Les vallées de Bandol et d'Ollioules accentuent la séparation entre les trois tronçons.

En avant du pli couché, le bassin du Beausset forme une grande cuvette dissymétrique, dont le fond est occupé par le golfe de La Ciotat et par les petites vallées qui remontent de là vers Le Beausset; vers ce fond, on voit de toutes parts, sauf naturellement au Sud, les couches crétacées s'incliner avec une pente douce et régulière. Les collines qui forment ceinture, depuis les pittoresques escarpements de La Ciotat (Bec de l'Aigle) jusqu'aux crêtes de Roquefort et de Cuges, sont seulement le résultat de l'érosion dans les masses puissantes et inégalement résistantes des couches crétacées. A l'Est, ces collines de ceinture vont s'épanouir dans les larges plateaux pierreux qui bordent le Gapeau.

Du côté de la plaine de Cuers, tous les accidents principaux ou secondaires viennent, comme je l'ai indiqué d'une manière

générale, se terminer brusquement sous la forme de synclinaux enveloppés par une faille, enfouis en quelque sorte dans
les terrains plus anciens. C'est ainsi que se découpent, sur les
bords du plateau, comme des promontoires avancés et en forme de forteresses véritables, les escarpements de Solliès - Ville,
ceux du Coudon et ceux du Cap - Gros. La même structure, plus
accentuée encore, — car la faille périphérique fait, là, tout le tour
du massif, — se retrouve dans le Faron, qui par le voisinage et
la similitude des formes se relie naturellement au Coudon et au
Cap - Gros, mais qui, géologiquement, serait plutôt une sorte de
réapparition du synclinal de Bandol, complètement détachée de la
cuvette principale. Plus loin, de l'autre côté de la plaine de Cuers,
il faut signaler encore un écho affaibli, une sorte de prolongation
discontinue des mêmes accidents: la rade d'Hyères ferait suite au
bassin du Beausset, et les collines des Oiseaux, au Sud d'Hyères,
avec leurs deux sommets entourés chacun d'une faille périphérique, seraient une seconde réapparition du synclinal morcelé de
Bandol.

Du côté de l'Ouest, les profondes calanques de Morgiou et de Sormiou indiquent l'existence des plis nouveaux orientés du S. E. au
N. O., venant compliquer et élargir le versant méridional du bassin
du Beausset. Le premier de ces plis (Est du golfe de Morgiou) semble remonter vers le Nord, s'étaler dans le large massif de Saint-Cyr,
et se continuer à l'Est vers la plaine d'Aubagne; il esquisse ainsi le
commencement d'une ceinture périphérique de plis, qui s'arrête
là sans se poursuivre au delà de Cuges. Un second pli va se perdre
dans la plaine basse de l'Huveaune, et le dernier (calanque de Sormiou) s'infléchit au contraire vers l'Ouest, en isolant au Sud le
massif de Marseilleveyre. Quant au massif de la Corniche de Marseille, auquel se rattachent probablement les îles de la rade, il paraît à peu près isolé; mais il dessine pourtant bien, avec Marseilleveyre au Sud et avec La Nerthe au Nord, une reprise générale
de la direction E.-O.

Massif de la Sainte-Baume. — Dans le massif de la Sainte-Baume, l'unité géologique principale est encore un grand pli couché
vers le Nord. Le trait saillant qui lui correspond est la haute muraille rectiligne, véritable arête maîtresse de la région, qui, sur
près de 14 kilomètres de long, du Baou de Bretagne au pic Saint-
Cassian, dépasse 1 000 m. d'altitude, et qui, taillée à pic du côté du
Nord, domine de plus de 300 m. tous les hauts plateaux du voisina-

ge. Du côté de l'Ouest, la muraille s'arrête au Baou de Bretagne, tranchée comme par un coup de hache; du côté de l'Est, elle s'efface aussi à partir de Saint-Cassian, mais là les conditions sont tout autres: en arrière de la pointe qui termine les grands escarpements, une seconde ligne de crêtes, moins marquée, plus découpée et plus sinueuse, prolonge la même direction et jalonne la suite du même pli. C'est le front de la même masse charriée, plus profondément entamée par la dénudation; et quand plus loin la crête semble s'arrêter au milieu de la plaine crétacée de Mazaugues, c'est que la dénudation a reporté ce front encore 1 km. plus au Sud, au bord du grand plateau qui domine Mazaugues.

Le vallon de Roquebrussane (route de Roquebrussane à Brignoles) dessine une coupure transversale, qui correspond peut-être à un morcellement réel du pli de la Sainte-Baume, ou peut-être aussi, comme l'a expliqué M. ZURCHER, à une érosion locale plus profonde du pli couché. En tout cas, les mêmes phénomènes reparaissent de l'autre côté dans le massif de la Loube, qui, avec ses escarpements abrupts, et qu'il y ait ou non continuité dans le plissement, est bien certainement l'homologue de la crête de la Sainte-Baume. Au delà du Candelon, la dépression de Cambaret à Garéoult dessine une nouvelle coupure moins accentuée, après laquelle reprend peu à peu le régime des plis droits, et avec lui celui des chaînons orientés, voisins et parallèles: plaine de Sainte-Anastasie, avec la barre de Saint-Quinis, haut du vallon de Camps, route nationale d'Antibes. Ce régime d'ailleurs ne reparaît que sur un court espace: on touche à la fin du massif. Toutes les lignes de hauteurs s'arrêtent avant l'Issole, entre Besse et Flassans, faisant face à la plaine de Cuers, dont elles restent séparées par le plateau de Trias dont j'ai déjà parlé.

Le massif de la Sainte-Baume, outre ce pli principal, se compose d'une série d'autres plis, disposés en avant et plus complexes. C'est d'abord le pli synclinal sur lequel sont couchées les chaînes précédemment décrites; il forme une sorte de sillon horizontal, qui comprend d'abord à l'Ouest le plateau du Plan d'Aups (d'où il descend jusqu'à Saint-Pons), s'élargit dans la plaine de Mazaugues, et se poursuit par la vallée d'Engardin jusqu'au val de Camps. Au Nord, une nouvelle rangée de collines s'élève près de Nans et vient aboutir à Tête-de-Roussargue, puis tourne vers le Nord dans la partie désignée sur la Carte de l'État-Major comme « Fin de la chaîne de la Sainte-Baume »; elle sépare le Plan d'Aups d'une nou-

velle dépression qui, d'abord parallèle à la crête, se contourne et
s'arrondit autour du bombement elliptique de la Lare, et enfin les
collines de Saint-Zacharie limitent tout cet ensemble en formant le
bord de la dépression de l'Huveaune. Il est difficile de dire quelle
est la partie de cette série complexe qui reparaît dans les collines
de La Celle et de Brignoles, au Nord du val de Camps; il est difficile également de décider si, comme je l'ai cru autrefois, il y a là un
mélange de collines en place et de collines *sans racine*, restes de la
nappe charriée en avant de la Sainte-Baume. Il faut avouer seulement que, malgré la difficulté d'expliquer les détails, l'aspect général est bien celui d'une ceinture de collines et de plis qui entoure
une dépression centrale. Il y a là une sorte d'*évidence géographique* qui me semble primer toutes les autres. C'est d'ailleurs la
conclusion à laquelle je m'étais arrêté dans mes premières études
sur la Sainte-Baume; je ne crois plus possible aujourd'hui de relier, par l'artifice d'un immense décrochement, le massif de la
Sainte-Baume et le massif d'Allauch, qui lui fait face à l'Ouest.

Si la terminaison occidentale du massif présente encore, au
point de vue géologique, quelques obscurités d'interprétation, il
n'en est plus de même à l'Est, où les plis se relèvent, deviennent
des plis droits, et forment la série de collines alignées qui prolongent ou entourent le bassin de Camps. Tous ces plis disparaissent,
ainsi que je l'ai dit, en face de la plaine de Cuers, par fusion des
anticlinaux dans le plateau triasique et par enfouissement des
synclinaux dans le Trias. Sur les trois synclinaux qu'a étudiés là
M. ZURCHER, deux sont entourés à leur extrémité par une faille
périphérique; le troisième, le plus septentrional, est seulement
bordé au Sud par une faille verticale; pour celui-là, il n'y aurait
pas eu enfouissement complet de la cuvette; elle aurait seulement
versé d'un côté dans le Trias sous-jacent.

Il reste à dire quelques mots du versant méridional du pli de la
Sainte-Baume, qui s'abaisse d'abord vers Cuges en une longue croupe régulière, puis à l'Est se complique et se morcelle en une série
de plateaux distincts. Ces plateaux sont compris entre les ramifications du pli principal, qui se bifurque d'abord au-dessus de Signes, autour du plateau de Méounes et de Mazaugues, puis s'anas-
tomose en formant une série de branches, correspondant à autant
de dépressions transversales (Cuers, Rocbaron, Carnoules), et allant toutes se perdre normalement à la bordure permienne. Les

34

plateaux de Cuers, du Puget et de Pignans, qui sont isolés par cette sorte d'étoilement, doivent aussi bien géologiquement que géographiquement, être considérés comme une dépendance du pli de la Sainte-Baume, et, quoique la forme synclinale y soit peu accusée, ils montrent quelque chose d'analogue au phénomène d'enfouissement précédemment signalés; ils en montrent, pourrait-on dire, une phase préparatoire. Ils se sont enfoncés dans le Trias seulelement sur une partie de leur pourtour: pour le plateau de Méounes, c'est toute la moitié Sud et Sud-Ouest; pour celui de Cuers, les coins opposés du Sud-Ouest et du Nord-Est; pour celui du Pujet, les trois angles de Rocbaron, de Garéoult et de Carnoules. Le plateau de Pignans, plus petit et plus découpé par l'érosion, est au contraire resté régulièrement posé sur sa base.

Massif de Bras. — Le massif de Bras, allongé d'abord de l'O. à l'E., se recourbe au Sud-Est normalement à la plaine de Cuers. A l'Ouest il est largement étalé autour de la dépression médiane du Val et de Vins, qu'entourent une série de plis secondaires, limités en direction et s'échelonnant sur ses bords. Ceux du Nord sont renversés sur la dépression centrale, et le plus extérieur, qui est aussi le plus continu (Peygros), a même chevauché de plus de 2 km pardessus les autres. Tous ces plis à l'Ouest s'infléchissent très nettement pour entourer le massif, les uns allant se fondre dans le Trias de la bande transversale de Barjols, les autres dans la faille qui limite le massif. Il y a là en quelque sorte une répétition des formes topographiques de l'extrémité du massif de Sainte-Baume, avec une structure géologique plus évidente et mieux expliquée.

A l'autre extrémité, le massif s'amincit en une chaîne longue et étroite, dont la terminaison montre sous une forme bien remarquable l'exagération des phénomènes déjà indiqués à l'extrémité des autres massifs. La rangée de collines parallèles qui forment la chaîne est constituée par des couches verticales; elles s'avance tout droit vers la bordure permienne; puis, sans se contourner, sans s'abaisser, elle disparaît en la touchant. Au pied de ces collines, le Permien étale ses couches continues, sans trace de dérangement. La colline la plus orientale s'avance un peu plus que les autres, et se soulève à son extrémité (piton du Cannet-du-Luc); le piton lui-même est formé de couches horizontales et *renversées* montrant le Jurassique supérieur à la base et le Bathonien au sommet. Ces couches horizontales sont entourées d'une faille semi-circulaire, qui a protégé en l'enfouissant la partie renversée du pli et a supprimé la racine d'où elles provenaient. Cette coupe, qui n'a pas été publiée, est une des plus extraordinaires qui existent en Géologie; elle semble pouvoir seulement s'expliquer en supposant que, sur une table immobile de Permien, les terrains supérieurs aient glissé d'un mouvement d'ensemble, en se froissant et s'accidentant, d'une manière indépendante, de plis superficiels, sans racine en profondeur, susceptibles par conséquent de disparaître en tout ou en partie par le seul effet des dénudations. C'est une hypothèse à laquelle j'ai pensé, sans pouvoir trouver en sa faveur assez d'arguments pour la développer utilement; mais en dehors de toute hypothèse, le fait matériel, palpable, est la cessation brusque du pli avec enfouissement de son extrémité. Il n'y a pas atténuation progressive des effets du plissement; au contraire, si, comme il est naturel, on leur attribue la faille périphérique, ils s'exagèrent autour de cette extrémité; en tout cas, un des bords de la cuvette est jusqu'au bout ([1]) renversé sur le centre. Le phénomène, dans son ensemble, est bien le même que celui que j'ai décrit dans les autres massifs; mais il prend ici un intérêt particulier, à cause du contact direct avec la plaine où s'étalent tranquillement les sédiments permiens, et aussi à cause de la netteté avec laquelle il est empreint dans le relief.

Massif de Salernes et d'Aups. — Dans l'ensemble, la région située au Nord, de l'Argens forme un grand plan incliné, qui s'élève vers les Alpes avec une pente de près de 2 p. 100, et au-dessus de ce plan moyen, en dehors des deux Bessillons, les reliefs sont relativement assez faibles et peu accentués. On peut pourtant, au moins avec la Carte détaillée, retrouver dans la topographie la trace des plissements, encore très énergiques, qui se sont fait sentir dans cette partie.

La vallée de la Florieille d'une part, et de l'autre le tracé de la route de Salernes accusent assez faiblement au Sud, les deux dépressions directrices de la région. La première se continue par la plaine d'Aups, où elle se bifurque, d'un côté vers Régusse, de l'autre, par le château de Fabrègue, vers la source de la Bresque et la lar-

---

([1]) En fait, même, c'est seulement au bout de la cuvette qu'on constate le le renversement du bord occidental; mais les parties renversées ont dû exister aussi plus au Nord où elles ont été enlevées par l'érosion, tandis qu'elles ont été localement protégées par l'enfouissement terminal.

ge rainure de Montmeyan. La seconde, suivie par le chemin de
fer à partir de Salernes, semble aller se perdre sur le bord de la
bande triasique de Barjols, mais on peut remarquer qu'une
série de dépressions, orientées dans la direction du ruisseau des
Écrevisses, la rattachent à la plaine de Tavernes et à la rainure
déjà mentionnée de Montmeyan. On retrouve ainsi la notion d'une
dépression centrale, de même que pour les autres massifs; mais
cette dépression est comme démembrée en plusieurs autres par
l'existence d'une série de dômes intermédiaires, et surtout par le
pli de Fox-Amphoux, qui la coupe en deux moitiés ([1]). La ligne
axiale de cette dépression complexe serait bien marquée par la
rainure de Montmeyan et par la haute vallée de la Bresque.

Elle est entourée par une série de collines correspondant à des
plis qui se relaient sur les bords et qui se renversent vers la partie centrale, en formant autour d'elle une ceinture à peu près continue: au Sud, les deux Bessillons (formés par deux plis distincts),
les collines de Salernes, dont l'escarpement sinueux et découpé
laisse prévoir l'existence du pli couché, dont le chevauchement atteint là 3 km, et enfin les collines de Lorgues, qui convergent auprès
de cette ville vers les collines de la bordure Nord et Nord-Est. Celles-ci (collines d'Aups et de Tourtour) sont jusqu'au bout renversées vers le Sud; comme celles de la bordure Nord, elles s'arrêtent
au point de rencontre, ou plutôt les deux séries viennent là se raccorder en fermant le massif et en donnant naissance au curieux
promontoire de Saint-Ferréol, où se reproduisent les phénomènes
signalés au Cannet-du-Luc. Le piton terminal est ici moins bien détaché au point de vue topographique, mais comme l'autre, il est
découpé à l'emporte-pièce par une faille périphérique, et ainsi isolé au milieu du Trias, il est formé à sa base par les dolomies du
Jurassique supérieur, et au sommet par les calcaires à silex du
Bajocien. C'est toujours le même mode de terminaison brusque,
en face de la plaine permienne, et par conséquent en face du massif des Maures.

Je me contente de mentionner les deux dômes de Tavernes et de
Régusse qui bordent au Nord le Crétacé de plaine de Montmeyan;

([1]) On pourrait ainsi considérer le pli de Fox-Amphoux comme faisant
partie de la ceinture périphérique, et limiter alors la dépression centrale
aux plaines de Montmeyan et d'Aups, et au plateau jurassique qui les sépare. C'est ce dernier mode de groupement qui a été adopté sur la carte.

l'un, celui de l'Ouest, a chevauché sur elle de près de 1 km. dans l'autre, au contraire, les couches de bordure atteignent rarement et ne dépassent que localement la verticale.

Dômes de Saint-Julien, de Ginasservis et de Lingouste. — Cette nouvelle région n'est séparée de la précédente que par le haut de la dépresion transversale de Barjols, dans la partie où cette dépression n'a pas été empruntée et accentuée par les plis longitudinaux et où elle n'est que très faiblement marquée sur le terrain. La région se relie donc très intimement au massif précédent; elle présente les mêmes caractères, et les plis de Vinon et de Gréoux, ainsi que le dôme plus saillant de Saint-Julien (avec pli périphérique continu), ne sont que la réapparition des accidents observables dans le dôme de Tavernes.

Au Sud, les dômes simples de Ginasservis et de Lingouste correspondraient plutôt à la réapparition sous une autre forme des plis triasiques de la bande de Barjols. La curieuse traînée triasique de Rians, véritable dôme allongé, en contact sur tout son parcours avec des terrains beaucoup plus récents, et le dôme de Mont-Major, renversé en éventail sur ses deux bords (mais non sur ses extrémités), forment une petite bande intermédiaire qui relie cette région à celle de la fourche centrale.

Fourche centrale. — Entre les deux séries de massifs qui suivent les Alpes au Nord, ou les Maures au Sud, la plaine de l'Arc correspond au centre de la Provence. C'est une large dépression, formant géologiquement le bassin de Fuveau, faiblement ondulée et monotone d'aspect, mais magnifiquement encadrée par la double rangée de collines qui projette ses pointes extrêmes des deux côtés de l'étang de Berre.

Au Sud, la ligne de hauteurs se décompose en deux groupes, l'Olympe et Regaignas, d'une part, l'Étoile et la Nerthe de l'autre. Les deux groupes sont séparés par la dépression intermédiaire qui livre passage au chemin de fer des mines. Près de cette dépression, et en arrière des deux autres massifs, se dresse le massif triangulaire d'Allauch; malgré cette position excentrique, je le rattache aux précédents, comme intimement lié aux collines de Peipin, qui forment la continuation abaissée du front de l'Étoile et font partie de la bordure du même bassin crétacé.

Le massif d'Allauch n'en constitue pas moins une unité distincte; la place qu'il occupe et son aspect spécial indiquent bien qu'il joue un rôle à part. S'il contribue à la bordure du bassin de l'Arc, ce n'est que pour une faible longueur; comme s'il avait trouvé de ce côté la place déjà prise, il se détourne avec effort, et va diriger ses reliefs et orienter ses escarpements, non plus en face de la vallée de l'Arc, mais en face de celle de l'Huveaune. La structure géologique du massif est très compliquée et n'est pas partout expliquée avec certitude. Je crois maintenant, comme je l'ai dit plus haut, qu'il faut abandonner l'idée que j'avais proposée d'une liaison avec la Sainte-Baume, idée qui est en contradiction avec le rôle attribué ici à la dépression transversale de l'Huveaune; le pli de Peipin, malgré la continuité apparente des affleurements, est distinct de celui de l'Étoile; au point où il vient le heurter, il se dévie vers le Sud, puis vers le S. O., jusqu'à Allauch, et en son milieu s'ouvre une vaste aire synclinale, dont les bords sont partout écrasés et que les flancs divisés du pli principal tendent partout à recouvrir. C'est cette aire synclinale qui donne naissance aux parties élevées du massif; elle se ferme à Allauch, mais le pli qu'elle avait partagé en deux branches se continuerait plus loin vers l'Ouest, sous la couverture discordante des terrains oligocènes, comme paraissent l'indiquer l'affleurement jurassique marqué sur la carte de M. COLLOT, et plus nettement encore le lambeau voisin d'Infralias découvert par M. FOURNIER, près de La Baume-Loubière, c'est-à-dire au Sud du massif de l'Étoile (¹).

La bordure septentrionale du bassin de l'Arc, au contraire de l'autre, paraît formée par un pli unique qui culmine à Sainte-Victoire et s'abaisse progressivement à l'Est. La crête est si basse en face de Saint-Maximin, qu'elle livre à la route nationale et au chemin de fer un passage plus facile que le fond rétréci de la dépression géologique, autrefois suivi par la voie Aurélienne; elle reprend un peu de relief dans les collines du Défends, en face des derniers escarpements de l'Olympe; puis, comme l'Olympe, comme

(¹) M. FOURNIER est disposé à rattacher ce lambeau à un pli plus méridional. Je ne puis discuter ici les diverses interprétations auxquelles a donné lieu ce coin étrangement compliqué. Toutes se heurtent à diverses objections et à des invraisemblances au moins apparentes; aucune d'elles ne peut-être considérée comme établie. Celle que j'indique ici, après l'avoir repoussée, est celle qui s'accorde le mieux avec le dessin d'ensemble dont cette étude donne un exposé.

le pli synclinal qui l'en sépare, elle va se terminer normalement au bord de la dépression transversale précédemment décrite.

Mais cette crête de bordure n'est qu'une partie du massif de Sainte-Victoire; la chaîne proprement dite, avec la pittoresque vallée de Vauvenargues à ses pieds, apparaît sur la carte topographique comme la terminaison occidentale d'un grand plateau calcaire, plus large, plus épaté, qui remplit tout l'intervalle entre les dépressions de Rians, de Barjols et de Fuveau. C'est en effet un des plis de Vauvenargues qui, s'écartant du pli de bordure précédemment décrit, vient reparaître au Nord dans le dôme d'Artigues, tandis que dans l'intervalle le grand ravin de Brue-Auriac et le torrent d'Ollières empruntent la partie centrale, l'un d'un dôme, l'autre d'une aire synclinale intermédiaire. Au massif ainsi formé s'accolent, au Nord et au N. O., une série de dômes (Esparron, Saint-Jean-d'Esparron, Artigues, chapelle Saint-Pierre, Sambuc), constituant géologiquement autant d'unités distinctes, mais si étroitement soudés l'un à l'autre que les bassins crétacés, le long desquels ils s'alignent, semblent bordés par deux longues murailles continues et homogènes. Les points où les murailles s'abaissent, pour donner naissance à des cols peu marqués et à des échancrures peu profondes, ne paraissent pas interrompre cette continuité, d'autant plus frappante que sur tout ce parcours le Jurassique chevauche sur le Crétacé; ce sont pourtant le plus souvent les lignes de contact des dômes juxtaposés, composés même, comme à Esparron, de terrains très différents. Je ne peux ici que signaler en passant ce fait remarquable et peu expliqué, de la différence complète d'accentuation entre les grands synclinaux longitudinaux encore remplis par le Crétacé et le Tertiaire, et les dépressions périphériques des dômes, dans lesquelles il ne reste plus que des lambeaux épars de ces mêmes terrains.

Quoi qu'il en soit, le morcellement des dômes indépendants devient ici le trait essentiel de la structure; par suite de la faible accentuation des dépressions intermédiaires, il en résulte une sorte d'incohérence, une absence de modelé dans les reliefs, qui disparaît seulement quand un dôme s'allonge assez pour rentrer dans le type des grands plis longitudinaux.

Au massif de Sainte-Victoire on peut adjoindre comme annexes: au Nord le dôme de Sainte-Confosse, qui, d'abord bien isolé à son extrémité orientale, se soude plus loin au reste du plateau avant de se terminer vers Meyrargues, et au Sud la montagne du

Cengle, également isolée, mais présentant un tout autre caractère: c'est simplement une butte taillée par l'érosion dans les couches horizontales qui recouvraient autrefois toute la plaine de l'Arc. Leur conversion en ce point pourrait s'expliquer par l'existence ancienne d'un pli couché, dont les escarpements de Sainte-Victoire, avec leurs couches verticales et même légèrement renversées, ne nous montreraient plus que l'amorce.

J'ai montré comment et avec quelle chute rapide se terminent, en arrivant à la plaine d'Aix, les divers chaînons des massifs; le contraste des formes est absolu. Sans doute, on peut dire, en s'en tenant à l'examen des altitudes, qu'une double plate-forme continue vers l'Ouest celle du plateau de Sainte-Victoire, l'une correspondant à la chaîne de la Trévaresse et se prolongeant, au Sud de la Durance, par le massif de Lambesc; l'autre allant, par les collines d'Éguilles, rejoindre celles de La Fare, au-dessus de l'étang de Berre. Mais les bourrelets plus tendres, moins solides en quelque sorte, qui barrent la dépression d'Aix, n'établissent pas un raccordement *homogène*: ils sont dus à des mouvements plus récents, et laissent toujours apparente la coupure primitive, qui correspond à la troisième dépression transversale. Les chaînons de l'Ouest sont en fait des tronçons isolés, qui marquent de ce côté la pointe extrême des plis de la Basse Provence.

Ainsi, les reliefs complexes de la Basse Provence se groupent naturellement dans un cadre simple, en rapport direct avec les lignes de plissement, les Alpes et les Maures formant les bords du cadre, et la fourche centrale jouant entre les deux massifs un véritable rôle *directeur*; tous les plis, plus ou moins égrenés en chapelets, partant, comme le manche de la fourche centrale, normalement à la bordure des Maures, puis se contournant, ceux du Sud parallèlement à cette même bordure, ceux du Nord parallèlement aux plis alpins. Il reste à montrer maintenant que les tracés des différents cours d'eau sont, aussi bien que les reliefs, dans un rapport étroit avec les lignes structurales et avec l'histoire géologique du pays.

COMPARAISON DES LIGNES DIRECTRICES AVEC LE RÉSEAU HYDROGRAPHIQUE

Je dirai d'abord quelques mots des cours d'eau plus importants, la Durance et le Verdon, qui forment au Nord la limite de la région étudiée.

La Durance. — La large vallée de la Durance est peut-être celle qui affecte le plus d'indépendance par rapport aux lignes géologiques: comparé avec celles-ci, son cours laisse voir des déviations très anciennes, comme celle qui, à partir de Manosque, l'a écarté du pied du Léberon, et d'autres plus récentes, comme celle qu'à provoquée le barrage du Pas de Lamanon. L'origine doit en être cherchée jusque dans les lacunes oligocènes (¹), dont l'axe, comme je l'ai dit, semble avoir correspondu à la troisième des grandes dépressions transversales; les mouvements de la fin de l'Oligocène ont sans doute préparé à la mer miocène un lit plus accidenté, dans lequel les lignes E.-O. (barrage du bassin d'Aix, accentuation du Léberon) faisaient sentir leur influence. En tout cas, à la fin du Miocène, toute la partie d'amont fut comblée par l'énorme entassement d'alluvions alpines, dues à des deltas torrentiels, qui forment aujourd'hui les plateaux de la rive gauche (Valensole - Les Mées); la vallée a donc dû s'individualiser d'abord dans une plaine nivelée, vers la base des grand deltas, sans souci des lignes géologiques cachées en profondeur; plus tard, quand le fleuve s'est approfondi, il a pu, grâce à la masse de ses eaux, couper en deux et sans être notablement dévié les plis sous-jacents; ainsi a pris naissance le Pertuis de Mirabeau.

En aval, la substitution du cours actuel à l'ancien débouché dans la Crau paraît indiquer une élévation assez récente du seuil de Lamanon, élévation que j'ai essayé plus haut de mettre en rapport avec l'histoire générale de la Basse Provence. Il a suffi d'ailleurs d'un très faible exhaussement; car le nouveau chemin était tout préparé par la coupure qui sépare le dôme du Léberon de celui des Alpilles.

Le Verdon. — Par la vallée du Verdon s'effectue le drainage, vers la Durance, d'un grand synclinal alpin. La coupure complexe de Castellane et de Rougon permet aux eaux de s'écouler vers un synclinal plus extérieur (région intermédiaire), qui les amène sur les bords de l'ancien delta miocène. Là, les eaux ont dû naturellement suivre le bord du delta, qui, pour une partie seulement, jusqu'à Esparron, correspond en gros à notre seconde dépression transversale. La grande différence d'altitude du synclinal alpin et de la plaine explique la profondeur des gorges creusées par le Verdon dans les roches jurassiques.

_____

(¹) Je ne parle ici que de la Durance *en aval de Sisteron.*

Le Verdon recueille sur son passage une partie des eaux de la région intermédiaire (vallées synclinales du Jabron et de l'Artuby), tandis qu'une autre partie, par le synclinal du Loup et par la coupure de Gourdon, s'en va vers l'embouchure du Var.

Entre ces deux débouchés extrêmes, le versant méridional de la région alpine ou subalpine a dû nécessairement donner lieu à un écoulement guidé par les lignes de plus grande pente. Sans nier et sans vouloir discuter ici l'influence des accidents géologiques sur les déviations locales, c'est cette pente d'ensemble du pays vers la mer qui a déterminé la direction moyenne des cours d'eau échelonnés entre Antibes et Draguignan: le grand vallon de Grasse, la Siagne, le Reyran, la Nartuby. La dépression périphérique de l'Esterel, dessinée, comme je l'ai dit précédemment, par le haut cours de l'Endre, le Riou Blanc et le Biançon, détermine seule dans cette région une ligne importante de drainage transversal.

L'Argens et ses affluents. — La Nartuby a déjà quelques affluents dirigés suivant les plis de la région étudiée: La Florieille suit au Nord de Lorgues une dépression structurale du massif de Salernes, mais c'est seulement avec la vallée de l'Argens que nous arrivons au système hydrographique directement lié à l'ensemble des plis. Le bassin de l'Argens embrasse plus des deux tiers de notre région: c'est la grande rivière de la Basse Provence.

L'Argens, en amont de Vidauban, c'est-à-dire avant d'atteindre la plaine de Cuers et la dépression périphérique des Maures, a son lit creusé dans un anticlinal triasique. La pente moyenne, de 1 à 3^{mm} par mètre, est, malgré l'encaissement du lit, celle d'une rivière divagante, et explique les sinuosités du tracé. Entre Montfort et Châteauvert, l'Argens s'écarte de l'anticlinal pour traverser obliquement le synclinal de Châteauvert, qui limite au Sud le massif des deux Bessillons. Plus en amont, il reste avec ses principaux affluents dans la bande triasique de Barjols. Parmi ces affluents, le Cauron et le ruisseau de Varages sont à peu près orientés suivant l'axe de la bande, c'est-à-dire suivant la direction des plis; l'Argens lui-même, et quelques affluents secondaires les coupent, au contraire, tranversalement. Nous verrons tout à l'heure la cause probable de ces particularités.

La dépression principale ainsi définie draine naturellement les eaux des massifs voisins; mais ce qui constitue un trait remarquable, c'est que ces massifs voisins livrent même passage aux rivières provenant des massifs plus éloignés: l'Argens récolte ainsi une partie des eaux du massif de la Sainte-Baume et la presque totalité de celles qui tombent dans la zone de Salernes et d'Aups.

La structure de ces différents massifs peut, si l'on se borne aux traits essentiels, se résumer dans l'existence d'une dépression centrale plus ou moins complexe, bordée par une série de plis périphériques ou de dômes, et par conséquent entourée d'une ceinture de collines. Il est à prévoir que la dépression centrale doit donner lieu à un cours d'eau d'une importance proportionnelle à l'étendue du cirque, et que ce cours d'eau devra s'en échapper, soit par une cluse, soit par l'intervalle ouvert entre deux dômes voisins. C'est ainsi que la Bresque est la rivière de la large dépression d'Aups et de Salernes; elle doit déjà, au-dessus de Sillans, traverser le pli de Fox-Amphoux, puis à Salernes le grand pli qui borde au Sud le massif, pour s'échapper définitivement vers l'Argens. Dans le massif de Bras, c'est le ruisseau du Val qui en draine la partie occidentale, et se jette dans l'Argens près de Montfort. La dépression centrale de la Sainte-Baume donne naissance au Caramy et au ruisseau de Camps, qui tous deux par cluse vont rejoindre l'anticlinal de Brignoles, se rejettent au Nord pour aller suivre à partir de Vins la dépression médiane du massif de Bras, et enfin, par une nouvelle cluse, en face de Cariès, arrivent à l'Argens. L'Issole a une origine différente: elle vient aussi du massif de la Sainte-Baume, mais prend naissance dans les ramifications de l'anticlinal du versant Sud, au pied des plateaux de Mazaugues et de Cuers; elle côtoie à distance la plaine de Cuers, comme en l'évitant, et va encore traverser en cluse le massif de Bras, pour se joindre au Caramy un peu avant son débouché dans l'Argens.

En aval de Vidauban, l'Aille apporte à l'Argens les eaux de la plaine permienne et du versant septentrional des Maures. L'Aille offre cette particularité remarquable de ne pas suivre jusqu'au bout la plaine, barrée il est vrai par le porphyre de Vidauban, et de traverser, dans une gorge sinueuse et profonde, la pointe du massif cristalin. On peut dire que c'est elle qui entraîne l'Argens, car c'est la direction de l'Aille qui continue d'abord celle des deux cours d'eau réunis. Il est probable que ce tracé, peu explicable par les conditions actuelles, remonte à l'époque indéterminée où la pointe des Maures était encore recouverte d'un manteau de couches permiennes, et que l'Aille, à cette époque, malgré la bien moins grande étendue de son bassin de réception actuel, était le plus important des deux cours d'eau.

L'écoulement vers le golfe de Fréjus se fait par une dépression transversale à l'ensemble du massif cristallin, tel que je l'ai défini; elle est d'origine très ancienne, puisqu'elle existait déjà à l'époque permienne, et aujourd'hui, au point de vue géographique, on la considère comme séparant les Maures de l'Esterel.

Il est peut-être intéressant de faire observer que le bassin de l'Argens est un bassin *envahissant*. De même que le pli de l'Argens a emprunté la dépression transversale de Barjols et de Saint-Maximin, le fleuve actuel a capté le cours supérieur de l'ancienne Huveaune; il a attiré à lui toute une moitié des eaux de la Sainte-Baume, et au Nord, également, du côté de Rians, il a poussé la tête de ses affluents au-delà de l'extrémité des plis où ils naissent; la Durance et le Verdon ne reçoivent plus de ce côté que les maigres et courts affluents de Quinson, de Vinon, de Saint-Paul et de Jouques. Seul, le bassin de l'Arc, grâce à son enceinte fortement marquée, a résisté à l'envahissement.

Le Réal Martin et le Gapeau. — Le Réal Martin draîne la partie occidentale de la plaine de Cuers; le Gapeau descend de l'anticlinal principal de la Sainte-Baume; c'est, avec l'Argens, le seul cours de quelque importance qui arrive directement à la plaine permienne. D'ailleurs ici, comme du côte de Fréjus, c'est la rivière venant de la plaine permienne qui *entraine* l'autre à travers le massif cristallin; le débouché se fait transversalement à ce massif, dans une partie qui a certainement été recouverte par les sédiments permiens.

L'Huveaune. — Je n'ai rien de particulier à ajouter sur l'Huveaune, qui suit assez fidèlement l'ancienne dépression transversale empruntée par les plis éocènes et occupés plus tard par les lagunes oligocènes. La séparation d'avec le bassin de l'Argens correspond au seuil rocheux sous lequel les plissements du Trias cessent d'exister ou d'être visibles. Si le travail de creusement se poursuivait encore d'une manière appréciable, c'est l'Huveaune seule, dont le niveau est plus bas, qui aurait chance d'entamer ce seuil, et de capter alors, par érosion régressive, une partie des affluents de l'Argens.

L'Arc (ou le *Lar*). — Reste enfin le bassin de l'Arc, bassin bien défini et bien délimité, correspondant à l'ouverture de la fourche centrale. Dans cette large plaine, le lit de la rivière, à cause de la conservation de la montagne du Cengle, ne pouvait pas occuper l'axe du synclinal (dont la place même est assez mal définie, par suite de la différence d'épaisseur des couches sur les deux bords du bassin). On ne voit pas bien non plus ce qui a déterminé le choix de Roquefavour pour le passage à travers les collines de Vitrolles, qui, sans cause géologique apparente, barrent le bassin du côté de l'étang de Berre. Il convient d'ajouter que les mouvements postmiocènes ont fait naître une seconde dépression parallèle à l'Arc, où coule la Touloubre.

Modifications successives du réseau. — On voit avec quelle netteté les différentes parties du réseau hydrographique se laissent mettre en rapport avec les traits essentiels de la structure géologique. Les désaccords locaux s'expliquent en partie si l'on tient compte des différentes phases par lesquelles a passé ce réseau. C'est, en effet, un des résultats intéressants de l'étude géologique de la Provence, qu'elle nous permette, pour des époques relativement anciennes, de déterminer le sens général de l'écoulement des eaux.

Sans revenir ici sur ce que j'ai dit de la dépression qui, à l'époque permienne, suivait le bord actuel des Maures, ni de la dépression parallèle qui, à l'époque crétacée, s'approfondissait au Nord-Est du bassin du Beausset, je veux seulement rappeler que la plaine d'Aix a été probablement la voie de pénétration des lagunes oligocènes vers la vallée de la Durance; que ces mêmes lagunes, suivies peut-être de lacs étagés, s'avançaient très haut, jusqu'au-delà de Barjols, dans la vallée de l'Huveaune, et qu'enfin les dépôts de Dandol montrent une pénétration du même genre, jusqu'auprès de Toulon, dans la continuation occidentale de la plaine de Cuers. On peut dire que, jusqu'à la fin de l'Oligocène, à part la vallée de l'Arc qui semble dater du Crétacé, les dépressions transversales ont été les dépressions maîtresses, les grandes lignes de drainage de la région. Les plissements éocènes n'ont fait d'abord que déterminer la place des affluents, qui, dès le début, vu la disposition en dômes et le fréquent étirement des couches au-dessus du Trias, ont dû se porter vers les anticlinaux.

Dans le changement qui s'est ensuite produit, l'établissement du seuil de Saint-Zacharie a dû jouer un rôle prépondérant. Les eaux amassées dans la dépression de Barjols (nivelée par les dépôts tertiaires) ont cherché leur écoulement par le point le plus bas, qui s'est trouvé être le synclinal de Châteauvert; mais le fond de ce synclinal s'élevant rapidemement vers le Nord-Est, les eaux ont dû en sortir pour se déverser dans l'anticlinal voisin, déjà érodé. C'est alors que la vallée de l'Argens a pris son importance, et l'on comprend que plusieurs cours d'eau qui affluent vers Châteauvert coulent maintenant en cluse dans leurs lits approfondis. Pour expliquer ensuite comment les eaux de la Sainte-Baume sont venues en partie rejoindre l'Argens, il suffit de supposer que le bord de la plaine de Cuers s'élevait progressivement, présentant un obstacle sans cesse renouvelé à leur écoulement normal vers la mer ou vers l'ancienne grande ligne de drainage. Seul le Gapeau aurait eu une masse d'eau et une énergie suffisantes pour entamer progressivement cet obstacle mobile et renaissant. Ce n'est qu'une hypothèse, mais elle semble rendre compte simplement des faits observés.

A l'autre bout de la région, les plissements miocènes ont barré la dépression d'Aix. Celle de l'Huveaune fait partie des lignes de plissements éocènes. Seule la dépression de Cuers subsiste comme dépression indépendante, et ses vallées ont même gardé des vestiges de leur ancienne importance; mais, surtout à voir l'allure peu tourmentée de ses couches, elle pourrait s'expliquer comme simple *vallée monoclinale*, comme fossé creusé par l'érosion au pied du massif plus résistant. On peut dont dire que les dépressions transversales sont presque des *dépressions auxiliaires*, qui servent à expliquer et à coordonner les faits, mais qui pourraient à peu près disparaître dans l'énumération des plissements et dans la description du relief; on voit pourtant, si je ne me fais pas illusion, quel rôle considérable elles ont joué dans l'histoire géologique et hydrographique du pays.

RÉSUMÉ GÉNÉRAL

La première conclusion est que la Basse Provence forme bien une région spéciale, une unité géographique et géologique, ayant son individualité et sa physionomie distinctes. C'est un système montagneux, formé au pied et comme à l'ombre des grandes Alpes, entre les sinuosités de leurs lignes directrices. L'hypothèse la plus simple, celle qui groupe et explique le mieux ses caractères, consiste en effet à supposer que les plis alpins, après s'être avancés à l'Est jusqu'à Nice et même jusqu'auprès de Gênes, rebroussent chemin pour se raccorder, par une branche virtuelle ou submergée, avec les Pyrénées. L'espace intermédiaire, constituant une sorte de golfe profond, s'est trouvé comprimé entre les deux branches alpines, et c'est même là que se sont d'abord accentués les plissements, partant normalement du fond du golfe, pour se développer ensuite parallèlement à ses bords. Le rapprochement progressif des deux mâchoires de l'étau expliquerait la grandeur des déversements et charriages horizontaux, *en général dirigés vers l'intérieur des principales dépressions intermédiaires.*

Un second caractère de la Basse Provence est *le morcellement des plis.* Les massifs montagneux ne forment pas des plis continus, mais des séries de *chapelets,* allongés suivant une direction dominante. La plupart ont pour centre un bassin fermé, au moins géologiquement, par une ceinture de collines ou de dômes plus ou moins isolés. Les grandes lignes d'interruption des plis dessinent des bandes transversales, encore visibles dans le relief, quoique en partie effacées, l'une, celle de l'Huveaune, parce qu'elle a été empruntée par les plis longitudinaux, une autre, celle d'Aix, parce qu'elle a été barrée par des plissements plus récents. On peut concevoir d'une manière assez satisfaisante l'existence et le rôle des bandes transversales, en les considérant comme des lignes, virtuelles et plus simples, de raccordemment entre les Alpes et les Pyrénées. Le massif cristallin des Maures, avec la plaine de Cuers qui lui forme ceinture, est en tout cas la plus large et la mieux marquée de ces bandes transversales.

Quoi qu'on pense des hypothèses précédentes et des essais d'explication qu'elles suggèrent, les faits restent les mêmes: le massif des Maures est la base et comme le talon des plis provençaux. Certaines dépressions ouvertes à travers le massif, celles de Fréjus et d'Hyères, la vallée de Collobrières, semblent devoir être considérées comme un écho prolongé plus loin et comme une dernière manifestation de ces plis; mais en fait la plaine de Cuers a formé barrage, les plis s'arrêtent très brusquement en l'atteignant ou avant de l'atteindre, et ils s'arrêtent aussi brusquement aux autres dépressions transversales, sauf ceux qui ont pu se prolonger un peu au Nord et à l'Ouest, en adoptant la dépression de l'Huveaune ([1]). Ces derniers plis se trouvent par là même avoir un plus grand développement longitudinal et une importance directrice mieux accentuée. Ce sont eux aussi qui, constituant ce que j'ai appelé la fourche centrale, déterminent les traits essentiels du réseau hydrographique. Ce sont eux, par conséquent, le massif des Maures mis à part, qu'il convient de prendre pour base de toute description de la Basse Provence ([2]).

Je répète en deux mots ce que j'en ai dit: la vallée de l'Argens jusqu'à Gonfaron, forme avec ses deux affluents, le Cauron et le ruisseau de Barjols, l'amorce d'une grande fourche, que continuent au Nord les vallées E.-O. des environs de Rians et au Sud la vallée de l'Huveaune. Le long massif isolé de Bras accompagne et souligne le manche de la fourche; le massif de Sainte-Victoire au Nord, les chaînes de l'Olympe, de l'Étoile et de La Nerthe (auxquelles il faut rattacher le massif isolé d'Allauch) en soulignent les deux branches; la large vallée de l'Arc en occupe le centre et va aboutir à l'étang de Berre. La ceinture méridionale, malgré son morcellement en quatre tronçons, est continue jusqu'aux Martigues; celle du Nord (massif de Sainte-Victoire) est coupée brusquement auprès d'Aix, et les petits chaînons d'Éguilles et de la Trévaresse, avec leurs contours plus mous, ne la rattachent qu'imparfaitement à la série des collines moins élevées, qui s'avancent loin vers l'Ouest, au Nord de l'étang de Berre.

Au Nord, les massifs de Salernes et d'Aups entourent la dépression qui donne naissance à la vallée de la Bresque; c'est l'origine d'un nouveau chapelet de plis, qui se continue par les collines de Saint-Julien, de Vinon et de Gréoux. Dans l'intervalle, les dômes de Ginasservis et de Mirabeau (Lingouste) peuvent correspondre aux plis momentanément interrompus de la bande triasique de Barjols.

Au Sud, enfin, s'échelonnent deux grands massifs, celui de la Sainte-Baume et celui du bassin du Beausset. Le premier, qui produit les reliefs les plus accentués et les plus hauts sommets de la ré-

---

([1]) C'est-à-dire, en répétant pour éviter toute confusion ce que j'ai déjà dit plusieurs fois, la dépression formée actuellement par le cours de l'Huveaune et par les hauts affluents de l'Argens, entre Barjols et Saint-Maximin.

([2]) Ou, pour mieux dire, de la partie de la Basse Provence plus spécialement étudiée dans ce travail, celle qui se trouve au Sud de la Durance.

gion, donne naissance, par sa dépression centrale, à la vallée du Caramy. Il s'arrête brusquement à l'Ouest, en face de l'Huveaune, et s'abaisse plus lentement du côté de l'Est, où il fait encore surgir la masse déchiquetée de la Loube et l'arête de Saint-Quinis. Les grands plateaux de Cuers et de Puget, homologues de celui de Mazaugues, sont dus au morcellement, dans la même direction, de sa partie méridionale.

Quand au massif du Beausset, la dépression centrale en est entourée d'une ceinture elliptique fort régulière, qui s'abaisse sur la mer près de La Ciotat. Il se prolonge à l'Ouest, par les collines du Sud de Marseille, brusquement terminé à l'Est par les grands sommets isolés du Caoumé et du Coudon. Les collines du Vieux-Beausset, au centre du bassin, sont un témoin bien accentué des énormes chevauchements qui se sont produits sur le bord méridional.

Il reste à mentionner qu'au Nord de la Durance le massif du Léberon avec les Alpilles et celui de Lure avec le Ventoux, se rattachent au même système, quoique leur relief date d'un âge plus récent et ait été produit par une propagation plus tardive vers le Nord des mêmes ondes de plissement. Ils montrent encore des traces du morcellement caractéristique de la Basse Provence, et vont s'arrêter normalement, non plus à des bandes transversales, mais au contact des lignes alpines elles-mêmes. Plus au Nord, les plis E.-O. qui succèdent à la Montagne de Lure se raccordent avec les plis alpins. Il n'y a pas de limite tranchée; mais les caractères essentiels de notre région semblent s'effacer ou se modifier, dès qu'on sort de la province géographique qui lui donne son nom.

LII

OBSERVATIONS À PROPOS DES NOTES
DE M. E. FOURNIER (¹)

(BULLETIN DE LA SOCIÉTÉ GÉOLOGIQUE DE FRANCE,
3ᵉ série, XXVI, 1898, p. 48-54; — Séance du 7 Février) .

. . . .

Je demande maintenant la permission, puisque je me suis laissé amener à une discussion que j'aurai préféré éviter, d'examiner sommairement les Notes que notre confrère a publiées dans le *Bulletin* sur plusieurs massifs des environs de Marseille.

Les deux premières de ces Notes concernent le massif d'Allauch et la Sainte-Baume (²). Elle inaugurent un système nouveau parmi nous, système que M. FOURNIER a malheureusement aussi appliqué dans sa thèse. Ce système consiste à se mettre en règle avec ses prédécesseurs en rendant au début pleinement justice et hommage à leurs travaux, puis à se croire ainsi dégagé de l'obligation de faire dans l'exposé la part de ce qui est nouveau et de ce qui est déjà connu. C'est de très bonne foi sans doute que M. FOURNIER simplifie ainsi sa rédaction; pressé d'arriver à l'explication théorique, qui est le but principal de ses Notes, il n'attache, pour le détail, qu'une importance secondaire aux questions de priorité. Si peu importantes que soient en général ces questions, il y aurait pourtant intérêt à ne les pas trop obscurcir. Il y aurait surtout intérêt à indiquer au lecteur où sont les arguments nouveaux et en quoi ils modifient l'état du problème à résoudre.

En fait, pour Allauch, M. FOURNIER a vu mieux qu'on ne l'avait vu avant lui, mais encore très imparfaitement, les affleurements des environs de La Treille et de Martelleine, et il a trouvé là une coupe importante qui suffit à donner une véritable valeur à son travail (quoique pour ma part je ne puisse admettre l'explication

---

[(¹) Pour le début de cette Réponse, relative à l'excursion du Congrès Géologique International dans le Caucase, voir ci-après, art. CXVII].

(²) *Bull. Soc. Géol. de France,* 3ᵉ sér., XXIV, 1896, p. 663-708, pl. XXIV: carte géol.

qui en est donnée); il a le premier signalé l'existence du Trias à
Eoures; mais, je regrette de dire que c'est à peu près tout. Il y a
encore la discussion de la place exacte de la faille qui, à l'Ouest
des Gavots, met en contact deux traînées de dolomies du Jurassique supérieur, celles de la base du massif central resté en place et
celles de la bande tourmentée qui l'entoure; c'est un point de peu
d'importance. Pour le Chapeau du Garlaban, tout ce qu'en dit
M. FOURNIER pouvait se déduire des coupes et cartes publiées,
et pour le petit lambeau de Trias qui repose sur le Crétacé,
au Nord-Est d'Allauch, il est déjà mentionné dans ma Note ([1]),
où, il est vrai, je ne parle que des dolomies et non des marnes
rouges du Trias, qui existent réellement.

Si j'oublie quelque chose, cela ne fera que montrer combien il
est difficile, même pour ceux qui connaissent le pays, de faire ces
sortes de départs quand l'auteur ne les a pas faits lui-même. Pour
tout le reste, je n'ai vu que la reproduction, sous une forme à peine
modifiée, de coupes et de faits déjà connus. Par contre, un grand
nombre de ceux que j'avais indiqués comme prêtant à des difficultés d'interprétation, sont passés sous silence.

En ce qui regarde la Note sur la Sainte-Baume, je n'ai rien à dire de la première partie, où les faits connus sont bien exposés,
bien complétés et même, je crois, heureusement modifiés pour
la région qui est et à l'Ouest et au Nord-Ouest du Baou de
Bretagne. Quand on arrive à la partie que je considère comme
étant en recouvrement, M. FOURNIER croit avoir tout terminé en
montrant en un point la continuité de termes que j'avais attribuée, les uns à la série en place, les autres à la série chevauchée.
Cela prouverait seulement que j'ai mal placé la continuation, d'ailleurs difficile à suivre sur le terrain, de la faille du Plan d'Aups.
M. FOURNIER a en outre reconnu les poudingues supracrétacés à
Saint-Geniez; il a suivi le Danien ligniteux (Valdonnien ou Fuvélien?) 5 kilomètres au-delà du point où il était connu; il a trouvé,
entre Les Bosqs et Les Etiennes, des blocs d'Infralias englobés dans
le Danien. Ce sont là certainement des faits intéressants, mais qui
ne peuvent rien prouver pour la solution finale, et en dehors de
ces faits, dans la région dont l'étude était à reprendre si l'on voulait modifier la solution admise, je ne trouve que la reproduction

([1]) *Bull. Services Carte Géol. de la France*, III, 1891-1892, n° 24, p. 16,
[reprod. ci-dessus, p. 436 et suiv.].

d'observations déjà connues. Tous les voyages que j'ai faits dans la Sainte-Baume depuis mes publications m'ont montré des coupes nouvelles, parfois assez inattendues et difficiles à expliquer. Toutes ces coupes encore non publiées ont échappé à M. FOURNIER; par contre, il découvre, chemin faisant, la transgression du calcaire à Hippurites, déjà si bien mise en lumière par M. COLLOT; il découvre aussi la sinuosité des plis, l'ondulation transversale, la faille de décrochement à l'Ouest de la Sainte-Baume, comme il avait découvert l'*évagination* (je n'avais dit que l'*invagination*) du pli de Peipin. J'avais proposé et imprimé toutes ces hypothèses, pour essayer de grouper les difficultés vraiment déconcertantes de cette région; j'ajoute, sans insister, que la continuation de mes études, comme je l'expliquerai prochainement, me les a toutes fait abandonner.

J'arrive à la troisième Note de M. FOURNIER *Sur la tectonique de la chaîne de l'Ètoile* ([1]). Je ne connaissais la région que par quelques courses faites autrefois avec M. COLLOT. Dans un récent voyage auprès de Marseille, j'ai eu l'occasion de l'étudier plus en détail et d'examiner les coupes que M. FOURNIER en a données. Je reconnais que la région est très compliquée, mais la carte très consciencieuse de M. COLLOT, que M. FOURNIER cite à peine, fournissait un bon point de départ. M. FOURNIER n'a vu aucun des points oubliés sur cette carte, et tout ce qu'il a ajouté est inexact.

Je laisse de côté les quatre premières coupes, où la bande de Trias (coupe III) est représentée avec une largeur très exagérée: ce n'est là qu'une bande filiforme, quelques mètres de largeur au plus, et un peu plus à l'Est elle est séparée de la série normale voisine par des calcaires blancs du Jurassique supérieur. Mais si nous arrivons à la coupe V (par le Verger, 2 kilomètres des Bastidonnes), le Verger, marqué sur l'Aptien, est sur le Néocomien, comme l'indique bien la carte de M. COLLOT; les rochers qui font suite ne sont pas urgoniens; ils ne forment pas une masse verticale unique mais une série de plis, dans le centre desquels apparaissent les marnes valanginiennes. Autour du Trias, il n'y a pas trace d'Infralias, et au Sud de la faille on trouve les marnes néocomiennes fossilifères. Mais peut-être là, pourait-on dire, la place de la coupe n'étant pas repérée avec précision, nos observations n'ont pas été faites suivant la même ligne. Prenons alors la cou-

---

([1]) *Bull. Soc. Géol. de France*, 3e sér., XXIV, 1896, p. 255-266.

pe VI qui, passant au col de Jean-le-Maître, ne prête pas à la moindre ambiguïté. Je donne la coupe de M. FOURNIER en regard de
celle que j'ai observée.

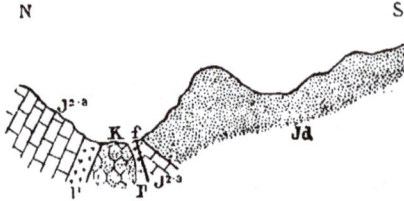

Fig. 127. — Coupe VI de la Note de M. FOURNIER sur la chaîne de
l'Étoile (*Bull. Soc. Géol. de France*, 3ᵉ sér., XXIV, 1896, p. 258).

Le Trias, momentanément interrompu, n'est représenté que par
quelques blocs de cargneules; il n'y a pas d'Infralias; ce qui borde
le Trias au Sud, ce sont des dolomies du Jurassique supérieur associées à des calcaires blancs. Et au sud de ces calcaires s'étend
une bande de Néocomien fossilifère, avec nombreux *Toxaster*.

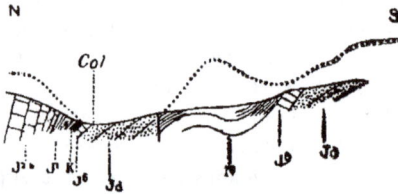

Fig. 128. — Coupe du col de Jean-le-Maître.

K. Keuper; L. Infralias; J. Callovien; J⁵⁻⁶. Oxfordien et calcaires gris clair;
Jᴅ. Dolomies; J⁶. Calcaires blancs; N. Néocomien.

La coupe VIII est tout à fait incompréhensible, à moins qu'elle
ne soit prise tangentiellement à la bande de Trias, de manière à la
recouper deux fois, grâce à une légère sinuosité. Les deux coupes
suivantes ne ressemblent pas davantage à ce qu'on peut voir sur
le terrain. Je mets en regard la coupe IX *bis* (chapelle de Saint-Germain), avec celle que j'ai relevée un peu à l'Est, auprès du ravin
de Venel.

— 550 —

J'ai été surtout surpris en visitant la colline des Trois-Frères. « Ce mamelon, dit M. FOURNIER, qui surgit comme un *klippe* au milieu de la plaine aptienne de Saint-Germain, est constitué par des dolomies et des calcaires infraliasiques; il a été omis sur la

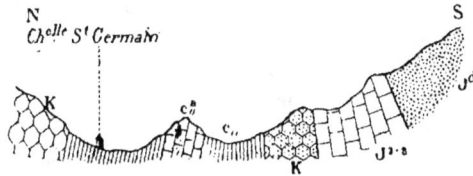

Fig. 129. — Coupe IX *bis* de la Note de M. FOURNIER sur la chaîne de l'Étoile (*Bull. Soc. Géol. de France*, 3ᵉ sér., XXIV, 1896, p. 259).

carte géologique au 1: 80000 et sur celle dressée par MM. GOURRET et GABRIEL, qui indiquent l'un et l'autre de l'Aptien en ce point ». M. COLLOT, MM. GOURRET et GABRIEL ont très justement indiqué de l'Aptien en ce point, parce qu'il s'agit en effet d'un calcaire aptien (probablement de la base de l'Aptien) avec grandes Huîtres

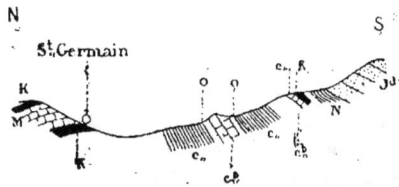

Fig. 130. — Coupe par Saint-Germain.
M. Muschelkalk; K. Keuper; J²⁻³. Oxfordien; Jᵈ. Dolomies; N. Néocomien; c_{III}. Urgonien; c_{II}. Aptien (cᵇ_{II}. Aptien inférieur; cᵃ_{II}. Calcaires gréseux); o. Couche à Orbitolines.

(*Ostrea aquila?*) et débris de fossiles qui, quoique non déterminables, ne laissent aucun doute sur l'âge crétacé. La *texture cristalline ou spathique* des calcaires suffirait d'ailleurs à empêcher toute hésitation; jamais il n'y a rien eu de pareil dans l'Infralias de la région. D'où vient donc l'erreur de M. FOURNIER? M. VASSEUR m'a montré dans un mur, au pied Nord de la colline, quelques blocs de cargneules, et il n'est pas impossible qu'il y ait là une bande fili-

forme de Trias, comme il y en a plusieurs exemples dans la région. Je n'ai pas recherché si cette bande affleurait réellement, parce qu'on nous a dit que ces pierres devaient provenir du vieux
château dont les ruines couronnent la colline. Mais jusqu'à preuve du contraire, j'aime mieux croire que M. FOURNIER aura réellement découvert un petit affleurement triasique et que, sans chercher davantage, il aura étendu le résultat à toute la colline
(coupe XI). Et, ce qui est presque moins excusable, c'est que
M. FOURNIER va chercher dans cette observation hâtive un argument en faveur de ses idées théoriques.

La coupe de la Montagne de Notre-Dame-des-Anges me paraît
mal interprétée, mais sans inexactitude du même genre. Par contre,
dans celle de Château-Gombert, l'Infralias est du Néocomien fossilifère.

Je suis heureux d'ajouter pour terminer que la dernière Note de
M. FOURNIER *Sur la tectonique de la Basse Provence* ne mérite
pas les mêmes reproches (¹) ; ou du moins il y fait connaître plusieurs faits nouveaux et intéressants, découverts par lui et par
M. BRESSON. Quand à l'interprétation de ces faits, et de beaucoup
d'autres non moins étranges en apparence, j'espère pouvoir bientôt
la présenter à la Société, en l'entretenant à un autre point de vue
des mêmes régions.

(¹) Je veux pourtant faire une dernière remarque sur les procédés de discussion de M. FOURNIER. Il dit là qu'il n'a jamais regardé le Trias de Fontanieu comme une bifurcation du pli principal, alors que dans la Note à laquelle j'avais fait allusion (*Compte rendu des Excursions faites en Provence*),
on lit, p. 31: « Le Trias de Fontanieu est indiscutablement le même que celui
qui est au Sud du Grand Cerveau. *Nous aurions donc là deux zones anticlinales se réunissant en une seule à mesure qu'on s'avance vers l'Ouest.
Ce phénomène de bifurcation et de soudure des anticlinaux, que nous in-
diquons dans le schéma ci-dessus, est un phénomène excessivement fréquent en Provence.* » Et la figure à laquelle il renvoie montre sans ambiguïté le Trias de la Pointe Grenier se bifurquant entre le Trias de Fontanieu et l'axe triasique de l'anticlinal principal.

LIII

SUR DEUX FAITS OBSERVÉS
DANS UNE GALERIE DE MINES A VALDONNE

(*BULLETIN DE LA SOCIÉTÉ GÉOLOGIQUE DE FRANCE*,
3e série, XXVI, 1898, p. 158. — Séance du 7 Mars).

M. MARCEL BERTRAND signale deux faits intéressants dans la coupe d'une galerie, poussée par les mines de Valdonne dans les couches à charbon du Crétacé supérieur, jusqu'à 600 mètres environ sous le massif jurassique de l'Étoile.

1° Un peu avant la faille oblique qui a ramené le Trias, on a rencontré, intercalée dans les bancs crétacés, une couche de gypse. Le gypse n'existe nulle part à ce niveau; c'est évidemment une couche de *gypse régénéré*, déposée par les eaux qui ont circulé, d'abord dans le Trias, puis dans les fentes des calcaires lacustres.

2° Le Trias rencontré est à l'état de calcaires dolomitiques compacts, blancs et rosés. C'est un type de roches qu'on connaît à la surface, mais seulement à l'état de petits noyaux inaltérés dans les cargneules. A 400 mètres en profondeur, tout est inaltéré et il n'y a pas de cargneules. C'est une preuve directe de l'explication, d'ailleurs souvent proposée et généralement admise, de la formation des cargneules par l'action des eaux météoriques sur les calcaires dolomitiques.

LIV

LA NAPPE DE RECOUVREMENT
DES ENVIRONS DE MARSEILLE.

LAME DE CHARRIAGE ET RAPPROCHEMENT
AVEC LE BASSIN HOUILLER DE SILÉSIE

(*BULLETIN DE LA SOCIÉTÉ GÉOLOGIQUE DE FRANCE,*
3e série, XXVI, 1898, p. 632-652. — Séance du 19 Décembre).

Sommaire

I. — PREUVES DE L'EXISTENCE DE LA NAPPE
DE RECOUVREMENT

Exposé. — J'ai récemment exposé dans un Mémoire spécial ([1]) les curieux détails de structure que présente, entre Septèmes et Valdonne, la bordure du bassin crétacé de Fuveau. J'ai essayé de montrer que le système fluvio-lacustre s'avance bien plus profondément qu'on ne l'avait cru sous les couches plus anciennes de la bordure, et que cette bordure, sur une largeur de plus de deux kilomètres,

---

([1]) Le bassin crétacé de Fuveau et le bassin houiller du Nord (*Annales des Mines*, 9e sér., XIV, 1898, p. 5-85 [Mémoire reprod. ci-après, Art. XCV].

est formée par une *nappe de terrains renversés* qui a subi des plissements postérieurs à sa formation.

Dans un nouveau mémoire ([1]), qui est actuellement sous presse et qui s'appuiera sur de nombreuses coupes de détail, j'ai suivi la continuation de cette *nappe renversée* sur une partie du pourtour des massifs de l'Étoile et d'Allauch, et je suis arrivé à la conclusion que le Crétacé qui, au Nord, s'enfonce sous l'Étoile, est celui qui, privé de ses termes supérieurs, ressort au Sud, à Allauch, pour s'enfoncer de nouveau sous le Trias de la plaine de Marseille; en d'autres termes, que le massif de l'Étoile et, par conséquent, le massif de La Nerthe qui fait corps avec lui, sont des massifs *charriés*, formant au-dessus du Crétacé une vaste *nappe de recouvrement*. Pour ceux qui connaissent ces massifs, l'assertion paraîtra formidable et invraisemblable; je crois donc utile d'en faciliter la discussion, en présentant ici sous une forme plus condensée et moins technique, dégagée des détails secondaires, les raisonnements qui me paraissent rendre ce résultat inévitable. Je voudrais en même temps appeler l'attention sur plusieurs conséquences générales que cette étude et celle du massif voisin de la Sainte-Baume ([2]) permettent de mettre en lumière et qui jettent, je crois, quelque jour sur le mécanisme de ces phénomènes de charriage.

Je rappellerai d'abord brièvement les données acquises par les travaux antérieurs: la plaine de l'Huveaune, au Nord et à l'Est de Marseille, est couverte par des terrains oligocènes, discordants avec leur substratum et semblant, à première vue, former le remplissage d'une vaste cuvette crétacée; au Nord, au Sud et à l'Est, l'Urgonien ou l'Aptien, inclinés vers le fond de la cuvette, s'enfoncent en effet sous les couches oligocènes; mais au milieu du bassin surgit un petit massif de Trias, celui de Saint-Julien, qui semble contredire la régularité et la simplicité apparentes de cette structure.

Au Nord de la plaine de Marseille se dressent les massifs de l'Étoi-

([1]) Ce Mémoire paraîtra prochainement dans le *Bulletin des Services de la Carte Géologique de la France et des Topographies souterraines* [X, n° 68, 1899; reprod. ci-après, Art. LV, p. 577 et suiv.].

([2]) L'étude de la Sainte-Baume, que j'ai reprise à nouveau et qui est presque terminée, fera prochainement l'objet d'un nouveau Mémoire. Je peux annoncer dès maintenant que les mêmes nappes, dont il est parlé dans cette Note, se retrouvent dans la Sainte-Baume et dans l'Olympe.

le et d'Allauch; le premier forme dans son ensemble une grande
table inclinée assez régulièrement vers le Sud, laissant affleurer
au Nord la série jurassique presque horizontale, puis, au Sud, par
suite d'un plongement assez brusque, les calcaires urgoniens qui
s'étalent en plateaux moins élevés. Le massif d'Allauch, au Sud-
Est, s'y accole et s'y relie topographiquement, mais il a une structure et une composition très différentes: c'est un plateau rocheux,
formé par les calcaires valanginiens horizontaux, brusquement
retroussés au Sud en un pli synclinal couché; ce plateau est entouré, comme d'un fossé périphérique, par une ceinture étroite de
de Trias ou de Rhétien (¹), qui ne s'élargit qu'aux extrémités Nord
et Sud-Ouest, à Pichauris et à Allauch.

Au Nord du massif de l'Étoile s'étend une bande très complexe,
où, sur une largeur variable qui va jusqu'à deux kilomètres, se
mêlent, dans un ordre souvent inattendu ou même sans ordre apparent, tous les terrains, du Trias au Crétacé; sous cette bande
s'enfoncent les assises fluvio-lacustres du Crétacé supérieur, connues sous le nom de système de Fuveau, et remplissant la large
plaine de la vallée de l'Arc.

Mes conclusions sont les suivantes: le Crétacé supérieur ne pénètre pas seulement sous le bord septentrional du massif de l'É-
toile; il passe complètement sous le massif. Le Trias de la bande
Nord (Simiane), le Trias périphérique du massif d'Allauch et le
Trias de le plaine de Marseille, forment la base de la masse charriée et reposent comme elle sur le Crétacé. Quant au massif d'Allauch, c'est un bombement du substratum, ce qui explique la différence de composition qu'y présentent les différents étages et la complète indépendance de sa structure.

La démonstration que j'ai essayé de donner se divise en deux
points principaux: 1° il existe autour des deux massifs (l'Étoile et
Allauch) une nappe de terrains renversés, qui se suit au Nord, à
l'Est et au Sud, jusqu'auprès d'Allauch, où elle disparaît sous l'Oligocène; c'est elle encore probablement qui vient pointer à Châ-

---

(¹) L'Infralias de la Provence comprend: à la base, des couches à *Avicula
contorta* (Rhétien), et au-dessus des dolomies sans fossiles, probablement
hettangiennes. Ces deux divisions n'ont pas été distinguées sur les cartes
géologiques, mais elles se séparent nettement dans les phénomènes que j'ai
à décrire, le Rhétien restant normalement associé au Trias et l'Hettangien
au Jurassique.

teau-Gombert et sur la route de Figuerolle (¹); 2° il n'existe nulle part, sur le pourtour du massif de l'Étoile, de pli important qui ait pu donner naissance à cette nappe; il faut donc qu'elle provienne d'un pli extérieur au massif, et par conséquent, elle doit passer entièrement au-dessus ou au-dessous du massif; l'ensemble des rapports stratigraphiques ne permet que la seconde hypothèse.

Nappe renversée. — C'est un fait bien connu depuis longtemps que plusieurs coupes dans la région montrent des couches renversées, mais le point nouveau, c'est que ces différents affleurements de couches renversées se rattachent les uns aux autres pour former une nappe unique. Au Nord, l'existence de cette nappe est dissimulée par les plis qui l'ont affectée et qui ont même souvent dépassé la verticale; il est clair que dans ces cas le plissement d'une série normale ou d'une série renversée donne lieu aux mêmes apparences, *à moins qu'on ne voie les charnières*. Or, c'est ce qui arrive ici; près du Verger et près des Mares, on voit une voûte de Néocomien enveloppée par le Jurassique, et la crête de Notre-Dame-des-Anges est formée par une cuvette néocomienne, englobant en son centre des dolomies jurassiques. J'ai adopté pour ces plis de la nappe renversée l'expression de *plis retournés*, proposée par M. DE DORLODOT.

Une autre circonstance intéressante conduit indirectement à la même conclusion, c'est l'existence de traînées étroites, souvent presque filiformes, de terrains complètement étrangers à la coupe dans laquelle ils s'intercalent; c'est ainsi que la petite bande de poudingues bégudiens (²), signalée par la carte géologique et par M. FOURNIER (³), se trouve intercalée entre l'Urgonien et l'Aptien; c'est ainsi que la petite bande de Trias du pied de La Galère est intercalée entre l'Urgonien et le Néocomien, et plus loin, entre le Néocomien et le Jurassique supérieur. Si l'on faisait abstraction de ces bandes la série (qui est là renversée) serait continue et sans dérangement spécial; quand ces bandes disparaissent, aucun accident ne les prolonge. Leurs affleurements se présentent comme le

(¹) FOURNIER, *Feuille des Jeunes Naturalistes*, Janvier-Mars 1895.

(²) Ces poudingues avaient été attribués par M. COLLOT et par M. FOURNIER au niveau de Rognac; M. VASSEUR, en les retrouvant plus au Nord, a pu en démontrer l'âge bégudien.

(³) *Bull. Soc. Géol. de France*, 3ᵉ sér., XXIV, 1896, p. 255.

feraient ceux de terrains discordants, jetés en écharpe sur la série renversée. La seule explication possible est en effet une discordance, et la seule discordance possible est une discordance mécanique; une nappe de Trias, séparée par une surface de glissement (*thrust*

S. S. E.   N. N. O.

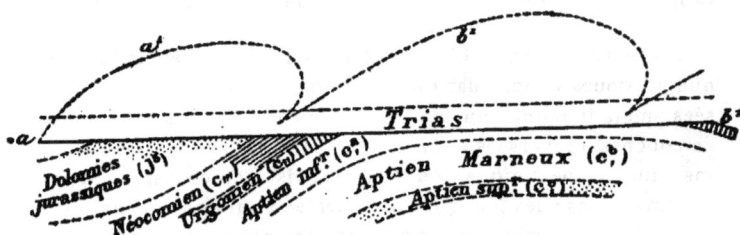

Fig. 131. — Coupe théorique de la nappe renversée avant le dernier plissement.

plane) des terrains plus récents qu'elle surmonte, permet de concevoir les mouvements qui ont donné lieu à ces étranges intercalations (fig. 131 et 132), et je n'aperçois même pas une autre hypo-

S. S. E.   N. N. O.

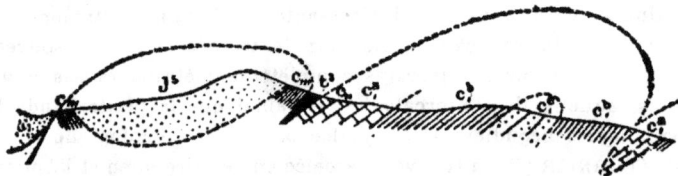

Fig. 132. — Coupe actuelle de la nappe renversée (au Nord de la chapelle Saint-Germain).

t'. Trias; J^5. Dolomies jurassiques; c$_{III}$. Néocomien; c$_{II}$. Urgonien; c$_I^a$. Aptien inférieur; c$_I^b$. Aptien marneux; c$_I^c$. Aptien supérieur gréseux.

thèse admissible. De même, le poudingue bégudien, qui fait plus loin partie de la série renversée, ne peut être déposé en discordance sur cette même série, et sa présence ne peut être due qu'à un brusque rebroussement d'un autre *thrust plane*.

Dans les terrains variés qui constituent la nappe renversée du Nord, il en est un dont les affleurements présentent une importance prépondérante, c'est l'Aptien; cet Aptien, dans ses bancs supérieurs, *montre un faciès spécial*, connu sous le nom de faciès de Fondouille; ce sont des couches gréseuses qui se développent quand on s'avance à l'Est, en se chargeant de silex et en s'intercalant de bancs à Orbitolines. On retrouve ce faciès dans tous les autres affleurements de la nappe renversée (y compris ceux de la Sainte-Baume), et pour le retrouver autre part, il faut aller jusqu'auprès de Bandol et de Toulon, c'est-à-dire dans la région où l'on se rapproche des terrains cristallins des Maures.

La nappe renversée diminue progressivement de largeur du côté de l'Est et disparaît un peu avant Valdonne; la manière dont elle fait face aux terrains semblables du triangle de Pichauris, qui sont également renversés et plongent également sous le Jurassique, appelle naturellement l'idée d'une continuité souterraine entre les deux affleurements [1]; grâce à des failles transversales qui découpent là le bord du massif de l'Étoile, on peut en effet prouver que la nappe renversée passe, comme en tunnel, sous la pointe Nord-Est du massif. Les observations de M. BRESSON [2] montrent d'ailleurs qu'elle s'avance très loin entre le massif de l'Étoile et celui d'Allauch.

Plus loin, la nappe disparaît un moment par suite de dénudation; mais elle reparaît au pied du Garlaban, avec le même faciès de l'Aptien supérieur qui enveloppe, avec charnière visible, une cuvette d'Urgonien; de là, on le suit sur le bord Sud du massif d'Allauch jusqu'à La Treille, où une coupe importante, qui avait passé inaperçue, confirme d'une manière remarquable les conclusions précédentes et permet même de les pousser plus loin. Cette coupe [3] répond en tout cas péremptoirement à l'assertion de M. FOURNIER, que la présence de la nappe renversée dans le bassin de Marseille est une impossibilité [4]. On y voit (fig. 133) l'Aptien

---

[1] M. BERTRAND, Le massif d'Allauch (*Bull. des Services Carte géol. de la France*, t. III, N° 24, Décembre 1891 [reprod. ci-dessus, Art. XLV, p. 419-486]); et FOURNIER, *Bull. Soc. Géol. de France*, 3e sér., XXIII, 1895, p. 508-545.

[2] *In* FOURNIER, *Bull. Soc. Géol. de France*, 3e sér., XXV, 1897, p. 36.

[3] M. FOURNIER, sans attendre la publication de cette coupe, en a réclamé la priorité (*Soc. Géol. de France, C. R. sommaire*, séance du 23 Janvier 1899). Je me contente de renvoyer à la coupe donnée par M. FOURNIER (*Bull. Soc. Géol. de France*, 3e sér., XXIII, 1895, p. 516, fig. 6).

[4] Je ne connais que la conclusion de la Note de M. FOURNIER et ne

fossilifère former une voûte complètement dessinée sous l'Hauterivien et le Valanginien; sur ce dernier, en gravissant la colline 373, on voit s'appuyer le Rhétien, qui, un peu plus au Sud, repose entièrement dans un synclinal de Valanginien. Non seulement la nappe renversée se poursuit jusque-là, mais le Trias qui entoure le massif d'Allauch en fait partie ou en forme le couronnnement.

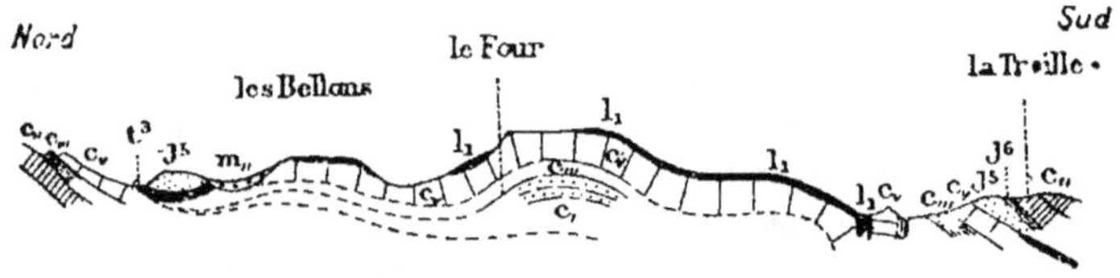

Fig. 133. — Coupe de La Treille au Four.

t³. Trias; l₁. Rhétien; J⁵. Dolomies jurassiques; J⁶.. Calcaires blancs; c,. Valanginien; c₁₁₁, Hauterivien; c₁₁. Urgonien; c¹. Aptien. — Le trait noir indique le Trias et le Rhétien.

Or, c'est le Rhétien de La Treille qui se poursuit et s'épanouit dans le massif de Saint-Julien; les dolomies probablement suprajurassiques de ce massif forment voûte sous le Rhétien, et l'Aptien découvert par M. BRESSON (¹) est également, sous les dolomies, une réapparition de la nappe renversée. *Le Trias de Saint-Julien est superposé au Crétacé.*

Ainsi, les courtes interruptions de la nappe s'expliquent facilement par dénudation ou par passage souterrain sous la pointe du massif de l'Étoile; elles ne peuvent laisser aucun doute sur son unité et sa continuité primitives, que souligne d'une manière remarquable la constance du faciès spécial de l'Aptien supérieur. *La nappe renversée entoure l'ensemble des massifs de l'Étoile et d'Allauch* (fig. 134). Auprès du second, elle s'élève partout comme pour passer au-dessus du massif; auprès du premier, elle s'enfonce comme pour passer au-dessous, et elle passe en effet au moins sous une partie, celle de la pointe Nord-Est.

---

puis par suite répondre à ses raisons; mais, quelles qu'elles soient, la conséquence qu'il en tire sur ce point est contraire aux faits que j'ai observés.

(¹) *Bull. Soc. Géol. de France*, 3ᵉ sér., XXVI, 1898, p. 340.

Origine de la nappe renversée. — La nappe renversée pourrait donner naissance à un pli qui suivrait le bord des massifs qu'elle entoure. *Ce pli n'existe pas.* Le massif d'Allauch est hors de question, puisque ses couches s'enfoncent sous la nappe; quant au

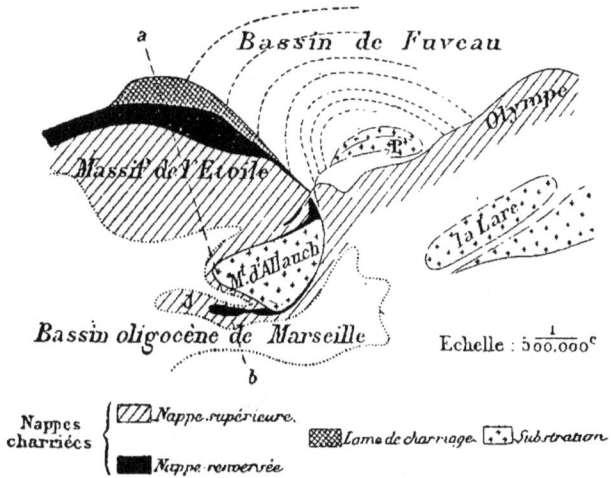

Fig. 134. — Carte schématique des affleurements de la nappe renversée.

P. Massif de La Pomme; J. Massif de Saint-Julien; ab. Ligne de coupe (fig. 135). — Les traits ponctués indiquent les courbes de niveau de la grande couche de lignite.

massif de l'Étoile, les terrains y forment, comme je l'ai dit, une table constamment inclinée vers le Sud, et lorsque en plusieurs points seulement, par suite de failles locales, ils retombent vers l'extérieur, c'est avec une pente si douce, en formant une voûte si régulière et si surbaissée, que l'idée même de l'existence d'un pli couché important s'en trouve écartée Quand cette retombée locale n'existe pas, il y a, il est vrai, superposition d'une série normale à une série renversée, et dans des cas semblables, c'est le plus souvent simple affaire d'interprétation d'attribuer cette superposition à une surface de glissement ou à un pli. Mais ici l'examen détaillé de la surface de contact permet de trancher la question: d'abord, sur une longueur de plus de 40 kilomètres, il n'y a pas trace de charnière ni d'une inflexion des couches qui puisse l'annoncer; la nappe renversée contient du Trias en face de points où n'affleurerait que du Jurassique supérieur au sommet du prétendu anticlinal; la base de la série normale, dans la tranchée de Septèmes, est formée de couches écrasées et laminées, ce que peut expliquer un charriage et ce qu'expliquerait difficilement un pli; enfin, le long de la rainure qui sépare le massif de l'Étoile et le massif d'Allauch, il faudrait, dans l'hypothèse d'un pli périphérique, que le pli suivît cette rainure; il serait inexplicable qu'un pli de cette importance n'ait pas orienté les couches parallèlement à sa direction, tandis qu'au contraire les divers bancs de la table inclinée de l'Étoile arrivent, obliquement et sans s'infléchir, au contact de la petite bande triasique qui représenterait l'axe du pli. D'ailleurs, il existe pour cette partie une preuve plus concluante encore: j'ai pu montrer, par de nouvelles observations, que le petit massif de Peipin, à l'Est de l'Étoile, était la continuation de la bordure septentrionale, s'avançant plus loin au Nord et conservée là au-dessus du Crétacé à la faveur d'une faille d'affaissement. Si par conséquent la bordure correspondait à un pli, ce pli continuerait vers l'Est, le long du massif de Peipin; il ne se continuerait donc pas vers le Sud-Ouest, dans la rainure où nous en cherchions la trace; ce pli, couché vers le Nord, serait lui-même au Nord d'une moitié de la nappe renversée; ce ne serait donc pas lui qui pourrait en aucun cas lui avoir donné naissance.

Entre tous ces arguments concordants, il n'y a qu'à choisir. Un quelconque d'entre eux serait suffisant pour entraîner la conclusion: *il n'y a pas de pli périphérique autour de l'Étoile*, et la nappe renversée ne peut pas avoir son origine sous le massif. Elle ne peut donc l'avoir que dans une racine *extérieure au massif*, et y il a nécessairement continuité (sauf la possibilité d'amincissement et de laminage complet en certains points) entre cette racine et les différents affleurements de la nappe. Comme, partout où l'on voit le contact sans faille de tassement, la nappe s'enfonce sous le massif, il faut donc que ses divers affleurements se relient par cette voie, que la nappe se continue sous tout le massif, comme nous avons vu qu'elle se continuait sous sa pointe Nord-Est. Par conséquent, *le massif tout entier de l'Étoile est superposé à la nappe renversée ou à son substratum*, c'est-à-dire à des terrains crétacés (fig. 135). Ainsi nous trouvons, comme on devait s'y attendre, qu'il

36

existe une *nappe de charriage*, formée de terrains en série normale, au-dessus de la nappe renversée. Le massif de l'Étoile appartient à cette nappe de charriage. Il faut attendre les résultats

S E.   N O

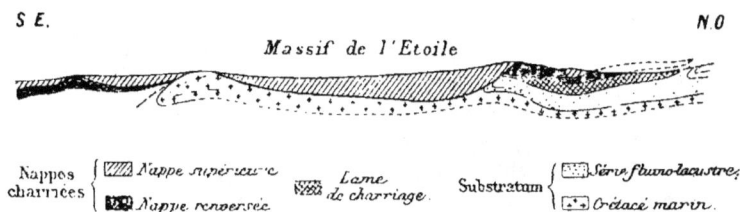

Fig. 135. — Coupe du massif de l'Étoile. — Échelle de 1 : 250 000 environ.

d'une révision générale avant d'essayer d'en déterminer la provenance. Tout ce que je crois dès maintenant pouvoir affirmer, c'est
que *la même nappe renversée* reparaît dans la chaine de la Sainte-
Baume, et que le Trias de la vallée de l'Huveaune, entre l'Étoile et
Sainte - Zacharie, fait, comme celui de Saint-Julien, partie de la
nappe supérieure de charriage.

Massif de La Nerthe. — Je n'ai pas repris en détail l'étude du
massif de La Nerthe, dont M. REPELIN a bien voulu se charger.
Mais il est incontestable que ce massif fait corps avec celui de
l'Étoile et que les mêmes conclusions doivent s'y appliquer. Je
sais qu'il y a des objections possibles: dans le tunnel de La Nerthe ([1]), on a traversé les poudingues bégudiens et les couches à
Reptiles entre l'Urgonien et l'Aptien, c'est-à-dire dans une position
qui, d'après ce qui précède, devrait correspondre à un anticlinal; or,
ces couches forment au contraire une cuvette synclinale. M. VAS-
SEUR vient de me signaler une difficulté semblable pour la bande
de poudingues que traverse la route des Pennes, près de l'auberge
des Cadenaux. Les bandes de poudingues ont toujours le même
caractère de bandes en apparence discordantes, qui n'interrompent
pas la continuité de la série où elles s'intercalent; mais là, elles se
présenteraient comme si la discordance était réelle, comme si la
brèche s'était déposée sur le Jurassique voisin, au lieu de lui servir de substratum.

_____

([1]) MATHERON, *Bull. Soc. Géol. de France*, 2e sér., XXI, 1863-1864,
p. 517 et pl. VII.

Il est certainement facile, pour le tunnel, d'expliquer cette contradiction apparente par des failles locales, et il doit en être de même aux Cadenaux. En tout cas, et sous réserve d'une étude ultérieure, je ne vois là que des difficultés de structure locales et non des objections fondamentales; tandis que, dans le massif de La Nerthe, je connais deux coupes qui, *à elles seules*, et sans autre alternative possible, me paraissent suffisantes pour démontrer directement que tout le massif est en recouvrement; ce sont les coupes de La Folie et de Valapoux, au Nord de Sausset et de Carri.

Dans ces deux localités, au milieu de plateaux urgoniens, on voit s'ouvrir une dépression allongée, remplie par du Gault (grès verts) et par du Turonien. Le Turonien forme au centre une voûte des plus nettes, sur laquelle s'appuient de part et d'autre le Gault et l'Aptien, qui plonge, avec contacts bien visibles et avec une inclinaison modérée, sous l'Urgonien voisin. Aux deux extrémités de la dépression, les deux flancs urgoniens de l'anticlinal se réunissent en une nappe unique, qui forme le plateau. Il n'y a aucun doute possible, ni sur les conditions de l'affleurement, ni sur sa signification: le Turonien et l'Aptien renversés forment le substratum du plateau urgonien, ce qui est absolument inexplicable s'ils ne forment pas le substratum de tout le massif de La Nerthe.

II. — LAME DE CHARRIAGE ET STRATIGRAPHIE
DES NAPPES CHARRIÉES

J'ai essayé de donner, dans ce qui précède, aussi brièvement et aussi nettement qu'il m'a été possible, le cadre de l'argumentation et les faits principaux sur lesquels elle s'appuie. La question, je crois, est maintenant bien posée; elle se réduit à ces deux termes qui circonscrivent et résument le problème à résoudre: existe-t-il autour des massifs de l'Étoile et d'Allauch une nappe de terrains renversés? Existe-t-il sur les bords du massif de l'Étoile un pli périphérique qui puisse avoir donné naissance à cette nappe? Les coupes sont assez précises et leurs conséquences sont assez nettes, pour que je considère la solution comme acquise et définitive. La Galerie à la Mer des Charbonnages des Bouches-du-Rhône fournira, je l'espère, d'ici peu d'années, une preuve plus directe, en passant sous le Trias de Simiane sans le rencontrer (¹).

Lame de charriage. — Je passe maintenant à une nouvelle question qui permet de pousser plus avant l'étude des phénomènes de charriage, c'est celle des lames arrachées au substratum et entraînées dans le mouvement à la base des nappes précédemment décrites. Rien n'est plus naturel *a priori*; là où le frottement a été trop grand, là, par exemple, où il existait une bosse du substratum, il y a eu *rabotage et entraînement*. C'est ce que permet de constater le lambeau exploité au Sud de Gardanne.

Le système très régulier des couches du bassin de Fuveau dessine en affleurements une série de demi-ellipses concentriques autour du petit massif jurassique de La Pomme; à l'Ouest, ces demi-ellipses viennent s'arrêter contre une ligne de faille à peu près parallèle à la bordure de l'Étoile. Cette faille (faille de La Diote), est reconnue en plusieurs points par les travaux de mines; elle a, vers les affleurements, un pendage au Sud de 27°, qui semble diminuer plutôt que s'accroître en profondeur, et elle superpose aux couches bégudiennes en place un *paquet* déplacé qui contient en ordre régulier et normal les différents termes de la série fluvio-lacustre, à partir du Fuvélien. La grande couche y est activement exploitée, et, si l'on faisait un puits au-dessous des travaux actuels, on retrouverait la même couche, également peu inclinée, à 3CO mètres plus bas. La série est doublée, non par un pli, mais par une faille très oblique.

Il est certain que ce *paquet*, ainsi superposé à la série normale, ne peut venir que du Sud; il est certain aussi que la portion de

---

(¹) La Galerie à la Mer débute au Nord dans les couches fluvio-lacustres qui passent sous la nappe renversée. De la comparaison attentive des coupes et des épaisseurs, j'ai conclu qu'elle ne rencontrerait pas le Trias et qu'il y avait même chance pour qu'elle ne rencontrât pas l'Aptien sous-jacent au Trias (mes coupes montrent la base de l'Aptien arrivant *à peu près* au niveau de la future galerie). Il est clair qu'on ne peut, d'après les affleurements, prévoir la profondeur *exacte* d'une cuvette, formée par des plis aigus qui peuvent se terminer en pointe plus ou moins allongée. Je considère la conclusion relative à l'Aptien comme seulement probable, mais il suffit qu'on passe sous le Trias sans le rencontrer pour que la preuve de l'existence de la nappe renversée se trouve faite d'une manière directe et irréfutable.

couche comprise dans le paquet se plaçait autrefois en continuation de la portion conservée en profondeur; si l'on savait où cette dernière s'arrête actuellement, si l'on mettait à bout la couche du haut on obtiendrait ainsi une *limite inférieure* de l'espace où s'est déposée la couche *sous* l'emplacement recouvert aujourd'hui par d'autres terrains. Avec les données dont on dispose, on trouve que ce minimum ne peut pas être au-dessous de 6 kilomètres, et toutes les probabilités sont pour que ce nombre soit très inférieur à la réalité.

Ainsi, en s'appuyant seulement sur ce principe si évident que le développement d'une couche figurée dans une coupe donne la mesure de son extension primitive, on arrive au résultat que le massif de l'Étoile et sa bordure correspondent à un recouvrement d'au moins 6 kilomètres. Si l'on n'oubliait pas trop souvent ce principe incontesté, on se serait habitué depuis longtemps à l'idée des grands déplacements horizontaux, car ces déplacements sont une conséquence nécessaire de la réduction de largeur des bandes montagneuses, dont témoignent toutes les coupes.

En tout cas, le fait certain, c'est qu'il existe au Sud de Gardanne, *sous la nappe renversée*, un lambeau de terrains superposé à la série normale et venu du Sud. C'est ce lambeau que j'ai appelé *lame de charriage*. Cette constatation a une grande importance, d'autant plus que des considérations tout à fait indépendantes permettent de conclure qu'un paquet formé de même couches manque sous la chaîne de l'Étoile et a dû en être arraché. En effet, si l'on cherche sur quels étages reposent aux divers points les nappes charriées, on voit qu'elles reposent en avant du massif d'Allauch sur le système de Fuveau, puis près de Richauris, sur les calcaires à Hippurites, puis plus au Sud, sur le Néocomien et même sur les dolomies jurassiques; l'étude de la Sainte-Baume montrerait un échelonnement semblable; on peut ainsi tracer l'amorce de bandes suivant lesquelles les nappes charriées reposent sur un terrain déterminé, et l'on a assez de points pour conclure que ces bandes, quoique un peu sinueuse, sont, dans leur ensemble, orientées de l'Est à l'Ouest et que la bande pour laquelle le sommet du substratum est formé de calcaires à Hippurites vient passer sous le Sud du massif de l'Étoile. Or, si l'on réfléchit que ce massif n'a pas, comme on le croyait, formé rivage aux dépôts fluviolacustres, que ces dépôts s'avancent dans la dépression transversale de l'Huveaune jusqu'en face du Garlaban, et enfin qu'ils existent avec les mêmes caractères dans le bassin du Beausset, il n'est pas douteux qu'ils ne se soient aussi formés sur l'emplacement de l'É-toile. S'ils font maintenant défaut sous le Jurassique et le Trias d'une partie du massif, c'est qu'ils en ont été enlevés, c'est qu'ils ont été *rabotés* par la nappe de charriage. On doit donc s'attendre à les retrouver plus au Nord, et, comme on les retrouve en effet dans le lambeau de Gardanne, il y a là une précieuse confirmation. D'une part, l'existence du lambeau fait prévoir qu'il a été arraché sous le massif de l'Etoile; d'autre part, l'étude du massif montre que, précisément à la place prévue, les terrains du lambeau de-vraient exister et font partout défaut.

Retroussements du substratum — Mais cette même étude per-met d'aller plus loin: les nappes de charriage n'ont pas seulement *raboté* leur substratum dans les points où un obstacle, par exem-ple une saillie préexistante, augmentait les frottements et s'oppo-sait à la marche en avant; elles ont aussi *retroussé* les bancs qui formaient obstacle, donnant ainsi naissance à des synclinaux cou-chés, dont le flanc supérieur est constitué par la nappe charriée: ce sont des synclinaux isolées ou tronqués, auxquels ne succède pas un véritable anticlinal. Le synclinal d'Allauch, déjà tant de fois décrit, en est le meilleur exemple: le Crétacé inférieur renver-sé a été rabattu sur le Sénonien; à Allauch même on pourrait croi-re que le Trias qui surmonte ce Crétacé représente un anticlinal faisant suite au synclinal, mais, en suivant la bordure, on voit l'Aptien s'intercaler entre le Valanginien et le Trias, c'est-à-dire à une place incompatible avec cette interprétation; le synclinal d'Al-lauch n'est qu'un *synclinal de retroussement*, formé par le frotte-ment de charriage.

La comparaison des coupes successives montre qu'il en est de même pour le retroussement de la grande couche, constaté sous le massif jurassique par la galerie de Valdonne. La chose est encore plus évidente pour le synclinal de Bouc, qui, d'après les remar-quables études de M. VASSEUR, affecte les couches éocènes en avant de la lame de charriage. Ces trois synclinaux sont ainsi dus à une même cause, à un même mode de formation, et leur ensem-ble peut même être considéré comme ne formant qu'un synclinal unique; ils affectent, à mesure qu'on s'avance vers le Nord, des terrains de plus en plus récents, et, malgré les faibles ondula-tions du substratum dans les intervalles qui les séparent, ils s'em-boîtent à distance l'un dans l'autre.

Le long de la crête de Notre-Dame-des-Anges et du Pilon du Roi, la nappe renversée a été de même retroussée par un glissement local de la nappe supérieure, et les coupes que j'ai données pour le bassin houiller du Nord y montrent, à Denain, un retroussement semblable de la lame de charriage. C'est donc là une conséquence très générale des phénomènes de transport horizontal. Ces *synclinaux de retroussement* sont un trait caractéristique du substratum des nappes charriées.

Il est vraiment remarquable de voir combien ces données très simples fournissent une explication rationnelle et facile de tous les détails, si complexes en apparence, de la coupe d'ensemble: le rabotage a détaché une lame de charriage, qui a suivi le mouvement et est allée se loger dans la dépression la plus voisine; mais, en y prenant place, elle a déterminé en arrière une sorte de double remous; la nappe supérieure a glissé sur la nappe renversée, dont elle a retroussé les bancs (pli retourné de Notre-Dame-des-Anges), et un peu plus loin, au Sud, le Crétacé a glissé sur le Jurassique (faille de La Mure), mais cette fois sans produire de retroussements.

Stratigraphie des nappes charriées. — L'arrangement des couches dans les nappes charriées donne lieu aussi à des remarques intéressantes qui peuvent se résumer dans des formules très simples, dont l'application, en Provence au moins, semble d'une grande généralité.

Dans la nappe renversée, les surfaces de glissement secondaires (*thrust planes*) sont très nombreuses et divisent la masse comme en une série de tranches distinctes, où les étirements et suppressions de couches varient d'une manière indépendante. Les surfaces de séparation des tranches correspondent à des couches plus marneuses qui ont en quelque sorte servi de lubréfiant, et ainsi l'on a, près de Simiane, une tranche de Crétacé supérieur, une tranche d'Aptien, une tranche de Crétacé inférieur et de Jurassique, une tranche de Trias. C'est tantôt l'une, tantôt l'autre de ces tranches qui est développée, et les unes ou les autres disparaissent très brusquement; chacune d'elles forme une sorte de système de boules en chapelets, dont les amincissements intermittents se font en général par la suppression successive des assises supérieures (les plus aciennes), comme si chaque tranche avait raboté la tranche sous-jacente et reposait sur elle en discordance. La discordance maximum a lieu pour la tranche triasique, qui repose souvent sur des assises beaucoup plus récentes et parfois même y forme des poches qui se coincent en profondeur; c'est là l'origine d'une partie au moins de ces traînées filiformes de Trias, qui sont une des singularités de la Géologie provençale. La nappe renversée a pour analogue, dans le bassin houiller du Nord, le *lambeau de poussée* de M. GOSSELET; M. GOSSELET a fait remarquer depuis longtemps que le lambeau de poussée était, par sa nature même, irrégulier et intermittent, comme doivent l'être les lambeaux d'une nappe étalée sur un espace très supérieur à sa surface primitive. En Provence, on voit cette irrégularité et cette intermittence s'étendre à chacune des tranches dont l'ensemble forme la nappe renversée.

Il en est tout autrement pour la nappe supérieure; celle-là s'est transportée en masse; la série des couches y a conservé la succession et l'épaisseur normales; à peine y remarque-t-on, de places en places, quelques lacunes, quelques disparitions de couches qui se produisent curieusement toujours aux mêmes niveaux, aux voisinage des étages marneux (base du Bathonien ou Néocomien), c'est-à-dire aux points de décollement facile; mais ces disparitions passagères sont les seules traces anormales qu'on observe sur des hauteurs de plusieuurs centaines de mètres. Tout l'effort et tous les effets de glissement se sont concentrés à la base; là, les couches ont souvent subi des étirements énormes, et le contraste est frappant entre cette base écrasée et la série régulière qui la surmonte. Tantôt, comme à la tranchée de Septèmes, on y trouve sur quelques mètres des représentants de tous les étages, du Trias au Bajocien; tantôt on voit reposer sur le Trias, directement et en concordance, les dolomies du Jurassique supérieur ou même le Crétacé. Ce sont là des phénomènes très spéciaux et absolument propres aux nappes de charriage: dans le flanc normal des grands plis, on observe bien quelquefois des surfaces de glissement à peu près parallèles aux bancs et entraînant par suite la suppression d'une partie de la série; mais les vrais étirements y sont exceptionnels, et l'on n'a jamais signalé qu'ils fussent plus fréquents près de la base. Ici, au contraire, la séparation est des plus nettes: la base s'écrase dans toutes les proportions et, immédiatement au-dessus, la succession devient complètement régulière. C'est bien ce que l'on doit attendre dans le cas d'un transport en bloc.

Entre la nappe renversée et la nappe supérieure, le Trias joue un rôle spécial. L'écrasement de la base le fait disparaître sur de

larges espaces, tandis que sur d'autres il se retrouve avec toute
son épaisseur; il ne participe plus alors aux étirements qui continuent à se produire au-dessus de lui. Il « fait boule » en certains
points comme s'il avait rempli et comblé des dépressions
préexistantes; il semble s'être casé dans ces dépressions, ainsi
que nous l'avons vu pour la lame de charriage, et s'être ainsi détaché de la nappe qui continue son mouvement et passe au-dessus
de lui. C'est là l'origine de la bande triasique de l'Huveaune et, en
deux points encore au Nord et à l'Est, on peut la voir se rattacher
par un filet étiré à la base de la nappe supérieure.

Il y a, comme on le voit, de grandes analogies avec les phénomènes sédimentaires: le rabotage du substratum correspond à l'a-
brasion marine; les étages les plus anciens comblent les dépressions, comme l'argile plastique dans le bassin de Paris, et se réduisent ou disparaissent sur les bosses du substratum, puis, au-
dessus, la série reprend sa régularité. Quant à la lame de charriage, elle rappellerait, aux dimensions près, les transports par les
glaciers.

Répartition des faciès. — Il n'entre pas dans le plan de cette
courte Note d'examiner les exemples des autres pays, ni de discuter les arguments qui ont été donnés pour ou contre la théorie des
grands charriages. Je voudrais pourtant dire quelques mots d'une
objection à laquelle, à mon avis, on attache trop d'importance et
qui, en tout cas, pour la région ici décrite, se retournerait dans
l'autre sens: c'est celle de la répartition des faciès.

En étudiant la distribution des affleurements, tels qu'ils se présentent actuellement, nous arrivons à nous faire une certaine idée
provisoire de la répartion des faciès, à laquelle l'esprit a eu le
temps de s'habituer; on ne s'étonne plus, ni de voir le même faciès
reparaître identiquement à de grandes distances, ni de trouver en
d'autres points des variations relativement très brusques. Si, en
invoquant de grands déplacements horizontaux, on vient à proposer implicitement une modification dans cette répartition admise,
on paraît d'abord se heurter à des contradictions plus ou moins
fortes et l'on oublie volontiers que la contradiction existe seulement entre l'ancienne et la nouvelle hypothèse. Avant de pouvoir
tirer quelque conclusion de ces sortes de considérations, il faudrait savoir exactement ce qui est en place et ce qui ne l'est pas;
il faudrait pouvoir juger dans son ensemble la nouvelle réparti-

tion et voir si elle présente plus ou moins d'anomalies, de variations brusques, de réapparitions à distance que celles qu'on admettait autrefois. Mais nous n'en sommes pas encore là.

Par contre, dans le détail, si deux massifs de composition très
différente sont en contact, ou mieux encore, si la composition des
couches dans un massif diffère profondément de toutes celles qui
l'entourent, il y a là un argument que, dès maintenant, on peut
faire valoir et qui crée au moins la probabilité de juxtaposition
par charriage. C'est ce qui arrive pour le massif d'Allauch. Le Valanginien y a une épaisseur et une composition spéciales; l'Hauterivien et l'Urgonien s'y amincissent vers le Nord jusqu'à disparaître, l'Aptien et le Cénomanien font partout défaut, tandis que sur
tout le pourtour l'Urgonien se montre avec une épaisseur de plusieurs centaines de mètres; que l'Aptien y atteint un développement exceptionnel, que le Gault y est signalé et que le Cénomanien y contient des Caprines. Si l'on admet ce genre d'arguments,
il ne peut être nulle part·plus frappant, et il faut en conclure que
les couches du massif d'Allauch n'ont pu être déposées en continuité avec celles de la ceinture.

La spécialisation de l'Aptien dans la nappe renversée, et son analogie avec l'Aptien de la bordure Sud-Est du bassin du Beausset,
fourniraient un argument moins précis qu'il n'est pourtant pas inutile de rappeler. Je vois là surtout, actuellement, des éléments à retenir pour une discussion d'ensemble de la question, qui sera peut-
être possible un jour en Provence, mais qui serait aujourd'hui prématurée.

III. — RAPPROCHEMENT AVEC LE BASSIN HOUILLER
DE LA HAUTE-SILÈSIE

J'ai montré (¹) que l'interprétation à laquelle on est conduit
pour la bordure du bassin crétacé de Fuveau reproduit jusque
dans ses détails celle que j'ai donnée pour le bassin houiller du
Nord. Dans les deux régions un grand phénomène de charriage,
post-houiller dans l'une, post-crétacé dans l'autre, est la cause
première et fondamentale de tous les accidents qui se retrouvent

_____

(¹) M. BERTRAND, Le bassin crétacé de Fuveau et le bassin houiller du
Nord (*Annales des Mines*, 9ᵉ sér., XIV, 1898, p. 5-85 [reprod. ci-après,
Art. XCV).

dans le même ordre et avec le même caractère. Dans le Nord, les retroussements du substratum (plus isolés que dans le Midi à cause d'une surface de glissement formée dans ce substratum et donnant naissance au *cran de retour*) se voient dans la même position que le pli de Bouc et constituent les lambeaux d'Abscon et de Douai; la faille d'Abscon est la grande surface de glissement au-dessus de laquelle on trouve d'abord la *lame de charriage* (lambeau de Denain), puis la nappe renversée (*lambeau de poussée*, intermittent, comme je l'ai dit, et manquant en plusieurs points), enfin, la nappe supérieure, représentée par le massif de l'Ardenne. L'Ardenne correspond à l'Étoile, le lambeau de poussée au massif de Simiane, le lambeau de Douai à celui de Gardanne et le pli d'Abscon au pli de Bouc. C'est presque « la reproduction d'un même modèle ». Il y a là un nouvel argument d'une grande force en faveur des conclusions précédentes.

Je voudrais ici, sans revenir sur cette comparaison avec le bassin houiller du Nord, indiquer un autre rapprochement, qui ne mène pas sans doute à la constatation d'une pareille identité, mais qui ne m'en paraît pas moins assez remarquable: c'est celui qu'on peut faire avec le bassin houiller de la Haute-Silésie. Ce bassin, comme on sait, est situé au pied des Carpathes; la bordure est donc formée par une chaîne bien postérieure au bassin lui-même et on doit s'attendre, par conséquent, à trouver de grandes différences dans la manière dont le bassin a été affecté par les plissements. Il n'y a plus homologie entre les deux exemples, mais on y retrouve pourtant, au moins avec probabilité, la trace de phénomènes comparables.

J'ai dit plus haut que les courbes de niveau de la couche de lignite, dans le bassin de Fuveau, dessinent une série de demi-ellipses concentriques, ouvertes vers le Sud et tronquées par les massifs de bordure (voir fig. 134, p. 560). Il en est de même dans la Haute-Silésie; les affleurements du Culm et les tracés des différentes couches de houille constituent une série de grandes courbes concentriques, ouvertes vers les Carpathes et tronquées par la chaîne tertiaire (fig. 136). Dans les deux cas, on ne voit qu'une moitié de bassin et on doit se demander où est la seconde moitié. Pour Fuveau, j'ai montré qu'elle est, ou du moins qu'elle était sous le massif de l'Étoile; pour la Silésie, M. SUESS n'hésite pas à répondre, d'après le seul dessin des affleurements: *la seconde moitié est sous les Carpathes.*

« HOCHSTETTER, dit-il, a émis il y a longtemps la même hypothèse et, pour ma part, je l'ai toujours admise. STUR, en discutant
la question, est parti des mêmes prémisses; ZICINSKY, enfin, a
marqué en pointillé la continuation présumée des couches de
houille sous les Carpathes et a tracé sa coupe en harmonie avec
cette reconstitution. Mais comme les dépôts houillers reposent
en concordance sur le Dévonien et le Culm des Sudètes et
que les différences dans la topographie ne sont dues qu'à la moin-

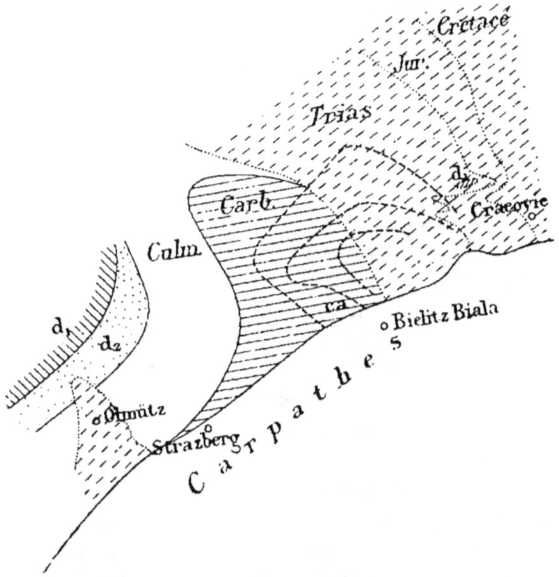

Fig. 136. — Carte du bassin houiller de la Haute-Silésie, d'après ED. SUESS.
(*La Face de la Terre*, 1, p. 242, fig. 43).

d_1. Dévonien inférieur; d_2. Dévonien supérieur; Carb., Carbonifère;
ca. Terrain houiller; Jur. Jurassique. Les traits ponctués indiquent
les couches de houille. — Échelle de 1 : 3 000 000 environ.

dre résistance du Houiller aux actions atmosphériques, il en résulte qu'on doit considérer ces couches comme une partie inté-
grante des Sudètes elles-mêmes et que les plissements des Carpathes ont passé par dessus la surface plane et peu accidentée du
bassin houiller, tandis que les masses redressées de schistes et de
grès de la zone du Culm ont opposé une résistance à la prolonga-

tion des plis: une partie des Sudètes se trouve donc en réalité sous les Carpathes (¹). »

Cette citation fait bien comprendre en quoi les conditions du charriage supposé auraient différé en Silésie de celles de la Provence; en Provence, les glissements ont eu lieu sur les terrains dont le dépôt était relativement récent, qui n'avaient peut-être pas encore été émergés et dont la surface plane devait presque partout former une base favorable. En Silésie, il aurait eu lieu sur un sol accidenté, rugueux et défavorable. Or, nous avons vu qu'en Provence les bosses préexistantes du substratum avaient déterminé l'arrachement et le transport de lames de charriage; l'accidentation plus grande sous la nappe des Carpathes, si l'hypothèse de M. SUESS est exacte, aurait donc dû à plus forte raison et plus souvent encore déterminer des arrachements et des transports semblables. Or, précisément, on trouve sur le bord des Carpathes, enfouis dans le Flysch, d'énormes blocs « exotiques », dont l'origine semblait jusqu'ici inexplicable et dont l'analogie avec les lames de charriage paraîtra peut-être maintenant assez vraisemblable.

Ces blocs ont été décrits par M. STUR (¹), auquel j'emprunte les renseignements suivants:

On avait apporté à M. STUR des empreintes de plantes westphaliennes, provenant de Strasberg (rive gauche de la Beczwa, entre Hustopetsch et Wäl-Meseritsch), en plaine région de grès des Carpathes. On fonça dans le voisinage un puits qui rencontra en effet le terrain houiller, mais avec des circonstances tout à fait extraordinaires. Jusqu'à 57 mètres de profondeur, on resta dans une argile plastique, remplie de blocs de la grosseur du poing ou de la tête, ou même plus gros encore. Dans les dix derniers mètres les blocs étaient devenus plus nombreux, et au lieu d'être, comme au début, formés de picrite et de teschénite, ils étaient surtout formés de grès et de schistes houillers, ces derniers montrant même des traces de charbon adhérentes. A 57 mètres, le puits entra entièrement dans le terrain houiller; 4 mètres plus bas, l'argile reparut d'un côté, au Nord-Ouest, et s'avança jusqu'au milieu du puits, puis se retira, si bien qu'à 68 mètres, le puits était de nouveau entièrement dans le terrain houiller. On y rencontra mê-

(¹) ED. SUESS, La Face de Terre, 1, p. 244 - 245.
(²) D. STUR, Die Tiefbohrung bei Batzdorf nördlich bei Bielitz - Biala (Jahrb. K. K. Geol. Reichsanst., XLI, 1891, p. 1-10).

me une couche de 70 cm. d'épaisseur, qu'on suivit en aval pendage; mais à 20 cm. au-dessous de la couche, on retrouva l'argile avec blocs, où l'on était entièrement à la profondeur de 75 mètres et d'où l'on n'est plus sorti.

La couche de houille avait une inclinaison de 46 à 57°, avec une direction N.O.-S.E.; on l'exploita dans toute l'étendue du bloc et on en retira 1450 tonnes de charbon. Elle était parfaitement régulière, continuant avec toute son épaisseur jusqu'à la limite du bloc, sans aucune des altérations qui accompagnent les affleurements ou les surfaces exposées à l'air. « L'exploitation, dit M. STUR, montra avec évidence (comme pour beaucoup de *Klippen*) qu'il s'agit là d'un bloc, après enlèvement duquel il ne reste qu'un espace vide dans le terrain où il était enfoui ».

Le bloc était nettement anguleux; les pointes, entourées et comme préservées par l'argile, n'avaient même pas été émoussées: dans la pointe extrême, le charbon conservait toutes ses qualités et restait analogue aux charbons connus des couches westphaliennes du bassin. M. STUR en conclut: d'une part, que le bloc n'a été enfoui que longtemps après sa formation, et d'autre part, qu'il n'a subi qu'un transport insignifiant.

Ce bloc n'est pas le seul connu; dans un autre puits, un peu à l'Ouest, on en a rencontré un second, de dimensions encore plus grandes, puis un troisième un peu plus petit, dans une recherche faite à l'Est, sur le bord de la Beczwa. Enfin on dit qu'autrefois, au Nord-Est, près de Perna, on a mis à jour un quatrième bloc, d'où l'on a aussi tiré du charbon. Tous ces blocs contiennent des plantes westphaliennes et il n'y a aucun doute possible sur la question de leur âge.

On est là à 40 km. au Sud-Est des premiers affleurements des couches du Culm d'Ostrau, et à 60 km. des couches westphaliennes du bassin. On pouvait donc croire qu'en se rapprochant de ces affleurements, en se mettant en face du centre du bassin, on aurait plus de chances de faire des trouvailles plus importantes; mais un sondage entrepris à Batzdorf, au Nord de Bielitz-Biala, est descendu jusqu'à 222 mètres sans rencontrer autre chose que du Flysch (grès supérieur des Carpathes) en couches tourmentées et, par places, fortement redressées.

Tels sont les faits décrits par M. STUR. Le transport de ces blocs par l'eau semble bien incompatible avec leurs dimensions, avec la conservation de leur forme anguleuse et avec celle de la bonne qualité de la houille jusque sur les bords; ces blocs n'ont été exposés ni à l'action de l'eau, ni à celle de l'air. Il faudrait d'ailleurs aller chercher les affleurements qui auraient pu leur donner naissance, soit à 60 km. au N. E., soit du côté de Zemplen, à 250 km. au S. E. (¹).

L'hypothèse d'un transport mécanique s'offre alors naturellement à l'esprit; si une nappe de charriage peut entraîner des blocs comme celui de Gardanne, de plusieurs kilomètres de côtés et de plusieurs centaines de mètres d'épaisseur, pourquoi n'en pourrait-elle pas entraîner d'autres de dimensions dix et cent fois moindres? J'ai insisté sur la régularité des couches dans le lambeau de Gardanne: ces transports se font lentement et sans violence; la conservation des angles sur les bords, et à plus forte raison celle des qualités du charbon, est parfaitement compatible avec une pareille origine. Ce qui semblerait seulement dans cette hypothèse plus difficile à expliquer, c'est l'enfouissement dans le Flysch.

Or, si l'on se représente la position du lambeau de Gardanne, en rétablissant par la pensée les couches qui ont dû être dénudées au-dessus de lui, on voit qu'il serait compris entièrement entre le substratum, formé par la série fluvio-lacustre crétacée, et la nappe renversée ayant, à sa base, divers termes de la même série. Il serait dont en réalité enfoui, lui aussi, dans le Flysch de la région provençale, c'est-à-dire dans le système fluvio-lacustre de Fuveau. Pour que les blocs des Carpathes aient une position exactement semblable, il suffit de supposer qu'ils sont situés à la limite d'un Flysch normal en place et d'un Flysch renversé. Il n'y a, il est vrai, aucun argument à donner en faveur de cette hypothèse, mais je n'en connais aucun non plus qui lui soit contraire.

Une différence consisterait aussi dans la grande ancienneté relative des blocs ainsi transportés. Il suffit, pour se l'expliquer, de reprendre ce que j'ai dit plus haut du *rabotage* exercé sur le substratum. Sous l'Étoile, ce rabotage peut s'évaluer comme étant descendu à un milier de mètres de profondeur, c'est-à-dire comme ayant enlevé une lame de mille mètres d'épaisseur. Il n'y a évidemment rien

---

(¹) Le terrain houiller ne reparaît pas au Sud dans la Tatra, où il y a peut-être seulement quelques grès attribuables au Permien. A l'Est de la Tatra, entre Dobschau et Kaschau, on connaît du Culm avec *Productus*, et plus à l'Est encore, auprès de Zemplen, on retrouve un affleurement de couches wesphaliennes.

d'impossible à ce qu'un rabotage de pareille importance, surtout au-dessus d'une saillie préexistante, ait entamé quelque part le fond paléozoïque, dont un lambeau se serait ainsi trouvé entraîné à la base de la lame de charriage; il n'y aurait rien d'étonnant non plus à ce que cette lame, comme nous l'avons vu pour le lambeau de poussée, ait été étalée sur un plus large espace, morcelée en fragments discontinus, et que les débris s'en retrouvent à l'état de blocs isolés. Tout cela est possible, rationnel et conforme aux analogies avec la Provence; il resterait seulement à savoir si l'existence de deux nappes de Flysch, l'une normale et l'autre renversée, est compatible avec ce qu'on sait de la Géologie de la région.

Je n'ai naturellement pas la prétention d'aborder ce problème, mais il m'a paru intéressant de montrer que pour un fait étrange, au sujet duquel aucun essai d'explication n'a pu être proposé, la comparaison avec la Provence fournit à distance les bases d'une solution possible, qui vaut en tout cas la peine d'être discutée. Si cette solution se montrait plus tard acceptable, il me semble probable qu'elle pourrait remettre en question l'origine des *Klippen* des Carpathes.

LV

LA GRANDE NAPPE DE RECOUVREMENT
DE LA BASSE PROVENCE

(*BULLETIN DES SERVICES DE LA CARTE GÉOLOGIQUE
DE LA FRANCE ET DES TOPOGRAPHIES SOUTERRAINES,
Tome X, 1898-1899, n° 68, p. 397-467, pl. I-III. — Mars 1899*).

Sommaire

I. — INTRODUCTION.

J'ai montré depuis longtemps et à plusieurs reprises que la Basse Provence est une région de plis couchés, dans lesquels l'ampleur locale du charriage atteint plusieurs kilomètres. Cette notion importante, bientôt appliquée à de nouveaux exemples par MM. COLLOT et ZURCHER, a éclairci une partie des difficultés de la région, mais en a laissé subsister d'autres, mises en évidence par l'achèvement des cartes géologiques. La plus grave de ces difficultés est le manque de continuité des plis en direction. S'il est naturel et facile de comprendre qu'un pli droit, où même légèrement déversé, s'arrête avec la cause locale qui l'a fait naître, la chose devient plus difficile à admettre quand le pli est accompagné d'un charriage horizontal important. Quand un morceau de l'écorce, par exemple, s'est avancé de quelques kilomètres vers le Nord, ce mouvement n'a guère pu s'effectuer sans entraîner les parties voisines; à la rigueur, on peut supposer qu'une faille de décrochement sépare les parties mises en mouvement et les parties laissées en place; mais l'explication,en tout cas difficile à admettre si elle ne s'appuie pas sur des faits d'observation précis et manifestes, devient encore plus invraisemblable si le même charriage reprend quelques kilomètres plus loin. Or, c'est ce qui arrive en Provence pour les massifs de la Sainte Baume et d'Allauch, pour ceux de Salernes et d'Esparon; ces massifs se correspondent deux à deux, avec des chevauchements équivalents, sur les bords d'une bande transversale de Trias, qui semble avoir arrêté brusquement à son contact les plis couchés et les phénomènes de charriage correspondants.

L'examen attentif des cartes géologiques permet de résumer cette difficulté sous une forme générale et plus frappante, qui en fera mieux saisir l'importance. La structure de la Basse Provence apparaît en effet comme une structure essentiellement *morcelée*; les différents massifs, au lieu de s'aligner comme dans les Alpes en long chaînons continus, constituent une série d'unités indépendantes, une série de *dômes* (¹) en chapelets, entourés de plis périphériques. Ce sont ces plis périphériques qui se déversent, ordinairement, au moins en apparence, vers l'intérieur du dôme, et qui auraient ainsi donné lieu aux grands chevauchements constatés.

On ne saurait dire qu'il y ait absolument contradiction entre l'idée de dômes et celle de grands charriages horizontaux; pourtant, l'exagération des effets de plissement semble mal s'accorder avec leur brusque limitation longitudinale; et, en tout cas, pour que l'accord soit possible, il paraît nécessaire que les chevauche-

(¹) M. COLLOT a déjà signalé en 1880 le «dôme» de Lingouste. En 1892, j'avais appelé d'une manière générale l'attention sur la fréquence et l'importance de cette structure. Mais c'est M. FOURNIER (1895) qui en a le premier fait ressortir l'intérêt pour la Basse Provence.

ments s'atténuent progressivement en approchant de l'extrémité
des dômes. Or, il ne semble pas en être ainsi, et même les renversements se continuent souvent avec la même importance tout le
long de la courbure terminale. On se heurterait donc là à une nouvelle difficulté, d'ordre presque géométrique: l'afflux de toutes
parts des matériaux dans un espace trop petit pour le contenir, et
l'accommodation nécessaire de la nappe à une base sans cesse rétrécie, à mesure qu'elle avance. Il suffit de dire, sans discuter ici
cette difficulté, qu'on ne trouve nulle part trace de la « lutte pour
l'espace » qui aurait dû se livrer en ces points.

Il y avait donc jusqu'à nouvel ordre quelque chose de peu satis-
faisant dans la solution qui, pour expliquer les anomalies de la
Prrvence, juxtaposait les dômes aux plis couchés. J'ai pour la première fois indiqué, en des termes un peu difliérents, cette sorte
d'antinomie, quand j'ai discuté en détail la structure du massif
d'Allauch. Il est naturel qu'elle ait mené, les uns à mettre en doute la réalité de la structure en dômes, les autres à mettre en doute
celle des grands charriages horizontaux.

M. FOURNIER, qui avait eu le mérite d'appeler le premier l'attention sur la fréquence et l'importance de dômes en Provence,
est entré dans la seconde voie. Je discuterai plus loin les arguments de fait qu'il a cru apporter contre l'existence des massifs de
recouvrement, je veux seulement indiquer ici l'ordre des idées invoquées et les conclusions proposées. Une des preuves invoquées
en faveur des grands charriages est l'existence d'îlots de recouvrement, comme celui du Beausset, c'est-à-dire d'îlots de terrains anciens isolés au milieu de terrains récents, sur lesquels ils reposent
tout le long de leurs bords. M. FOURNIER a sugéré l'idée que
l'existence de pareils îlots est possible, sans invoquer de transports
lointains: on peut, en effet, imaginer que les pressions amènent des
masses profondes à se faire jour verticalement au milieu des terrains qui les surmontent, puis que ces masses en saillie retombent
de toutes parts sur les terrains plus récents. C'est ce qu'on a appelé
le dôme *en champignon*, ou le dôme entouré en apparence d'un pli
périphérique qui se renverse partout vers l'extérieur.

Il est aisé de voir que l'existence de ces dômes à dimensions
plus petites exagère, au lieu de la supprimer, la première difficulté
signalée. Mais surtout, la seconde difficulté, celle qui est relative
à la question d'espace recouvert par la nappe, devient une véritable impossibilité, quand le pli périphérique, au lieu d'être couché

vers l'intérieur, est couché vers l'extérieur. Les masses en retombant ne pourraient couvrir qu'une partie de l'espace qui entoure la
cheminée de pénétration (fig. 137), un certain nombre de segments
rectangulaires par exemple, séparés par des vides triangulaires.

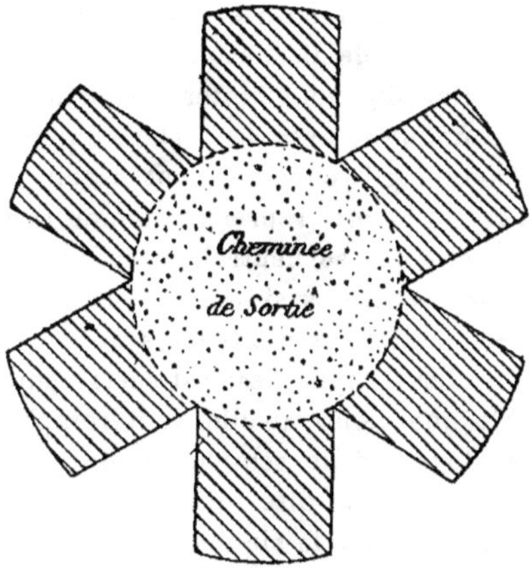

Fig. 137. — Schéma d'un pli « en champignon »
(plan).

La continuité de la superposition anormale tout le long des bords
est *géométriquement* incompatible avec un pareil mécanisme.

En vain essaierait-on d'objecter, comme l'a fait M. FOURNIER ([1]),
que les terrains sont *extensibles*, comme le montrent les nombreux amincissements des couches, constatés en Provence même.
Les terrains sont extensibles, mais seulement sous l'action de forces suffisantes; une membrane de caoutchouc même ne s'allonge et
ne s'étend que dans le sens où on la tire. Or ici, il y a pu avoir
étirement pendant l'ascension des masses, qui supposerait en effet des efforts énormes; mais ensuite, lors de la retombée ou de
l'épanouissement du dôme, rien ne les sollicite à s'étendre dans
le sens transversal à leur nouveau mouvement, à moins qu'on ne
veuille invoquer leur propre poids. C'est à peu près comme si l'on
prétendait qu'une colline de quelques centaines de mètres de hauteur doit s'écraser sous son poids, en élargissant sa base.

([1]) *Bull. Soc. Géol. de France*, 3ᵉ sér., XXV, 1897, p. 38.

A mes yeux, la conception des dômes en champignon est destinée à disparaître naturellement, aussi vite qu'elle a pris naissance.
Mais, fût-elle admissible, je montrerai plus loin qu'elle n'est pas
applicable au bassin du Beausset.

Pour d'autres massifs, pour la Sainte-Baume et pour Allauch,
M. FOURNIER, comme base d'une explication qui supprime les
charriages, adopte une hypothèse analogue, en considérant les affleurements des lignes de discontinuité comme de véritables lignes
directrices, au lieu d'y voir l'intersection d'une surface unique,
plus ou moins ondulée, avec la surface du sol (¹). Il admet ainsi
qu'un pli, même un pli renversé, peut décrire toutes les sinuosités, revenir sur lui-même, reprendre même contact avec son premier parcours, et alors se neutraliser en quelque sorte et disparaître momentanément. Ces sinuosités seraient légitimées par la
préexistence de massifs résistants (²), autour desquels les plis sont
amenés à s'enrouler. L'hypothèse est certainement beaucoup plus
invraisemblable que celles qu'elle veut remplacer; elle aurait du
moins cet avantage qu'elle semble réunir en elle, et par conséquent supprimer pour la suite toutes les difficultés. Du moment
qu'il n'y a pas de limite à la sinuosité des plis, on ne voit pas d'a-
bord quel cas elle ne pourrait expliquer. Et pourtant, ce point de
départ conduit à une conséquence plus invraisemblable encore
que toutes les autres: il faut admettre en certains cas que deux
nappes, provenant de deux branches du pli qui se font face, ont
marché au-devant l'une de l'autre, sont arrivées à se rejoindre, à
s'appuyer l'une contre l'autre et alors à se souder au contact, de
telle manière qu'elles ne semblent former qu'une nappe unique.
Sans parler du peu de chances pour que ce soit exactement des
terrains de même âge qui soient venus ainsi de part et d'autre en
contact, il faudrait pour ce phénomène une plasticité de la matière qui la rapprocherait de l'état fluide, et l'on peut dire sans hésitation qu'il y a là une impossibilité manifeste, suffisante à elle
seule pour condamner l'hypothèse qui y conduit.

(¹) *Bull. Soc. Géol. de France*, 3ᵉ sér., XXIII, 1895, p. 508, et XXIV,
1896, p. 663.

(²) Mais rien ne légitime l'existence même de ces massifs résistants, en
dehors de la nécessité d'avoir un obstacle pour expliquer l'enroulement des
plis. L'introduction de ces massifs résistants constitue donc un véritable
cercle vicieux.

Cela ne veut pas dire, évidemment, qu'on ne puisse tenter d'autres hypothèses pour échapper à celle de grandes nappes de recouvrement. J'avoue que moi-même je suis plusieurs fois retourné à la Sainte-Baume, avec l'idée, et même l'espoir, de trouver *une racine* aux bandes jurassiques des environs de Nans, du Plan d'Aups et de Saint-Zacharie. Mais, chaque fois, je suis revenu avec des arguments nouveaux en faveur de l'ancienne solution que j'avais proposée. Je les exposerai plus loin (¹), et leur ensemble me paraît constituer maintenant une preuve irréfutable. *On ne peut pas songer à diminuer la part faite jusqu'ici aux chevauchements.*

D'un autre côté, on ne peut nier non plus le morcellement de la structure superficielle et le rôle important des dômes. En admettant même que, dans une dernière étude (²), j'aie un peu trop étendu cette dénomination et appliqué le nom de dômes à des massifs complexes qu'on pourrait interpréter autrement, il n'en est pas moins certain que des dômes existent et qu'ils coexistent avec des plis couchés. Le trait essentiel de la structure en dômes, la courbure terminale et l'arrondissement des plis autour de cette courbure, est trop fortement empreint dans la topographie, trop nettement accusé par les contours géologiques, pour qu'on puisse d'aucune manière en contester la réalité. Il faut donc en prendre son parti: la difficulté signalée au début ne peut se lever en supprimant un des deux termes qui semblent en contradiction; le problème est de montrer *comment ils peuvent se concilier.*

C'est seulement l'hiver dernier que l'étude de la Galerie à la Mer, entreprise par la Compagnie des Charbonnages des Bouches-du-Rhône, m'a mis sur la voie de ce que je crois être la solution. J'ai trouvé, en effet, auprès de Simiane, des *plis retournés*, c'est-à-dire des plis où les terrains les plus récents occupent le centre des anticlinaux, et les terrains les plus anciens les centres des synclinaux; c'est la preuve qu'il y a eu *plissement postérieur* d'une nappe de

---

(¹) J'ai été amené à scinder ce premier Mémoire en deux parties, dont la seconde, relative à la Sainte-Baume, paraîtra prochainement. C'est dans cette seconde partie seulement que seront exposés en détail les faits auxquels je fais ici allusion [cette seconde partie ne paraît pas avoir été rédigée, et n'a jamais paru].

(²) MARCEL BERTRAND. La Basse Provence, relief et lignes directrices (*Annales de Géographie*, 15 Mai 1897 et 15 Janvier 1898 [reprod. ci-dessus, Art. LI, p. 500-545]).

terrains renversés. En suivant ce premier indice, je suis arrivé de proche en proche à me convaincre *qu'il a existé sur tout le Nord de la région une grande nappe de terrains charriés horizontalement, et que cette nappe a été plissée postérieurement avec le substratum.* En d'autres termes, il y a bien coexistence entre les chevauchements et les dômes, mais ce sont deux phénomènes successifs et indépendants. Les dômes ont pu produire quelques légers renversements sur leur pourtour, mais, comme on doit s'y attentendre, ils n'ont pas donné naissance à de véritables plis couchés. Aux points seulement où le substratum de là nappe (terrains récents ou lambeaux de terrains intermédiaires renversés) a été mis au jour, le pli voisin, quel qu'il soit, prend les allures d'un pli couché, dont l'ampleur apparente dépend seulement des hasards de la dénudation. Le pli superficiel semble avoir produit là des effets énormes, tandis qu'à peu de distance, le substratum restant masqué, il paraît s'atténuer ou disparaître brusquement. La discontinuité apparente dans les phénomènes se réduit à la discontinuité dans la mise en évidence d'un phénomène général.

Ce phénomène général prend, il est vrai, une ampleur telle que l'imagination s'en effraie: on est conduit à admettre un charriage horizontal d'au moins trente kilomètres, et ce nombre est sans doute destiné à s'accroître considérablement. S'il faut convenir qu'on peut voir là une objection, elle est d'ordre trop général pour qu'il y ait lieu de la discuter ici; d'ailleurs, la solution de charriages plus importants encore s'est imposée aux meilleurs connaisseurs des Alpes Suisses et de la Chaîne Scandinave; les nouveaux progrès de nos connaissances mènent à augmenter de plus en plus l'étendue des charriages prouvés dans le bassin houiller du Nord, en Écosse, dans les Alleghanys. A mes yeux, le plus ou moins grand nombre de kilomètres importe peu; il n'y a là qu'une question de comparaison avec l'échelle à laquelle nos sens nous ont habitués, et si l'on fait l'effort de s'abstraire de ce point de départ tout subjectif, l'invraisemblance disparaît. Au point de vue de la possibilité matérielle du phénomène, il n'y a que le premier kilomètre qui coûte: du moment qu'on admet que des masses importantes peuvent cheminer, à la surface ou près de la surface, sans se disloquer (et le fait est matériellement prouvé en bien des points, notamment dans le bassin houiller du Nord), du moment que le mécanisme même du phénomène ne suscite pas d'obstacles qui entravent sa marche, il n'y a pas de raison, si les mêmes causes continuent à agir, pour que les effets, en s'ajoutant sans cesse, ne croissent pas au delà de toutes les prévisions. La moindre objection d'*ordre géométrique*, comme celle des rapports d'espace ou de surface occupés, me paraît autrement grave, si même elle frappe moins l'esprit, qu'une objection tirée d'un ordre de grandeur.

Le but de ce Mémoire est seulement d'exposer les faits qui m'ont conduit à la solution indiquée plus haut. Je n'y traiterai que de la partie occidentale de la Basse Provence (¹), la seule où j'aie encore eu le temps de suivre dans le détail l'accord des observations avec la nouvelle interprétation. Un autre Mémoire sera ultérieurement consacré à la partie orientale, jusqu'à Draguignan. Je crois pourtant utile de mettre en tête de celui-ci un résumé d'ensemble des connaissances acquises sur l'ensemble de la Basse Provence, pour bien préciser l'état des questions, pour montrer les problèmes qui se posent encore et les faits qui restent inexpliqués. On verra que la difficulté signalée au début n'est pas la seule qui subsiste dans la région, que l'allure des plis et le détail des coupes présentent en plusieurs points de remarquables singularités. La solution proposée devra naturellement aplanir ces difficultés et expliquer ces singularités apparentes. Sans présumer le résultat des nouvelles observations, que l'application de nouvelles idées théoriques rend toujours indispensable, je tiens à indiquer dès maintenant que l'hypothèse d'une nappe générale de recouvrement simplifie la plupart de ces problèmes locaux, en donne partout à l'Ouest une solution satisfaisante et qu'elle laisse dès maintenant entrevoir un résultat semblable pour la partie orientale.

(¹) Voir la Note 1 de la p. 584. Le Mémoire, contrairement à ma première intention, a été divisé en deux parties : la première, qui est publiée actuellement, traite seulement des généralités et du massif de l'Étoile; la seconde traitera de la Sainte-Baume et des massifs voisins.

II. — TRAITS GÉNÉRAUX DE LA STRUCTURE
DE LA BASSE PROVENCE.
DIFFICULTÉS NON RÉSOLUES ET ÉTAT DES QUESTIONS (¹).

COUP D'ŒIL GÉNÉRAL. BANDES TRANSVERSALES (²).

Bordure des Maures. Arrêt brusque des plis à son contact. —
Si l'on examine les cartes géologiques de la région, on voit se détacher d'abord la région cristalline des Maures, bordée au Nord par
la grande plaine permienne de Cuers. Il est facile de voir que le
massif du Tanneron, au Nord de l'Esterel, n'en est géologiquement
qu'une étroite dépendance; la dépression de Fréjus, remplie par le
Permien et ses éruptions porphyriques, est un synclinal transversal, qui interrompt la continuité des affleurements cristallins,
mais ne joue aucun rôle comparable à celui de la véritable bordure; celle-ci va en réalité de Saint-Nazaire à Toulon et à Cuers,
puis, au-delà de Vidauban, elle remonte au Nord pour suivre à peu
près la vallée du Riou blanc et de la Siagne, et aboutir auprès de
Cannes.

Il serait naturel de voir les lignes directrices des plissements
s'ordonner autour de cette bordure. Il n'en est rien cependant.
Tandis que les plis alpins se contournent, dans la région de Castellane et du Var, pour envelopper le massif cristallin, les plis
provençaux viennent s'arrêter normalement à ses bords. L'arrêt
est d'une brusquerie extraordinaire et présente partout les mêmes
caractères: les anticlinaux, formés de Trias, s'abaissent et se
diffusent dans un réseau complexe, qui ne pénètre pas dans la
plaine permienne; les synclinaux, formés de Jurassique, ou comprenant même un peu de Crétacé, conservent jusqu'au bout
leur individualité et leur importance, puis s'arrêtent tout d'un
coup, limités comme à l'emporte-pièces par une faille périphérique. Les contours de M. ZURCHER, sur la feuille de Draguignan,
mettent admirablement le fait en évidence.

(¹) Ce résumé d'ensemble reprend, à un point de vue un peu différent,
plus spécialement géologique, les considérations déjà indiquées dans mon
travail antérieur sur la Basse Provence (*Annales de Géographie*, 15 Mai
1897 et 15 Janvier 1898 [reprod. ci-dessus, Art. LI, p. 500-545]).

[(²) La pl. 1, jointe au Mémoire original, reproduit celle des *Annales de
Géographie*, portant le n° IX dans le présent volume.]

Bande triasique de l'Huveaune et de Barjols — Ces différents plis, quand on s'éloigne des Maures, prennent une direction générale Est-Ouest, jusqu'à une dépression transversale, que remplit le le Trias en plis très serrés, et qui, à peu près parallèlement à la bordure des Maures, le long de la vallée de l'Huveaune et des hauts affluents de l'Argens, s'allonge de Marseille à Saint-Zacharie, Saint-Maximin et Barjols. Une partie des plis anticlinaux viennent se fondre avec le Trias de cette dépression; mais là encore les plis synclinaux s'arrêtent, celui de Salernes en se collant contre la bande triasique, ceux du Val (massif de Bras) et du Plan d'Aups (massif de la Sainte-Baume) entourés par un rebord saillant, qui forme ou qui simule l'extrémité d'un dôme. Plus au Sud, la terminaison du pli du Beausset est cachée sous la mer.

Bande oligocène du bassin d'Aix. — De l'autre côté de la dépression triasique, les plis reprennent, avec la même direction générale (quoique avec de larges infléchissements autour des grands bassins crétacés), celui d'Esparron en face de celui de Salernes, ceux de Pourrières et de l'Olympe en face du massif de Bras, ceux d'Allauch et de l'Étoile en face de la Sainte-Baume; mais il n'y a une exacte correspondance dans la structure que pour les deux premiers. Pour les autres, l'analogie de structure ne semble pas se joindre à l'analogie de position. Les plus méridionaux de ces plis vont encore disparaître sous la mer, tandis que les autres vont se réunir dans le massif de Sainte-Victoire. Or, ce massif s'arrête aussi brusquement, au point où il atteint sa plus grande hauteur et où il fait apparaître les terrains les plus anciens. Il est limité par une troisième dépression transversale, que remplissent les terrains oligocènes discordants. Cette dépression, moins bien marquée topographiquement que les précédentes, forme la plaine d'Aix et va au Nord, après avoir suivi à peu près de la route de Pertuis à Manosque, rejoindre le cours de la Durance. Sur ce parcours, elle joue le même rôle que les précédentes; non seulement les plis du massif de Sainte-Victoire, mais plus au Nord, les plis couchés de Vinon et de Gréoux s'arrêtent à son contact.

Rôle apparent des bandes transversales. — Ainsi, la région est traversée par trois bandes parallèles, dont l'une est la bordure du massif cristallin, et qui jouent le rôle d'obstacles ou de barrières dans le champ de développement des plis principaux. La plupart

des plis arrivent normalement en face de ces bandes, et s'arrètent
à leur contact, comme en face d'un massif résistant, et pourtant
la bande de Barjols est énergiquement plissée et ses plis ce raccordent sans discontinuité avec les anticlinaux du système principal. On pourrait croire que ces bandes marquent les points où la
surface ondulée des terrains cristallins, ou autrement dit, la continuation souterraine du massif des Maures, se rapproche le plus
du jour, et cette hypothèse semblerait comfirmée par la présence
du Trias qui affleure d'une manière presque continue dans la bande de Barjols. Mais il est bien singulier alors que ce Trias, si énergiquement plissé avec ses grandes barres verticales de Muschelkalk, et formé en somme de termes relativement peu épais, ne
laisse nulle part, dans toute son étendue, apparaître les terrains
plus anciens. Il n'est pas moins singulier de le voir s'arrêter au
Nord, limité par une faille semi-circulaire, et ce qui l'est plus encore, c'est qu'au délà de cette faille la dépression continue plus au
au Nord, interrompant toujours les plis à son contact, mais correspondant alors à un simple synclinal. Tout cela n'indique guère un
rapprochement des terrains cristallins, qui semble encore moins
vraisemblable dans la dépression d'Aix. D'Ailleurs, un autre point
est à noter: ces trois dépressions marquent les lignes de pénétration
dans la région des lagunes oligocènes; elles étaient donc, dès cette
époque, des lignes de dépression, plus accentuées encore qu'aujourd'hui.

EXAMEN DES DIFFÉRENTS MASSIFS. MASSIFS COMPRIS ENTRE LES BANDES TRANSVERSALES DE CUERS ET DE BARJOLS.

Passons maintenant à l'examen des différents plis ou faisceaux
de plis; nous allons voir combien les singularités de cette structure s'accentuent et deviennent de plus en plus difficiles à comprendre quand on entre dans le détail. Entre la plaine de Cuers et celle
de Barjols s'échelonnnent, du Nord au Sud, et sans parler des plis
plus septentrionaux, quatre grands massifs: celui de Salernes et
d'Aups, celui de Bras, celui de la Sainte-Baume et le bassin du
Beausset.

Massifs de Salernes et d'Aups. — Celui de Salernes et d'Aups a été décrit en détail par M. ZURCHER ([1]). Au Sud comme au Nord-Est, les coupes montrent deux plis se renversant vers le centre du massif, avec des chevauchements qui, pour l'un et pour l'autre, dépassent deux kilomètres. Ces plis, toujours renversés l'un vers l'autre, viennent se rejoindre au-dessus de Lorgues, et en se rejoignant ils se neutralisent. Ou, si l'on veut, c'est un pli unique qui, toujours renversée vers l'intérieur du massif, viendrait tourner autour de la petite colline de Saint-Ferréol. C'est là la fin du synclinal intermédiaire, qui non seulement s'arrête là brusquement, mais montre ainsi son extrémité formant une colline isolée au milieu du

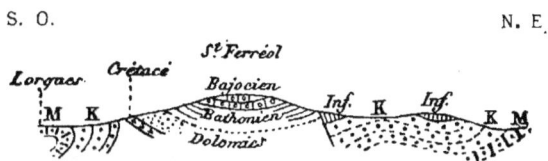

Fig. 138. — Coupe par Lorgues et Saint-Ferréol.

Inf. Infralias; K. Marnes irisées; M. Muschelkalk.

Trias, et constituée à sa base par le Crétacé, sur ses flancs par les dolomies du Jurassique supérieur et à son sommet par le Bajocien (fig. 138).

Massif de Bras. — Le massif de Bras n'a pas été décrit en détail, mais la carte très fidèle de M. ZURCHER permet d'en résumer les singularités les plus marquantes. A l'Ouest, il s'appuie contre le Trias de la dépression de Barjols par une large courbe arrondie, le long de laquelle viennent s'infléchir plusieurs plis secondaires. Une petite bande de Crétacé s'interpose entre le massif et le Trias, s'enfonce sous le Trias, et supporte plusieurs ilots de terrains jurassiques, dont la provenance reste inconnue ([2]). De l'autre côté, la terminaison est plus étrange encore. Le massif s'amincit au Sud-Est en une chaîne longue et étroite, formée par des couches verticales. On voit ces couches verticales et la rangée de collines

([1]) *Bull. Soc. Géol. de France,* 3ᵉ sér., XIX, 1890-1891, p. 1178.

([2]) MARCEL BERTRAND, Plis couchés de la région de Draguignan (*Bull. Soc. Géol. de France,* 3ᵉ sér., XVII, 1888-1889, p. 245 [reprod. ci-dessus, Art. XXXI, p. 299]).

correspondante s'avancer tout droit vers la bordure permienne, puis, sans se contourner, sans s'abaisser, disparaître en la touchant. Au pied de ces collines, le Permien étale ses couches continues, sans trace de dérangement. La colline la plus orientale s'avance un peu plus loin que les autres et se surélève à son extrémité (piton du Cannet-du-Luc). Or, comme à Saint-Ferréol, on trouve que ce piton est formé à la base de dolomies du Jurassique supérieur, couronnées par du Bathonien renversé (fig. 139 et 140).

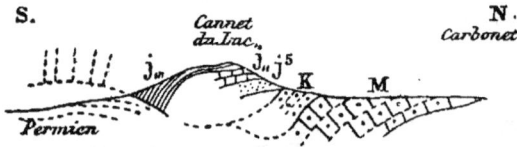

Fig. 139. — Coupe par Le Cannet-du-Luc.

j^5. Dolomies jurassiques; j_{II}. Bathonien calcaire; j_{III}. Bathonien inférieur; K. Marnes irisées; M. Muschelkalk.

« Les couches horizontales, écrivais-je en 1897 (¹), sont entourées d'une faille semi-circulaire, qui a protégé en l'enfouissant la partie renversée du pli et a supprimé la racine d'où elles provenaient. Cette coupe ... semble seulement pouvoir s'expliquer en supposant que, sur une table immobile de Permien, les terrains supérieurs aient glissé d'un mouvement d'ensemble, en se froissant et s'accidentant, d'une manière indépendante, de plis superficiels sans

Fig. 140. — Coupe passant par la Chapelle du Cannet-du-Luc.

J^5. Dolomies jurassiques; J_{II}. Bathonien calcaire; g.ᵇ. Grès Bigarré.

_____

(¹) *Annales de Géographie*, 15 Janvier 1898, p. 21 [reprod. ci-dessus, Art. LI, p. 530-531].

racines en profondeur, susceptibles par conséquent de disparaître en tout ou en partie par le seul effet des dénudations. C'est une hypothèse à laquelle j'ai souvent pensé, sans pouvoir trouver en sa faveur assez d'arguments pour la développer utilement; mais en dehors de toute hypothèse, le fait matériel, palpable, est la cessation brusque du pli avec enfouissement de son extrémité. »

Massif de la Sainte-Baume. — C'est un mode de terminaison analogue qu'on constate à l'Est pour le massif de la Sainte-Baume. Les plis qui le composent se redressent pour former la série des collines, alignées Est-Ouest, qui entourent ou prolongent le bassin de Camps, puis ils disparaissent en face de la plaine permienne, par fusion des anticlinaux et par enfouissement des synclinaux dans le Trias.

Comme il n'y a pas là de couches renversées, la difficulté peut sembler moindre; mais ce qui paraît étonnant alors, c'est la rapidité avec laquelle ont cessé les phénomènes de charriage. Ces phénomènes, déjà visibles au Sud de Brignoles, atteignent au delà de La Loube une ampleur considérable: la pénétration du Crétacé sous le Jurassique, dans le vallon de Roquebrussane, est d'au moins trois kilomètres. Elle reste au moins aussi grande jusqu'à Saint-Pons, c'est-à-dire jusqu'au voisinage de l'extrémité Ouest, et alors semble cesser de nouveau, en même temps que le massif lui-même s'abaisse et disparaît au contact de la seconde bande transversale, celle du Trias de l'Huveaune et de Barjols.

En réalité, même cette pénétration de trois kilomètres ne donne pas la mesure des déplacements subis: en avant du front de la Sainte-Baume, au Nord du Plan d'Aups, une longue bande de terrains jurassiques fait saillie au-dessus du Crétacé, et une bande d'apparence et de composition semblables, mais plus morcelée, se retrouve au Nord du bombement de la Lare, au milieu du Crétacé de Saint-Zacharie. J'ai conclu autrefois que toutes ces collines jurassiques étaient sans racine et superposées au Crétacé; j'espère dans ce Mémoire en apporter les preuves définitives. Les plus méridionales se rattachent sans discontinuité à la nappe de la Sainte-Baume; pour les plus septentrionales, celles de Saint-Zacharie, il n'y a plus continuité, et j'avais proposé un moment de les faire venir du Nord. Je montrerai qu'elles appartiennent certainement à la même nappe, et alors c'est un charriage de neuf kilomètres qu'il faut admettre. C'est ce charriage qui cesserait brusquement, sans laisser de trace plus à l'Ouest.

A l'extrémité, la ligne de crètes (« Fin de la chaîne de la Sainte-Beaume » sur la Carte de l'État-Major) décrit au-dessus du Trias une courbe arrondie qui rappelle la terminaison du massif de Bras. Le Jurassique de cette ligne de crètes est compris entre deux bandes crétacées, qui s'enfoncent sous lui de part et d'autre. Nous verrons que cette crète est entièrement superposée au Crétacé; l'arrêt du pli, ou au moins de la nappe de charriage, ne peut donc être qu'une apparence. Cette nappe ne peut pas s'être continuée vert l'Ouest, et si on ne la trouve pas, c'est ce qu'elle a été dénudée ou qu'on n'a pas su la reconnaître.

Le flanc Sud du massif de la Sainte-Baume présente encore un point remarquable et obscur, c'est la bande de Trias de Méounes, limitée par des failles courbes et enfouie entre des collines jurassiques qui, au Sud, au Nord et à l'Est (Les Tuves), montrent leurs couches s'inclinant vers le Trias. M. ZURCHER m'avait depuis longtemps suggéré l'idée que ce Trias pourrait être là en superposition anormale. De nouvelles observations ont augmenté la probabilité de cette solution qui, si elle venait à être prouvée, accentuerait encore la discontinuité des charriages.

Bassin du Beausset. — Au Sud de la Sainte-Baume s'étale le large bassin crétacé du Beausset, qui sur son bord méridional, entre Ollioules et la mer, s'enfonce sous le Trias. L'importance du mouvement qui a poussé le Trias sur le Crétacé est prouvée par les îlots triasiques qui ont échappé à la dénudation, et qui, au Sud du Beausset comme au Castellet, apparaissent au milieu des assises plus récentes.

Le Crétacé s'enfonce partout sous ces îlots tout le long de leur pourtour; il reparaît même à l'intérieur du plus important, au fond des dépressions dues à une dénudation plus profonde. On a voulu voir là un *champignon*; c'est un des cas où, à cause de la petitesse *du pied* et de largueur des bords, les objections générales faites au début s'appliqueraient avec le plus de force. Mais, en outre, il existe auprès du Beausset une preuve directe et absolue de la réalité des chevauchements, c'est la *presqu'île* de Fontanieu (1).

---

(1) Je rappelle que je ne fais que reproduire ici un des arguments invoqués dans mon premier Mémoire sur le Beausset. C'est *la concordance des coupes* des deux côtés de la vallée de Bandol qui me semblait dès lors fournir la preuve définitive de la superposition du Trias du Beausset au Crétacé.

C'est, comme je l'ai montré, une languette étroite de Trias qui, se détachant du massif du Télégraphe de La Cadière, s'avance vers l'Est au milieu des assises crétacées les plus récentes. Ces assises plongent de part et d'autre sous le Trias; la conclusion naturelle est qu'elles passent sous la laanguette. M. TOUCAS [1] et M. FOURNIER [2] ont contesté cette conclusion, et préfèrent voir dans cette languette un pli spécial, couché en éventail sur ses deux versants.

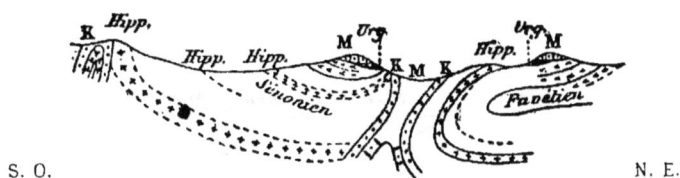

Fig. 141. — Coupe à travers la « presqu'île » de Fontanieu, d'après M. TOUCAS.

Urg. Urgonien; K. Marnes irisées; M. Muschelkalk.

Ainsi que je l'ai dit autre part [3], mais sans donner de figure nouvelle à l'appui, il suffit de comparer trois coupes parallèles voisines pour montrer à quelles impossibilités se heurte cette conception. La première coupe (fig. 141), celle qui a été donnée par

Fig. 142. — Coupe à 1 kilomètre à l'Ouest de la figure 141.

K. Marnes irisées.

M. TOUCAS, passerait à peu près au milieu de la languette. Elle montre au Sud une première masse triasique se renversant sur une première dépression crétacée, dans laquelle un sommet isolé

[1] *Bull. Soc. Géol. de France*, 3ᵉ sér., XXIV, 1896, p. 637-639, fig. 13 et 14.

[2] Compte rendu des excursions des élèves des Facultés de province, (*Annales Faculté des Sciences de Marseille*, 1895); *Bull. Soc. Géol. de France*, 3ᵉ sér., XXIV, 1896, p. 709.

[3] *Bull. Soc. Géol. de France*, 3ᵉ sér., XXIV, 1896, p. 763.

est couvert d'un chapeau triasique. Au Nord, le même Crétacé plonge sous la languette, qui se renverse aussi au Nord sur le bassin crétacé principal. Si l'on fait une seconde coupe à 1 kilomètre à l'Ouest (fig. 142), les deux nappes, celle du pli méridionnal et celle de la languette, sont arrivées à se rejoindre, à se recoller, et ne forment plus qu'une nappe continue; tout le long de la surface créée par cette réunion, le Crétacé s'enfonce sous le Trias. Enfin, si l'on fait une troisième coupe un kilomètre plus à l'Est (fig. 143),

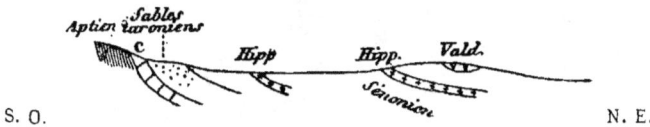

Fig. 143. — Coupe à 1 kilomètre à l'Est de la figure 141.

Vald. Valdonnien; Hipp. Couches à Hippurites.

le pli méridional, reporté d'ailleurs de près de trois kilomètres vers le Sud, continue à se renverser sur le Crétacé, mais, en face de la languette, on ne trouve plus qu'une succession régulière et uniforme, sans trace de pli ni d'accident. Toutes ces circonstances s'expliquent d'elles-mêmes, si les affleurements de Trias sont découpés dans une nappe de chevauchement, et elles sont inexplicables autrement.

La conclusion s'étend naturellement à l'îlot du Beausset, qui fait face à la languette et témoigne seulement d'un charriage plus énergique encore. De ce côté, à mes yeux, il n'y a ni incertitude, ni difficulté; mais il n'en est pas de même du côté de l'Est Le pli triasique de la bordure semble très rapidement devenir un pli droit, sans renversement. De plus, on trouve de ce côté une autre languette triasique, celle de Broussan, qui fait *à peu près* face à celle de Fontanieu, et qui se prolonge entre le Faron et le Coudon. Là seulement, au lieu d'être nettement superposée aux terrains récents, le Trias, limité par une faille périphérique, est enfoui comme à l'emporte-pièces au milieu de hautes montagnes crétacées, le Caoumé et le Coudon au Nord, le Cap Gros et le Faron au Sud. L'analogie doit pourtant, malgré les difficultés apparentes, faire examiner l'hypothèse que ce Trias soit superposé au Crétacé; une coupe relevée par M. ZURCHER, le long d'un nouveau chemin du Coudon, paraîtrait favorable à cette nouvelle interprétation. Si une nouvelle étude sur les lieux la confirmait, il resterait à chercher les rapports de ce Trias avec celui du Beausset; mais, en toute hypothèse, il y a là une structure inexpliquée.

Il faut dire enfin que les plis du Sud du Beausset se terminent en face de la bande permienne, de la même manière que ceux du massif précédent. Ici encore, trois synclinaux s'arrêtent, bordés par une faille périphérique et enfouis dans les terrains plus anciens. Une faille périphérique semblable entoure le Faron, et le fait que trois sommets voisins, de même composition, de même allure, se trouvent isolés de la même manière par des failles à contour elliptique, appelle encore l'idée que ces failles pourraient être l'affleurement d'une surface unique de glissement, fortement ondulée autour d'une position moyennement horizontale.

Résumé. — En résumé, ce premier faisceau de plis et de massifs compris entre les bandes de Cuers et de Barjols, outre le caractère fondamental de l'arrêt des plis sur le bord de ces bandes, présente une série de traits particuliers, peu explicables jusqu'ici, et qui tous appellent l'idée de phénomènes d'ensemble encore inaperçus. Les chevauchements et charriages sont plutôt plus considérables qu'on ne l'a admis jusqu'ici, et seraient en contradiction avec la brusque cessation des plis, si celle-ci n'était pas, comme à l'Ouest de la Sainte-Baume, une simple apparence. La difficulté la plus frappante est la terminaison des massifs de Salernes et de Bras, sous forme de collines isolées, enfouies dans le Trias et constituées par des couches horizontales renversées.

MASSIFS COMPRIS ENTRE LES BANDES TRANSVERSALES DE BARJOLS ET D'AIX.

Je ne parlerai ici que des massifs de Sainte-Victoire, de l'Olympe, d'Allauch et de l'Étoile. Ceux que je viens d'étudier à nouveau et que je décrirai plus loin, fournissent la preuve de chevauchements d'ampleur inattendue. D'ailleurs, les phénomènes d'arrêt et de cessation brusque sur le bord des bandes transversales sont les mêmes que dans le faisceau précédent; mais ici je montrerai, au moins pour la partie méridionale, qu'il n'y a pas arrêt réel et qu'il s'agit d'une simple apparence due à la composition variable des nappes, à leur plissement postérieur et aux inégalités des dé-

dénudations. *Il devient alors très probable*, sans pouvoir encore préciser l'explication, *qu'il en est de même pour les massifs de la première zone.*

Massif de Sainte-Victoire ([1]). — Le massif important qui vient culminer au-dessus d'Aix, à Sainte-Victoire, s'épanouit à l'Est en s'abaissant et en se morcelant en dômes juxtaposés. Il chevauche du côté du Nord sur un bassin crétacé, rempli à l'Ouest par le Néocomien, à l'Est par le Crétacé supérieur et l'Éocène lacustre. La bordure de ce bassin semble formée par une falaise continue, qui, quand on analyse de plus près sa structure, se montre constituée par une série de dômes qui viennent obliquement comme se relayer et aligner leurs extrémités. Les dépressions qui séparent les dômes ne forment que de légères encoches dans la falaise calcaire et n'interrompent pas sa continuité. C'est là, je crois, une remarque importante, qui peut mettre sur la voie d'une explication pour une partie des anomalies signalées en Provence. Si chacun des dômes était une unité indépendante, si chacun d'eux du moins avait produit pour sa part le chevauchement qui correspond à son extrémité, il serait inexplicable que tous ces chevauchements aient la même amplitude et se raccordent pour former une muraille continue; il serait encore plus inexplicable que les effets produits le long de cette falaise soient partout hors de proportion avec l'importance du sillon qui sépare les dômes. Il en résulte que vraisemblablement *les chevauchements et la formation des dômes sont deux phénomènes indépendants*, que la structure en dômes s'est superposée à la structure chevauchée, mais qu'elle ne l'a pas produite.

Le bassin crétacé sur lequel a lieu le chevauchement est coupé en deux par une nouvelle bande triasique, la petite bande de Rians, qui se dresse transversalement comme un mur d'arrêt. Le Crétacé s'élargit au contact; il envoie au Nord et au Sud des petites pointes ([2]) comme pour chercher à contourner l'obstacle, et il le con-

---

([1]) L. COLLOT, *Description géologique des environs d'Aix en Provence.* In-4°, Montpellier, 1880; Plis couchés de la feuille d'Aix (*Bull. Soc. Géol. de France*, 3e sér., XIX, 1890-1891, p. 1134).

([2]) *Bull. Soc. Géol. de France*, 3e sér., XXI, 1893, Compte rendu des séances, p. LIII, [reprod. ci-dessus, Art. XLVIII, p. 490-491]. L'explication essayée dans cette courte Note me paraît maintenant peu vraisemblable.

tourne en effet du côté du Sud; puis, de l'autre côté, le bassin reprend avec la même largeur et la même direction. Si l'on n'était pas arrêté par l'impossibilité apparente d'en trouver l'origine, on dirait que ce Trias est superposé au Crétacé et enfoui dans une dépression de sa surface.

Ce fait étrange est d'autant plus digne de remarque, qu'il se reproduit exactement un peu plus loin sur la grande bande de Barjols. La plaine crétacée d'Esparron fait place à celle de Pontevès et de Salernes, également chevauchée par le massif qui la borde au Sud. Là encore les deux bandes crétacées, comme pour chercher à se rejoindre malgré l'obstacle triasique, se faufilent le long de ses bords et là encore on dirait qu'elles passent sous l'obstacle. Je suis maintenant persuadé que cette apparence est une réalité, et j'aurai l'occasion plus loin d'en donner les raisons.

Le massif de Sainte-Victoire semble s'appuyer contre la bande triasique de Barjols par une longue faille, presque partout masquée par les dépôts oligocènes discordants. Au Sud, il paraît plonger régulièrement sous le bassin crétacé de Fuveau, sauf à l'Est où il se renverse légèrement sur les collines du Cengle.

Massif de l'Olympe ([1]). — Les autres massifs qu'il me reste à examiner sommairement seront prochainement décrits en détail; ils forment la bordure méridionale du bassin de Fuveau. Ce bassin, à son extrémité, s'amincit en une bande étroite qui, comme les plis entre lesquels elle semble comprise, s'avance normalement vers le bord de la bande triasique et disparaît avant de l'atteindre. C'est le même phénomène d'arrêt brusque qu'à Rians et qu'à Barjols; mais ici la correspondance avec le Crétacé de Bras, sur l'autre bord, apparaît avec moins d'évidence.

Le massif de l'Olympe chevauche sur le bassin de Fuveau, aussi bien sur sa pointe terminale que sur sa partie élargie. L'apparition du Crétacé dans de véritables « trous » du plateau jurassique, manifestement par dénudation et non par effondrement (à Berne et à Brunet), montre que la pénétration des terrains récents sous la masse de recouvrement est considérable. Au Sud, le massif semble se souder avec les terrains jurassiques, bien en place, du bombement de la Lare. Je montrerai qu'il s'agit au contraire de deux unités distinctes, séparées par une grande faille.

([1]) COLLOT, Plis couchés de la feuille d'Aix (*Bull. Soc. Géol. de France,* 3e sér., XIX, 1890-1891, p. 1135).

Le chevauchement de l'Olympe a été naturellement attribué à un pli couché important. Ce pli couché présenterait deux anomalies, son arrêt brusque à l'Est, et aussi l'indépendance complète de son flanc inférieur: les courbes de niveau des couches crétacées ne sont pas affectées dans leur allure par le voisinage du pli ni par l'approche de la falaise chevauchée; celle-ci est comme une masse étrangère, sans influence sur le substratum.

Il en est ainsi jusqu'au signal de Regaignas, à l'Est duquel le pli semble se redresser pour faire place à un pli droit, ou pour mieux dire à une large voûte coupée au Sud par une faille verticale. Et au moment où le pli perd ainsi son importance, subitement il perd son innocuité vis-à-vis des couches du bassin crétacé (¹): toutes les courbes de niveau et tous les accidents du bassin s'ordonnent autour de ce petit massif, qui n'est qu'une partie du massif de Regaignas de la Carte de l'État-Major, et qu'il vaut mieux désigner sous le nom de masssif de La Pomme. Il y a donc là une nouvelle anomalie: un pli peu important, ou mieux un dôme peu accentué de la bordure du bassin en règle toute l'allure; les autres plis, beaucoup plus énergiques, avec renversements et étirements, n'ont pas d'action sur cette allure. La conclusion qui s'impose, c'est que ces derniers ne sont pas de véritables plis, que ce sont au moins des accidents d'une autre nature, et là encore on se trouve donc amené à l'idée déjà énoncée, qu'il y a indépendance entre les dômes et les chevauchements.

Le massif de La Pomme est d'ailleurs séparé du massif de l'Olympe (*sensu lato*) par une rainure remplie de Crétacé, superposé au premier et s'enfonçant sous le second. La véritable continuation de ce dernier est à chercher dans les collines situées entre La Bourine et La Détrousse, ainsi que dans le petit massif de Peipin.

Massif d'Allauch. — Le petit massif de Peipin, comme l'Olympe, chevauche sur le bassin crétacé de Fuveau. Si le chevauchement est dû à un pli couché, ce pli présente une singularité tout à fait extraordinaire: il se détourne vers le Sud pendant huit kilomètres environ, contourne le massif d'Allauch, et revient, après cet énorme circuit, se raccorder, le long du bassin de Fuveau, avec sa direction première. Tout le long de ce parcours, ce pli, faillé, étiré, écrasé, se renverse sur le massif qu'il entoure. J'ai

---

(¹) Voir *Annales des Mines*, 9ᵉ sér., XIV, 1898, p. 10 et 11 [Mémoire reprod. ci-après, Art. XCV.]

indiqué, dès le début ([1]), qu'une seule explication semblait rationnellement possible: cette apparence de pli périphérique serait due
à la dénudation partielle d'une vaste nappe de recouvrement qui
aurait recouvert autrefois tout le massif d'Allauch. Dans cette hypothèse, l'allure des couches montrerait ce fait important que *les
nappes de recouvrement ont été plissées postérieurement à leur
formation*. Mais ensuite ([2]), en analysant de plus près les rapports
avec les massifs voisins, il m'a semblé impossible de trouver vers
l'Est la continuation de cette nappe de recouvrement: elle fait face
à la nappe de la Sainte-Baume, mais, d'après l'état des observations, celle-ci reposait sur un Crétacé superposé à la bande transversale triasique, tandis que le Crétacé d'Allauch s'enfonçait sous
le même Trias. Ce n'était donc pas la même nappe, ou du moins
on ne pouvait tenter un essai de raccordement qu'en faisant appel à
deux immenses décrochements, peu probables en eux-mêmes et
mal justifiés par les données d'observation. Je fus ainsi amené à
discuter une seconde hypothèse, consistant à voir dans le massif
d'Allauch une masse *affaissée*, que les terrains voisins, restés en
place, auraient eu partout tendance à recouvrir. Plus tard,
M. FOURNIER ([3]) a cru modifier cette seconde hypothèse, en pro-
posant de voir dans le massif d'Allauch une *masse surélevée*, contre
lequel les pressions auraient eu pour résultat d'écraser de toutes
parts les terrains voisins, avec tendance à s'élever sur les flancs et
à le recouvrir. Il est clair qu'avec d'autres mots c'est exactement
la même hypothèse: comme nous ne connaissons que des *mouvements relatifs*, il est complètement indifférent pour l'étude de ces
mouvements de prêter à l'une ou l'autre des parties un *mouvement réel* d'affaissement ou de soulèvement. Les difficultés mécaniques sont identiquement les mêmes dans les deux cas, bien que
l'une ou l'autre des rédactions puisse les rendre d'abord plus ou
moins frappantes à l'esprit. Or, j'ai montré que ces difficultés
étaient très grandes, et qu'elles ne pouvaient s'éluder en partie
qu'en admettant l'effet de charriages antérieurs. On retrouve donc
indirectement la même objection que dans la première hypothèse.

([1]) *C. R. Acad. Sc.*, 26 Novembre 1888 [Note reprod. ci-dessus, Art. XXX,
p. 283-286].

([2]) Le massif d'Allauch (*Bull. des Services de la Carte géol. de la France*, nº 24, Décembre 1891 [reprod. ci-dessus, Art. XLV, p. 419-486]).

([3]) *Bull. Soc. Géol. de France*, 3e sér., 1895, XXIII, p. 508.

On voit que c'est toujours la même difficulté, déjà signalée à Rians et à Barjols: les bandes triasiques transversales coupent et arrêtent les accidents, quelle que soit leur importance. Mais ces accidents reprennent de l'autre côté, *comme si la bande triasique n'existait pas*. La bande triasique apparaît donc comme un élément étranger; tout se simplifierait et s'expliquerait sans peine si le Trias était un terrain récent et discordant, comme l'Oligocène qui le surmonte. On arriverait naturellement à un résultat analogue si le Trias fait partie d'une nappe de charriage. Or, dans le cas actuel, je montrerai que le Crétacé de la Sainte-Baume n'est qu'en apparence superposé à ce Trias, qu'en réalité il s'enfonce sous lui, et va ainsi rejoindre en profondeur le Crétacé d'Allauch. Ainsi tombent les objections à la première solution que j'avais proposée.

Massifs de l'Étoile et de La Nerthe ([1]). — Le massif de l'Étoile et celui de La Nerthe, qui s'y soude étroitement, terminent vers l'Ouest la bordure méridionale du bassin de Fuveau. Le massif de l'Étoile chevauche sur le Crétacé, comme celui de l'Olympe; mais là, au contact, entre les deux s'interpose une bande complexe où tous les terrains, du Bégudien au Trias, se pressent en bandes étroites et discontinues, dont chacune presque constituait une véritable énigme. En réalité on a là affaire à une nappe de terrains renversés, avec tous les énormes et brusques étirements propres à ces nappes, et cette nappe a été affectée de plis nombreux, qui ont même souvent dépassé la verticale. Je montrerai que cette nappe se retrouve tout autour du massif, dont elle forme le substratum, et que le massif par conséquent repose tout entier sur le Crétacé. Cette conclusion est confirmée par l'existence de « trous » analogues à ceux du massif de l'Olympe, et qui, en plein milieu du massif de La Nerthe, à Valapoux et à La Folie, laissent apparaître en ellipses isolées le Crétacé sous-jacent.

RÉSUMÉ.

J'ai cru utile de montrer dans ce premier exposé les difficultés considérables qui, dans l'état de nos connaissances, s'opposaient à

([1]) COLLOT, Plis couchés de la feuille d'Aix (*Bull. Soc. Géol. de France*, 3ᵉ sér., XIX, 1890-1891, p. 1136-1140); FOURNIER (*Bull. Soc. Géol. de France*, 3ᵉ sér., XXIV, 1896, p. 255); M. BERTRAND, *Annales des Mines*, 9ᵉ sér., XIV, 1898 [Mémoire reprod. ci-après, Art. XCV].

une synthèse d'ensemble satisfaisante. Il ne s'agit pas seulement de ce que l'allure des plis a d'inusité, de ce rôle singulier des bandes transversales, parallèles au bord des Maures et semblant arrêter les plis à leur contact; il ne s'agit pas seulement de l'espèce de contradiction qui existe entre l'allure anticlinale de la bande médiane, celle de Barjols, et le rôle qu'elle a joué immédiatement après sa formation, de dépression ouvrant la voie aux lagunes oligocènes (¹). Ce sont là sans doute des apparences inusitées, mais dont on peut, sans même les expliquer, admettre la possibilité. Il n'en est déjà plus de même quand on voit de grands plis couchés cesser brusquement. Encore moins peut-on comprendre que deux grands plis couchés puissent se faire face sur les deux bords d'un même massif, et cesser tous deux ou se raccorder en demi-cercle autour de son extrémité. La difficulté prend même une forme imprévue et plus frappante encore, lorsque, comme au Cannet du Luc, la dénudation semble avoir coupé les racines des deux plis et ne laisse plus subsister de cette ensemble complexe, double pli couché et synclinal qui les sépare, qu'une colline isolée, constituée par des couches horizontales et renversées. Si l'arrêt des plis est réel, c'est encore un hasard bien étrange qui les fait souvent se correspondre deux à deux, avec tant de précision, des deux côtés du Trias qui les sépare. Si les chevauchements du Sud du bassin de Fuveau sont dus à des plis couchés, il est extraordinaire que tous ces plis soient sans influence sur l'allure des couches crétacées, et que seul, le petit massif de La Pomme en règle et en détermine toute la structure.

J'ai commencé l'énumération de ces problèmes par la partie orientale, celle dont il ne sera pas question dans ce mémoire, parce que c'est celle que je n'ai pas encore étudiée à nouveau, celle pour laquelle je ne vois pas encore se dégager une solution d'ensemble, et que je m'y sentais ainsi en quelque sorte plus impartial pour exposer les difficultés. A mesure qu'on s'avance vers l'Ouest, j'ai pu faire ressortir des indices qui suggèrent l'existence probable d'une nappe charriée, et montrer comment cette hypothèse suffirait à dissiper les contradictions. Enfin, pour le Sud du bassin de Fuveau, j'ai pu être plus affirmatif, parce que les faits nouveaux que je

(¹) Contradiction soulignée encore par le fait que la bande anticlinale, de l'autre côté de la faille qui la limite au Nord, se prolonge par un vrai synclinal, sur les bords duquel s'arrêtent aussi les plis.

vais maintenant exposer me paraissent démontrer d'une manière définitive l'existence de cette nappe générale de recouvrement. La solution, pour être satisfaisante, devra évidemment s'appliquer aussi
bien à l'Est qu'à l'Ouest du pays; par sa nature même, elle doit être
générale. Je ne suis pas encore en état de faire partout une délimi-
tation exacte entre les terrains en place et les terrains chevauchés.
La discussion pour les différents massifs fera l'objet d'autres Mémoires dont j'ai déjà recueilli en partie les éléments, et qui, je
l'espère, feront prochainement suite à celui-ci. Mais j'ai cru qu'il
y avait dès maintenant intérêt à exposer, dans une sorte de préface
commune à ces études successives, la multiplicité et la diversité
des problèmes qu'il faut éclaircir. Plus on sera pénétré des difficultés de toute sorte qu'ils présentent, moins on sera tenté d'opposer
à la solution l'invraisemblance que lui donne à première vue l'ampleur des phénomènes invoqués.

III. — LE MASSIF DE L'ÉTOILE ET SES DÉPENDANCES
(Pl. X et XI).

Plan de l'exposé. — Le massif de l'Étoile proprement dit correspond, entre le bassin de Fuveau et la plaine de Marseille, à la partie comprise entre la dépression où passe le chemin de fer d'Aix
(dépression de Septèmes) et celles où passe la route d'Italie (dépression des Maurins et de Pichauris). Les collines à l'Ouest de la
première forment le massif de La Nerthe, qui s'étend jusqu'à la
mer; à l'Est de la seconde, une autre série de collines forme le
massif d'Allauch. Chacun de ces massifs présente des traits spéciaux, dont je chercherai à analyser les raisons; il n'en convient
pas moins de les joindre dans une même étude, parce que *leur ensemble est entouré d'une ceinture discontinue de terrains renversés.* C'est ce premier point que je veux commencer par établir, car
il a été pour moi, et il reste, je crois, le point de départ naturel
des conclusions énoncées dans ce Mémoire. De plus, *ces terrains
renversés ne sont en relation de voisinage avec aucun pli important, qui puisse en expliquer l'origine.* Ces données nous permettront d'établir, que, sauf les collines d'Allauch qui sont un pointement du substratum, l'ensemble du massif de l'Étoile est superposé au Crétacé.

A. — LA CEINTURE DE TERRAINS RENVERSÉS.

La ceinture de terrains renversés se montre avec un grand développement, au Nord, dans les collines de Simiane. Après une courte interruption, elle reparaît près de Pichauris, entre les collines de Peipin et celles d'Allauch; elle pénètre très loin au Sud entre le massif d'Allauch et celui de l'Étoile, tandis qu'une autre branche, supprimée momentanément par une faille, ou peut-être seulement discontinue, s'arrondit autour de la pointe Sud-Est du massif d'Allauch, et se continue jusqu'à Allauch, où elle est masquée par l'Oligocène. On en retrouve peut-être pourtant encore un lambeau à l'Ouest près de Château-Gombert. Il est même à supposer, d'après les coupes de M. FOURNIER ([1]) et les renseignements de M. REPELIN, qu'elle affleure encore sur les bords de la mer auprès de Figuerolles.

BANDE DE SIMIANE.

Plis retournés. — J'ai écrit en détail la bande de Simiane dans un travail spécial ([2]). Je me contenterai ici, sans reproduire les discussions de détail, de rappeler les traits principaux.

La bande est énergiquement plissée; les couches sont souvent verticales, avec un pendage dominant vers le Sud. Il semble donc difficile de reconnaître si, avant le plissement, ces couches étaient ou non renversées. La chose n'est même possible que parce que *des charnières ont été conservées.* Elles montrent en plusieurs points les terrains les plus récents au centre des anticlinaux, et les terrains les plus anciens au centre des synclinaux; c'est une preuve immédiate et irréfutable.

Si l'on fait par exemple la coupe de la hauteur du Verger (fig. 144), on voit le Crétacé supérieur plonger au Sud sous l'Aptien, celui-ci sous l'Urgonien aminci, sous le Néocomien et les dolomies jurassiques, *et sous ces dernières apparaissent deux voûtes aiguës de Néocomien.* En poursuivant vers le Sud, le Néocomien s'enfonce sous les dolomies jurassiques, avec intercalation d'un peu de calcaire blanc (terme le plus supérieur du Jurassique) qui

---

([1]) *Feuille des jeunes Naturalistes,* Janvier-Avril 1895.
([2]) Le bassin crétacé de Fuveau et le bassin houiller du Nord (*Annales des Mines,* 9* sér., XIV, 1898 [Mémoire reprod. ci-après, Art. XCV]).

reparaît bientôt de l'autre côté des dolomies avec une épaisseur inusitée. Ces calcaires blancs forment une bande Est-Ouest, dans laquelle un peu plus loin perce le Néocomien (fig. 145); c'est donc un nouvel anticlinal *retourné*, semblable à ceux dont on voit la charnière dans la première partie de la coupe. Puis la série juras-sique, verticale ou légèrement renversée, continue jusqu'au Callo-vien, avec même un peu de Bathonien et de Bajocien un peu à l'Est de la coupe, et cette série s'enfonce sous le Trias.

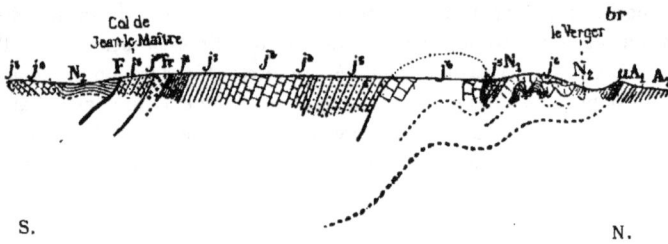

Fig. 144. — Coupe Nord-Sud par Le Verger.

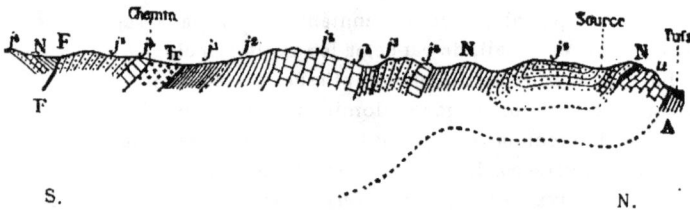

Fig. 145. — Coupe du ravin du Siège.

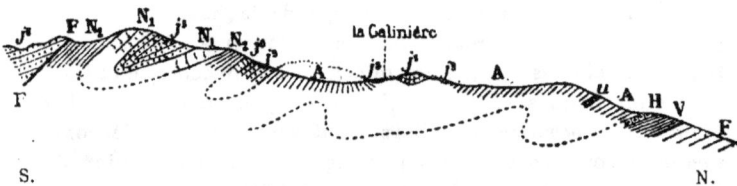

Fig. 146. — Coupe Nord-Sud par La Galinière.

F. Fuvélien; V. Valdonnien; H. Calcaires à Hippurites; A. Aptien; u. Urgo-nien; N. Néocomien (N_1. Valanginien; N_2. Hauterivien); J^6. Calcaires blancs; j^5. Dolomies; j^4. Séquanien; j^3. Oxfordien; j^1. Callovien; Tr. Trias. — F. Faille du Pilon du Roi.

Ce Trias n'est qu'une bande étroite, presque supprimée au col de Jean-le-Maitre. Du côté de l'Est, elle se prolonge avec les mêmes caractères jusqu'aux Bastidonnes, où elle est disloquée par des accidents transversaux, et plus loin (ce qui fait en tout près de cinq kilomètres), à l'état de trainée filiforme ou même de simples blocs épars. Du côté de l'Ouest, elle s'élargit et cesse brusquement au hameau des Putis. On a été tenté d'en voir une réapparition dans l'îlot dolomitique de La Galinière (fig. 146), mais j'ai montré (¹) que cet îlot était formé par des dolomies du Jurassique supérieur, superposées à l'Aptien.

Au Sud du Trias, la coupe montre encore un peu de calcaires blancs et de dolomies jurassiques, puis une grande faille ramène le Néocomien et une série régulière jusqu'à la plaine de Marseille.

La signification de cette dernière bande de Jurassique supérieur reste un peu obscure, si l'on se borne à l'examen des deux premières coupes. Mais en suivant la bande vers l'Est, on la voit, toujours bordée au Sud par la même faille, s'élargir dans les crètes de La Galère, du Pilon du Roi et de Notre-Dame des Anges. Auprès des deux premières, on voit très nettement le Néocomien s'enfoncer au Nord et au Sud sous les dolomies jurassiques; à Notre-Dame des Anges, la cuvette se renverse et l'on voit les deux Néocomiens se rejoindre sous le centre formé de dolomies. De plus, en descendant du Pilon du Roi aux Mares, près de la croisée du

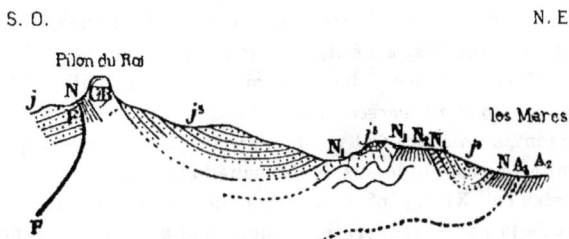

S. O.   N. E.

Fig. 147. — Coupe par le Pilon du Roi et la ferme des Mares.

A_3. Aptien supérieur, gréseux; A_2. Aptien schisteux; N. Néocomien (N_1. Valanginien; N_2. Hauterivien); C B. Calcaires blancs, valanginiens ou jurassiques; J^5 Dolomies. — F. Faille du Pilon du Roi.

chemin de Notre-Dame des Anges, on retrouve (fig. 147) une coupe analogue à celle du ravin du Verger: l'Hauterivien dessine une

(¹) Annales des Mines, 9ᵉ sér., XIV, 1898, p. 24 et 25 [Mémoire reprod. ci-après, Art. XCV].

double voûte fermée *au-dessous* du Valanginien et l'ensemble est enveloppé par les dolomies jurassiques.

Le Trias de Saint-Germain est superposé au Jurassique et au Crétacé. — Ainsi, il n'y a aucun doute possible: le Trias est bordé au Nord et au Sud par deux bandes de terrains renversés, toutes deux accidentées de plis importants. Ces plis, quelle qu'en soit l'origine, sont dus évidemment à un phénomène postérieur, et, en en faisant un moment abstraction, le problème se réduit d'abord à expliquer l'origine des deux nappes renversées. L'idée de les attribuer toutes deux à un pli en éventail, dont le Trias formerait la racine écrasée, est en elle-même bien invraisemblable, mais de plus elle est absolument et matériellement contredite par la comparaison des coupes successives. Le Trias, comme je l'ai dit, s'arrête au hameau des Putis; le Jurassique du Nord est là complètement écrasé contre ses bords, et l'Aptien pénètre en un golfe allongé (plaine de la chapelle Saint-Germain) entre le Trias et la bande jurassique du Sud. Le Trias est donc à son extrémité complètement entouré par l'Aptien, et dans cet Aptien, vers l'Est, il n'y a aucune trace de la continuation du pli énergique qui aurait amené le Trias au jour. Il faudrait supposer que ce pli s'est écrasé jusqu'à disparaître, ou en d'autres termes, que la masse du Pilon du Roi et de Notre-Dame des Anges a passé à travers l'Aptien sans laisser trace de son passage!

Le Trias est donc nécessairement superposé au Jurassique, comme le Jurassique l'est à l'Aptien. Il montre d'ailleurs au Nord et au Sud les Marnes irisées plongeant sous le Muschelkalk; *il fait partie de la nappe renversée.* Mais de plus l'étude détaillée de ce Trias montre un autre fait important, au point de vue des conclusions ultérieures: au dessous du Muschelkalk reparaissent des Marnes irisées (pl. XI, fig. n° 3). Le Trias ne comprend pas seulement le haut de la nappe renversée; il comprend aussi la base de la série normale qui devait évidemment la surmonter. Au contact des deux nappes existait une brèche de friction, dont on voit encore un lambeau sur la route de Saint-Germain.

Cette bande triasique de Saint-Germain, que nous rencontrons ainsi au début de cette étude, et qui, pour tous ceux que préoccupe le sentiment de la continuité, était une des énigmes de la région, doit son allure anormale à ce qu'elle fait partie d'une nappe de charriage. Il convient d'insister dès maintenant sur ce point, parce que des bandes analogues sont fréquentes en Provence: tantôt largement épanouies, comme l'extrémité voisine des Putis, tantôt au contraire, rétrécies en minces filets, dont la continuité devient même difficile à suivre, mais presque toujours isolées au milieu de terrains plus récents, ces bandes constituent une des principales singularités de la Géologie provençale. Or, la solution à laquelle nous arrivons, dans le cas particulier de Saint-Germain, est une *solution générale*; je prouverai successivement qu'elle s'impose, et cela par des raisonnements indépendants, pour les différentes bandes triasiques que j'aurai l'occasion d'étudier dans la suite.

Trias de La Galère. — On en rencontre déjà dans le voisinage un second exemple bien intéressant: sur le versant Sud de La Galère, au-dessus de la chapelle Saint-Germain, l'Aptien est surmonté par une série de terrains renversés: c'est d'abord (fig. 148) l'Aptien

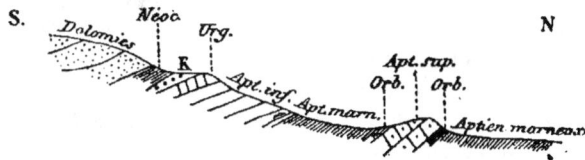

Fig. 148. — Coupe au-dessus de la chapelle Saint-Germain.

Orb. Couches à Orbitolines; K. Marnes irisées et Cargneules triasiques.

inférieur, avec ses bancs calcaires et ses silex caractéristiques, puis l'Urgonien réduit à quelques lambeaux, le Néocomien aminci et le Jurassique supérieur. Or, entre le principal lambeau urgonien et le Néocomien, on trouve un affleurement de cargneules triasiques ou infraliasiques; il n'a pas plus de 20 mètres de largeur, et se suit sur un kilomètre environ, s'amincissant encore par places jusqu'à se réduire à des blocs intermittents. Si on enlevait ce Trias, comme il se trouve en effet enlevé à l'Est et à l'Ouest, on aurait affaire à une série renversée continue, dans laquelle la présence du Trias n'apporte aucun dérangement ni aucune discontinuité; il est jeté comme en écharpe sur cette série renversée, car il n'est pas toujours entre les mêmes termes. Il se comporte comme un terain transgressif et discordant, englobé dans les mêmes plissements que le substratum. Les faits sont si nets qu'ils ne peuvent pas recevoir une autre explication: c'est un retour *par pli synclinal* de la bande triasique de Saint-Germain, et en même temps on acquiert la preuve que cette bande triasique est discordante avec son substratum, c'est-à-dire que, pendant le charriage, le Trias a été isolé par une surface de glissement secondaire, par un *thrust plane* légèrement oblique aux couches. Je renvoie pour plus de détails à ce que j'ai dit à ce sujet dans les paragraphes du Mémoire déjà cité ([1]), relatifs à l'arrangement des couches dans les nappes charriées.

Galerie à la Mer des Charbonnages des Bouches-du-Rhône. — En résumé, dans cette première région, les faits observés à la surface permettent d'établir d'une manière péremptoire l'existence d'une nappe de terrains renversés. Il est bon d'ajouter que, pour ceux qui se méfient, quelquefois avec raison, des raisonnements en Géologie, on peut espérer d'ici peu une preuve matérielle et tangible, telle que seuls peuvent en donner les travaux de mines. La Société des Charbonnages des Bouches-du-Rhône, pour assurer l'écoulement des eaux qui entravent les travaux dans une grande partie du bassin de Fuveau, a entrepris le travail gigantesque d'une galerie souterraine, qui ira rejoindre la mer par dessous le massif de l'Étoile. L'emplacement de cette galerie, choisi uniquement d'après les considérations techniques, se trouve précisément être celui qu'il aurait fallu conseiller pour éclaircir le problème géologique; la galerie passera sous la bande triasique, en un point voisin de sa plus grande largeur; elle passera sous le petit affleurement de Trias du pied de La Galère, et on peut presque affirmer, d'après les coupes de la surface, qu'elle ne rencontrera aucun de ces terrains: il est même probable qu'elle passera entièrement au-dessous de la cuvette complexe formée par la nappe renversée, ou du moins que, si elle la rencontre, elle ne la rencontrerait vraisemblablement que dans sa pointe inférieure, assez près de son extrémité pour laisser à la preuve toute son évidence. Il n'en aurait pas été de même si la galerie avait été placée plus à l'Ouest, par exemple sous le ravin du Siège (voir la coupe, fig. 145); là, la cuvette doit se creuser rapidement pour contenir la masse des terrains jurassiques, et il eût été possible que les terrains traversés présentassent encore une apparence attribuable à une racine de pli. D'un autre

([1]) *Annales des Mines*, 9ᵉ sér., XIV, 1898, p. 38 et 39, fig. 11 [Mémoire reprod. ci-après, Art. XCV].

côté à l'Est (fig. 146), on n'aurait pas passé sous les bande ₄ triasiques, et l'on aurait pu prétendre que rien n'était prouvé à leur
égard. Les circonstances sont donc exceptionnellement heureuses;
il faut seulement attendre encore quelques années cette confirmation des résultats prévus ([1]).

Galerie de Valdonne. — Il y a déjà eu d'ailleurs une confirmation du même ordre, qui, quoique moins éclatante, n'en a pas
moins son prix. La Compagnie de Valdonne a entrepris, auprès de
Cadolive, une galerie de recherches à peu près au niveau de la
mer, et l'a poussée jusqu'à la rencontre des terrains du massif de
l'Étoile (voir fig. 152, p. 617). Cette galerie, sur laquelle je reviendrai, passe au-dessous de l'extrémité de la nappe renversée, là très
amincie et formée uniquement de couches aptiennes. Elle n'a pas
rencontré ces couches aptiennes de la surface, et a seulement
constaté auprès de la faille un relèvement et un retour des couches de la série fluvio-lacustre. La nappe renversée ne descend
donc pas là jusqu'au niveau de la mer, et est tout entière englobée
dans une cuvette du Crétacé supérieur.

La nappe renversée à l'Ouest de Simiane. — L'existence de la
nappe renversée étant ainsi établie, étudions ce qu'elle devient de
part et d'autre de la partie médiane. Du côté de l'Ouest, à moins
de deux kilomètres du Verger, on voit s'intercaler un élément nouveau d'un grand intérêt: c'est un poudingue mêlé à des couches
argileuses, dont M. COLLOT a montré d'abord l'association avec
des calcaires à faune rognacienne, et dont M. VASSEUR plus récemment, en le retrouvant dans la série normale, a pu établir
avec plus de précision l'âge bégudien. L'intérêt de ce poudingue
tient à ce qu'il se présente comme le Trias de La Galère, avec
les allures d'un terrain discordant. Il est bien englobé dans les
plissements, mais il s'y trouve en contact successivement avec
tous les terrains, de l'Aptien au Jurassique supérieur. C'est d'a-
bord un étroit liséré intercalé entre l'Aptien et l'Urgonien; en
face de la station de Bouc-Cabriès, il s'élargit en prenant la place
de l'Urgonien et du Néocomien qui s'arrêtent à son contact; la
bande dilatée se trouve alors comprise entre l'Aptien au Nord et le

---

([1]) La Galerie à la Mer doit avoir une longueur totale de 14 700 mètres.
On a déjà percé environ 6 kilomètres du côté de la mer, et 1 200 mètres
du côté du Nord.

Jurassique supérieur au Sud. Au delà du chemin de fer, l'Urgonien et les dolomies jurassiques reparaissent au Nord des poudingues, et si l'on trace avec soin tous les affleurements, si on les rejoint entre eux *sans tenir compte de l'existence des poudingues*,
on trouve qu'ils formeraient bien une série de bandes parallèles
en prolongation de celles de l'Est. En plan comme en coupe, *l'allure des couches se continue comme si les poudingues n'existaient
pas*. C'est exactement ce que j'ai indiqué plus haut pour le petit
affleurement triasique de La Galère.

L'explication semble d'abord évidente: le poudingue est discordant, et cette discordance, ainsi qu'on l'a souvent admis, indiquerait que le massif de l'Étoile était déjà partiellement émergé au moment du dépôt du Bégudien. Mais, en y réfléchissant, cette explication est incompatible avec les données précédentes. Ce n'est pas
le massif de l'Étoile, mais bien une partie de notre nappe de charriage que le poudingue bégudien aurait recouvert en discordance;
et comme ce poudingue bégudien existe dans la série normale voisine, celle au-dessus de laquelle ont eu lieu les charriages, comme
par conséquent le charriage est postérieur au Bégudien, il ne peut
y avoir là qu'une apparence trompeuse.

Si le poudingue ne peut pas être discordant *au-dessus* de la nappe charriée, c'est qu'il est discordant *au-dessous* d'elle. En d'autres termes c'est une apparition du substratum, qui correspond à
un *bombement auticlinal*, comme celle du Trias de La Galère correspondait à un pli synclinal. Ce poudingue, avec les marnes qui

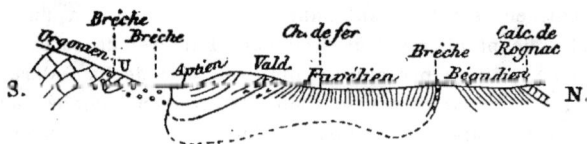

Fig. 149. — Coupe près de la station de Bouc.

l'accompagnent, *représente donc ici la surface sur laquelle s'est
fait le glissement*, conclusion importante qui va nous permettre
de préciser au Nord la limite de la nappe renversée.

C'est en effet une chose bien remarquable, c'est même, si l'on
veut, en apparence, une objection possible aux conclusions précédentes, que les coupes relevées en cette partie, ou plus à l'Est jusqu'aux Cayols, ne montrent pas une limite nette entre la nappe

renversée et les terrains en place. La série renversée se continue au Nord (fig. 149) en se rapprochant de plus en plus de la verticale, puis les couches s'inclinent en sens inverse en concordance sous le grand plateau éocène de Roquefavour. A l'Est la limite est marquée par une faille, que les exploitants appellent faille du Safre ([1]): ici il n'y a plus de faille visible et toute limite semble avoir disparu.

Or, dans cette série continue, au point où elle est à peu près verticale, M. VASSEUR, comme je l'ai dit, a retrouvé les poudingues bégudiens. Leur affleurement n'est pas là à plus de 500 mètres de la bande précédemment décrite; leur affleurement Nord, comme leur affleurement Sud, doit donc également représenter la surface de glissement. La coupe s'explique conformément aux pointillés, et l'affleurement de la brèche, qui est, en effet, dans la prolongation de la faille du Safre, marquerait la limite Nord de la nappe renversée. J'essaierai de montrer plus tard, en discutant le mécanisme général de ces phénomènes, que cette continuité locale entre le substratum et la nappe renversée n'a rien d'étonnant ni de contradictoire.

Je n'ai pas fait en détail l'étude de la partie située à l'Ouest du chemin de fer. J'en ai donné précédemment ([2]) quelques coupes, et la nappe renversée me semble, d'après ce que j'ai vu, tenir dans les affleurements une place considérable. Mais il convient, avant d'en parler plus longuement, d'attendre le résultat des études entreprises par MM. VASSEUR et REPELIN. On peut dire pourtant dès maintenant que la bande comprise jusqu'au delà du tunnel de La Nerthe entre deux lignes d'affleurement de la brèche, doit, par continuité, représenter un synclinal de la nappe renversée, ou, si celle-ci vient à s'étirer et à manquer complètement, un synclinal de la nappe supérieure de charriage. Cette bande comprend de l'Aptien et du Crétacé supérieur; elle est très complexe et il est possible que le substratum y reparaisse par places, sous la brèche. Mais ce ne seraient en tout cas que des pointements peu importants.

([1]) Cette faille est parallèle aux couches et plissée avec elle. Voir, pour la faille du Safre et pour la faille de La Diote, le Mémoire déjà cité sur le bassin de Fuveau et le bassin houiller du Nord (*Annales des Mines*, 9ᵉ sér., IV, 1898 [Mémoire reprod. ci-après, Art. XCV]).

([2]) Mémoire cité, p. 43, fig. 13.

Tranchée de Rebuty. — Cette conclusion, qui jusqu'à nouvel ordre me paraît nécessaire, peut sembler contradictoire avec la coupe connue de la tranchée du chemin de fer près de Rebuty; je ne le crois pas. Cette coupe (fig. 150), dont j'emprunte les éléments à celle de M. MATHERON ([1]), présente, indépendamment de toute interprétation, une grande singularité: les poudingues bégudiens et les argiles à Reptiles, que la tranchée du chemin de fer a trouvées associées avec eux, semblent posés en discordance sur la série du Crétacé inférieur. D'après les inclinaisons indiquées par

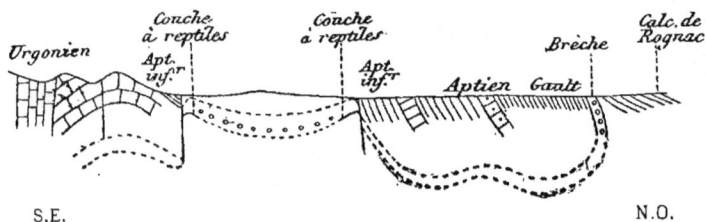

Fig. 150. — Coupe de la tranchée de Rebuty et de l'extrémité du tunnel de La Nerthe.

M. MATHERON, l'affleurement bégudien formerait une cuvette à bords réguliers et faiblement relevés, tandis que la série inférieure (Urgonien et Aptien), à couches beaucoup plus inclinées, se poursuivrait au-dessous *comme si les poudingues n'existaient pas.* Cette indépendance des deux séries est encore bien plus frappante, si l'on poursuit l'examen plus à l'Ouest: la cuvette bégudienne se ferme, et dans sa prolongation, comme l'indique la carte de M. COLLOT, et comme l'a vérifié M. REPELIN, il n'y a ni faille ni accident d'aucune sorte; l'Aptien de Gignac surmonte l'Urgonien et va passer régulièrement sous le Gault. D'après ces données, la cuvette de la tranchée se présente donc bien avec l'apparence de terrains discordants.

Cette discordance est inadmissible; elle serait en opposition avec toutes les coupes de la région. Il faudrait donc, pour expliquer les apparences observées, invoquer un affaissement sur place, dont la hauteur serait de plusieurs centaines de mètres. Ce n'est pas une impossibilité, mais cela n'est pas moins invraisemblable que le

([1]) *Bull. Soc Géol. de France,* 2ᵉ sér. , XXI, 1863-1864, pl. VII.

mouvement en sens inverse supposé par la coupe, mouvement dont l'amplitude n'aurait pas besoin d'être aussi grande.

Mais surtout, il faut remarquer que cet affleurement de poudingues bégudiens est en continuité avec ceux du voisinage de la tranchée de Septèmes, qui présentent la même apparence de discordance, et pour lesquels j'ai pu montrer avec certitude la raison de cette apparence. Elle est due près de Septèmes à un charriage de terrains plus anciens, auquel le poudingue a servi de substratum; il serait bien étrange qu'à quelques kilomètres de là, pour la même bande de poudingues, la même apparence ne fût pas due aux mêmes phénomènes. Ce qui pourrait faire hésiter, c'est que l'inclinaison des bancs observée, d'après M. MATHERON, dans les travaux de la tranchée, est précisément opposée à celle que devait faire prévoir l'hypothèse. L'hypothèse mène à considérer le poudingue comme perçant en anticlinal; or, les couches affectent au contraire la forme d'une cuvette. J'ai supposé provisoirement, pour expliquer la chose, deux failles verticales, dont l'une d'ailleurs est indiquée par M. MATHERON; mais en tous cas il faut remarquer que l'inclinaison des couches bégudiennes vers le Nord est tout à fait locale, que partout ailleurs, à l'Ouest de la route des Pennes, elles s'enfoncent au Sud sous la falaise jurassique et urgonienne, que c'est là par conséquent leur allure normale, et qu'une coupe unique, dont les détails ne sont plus observables, ne peut à elle seule faire rejeter la signification commune de toutes les autres [1].

Pour toutes ces raisons, auxquelles viendront s'ajouter les coupes de La Folie et de Valapoux (voir plus loin, p. 649), je crois que

---

[1] Il est utile de citer exactement le texte de M. MATHERON (*Bull. Soc. Géol. de France*, 2e sér., XXI, 1863 - 1864, p. 517):

« Peu après le puits n° 7, le souterrain entre dans un groupe de couches qui appartiennent au terrain aptien. Ces couches sont peu nombreuses; elles sont amincies et paraissent correspondre à un ancien littoral. Après les avoir traversées, le souterrain entre en entier dans un bassin lacustre, qui se prolonge jusqu'à mi-distance entre les puits n° 4 et n° 3.

« Dans cette partie de son parcours, le souterrain est établi à travers des roches généralement marneuses ou argileuses, n'offrant que fort rarement des traces certaines de stratification, et au milieu desquelles sont des amas irréguliers, plus ou moins considérables, de conglomérats polygéniques, dans lesquelles prédominent les éléments calcaires et un ciment très argileux, plus ou moins rouge.

le poudingue de Rebuty, comme celui de la tranchée de Septèmes, fait partie du substratum des nappes charriées. Je n'ose par contre me prononcer sur la question de savoir si la nappe renversée affleure encore dans cette partie. Mais je tenais à montrer qu'il n'y avait rien là d'inconciliable avec les coupes décrites plus à l'Est.

La nappe renversée à l'Est de Simiane. — La nappe renversée se continue à l'Est de Simiane jusqu'auprès de Saint-Savournin, avec une largeur progressivement diminuée; puis elle disparaît momentanément, non parce qu'elle a été dénudée, non parce qu'elle cesse d'exister, mais parce qu'elle passe en profondeur sous le massif de l'Étoile. Une circonstance favorable permet d'établir les conditions de cette disparition, c'est l'existence de failles transversales, qui déchiquetent en quelque sorte le bord du massif jurassique et permettent ainsi d'étudier sur une plus grande largeur la nature des contacts.

Nous avons vu que la nappe renversée dans sa partie médiane comprenait: une bande de Crétacé supérieur, une bande d'Aptien, une première bande de Jurassique supérieur surmonté de Trias, puis une seconde bande de Jurassique arrêtée au Sud par une faille. Avant Les Putis, la première bande de Jurassique disparaît par étirement entre l'Aptien et le Trias; après Les Putis, le Trias disparaît par dénudation, et il ne reste plus, au Sud du Crétacé supérieur, qu'une bande d'Aptien et une bande de Jurassique supérieur accompagné de Néocomien. La distinction de ces bandes n'a d'ailleurs rien d'arbitraire: elles forment des unités nettement délimi-

« Ce qu'il y a de très remarquable dans ce petit bassin lacustre, c'est une couche bitumineuse qui a été rencontrée s'inclinant au Nord vers le puits n° 7 et au Sud vers le puits n° 4, et qui est caractérisée par une grande quantité d'ossements de Sauriens et par des coquilles terrestres fluviatiles.

« Mêlées aux ossements de Sauriens se trouvent des dents de Crocodile, appartenant à une espèce qui paraît nouvelle. Les coquilles appartiennent aux genres *Cyclostoma, Physa, Melania* et *Unio*. . . Quelques-unes d'entre elles se retrouvent dans les environs de Rognac.

« En sortant de ces roches ou argiles d'origine lacustre ou fluvio-lacustre, le souterrain entre tout à coup, après un plan vertical de glissement, dans les marnes aptiennes inférieures, qui ont offert à l'observation quelques fossiles remarquables, tels que le *Nautilus neocomiensis* et l'*Ancyloceras matheronianus.* »

tées par des sufaces de glissement secondaires, qui ont été plissées avec les couches; elles s'élargissent ou s'amincissent, se complètent ou disparaissent, indépendamment les unes des autres.

Après Mimet et Saint-Savournin, la faille du Safre, qui limite au Nord la nappe renversée, se réunit à un autre faille plus septentrionale, la faille de La Diote (¹), et se rapproche de plus en plus du massif de l'Étoile; en même temps l'Aptien, tonjours plissé, se réduit à une surface de plus en plus étroite, et entre cet Aptien et le Bathonien qui forme là la base du massif de l'Étoile (fig. 151),

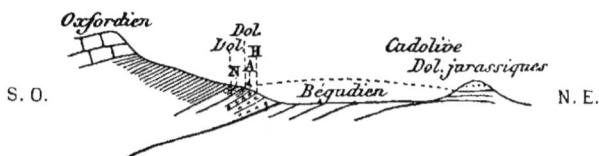

Oxfordien
Dol.
Dol.
H
N A
Cadolive
Dol. jurassiques
S. O.
Bégudien
N. E.

Fig. 151. — Coupe à Cadolive.

H. Calcaires à Hippurites; A. Aptien; N. Néocomien; Dol. Dolomies.

il n'y a plus qu'un mince liseré de dolomies. Ces dolomies s'avançaient plus au Nord, car elles forment le chapeau de deux petites collines crétacés (bégudiennes) auprès de Cadolive; l'Aptien au contraire est là très voisin de sa limite septentrionale; il ne s'étendait pas au Nord jusqu'à ces mêmes collines, où autrement il devrait exister entre le Jurassique et le Bégudien.

Un peu après Cadolive, une première faille transversale rejette la limite jurassique d'environ 500 mètres vers le Nord. Cette faille a été reconnue par les travaux d'exploitation, où elle porte le nom de *faille de 80 mètres*; ce n'est pas, comme on aurait pu le le croire, une faille de décrochement, c'est une simple faille d'affaissement, dont la dénivellation verticale, ainsi que son nom l'indique, est de 80 mètres. Cette faible dénivellation suffit pour produire un rejet horizontal de 500 mètres; la pente moyenne de la surface de contact entre le Crétacé et le Jurassique est donc au plus de 1/6.

A l'Est de la faille, on trouve encore un peu de Crétacé supé-

(¹) Mémoire cité, p. 13-16.

rieur renversé; on ne trouve plus rien de la bande aptienne, ni de la bande dolomitique; elles sont tout entières sous la partie non dénudée du massif et se coincent avant d'arriver au jour. D'ailleurs, elles ne s'avancent pas non plus profondément au Sud; car la galerie de recherches, dont il a déjà été question, à un niveau voisin du niveau de la mer, est sortie directement du Crétacé supérieur dans le Trias (fig. 152), sans interposition d'aucun terrain intermédiaire. La nappe renversée se coinçait donc au Sud comme au Nord, et formait là *sous le massif de l'Étoile* une bande de 1 kilomètre seulement de largeur. Elle ne reparaît pas au jour jusqu'au Terme, sauf peut-être un petit lambeau de dolomies rencontré

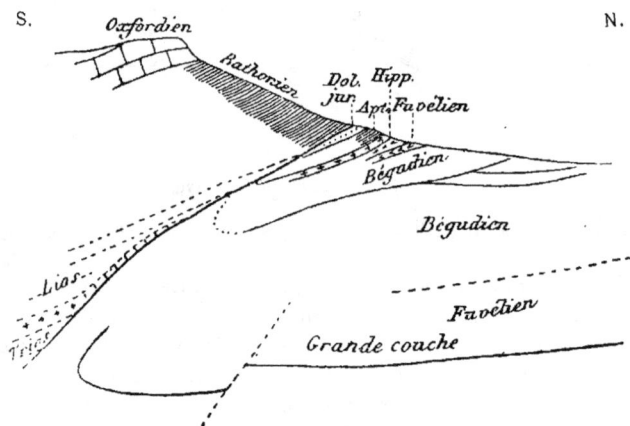

Fig. 152. — Coupe par la galerie de Valdonne.

près de la surface dans la galerie de traînage dont M. COLLOT a donné la coupe (¹). La petite bordure de Crétacé supérieur renversé disparaît elle-même dans cette partie.

Avant le Terme, une seconde faille transversale, de moindre amplitude, a encore rejeté la falaise jurassique vers le Nord. Enfin, au Terme même, c'est-à-dire au petit col où passe la route nationale, une troisième faille accentuée la rejette encore de 400 mètres dans le même sens. Cette faille (*faille Doria*) est également recon-

----

(¹) *Bull. Soc. Géol. de France*, 3ᵉ sér., XIX, 1890-1891, p. 1140. J'ai proposé une interprétation un peu différente (*Annales des Mines*, 9ᵉ sér., XIV, 1898, p. 41).

nue par les travaux souterrains, et on lui attribue 300 mètres de dénivellation verticale; la pente de la surface de contact est donc là un peu inférieure à 45 degrés. Les terrains renversés, comme on doit s'y attendre, continuent à faire défaut le long de la bordure à l'Est de la faille.

La faille Doria n'est donc pas, comme je l'avais cru autrefois (¹), une faille de décrochement; elle ne décroche le bord du massif jurassique que par ce que la base de ce massif est limitée par une surface inclinée sur l'horizon. Il n'est pas exact non plus, comme je l'avais cru, qu'on ne puisse la suivre au Sud du Terme, ou du moins qu'elle passe sans laisser de trace au milieu des dolomies infraliasiques; elle met ces dolomies en conctact successivement avec le Lias et avec les couches à *Avicula contorta*, mais vers le Sud, la dénivellation diminue rapidement d'amplitude et change même de sens. Le fait serait difficilement compatible avec l'importance de la faille, s'il n'y avait là en réalité deux failles distinctes, dont les effets s'ajoutent auprès du Terme, mais qui plus loin se séparent en reprenant leur individualité. Je crois que la faille principale dessine en affleurement une courbe assez prononcée et s'infléchit au Sud-Est le long de la bordure orientale du massif d'Allauch. En tout cas, il suffit pour le moment d'avoir montré que la nappe renversée *disparaît en s'engageant sous le massif de l'Étoile*, et que, nécessairement, elle se continue plus ou moins loin sous ce massif dans la direction du Sud-Est. Nous allons voir maintenant que, précisément dans cette direction, elle reparaît avec tous ses caractères, à une distance de moins de deux kilomètres.

POURTOUR DU MASSIF D'ALLAUCH.

Traits généraux de la structure du massif. — J'ai longuement décrit autrefois le massif d'Allauch, et au point de vue d'une description des faits, je n'aurai que peu de chose à ajouter à ce que j'en ai dit. Mais au point de vue de l'interprétation, la liaison, déjà prévue (²), de l'Aptien de Pichauris avec celui de la bande de

(¹) M. BERTRAND, Le massif d'Allauch (*Bull. Services Carte géol. de la France*, III, n° 24, 1891, p. 27 [reprod. ci-dessus, p. 449]).

(²) M. BERTRAND, Le massif d'Allauch, p. 45, [reprod. ci-dessus, p. 475]; FOURNIER, *Bull. Soc. Géol. de France*, 3ᵉ sér., XXIII, 1895, p. 523 et XXV, 1897, p. 36.

Simiane permet de préciser la signification d'une des bandes périphériques; cette signification est confirmée par une coupe importante (voir la coupe de La Treille, pl. X), qui avait passé inaperçue,
et actuellement je crois qu'il ne peut plus rester aucun doute sur
la réalité de la première hypothèse que j'avais proposée ([1]), sur le
fait que le massif d'Allauch est une saillie du substratum perçant
au milieu d'une nappe de recouvrement.

Je rappelle d'abord les traits essentiels de la structure: un grand
triangle de terrains crétacés à peu près horizontaux, où domine le
Néocomien inférieur (Valanginien), se trouve isolé au Nord-Ouest
et à l'Est par deux grandes failles d'apparence verticale; au Sud, il
est limité par un retroussement des couches, englobant un synclinal couché de Crétacé supérieur. Cet ensemble forme un plateau
rocheux et élevé, nettement séparé de tout ce qui l'entoure.

Autour de ce plateau, on suit à peu près sans discontinuité ([2])
une bande de Trias (ou de Rhétien), qui s'épanouit assez largement auprès de Pichauris, mais qui partout ailleurs se réduit à
un mince liseré, quelquefois de quelques mètres à peine, prenant
des allures de filon au milieu des couches les plus diverses et rappelant tout à fait les caractères de l'extrémité Ouest du Trias de
Saint-Germain. Le Trias est partout incliné comme pour passer
au-dessus du massif central. De plus, entre le Trias et ce massif,
s'interpose de place en place une bande de terrains renversés, que
présente une singularité: les terrains qui la composent n'ont ni le
même faciès, ni le même développement que ceux du massif: ainsi le Néocomien est exceptionnellement développé d'un côté et
l'est beaucoup moins de l'autre; l'Aptien fait défaut dans le massif et est épais dans la bande renversée. Les différences de faciès
sont très sensibles entre cette bande et les terrains extérieurs à la
ceinture triasique.

Ce que je me propose d'établir ici, c'est que la bande renversée
n'est pas le flanc inférieur d'un pli couché qui aurait sa racine

---

([1]) *C. R. Acad. Sc.*, 26 Novembre 1888 [reprod. ci-dessus, Art. XXX,
p. 283-286]. C'est la deuxième hypothèse de la Note sur le massif d'Allauch
(*Bull. Services Carte géol. de la France*, n° 24 [ci-dessus, p. 473-480]).

([2]) Une des interruptions les plus importantes, qui figurait sur ma carte de 1891, a été comblée par une observation de M. BRESSON, qui m'a indiqué l'existence d'un nouvel affleurement triasique au-dessus du ravin des
Maurins. Il ne reste donc plus d'interruption que sur 1 500 mètres à peine
de longueur, en face des Mies, le long de la faille occidentale.

dans la bande triasique, que c'est la continuation de la nappe de Simiane, et que, comme cette dernière, elle a été, après sa formation, affectée de plis importants.

Région de Pichauris. — La région de Pichauris, au Nord du massif d'Allauch, est caractérisée par un grand développement du Trias et du Rhétien (couches à *Avicula contorta*), auxquels se juxtapose brusquement de l'Aptien, sous forme de puissantes masses de calcaires à silex. Le contour de l'Aptien dessine une pointe arrondie vers le Nord-Ouest; tout le long de cette pointe, l'Aptien plonge sous des couches plus anciennes, d'abord au Nord sous un peu d'Aptien inférieur, puis à l'Ouest sous une série jurassique amincie et renversée ([1]), qui elle-même s'enfonce sous le Trias. Sous la colline 625, le plongement est même très faible, et les couches du Trias superposé sont presque horizontales. A l'Est, le Trias est bientôt supprimé par une faille, qui met directement l'Aptien en contact avec le Lias et le Bajocien en série normale. Au Sud, l'Aptien repose sur le Sénonien du massif d'Allauch ([2]). On peut s'étonner il est vrai en ce point du développement considérable de l'Aptien, qui ne semble pas d'abord pouvoir appartenir à la même série renversée que les terrains jurassiques voisins, réduits et étirés. L'étude de la nappe de Simiane, en la montrant composée de plusieurs nappes secondaires, qui se gonflent, s'étirent ou se coincent d'une manière indépendante, supprime cette objection apparente; d'ailleurs, si l'on voulait admettre une faille, il faudrait, en tout cas, la supposer à peu près horizontale; la superposition de l'Aptien sur le Sénonien est manifeste et se voit en plusieurs points.

L'Aptien est donc renversé, comme la série qui le surmonte. Il ne correspond pas à un synclinal enfoncé, hypothèse que j'avais cru devoir examiner et discuter, *mais à un bombement d'une nappe renversée.* Cette nappe s'enfonce au Nord-Ouest sous le Jurassique, juste en face du point où nous avons vu la nappe de Simiane *s'enfoncer sous le même Jurassique*; les deux nappes sont d'ailleurs formées des mêmes terrains et caractérisées par le même développement de l'Aptien à silex, qui dans toute la région n'est pas connu autre part et ne se retrouverait que bien loin au Sud-Ouest, au Sud du bassin du Beausset. La correspondance et la

---

([1]) Le massif d'Allauch, p. 20, fig. 15 [reprod. ci-dessus, p. 444, fig. 114].
([2]) Le massif d'Allauch, p. 19, fig. 14 [reprod. ci-dessus, p. 442, fig. 113].

jonction souterraine des deux nappes renversées ne peut donc faire l'objet d'aucun doute, et même le trajet souterrain peut, se suivre un certain temps à la surface par la continuation du bombement qui a fait apparaître l'Aptien et qui se répercute naturellement dans les terrains superposés. J'ai pu constater en effet qu'une bande de Rhétien, comprise entre deux dolomies infraliasiques, se continue jusqu'à la faille du Terme, et juste en face, de l'autre côté de la faille, se trouve le bombement rencontré par la galerie du Terme et figuré par M. COLLOT ([1]). C'est, soit dit en passant, une nouvelle preuve que la faille du Terme n'est pas une faille de décrochement.

Ainsi la nappe de Simiane, après avoir passé *en tunnel* sous une pointe du massif de l'Étoile, remonte au jour et affleure de nouveau au Nord du massif d'Allauch. En s'approchant du massif, elle s'élève de plus en plus, ainsi que le Sénonien sur lequel elle repose, et disparaît alors *par dénudation*, après avoir été suivie sur un trajet de plus de trente kilomètres. Cette disparition n'est que momentanée; nous allons voir la même nappe reparaître plus au Sud, avec le même développement des mêmes couches aptiennes. Mais auparavant il convient de montrer que, dans le voisinage plus immédiat de Pichauris, la partie supérieure de cette nappe se montre encore, au centre d'une boutonnière, entre le massif de l'Étoile et celui d'Allauch, le long de la prolongation méridionale de la faille du Terme.

Réapparition de la nappe renversée près de l'auberge de Pichauris. — J'ai exposé autrefois ([2]) qu'à l'Ouest de la colline 625, de l'autre côté des affleurements de Trias sous lesquels s'enfonce l'Aptien précédemment décrit, on retrouve encore le Jurassique renversé, plongeant en sens inverse sous le même Trias. La coupe est bien exposée le long du chemin de Pichauris à l'Auberge. J'ai indiqué alors, mais sans m'y arrêter (p. 45, fig. 26 [ci-dessus, p. 476, fig. 125]), la possibilité de concevoir que les deux Jurassiques (voir p. 446, fig. 117) se rejoignent sous le Trias; j'étais arrêté par l'hypothèse, qui me semblait alors trop hardie, d'admettre un pli couché dans une nappe renversée.

([1]) *Bull. Soc. Géol. de France*, 3ᵉ sér., XIX, 1890-1891, p. 1140.
([2]) Le massif d'Allauch, p. 21, fig. 16 et 17 [reprod. ci-dessus, p. 445 et 446, fig. 115 et 116]; p. 45, fig. 26 [reprod. p. 476, fig. 126].

Une nouvelle étude m'a montré qu'en tout cas le Bathonien, qui affleure sur le chemin entre deux bandes de Lias, n'est pas dans un synclinal. Si l'on cherche sa continuation au-dessus de la route, on la voit se coincer bientôt entre le Lias et l'Infralias, qui se rejoignent *au-dessus de lui*, et le contact de ces deux terrains est marqué par une ligne de discontinuité assez nette, qui va rejoindre le Rhétien du pied des coteaux triasiques, 400 mètres environ au-dessus de la ferme. Au pied de ces coteaux cultivés affleure le Lias à *Gryphæa Cymbium*, et le coteau boisé qui s'élève à l'Ouest montre à la base le Rhétien et au sommet les dolomies infraliasiques. On peut donc supposer qu'il y a là une faille séparant une série renversée d'une série normale; mais s'il n'y a pas de faille, et en effet je n'ai pas pu en trouver la trace sur le chemin, l'apparition du Bathonien ne pourrait être due qu'à *un anticlinal de la nappe renversée.*

Cette explication est confirmée par la coupe, qui, sur la rive gauche du même vallon de Pichauris, fait face à la précédente

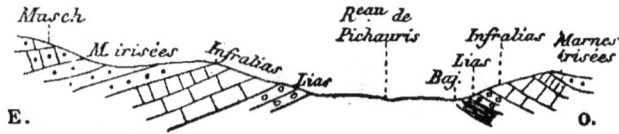

Fig. 153. — Coupe normale au ruisseau de Pichauris,
au-dessous de la ferme.

(fig. 153): le bas du talus est formé par le Lias, qui dessine une petite voûte, au-dessus de laquelle s'étale l'Infralias, et l'ensemble de ces terrains supporte une plate-forme de champs cultivés, constituée par les Marnes irisées, qui, avec leur teinte rouge caractéristique, s'enfoncent au Sud sous le Muschelkalk.

Si maintenant on suit le bord du Trias du côté de La Verrerie, on rencontre plusieurs ravins, qui ne pénètrent pas dans le Trias à peu près horizontal, mais qui prennent naissance à sa limite méridionale, s'enfonçant rapidement au-dessous du niveau du Trias et montrant ainsi son substratum. Ce substratum, particulièrement bien visible dans le ravin le plus occidental, se présente partout de la même manière (fig. 154); il est formé de couches jurassiques à peu près horizontales, renversées, et d'épaisseur très réduite.

Tous ces affleurements de terrains renversés sont limités à l'Est par une faille, qui est dans la continuation de la faille du Terme, et à l'Est de laquelle on ne rencontre plus qu'une série normale.

Fig. 154. — Coupe du haut du ravin de La Verrerie.

Cette faille, déjà tracée sur mon ancienne carte, a seulement ici, comme je l'ai dit plus haut, une dénivellation de sens contraire à celle qu'elle présente au Terme; cette circonstance s'explique en partie par le fait d'une légère voûte qui prend naissance à l'Ouest de la faille, la suit parallèlement, et abaisse ainsi les terrains en contact avec la lèvre occidentale (fig. 155).

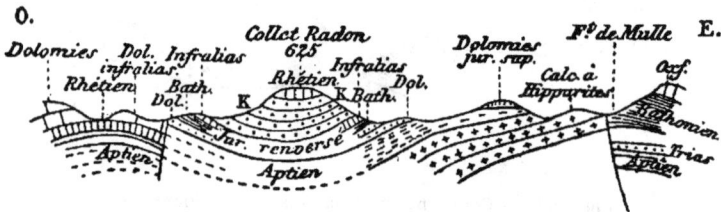

Fig. 155. — Coupe Est-Ouest par Collet-Redon ([']).

Ainsi, partout le Trias de Pichauris repose sur un socle de terrains renversés, qui raccompagne ses contours, quelle que soit leur sinuosité. A l'Est ces terrains appartiennent à la nappe de Simiane, *qui s'étend sur trente kilomètres.* Il n'est guère probable *a priori* qu'à un kilomètre plus à l'Ouest, on trouve, à côté de la grande nappe, une petite nappe toute semblable et due à une origine différente, d'autant plus que cette hypothèse forcerait d'admettre l'existence d'un pli couché local, ayant pour ligne directri-

([']) Lire sur cette coupe: Collet Redon, au lieu de: Collet Radon.

ce une courbe sinueuse en forme de V couché (>). Dans ces conditions, je n'ai aucune hésitation à conclure à la réapparition de la nappe; mais de plus, en relisant une des dernières Notes de M. FOURNIER (¹), j'y trouve la preuve matérielle qui pouvait encore sembler faire défaut: « M. A. BRESSON, dit M. FOURNIER, vient de me signaler la découverte très intéressante qu'il a faite de couches jurassiques (calcaires blancs) et crétacées très réduites, interposées entre le Trias et le massif dans toute la région comprise entre le ravin des Maurins et Pichauris. » Cela veut dire, si l'on regarde la carte, que la nappe renversée de l'Est du massif de Trias se continue, le long de la base du massif, jusqu'au côté Ouest, le long duquel des terrains renversés plongent aussi sous le Trias (fig. 156); les deux nappes n'en forment donc qu'une seule;

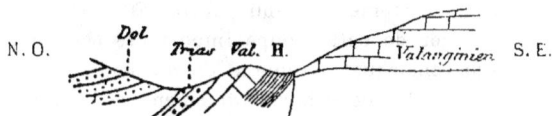

Fig. 156. — Bord du massif d'Allauch, au-dessus du ravin des Maurins.

quelque conclusion qu'on veuille en tirer, c'est encore la nappe de Simiane qui vient affleurer entre Pichauris et l'auberge.

BORD SUD DU MASSIF D'ALLAUCH.

Région intermédiaire. Col de Lascours. — C'est encore la même nappe, comme je l'ai déjà annoncé, qui reparaît au Sud du massif. Des Mies jusqu'au pied du Garlaban, la faille orientale met en contact le Trias avec les calcaires valanginiens du massif central. Mais à l'Ouest de la faille, près du col de Lascours, j'ai trouvé des témoins d'Infralias restés sur le Valanginien du massif et en rem-

(¹) *Bull. Soc. Géol. de France*, 3e sér., XXV, 1897, p. 37. Je n'ai pas hésité à me servir de l'observation ici mentionnée, quoique je ne l'aie pas contrôlée par moi-même; j'ai toujours eu l'occasion, en effet, de constater l'exactitude et la précision des observations de M. BRESSON. D'ailleurs, le fait indiqué concorde bien avec la coupe que j'ai relevée un peu au-dessus du ravin des Maurins, et qui est donnée dans le texte (fig. 156).

plissant les anfractuosités. Au col même, j'ai cru voir un bloc triasique pincé dans les marnes néocomiennes plissées. En tout cas, la première observation, qui est certaine, montre, malgré la faille, que le Trias continue dans cette partie à se renverser, comme de tous les autres côtés, sur le massif qu'il entoure. Elle montre aussi que la nappe aptienne peut avoir existé à gauche ou a droite de la ligne de faille, mais qu'elle n'existait pas là à l'aplomb de cette ligne; autrement, en effet, elle se trouverait entre le Valanginien et l'Infralias superposé.

La nappe renversée reparaît au pied du Garlaban. — Au pied du Garlaban, les couches du massif commencent à s'incliner vers le Trias. Le long du ravin, au Sud de la montagne, on voit bien la coupe que j'ai donnée autrefois ([1]), où est seulement omise la présence du Jurassique, justement rétabli par M. FOURNIER. J'aurai l'occasion de reparler de cette coupe importante (voir fig. 176, p. 611). Il suffit de remarquer ici que le pli du sommet du Garlaban est un pli synclinal couché horizontalement, et ouvert vers le Nord ou le Nord-Ouest; que l'ensemble des couches qui le forment est affecté par un pli transversal, qui fait plonger vers le Trias, à la fois les couches de la base et les couches renversées du sommet. La série renversée que l'on observe en ce point n'a donc, malgré une certaine analogie apparente de position, aucun rapport avec la nappe de Simiane.

Il n'en est plus de même des couches qu'on rencontre un peu plus au Sud, s'interposant entre les dolomies jurassiques et le Trias, c'est-à-dire en un point où, si les dolomies de la coupe précédente et le Trias voisin faisaient partie d'un même pli anticlinal, on ne devrait s'attendre à trouver que les couches jurassiques intermédiaires. Or, c'est l'Aptien qui s'intercale, le même Aptien qu'à Pichauris et qu'à Simiane, cet Aptien dont, comme je l'ai dit, le faciès spécial est si étroitement limité dans la région. Cette seule circonstance suffirait à faire penser à une réapparition de la bande de Simiane; mais de plus, on peut montrer directement que la nouvelle bande aptienne est placée de la même manière que cel-

---

([1]) Le massif d'Allauch, p. 11, fig. 7 [ci-dessus, p. 432, fig. 106]; FOURNIER, *Bull. Soc. Géol. de France*, XXIII, 1895, p. 519, fig. 12 et p. 538, fig. 38.

le de Pichauris, et qu'elle est comme elle due au plissement d'une nappe renversée ([1]).

La superposition de l'Aptien aux dolomies renversées du Garlaban se voit bien au Sud des Gavots, où j'ai observé la coupe de la figure 157. Une superposition semblable se voit bien à l'autre extrémité de la bande, près du col situé au Nord-Est du point 373, au-dessous du ravin des Lyonnaises: l'Aptien inférieur très réduit (fig. 158) repose, en parfaite concordance apparente, sur le Valanginien à gros Ptérocères, qui forme le bord du massif d'Allauch,

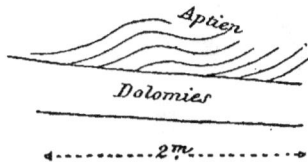

Fig. 157. — Coupe au Sud des Gavots.

et qui est là vraisemblablement renversé. Ces deux coupes font prévoir que la bande aptienne doit être renversée; on en trouve la preuve auprès des Camoins. Là, au milieu de l'Aptien, se dresse

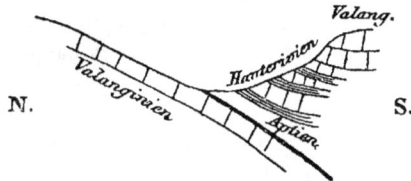

Fig. 158. — Coupe au Col des Lyonnaises.

une haute barre calcaire, qui partage l'inclinaison générale des bancs vers l'Est, et que j'avais supposé pouvoir être cénomanienne ([2]). En effet, le vallon qui la coupe en deux permet de constater

([1]) J'avais supposé autrefois que cette bande aptienne était séparée par une faille verticale du massif d'Allauch, et qu'elle représentait une partie localement affaisée de ce massif. Je n'avais pas vu que les terrains de la bande étaient renversés avant d'avoir été plissés, et quant à la faille elle n'existe que localement, ou pour mieux dire, elle existe, mais est généralement parallèle aux bancs. C'est une faille de glissement ou d'étirement, comme l'a bien dit M. FOURNIER (Note citée, p. 519).

([2]) Le massif d'Allauch, p. 9, fig. 5 [reprod. ci-dessus, p. 430, fig. 104]. La barre urgonienne est indiquée dans cette coupe avec un point d'interrogation, comme cénomanienne (c^5?). M. FOURNIER, en reproduisant cette

sans ambiguïté qu'il s'agit d'un synclinal pincé dans l'Aptien
(fig. 159). Mais, malgré cette position, la barre n'est pas cénoma-

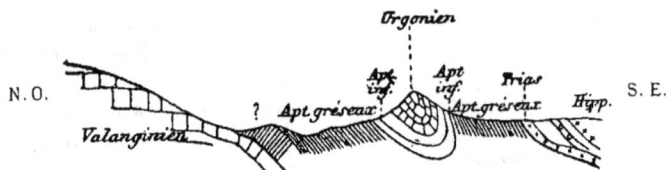

Fig. 159. — Coupe de la colline des Camoins, au Sud-Est du Garlaban.

nienne: ce sont certainement des calcaires blancs urgoniens, et
partout au contact on trouve de *l'Aptien inférieur.*

Il est tout naturel alors de trouver entre l'Aptien et le Trias des
couches intermédiaires renversées: du Valanginien et des dolomies près de Font-de-Mai, de l'Infralias sous la platrière, du Valanginien en face du Jas de Fontainebleau. La bande aptienne représente bien une nappe renversée, plissée jusqu'au renversement,
séparant le massif du Trias périphérique, homologue de celle de
Pichauris, et, comme elle, inséparable de la nappe de Simiane.

*Continuation de la nappe au Sud. Coupe de La Treille au
Four.* — Ces conclusions sont confirmées d'une manière directe,
indépendante de tout ce qui précède, et absolument irréfutable,
par la coupe du ravin qui, au pied et à l'Est du village de La Treille, monte jusqu'à la ferme du Four. Cette coupe est une des plus
importantes de tout le pays; elle suffirait à elle seule à assurer par
continuité toutes les conclusions que j'ai essayé d'établir directement dans ce qui précède.

L'Aptien se termine auprès du col dont j'ai donné la coupe
(fig. 156); mais tout près du point de disparition, dans la dépression
qui descend aux Lyonnaises, on le voit s'avancer assez profondément sous le Néocomien, avec une épaisseur notable; il est donc
déjà probable que, s'il se réduit aux affleurements, il doit continuer à l'Ouest sous le Néocomien de la colline 373. Et en effet, le
ravin du Four, en tranchant cette colline, en fait apparaître la

---

coupe (Note citée, p. 518, fig. 6), a maintenu l'attribution au Cénomanien
et supprimé le point d'interrogation,

coupe sur une hauteur de près de 100 mètres (voir la coupe, pl. X): au sommet, les gros bancs du Valanginien dessinent une large voûte, complète et ininterrompue; sous ces gros bancs alternent des couches de marnes et de calcaires, qui dessinent une voûte parallèle, et à la base desquelles j'ai trouvé *Exogyra Couloni*; enfin, au centre de la voûte, se montre l'Aptien, bien reconnaissable, avec Oursins, *Terebratula sella* et *Exogyra aquila* typique. La coupe est d'une netteté admirable, sans aucune ambiguïté possible dans l'interprétation, et absolument photographiable.

Si l'on monte au sommet de la voûte, on trouve l'Infralias et le Trias reposant directement sur le Valanginien, et s'inclinant comme lui, avec une faible pente, vers le Sud, du côté de La Treille.

En descendant le ravin, on traverse une gorge creusée dans le Valanginien faiblement ondulé; puis ce Valanginien plonge sous une dépression remplie d'Infralias (couches à *Avicula contorta*); les bancs de cet Infralias sont plissotés et laissent voir une voûte au milieu de la dépression. Mais de l'autre côté, on voit le Valanginien reparaître verticalement; une nouvelle ondulation fait encore apparaître un peu de Trias, sinon dans le fond du ravin, au moins quelques mètres au-dessus, et en prenant alors sur la rive droite le chemin qui monte à La Treille, on voit à la base l'Hauterivien surmonté par un peu de Valanginien, puis par les calcaires blancs et dolomies jurasssiques. Le tout bute contre une faille, qui ramène l'Urgonien à Requiénies sous les maisons du village.

Il est inutile d'insister sur l'importance capitale de cette coupe. Non seulement elle met en évidence, d'une manière irréfutable, l'existence de la nappe renversée. Elle en fait en quelque sorte toucher du doigt la structure et les ondulations sur une largeur de deux kilomètres; mais de plus elle montre que la bande étroite d'Infralias et de Trias qui simule, tout autour du massif d'Allauch, un anticlinal écrasé, repose ici sur la nappe crétacée et *en fait partie*. C'est un faux anticlinal, *c'est un synclinal de la nappe renversée*.

La coupe parallèle le long du ravin de Martelleine a été donnée par M. FOURNIER ([1]), qui y signale deux nappes d'Infralias se rejoignant au-dessus du Néocomien; ce serait, s'il en était besoin encore, une nouvelle confirmation. Je n'ai pas su retrouver là la cou-

---

([1]) Note citée, p. 516, fig. 6. Cette coupe est en tout cas très schématisée.

pe signalée par M. FOURNIER; mais ce que j'ai observé a une signification analogue: la colline, au sommet de laquelle est la petite chapelle de Martelleine, est formée de Valanginien et porte
un chapeau d'Infralias (fig. 160).

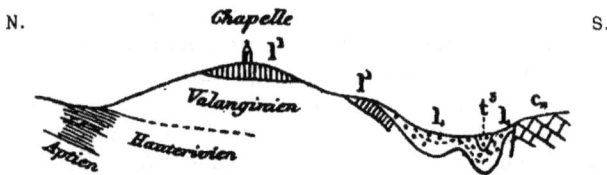

Fig. 160. — Coupe par la chapelle de Martelleine.

c_{II}. Urgonien; l'. Dolomies infraliasiques; l_4. Rhétien; t^3. Marnes irisées.

La petite région où j'ai prolongé la coupe du Four, entre Les Bellons et La Poudranne, est d'une extrême complication; on y trouve
juxtaposés le Trias, les calcaires à Hippurites et des lambeaux de
Jurassique. Les complications s'expliquent très facilement par ce
qui précède, et permettent de constater que la nappe renversée repose en discordance sur le pli couché du Sud du massif
d'Allauch, tantôt sur le Néocomien replié au-dessus des couches à Hippurites, tantôt (en un point seulement) sur ces mêmes couches. Au Nord, cette nappe renversée ne comprend
plus que de l'Infralias et du
Trias, qui plonge à la plâtrière des Bellons sous un petit
synclinal de Jurassique supérieur et de Néocomien
(fig. 161); puis le Néocomien
renversé s'introduit entre le
Trias et les couches du massif, qui montrent dans le ravin de La Poudranne le Valanginien superposé à l'Hauteri-

Fig. 161. — Coupe par la plâtrière
des Bellons.

c_*. Valanginien; J^4. Calcaires blancs;
J^5. Dolomies.

vien (pointe Sud du synclinal couché d'Allauch). Sur la rive gauche
du ravin, à l'Ouest du point 373, on retrouve au-dessus de la nappe
renversée un placage d'Infralias surmontant du Jurassique très
froissé; (fig. 162) et enfin au Four s'introduit l'Aptien au-dessous du

Néocomien. La coupe de la planche X, et celle de la figure 162, prise un peu plus à l'Est, également du Nord au Sud, entre le Four et La Poudranne, permettent de se rendre compte de ces complications. Il est bon de retenir dès maintenant le fait important que, dans la

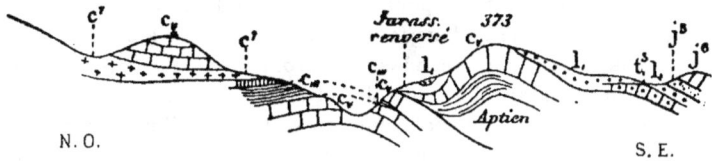

Fig. 162. — Coupe par la colline 373, à l'Est du Four et des Bellons.

c^7. alcaires à Hippurites; c_{III}. Hauterivien; c_V. Valanginien; j^6. Calcaires blancs; j^5. Dolomies; l_1. Infralias; t^3. Marnes irisées.

série normale superposée à la nappe renversée, le Jurassique supérieur repose directement sur le Trias ([1]).

On voit aussi que la coupe du Four montre deux bandes de Trias (une coupe parallèle pourrait même en montrer trois), toutes deux superposées à la nappe renversée. Comme la bande Nord s'arrête à l'Est, et que la bande Sud ne se prolonge à l'Ouest que par un massif d'apparence un peu différente, j'avais supposé autrefois que les deux bandes n'en faisaient qu'une seule, rejetée par une faille de décrochement. Cette faille n'existe pas; on voit bien une petite faille d'affaissement au Nord du ravin, près de La Poudranne, mais son rôle est insignifiant. La bande Nord de Trias s'arrête à l'Est, non pas par faille, mais par dénudation; quant à la bande Sud, elle se poursuit bien incontestablement dans le massif de La Salette.

Massif de La Salette ou de Saint-Julien. Aptien des Romans. — Ce massif est celui que M. BRESSON a décrit récemment, dans une Note intéressante, sous le nom de massif de Saint-Julien ([2]). Quand

---

([1]) Je crois utile de remarquer à ce sujet que cette superposition (fig. 161) a lieu près de la plâtrière de Bellons, que le gypse est exploité assez loin sous les dolomies, et que, par conséquent, il ne peut être question d'une faille verticale. Les dolomies jurassiques ne peuvent pas être rapportées à l'Infralias dont elles n'ont d'ailleurs pas l'aspect, car elles sont surmontées de calcaires blancs et de Néocomien.

([2]) *Bull. Soc. Géol. de France*, 3ᵉ sér., XXVI, 1898, p. 340.

j'avais essayé d'y voir une unité distincte de la bande infraliasique de Martelleine, je me fondais sur la présence entre les deux d'un étroit affleurement d'Oligocène discordant, qui aurait permis de faire passer une faille entre les deux. Je dois dire que sur sa première Minute, M. DEPÉRET n'avait pas figuré ce détroit d'Oligocène entre les bassins des Camoins et de Fontvieille, et qu'il l'a introduit sur ma demande, pour ne pas mettre la carte en contradiction avec l'hypothèse d'une faille transversale. Il y a en effet assez de débris de Tertiaire répandus sur le sol pour admettre qu'il affleure réellement. Mais une étude plus attentive m'a montré qu'en dépit de cette couverture intermittente, on voit assez d'Infralias en place pour en affirmer la continuité. L'Infralias monte, avec la même composition et la même allure, jusqu'aux maisons de Barbaraud, et là il se bifurque autour du massif de dolomies que couvrent les bois de La Salette. Au Nord un étroit liseré, avec morceaux de marnes rouges triasiques, est visible par intermittences, sous les cultures et les terrains tertiaires; au Sud, on suit une bande continue qui, comme le montrent les coupes de M. BRESSON, plonge sous le Trias des Acates.

La conclusion est immédiate et paraît inévitable: *le massif de Saint-Julien est, lui aussi, superposé à des couches plus récentes.* L'importante découverte des couches aptiennes, que M. BRESSON a signalées au milieu même du massif, permet, je crois, d'en faire directement la preuve.

Cet Aptien apparaît au hameau des Romans, à l'Ouest des maisons (fig. 163) ([1]). Il se suit vers l'Ouest, au bas du vallon jusqu'au mur d'un grand parc, qui arrête les observations. Mais de l'autre côté de ce parc, sur le chemin de crête, à l'Ouest du point 236, on

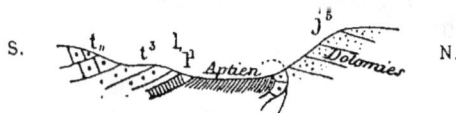

Fig. 163. — Coupe de l'Aptien des Romans.

l_1. Dolomies infraliasiques; l^1. Rhétien; t^3. Keuper; t_{II}. Muschelkalk.

([1]) Je reproduis la coupe donnée par M. BRESSON, pour appeler l'attention sur le contournement du dernier banc aptien, qui pourrait indiquer l'amorce d'un anticlinal.

trouve des calcaires blancs délitables, dont je n'avais pu reconnaître l'âge et où M. BRESSON m'a écrit avoir recueilli une Plicatule; c'est très probablement de l'Aptien inférieur. De l'autre côté, à l'Est, on suit encore l'Aptien sur les deux versants du petit col qui passe auprès de l'église; il est toujours comme écrasé au pied des dolomies qui le bordent au Nord, et s'enfoncent avec une faible inclinaison sous une série réduite et renversée (dolomies, Infralias, Marnes irisées) que surmonte presque horizontalement le Muschelkalk; plus loin, les affleurements aptiens disparaissent, mais on peut suivre une falaise semblable formée par les dolomies au-dessus de l'Infralias, tout autour de la bastide construite sur le plateau infraliasique, en face à peu près des ruines de la route; et après la bastide, sur le chemin de voiture qui descend à la route, on retrouve l'Aptien, dans la même situation qu'aux Romans, au pied des dolomies et plongeant sous la même série renversée. L'Aptien cesse un peu avant d'atteindre la route, et sur la route, comme l'indique bien la coupe n° 1 de M. BRESSON, on ne voit que des dolomies peu inclinées sans dérangement ni discontinuité apparente. En fait, la limite des dolomies retourne vers l'Ouest, isole un étroit promontoire en face de l'église de La Salette, et emprisonne ainsi l'Infralias en une sorte de golfe, bordé localement par l'Aptien. Il m'est impossible de comprendre cette disposition, si l'Aptien ne forme pas *un anticlinal* dans les terrains environnants.

L'âge des dolomies de ce petit massif n'a jusqu'ici jamais prêté à discussion. Elles sont au Nord superposées aux couches à *Avicula contorta*, et cette circonstance m'a déterminé autrefois à les attribuer sur la carte à l'Infralias (niveau dolomitique supérieur). Depuis, tous ceux qui s'en sont occupés ont partagé cette opinion; c'est seulement l'an dernier (alors que je ne connaissais pas encore les affleurements aptiens), dans une course faite avec M. REPELIN, que des doutes nous sont venus: la texture de ces dolomies nous a semblé être plutôt celle des dolomies du Jurassique supérieur. Le voisinage de l'Aptien ne peut être qu'un argument de plus dans ce sens. En tout cas, ces dolomies font partie d'une nappe renversée: elles forment en deux points des plis bien visibles *au-dessous* des couches à *Avicula contorta*: c'est d'abord au promontoire précédemment cité, dont la coupe est bien exposée dans le ravin des Acates; les dolomies forment un bombement des plus nets, plongeant au Nord et au Sud, avec une faible inclinaison, sous le Rhétien (fig. 165); c'est ensuite sur le chemin de crête qui part de l'église: à une centaine de mètres au Nord, ce chemin traverse une petite dépression remplie par les couches à *Avicula contorta*, sous lesquelles les dolomies plongent

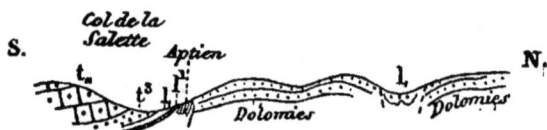

Fig. 164. — Coupe par le Col de La Salette (massif de Saint-Julien).

l'. Dolomies infraliasiques; l,,. Rhétien; t³. Keuper; t,,. Muschelkalk.

des deux côtés (fig. 164). Les dolomies sont donc sous le Rhétien, et comme M. BRESSON a trouvé près du point 236 des calcaires à silex du Lias reposant sur ces dolomies (¹), elles ne peuvent être, à cause du renversement général, qu'antérieures au Lias; ce sont donc bien, au moins pour la plus grande partie, des dolomies du Jurassique supérieur. Ces dolomies sont une réapparition de la nappe renversée (fig. 165), et elles forment, avec l'Aptien sous-jacent, un double pli anticlinal renversé vers le Nord (²).

On peut encore donner, à l'appui de cette solution, deux autres arguments: le premier, c'est que l'Aptien a là le faciès spécial, propre à la nappe renversée. Le second est tiré de la faille qui accompagne le pli méridional, et qui place partout l'Aptien au pied d'une petite falaise dolomitique. M. BRESSON dit qu'on suit cette faille jusqu'à Aquo de Botte (³); là, la surface de faille même est bien

---

(¹) Renseignement fourni par M. BRESSON. D'après une nouvelle communication qu'a bien voulu me faire M. BRESSON, il y a, à côté de ces calcaires noirâtres, à silex et à Bélemnites, des calcaires blancs à *Heterodiceras*, appartenant certainement au Jurassique supérieur, et entraînant le même âge pour les dolomies voisines.

(²) La coupe d'ensemble que je donne du massif n'est qu'une coupe schématique, qui aura besoin d'être précisée par de nouvelles études. La coupe est prise un peu à l'Ouest de celle de M. BRESSON (*Bull. Soc. Géol. de France*, 3ᵉ sér., XXVI, 1898, p. 341, fig. 1).

(³) *Bull. Soc. Géol. de France*, 3ᵉ sér., XXVI, 1898, p. 343 et 344. Je dois ajouter que je n'ai pas vérifié la continuité de la faille, et que je n'attache pas une grande valeur à ce dernier argument.

visible: le Muschelkalk est au Sud et les Marnes irisées sont au Nord; c'est donc la lèvre septentrionale qui est abaissée; la faille amène l'Aptien en profondeur *sous les dolomies.*

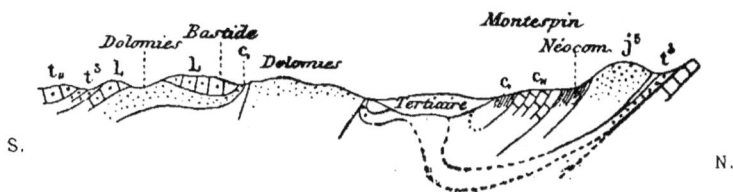

Fig. 165. — Coupe par Montespin et le massif de Saint-Julien.

c₁. Aptien; c₁₁. Urgonien; j⁵. Dolomies (Jurassique supérieur; l₁. Rhétien; t³. Keuper; t₁₁. Muschelkalk.

On pourrait faire une objection, tirée de l'inégalité un peu choquante dans l'épaisseur des dolomies des deux côtés de l'Aptien, d'autant plus que celles du Sud sont très probablement des dolomies infraliasiques. Mais il faut se souvenir qu'on est là dans la nappe renversée, où les brusques variations d'épaisseur sont presque la règle, comme nous l'avons vu dans les coupes de Simiane; on peut même remarquer que la ligne suivant laquelle s'est produite une de ces brusques variations correspond à une partie très inclinée d'une des surfaces de glissement (*thrust planes*) secondaires, et il est assez naturel que cette partie très inclinée ait marqué la place pour un tassement postérieur.

Bassin tertiaire de Marseille. Ilot jurassique de Château-Gombert. — Nous avons donc suivi la nappe renversée jusqu'au bord du bassin tertiaire de Marseille. Ce bassin s'étend au Nord sur les flancs du massif de l'Étoile, et il empêche de voir ce qui se passe au Sud du massif. Seul, le petit îlot jurassique de Château-Gombert, ramené par une faille contre l'Urgonien, peut sembler un dernier témoin de la nappe renversée. Sur le flanc Sud de cet îlot, on exploite en carrière des calcaires gris séquaniens, qui reposent sur une masse assez épaisse de dolomies. C'est sans doute cette superposition qui a porté M. FOURNIER à faire ces dolomies infraliasiques (¹). Il ne m'a pas semblé qu'elles eussent aucun des ca-

---

(¹) *Bull. Soc. Géol. de France,* 3ᵉ sér., XXIV, 1896, p. 264, fig. 14.

ractères lithologiques de ce niveau, et en effet, en cherchant à leur pied, j'ai trouvé le Néocomien (fig. 166). Ce Néocomien forme même (fig. 167) à l'Est de la route de Baume - Loubières, un petit pointement fermé, avec grosses Bivalves, plongeant de toutes parts sous les dolomies. Le renversement est donc certain.

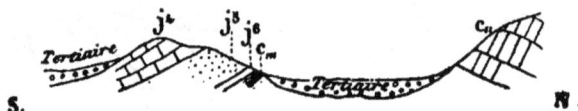

Fig. 166. — Coupe de l'ilot de Château-Gombert.

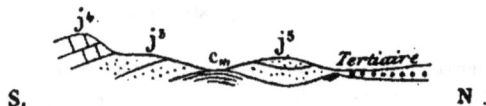

Fig. 167. — Coupe un peu plus à l'Ouest.

c_{II}. Urgonien; c_{III}. Néocomien; j^6. Calcaires blancs; j^5. Dolomies; j^4. Calcaires séquaniens.

On pourrait attribuer ce renversement des couches jurassiques à l'existence d'un pli couché local, qui borderait au Sud le massif de l'Étoile, comme le pli d'Allauch borde le massif d'Allauch. Mais la direction N. E. de l'ilot rend alors bien invraisemblable qu'on ne retrouve dans cette direction aucune trace de la continuation d'un pli aussi énergique. Il est beaucoup plus naturel de voir là un pointement de la nappe renversée.

Discussion de quelques affleurements à l'Est du massif. — Je veux enfin, avant de terminer ce chapitre, indiquer la probabilité d'autres affleurements de la nappe renversée sur le pourtour du massif d'Allauch. J'ai fait ressortir, dans mon ancien Mémoire sur le massif d'Allauch [1], l'importance brusquement variable des

---

[1] *Bull. Services Carte géol. de la France*, n° 24, Décembre 1891, p. 49 [reprod. ci-dessus, Art. XLV, p. 481].

suppressions de couches dans la ceinture extérieure de la bande
triasique, et je voyais une objection, « non pas dans l'exagération,
mais dans l'irrégularité de ces phénomènes ». Je faisais remarquer, comme point de départ d'une explication possible, que les lignes de plus grande discontinuité « dessinent sur le bord du bassin
tertiaire une série de courbes concaves vers ce bassin, comme une
série de golfes comparables à ceux d'une côte accidentée. Ces
courbes circonscrivent à leur intérieur un ensemble de couches
toujours plus récentes que celles qui les entourent; elles semblent
donc délimiter autant de bassins d'affaissement (La Treille, les Camoins, Lascours, Peipin) ». En laissant de côté Peipin, qui rentre
dans un type différent, je crois que les prétendus bassins d'affaissement, avec leurs couches spéciales, avec la discontinuité qui les
sépare de leur entourage, s'expliqueraient bien mieux par de nouveaux pointements de la nappe renversée. L'existence de plis iso-
clinaux couchés vers le massif ne permet pas, à moins de charnières visibles, de décider si, en effet, les couches affectées par ces
plis étaient ou non primitivement renversées, et une nouvelle étude serait nécessaire avant de rien affirmer; pourtant plusieurs indices me portent à conclure dans ce sens. Je me contenterai de
parler ici d'un lambeau de Cénomanien signalé par M. FOUR-
NIER (¹), au Sud de Lascours: « Je viens, dit-il, de découvrir, en
compagnie de M. A. BRESSON, un petit synclinal de Cénomanien très
fossilifère couché vers le massif central et pincé dans la bande
triasique et infraliasique qui constitue l'axe du pli périphérique à
l'Ouest de l'Antique ». Après les exemples précédents, il semble naturel de voir dans ce Cénomanien un pointement du substratum,
qui apparaîtrait, non par pli synclinal, mais par anticlinal. L'indication de la position du gisement que je n'ai pas vu moi-même,
est trop vague pour que je puisse l'identifier avec certitude avec
celui, qu'en le recherchant, j'ai trouvé le long du chemin du Garlaban, sur la rive gauche du ravin qui descend du pied Sud de la
montagne. Le lambeau est en contact avec le Trias; malheureusement les conditions de superposition ne sont pas très claires; en
tous cas, il plonge nettement à l'Est sous l'Urgonien à Requiénies.
L'Aptien se montre entre les deux un peu plus au Nord, et on voit
même un gros rocher urgonien former un bloc isolé sur l'Aptien

(¹) *Bull. Soc. Géol. de France*, 3ᵉ sér., XXV, 1897, p. 36.

inférieur. Je reproduis ici la coupe de la rive droite du ravin, telle que je l'ai inscrite sur mon carnet (fig. 168).

La superposition apparente du Cénomanien aux dolomies ne prouve rien; entre les deux, il y a nécessairement un accident, moins important seulement dans l'hypothèse d'une nappe renversée que dans l'hypothèse contraire. Par contre, le renversement de l'Urgonien sur l'Aptien et le Cénomanien est bien difficile à comprendre dans le cas d'un bassin affaissé. En effet, les assises infé-

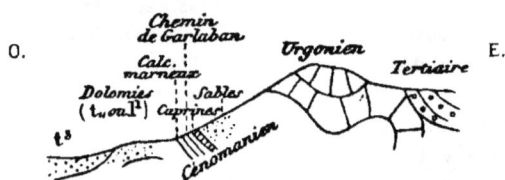

Fig. 168. — Coupe de la bordure à l'Est du Garlaban.

l¹. Infralias; t³. Keuper; t₁₁. Muschelkalk.

rieures sont connues sur une assez grande largeur, au Nord et au Sud du prétendu affaissement, et elles présentent partout une succession normale et un pendage régulier. De plus, en face de ce point (mais ceci n'est qu'un indice négatif), j'ai cru constater une interruption de la bande du Trias. Il faut revoir les choses avant de conclure, mais provisoirement je crois la nouvelle solution préférable.

RÉSUMÉ.

En tout cas, et en faisant abstraction de ce dernier point, qui n'est pas essentiel à la démonstration, nous sommes arrivés à un résultat formel, incontestable, dont il ne restera plus qu'à développer les conséquences: il existe, autour du massif de l'Étoile et du massif d'Allauch, une nappe de terrains renversés, qui a été affectée de plis nombreux ayant même dépassé la verticale. Cette nappe est superposée au bassin de Fuveau; partout où une faille n'obscurcit pas les contacts, elle s'enfonce sous le massif de l'Étoile, sous une partie duquel elle passe même comme en tunnel, et elle repose au contraire en *discordance* sur le massif d'Allauch; d'un autre côté, elle passe sous la bande triasique qui entoure le massif d'Allauch, ainsi que sous le Trias de Saint-Julien. Son existence est prouvée par l'observation de *charnières retournées*, c'est-à-dire de charnières qui montrent les terrains les plus anciens au centre des synclinaux et les terrains les plus récents au centre des anticlinaux; elle est prouvée d'une manière indépendante pour les différentes parties qui la composent: pour la bande de Simiane (¹), pour celle de l'angle Sud-Est du massif d'Allauch, pour le voisinage de La Treille et pour le massif de Saint-Julien (²). L'unité de la nappe résulte de sa continuité presque ininterrompue, de l'étroite correspondance des parties qui se font face quand il y a interruption, et du faciès gréseux spécial de l'Aptien qui entre dans sa composition. En raison de cette unité, les preuves données pour une seule de ses parties suffiraient à assurer la conclusion générale; ces preuves viennent donc se confirmer, et, pour ainsi dire, se surajouter. *A priori*, nous sommes là en présence d'un phénomène général, et non *local*, conclusion qui se dégagera plus nettement encore, quand nous retrouverons *la même nappe renversée*, avec les mêmes plissements, avec le même faciès spécial de l'Aptien, dans le massif de la Sainte-Baume.

B. -- INDÉPENDANCE DE LA NAPPE RENVERSÉE ET DES PLIS VOISINS.

S'il existait un pli important, au voisinage duquel soit due l'existence de la nappe renversée, ce pli, d'après la disposition des affleurements de la nappe, ne pourrait être qu'un pli entourant les massifs de l'Étoile et d'Allauch, et envoyant une ramification dans l'intervalle qui sépare ces massifs. Ce pli présenterait déjà cette singularité, en vertu de sa forme semi-elliptique, de se renverser au Nord vers l'extérieur des massifs, puis, par un changement

(¹) Il pourrait se faire, pour des raisons semblables, que les couches jurassiques et néocomiennes qui affleurent près de la station de l'Étoile appartinssent à la nappe renversée; mais là encore, jusqu'à nouvel ordre, la preuve fait défaut.

(²) Je ne cite pas dans cette énumération la région de Pichauris, parce que là je ne connais pas de charnières visibles, et par conséquent pas de preuve directe. Mais la série des arguments que j'ai développés donnerait bien, selon moi, le droit de dire qu'il y a démonstration *indépendante* pour ce massif.

brusque, à l'Est et au Sud vers leur intérieur. Mais il y a plus: ce
pli, du côté de l'Est et du Sud, ne pourrait guère avoir pour axe
que le Trias périphérique; or, partout où nous avons déjà analysé
les conditions du gisement de ce Trias, à Simiane et à Pichauris,
à La Treille et auprès d'Allauch, ce Trias s'est montré, non pas
seulement couché sur la nappe, mais entièrement superposé à elle
et enveloppé dans ses ondulations. On pourrait, il est vrai, objecter que ce Trias n'en est pas moins continu avec celui de la racine, qui peut se trouver à faible distance en profondeur, ou par
exemple se confondre avec celui de la vallée de l'Huveaune. La
question demande donc à être discutée en détail, et pour cela
j'examinerai d'abord ce qui est relatif au massif de l'Étoile.

LE MASSIF DE L'ÉTOILE NE CORRESPOND PAS
A UN PLI ANTICLINAL.

Considérations générales. — Parmi les surprises que m'a procu-
rées l'étude nouvelle de la région, celle-là, je dois le dire, a été la
plus considérable et la plus inattendue; c'est celle qui a le plus
profondément modifié les idées que je m'étais faites sur la structure du pays. J'avais complètement accepté les idées de M. COL-
LOT (¹), trop conformes aux conclusions que M. ZURCHER et moi
nous avions adoptées à l'Est pour ne pas me sembler pleinement
satisfaisantes; j'avais même souscrit à l'idée, déjà anciennement
émise par M. MARION, que le pli, déjà ébauché à la fin du Crétacé,
avait pu former barrière à l'extension des lagunes sénoniennes
vers le Sud. Mais il a fallu se rendre à l'évidence: il n'y a pas de
pli de l'Étoile, pas plus qu'il n'y a de pli du Condros dans la région
des bassins houillers du Nord et de la Belgique.

Ceci demande une explication: j'ai souvent exposé qu'un phénomène de superposition anormale pouvait, en général, s'expliquer
indifféremment par une faille ou par un pli; du moment, en effet,
qu'on admet l'étirement possible des différentes parties d'un pli
couché, il suffit dans chaque cas de rétablir par la pensée les couches qui manquent, pour pouvoir assimiler la coupe d'un chevauchement quelconque à la coupe type d'un pli complet, et la chose

(¹) Plis couchés de la feuille d'Aix (*Bull. Soc. Géol. de France*, 3ᵉ sér.,
XIX, 1890-1891, p. 1134-1152).

paraît légitime, parce que dans de nombreux exemples on a observé le passage latéral d'une coupe à une autre, de la faille au pli.

Il n'en est pas moins vrai que parfois la reconstitution des parties manquantes, des couches supprimées, des charnières dénudées
ou enfouies en profondeur, mène à des figures d'une invraisemblance un peu choquante. Ce n'est là, si l'on veut, qu'un argument
de sentiment, mais il prend une certaine force, lorsque le prétendu
pli s'étend sur une grande longueur, et que sur toute cette longueur l'invraisemblance de la coupe reconstituée ne fait que changer de nature, sans jamais disparaître. C'est pour cela que plusieurs géologues, et notamment M. ROTHPLETZ, ont contesté depuis
longtemps l'assimilation des grands chevauchements à des plis déroulés. Sous cette forme, la question reste un peu une question de
théorie, mais elle prend un tout autre aspect quand il s'agit de décider si le massif constitué par le pli supposé, a réellement donné
naissance au chevauchement voisin, s'il en est réellement la racine
s'enfonçant en profondeur, ou si, au contraire, il ne fait pas entièrement partie d'une nappe superposée. Il ne s'agit plus alors de
théorie, mais d'une question de fait à résoudre. Il est clair que, si
on prétend la discuter, en admettant comme point de départ, à
cause même du chevauchement, l'existence d'un pli couché sur le
bord du massif, on répond à la question par la question, on tourne
dans un cercle vicieux.

Comment alors démontrer l'existence du pli contesté? Il n'y a
guère qu'une preuve directe, la constatation de charnières, et,
comme c'est toujours là un cas exceptionnel, il n'y a aucun argument à tirer de ce que cette constatation fasse défaut. Mais, en
l'absence de cette preuve directe, on doit chercher dans quelle mesure l'allure des couches du massif se rapproche de celle qu'il est
raisonnable d'admettre pour le flanc supérieur d'un pli couché. Cette étude donne pour le massif de l'Étoile des résultats tout à fait
concluants.

Coupe de la tranchée du chemin de fer de Septèmes. — Prenons
comme point de départ la coupe de la tranchée du chemin de fer de
Septèmes (fig. 169). On peut imaginer que la masse jurassique du
Sud est le flanc normal d'un grand pli couché sur le poudingue bégudien, la petite lame de Jurassique supérieur, qui se trouve dans
le bas de la tranchée, représentant seule tout le flanc renversé.
D'après ce qui précède, il faut admettre alors que le flanc renversé

se complète rapidement et se plisse au-dessus du poudingue replié en anticlinal. Il n'y a pas là d'impossibilité absolue, quoiqu'il soit difficile de se figurer ainsi comment se constitue et se complète le substratum de l'anticlinal bégudien. J'attacherais plus d'importance au petit banc écrasé de Muschelkalk qui se montre dans la tranchée au Sud du poudingue, à la base de la série jurassique, ré-

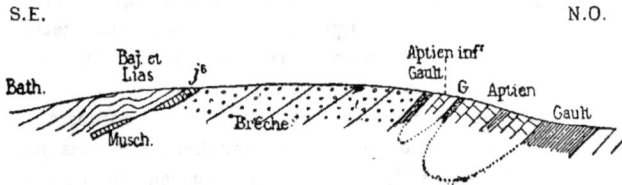

Fig. 169. — Coupe de la tranchée de Septêmes.

G. Gault; j^6. Jurassique supérieur.

gulièrement et puissamment développée à partir du Bathonien. L'étirement de la base du flanc normal, dans un pli local, n'est, au moins, pas conforme aux habitudes.

Comparaison avec les coupes voisines à l'Est. — Je suivrai maintenant cette coupe du côté de l'Est, en me contentant de dire que pour l'autre côté, dont l'étude n'est pas terminée, les difficultés rencontrées seraient analogues, sinon plus grandes. Entre Fabregoule et Les Bastidonnes, tandis que la série renversée, représentée par la lame jurassique de la tranchée, prend plus de largeur et d'importance, comprenant toute la série crétacée et jurassique, jusqu'à l'Oxfordien, le Trias de la tranchée vient affleurer et la borde au Sud, accompagné même d'un peu de Lias; c'est, en apparence, la base du flanc normal qui se complète. Mais, au-delà des Bastidonnes, entre le Trias et le Bajocien, s'intercale une nouvelle lame de calcaires blancs, qui, elle aussi se développe du côté de l'Est et devient la bande de Notre-Dame des Anges. Il n'y a que deux explications possibles (fig. 170 et 171): cette lame de calcaires blancs se rattache au flanc supérieur ou au flanc renversé. Dans le premier cas (fig. 170), il faut supposer un synclinal secondaire, dans lequel les cinq cents mètres de la série jurassique ont brusquement disparu et que borde au Sud une grande faille d'enfoncement; c'est là, évidemment, un de ces cas où l'invraisemblance devient une impossibilité. La seconde hypothèse (fig. 171), qui nécessite une faille en sens inverse, suppose que la barre jurassique est

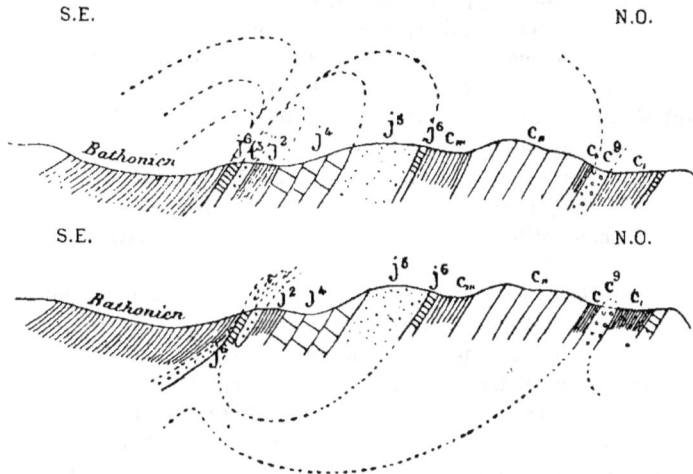

S.E.　　　　　　　　　　　　　　　　　　　　　N.O.

S.E.　　　　　　　　　　　　　　　　　　　　　N.O.

Fig. 170 et 171. — Coupe à l'Est des Bastidonnes.

c^a. Poudingue bégudien; c_{I}. Aptien; c_{II}. Urgonien; c_{III}. Néocomien; j^6. Calcaires blancs; j^5. Dolomies; j^4. Séquanien; j^2. Oxfordien; t^3. Trias.

due à une nouvelle ondulation du flanc renversé; elle mènerait, soit dit en passant, *par une autre voie indépendante*, à la conséquence déjà établie précédemment, que la bande triasique de Saint-Germain est sans racine et superposée à une série renversée. Mais elle donne encore pour l'ensemble du pli une allure assez bizarre et peu satisfaisante.

Enfin, si on arrive en face de Jean-le-Maître, on voit le pli se

S.　　　　　　　　　　　　　　　　　　　　　N.

Fig. 172. — Bord du massif de l'Étoile, près du Col de Jean-le-Maître.

c_{III}. Néocomien; j^6. Calcaires blancs; j^5. Dolomies; j^4. Séquanien; t^3. Trias.

dessiner sans ambiguité; la série jurassique retombe vers la série renversée; mais elle retombe doucement, avec de faibles inclinaisons, sans renversement (fig. 172). Ce pli, auquel il faudrait attribuer l'origine d'une nappe renversée, large de 2 kilomètres, est un simple bombement régulier, sans trace d'actions violentes, sans irrégularités d'aucune sorte. Et même ce pli disparaît bientôt vers l'Est; au Sud de la série renversée, il n'y a plus qu'une série s'inclinant régulièrement vers Marseille et débutant par des dolomies du Jurassique supérieur.

Ainsi, dans cette partie, sur le bord du massif de l'Étoile, il n'y a pas de pli visible, ou il n'y a qu'un pli droit, d'importance très secondaire, incompatible avec les effets qu'il faudrait lui attribuer.

Coupe de Saint-Savournin. — A partir de Saint-Savournin, l'Oxfordien et le Bathonien reparaissent à la base de la série normale; au pied, une petite bande de dolomies jurassiques prolonge la série renversée de Notre-Dame des Anges, et sépare l'escarpement principal de l'Aptien, ou même des couches fluvio-lacustres (galerie du Terme). Ici, l'apparence se rapproche de celle d'un pli couché; mais la continuité avec les coupes précédentes d'une part, et de l'autre les pointements intermittents de Trias, qui se montrent soit à la base, soit au milieu des dolomies, ou encore l'intercalation dans ces dernières de marnes néocomiennes, suffisent encore à contredire cette interprétation [1].

Conclusion. — La conclusion est donc la suivante: *le bord du massif de l'Étoile n'est pas un pli couché*; ce n'est même pas un pli d'aucune manière. Il est bordé par une faille qui plonge sous le massif, et que surmonte une série normale, très étirée à la base. Aux points où l'affleurement de cette faille se confond avec celui d'un tassement local, la série normale retombe légèrement vers la faille, ce qui fait naître les apparences d'un bombement peu accusé, sans renversements. Il résulte nettement de cette disposition que la nappe renversée est ici sans rapport d'origine avec le massif qu'elle borde.

La nappe renversée est séparée du massif par une faille que j'ai appelée faille du Pilon du Roi [2], et qui, partout où il n'y a pas

---

[1] *Annales des Mines*, 9ᵉ sér., XIV, 1898, p. 41, fig. 12 [Mémoire reprod. ci-après, Art. XCV].

[2] Mémoire cité, p. 40-46 [voir le t. II du présent ouvrage].

de tassements locaux, s'enfonce sous le massif. L'étirement de la base de la série normale donne tout à fait à cette faille les allures d'une surface de charriage, et la continuation de la nappe renversée jusqu'au delà de Pichauris montre que l'enfoncement sous le massif va très loin au Sud.

MASSIFS DE PEIPIN ET DE PICHAURIS.

Massif de Peipin. — J'ai montré que la faille transversale (faille Doria) qui sépare le massif de l'Étoile de celui de Peipin, n'est pas, comme je l'avais cru, une faille d'affaissement. Dès lors il n'y a plus lieu de discuter, comme je l'avais fait, si les deux massifs forment des unités et ont des structures distinctes. Le massif de Peipin n'est que la partie avancée de celui de l'Étoile, supprimée plus à l'Ouest par la dénudation, et ici protégée contre elle par son abaissement relatif. La nappe renversée passe sous l'isthme qui réunit les deux massifs; il n'y a donc pas à douter que le massif de Peipin ne soit tout entier superposé au Crétacé. Les conclusions précédentes lui sont d'ailleurs applicables, puisqu'il n'est qu'une partie du même massif que l'Étoile; il ne forme pas un pli couché (et encore moins un pli en éventail); ce n'est qu'une partie de la nappe superposée à celles des terrains renversés (¹).

Massif de Pichauris. — Le massif de Pichauris ne forme pas non plus un pli couché spécial. Ce pli serait en champignon, ce qui est déjà à mes yeux une objection suffisante; mais, de plus, j'ai montré la continuité des terrains renversés qui l'entourent avec la nappe de Simiane; c'est donc toute cette nappe qu'il faudrait faire sortir de l'étroit pédoncule du Collet-Redon. Enfin, l'Infralias qui, au-dessus des Marnes irisées, surmonte cette colline isolée, est le même, sans discussion possible, que celui qui au Nord surmonte les mêmes Marnes irisées et va s'enfoncer sous les collines de Peipin; il est aussi relié avec évidence, du côté de l'auberge de

---

(¹) Voir les arguments directs dans mon Mémoire sur le massif d'Allauch, p. 28 et 29 [reprod. ci-dessus, p. 453-455]. Je rappellerai en particulier l'existence du « trou » ou regard ouvert par la dénudation, qui fait apparaître un îlot de poudingues crétacés au milieu de l'Infralias.

Pichauris, par un pointement intermédiaire ([1]), avec l'Infralias qui plonge sous l'Étoile. Il fait donc partie, comme les massifs précédents, de l'ensemble superposé à la nappe renversée.

AUTRES BANDES DE TRIAS ET D'INFRALIAS AUTOUR DU MASSIF D'ALLAUCH.

Bande périphérique. — Cette bande ne peut pas être non plus une racine de pli anticlinal. A son extrémité Nord, elle plonge sous le massif de Peipin, et ressort du côté de Valdonne, au-dessus des couches du Crétacé lacustre; elle est donc là *superposée au Crétacé.* Au Sud de Lascours, le lambeau cénomanien découvert par MM. FOURNIER et BRESSON, montre qu'elle a encore, comme cela doit être, la même situation; j'ai d'ailleurs indiqué depuis longtemps ([2]) qu'elle enveloppait certainement en profondeur le synclinal de Roquevaire, continuation de celui de Peipin. Si les bassins de terrains plus récents, à l'Est du Trias, sont, comme je l'ai indiqué plus haut avec réserves, des pointements de la nappe renversée, c'est une nouvelle preuve encore plus manifeste. Enfin, à son extrémité Sud-Ouest, la bande (en affleurement) se divise en plusieurs branches, qui toutes sont superposées au Crétacé.

Massif de Saint-Julien. — Le Trias de Saint-Julien n'est qu'un épanouissement de la bande précédente. Il ne peut pas non plus figurer un pli anticlinal, puisqu'il est superposé à l'Aptien.

Bande triasique de l'Huveaune. — Ainsi, de quelque côté qu'on se tourne, le résultat est le même: on ne peut trouver dans aucun des massifs immédiatement voisins l'origine de la nappe renversée. Si le Trias ou l'Infralias qui en font partie se rattachent à un pli couché, ils s'y rattachent à distance; aucun de ces massifs ne peut fournir la racine cherchée.

Par contre, il semble qu'on puisse en trouver la place en s'éloignant un peu au Sud et à l'Est. Le Trias a un énorme développement dans toute la vallée de l'Huveaune; il est affecté de plis droits très serrés, et en général verticaux. Là, doit-on penser naturellement, peut et doit être la racine.

([1]) Voir plus haut, p. 621 et suiv.
([2]) Le massif d'Allauch, p. 33 [reprod. ci-dessus, p. 460].

Une première objection, c'est que le Trias de l'Huveaune, dans la région d'Auriol et de Roquevaire, malgré l'interruption des af-fleurements sous le Tertiaire d'Aubagne, a pour continuation cer-taine celui de la plaine de Marseille, c'est-à-dire le Trias du massif de Saint-Julien, qui, en partie au moins, est superposé au Crétacé. Cette objection n'est pas absolument concluante; si l'on imagine un grand pli couché à axe triasique, il faut bien que quelque part, le Trias du flanc supérieur et celui de la racine ou du flanc inférieur se trouvent en contact, et ce contact peut se faire au Sud du mas-sif de Saint-Julien (pl. XI, fig. n° 1). La coupe construite d'après cette hypothèse n'a rien de particulièrement choquant, en dehors de la grandeur de la nappe, qui ne fera qu'augmenter si l'on est obligé de chercher plus loin la racine.

On pourrait encore tirer une objection de la composition des collines au Sud de la plaine: on trouve là, comme le montre la carte géologique, des terrains crétacés plongeant vers la plaine, et allant, entre La Penne et Aubagne, jusqu'au Cénomanien et au Tu-ronien. Puisque la moitié Nord de la bande triasique est superpo-posée au Crétacé, et que de l'autre côté le Crétacé plonge sous la moitié Sud, l'idée vient naturellement que le Crétacé forme sous la plaine de Marseille une grande cuvette, qui servirait de subs-tratum à la nappe renversée et au Trias. Là encore, l'objection ne ne serait pas concluante: il y a sous les terrains oligocènes assez de place pour masquer le retour du bord de la cuvette Sud et la place de la racine triasique, surtout si l'on réfléchit qu'il existe une grande faille au Sud du massif de Saint-Cyr, et que rien n'empêche de supposer l'existence d'une faille parallèle au Nord du massif. C'est cette hypothèse que traduit la coupe (pl. XI). On peut dire que, d'après les faits exposés jusqu'ici, rien n'empê-che de voir, dans le Trias de la vallée de l'Huveaune, c'est-à-dire dans ce Trias que j'ai appelé au début la seconde bande transver-sale, la racine de l'immense pli couché qui passait par dessus le massif d'Allauch, et qui passe encore en dessous du massif de l'Étoile. L'étude du massif de la Sainte-Baume et celle de la bande triasique elle-même, entre Auriol et Saint-Zacharie, montrent que cette solution, admissible pour la plaine de Marseille, cesse de l'être plus au Nord; je ne la mentionne donc ici que *comme une première approximation.*

CONCLUSIONS RELATIVES AU MASSIF DE L'ÉTOILE.

Le massif de l'Étoile est entièrement superposé au Crétacé. —
C'est là la conclusion nécessaire et inévitable des données précédentes. J'ai en effet établi d'abord l'existence d'une nappe renver-
şée dont les affleurements entourent le massif de l'Étoile et le massif d'Allauch; il faut que cette nappe vienne de quelque part, et on
n'a le choix qu'entre deux hypothèses: ou elle a son origine au-
dessous des massifs qu'elle entoure, ou son origine est extérieure
et doit alors être cherchée plus ou moins loin du côté du Sud.

Le massif d'Allauch doit tout d'abord être mis à part; la nappe
repose incontestablement sur le massif, elle repose même *en discordance* sur les couches et sur les plis qui le composent, en rétablissant la continuité primitive de la nappe, on voit que nécessairement elle recouvrait tout le massif. Par contre, elle s'enfonce
sous le massif de l'Étoile; il serait donc possible qu'elle se reliât à
un pli couché qui entourerait ce massif et en formerait la bordure.

Mais nous avons vu que ce pli n'existe pas. Sans reproduire ici
les objections d'ordre général, développées au début, il suffit de
s'en tenir aux faits d'observation directe: partout, au Nord comme à l'Est, les couches du massif plongent régulièrement vers l'intérieur, sans trace d'un retournement ni d'un mouvement qui
pourrait le préparer; ou, s'il y a exception à cette règle, ce n'est
que par suite d'une retombée locale vers une faille de bordure, et
dans des conditions qui écartent encore plus l'idée d'un pli important. D'un bout à l'autre du massif, sur une longueur de 40 kilomètres, l'allure constatée est incompatible avec l'hypothèse d'un pli
périphérique.

Si la nappe renversée n'a pas son origine sous le massif de l'Étoile, il faut qu'elle l'ait à l'extérieur et que par conséquent la nappe du Nord et celle du Sud se rejoignent sous le massif. Le massif
est donc superposé à la nappe renversée et à son substratum,
c'est-à-dire superposé au Crétacé. C'est un massif charrié, qui
n'occupe sa position actuelle que par suite d'un déplacement d'ensemble.

Ainsi, comme on devait s'y attendre, l'existence de la nappe renversée entraîne comme conséquence l'existence d'une nappe supérieure, formée par des terrains en série normale. L'étude seule du
massif de l'Étoile permet, comme nous le verrons, d'affirmer que

ces nappes viennent du Sud, mais, pour préciser davantage, pour dire où est la racine du pli qui leur a donné naissance, il faut attendre l'étude des massifs voisins.

En tout cas, le fait important à retenir, et dès maintenant acquis, c'est que le massif de l'Étoile n'a pas de racine en profondeur, qu'il faut y voir une sorte d'immense « bloc exotique », reposant sur des terrains plus récents.

La planche XI donne trois coupes d'ensemble de la région, les deux premières prises du Nord au Sud, à travers le massif de l'Étoile et le massif d'Allauch, la troisième prise obliquement du Sud-Est au Nord-Ouest, de manière à montrer les relations des deux massifs. Ces coupes mettent bien en évidence les conclusions précédentes et la structure qui en résulte pour les massifs étudiés.

C. — LE MASSIF DE LA NERTHE. PREUVES DIRECTES DE SA SUPERPOSITION AU CRÉTACÉ SUPÉRIEUR.

Liaison avec le massif de l'Étoile. — Le massif de La Nerthe fait corps avec celui de l'Étoile, il n'en est que la continuation sous un autre nom: *le massif de La Nerthe est donc, lui aussi, superposé au Crétacé.*

Je sais que ces résultats, au moins inattendus, sont de nature à motiver d'abord quelque défiance. Ce n'est pas qu'un déplacement de 20 kilomètres, auquel on arrive ainsi, soit un nombre imprévu pour les charriages horizontaux; on en a invoqué de bien autrement considérables, et pour la Provence même, nous ne sommes pas au bout des conséquences qui s'enchaîneront. Mais, d'une part, ceux qui connaisent la région diront que ces massifs on l'air trop stables et trop solidement plantés pour ne pas être en place, et d'autres, au contraire, penseront que la Provence est un pays de bien petites montagnes pour répondre à l'empleur de pareils phénomènes.

Je ne pense pas que ces répugnances aient la force d'arguments sérieux; je comprends cependant qu'elles existent: aussi, est-ce une circonstance bien précieuse que le massif de La Nerthe présente des preuves directes du résultat énoncé, preuves indépendantes de tous les raisonnements précédents et faciles à vérifier pour tous ceux que la question intéresse. Il existe, en effet, dans le mas-

sif de La Nerthe, au moins deux trous, deux regards naturels, qui
permettent de voir le substratum récent, limité à l'intérieur de
courbes elliptiques et faisant voûte sous les terrains plus anciens. Ces deux regards, ou, si l'on préfère, ces deux apparitions
limitées de terrains récents, ne sont pas une découverte nouvelle.
Elles sont marquées sur la feuille de *Marseille* (près de Valapoux
et de La Folie), où je les ai moi-même depuis longtemps délimi-
tées, et si je n'en ai pas alors reconnu la signification, c'est que,
comme je l'ai dit à la réunion du Beausset, « on ne voit que ce
qu'on croit possible. »

Ilots de La Folie et de Valapoux. — Les deux points en question
sont situés au Nord de Carry et de Sausset, à moins de 2 kilomètres de la côte. L'un, le gisement de La Folie, est traversé par la
route de Sausset aux Martigues, et a été vu par conséquent par de
nombreux géologues; le second, celui de Valapoux, en tout semblable au premier, se trouve à 1 kilomètre plus à l'Est, et est relié
à la côte par un bon chemin charretier. Dans l'un comme dans
l'autre, on voit une voûte centrale formée de calcaires roux et
spathiques, probablement turoniens (j'y ai trouvé autrefois un
fragment de Cyclolite); des deux côtés elle supporte des grès verts,
accompagnés à Valapoux de calcaires siliceux, qui représentent
l'Aptien de Fondouille; et enfin sur les bords, des bancs grumeleux correspondent comme aspect à l'Aptien inférieur, et au Nord
comme au Sud s'enfoncent sous l'Urgonien. Sur la route, on voit
au Sud, sur près de 40 mètres, la superposition peu inclinée
de l'Urgonien sur les calcaires grumeleux; il n'y a certainement
pas de faille verticale ([1]). Mais la coupe est encore mieux visible
à quelques centaines de mètres à l'Est, en face des ruines d'une
ferme abandonnée (fig. 173). A l'Est, la voûte se ferme sous l'Urgonien, qui ne forme plus qu'une nappe parfaitement continue; à
l'Ouest, quand l'Aptien gréseux et glauconieux disparaît, il reste
une voûte de calcaires marneux que la feuille de *La Couronne*

([1]) J'ai cherché vainement des fossiles dans les bancs grumeleux. Il n'est
donc pas impossible que, malgré leur aspect, ils représentent non pas l'Aptien,
mais le Néocomien en position normale au-dessous de l'Urgonien. Cela ne
changerait pas la signification ni la conclusion essentielle de la coupe; mais
cela indiquerait en plus que l'Urgonien appartient à la nappe supérieure, superposée à la nappe renversée.

range dans le Néocomien. C'est en tout cas un anticlinal de terrains plus anciens qui enveloppe et surmonte l'anticlinal de Crétacé supérieur.

Fig. 173. — Coupe du pointement de La Folie (massif de La Nerthe).

c_I. Calcaires grumeleux (Aptien inférieur ou Néocomien; c_{II}. Urgonien.

Pointement sénonien au Sud des Martigues. — C'est peut-être le même anticlinal qui fait pointer l'Aptien de la Folie et de Valapoux; mais il est probable qu'il existe au Nord au moins un autre anticlinal parallèle, donnant naissance à un pointement analogue; en effet, au Sud des Martigues, M. CAREZ ([1]) a signalé un petit affleurement de calcaires à Hippurites, pincé entre deux lèvres d'Urgonien. Je n'ai pas vu le gisement, mais son isolement dans un fond me fait penser qu'il n'y a pas là de faille, plus qu'à La Folie, et que c'est encore une apparition du substratum. Quand au pointement beaucoup plus étendu du Rove, M. REPELIN, qui l'étudie, en donnera la description; il y a là des complications apparentes très grandes, que n'expliquent pas complètement les coupes de M. FOURNIER ([2]); mais je ne doute pas, d'après ce que j'ai vu, que l'apparition de l'Aptien du Rove ne soit due à la même cause que les exemples précédents et n'entraîne la même conséquence.

Il est encore à remarquer que l'Aptien de tous ces gisements, quoique plus glauconieux à La Folie, a le faciès et le développement constatés dans la nappe renversée, tandis que dans le reste du plateau, ou bien il fait défaut (Sud d'Ensué) entre l'Urgonien et le Cénomanien, ou bien il se présente (si les déterminations de la Carte géologique sont exactes) sous l'aspect très différent de calcaires blanc à gros silex.

J'ai cru devoir mentionner ces gisements du Rove et des Martigues; mais je ne veux m'appuyer ici que sur ceux de La Folie et de

---

([1]) Légende de la feuille d'*Arles*.
([2]) *Feuille des Jeunes Naturalistes*, Avril 1895.

Valapoux. La coupe n'y prête à aucune ambiguité, et la conséquence est incontestable: *le massif de La Nerthe est entièrement superposé à un substratum plus récent.*

IV. — STRATIGRAPHIE DES NAPPES CHARRIÉES ET MÉCANISME DES MOUVEMENTS.

ÉTUDE DE LA NAPPE SUPÉRIEURE. ÉCRASEMENT ET DISPARITION INTERMITTENTE DES COUCHES DE BASE.

Stratigraphie spéciale des massifs charriés. — Le charriage du massif de l'Étoile et du massif connexe de La Nerthe étant ainsi un fait bien établi, il n'est pas inutile, avant d'aller plus loin, d'indiquer les phénomènes spéciaux qui ont accompagné ces charriages, et ont produit, dans les masses mises en mouvement, un véritable réarrangement des couches. Il est naturel que le glissement d'ensemble soit accompagné de glissements secondaires qui, par un mécanisme maintenant bien connu, amènent des étirements et des suppressions des couches; mais, de plus, on doit prévoir que, s'il existait des inégalités dans la surface du substratum, ces inégalités, saillies ou dépressions, ont constitué comme des obstacles à franchir pour la nappe en mouvement, et que ces obstacles ont pu influer, non seulement sur la distribution, mais sur l'arrangement des couches de la nappe. Il y a, en d'autres termes, une *stratigraphie spéciale* pour les nappes charriées, tellement spéciale que les caractères en suffisent, je crois, pour faire reconnaître et prévoir le charriage. Les massifs étudiés permettont dès maintenant d'en mettre en lumière quelques traits intéressants, dont l'exemple pourra servir à élucider d'autres difficultés dans les massifs voisins.

Irrégularité des étirements dans la nappe renversée. Thrust planes. — J'ai déjà eu l'occasion ([1]) de signaler dans la nappe renversée des surfaces de glissement (*Thrust planes*) qui la divisent en tranches successives, dans chacune desquelles les variations d'épaisseur et les suppressions de couches se produisaient et s'exagèrent d'une manière indépendante, et j'ai montré que ces surfaces

([1]) *Annales des Mines*, 9ᵉ sér., XIV, 1898, p. 38 et 39, fig. 11 [Mémoire reprod. ci-après, Art. XCV].

paraissent coïncider avec des couches marneuses, qui ont servi comme de lubréfiant. La bande de Simiane est tout à fait instructive à cet égard. Là, il est vrai, les phénomènes ne diffèrent pas essentiellement de ceux qui se produisent couramment dans le flanc renversé d'un pli couché; les irrégularités sont de même nature, mais elles atteignent des proportions inusitées.

Régularité relative de la nappe supérieure. – Dans la nappe supérieure, celle qui correspondrait au flanc supérieur d'un pli à dimensions restreintes, la série se présente sur de grands espaces avec la succession et l'épaisseur normales. Il y a bien, de place en place, surtout au voisinage des étages marneux, certains bancs qui disparaissent d'une manière intermittente: ainsi les calcaires à silex à la base des marnes bathoniennes, le Néocomien, qui est souvent remplacé par une brèche de friction, peut-être aussi quelquefois l'Aptien; mais, malgré ces lacunes locales, la série se présente avec une telle puissance, la plupart des étages y sont si bien au complet, que l'impression d'ensemble est celle d'une grande régularité. Et pourtant cette suppression de couches, quand elle ne peut pas être attribuée à une irrégularité de la sédimentation, est un fait grave qui doit retenir l'attention; elle ne peut absolument s'expliquer que par des glissements suivant la surface des bancs, et quand elle se produit, comme c'est le cas fréquent, au milieu des couches étalées horizontalement sur de grandes étendues, on ne voit pas où chercher la cause de ces glissements, autre part que dans un déplacement d'ensemble.

Écrasement intermittent de la base. — Mais ce qui différencie surtout la nappe charriée, ce qui contraste de la manière la plus frappante avec la puissance et la régularité apparente de sa partie supérieure, c'est *l'écrasement de sa base*, écrasement qui correspond aux actions les plus énergiques constatées dans les flancs renversés, et qui gagne de proche en proche, suivant les points, jusqu'à supprimer tout le Jurassique, et quelquefois aussi le Néocomien. La série débute à un niveau quelconque, et à partir de ce niveau, elle est complète, sauf les lacunes locales signalées plus haut. Il y a pourtant une exception à faire pour le Trias (¹), qui se

---

(¹) Les couches à *Avicula contorta*, avec leurs marnes et leurs cargneules, ont une composition analogue à celle du Trias, et lui restent étroitement associées pour tout ce qui regarde ces phénomènes.

comporte comme une unité spéciale, interposée entre la nappe renversée et la nappe supérieure, qui tantôt s'écrase avec la base de cette dernière nappe, tantôt au contraire subsiste seul, et supporte alors directement un terme quelconque de la série normale.

Prenons ainsi la coupe de la tranchée de Septèmes (fig. 169, p. 641). Au-dessus de la nappe renversée, réduite là à une lame étroite de Jurassique supérieur, on voit, sur 2 ou 3 mètres, un banc de Muschelkalk, un peu de cargneules et de marnes bajociennes froissées: au-dessus, le Bathonien, le Callovien, l'Oxfordien et toute la série jurassique, se développent avec une énorme épaisseur et une parfaite régularité. Aucun exemple n'est plus frappant et plus net pour montrer l'écrasement de la base.

A l'Ouest de la tranchée, quoique les coupes n'aient pas été décrites dans ce Mémoire, celles du Rove sont assez nettes pour pouvoir être invoquées ici: on voit là, au contact de l'Aptien, une bande étroite de Trias, qui même en un point se développe assez pour avoir donné lieu à une exploitation de gypse; or ce Trias est directement surmonté, tantôt par les dolomies jurassiques, tantôt par le Néocomien.

A l'Est de la tranchée, il est difficile de conclure, parce que, comme je l'ai dit, ce sont des tassements locaux qui ont en partie déterminé le contact des affleurements de la nappe renversée et de la nappe supérieure; pourtant, à Saint-Savournin et au Terme, à la base de la série normale, on trouve un petit banc de dolomies infraliasiques sous le Bathonien. Dans le petit massif de Peipin, l'Infralias bien développé est en quelques points directement surmonté par le Jurassique supérieur.

Le long de la bande triasique de l'Huveaune, le Trias avec gypse exploité, auprès de Roquevaire, plonge en concordance sous le Jurassique supérieur, et un peu plus au Sud, directement sous l'Urgonien. Le long de la bande périphérique du massif d'Allauch, décrite plus haut, l'Infralias, entre le Jas de Fontainebleau et La Treille, s'enfonce alternativement sous le Valanginien et sous le Jurassique supérieur. Plus au Nord, près des Bellons, le Trias avec gypse exploité passe sous un îlot de dolomies, à la partie supérieure desquelles se voient les calcaires blancs et un peu de Néocomien (fig. 161, p. 629). La même chose a lieu plus au Sud, près de La Treille (fig. 162, p. 630), et plus à l'Ouest, au-dessus de Montespin (fig. 165, p. 634). On pourrait, il est vrai, objecter que, dans ce pourtour du massif d'Allauch, la base de la nappe normale n'est pas seule à s'écraser, car j'ai décrit autrefois, entre Lascours et Aubagne, des étirements à tous les niveaux; mais, comme je l'ai dit plus haut, il est probable que la bande où se produisent ces étirements irréguliers n'appartient pas à la nappe supérieure, mais correspond à un pointement de la nappe renversée. Tous ces exemples justifient donc la règle énoncée: en dehors de quelques glissements au voisinage des étages marneux, les résultats du charriage ne se font traduire dans la nappe supérieure que par un écrasement de la base.

Explication des apparences anormales présentées par les affleurements du Trias. — On s'explique dès lors aisément la singularité de ces longs filets triasiques, étroits et sinueux, se présentant comme pourrait le faire l'affleurement d'une couche mince, intercalée dans la série sédimentaire, mais en quelque sorte obliquement, sans se tenir toujours au même niveau statigraphique ni entre les mêmes étages (¹). Le charriage est antérieur au plissement principal de la région; il serait difficile, en effet, de concevoir qu'il se soit fait sur la surface très inégale d'un sol accidenté, et d'ailleurs cette étude a montré surabondamment que les nappes sont plissées. Donc ce plissement s'est exercé sur un ensemble composé: de la série normale en place, d'une série renversée intermittente, et d'une seconde série normale à base inégalement écrasée, *ces trois séries étant discordantes entre elles*; entre la seconde et la troisième série existait une nappe de Trias, tantôt très épaisse, tantôt très mince, qui partout a subi les mouvements postérieurs et a ainsi donné lieu aux singularités les plus frappantes de la structure.

(¹) Le fait que les affleurements de Trias ressemblent plus souvent, dans leur dessin, à un affleurement de couches qu'à un affleurement de pli, avait déjà frappé M. GOLFIER, qui en a essayé une explication ingénieuse, (*Bull. Soc. Géol. de France*, 3ᵉ sér., XXV, 1897, p. 171). C'était, je crois, une idée juste que d'invoquer la nature du substratum, mais les nouvelles observations permettent, comme substratum à considérer, de substituer à un massif paléozoïque inconnu dans la profondeur, la surface sur laquelle a eu lieu le charriage, c'est-à-dire une surface observable dans beaucoup de points et rationnellement reconstituable dans les autres. L'explication prend ainsi, comme je le montrerai, un caractère plus précis et plus vraisemblable. Il n'en convenait pas moins de signaler ici le sentiment très juste des conditions structurales de la région, qui a servi de point de départ à l'essai de M. GOLFIER.

On s'explique de même ainsi le contact bizarre du massif d'Allauch et du massif de l'Étoile. On sait que ces massifs sont séparés par une bande de Trias continu, épanouie à Pichauris, filiforme au Sud sur plus de 4 kilomètres. Ce Trias plonge sous le massif de l'Étoile, au Nord sous l'Infralias, plus loin sous les dolomies jurassiques, et au Sud sous le Néocomien. Il y a peut-être, notamment au point où l'Urgonien apparaît au contact, quelques phénomènes de tassement, mais l'existence d'une grande faille, quoique je l'aie admise autrefois faute d'autre explication, doit certainement être rejetée; on n'en trouve que péniblement la continuation possible du côté de la faille du Terme (faille Doria), où sa dénivellation a changé de sens; et surtout il est incompréhensible que sa position se trouve partout exactement choisie de manière à conserver à son contact d'une manière continue un étroit liseré triasique, d'une vingtaine de mètres de largeur maximum. Il n'est pas douteux, d'après ce qui précède, que ce Trias ne représente la base écrasée du massif de l'Étoile, l'écrasement ayant été faible du côté du Nord, puis s'étant étendu progressivement au Sud jusqu'au Jurassique et jusqu'au Néocomien. Il en résulte une conséquence probable d'un grand intérêt, c'est que toute la partie Sud du massif de l'Étoile, composée d'Urgonien et de Néocomien, doit être directement superposée au Trias, sans intermédiaire de terrain jurassique.

La probabilité de cette conclusion s'accroît encore, quand on essaie, comme je le ferai plus tard, de grouper sur une carte les points où le Jurassique supérieur, ou d'une manière générale tel ou tel étage de la nappe, repose directement sur le Trias. C'est de plus, selon moi, la seule manière d'expliquer d'une manière satisfaisante les conditions hydrologiques rencontrées par la Galerie à la Mer des Charbonnages des Bouches du Rhône.

Examen et conséquences des conditions hydrologiques rencontrées par la galerie des Charbonnages des Bouches-du-Rhône. — Le percement de cette galerie, du côté de la mer, a été gêné par des venues d'eau énormes, que rien n'aurait permis de prévoir; les sources ont commencé, peu après qu'on est sorti des terrains oligocènes pour entrer dans l'Urgonien (fig. 174) [1]. La ve-

---

[1] L'Urgonien, à droite de la coupe, est marqué descendant un peu trop bas; la galerie, dans toute cette partie est restée dans les calcaires marneux du Néocomien.

nue d'eau au kil. 3, 960, a été de 5 5C0 litres à la minute, de 3500
litres au kil. 4,56; la quantité totale, aujourd'hui captée et utilisée
comme force motrice, a varié de 57 à 51 mètres cubes en Septem-

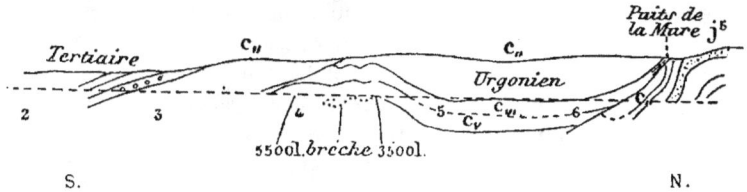

Fig. 174. — Coupe de la Galerie à la Mer (partie Sud).

c_{II}. Urgonien; c_{III}. Hauterivien; $c_{.}$. Valanginien; j^5. Dolomies jurassiques.
— Les chiffres indiquent le nombre de kilomètres à partir de l'entrée.

bre et en Octobre 1898, et suffirait à alimenter toute la ville de
Marseille. Où est la nappe d'eau qui donne naissance à ces sources? Où est la couche argileuse qui retient les eaux?

Tout d'abord, ces sources sont des sources vauclusiennes ascen-
dantes. C'est donc l'échappement vers le haut d'une nappe profonde, qui est sous pression et maintenue en général par une couverture imperméable; si l'une des fentes ou l'un des canaux d'amenée s'élevait assez, il donnerait le niveau piézométrique, ou, si
l'on préfère, la pression sous laquelle est maintenue la nappe
d'eau. L'expérience s'est trouvée faite par le puits de La Mure, au
Nord et surtout au Sud duquel les travaux ont été presque immédiatement arrêtés par des venues importantes; le niveau de l'eau
s'y est élevé après le captage des sources d'aval, et a dépassé
100 mètres. Donc les différentes sources proviennent d'une même
nappe, et cette nappe est sous pression plus forte en aval qu'en
amont; le niveau piézométrique monte au lieu de descendre quand
on marche vers les parties les plus basses du bassin formé par les
couches superficielles. C'est une condition qui me semble tout à
fait anormale et qui ne s'explique que si la nappe est assimilable à
un cours d'eau souterrain, avec un lit central, au Nord duquel
l'eau ne s'étend que par une sorte de débordement, par infiltration
avec perte de charge.

Ces conditions étant données, le niveau argileux qui retient la
la nappe sous pression ne peut pas être cherché dans les marnes
néocomiennes; ces marnes ne sont pas réellement imperméables et

ne donnent jamais lieu à des sources importantes; il en est de même pour toute la série jurassique, et *il faut descendre jusqu'à
l'Infralias* pour trouver un niveau de retenue. Si la série sédimentaire était complète, ce niveau de retenue se trouverait à près
de mille mètres au-dessous du niveau de la mer; les fentes et l'eau
vauclusienne qu'elles amènent devraient traverser mille mètres de
terrains variables, avant d'arriver à la hauteur de la galerie. Parmi ces terrains, le quart environ serait composé de calcaires marneux, où l'eau s'infiltrerait de tous côtés et où une cassure nette
est peu admissible. On peut sans hésiter affirmer qu'il y a là une
complète impossibilité.

Un autre fait est à noter: on a laissé écouler pendant huit mois
l'eau des premières sources rencontrées ([1]), sans que le débit, qui
atteignait 50 mètres cubes, ait diminué d'une manière appréciable
(de Janvier à Août 1894). Or, si l'on regarde quelle est la partie du
massif de l'Etoile qui pourrait contribuer à l'alimentation de la
nappe (dans le cas où l'on n'admettrait pas que cette nappe est inférieure à l'Infralias), on ne trouve guère que 100 kilomètres carrés, qui, avec une chute d'eau *utile* de 0^m27 par an, donneraient
à peine 50 mètres cubes par minute. Il ne semble donc pas
que la nappe d'eau puisse être alimentée par le massif de l'Étoile,
ce qui est d'ailleurs déjà la conséquence nécessaire des conclusions précédentes.

Ainsi, nous arrivons à deux conclusions pour lesquelles peut-
être, vu la difficulté des questions hydrologiques, on n'oserait sans
autre preuve être pleinement affirmatif, mais qui confirment singulièrement les résultats de l'étude géologique: 1° la nappe souterraine qui existe sous l'Étoile n'est pas alimentée par ce massif, et
elle est inférieure à l'Infralias qui en forme la base. Par conséquent,
à moins de la faire venir de la profondeur, ce que ne permet pas sa
température peu élevée, *elle ne peut guère venir que du bassin de
Fuveau*, et cela semble inexplicable *si les couches de Fuveau ne
passent pas sous le massif;* 2° la nappe souterraine est maintenue
sous pression par les couches de l'Infralias et du Trias; les eaux
qui peuvent s'en échapper arrivent au niveau de la mer sous forme
de sources vauclusiennes; il faut donc (et là encore, la température

---

([1]) Dans la dernière expérience faite, en Septembre et Octobre 1898, le
débit total a pourtant diminué pendant deux mois, de 57 à 51 mètres cubes.

42

peu élevée de l'eau donne une nouvelle preuve) que l'Infralias et le Trias soient à une faible profondeur au-dessous de ce niveau, c'est à-dire au-dessous du Néocomien.

Cette seconde conclusion, je le répète, est celle que nous avions pu prévoir d'après la distribution des points où le même phénomène est constaté par les affleurements de la surface. La confirmation tirée de l'allure du régime aquifère me paraît avoir une grande valeur.

Problème résultant des changements brusques d'épaisseur de la nappe charriée. — L'étude de la Galerie à la Mer mène maintenant à se poser une autre question: comment se fait le passage des points où la série qui surmonte l'Infralias est à peu près complète, à ceux où toute la base jurassique de cette série serait écrasée et aurait disparu? Cette différence d'épaisseur compense-t-elle un pli plus marqué en profondeur? Ou au contraire produit-elle à la surface l'apparence d'un pli qui n'existe pas en profondeur? La première hypothèse a l'air plus vraisemblable, et pourtant c'est la seconde qui semble se vérifier. C'est ce que montre la coupe du

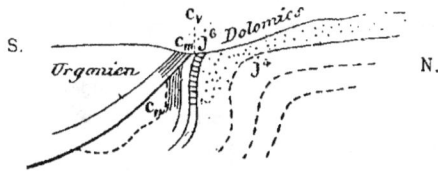

Fig. 175. — Coupe du puits de La Mure.

c_{II}. Urgonien; c_{III}. Hauterivien; c_v. Valanginien; j^6. Calcaires blancs.

puits de La Mure (fig. 175); la réapparition des termes écrasés correspond à une brusque flexure, où les terrains, encore amincis, se relèvent verticalement, et qui reporte d'un seul saut le Néocomien, du niveau de la mer au-dessus de la cote 750. Si l'Infralias est vraiment au Sud au contact du Néocomien, et si ce mouvement fait tout d'un coup réapparaître au Nord entre ces deux étages toute la série complète, il faut admettre que non seulement l'Infralias ne suit pas le mouvement de relèvement, mais même peut-être qu'il s'abaisse par un mouvement inverse. Dans ce dernier cas, on pourrait songer à l'influence possible d'une dépression dans le substratum, qui surait déterminé une sorte de *remous* dans la nappe charriée; mais ce ne sérait là qu'une image, et non une explication, et on ne voit pas par quel contrecoup la dépression du substratum peut susciter l'obstacle dont l'existence semblerait néssaire pour motiver ce remous. Il faut, avant d'examiner cette question, étudier d'abord les effets produits par le charriage sur le substratum.

PLIS ANCIENS DU SUBSTRATUM. INFLUENCE DU CHARRIAGE.

Effets du charriage sur le substratum. Couches retroussées. — Ces effets sont très nets et n'ont rien d'hypothétique. En certains points, là probablement où il y a eu obstacle, la nappe charriée a pressé devant elle et *retroussé* les couches qui constituaient cet obstacle. Il en est résulté alors un synclinal couché, mais un synclinal d'une nature spéciale, qui correspond d'une manière nécesaire avec son mode de formation: les couches, retroussées vers le Nord, ne se replient pas ensuite vers le Sud; en d'autres termes, elles ne forment pas d'anticlinal au-dessus du synclinal, comme cela aurait lieu dans un plissement ordinaire. *Le synclinal est tronqué par la nappe charriée*, et il supporte la base de cette nappe, que cette base soit constituée directement par la série normale, ou par la nappe renversée, ou même par un troisième terme accidentel dont je n'ai pas encore parlé, la lame de charriage.

J'ai indiqué dans un Mémoire précédent un exemple de ces phénomènes, pris un peu au Nord de la région ici décrite: c'est le pli de Bouc, étudié par M. VASSEUR, et j'ai fait ressortir l'analogie qu'il présente avec le pli d'Abscon, dans le bassin houiller du Nord. J'en reparlerai tout à l'heure, mais je veux d'abord citer un second exemple, celui du massif d'Allauch, parce qu'il donne lieu à des observations plus complètes et peut servir de point de départ à une explication d'ensemble.

Pli d'Allauch. — Le pli d'Allauch, comme je l'ai dit plus haut, borde au Sud le massif de ce nom; d'Allauch à Martelleine, il contient en son centre des calcaires à Hippurites, sur lesquels se renverse toute la série jusqu'au Valanginien. A Allauch même, le terme supérieur consiste en calcaires blancs, que M. COLLOT a proposé d'attribuer à l'Urgonien, mais M. DEPÉRET y a trouvé un gros Gastéropode, qui ne peut-être que valanginien ou jurassique;

il n'y a pas de Réquiénies, et les caractères lithologiques ne sont pas non plus favorables à l'hypothèse de M. COLLOT, qui supposerait d'ailleurs un accident tout localisé, ne se reproduisant dans aucune des coupes voisines.

Au delà de Martelleine et des Bellons, une faille élève la partie Est du massif, en même temps que la charnière sénonienne est reportée plus au Nord; elle ne reparaît qu'au Garlaban, étant dénudée dans l'intervalle; mais la charnière hauterivienne reste visible, pénétrant très loin sous le Valanginien sur la rive gauche du ravin de Poudranne, et permet, malgré la faille, un raccordement certain du pli du Garlaban avec le pli d'Allauch. Toute la croupe

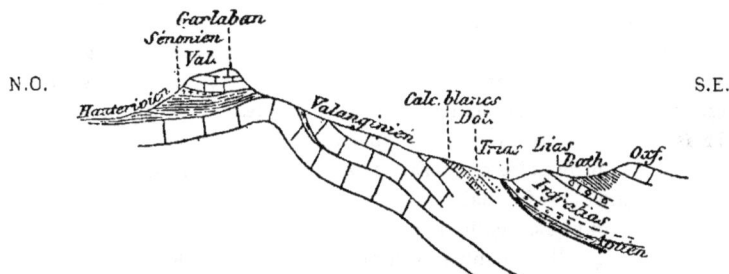

Fig. 176. — Coupe du Garlaban.

rocheuse qui, au Sud du Garlaban, descend vers La Treille et le Jas de Fontainebleau, est formée par le Valanginien renversé.

Je reproduis ici (fig. 176) la coupe du Garlaban, conforme, sauf une légère modification, à celle que j'ai donnée autrefois. Il est

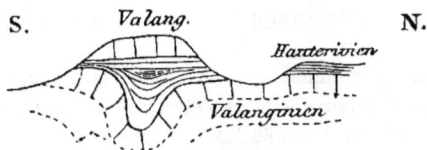

Fig. 177. — Vue du sommet du Garlaban, prise de l'Est.

bon de remarquer que cette coupe pourrait induire en erreur sur l'orientation du pli: en effet, elle est prise normalement à la bordure la plus voisine du massif, c'est-à-dire du Sud-Est au Nord-

Ouest. Or, il suffit de regarder à distance la falaise pour voir magnifiquement le pli s'y dessiner avec tous ses détails, et pour se
convaincre qu'il est ouvert vers le Nord, comme celui d'Allauch
(fig. 177).

Ce pli couché vers le Nord s'arrête brusquement à la ligne dirigée Nord-Sud qui limite le massif. Il y a là une discontinuité des
plus frappantes; le grand pli couché est coupé presque normalement par un complexe de couches tout différent, et il semble disparaître à leur contact.

La coupe indique comment se fait cette disparition: tout plonge
sous le Trias voisin, aussi bien la base du Garlaban que la nappe
renversée du sommet. *Le pli couché disparaît parce qu'il plonge
sous le Trias*, et rien n'autorise à dire qu'il cesse parce qu'il disparaît; la continuité force même à supposer qu'il se continue *sous le
Trias* et sous les terrains qui le recouvrent à l'Est. Et comme sa direction, même un peu déviée, ne peut guère le mener que sous le
Trias de Roquevaire, il y a là un premier argument sérieux contre
l'hypothèse provisoire qui ferait de cette bande de Roquevaire un
véritable noyau anticlinal.

Mais en tout cas, quelle que soit la continuation souterraine du
pli couché, qu'elle soit plus ou moins lointaine, cette continuation
existe. L'arrêt brusque n'est qu'une apparence, et pour bien comprendre les choses, il faut se figurer deux phénomènes successifs
et distincts: le premier est la formation des nappes de charriage, en
même temps que celle du pli d'Allauch; la seconde est la production d'une flexure dans cet ensemble, abaissant en même temps vers
l'Est les terrains en place, la nappe supérieure du pli d'Allauch, la
grande nappe renversée et la nappe supérieure. Tout cet ensemble
a plongé dans la dépression de l'Huveaune, où la nappe supérieure
est seule restée visible, sauf quelques pointements possibles de la
nappe renversée.

La verticalité des couches, près de l'abri sous roche du versant
Est, est due à cette flexure; elle ne s'étend pas du tout jusqu'au sommet, comme l'indique la coupe XXX du Mémoire de M. FOURNIER
(coupe, d'ailleurs, que M. FOURNIER donne seulement comme un
schéma), et il n'y a là rien qui autorise à parler d'une voûte
anticlinale succédant au synclinal du Garlaban.

Du côté de l'Ouest, les choses se passent de la même manière,
quoique la couverture discordante de terrains oligocènes en masque le détail: le pli d'Allauch s'enfonce et disparaît sous les lambeaux infraliasiques de la bordure occidentale.

Ces explications étaient nécessaires pour bien fixer la nature et le rôle du pli d'Allauch. L'indépendance complète des couches qui le composent et de celles qui le surmontent est facile à constater en suivant la bordure: à Allauch même, c'est le Trias, avec un peu d'Infralias à la base, qui repose directement sur le pli couché (Valanginien renversé); cet Infralias peut indifféremment s'attribuer à l'une où à l'autre des séries renversées. Le Trias continue jusqu'aux Bellons, tantôt au contact du Néocomien, tantôt à celui de l'Urgonien, et même, au point où cette première bande triasique se termine à l'Est des Bellons, au contact des couches à Hippurites. Plus loin, le contact se fait entre deux Valanginiens, entre lesquels s'intercale bientôt l'Aptien de la nappe renversée, reposant d'abord sur le Néocomien, puis sur les dolomies jurassiques. Si pour une coupe donnée, on peut hésiter sur le point où doit se mettre la séparation, pour l'ensemble la distinction est bien nette entre le substratum et les nappes charriées: le premier forme bien un pli synclinal couché, sans indice de retour anticlinal, et la surface de contact avec les nappe charriées, par la rapide variation des terrains mis en contact, montre partout les traces d'un rabotage énergique.

Le retroussement des couches coïncide avec un rabotage du substratum. — Le massif d'Allauch ne permet pas seulement de donner un exemple très net du retroussement des couches du substratum; il permet de montrer, au moins avec une grande vraisemblance, pourquoi le retroussement a eu lieu là, et non autre part. J'ai montré (¹) qu'au Nord-Est d'Allauch, le long du triangle des Cadets, c'est-à-dire au Nord des affleurements du synclinal couché, le Sénonien (couches à *Lacazina*) plonge régulièrement sous le Trias. Plus au Nord encore, à l'Est de Pichauris, j'ai montré qu'un Sénonien un peu plus récent (couches à *Cardium*) plonge, également sans faille, sous l'Aptien de la nappe renversée. On doit en conclure qu'au-dessus du massif d'Allauch, au Nord du pli de bordure, la masse charriée reposait directement sur le système à Hippurites (Santonien), au lieu de reposer, comme plus au Nord, sur le système fluvio-lacustre. Il n'est plus possible maintenant de prétendre, comme on l'admettait souvent, que le massif de l'Étoile a arrêté du côté du Sud l'extension de ce système, qui d'ailleurs existe encore dans le bassin du Beausset: s'il manque là, c'est très

(¹) Le massif d'Allauch, fig. 11, p. 15 [reprod. ci-dessus, p. 437, fig. 110].

probablement qu'il a été enlevé, et ce qui précède amène immédiatement l'idée qu'il a pu être enlevé par rabotage. S'il a été raboté là plutôt qu'ailleurs, c'est qu'il faisait saillie, et ainsi de proche en proche, nous arrivons à la conclusion que le massif d'Allauch, ce bombement aujourd'hui très accentué du substratum, faisait déjà saille à l'époque où a eu lieu le charriage, et que cette saillie qui vraisemblablement s'étendait plus loin à l'Ouest, a déterminé la dénudation des couches les plus récentes et le retroussement des autres.

Le massif d'Allauch et le Sud de l'Étoile correspondent à une ancienne saillie du substratum. Lame de charriage. — Comme je l'ai déjà dit, le pli auquel ce retroussement a donné naissance ne peut pas s'arrêter brusquement à l'Ouest d'Allauch; par conséquent, les mêmes effets doivent se poursuivre sous la partie Sud du massif de l'Étoile; là aussi, par conséquent, les terrains supérieurs ont dû être enlevés par rabotage. Si cette explication est fondée, on doit retrouver au Nord quelque vestige des terrains ainsi enlevés, et on les retrouve en effet. Ils sont allés constituer près de Gardanne *la lame de charriage*, que j'ai décrite autre part ([1]) et où le lignite est activement exploité (coupes 1 et 2, pl. XI). J'ai démontré directement que ce lambeau superposé aux terrains lacustres en place, séparé d'eux par la faille oblique de La Diote, venait de plusieurs kilomètres au Sud, de dessous le massif de l'Étoile. Je montre maintenant, avec un point de départ tout différent, et par des arguments tout à fait indépendants, qu'un paquet de ces terrains a dû être enlevé sous le massif de l'Étoile et poussé vers le Nord. Il y a là, on l'avouera, une concordance de résultats qui est de nature à faire impression, même sur ceux que n'auraient pas convaincus le faisceau des preuves antérieurement développées.

La lame de charriage comprend, au-dessus du Fuvélien exploité, tous les termes de la série fluvio-lacustre, avec une puissance même supérieure à celle du reste du bassin. C'est donc une masse d'au moins 800 mètres de hauteur qui a été ainsi arrachée de sa position première et poussée en avant vers Gardanne. Cette masse considérable, ajoutée par en bas à la grande nappe charriée, a labouré le sol et a dressé devant elle le bourrelet de Bouc, dont la disposition est la même que celle du pli d'Allauch. Il est à remarquer que le substratum de la lame de charriage, partout où on peut le voir, est formé par le Bégudien, et que le bourrelet de Bouc s'est produit dans les couches éocènes, *qui manquent sous la lame.*

*Retroussements échelonnés en avant et en arrière de la lame de
charriage.* — Il reste maintenant à rechercher si ces mêmes phénomènes ne peuvent pas suffire à expliquer les particularités diverses de la coupe d'ensemble (fig. 178); l'écrasement supposé de la
base de la nappe au Sud de l'Étoile, la flexure de La Mure coïnci-

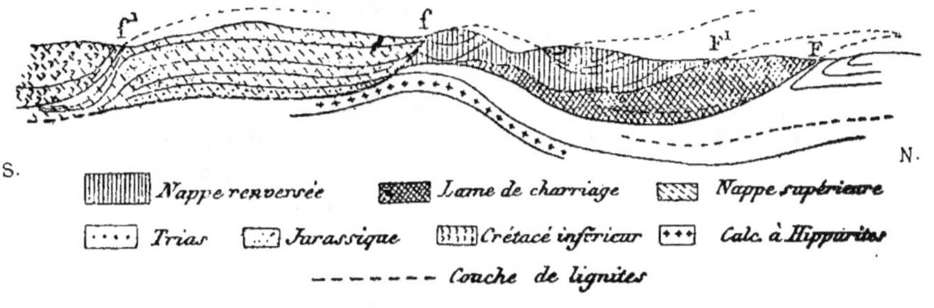

S.   N.

Fig. 178. — Coupe du massif de l'Étoile et de sa bordure.

F. Faille de La Diote; F¹. Faille du Safre; f. Faille du Pilon du Roi;
f¹. Faille de La Mure.

dant avec la réapparition, totale ou partielle, de cette base étirée,
et enfin le retroussement de la nappe renversée auprès de la faille
qui la ramène au jour, près de Notre-Dame des Anges et du Pilon
du Roi.

D'abord l'écrasement de la base de la nappe au Sud de l'Étoile se
rait en rapport naturel avec l'arrachement de la lame de charriage; car les frottements ont dû s'exagérer dans cette partie, tant à
cause de l'arrachement même que du glissement postérieur sur
une surface moins lubréfiée. Il faut d'ailleurs que l'écrasement ne
se soit produit que tardivement à cette place, car la série entière a
dû passer au-dessus, pour former le Nord actuel du massif de l'É-
toile, et peut-être aussi les autres parties de la nappe qui ont existé plus au Nord.

La lame de charriage, après son arrachement, a dû naturellement aller remplir une dépression de la surface, celle qui devait
faire suite au bombement dont la présence a déterminé l'arrachement; elle a même dû, si la dépression était insuffisante, en labou-
rer la surface en poussant devant elle le bourrelet de Bouc
(fig. 178, point F); il n'en est pas moins probable que, surmontée
comme elle l'était de toute la série charriée, sa mise en place a dû

créer au-dessus d'elle une saillie, que les nouvelles couches amenées par la continuation du même mouvement ont eu à surmonter. De là un nouvel obstacle, qui a déterminé une rupture suivant une des surfaces de moindre cohésion, et a amené la nappe normale à glisser sur la nappe renversée (en f, fig. 178). Là il n'y a plus eu rabotage, mais il y a encore eu retroussement. La surface de glissement est ce que j'ai appelé la faille du Pilon du Roi (qui sépare la nappe normale de la nappe renversée); le retroussement a produit les plis de la nappe renversée, et en particulier celui de Notre-Dame des Anges. Par le même mécanisme, la nappe supérieure, en s'élevant le long de l'obstacle, a fait naître en arrière une nouvelle saillie; une rupture s'est encore produite suivant une surface de moindre cohésion, au voisinage des marnes néocomiennes, et le Crétacé a glissé sur le Jurassique, le long de la faille de La Mure (f', fig. 178). Mais cette fois, la masse en mouvement étant moins considérable, il n'y a plus eu ni arrachement, ni retroussement, et même la cassure n'est pas nette: on en a comme la monnaie dans une série de plans de glissement parallèles aux bancs, c'est-à-dire dans une zone d'étirement.

Naturellement, à mesure qu'on s'éloigne du point de départ, la part d'hypothèse devient plus grande, et on ne peut plus donner l'explication comme certaine. Mais jusqu'au bout elle reste rationnelle et simple. Et c'est à mes yeux un résultat bien remarquable qu'on puisse ainsi, d'une seule hypothèse qui n'a rien d'arbitraire, qui s'impose même par deux voies différentes, faire sortir une coordination méthodique et une explication satisfaisante de tous les détails de cette structure extraordinairement complexe.

Rôle des actions postérieures au charriage. — Il y a certainement eu, en outre, des actions postérieures; les plissements de la nappe renversée, notamment, sont trop pressés et trop aigus pour qu'on puisse en douter. J'attendrai d'avoir des cas plus nombreux à comparer pour essayer de préciser le rôle de ces actions postérieures; je dirai pourtant en terminant que l'examen des coupes, celle du ravin du Siège en particulier, donne singulièrement l'impression d'une masse affaissée sur place, comme on le voit dans le bassin de Paris pour les entonnoirs de marnes vertes dans le gypse. Je ne serais pas étonné qu'il n'y eût là, au moins autant que dans des compressions latérales (qui peuvent d'ailleurs coexister), une cause importante à invoquer pour la production de ces plisse-

ments. Autant que je puis dès maintenant en juger, à côté de ces
zones ou bassins d'affaissement, la production de dômes, qui en est
la contre-partie naturelle, jouerait le rôle principal dans ces mouvements postérieurs au charriage.

V. — RÉSUMÉ ET CONCLUSIONS.

J'avais l'intention, en commençant ce Mémoire, d'y joindre la description de la chaîne de la Sainte-Baume, dont la nouvelle étude est
à peu près terminée. Mais j'aime mieux attendre d'avoir éclairci
pour cette chaîne les problèmes de raccordement avec les massifs
voisins, autres que l'Étoile et l'Olympe. Je peux déjà annoncer avec
certitude que les mêmes nappes se continuent dans la Sainte-Baume et dans l'Olympe, et que toute la grande bande triasique en fait
partie, de Marseille à Saint-Zacharie, et de Saint-Maximin à Barjols. Ce n'est donc déjà plus vingt, mais quarante kilomètres, qu'il
faut leur attribuer. On verra que les preuves directes abondent
pour la plupart des cas, et que la continuité impose le reste. Ce sera
l'objet d'un prochain travail. Pour le moment, je me contenterai
en terminant de résumer les conclusions relatives à cette première
partie.

Peut-être pourtant, n'est-il pas inutile, avant de le faire, de rappeler brièvement les arguments que j'ai développés autre part, et
qui, indépendants de ceux que j'ai donnés ici, permettent en quelque sorte de deviner *a priori* la solution. Ces arguments sont seulement tirés de l'allure générale des couches du grand bassin de
Fuveau et des constatations faites dans les travaux de mines. Toutes les lignes d'affleurement, et pour être plus précis, les courbes
de niveau de la Grande Couche, telles que les travaux de mines et
les observations de surface permettent de les établir, s'arrondis-
sent en grandes demi-ellipses concentriques autour du petit massif jurassique de La Pomme (voir la carte, pl. X). Les failles et les
fractures (*moulières*), qui permettent après les grands orages la
pénétration rapide des eaux, sont disposées radialement et vont
converger vers un même point de ce massif. Ce petit massif de La
Pomme se présente donc comme le véritable centre du bassin,
mais comme le centre d'un bassin dont une moitié seule aurait sub-
sisté. C'est en petit la reproduction de la figure que M. SUESS a rendue célèbre, montrant le bassin houiller de Silésie coupé au pied des

Carpathes (¹). Où est l'autre moitié? M. SUESS a répondu, pour le
bassin de Silésie: elle est sous les Carpathes. Une idée semblable
doit venir pour le bassin de Fuveau, d'autant plus que l'enfoncement sous les massifs de bordure (autres que celui de La Pomme)
est depuis longtemps prouvé. Les lignes de niveau viennent buter
tout droit, sans déviation, contre ces massifs; comment admettre
alors que l'enfoncement sous ces massifs soit produit par un pli
couché de la bordure? Comment admettre qu'un simple bombement,
comme celui de La Pomme, ait réglé l'allure des couches jusqu'à une
distance de plus de vingt kilomètres, et que les plis voisins, beaucoup plus énergiques, ne l'aient même pas influencée au contact?

Mais il y a en Provence un argument qui n'existe pas en Silésie, ou du moins pas avec la même netteté. En Silésie, on a trouvé
un énorme bloc de terrain houiller avec houille exploitable, noyé
dans le flysch; l'origine et la signification en restent un peu obscu-
res, quoiqu'il me semble maintenant difficile de l'expliquer autrement que par un charriage, et de le faire venir d'autre part que
du Sud. En Provence aussi existe un bloc avec lignite exploité,
mais à dimensions beaucoup plus grandes; son allure est régulière
et une faille très oblique le superpose aux terrains plus récents du
système fluvio-lacustre. C'est le lambeau de Gardanne. Les mêmes
couches en place existent au-dessous; le lambeau vient donc d'autre part, et il vient certainement du Sud; si on essaie de le remettre en place, à la suite des couches qui ont gardé leur position
première, on trouve que cela mène très loin sous le massif de l'É-
toile. On peut préciser davantage: les affleurements dans ce lambeau, de même que ceux du bassin principal, s'ordonnent en courbes concentriques; si l'on continuait les demi-ellipses des affleurements en place, ces ellipses offriraient des portions semblables ou
parallèles aux courbes du lambeau, *à 5 ou 6 kilomètres plus au
Sud.* Il semble bien permis d'en conclure que c'est sous l'Étoile, à
cette distance de 5 ou 6 kilomètres, que le lambeau de Gardanne
a été arraché. C'est bien à peu près la place que j'ai trouvée par
d'autres considérations.

On peut dire que ce n'est là qu'une induction; ce n'en est qu'une
en effet, en ce qui concerne la distance parcourue; mais pour la
provenance du Sud, elle est difficilement réfutable, et les évalua-

(¹) ED. SUESS, *La Face de la Terre* (traduction française de l'ouvrage:
Das Antlitz der Erde), I, p. 242.

tions minima mènent certainement sous le massif jurassique.

J'arrive maintenant au résumé des preuves développées dans ce Mémoire.

Les terrains sous lesquels s'enfonce le lambeau de Gardanne sont renversés; ils formaient une nappe renversée avant d'avoir été plissés; les plis qui les affectent sont *retournés*, c'est-à-dire qu'ils montrent les couches les plus anciennes au centre des charnières synclinales, et les couches les plus récentes au centre des charnières anticlinales. Cette nappe renversée se continue très loin à l'Ouest; je l'ai seulement suivie et décrite en détail du côté de l'Est, entre le chemin de fer d'Aix et le village de Cadolive. A ce dernier point elle disparaît; mais grâce aux failles de tassement et aux lambeaux jurassiques superposés aux collines crétacées, on peut démontrer qu'avec une largeur encore notable, *elle s'enfonce sous la pointe du massif de l'Étoile.*

Elle reparaît avec les mêmes caractères à 1 500 mètres au Sud-Ouest, sortant là de sous les terrains jurassiques, et entoure dans la région de Pichauris le côté Est de la colline de Collet-Redon (point 625). Cette colline est aussi bordée à l'Ouest par des terrains renversés, dont, il est vrai, l'origine pourrait être différente; mais M. BRESSON a montré la liaison par le Sud des deux bandes renversées. C'est donc bien partout la même nappe qui entoure Collet-Redon, et qui, par suite, passe au-dessous de la colline.

Sans parler des affleurements encore discutables qui s'étendent entre Lascours et Les Gavots, la nappe reparaît encore, toujours avec les mêmes caractères, autour de l'extrémité Sud-Est du massif d'Allauch, et au-dessus de La Treille on constate encore des charnières de *plis retournés*.

Enfin, dans le massif triasique de Saint-Julien, la nappe pointe encore sous le Trias, et c'est elle probablement qu'on retrouve à Château-Gombert, et plus loin sur la côte près de Figuerolle.

Ainsi, on trouve une nappe renversée presque continue autour des massifs de l'Étoile et d'Allauch, s'enfonçant sous le premier et s'élevant partout au-dessus du second. Les courtes intermittences des affleurements pourraient s'expliquer facilement par l'irrégularité naturelle et ordinaire de ces nappes, mais presque partout on peut prouver que là où ses affleurements disparaissent, la nappe continue en profondeur. On peut donc parler d'une nappe continue autour des deux massifs et remarquer en outre qu'elle pénètre très loin dans la rainure qui les sépare. Cette nappe est remarquable par le développement spécial de l'Aptien (faciès de Fondouille), qui fait au contraire défaut dans le massif d'Allauch, et qui, à moins d'aller bien loin au Sud-Est, ne présente ce faciès que dans la nappe renversée.

La série y monte jusqu'au Trias et est alors souvent recouverte par le Trias normal, base d'une nouvelle nappe qu'on trouve conservée dans les cuvettes plus profondes; c'est le cas à Saint-Germain, à Pichauris (Collet-Redon), et dans le massif de Saint-Julien, près de Marseille. La bande étroite de Trias ou d'Infralias qui entoure le massif d'Allauch est également superposée à la nappe renversée (pointement cénomanien à l'Ouest de l'Antique, coupe du Four au Nord de La Treille),

Cette nappe renversée ne suit le bord d'aucun pli important qui aurait pu lui donner naissance. Le bord septentrional du massif de l'Étoile n'est pas un pli couché; en général, il ne montre que des couches normales, régulièrement inclinées vers le Sud, et en quelques points seulement, par suite de tassements, retombant doucement et sans renversement vers la ligne qui les sépare de la nappe renversée. La même conclusion s'applique au petit massif de Peipin; le Trias de Pichauris, le Trias du pourtour du massif d'Allauch, le Trias de Saint-Julien, ne sont pas des racines de plis, puisqu'ils sont tous superposés au Crétacé. Pour chercher l'origine de la nappe il faut donc aller plus loin au Sud.

Les données précédentes n'empêcheraient pourtant pas que la racine d'un grand pli couché ne pût se cacher sous le Tertiaire du Sud de la plaine de Marseille, et se continuer par la bande triasique de l'Huveaune, entre Aubagne et Saint-Zacharie. Il n'en est rien en réalité, mais l'étude de la chaîne de la Sainte-Baume est nécessaire pour montrer que cette dernière bande triasique est superposée au Crétacé. Il faut réserver la question, ou bien admettre comme première approximation que la racine de la nappe est là ou plus au Sud.

En tout cas, cette nappe, venant du Sud des collines de l'Étoile, entourant ces collines et plongeant partout sous elles, passe nécessairement au-dessous de tout le massif, comme elle passe, entre Saint-Savournin et Pichauris, au-dessous de sa pointe Nord-Est. Le massif de l'Étoile, et par conséquent le massif de La Nerthe, qui fait corps avec lui, sont donc superposés au Crétacé. Pour La Nerthe, il y a des preuves directes de cette superposition: à La Folie et à Valapoux, deux affleurements isolés de Turonien et d'Aptien forment voûte au-dessous de l'Urgonien, qui à leurs extrémités se rejoint en une nappe continue. Les affleurements aptiens du Rove, sans donner jusqu'ici de conclusion aussi nette, appartiennent certainement aussi à la nappe renversée, et, dans le petit îlot de calcaires à Hippurites, signalé par M. CAREZ au Sud des Martigues au milieu de l'Urgonien, on peut voir avec probabilité un autre pointement de la même nappe.

On trouve donc, comme cela doit être, au-dessus de la nappe renversée, une seconde nappe, formée par des terrains en série normale, et dont le charriage a entraîné et étalé la première au-dessous d'elle en lambeaux irréguliers. La première approximation provisoirement admise donne déjà à cette nappe de recouvre- ment une largeur de 20 kilomètres; l'étude des massifs voisins montrera qu'elle dépasse quarante kilomètres.

La nappe supérieure ne présente pas les étirements capricieux et intermittents de la nappe renversée; en dehors du voisinage de quelques zones marneuses, les étirements se concentrent à la base; la base s'écrase dans toutes les proportions, et la série, sans être pour cela réduite dans ses termes supérieurs, débute au-dessus des témoins de la partie écrasée par un étage quelconque du Jurassique cu même du Crétacé inférieur. Il y a pourtant une exception pour le Trias qui, joint le plus souvent aux couches à *Avicula contorta*, se comporte d'une manière indépendante, faisant comme une bande à part, qui tantôt s'amincit avec les bancs sus-jacents, tantôt, au contraire, ne disparaît pas avec eux, et supporte alors directement, sans discordance apparente, un terme quelconque de la série supérieure.

En marquant sur la carte les points où le Trias supporte directement ou les dolomies jurassiques ou le Néocomien, on les voit former une bande qui se dirige vers le Sud du massif de l'Étoile; il est donc très probable que le Néocomien du Sud de ce massif repose presque directement sur le Trias. J'ai montré comment cette hypothèse expliquerait d'une manière satisfaisante les conditions hydrologiques tout à fait imprévues rencontrées jusqu'ici par la Galerie de la Mer des Charbonnages des Bouches-du-Rhône.

L'étude du substratum peut se faire dans le massif d'Allauch. Elle montre ce massif terminé au Sud par un pli synclinal couché, dont les couches poussées vers le Nord ne se reploient nulle part pour retomber vers le Sud. Ce pli, sans perdre son amplitude, s'a- baisse à l'Est pour passer sous les bandes périphériques qui entou-

rent le massif, et de même à l'Ouest, il doit se continuer sous le
massif de l'Étoile ou sous les dépôts oligocènes. Ce pli est surmonté en discordance, et comme raviné par les nappes précédemment
décrites. Il s'explique tout naturellement par un retroussement du
substratum, le long d'une ligne où le substratum présentait une
résistance insolite au mouvement de charriage.

Au Nord du pli couché d'Allauch, près des Cadets et près des
Mies, la nappe charriée repose directement sur les calcaires à
Hippurites, dans une partie où il n'y a aucune raison de supposer
que le système lacustre supérieur ne se soit pas déposé, et où il ne
peut guère manquer que parce qu'il a été enlevé. Ce serait la conséquence du même obstacle qui a déterminé le retroussement
d'Allauch; il y aurait eu rabotage en même temps que retroussement, et le premier effet s'est sans doute poursuivi plus loin à
l'Ouest, en même temps que le second. Il y a donc eu des couches
à lignites vraisemblablement arrachées et poussées en avant, au
Sud et au centre du massif de l'Étoile, c'est-à-dire précisément à
la place où l'étude directe du lambeau de Gardanne m'avait amené
à placer son origine. Ce sont deux voies différentes et tout à fait
indépendantes qui conduisent au même résultat.

Avec ce point de départ, on peut coordonner et expliquer d'une
manière satisfaisante toutes les singularités de la coupe relevée le
long de la bordure du bassin de Fuveau. Le lambeau de Gardanne,
ou lame de charriage, a labouré la dépression où il s'est arrêté; il
a retroussé les couches sous-jacentes, et poussé devant lui le
bourrelet formé par le pli synclinal de Bouc. Il en est résulté dans
la nappe une première saillie, que, dans son mouvement ultérieur,
elle n'a pu franchir qu'en se brisant: la nappe normale a glissé sur
la nappe renversée en retroussant les couches comme à Allauch
(pli de Notre-Dame des Anges). La saillie s'est ainsi propagée vers
le Sud, et a déterminé près de La Mure une nouvelle rupture, ou
plutôt une zone d'étirements, grâce à laquelle le Néocomien a pu
glisser sur le Jurassique. Les principaux accidents de la région dé-
pendent donc directement du charriage, et le plissement postérieur n'apparaît que comme un phénomène relativement très localisé, peut-être dû à des affaissements et des enfouissements sur
place comme ceux des marnes vertes dans le gypse parisien.

Je ferai remarquer maintenant que, si l'on construit la coupe
schématique correspondant à cette dernière explication, si on la
complète en rétablissant les parties dénudées, et en prolongeant

vers le Nord la nappe de charriage, qu'il n'y a aucune raison de croire s'être arrêtée précisément au point où la dénudation l'a fait disparaître, on y voit nécessairement (fig. n° 1 et n° 3, pl. XI) le lambeau de Gardanne isolé comme une boule, comme un bloc étranger au milieu des autres terrains. Il y a donc, en réalité, une ressemblance avec le bloc houiller trouvé dans le flysch au Nord des Carpathes. Il suffit de supposer que ce bloc soit à la limite d'un flysch normal et d'un flysch renversé, pour que la ressemblance aille jusqu'à l'identité. Une nappe de charriage, en passant sur l'emplacement des Carpathes, aurait raboté son substratum jusqu'au Paléozoïque et en aurait entraîné un lambeau, qui n'est probablement pas le seul, mais qui, malheureusement, au point de vue industriel, n'a pas eu l'importance ni la superficie de celui de Gardanne. Il me semble qu'il y a dans ce rapprochement un fait important, autant qu'imprévu, qui fait immédiatement penser à l'origine possible des *Klippen* des Carpathes.

Je rappellerai aussi que j'ai, dans un autre Mémoire, montré l'analogie profonde de structure, qui existe entre le bassin houiller du Nord et le bassin à lignites de Fuveau; j'ai montré qu'on retrouvait dans le Nord le bourrelet de Bouc (pli d'Abscon et de Douai), la lame de charriage (lambeau de Denain) retroussée sur ses bords, la nappe renversée (lambeau de poussée), également retroussée contre la faille du Midi, comme elle l'est à Notre-Dame-des-Anges contre la faille du Pilon du Roi. Or, je viens d'indiquer comment en Provence tous ces accidents dérivaient directement du phénomène même de charriage; il doit donc en être de même dans le bassin du Nord, et ainsi nous voyons poindre cette conclusion, que fera mieux ressortir encore l'étude des autres massifs de la Provence: *beaucoup de plis couchés, parmi les plus énergiques de ceux qu'on attribue à la compression latérale, n'ont d'autre origine que les immenses trainages effectués périodiquement à la surface de notre planète.*

LVI

OBSERVATIONS SUR LA NOTE DE M. REPELIN RELATIVE A LA TECTONIQUE DE LA CHAINE DE LA NERTHE

(BULLETIN DE LA SOCIÉTÉ GÉOLOGIQUE DE FRANCE,
3e série, XXVIII, 1900, p. 264-267. — Séance du 2 Avril).

M. REPELIN a bien voulu, avant de les publier, me communiquer sa Note, sa carte et ses coupes (¹). J'avais d'ailleurs eu l'occasion de voir avec lui une partie de la région; je suis heureux de rendre hommage au soin et à la persévérance qu'il a apportés dans ces études difficiles, de pouvoir, pour beaucoup de points, me porter garant de l'exactitude de ses observations et d'en signaler l'importance.

Je ne puis, à mon grand regret, souscrire de même aux conclusions de M. REPELIN; sans discuter à fond la question en litige, je me contenterai d'indiquer ici les contradictions que me semble impliquer la solution proposée par M. REPELIN.

J'avais dit que les affleurements de Crétacé supérieur de La Folie et de Valapoux, enfouis au milieu des plateaux de Crétacé inférieur sous lesquels ils plongent de toutes parts, nous faisaient connaître avec évidence le substratum de ces plateaux, que par conséquent ces plateaux, reposant sur des terrains plus récents qu'eux, devraient être considérées comme formés par une nappe charriée.

M. REPELIN a trouvé plusieurs autres affleurements de Crétacé supérieur, qui s'alignent d'une manière bien remarquable entre La Couronne et Le Rove; il a montré que tous ces affleurements étaient recouverts en effet par des terrains plus anciens; mais il croit que ces superpositions anormales peuvent s'expliquer par le déversement d'un seul des deux bords, l'autre bord étant formé par une faille à peu près verticale. A l'Ouest ainsi, jusqu'à Ensué, tous les déversements auraient lieu vers le Nord et seulement vers le Nord;

[(¹) La Note de J. REPELIN, à laquelle il est fait allusion ici, a paru dans le même volume du *Bulletin de la Société Géologique de France*, p. 236-263 (29 fig. et pl. I: carte géologique).]

à l'Est d'Ensué au contraire, tous les déversements auraient lieu vers le Sud et seulement vers le Sud.

Cette manière de voir n'est pas en contradiction avec le fait, bien certain à l'Est de la route de La Folie et à Valapoux, que le Crétacé inférieur plonge au Nord et au Sud sous les terrains de bordure; il suffit, en effet, d'admettre qu'en ces points la faille Nord ne coïncide pas avec le bord de l'affleurement crétacé, qu'elle passe un peu plus loin au Nord et met là en contact les terrains de recouvrement venant du Sud avec les terrains en place qui formaient au Nord le substratum du Crétacé supérieur. Dans l'hypothèse, le Crétacé supérieur n'existe qu'au Sud de la faille, mais il n'y a aucune raison pour qu'aux points où il existe, il ne soit pas resté recouvert jusqu'au bout par les terrains plus anciens, que le pli couché venant du Sud lui a superposés.

En principe donc, l'hypothèse est admissible et mérite d'être discutée, mais il faut alors se souvenir que la faille, hypothétique ou non, est une faille continue sur tout le bord des petits bassins crétacés, puisqu'elle doit mettre en contact une région Nord où le Crétacé supérieur a été dénudé, et une région Sud où le Crétacé supérieur ne disparaît que sous les terrains qui le surmontent, c'est-à-dire une région Sud où existe partout le Crétacé supérieur (ou au moins l'Aptien). Si en outre on remarque que partout où l'on peut, comme à La Folie et à Valapoux, relever une coupe un peu complète de ces couches supérieures, elles sont renversées, il faut encore, pour compléter la coupe du pli couché, supposer en dessous l'existence des mêmes terrains dans l'ordre normal; et par conséquent la faille invoquée a une amplitude considérable, mettant partout en contact le Néocomien et l'Urgonien du substratum au Nord avec le Néocomien ou l'Urgonien du flanc supérieur du pli couché. M. REPELIN, dans les notes qu'il m'a communiquées, disait que les deux plateaux du Nord et du Sud sont en continuité évidente; je ne sais s'il a maintenu cette assertion, mais cette prétendue continuité serait incompatible avec l'hypothèse de cette faille, puisque la partie Nord du plateau serait en place, et la partie Sud charriée ou au moins superposée à des termes plus récents.

On voit que, jusqu'ici, je ne conteste ni ne discute l'hypothèse de M. REPELIN; j'essaie seulement d'en montrer les conséquences directes et indiscutables.

Or, si l'on jette maintenant un coup d'œil sur la carte de M. RE-PELIN, et qu'on veuille bien y rétablir, par un trait ou par la pensée, *la continuité nécessaire* de la faille, on voit que dans la région

Nord une ligne à peu près Nord-Sud marque la limite du Néocomien et de l'Urgonien. Dans la région Sud, qui est indépendante, quoique formée des mêmes terrains, puisqu'elle a été amenée en contact par plissement et par faille, il n'y a aucune raison pour que le Néocomien et l'Ugonien soient limités de la même manière. Et pourtant on voit cette limite se continuer en ligne droite, sans déviation ni dérangement, d'un côté à l'autre de la faille, dans la partie en place ou dans la partie déplacée. C'est une preuve de la continuité et de l'identité de structure des plateaux Nord et Sud; mais en même temps, c'est la preuve que *la faille n'existe pas.* S'il n'y a pas de discontinuité entre les deux plateaux, formés des mêmes terrains, et si les terrains de l'un, du plateau Sud, sont superposés au Crétacé supérieur, les terrains de l'autre, du plateau Nord, le sont également.

La partie orientale amène des remarques analogues. Je n'insiste pas sur ce point que, s'il y a des déversements vers le Nord ou vers le Sud, il est un peu étrange que les premiers cessent précisément au point où commencent les seconds. Je veux seulement examiner en elles-mêmes les coupes du Rove.

Au Nord, l'Aptien tantôt s'enfonce nettement sous le Trias, tantôt semble être vertical ou même s'incliner au Sud; malgré cette sorte d'oscillation autour d'une position moyenne et verticale, M. REPELIN conclut avec raison qu'il y a chevauchement de la bordure Nord, et il en voit la preuve dans l'existence du lambeau de dolomies jurassiques de l'Héritage qui, près de la bordure Sud du bassin, est manifestement superposé à l'Aptien. Au Sud de ce lambeau, l'Aptien forme une petite bande entre deux massifs de dolomies, reposant en apparence normale sur celles du Sud, s'enfonçant sous celles du Nord. Mais, si on suit la petite bande aptienne vers l'Ouest, on la voit se coïncer, et les deux massifs de dolomies se rejoignent, sans aucune trace de séparation apparente. M. REPELIN suppose qu'il existe entre les deux une faille courbe, qu'il a tracée en pointillé. Je n'ai rien vu sur le terrain qui puisse justifier cette hypothèse. Les deux masses de dolomies n'en font qu'une, et si l'une est superposée au Crétacé, l'autre doit l'être également.

Il y a d'ailleurs un autre argument indirect à faire valoir: la superposition de l'Aptien sur les dolomies du Sud, à l'Héritage, ne peut qu'en apparence être une superposition normale: si l'on suit la limite vers l'Est, on voit s'intercaler l'Urgonien et le Néocomien, d'abord très réduits; ces deux terrains d'ailleurs existent dans tout le voisinage avec un grand développement, aussi bien au Nord qu'au Sud, à l'Est qu'à l'Ouest. Ils manquent donc à l'Héritage *par suppression mécanique*; quelle que soit la nature de cette faille, il y a certainement *faille* entre les dolomies et l'Aptien qui leur paraît régulièrement superposé. Or une faille parallèle aux bancs, dans une série normale non charriée, est un fait au moins exceptionnel, et dont la raison serait difficile à concevoir. *Si au contraire l'Aptien forme un pli couché renversé vers le Sud*, la suppression sur le flanc renversé d'une partie des termes intermédiaires est un fait tout naturel. La coupe seule de l'Héritage, à mes yeux, rend au moins très vraisemblable qu'au moment du plissement, l'Aptien formait le substratum des dolomies, et le coïncement de l'Aptien entre les deux massifs de dolomies, dont l'un lui est superposé, change presque cette vraisemblance en certitude. En tout cas, pour conclure autrement, il faut introduire une faille, pour l'existence de laquelle l'observation ne fournit pas le moindre indice.

La continuité des deux massifs de dolomies entraîne la superposition à l'Aptien de tout le massif au Sud jusqu'à la mer. Je crois que les coupes et la carte de M. REPELIN permettraient, par un raisonnement analogue, de tirer la même conclusion des affleurements dolomitiques qu'il a reconnus et séparés à l'Est du bassin; mais je me contente ici de ces indications.

Les nouveaux contours de M. REPELIN montrent, il est vrai, que le raccordement de détail de l'Étoile et de La Nerthe ne se fait pas sans difficulté. Pour discuter la question, il faudrait que la partie comprimée entre Septèmes et La Nerthe eût été étudiée partout avec la même précision. J'ai vu avec M. VASSEUR la coupe de la route de l'assassin, et j'en ai rapporté la conviction que, malgré les apparences, elle se raccorde bien avec celle de Septèmes et de l'Étoile, telle que je l'ai donnée; mais c'est entre cette route et le tunnel de La Nerthe que j'aurais besoin de données plus certaines. Je reprendrai cette question, mais dès maintenant je n'hésite pas à conclure: le travail de M. REPELIN, avec les nouveaux éléments qu'il apporte, confirme d'une manière à peu près définitive la conclusion à laquelle m'avait mené la seule étude de La Folie et de Valapoux (en y comprenant l'Aptien): *les plateaux de La Nerthe sont entièrement superposés au Crétacé supérieur, et font par conséquent partie d'une nappe de charriage, qui est la même que celle de l'Étoile.*

LVII

BASSE PROVENCE.
EXCURSION SOUS LA CONDUITE DE
M. MARCEL BERTRAND

(*LIVRET - GUIDE DES EXCURSIONS EN FRANCE DU
VIIIᵉ CONGRÈS GÉOLOGIQUE INTERNATIONAL.*
In-8°, Paris, 1900, n° XX, 2ᵉ Partie, p. 7 - 44).

Sommaire (¹)

[(¹). La première journée de cette excursion ayant été conduite, aux environs de Toulon, par M. ZURCHER, les pages qui la concernent n'ont pas été réimprimées dans le présent volume. Il en est de même pour les courses finales, dirigées dans les Bouches - du - Rhône par M. VASSEUR.]

DEUXIÈME JOURNÉE. — MARDI 25 SEPTEMBRE.
BORD MÉRIDIONAL DU BASSIN DU BEAUSSET.
STRUCTURE DE L'ILOT TRIASIQUE.

Le matin, de bonne heure, départ en voitures pour Ollioules. Un peu après Ollioules, nous traversons la grande faille qui, là, met en contact le Muschelkalk avec les dolomies du Jurassique supérieur, et qui représente la surface sur laquelle le Trias a été poussé et charrié jusqu'au-dessus du centre du bassin crétacé du Beausset. Là, la faille, à peu près verticale, ne présente rien de remarquable. En la suivant plus à l'Ouest, près de la route de Bandol, on la verrait s'incliner et se coucher horizontalement.

Les gorges d'Ollioules qu'on traversera ensuite donnent un bon exemple de ces gorges profondes et sinueuses, si souvent creusées en Provence dans les grandes masses rocheuses calcaires par d'anciens ruisseaux desséchés. Les escarpements qui dominent la route sont formés d'Urgonien, sans stratification apparente. A la sortie des gorges, l'Urgonien s'abaisse sous les calcaires marneux et les calcaires à silex de l'Aptien.

La partie supérieure de ces calcaires à silex renferme, près de la route de Bandol, *Terebrirostra Bargesi*, avec *Ostrea carinata*; elle représente donc le Cénomanien et s'enfonce à son tour sous une masse de sables quartzeux très purs, qui, avec une puissance de 70 m., forment tout le long du Val d'Aren de magnifiques escarpements, curieusement sculptés par l'érosion.

En prenant le chemin charretier de Fontvive, nous verrons ces grès turoniens couverts par les calcaires à Hippurites; le passage est insensible et se fait même par alternances, avec Rudistes remaniés dans les bancs supérieurs des grès. A la montée, un banc marneux intercalé dans les calcaires à Hippurites contient des baguettes de *Cidaris pseudosceptrifera* et de *C. clavigera*. Un peu plus haut, dans le fossé du chemin, à la partie tout à fait supérieure de la barre, on trouve *Hippurites Zitteli*. D'un autre côté, dans la prolongation de la barre vers l'Ouest, on a récolté *Biradiolites cornupastoris*. La barre est donc en partie turonienne, en partie santonienne.

On s'élève jusqu'au col, sur des calcaires marneux et gréseux, au milieu des champs cultivés qui reposent sur les deux zones *Micraster brevis* et à *Inoceramus digitatus*; on y trouve intercalé un petit banc calcaire à *Hippurites Toucasi*, qui surmonte une autre intercalation plus importante, visible dans le bas du ravin, et connu sous le nom de niveau du Val d'Aren. Après le col, dans le sentier de la propriété Olivo, vers la lisière des bois, on trouvera de nouveau, en abondance, des Rudistes tout dégagés: c'est le niveau de La Cadière (Santonien moyen ou supérieur), que nous retrouverons plus d'une fois. On traverse ensuite, sans affleurements visibles, les couches à *Lima ovata*, puis plus haut, les couches à Turritelles très développées, au-dessus desquelles le sol est jonché d'*Ostrea acutirostris*. C'est le premier indice des renversements qui entourent la colline triasique.

Près de la grille de la propriété Olivo, un gros rocher d'Infralias interrompt brusquement les affleurements crétacés. L'Infralias est renversé; les calcaires dolomitiques, caractéristiques de sa partie supérieure, sont surmontés par des marnes vertes, qui appartiennent à la base de l'étage, et un peu plus au Nord on le voit plonger sous les Marnes irisées, qu'un puits creusé jusqu'au gypse a rencontrées *au-dessous* du Muschelkalk. Mais une pente locale de l'Infralias, brusquement déversé vers la vallée, peut-être par un simple glissement sur le bord de la pente, complique un peu l'interprétation de cette coupe, que nous retrouverons avec plus de netteté auprès du Petit Canadeau.

Le sentier suit à peu près une courbe de niveau: il permet, dans les deux dépressions qu'il traverse, d'observer les Marnes irisées, et se tient le reste du temps sur les éboulis de l'Infralias, avec quelques gros bancs dolomitiques en place.

Tout le long du chemin, au-dessus des gros bancs infraliasiques, on suit de l'œil la ligne horizontale des Marnes irisées, marquée par la teinte rougeâtre des champs et continuant les affleurements qu'on vient de traverser, tandis que le sommet du coteau est formé par un chapeau de calcaires compacts, appartenant au Muschelkalk.

Au Petit Canadeau, on peut en se retournant prendre un coup d'œil d'ensemble sur la structure simple du vallon qu'on vient de traverser et que montre la coupe (à gauche de la fig. 1, pl. XII).

Nous pourrons d'abord, en descendant quelques mètres, constater que la série crétacée normale est bien toujours à nos pieds, dans le même ordre qu'à la propriété Olivo: couches à Hippurites de La Cadière, toutes dégagées dans un banc marneux, couches à *Lima ovata*, couches à *Ostrea acutirostris*, puis couches à Turritelles, exceptionnellement développées. Au milieu de ces dernières, le défoncement des vignes a mis autrefois au jour un petit banc ligniteux, qui appartient à la base de la série lacustre (valdonnienne), et qu'on retrouve en place à Fontanieu. Ce petit banc est le centre du pli horizontal, dont nous allons maintenant voir le flanc renversé.

Derrière la maison du Petit Canadeau (¹), on voit des sables blancs, quartzeux, identiques à ceux qu'on a rencontrés le matin à Sainte-Anne; au dessus de ces sables, deux petites poches sont remplies par des calcaires noduleux, absolument écrasés et spathisés, sans fossiles, qui ne permettent pas de détermination d'âge certaine, mais qui représentent probablement l'Aptien.

Les sables se relèvent brusquement, jusqu'à la verticale, et au-dessous d'eux apparaissent des calcaires à Hippurites très compacts, rappelant l'aspect de la barre inférieure de Sainte-Anne (*Hippurites giganteus*). Des sections d'Hippurites, montrant la valve plate en bas, sont une nouvelle preuve du renversement des couches.

Sous les calcaires à Hippurites vient un petit espace qui est masqué, et qui correspond à des couches plus délitables; puis un nouveau banc, moins épais et plus grumeleux, correspondant aux couches de La Cadière. Des calcaires noduleux à Foraminifères, épais d'un mètre seulement, reproduisent l'aspect des couches à *Lima ovata*, et un banc mince de calcaires marneux à *Ostrea acutirostris* sépare ce dernier banc du niveau à Turritelles déjà constaté sur les bords du chemin. On retrouve donc, en ordre inversé, tous les termes de la série crétacée normale; mais l'épaisseur est réduite, de 300 mètres au moins, à 30 mètres à peine.

Les dolomies infraliasiques qui sont à droite du chemin tranchent toute cette série suivant une ligne oblique; elles sont en conctact près de la maison avec les sables turoniens, et, au col, avec les couches à Hippurites.

En descendant de l'autre côté du col, on trouve sur le chemin, à un niveau de plusieurs mètres *au-dessous* des derniers calcaires à Hippurites, des Marnes irisées, très typiques, qui pourraient sembler à première vue passer sous ces calcaires et dont la position serait ainsi en contradiction avec l'idée d'un recouvrement. M. VAS-

[(¹) Voir ci-dessus, p. 364, flg. 85].

SEUR a fait autrefois pratiquer une fouille sur ce point, près de la limite occidentale des deux formations, et il a constaté que le calcaire à Hippurites plonge brusquement, et ainsi précisément prend l'allure nécessaire pour aller passer sous les Marnes irisées.

Il est intéressant de constater ainsi, comme le montre la coupe, l'existence d'un véritable pli dans la nappe renversée. Ce pli est, il est vrai, une voûte très surbaissée, mais nous aurons l'occasion d'en voir d'autres, très aigus, très pressés et même renversés, montrant avec évidence que les nappes de charriage ont été, soit froissées dans le mouvement de transport, soit plissées postérieurement.

Il restera ensuite à constater le renversement du Trias. On monte du col à l'Ouest sur les dolomies infraliasiques jusqu'à un petit plateau anciennement cultivé, où la lumachelle rhétienne et les plaquettes à *Avicula contorta* abondent dans les champs et dans les murs; puis on arrive au pied du dernier escarpement formé par les calcaires enfumés du Muschelkalk; on les voit reposer horizontalement, suivant une surface de contact bien découverte, sur les Marnes irisées, froissées et amincies. Ces Marnes irisées sont la continuation ininterrompue de celles que nous aurons longées au-dessus du chemin du Canadeau.

Ainsi le Trias repose sur le Crétacé par l'intermédiaire de deux bandes de terrain renversées, l'une triasique, l'autre crétacée. Il y a donc là la trace d'un grand pli couché; nous verrons le lendemain que la racine doit en être cherchée de l'autre côté et au Sud du Gros Cerveau.

Nous redescendrons vers Le Canadeau, non pas directement, mais par le versant qui regarde le Vieux-Beausset, de manière à nous trouver un moment à l'intérieur de l'îlot triasique. Nous y constaterons la présence des couches à Turritelles et des calcaires à Hippurites, toujours renversés, venant pointer au milieu du Trias et démontrant ainsi la pénétration profonde du Crétacé.

Après le déjeuner, nous rentrerons à l'intérieur de l'îlot triasique pour aller visiter les gisements connus de La Mame et du Rouve, l'un triasique, l'autre sénonien, et nous aurions ainsi l'occasion de constater l'existence de nouvelles enclaves crétacées, mettant au jour le substratum de l'îlot.

Sur le chemin de La Mame, on voit en effet les couches à Turritelles, les couches à *Ostrea acutirostris* et les calcaires à Hippurites, toujours en ordre inverse de stratification, présenter une forte inclinaison vers le Sud-Est (¹). Il y a un nouveau pli anticlinal, qui fait apparaître la nappe renversée.

A La Mame, gisement cité par d'ORBIGNY pour sa richesse, le Muschelkalk, dont les couches ne sont plus ramenées au jour par la culture, ne fournit plus en abondance que des *Terebratula vulgaris*, des *Lima striata* et des *Gervillia socialis*, en état médiocre de conservation. Un sentier étroit et pierreux nous mènera ensuite au fond du ravin de Gavari, de l'autre côté duquel nous remonterons en restant toujours sur le Muschelkalk peu incliné. Un peu avant d'arriver au vallon du Rouve, on descend, par un brusque ressaut, du plateau calcaire pierreux dans les champs cultivés, établis sur les Marnes irisées. On ne voit pas, il est vrai, la superposition; mais c'est là un nouvel indice, qui permet de conclure que dans toute cette partie, les Marnes irisées existent et se continuent sous le Muschelkalk.

Le vallon du Rouve (²) nous montrera en bas les couches à Turritelles, plus haut les calcaires à *Lima ovata* bien développés et très fossilifères (*Ammonites polyopsis*), et au-dessus de ces calcaires, la couche à *Ostrea acutirostris*. Le Crétacé n'est donc plus renversé; la petite bande renversée du bord méridional de l'îlot s'est étirée et a disparu; elle n'existe qu'au voisinage de ce bord méridional.

Du Rouve on se dirigera, en s'élevant sur les Marnes irisées, vers le Vieux-Beausset. Ces Marnes irisées sont la continuation ininterrompue de celles que nous avons vues au bas du vallon du Rouve et qui semblaient passer sous le Muschelkalk, et pourtant, près d'une carrière de gypse que nous visiterons, nous les verrons maintenant nettement superposées au Muschelkalk qui descend des hauteurs de Cambeiron, tandis qu'au Nord elles s'enfoncent incontestablement sous l'Infralias du Vieux-Beausset. L'explication de cette charnière anticlinale apparente tient à ce qu'on est là près de la charnière anticlinale du Muschelkalk, qui doit se fermer en profondeur (³); une même bande de Marnes irisées représente alors la traînée des couches normales et celle des couches renversées du Keuper, et doit, par conséquent, se raccorder en affleurement avec l'une et avec l'autre traînée. C'est ce que fait

[(¹) Voir ci-dessus, p. 395, fig. 95.]
[(²) Voir ci-dessus, p. 368, fig. 86.]
[(³) Voir ci-dessus, p. 370, fig. 87.]

aussi bien comprendre la coupe d'ensemble de l'îlot triasique (fig. 1, pl. XII).

La montée du Vieux-Beausset fournit une belle coupe de l'Infralias. Du sommet, avant de descendre au village du Beausset, nous pourrons embrasser d'un coup d'œil d'ensemble la région parcoucourue, suivre l'itinéraire des jours suivants, et voir se dessiner au Nord les sommets de la Sainte-Baume, où nous pourrons bientôt constater l'existence de charriages plus importants encore que ceux du Beausset.

TROISIÈME JOURNÉE. — MERCREDI 26 SEPTEMBRE.
EXAMEN DES COUCHES CRÉTACÉES DU BASSIN DU BEAUSSET.

La troisième Journée doit être en grande partie consacrée à l'examen du Crétacé du Beausset, et des gisements fossilifères qui ont assuré le renom de la région.

Nous irons d'abord, près du Cimetière et aux Aires, visiter les couches santoniennes de la zone à *Inoceramus digitatus*, où l'on peut trouver *Ammonites texanus* et *Micraster Matheroni*. On s'élèvera ensuite sur la barre du Castellet, au pied de laquelle un banc de grès, avec *A. texanus*, se termine à sa partie supérieure par un lit pétri d'*Ostrea proboscidea*. C'est immédiatement au-dessus que commencent les bancs supérieurs à Hippurites, déjà désignés sous le nom de niveau de La Cadière, correspondant à la zone à *Hippurites dilatatus*. On suivra ce niveau jusqu'aux environs du Castellet et l'on pourra y recueillir de nombreux Rudistes: *Hippurites galloprovincialis*, *H. Moulinsi*, *H. socialis*, *H. dilatatus*, *Radiolites angeioides*, *Plagioptychus Aguilloni*, etc; deux lits de grès peu fossilifères, renfermant quelques empreintes végétales, partagent en réalité la barre en trois niveaux distincts, dont la faune reste d'ailleurs la même.

Au-dessus de la barre d'Hippurites viennent les marnes à *Exogyra Matheroni* et les calcaires marneux à *Lima ovata*. Ces derniers sont bien développés aux environs du Castellet, où l'on pourra recueillir dans les champs ou dans les vignes: *Nerinea bisulcata*, *Toucasia Toucasi*, *Radiolites Coquandi*, *Biradiolites fossicostatus*, *Rhynchonella Eudesi*, *Terebratula Nanclasi*, *Salenia scutigera*. Ces couches se terminent à la partie supérieure par un banc à grosses Hippurites, du groupe de *H. Radiosus*, au-dessus duquel la série devient de plus en plus saumâtre. Un banc d'Huîtres, déjà plusieurs fois rencontré, le banc d'*Ostrea acutirostris*, accuse le premier symptôme de dessalure, qui s'accentue avec les couches à Turritelles (*Cassiope Coquandi, C. Renauxi*); puis viennent les calcaires valdonniens à *Melanopsis galloprovincialis*, surmontés par les calcaires à petites Corbicules striées (*Corbicula galloprovincialis*), dans lesquels s'intercalent les couches de lignites exploitées à Fuveau.

Cette série supérieure se voit en se dirigeant à l'Est vers le point le plus élevé du plateau. Un léger détour permettra de constater l'existence d'un nouveau lambeau triasique, enveloppé de tous côtés, et évidemment supporté par les couches lacustres.

Il existe d'ailleurs près du Castellet un second îlot de couches triasiques, accompagné d'Infralias, dont de nombreux morceaux sont visibles dans un mur de chemin. Ce second lambeau est superposé aux couches marines du Sénonien, c'est-à-dire à des couches sensiblement plus anciennes que celles qui supportent le premier lambeau. Il faut en conclure que la nappe de charriage a inégalement *raboté* son substratum.

En descendant vers le Castellet, on peut constater l'existence d'une petite faille qui relève le calcaire à Hippurites au niveau du rocher sur lequel est bâti le village. On descendra alors au moulin de La Roche, en suivant les bancs à *Hippurites dilatatus*, qui s'infléchissent jusqu'au bas du ravin du Grand Vallat, où semble passer une nouvelle faille parallèle à la première.

C'est au moulin de La Roche que se trouve le bel affleurement qui a excité l'enthousiasme de d'Orbigny. On y retrouvera la plupart des espèces déjà rencontrées le matin, et on remontera sur la hauteur de La Cadière, en longeant toujours les bancs à *Hippurites dilatatus*, qui se relèvent après l'inflexion correspondant au synclinal transversal du Grand Vallat.

Après le déjeûner, on pourra visiter, sur l'emplacement de l'ancien cimetière de La Cadière, les bancs tout à fait supérieurs de la barre d'Hippurites, montrant un mélange avec plusieurs espèces de la zone à *Lima ovata*. On redescendra ensuite vers le vallon de Saint-Côme, où l'on verra les grès à flore terrestre, intercalés entre les bancs à Hippurites, prendre une plus grande épaisseur et se développer surtout à leur partie supérieure. Au-dessus (gisement du Moutin), on retrouve toutes les assises du Sénonien supérieur, déjà rencontrées dans la matinée.

On reviendra alors vers le Beausset, en se dirigeant vers l'îlot triasique du Vieux-Beausset. On pourra voir là une colline séno-nienne surmontée par un chapeau de Muschelkalk; l'évidence de la superposition en ce point viendra confirmer les résultats précé-demment acquis. Nous irons visiter la plâtrière Imbert, qui a donné lieu à des discussions à distance, lors de la réunion de la Société Géologique, et nous rentrerons le soir au Beausset par la route du Canadeau.

QUATRIÈME JOURNÉE. — JEUDI 27 SEPTEMBRE.
ÉTUDE DE LA RÉGION DE FONTANIEU.

La quatrième journée sera plus spécialement consacrée à l'étude de la région de Fontanieu, qui permet de rattacher avec évidence la nappe de charriage aux plis plus méridionnaux qui longent au Sud le Gros Cerveau.

Des voitures nous mèneront au pied de La Cadière et nous nous dirigerons, par le chemin charretier de Saint-Côme, vers le ver-sant Ouest de la colline du Télégraphe de La Cadière. Nous pour-rons constater la parfaite régularité des bancs dont elle est com-posée: nous recouperons successivement les grès à plantes, les bancs à Turritelles, les couches valdonniennes à *Melanopsis gallo-provincialis*, et nous verrons de nombreux échantillons éboulés des calcaires à Cyrènes. Toutes ces couches sont très peu incli-nées; leurs affleurements dessinent à peu près des courbes de ni-veau. Aux différents points où l'on peut chercher à faire la coupe de la colline, on trouve la même succession, sans trace d'acci-dents. Seulement la série régulière qui, au Nord, monte jusqu'aux couches de Fuvéau, ne monte pas à l'Ouest plus haut que les cou-ches à Turritelles, et même plus loin, du côté de Saint-Cyr, ne dé-passe pas les couches santoniennes. Le Trias, comme auprès du Canadeau, tranche en biseau les couches crétacées qu'il recouvre.

Les premiers bancs d'Hippurites qu'on rencontre sur le chemin, correspondent probablement, sans qu'on puisse en donner la preu-ve directe, à la bande renversée qui surmonte la série normale. Ces bancs sont morcelés en compartiments distincts, et sont descendus par grandes masses au-dessous de leur niveau primitif. En un point, à gauche du chemin, on peut voir le contact d'un de ces lambeaux avec le Muschelkalk à *Terebratula vulgaris*. Entre les deux, près du col, on voit apparaître les Marnes irisées.

Après avoir contourné un éperon de calcaires à Hippurites au Sud du Col, nous remarquerons un îlot de Muschelkalk, descendu au-dessous du niveau de ces derniers par un accident, peut-être local, peut-être en relation avec le pli secondaire constaté en Petit Canadeau (¹). On arrive alors dans une dépression de champs cultivés, où nous rencontrerons les couches à Turritelles bien développées; au-dessus de ces couches on trouve le banc à *Ostrea acutirostris*, puis un talus de calcaires noduleux, où l'on a recueilli *Ammonites polyopsis*. Le renversement est incontestable; malheureusement, il ne se continue pas avec la même régularité qu'au Canadeau. Au-dessus des calcaires à *Lima ovata*, on retrouve l'*Ostrea acutirostris*, ce que je crois devoir expliquer par l'existence d'un synclinal secondaire (²). D'ailleurs, un peu plus loin, on voit le banc à Turritelles se coincer entre deux bancs à *Ostrea acutirostris*, et en s'élevant un peu plus haut, on retrouve la série marine superposée, avec des grès à *Platicyathus Terquemi* et deux bancs de calcaires à Hippurites. La plus élevée de ces deux barres (*D*) contenant encore des *Lacazina* et *Radiolites Toucasi* semble encore, comme la première (*B*), correspondre aux niveau de La Cadière, il n'est donc pas possible de trouver dans cette série de nouvelles preuves du renversement des assises; c'est pourtant la seule interprétation qui puisse être conforme à l'ensemble des faits observés.

En reprenant le chemin vers Fontanieu, on suit quelque temps les Marnes irisées surmontées à gauche et à droite par le Muschelkalk, et on arrive à un petit îlot sénonien complètement isolé au milieu du Trias. Cet îlot (³) montre des marnes grèseuses et des calcaires à Foraminifères plongeant assez fortement vers l'Est sous des calcaires à Hippurites. Il me semble évident que ce Sénonien se relie, par dessous le Trias, à celui que nous venons d'examiner plus à l'Ouest: il faut admettre seulement que la surface de contact a été plissée postérieurement.

Le contact des couches à Hippurites et du Muschelkalk se fait là par l'intermédiaire d'une brèche remarquable, dans laquelle des

[(¹) Voir ci-dessus, p. 364, fig. 85.]
[(²) Voir ci-dessus, p. 375, fig. 90.]
[(³) Voir ci-dessus, p. 377, fig. 91.]

fragments anguleux de Muschelkalk sont comme noyés et soudés dans une pâte très compacte, semblable à celle du calcaire à Hippurites; cette brèche fait en réalité partie des calcaires à Hippurites dont elle est inséparable, mais elle n'y forme pas un niveau déterminé; elle se rencontre seulement au contact de la surface de charriage; nous la retrouverons plus développée à Fontanieu.

Nous traverserons ensuite le Muschelkalk, et nous passerons sur les calcaires à Hippurites, sans voir nettement le contact des deux formations. Du haut du col, avant de descendre dans le vallon de Fontanieu, nous pourrons jeter un coup d'œil d'orientation générale sur la nouvelle région à étudier et y voir les collines crétacées surmontées de Trias, reste d'une nappe démantelée par l'érosion. Le vallon de Fontanieu présente de grandes complications, parce que la nappe de Trias, avant la dénudation, a subi des affaissements irréguliers, ou même probablement des plissements postérieurs; c'est pourtant un des points les plus probants, grâce à l'exploitation des lignites qui s'y est longtemps poursuivie et qui permet d'observer les faits avec toute la certitude que donnent les travaux de mines.

Je reproduis d'abord (¹), la coupe de l'ancienne galerie de mine, telle que la Société Géologique a encore pu la vérifier en 1891. Au-dessus de la galerie, d'ailleurs, la succession inversée du Crétacé ne se voit pas moins nettement; les calcaires à Hippurites surmontent les couches à Turritelles, et plus haut, au contact du Trias qui reparaît au sommet de la colline (²), on trouve des lambeaux de calcaire urgonien nettement caractérisés avec Réquiénies. Ces blocs sont d'autant plus intéressants qu'il s'en trouve de semblables sur la route de Bandol, au point où la faille, encore à peu près verticale, met en contact le Trias et l'Aptien.

De l'autre côté du vallon, la même coupe se retrouve presque symétriquement, avec pendage vers le Nord au lieu du pendage vers le Sud: le vallon est dans un pli synclinal, brisé sur ses bords, de la nappe de recouvrement, et le gypse exploité dans le fond repose sur le Crétacé. Ce second versant symétrique montre encore les calcaires à Réquiénies dans la même situation entre les Marnes irisées et le Sénonien. Le Sénonien offre là, de plus, une particularité intéressante, c'est l'intercalation apparente de fossi-

[(¹) Voir ci-dessus, p. 232, fig. 55].
[(²) Voir ci-dessus, p. 381, fig. 92].

les d'eau douce dans les calcaires à Hippurites. Je l'ai expliqué hypothétiquement dans la coupe par un ressaut ou par un pli secondaire de la nappe renversée: mais M. VASSEUR m'ayant dit avoir trouvé, près de La Pomme, un banc lacustre à un niveau semblable, il est possible que ce ressaut doive être supprimé.

Il est impossible de ne pas dire ici un mot de l'hypothèse par laquelle M. TOUCAS et M. FOURNIER ont cru pouvoir expliquer la coupe du vallon de Fontanieu. Pour eux, comme il est d'ailleurs impossible de le contester, le Trias est bien superposé au Crétacé sur les deux flancs du vallon; mais le Trias du Nord, comme celui du Sud, sortiraient d'une racine commune située dans le fond du vallon, d'une sorte de cheminée centrale, d'où les couches laminées auraient été expulsées et se seraient renversées de part et d'autre. C'est l'hypothèse d'un pli en éventail substituée à celle de la nappe de recouvrement. Indépendamment des raisons générales, tirées de l'ensemble de la structure du pays, il est facile de résumer les raisons directes et locales qui s'opposent à cette interprétation. Si l'on remonte le vallon de Fontanieu vers l'Ouest, on voit bientôt le Crétacé s'arrêter partout au pied d'une falaise de Muschelkalk, surmontant des lambeaux de Marnes irisées (¹). Le Muschelkalk est presque horizontal; il n'y a plus trace de la dépression centrale que j'attribue à un synclinal secondaire, et mes contradicteurs à un grand pli en éventail. La cessation d'un synclinal secondaire est toute naturelle: la disparition rapide d'un pli en éventail si énergique est contraire à toute idée de continuité. Mais il y a plus: cette nappe de Muschelkalk se raccorde avec le Muschelkalk du bord Sud du vallon, c'est-à-dire avec un nouveau pli dont l'existence n'est ni contestable, ni contestée. Il faudrait donc que deux nappes émanées de deux plis distincts soient arrivées là à se rejoindre, à se recoller, pour ne former qu'une nappe continue. Par contre, si l'on descend le vallon vers l'Est, on ne trouve plus sur la route de Bandol, aucune trace du pli énergique qu'on veut admettre. Le pli méridional, reporté d'ailleurs de 3 kilomètres vers le Sud, continue à se déverser sur le Crétacé; mais en face du vallon (²), la succession des couches crétacées est régulière et uniforme, sans trace de pli ni d'accident. Toutes ces circonstances s'expliquent d'elles-mêmes si les contours des affleure-

[(¹) Voir ci-dessus, p. 594, fig. 142.]
[(²) Voir ci-dessus, p. 595, fig. 143.]

ments sont découpés dans une même nappe de chevauchement, et elles sont autrement inexplicables.

Nous nous dirigerons ensuite vers le Sud, pour voir la racine du pli couché. On voit très bien à distance la barre verticale qui borde la dépression crétacée, amorcer le mouvement qui doit la rabattre horizontalement. En marchant vers cette barre, on traverse deux gros bancs à *Ostrea acutirostris* avec Turritelles au milieu; l'ordre des couches est assez bien établi pour affirmer que ce dédoublement de la barre à *Ostrea acutirostris* est le résultat d'un plissement, et qu'il indique le voisinage de la charnière du pli formé par ces couches autour du pli incontestable de la couche de lignite. Au point où nous l'aborderons, après avoir suivi à peu près une ligne de niveau, la barre à *Hippurites*, très réduite d'épaisseur, est interrompue par une coupure qui permet de la traverser; de l'autre côté, on voit se dresser, au-dessus des Marnes irisées, la face verticale des bancs. Cette surface montre et permet d'étudier une magnifique brèche, où, dans le calcaire blanc compact, sont encastrés des morceaux anguleux de Muschelkalk, de cargneules, d'Infralias, d'Urgonien, des silex de l'Aptien et jusqu'à des grains de quartz, provenant évidemment du niveau turonien des sables de Sainte-Anne. La brèche a jusqu'à un mètre d'épaisseur, mais, à mesure qu'on s'éloigne du contact, elle perd ses caractères, et les fragments contenus ne semblent plus alors que des morceaux d'un calcaire semblable, comme dans les brèches formées par la recimentation d'un calcaire brisé en morceaux. On a objecté que, dans le cas où cette brèche serait réellement une brèche de faille, une sorte de mylonite, résultant de la trituration et du recollage des terrains broyés, il n'y aurait aucune raison pour que la pâte formée ressemble à celle du calcaire à Hippurites. Peut-être pourrait-on échapper à cette difficulté, en supposant que la faille s'est formée lentement, à plusieurs reprises et pendant plusieurs périodes géologiques; s'il y a eu jeu de la faille au moment de la formation des calcaires, la pénétration des fragments dans leur pâte encore molle, s'expliquerait d'elle-même. Quoiqu'il en soit, le fait certain, c'est que la brèche est toujours au contact de la grande surface de glissement et qu'elle n'existe pas ailleurs.

Après ces observations, des voitures nous ramèneront au Beausset.

44

CINQUIÈME JOURNÉE. — VENDREDI 28 SEPTEMBRE.
DU BEAUSSET A LA SAINTE-BAUME (Pl. XII, fig. 1).

Cette cinquième journée doit nous mener de la région du Beausset dans celle de la Sainte-Baume, où nous devons constater des phénomènes analogues, qui font pénétrer le Crétacé bien loin sous la ceinture jurassique, et même sous la ceinture crétacée du bassin du Beausset. En marchant vers le Sud, nous traverserons longtemps une série normale et régulière, mais toutes les fois que le sol sera percé par une trouée suffisamment profonde, nous verrons dans cette trouée apparaître un substratum de Crétacé supérieur, assez différent de celui du Beausset. La chaîne même de la Sainte-Baume est, sur presque toute sa longueur, formée par le flanc renversé du grand pli couché auquel on peut attribuer ces phénomènes.

Les voitures nous mèneront d'abord, sans arrêt, à Chibron, en remontant, jusqu'à l'Urgonien, tout le bord du bassin du Beausset.

La dépression remplie d'alluvions, où s'étendent les vignobles de la belle propriété de M. AGUILLON, constitue la première trouée dont j'ai parlé. J'ai considéré autrefois, et l'on a toujours considéré ce petit bassin comme un bassin d'affaissement; ce serait le Crétacé supérieur, autrefois superposé aux plateaux urgoniens, qui se serait enfoui et aurait été conservé dans cette sorte d'entonnoir. J'ai d'ailleurs montré que les terrains ainsi enfouis dessinaient d'une manière assez inattendue un pli anticlinal, et non, comme on devait s'y attendre, une cuvette synclinale.

J'ai constaté depuis que le Crétacé, au Sud de Méounes, plus à l'Est, forme une voûte semblable (pl. XII, fig. 6); de plus, il reparaît, sous forme de sables et grès quartzeux, attribués à tort au Tertiaire sur la carte géologique, au milieu du Trias. La superposition directe du Crétacé au Trias serait contraire à toute la géologie de la région; le pointement des sables quartzeux n'est explicable que s'ils forment le substratum du Trias, et cette hypothèse est bien conforme à l'allure de la bande crétacée voisine, qui forme anticlinal et s'enfonce au contact sous ce même Trias. Je suis donc persuadé maintenant que le Trias de Méounes, comme l'indique la coupe, *est superposé au Crétacé*.

La conclusion entraîne une conclusion semblable pour le bassin de Chibron. Ce n'est pas un bassin enfoui, c'est un pointement anticlinal d'un substratum crétacé.

Nous ne pouvons guère voir à Chibron que le plongement des poudingues et calcaires crétacés vers les dolomies jurassiques et les calcaires néocomiens qui bordent le bassin au Sud. L'explication ici proposée restera pour nous à l'état d'hypothèse.

Nous traverserons ensuite, le long du pittoresque chemin établi le long du canal d'irrigation, une cuvette d'Urgonien, bordée des deux côtés par le Néocomien et par les dolomies jurassiques, puis nous suivrons quelque temps le vallon élargi dont les bords sont formés de dolomies jurassiques sur la rive gauche, infraliasiques sur la droite. Il y a dans toute cette partie, dans ces couches régulièrement inclinées vers le Sud, sans trace de failles verticales, un étirement et une suppression intermitente bien remarquable des couches intermédiaires entre ces deux systèmes de dolomies. Je suis arrivé à cette conviction, d'après l'étude d'ensemble de la Provence, que ces suppressions de couches dans une série normale, loin de tout pli qui puisse les motiver, sont *caractéristiques* des nappes charriées; un long transport horizontal suffit en tout cas pour les facilement expliquer, et toute autre explication est difficile.

Quoiqu'il en soit, nous verrons bientôt dans le chemin, au-dessus de l'Infralias, apparaître les Marnes irisées, puis toute une série renversée, comprenant l'Infralias, le Bathonien marneux froissé (avec *Ammonites viator*), les calcaires gris de l'Oxfordien et les dolomies jurassiques. Le pittoresque défilé de Latail, avec les tufs épais qui s'y sont développés, est creusé dans les calcaires oxfordiens.

En remontant plus loin le ruisseau, on arrive bientôt aux belles sources de Latail, captées par M. AGUILLON. Ces sources sortent au milieu des dolomies jurassiques, et sont à elles seules un indice du recouvrement, dans la série normale, aucun terme avant l'Infralias ne pourrait retenir les eaux d'une manière permanente; en effet, il suffit de s'avancer un peu pour voir la vallée s'élargir et pour se trouver en face de la seconde trouée annoncée. C'est un cirque magnifique, dont le pourtour est formé par les dolomies jurassiques, et dont les calcaires jaunes du Sénonien occupent le fond. De tous les côtés, la superposition est évidente; mais elle se voit particulièrement bien dans un ravin situé au Sud, où l'on peut constater une légère discordance du Jurassique sur le Sénonien.

Nous gravirons ensuite la colline jurassique qui forme la bordure Nord du cirque, et nous arriverons sur le plateau des Glacières, où nous nous dirigerons à l'Ouest vers l'extrémité de la chaîne de la Sainte-Baume. Là, entre cette extrémité et la petite chaîne de Saint-Christophe qui, avec un moindre relief, se dresse dans son prolongement, le Crétacé dessine au Sud une avancée, un véritable golfe, qui va presque rejoindre le cirque de Latail. Au-dessus de cette vaste surface, la dénudation a fait disparaître l'ancienne nappe recouvrante, mais elle en a laissé substituer des témoins; ces témoins forment une série d'îlots isolés, dont la base est formée de calcaires roux, de grès et de calcaires à Hippurites, tandis que le sommet est en dolomies jurassiques. La superposition est évidente et ne peut laisser place à aucun doute.

A l'Ouest, ce golfe crétacé présente lui-même une anse assez profonde, qui contourne presque complètement au Sud le Pic de Saint-Cassian. Nous gravirons encore la croupe de dolomies qui forme le bord méridional de cette anse pour contempler du haut de l'abrupt le spectacle admirable qu'offre en contrebas la dépression crétacée. On a là, aussi vivement qu'à Latail, et sous un autre aspect, puisqu'on la voit d'en haut et non plus d'en bas, l'impression très nette de ces trouées faites par la dénudation. Celle-là, il est vrai, n'est pas complètement fermée par une ceinture de terrains anciens, mais l'effort produit n'en est pas moins frappant et grandiose; il l'est encore plus, quand on arrive en ce point après avoir gravi directement vers le Nord la série des couches renversées (les mêmes que nous avons vues au défilé de Latail), et la longue croupe des dolomies jurassiques.

Cette croupe de dolomies jurassiques est celle qui forme une large partie du versant méridional de la Sainte-Baume: on la voit s'étendre au loin vers l'Ouest, bordée au Nord par une dépression de couches néocomiennes, qui plongent sous les dolomies et reposent sur l'Urgonien de l'escarpement septentrional. Il semble donc que, conformément aux coupes antérieures, le versant méridional de la Sainte-Baume ait une structure relativement très simple correspondant au flanc renversé d'un grand pli, dont l'axe infraliasique et triasique séparerait la chaîne de la Sainte-Baume des bords du bassin du Beausset. Le col rocheux qui sépare le Pic de Saint-Cassian du reste de la chaîne va nous montrer que les choses sont en réalité plus complexes.

Nous pourrons d'abord descendre quelques pas vers le Sud, pour voir une réapparition du Sénonien au milieu des dolomies, nous montrant que l'enfoncement du Sénonien se fait suivant une surface ondulée, dont la pente moyenne est bien inférieure à la pente des bancs, telle qu'on la constate aux affleurements. Puis alors, remontant vers le col, nous verrons les différents termes de la série renversée (Néocomien, calcaires blancs, dolomies) s'infléchir, s'étirer et aller se laminer vers le col, où ils passent avec une direction normale à celle de la chaîne. La muraille urgonienne de la Sainte-Baume, qui semble montrer jusqu'à Saint-Cassian une si belle continuité, est en réalité coupée en deux. A l'Ouest du col, l'Urgonien est renversé, reposant, comme nous le verrons, sur le Sénonien, et plongeant sous le Jurassique; à l'Est, il est en position normale, reposant sur une petite bande étirée de dolomies jurassiques et de Néocomien, que nous pourrons voir, à la descente, suivre le pied de l'escarpement des calcaires blancs. Comme d'ailleurs cet Urgonien du Pic de Saint-Cassian plonge à son tour (peut-être après une nouvelle intercalation de Néocomien) sous les dolomies jurassiques et sous une série renversée (pl. XII, fig. 1), il faut en conclure que la croupe méridionale de la Sainte-Baume est formée, non par une série renversée unique, mais par une alternance de bandes normales et de bandes renversées. Et en effet, quand on fait avec soin la coupe de la partie Ouest de la chaîne, on constate jusqu'à deux et peut-être trois fois, sans changement de pendage, l'alternance des marnes et calcaires néocomiens avec les dolomies jurassiques. Il est impossible de décider si c'est là le résultat de plis secondaires, ou d'écailles formées par des glissements successifs. La coupe de Saint-Cassian montre en tout cas qu'il ne s'agit pas seulement du plissement d'une nappe renversée, puisque la première bande néocomienne, au point où elle s'élargit et s'étale horizontalement, supporte un noyau urgonien.

Nous descendrons jusqu'à la route de Nans, en rencontrant d'abord le Sénonien gréseux, puis les calcaires à Hippurites; en suivant le plateau jusqu'au couvent, nous verrons à notre gauche l'escarpement urgonien de la Sainte-Baume dresser sa belle falaise blanche au-dessus de la ligne des bois épanouis sur le Sénonien et nous apparaître avec évidence comme le front d'une masse envahissante, qui s'est sans doute étendue beaucoup plus loin vers le Nord. Sur le chemin même, de plus, on pourra faire une observation intéressante, celle de la superposition directe des calcaires à

Hippurites sur le Jurassique. Entre les deux, il y a par places une couche mince de bauxite; en un point, M. COLLOT a signalé quelques bancs noirâtres, avec fossiles à test mince, qui pourraient représenter le Néocomien; mais il n'y a plus trace de l'Urgonien, ni de l'Aptien développés dans la falaise voisine, et ce fait seul semble indiquer le rapprochement mécanique de deux unités déposées à grande distance l'une de l'autre. La nouvelle coupe est en effet trop constante et trop régulière dans cette nouvelle région, pour qu'on puisse songer à un étirement ménanique; plus loin même, à l'Est, le calcaire à Hippurites lui-même disparaît, et la série saumâtre ou lacustre de Fuveau repose directement sur le Jurassique.

Arrivés au Couvent, ceux que cette longue journée n'aura pas trop fatigués pourront aller admirer la célèbre et magnifique forêt de la Sainte-Baume, et monter au Saint-Pilon, d'où la vue s'étend jusqu'à la mer et embrasse toute la région du Beausset et de Marseille.

SIXIÈME JOURNÉE. — SAMEDI 29 SEPTEMBRE.
SUITE DE L'EXAMEN DU PLI DE LA SAINTE-BAUME.

La journée doit être consacrée à la continuation de l'examen du pli de la Sainte-Baume; après une nouvelle étude du mode de pénétration du Crétacé supérieur sous la falaise urgonienne, nous verrons que cette falaise et la croupe de la Sainte-Baume ne forment en réalité que l'arrière-garde de la masse chevauchée, et que la longue bande jurassique qui, plus au Nord, s'étend du Plan d'Aups à Nans, doit avec certitude lui être rattachée.

Des voitures, déjà utilisées la veille pour l'arrivée au Couvent, nous mèneront au Plan d'Aups, où l'on pourra observer, au-dessus du calcaire à Hippurites, un niveau très riche, à *Cardium Vilanovæ*, directement inférieur à la série lacustre, qui, avec un lit de lignites autrefois exploité, court au pied de l'escarpement. Nous nous dirigerons alors vers le col, dit col de la Machine, au pied du Baou de Bretagne, dont la haute muraille à pic termine brusquement le développement longitudinal de la chaîne. Sur le trajet, on rencontre les couches valdoniennes presque horizontales, surmontées par les couches à *Cardium Vilanovæ* et par les calcaires

à Hippurites. Plus haut, l'Urgonien et l'Aptien sont verticaux
(pl. XII, fig. 2).

Au col même tout est devenu vertical, et la vue est admirable
sur le vallon de Saint-Pons, où se pressent en plis multiples les
calcaires sénoniens, au pied des escarpements urgoniens qui s'a-
baissent lentement vers le Sud et à l'Est d'un grand cirque où s'é-
tale la série complète du Jurassique peu incliné et resté dans son
ensemble presque horizontal. Nous reviendrons tout à l'heure sur
les détails et la signification de ces rapprochements; sans nous y
arrêter longtemps pour le moment, nous descendrons le long du
Baou de Bretagne et contournerons le pied Sud de la montagne,
jusqu'à un petit vallon qui l'isole à l'Est. Du bas de ce vallon, la
vue est vraiment extraordinaire (fig. 179). On voit l'énorme masse

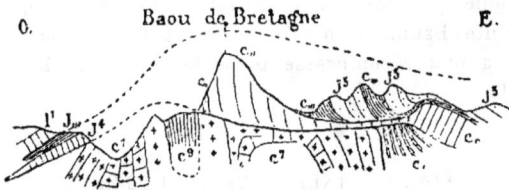

Fig. 179. — Coupe du Baou de Bretagne.

l^1. Infralias; J_{III}. Bathonien; J^4. Oxfordien; J^5. Dolomies;
c_{III}. Néocomien; c_{II}. Urgonien; c_1. Aptien; c^7. Sénonien;
c^9 Couches à *Cardium* et marnes à pisolites.

urgonienne descendre en diminuant d'épaisseur, et finalement se
coincer en un banc horizontal, de moins d'un mètre d'épaisseur,
surmonté par des plis aigus dans lesquels alternent plusieurs fois
les marnes néocomiennes et les dolomies jurassiques. Au-dessous
continuent les plis droits du Sénonien, auxquels s'accole à l'Est
un grand talus d'Aptien vertical, s'enfonçant sous la falaise urgonienne qui descend vers Saint-Pons. Le banc de calcaire urgonien
horizontal sépare ainsi deux systèmes de plis à peu près verticaux
et indépendants les uns des autres. Le long du sentier qui passe là
sur la croupe de la Sainte-Baume, on pourra examiner les curieux
enchevêtrements et les véritables pénétrations que présentent les
marnes néocomiennes et le calcaire urgonien.

Malgré l'orientation Nord-Sud que prennent là les plis sénoniens, il n'est guère douteux que la cessation de la chaîne est due,

non pas à un changement de direction des plis, mais à la dénudation. Nous allons pouvoir constater une autre raison, qui est même la raison essentielle, de l'arrêt brusque de la longue falaise
Est-Ouest. Mais auparavant il convient de donner quelques explications sur les coupes du bas du ravin, que nous n'aurons pas le
temps d'aller visiter. On suit le talus aptien jusqu'auprès de la belle source de Saint-Pons; au point où il disparaît sous les éboulis,
on le voit avec certitude former un pli anticlinal, couronné, à
l'Est et à l'Ouest, par l'Urgonien.

L'Urgonien de droite s'enfonce sous le Trias, qui forme la base
de la série jurassique normale. La distance entre les deux parois
d'Urgonien n'est pas de quatre mètres; on peut presque dire qu'on
voit se fermer la courbe anticlinale au-dessus de l'Aptien. Si, remontant au-dessus de ce point, on suit le bord occidental des affleurements sénoniens, on les voit partout, sans aucune exception,
s'enfoncer sous la série jurassique, par l'intermédiaire d'une mince bande de terrains jurassiques étirés (fig. 180). Il faut, pour le

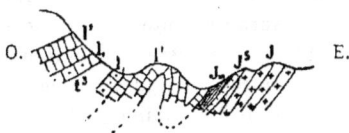

Fig. 180. — Coupe du ravin de Saint-Pons.

t_{II}. Muschelkalk; t^3. Marnes irisées; l_1. Rhétien; l^1. Dolomies
infraliasiques; J_{III}. Bathonien; J^s. Dolomies; J. Sénonien

constater, un examen attentif; car partout l'Infralias forme auprès
du contact un pli anticlinal, qui semble au contraire faire plonger
le Jurassique sous le Crétacé. Ce pli anticlinal, en montant le vallon, devient de moins en moins aigu, mais peut se suivre sans discontinuité jusqu'au col à l'Ouest de la Machine, où nous allons le
retrouver et constater que la partie profonde, le centre de la voûte, est formée par les couches crétacées.

Ainsi, l'Aptien forme voûte au-dessous de l'Urgonien; les calcaires sénoniens, dans leur ensemble, forment voûte au-dessous
d'une couverture renversée, très épaisse à l'Est, où elle constitue
la croupe de la Sainte-Baume, très réduite à l'Ouest, où elle ne
comprend que des termes jurassiques réduits et étirés; de plus, le

premier pli jurassique à l'Ouest des affleurements sénoniens a pour noyau des couches crétacées. La conclusion paraît évidente: le vallon de Saint-Pons est formé par la continuation du substratum de la Sainte-Baume, tel que nous l'avons constaté la veille à l'Est de la chaîne; des plis transversaux ont ici momentanément déchiré la couverture du Crétacé, qui reprend de l'autre côté du vallon. Le massif jurassique de l'Ouest doit donc, au même titre que la croupe de la Sainte-Baume, faire partie de la nappe charriée. On comprend en même temps pourquoi l'aspect du pays change et pourquoi la chaîne de la Sainte-Baume n'a pas de continuation vers l'Ouest. Cette chaîne, comme nous l'avons vu, est formée par une nappe de terrains renversés. Cette nappe, par sa nature même, est essentiellement irrégulière. Elle s'amincit vers l'Ouest (pl. XII, fig. 3), et avec elle disparaît la chaîne qu'elle constituait.

Ce sont maintenant ces conclusions que nous allons nous attacher à vérifier. Nous remonterons d'abord au col de la Machine, et nous nous dirigerons de là vers un second col situé plus à l'Ouest. Le col vu du Nord présente une coupe (fig. 182), et vu du Sud la coupe (fig. 181), qui se passent de commentaires. Il faut seulement répéter que l'anticlinal figuré sur ces coupes est la continuation ininterrompue de l'anticlinal jurassique qui suit le bord des calcaires à Hippurites.

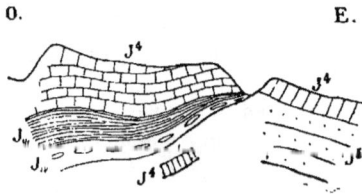

Fig. 181. — Le col à l'Ouest du col de la Machine.
Vue prise du Sud.

J$_{iv}$. Bajocien; J$_{III}$. Bathonien; J^4. Oxfordien; J . Dolomies du Jurassique supérieur.

En descendant le vallon, nous rencontrerons les couches valdoniennes et fuvéliennes à *Corbicula gallo-provincialis*, qui plongent sous les poudingues de la figure 182. La coupe du vallon, prise un peu en aval, se voit sur la figure 2 (pl. XII). La carte géologique marque à tort un affleurement jurassique sur la colline de droite.

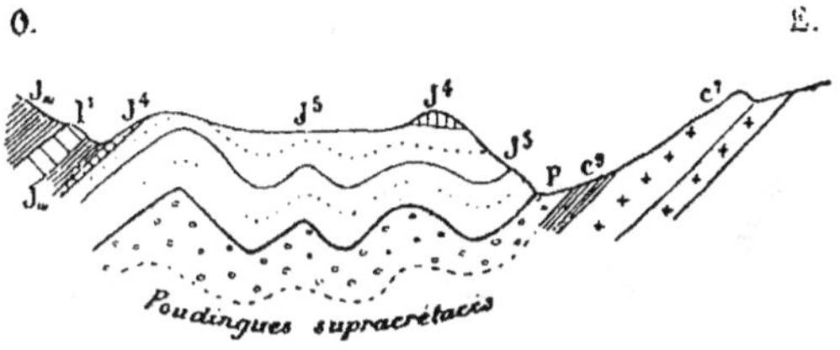

Fig. 182. — Le Col à l'Ouest du col de la Machine.
Coupe prise du versant Nord.

I¹. Infralias; J$_{III}$. Bathonien; J¹. Oxfordien; J³. Dolomies; c⁷. Calcaires à Hippurites; c⁹. Couches de Fuveau; P. Poudingues supracrétacés.

Nous reviendrons ainsi au Plan d'Aups, en longeant à notre gauche une grande bande de calcaires roux, principalement bajociens, avec Lias et Infralias à leur base. Cette bande se relie au Jurassique du cirque observé dans la matinée à l'Ouest du ravin de Saint-Pons. Si donc, comme je l'ai annoncé, le Crétacé passe sous ce cirque jurassique, il doit aussi passer sous la nouvelle bande qui lui fait suite. Sous le Plan d'Aups, en effet, on relève la coupe suivante (fig. 183). La coupe est parfaitement nette et a d'ailleurs

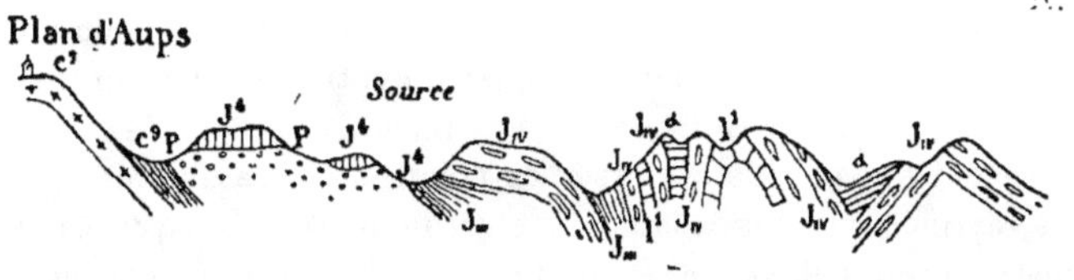

Fig. 183. — Coupe du ravin au-dessous du Plan d'Aups.

I¹. Infralias; J$_{v}$. Bajocien; α. Calcaires blancs (Bajocien); J$_{III}$. Bathonien; J¹. Oxfordien; c⁷. Sénonien; c⁹. Couches de Fuveau; P. Poudingues supracrétacés.

été vérifiée par les recherches dans la couche de lignites qui existe sous les poudingues. Des coupes semblables se voient dans les ravins voisins, et montrent que la nappe jurassique est même transgressive sur les différents étages crétacés, allant en certains points reposer directement sur les calcaires à Hippurites.

Nous suivrons le Jurassique superposé au Crétacé jusqu'au chemin de Saint-Zacharie, où l'on trouve encore un chapeau isolé de Jurassique sur une colline de poudingues.

Ces faits pourraient s'expliquer par un déversement vers le Nord des plis jurassiques, ils ne suffisent pas à démontrer que ces plis soient sans racines. En traversant la bande jurassique; nous irons vérifier qu'au Sud la bande jurassique est bordée par une dépression crétacée, dont les couches (cette fois sans intermédiaire de bancs renversés) s'enfoncent partout sous le Jurassique. Mais on peut encore prétendre que le pli jurassique est déversé en éventail sur ses deux versants, au Nord et au Sud. Nous allons nous attacher, dans la seconde moitié de la journée, à démontrer que la pénétration est complète, que le Crétacé du Nord et celui du Sud se rejoignent sous le Jurassique. Déjà, en descendant de la Grande-Bastide, nous aurons pu voir, le long du raccourci qui coupe les détours de la route, pointer au-dessous de l'Infralias, des sables argileux et des brèches crétacées; mais c'est à La Taulère et à Nans que les preuves sont le plus complètes.

Après un déjeûner en plein air, le chemin de La Taulère, au Sud de la bande jurassique, nous montrera constamment l'Infralias rudimentaire et le Lias reposant sur le Crétacé; on pourra se convaincre qu'il n'y a nulle part de couches renversées, ni la moindre apparence d'un pli auquel puisse être attribuée cette superposition. Près de La Taulère, le Crétacé supérieur se présente sous forme de marnes rouges très développées avec lits de poudingues quartzeux. C'est l'équivalent des grès à Reptiles du bassin de Fuveau; M. REPELIN y a trouvé des œufs de Reptiles. Ces marnes supportent une grande épaisseur de poudingues, semblables a ceux de la matinée, et dans lesquels s'intercalent des bancs de calcaire lacustre avec débris de Paludines. Il est en tout cas certain qu'on a là affaire à une formation crétacée, et non à une formation oligocène, comme le marque à tort la carte géologique.

Le Bathonien, avec lambeaux d'Infralias à la base, repose là directement sur les poudingues. Mais ce qui fait l'intérêt principal de ce point, c'est qu'un ravin traverse là la chaîne jurassique, et l'a entamée sur toute sa largeur jusqu'au niveau des bandes crétacées qui la bordent. Or le fond de ce ravin est tout entier dans le Crétacé. Les calcaires bathoniens s'étendaient d'ailleurs sans nul doute au-dessus du ravin. Il est donc certain que tout le massif jurassique, en ce point, et par conséquent sur toute la longueur, est superposé au Crétacé. L'étude du massif du Vieux-Nans confirme cette conclusion.

Nous suivrons jusqu'à Nans, au Nord-Est du massif, la bande crétacée, qui se raccorde sans interruption avec celle que nous avons traversée au-dessus du Plan d'Aups. Cette bande est bordée au Nord par un escarpement de dolomies jurassiques, dont elle est séparée par une grande faille d'affaissement à peu près verticale ou légèrement inclinée au Sud, de l'autre côté elle s'enfonce manifestement sous le Jurassique. Une coupe intéressante, presque en face du ravin de La Taulère, nous montrera d'abord les mouvements et glissements qui ont pu se produire jusque dans le substratum de la nappe charriée: on voit dans un ravin les calcaires à Hippurites supporter la série lacustre, réduite et amincie, jusqu'au sommet du Fuvélien (pl. XII, fig. 1), tandis qu'au sommet réapparaissent les calcaires à Hippurites superposés à cette série lacustre. J'en avais conclu autrefois qu'on avait là devant soi le noyau du pli synclinal sur lequel reposait la nappe charriée; mais depuis, j'ai trouvé que la série lacustre se répète plus complète au-dessus du second banc de calcaire à Hippurites; il ne s'agit donc là que d'un pli secondaire ou d'une faille horizontale locale qui double les couches.

Près des Haumèdes, on trouve une grande plaque de calcaire oxfordien affaissée et descendue sur le Crétacé qu'elle recouvre: c'est la preuve que la colline jurassique s'étendait primitivement près d'un kilomètre plus à l'Est. De plus, dans le ravin qui descend du Vieux-Nans, on peut sur plus de 500 mètres suivre la pénétration des poudingues, s'enfonçant partout manifestement sous le Jurassique. Si de ce point on passe la crête, on retrouve les poudingues au milieu du Jurassique (sans voir, il est vrai, de superposition) dans le vallon longitudinal qui est au pied du vieux château; enfin, un peu plus bas, on retrouve les calcaires à Hippurites et le Crétacé lacustre plongeant sous le Bathonien. La coupe résultante (pl. XII, fig. 1) montre avec évidence, sans même s'appuyer sur le vallon de La Taulère, que tout le mamelon du Vieux-Nans est superposé au Crétacé. On est là, en ligne droite, à 10 kilomètres au Nord de Chibron; c'est donc 10 kilomètres de largeur au moins qu'il faut admettre pour la nappe superposée au Crétacé. Nous verrons demain que nous sommes encore loin de son extrémité.

Des voitures nous ramèneront coucher à Saint-Zacharie.

SEPTIÈME JOURNÉE. — DIMANCHE 30 SEPTEMBRE.
BANDE TRIASIQUE DE L'HUVEAUNE. MASSIF D'ALLAUCH.

A Saint-Zacharie, nous nous trouverons auprès d'un petit bassin oligocène discordant, à l'extrémité d'une bande de Trias énergiquement plissée qui longe la vallée de l'Huveaune jusqu'auprès de Marseille. Cette bande de Trias fait, elle aussi, partie de la nappe charriée, et repose sur le Crétacé, comme la bande jurassique de Nans au Plan d'Aups. La journée sera employée à examiner quelques-unes des preuves qui m'ont amené à cette conclusion.

Rappelons d'abord la coupe sommaire des terrains qui nous séparent de la région explorée la veille. Un grand bombement elliptique (celui de La Lare ou du Deffend) fait surgir très haut, jusqu'à 779 m., les dolomies jurassiques sur lesquelles repose le Crétacé, substratum de la nappe charriée.

Ce bombement, sauf entre Nans et Saint-Zacharie, où il est limité par une faille, est entouré partout d'une dépression crétacée, dont nous avons examiné hier la moitié méridionale, et dont la moitié septentrionale longe à faible distance le Trias de Saint-Zacharie. Dans cette bande crétacée septentrionale s'élèvent plusieurs îlots jurassiques, dont la superposition au Crétacé est manifeste. Nous allons d'abord constater que ces îlots se rattachaient avec certitude, par dessus le Crétacé, à la bande triasique, dont ils ne sont séparés que par une étroite dépression, due à la dénudation.

Nous nous rendrons en voiture à La Gastaude, dans une vaste dépression occupée par le Crétacé lacustre; des calcaires à Hippurites surmontent (par renversement) les couches lacustres, et plongent faiblement au Nord, vers le Trias. Le Trias plonge dans le même sens, mais plus fortement, et la ligne de contact des affleurements décrit, dans le vallon de La Gastaude, une courbe convexe vers le Nord. Or, en montant à l'Est, on rencontre un des îlots dont j'ai parlé, superposé soit aux couches lacustres, soit, en quelques points, à une traînée intermittente de calcaires à Hippurites renversés (pl. XII, fig. 2). Cet îlot montre à sa base occidentale du Trias, qu'il est impossible de ne pas rattacher par la pensée à celui de la bande voisine. Or, le chapelet des îlots jurassiques va se souder à la chaîne de Tête-de-Roussargue, qui est elle-même continue avec la bande jurassique étudiée la veille; donc les îlots de Saint-Zacharie, et avec eux le Trias de la vallée de l'Huveaune, font partie de la nappe charriée que nous suivons depuis Chibron.

Si la chaleur n'est pas trop forte, on pourra, en faisant vers l'Ouest la montée un peu pénible des Lagets, observer d'autres îlots et en tirer la confirmation des mêmes conclusions. En tout cas, nous reviendrons à la route, et les voitures nous conduiront à Auriol, où l'étude du massif jurassique situé au Nord nous mènera d'une manière indépendante aux mêmes conclusions.

A Auriol, le Trias s'enfonce au Nord directement sous les calcaires du Jurassique supérieur. Or, en montant au-dessus de La Bardeline le petit vallon qui s'élève vers Sainte-Croix, après avoir constaté cette superposition, on rencontre une série de carrières où est exploitée, à ciel ouvert et souterrainement, une argile rouge estimée pour les poteries. Cette argile appartient au Crétacé supérieur, et au-dessus d'elle, en plusieurs carrières, on trouve des couches à Cyrènes écrasées. Les rapports de ces argiles avec le Jurassique voisin sont manifestes; partout, les exploitations s'enfoncent sous le Jurassique voisin, et elles passent même sous des îlots isolés au milieu des argiles. En plan, l'affleurement des argiles décrit une courbe complètement fermée vers l'Ouest, le Nord et le Sud; c'est donc un trou dans le Jurassique qui laisse apparaître un substratum crétacé.

Comment concilier ce fait avec la superposition si voisine du calcaire au Trias? Une des carrières fournit la solution: elle montre un étroit liseré de Trias entre le Jurassique et le Crétacé. Le Trias se continue donc sous le Jurassique en s'étirant (fig. 184); il fait partie de la même nappe. Cette nappe jurassique s'avance au

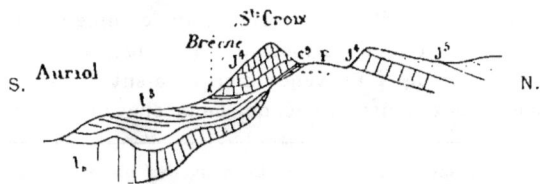

Fig. 184. — Coupe d'Auriol à Sainte-Croix.

$t_{(1)}$. Muschelkalk; t^3. Marnes irisées; J^1. Oxfordien; J^5. Dolomies; c^9. Couches à Cyrènes; P. Marnes rouges et poudingues.

Nord jusqu'à La Bourine, où on la voit nettement reposer sur le Crétacé lacustre: là encore, on trouve à la base une petite bande intermittente de Trias. A La Bourine, nous sommes à 20 kilomètres de Saint-Pons; c'est donc 20 kilomètres de largeur maintenant qu'il faut compter pour la nappe charriée.

En redescendant directement sur l'Auriol, nous rencontrerons de nombreux morceaux de la curieuse brèche de friction qui accompagne la surface de charriage, ou la surface secondaire de glissement entre le Trias et le Jurassique.

Un point pourrait rester douteux, c'est la superposition directe du Jurassique au Trias: on pourrait, à la rigueur, supposer que les deux terrains sont en contact par une faille verticale. Il sera donc intéressant de suivre le contact en se rendant aux plâtrières de Roquevaire, où l'on verra les galeries d'exploitation du gypse s'enfoncer sous les dolomies jurassiques. Un peu plus au Sud, même, le Trias s'enfonce directement sous l'Urgonien. J'ai déjà fait remarquer que ces suppressions de couches, dans une série normale, sont essentiellement caractéristiques des nappes charriées.

S'il en reste le temps avant le déjeuner, les voitures pourront encore nous mener au vallon de La Fauge (¹), où l'on retrouvera la bande crétacée qui longe au Sud-Est le Trias, et où l'on pourra constater qu'elle occupe le centre d'un pli anticlinal, dont les flancs sont formés par le Jurassique. Cette série jurassique est la continuation de la série dénudée qui reposait sur le Trias: le Trias s'étire à ses pieds, comme il s'étire sous les calcaires d'Auriol.

Il faut donc conclure, et toute une série d'autres exemples en Provence confirment cette conclusion, que le Trias forme, à la base des nappes charriées, une nappe indépendante, sujette à des renflements et à des étirements successifs, comme si elle avait, en certains points, comblé les inégalités du substratum. Les grandes bandes de Trias de la Provence marqueraient ainsi la place des synclinaux préexistants au phénomène de chevauchement.

_____

(¹) Voir ci-dessus, p. 270, fig. 68. De nouvelles observations, faites avec M. VASSEUR, m'ont montré que toute la partie Ouest de cette coupe (qui date de 1888) doit être modifiée. Il y a une surface de glissement entre l'Infralias et les dolomies jurassiques, qui sont surmontées par du Néocomien. Le pointement des grès fuvéliens à gauche est local, et dû à un pli très aigu, analogue à celui du milieu de la figure; ces grès s'enfoncent de part et d'autre sous les terrains qui les entourent, et ne reposent donc pas sur le Trias, ainsi que la coupe le montre par erreur. C'est l'erreur commise dans cette coupe qui m'a empêché longtemps de comprendre le raccordement du massif de la Sainte-Baume avec ceux du Nord de Marseille.

Après le déjeuner, les voitures nous conduiront à La Treille, où nous arrivons dans une autre région, celle des massifs d'Allauch et de l'Étoile (pl. XII, fig. 4 et 5).

Le massif d'Allauch est, comme le massif de La Lare, un pointement du substratum, non plus sous forme de bombement régulier, mais sous celle d'un massif triangulaire surélevé entre des failles. Ce massif est entouré d'une dépression périphérique, remplie non plus par du Crétacé, mais par du Trias, tantôt bien développé, tantôt étiré jusqu'à l'écrasement presque complet. Partout où l'on peut voir un contact sans faille, les couches du massif s'enfoncent sous le Trias. Ce Trias, à son tour, s'enfonce sous les terrains jurassiques d'Auriol et de Roquevaire, symétriquement à celui de la bande de l'Huveaune. Il y a, dans ce simple énoncé, une forte présomption pour rattacher le pourtour du massif d'Allauch à notre nappe générale de charriage. Un autre argument plus direct peut se tirer de l'existence d'une nappe de terrains renversés ([1]), qui s'intercale par places entre le massif et le Trias périphérique, et dont l'origine serait dans toute autre hypothèse inexplicable. C'est l'existence et la coupe de cette nappe renversée que nous irons voir à La Treille ([2]).

La coupe n'est bien visible avec netteté que jusqu'à la ferme du Four. Nous monterons pourtant plus haut, pour voir le contact du massif avec un nouvel affleurement de la nappe triasique, et la superposition directe à ce Trias des dolomies du Jurassique supérieur. Revenant ensuite sur nos pas, nous suivrons par Barbaraud la continuité de la première bande infraliasique avec le large massif triasique de Saint-Julien, et nous irons voir, auprès des Romans, l'Aptien fossilifère apparaître au milieu de ce Trias ([3]) (pl. XII, fig. 2). On pourra d'ailleurs, en se rendant à ce gisement, constater que sur les dolomies du massif, ordinairement considérées comme infraliasiques, mais appartenant probablement au Jurassique supérieur, reposent en plusieurs points les couches rhétiennes à *Avicula contorta*.

Ainsi, c'est par une contestation directe que les deux coupes examinées nous montrent *la superposition du Trias de Saint-Julien à l'Aptien*. Un coup d'œil sur une carte d'ensemble fait b͞o̅ n

[([1]) Voir ci-dessus, p. 560, fig. 134.]
[([2]) Voir ci-dessus, p. 559, fig. 133.]
[([3]) Voir ci-dessus, p. 631, fig. 163.]

voir que ce Trias se rattache à la bande de l'Huveaune; il y a donc
là une importante confirmation de la conclusion à laquelle nous
étions arrivés dans la matinée.

Nous rentrerons coucher à Marseille.

HUITIÈME JOURNÉE. — LUNDI 1er OCTOBRE.
DE CASSIS À LA CIOTAT.

La huitième journée sera une jeurnée de repos; nous l'emploie-
rons à aller faire une promenade en mer jusqu'à La Ciotat, pour
voir à distance la magnifique coupe des falaises qui, entre Cassis
et La Ciotat, montre dans tous ses détails le passage des calcaires
angoumiens à *Biradiolites cornupastoris* aux poudingues de La
Ciotat. Nous descendrons à La Ciotat pour examiner de près ces
poudingues, dont la place stratigraphique n'est pas douteuse au-
dessous du Sénonien; c'est sans doute un delta de dépôts torrentiels avec une énorme accumulation de galets, les uns triasiques
et jurassiques, les autres d'origine inconnue.

De la mer, on embrasse dans la falaise verticale l'énorme épaisseur de ces poudingues, supérieure à 300 mètres; mais à mesure
qu'on s'éloigne de La Ciotat, les grès se substituent aux poudingues, et la falaise perd son caractère rocailleux; les bancs de grès,
plus ou moins grossiers, plus ou moins calcarifères, se distinguent
par des nuances différentes; les calcaires à Hippurites viennent
s'intercaler en deux bancs bien apparents, tranchant par leur couleur plus claire, et l'on voit toutes ces couches se coïncer les unes
dans les autres. C'est le dessin le plus net et le plus complet qu'on
puisse rêver du schéma théorique d'un passage latéral, réalisé
sans interruption sur une falaise de 300 mètres de hauteur et
6 kilomètres de longueur.

Ceux qui voudraient profiter de cette journée pour voir les coupes classiques de La Bédoule et des Jeannots, pourront prendre le
train le matin jusqu'à Aubagne, et nous rejoindre à La Ciotat (à
l'aide de voitures) pour revenir le soir avec nous.

Les deux derniers jours seront consacrés à l'étude de quelques
particularités de la bordure des massifs de l'Étoile et d'Allauch.
Une partie des excursionnistes pourra étudier, sous la conduite de
M. VASSEUR, la belle série crétacée et tertiaire du bassin d'Aix,

45 a

avec ses nombreux gisements fossilifères. Les autres visiteront d'abord la région de Simiane, au Nord de l'Étoile, puis celle de Pichauris et d'Allauch, entre les deux massifs d'Allauch et de l'Étoile.

NEUVIÈME JOURNÉE. — MARDI 2 OCTOBRE.
ÉTUDE DE LA BANDE DE SIMIANE.

La région de Simiane, au Nord de l'Étoile, est remarquable par le grand développement qu'y prend la nappe de terrains renversés déjà examinée à La Treille. Cette nappe a été affectée de plis uniformément inclinés vers le Nord, et l'on peut observer les charnières de ces plis, avec les terrains les plus récents au centre des anticlinaux et les terrains les plus anciens au centre des synclinaux (*plis retournés*).

Le chemin de fer nous laissera à la station de Bouc; nous traverserons vers le Sud l'Aptien plissé, qu'on voit plus loin s'enfoncer sous la falaise urgonienne. En longeant cette falaise, nous verrons entre les deux terrains s'intercaler une bande de poudingues crétacés (bégudiens). Dans le ravin du Verger (¹), nous observerons des plis anticlinaux de Valanginien enveloppés par une calotte de dolomies jurassiques. L'intercalation des poudingues ne peut guère s'expliquer que par un pointement d'un substratum crétacé: toute idée de discordance est en effet inadmissible.

Nous nous rendrons alors à Simiane, où nous traverserons la bande triasique, sous laquelle doit passer le tunnel entrepris par la Compagnie des Charbonnages des Bouches-du-Rhône; nous constaterons que l'Aptien s'enfonce de part et d'autre sous ce Trias (renversé près du contact); qu'un peu plus loin à l'Est, le Trias disparaît et que les deux bandes aptiennes se réunissent, sans qu'aucun accident important marque en son milieu la prolongation du pli en éventail qui aurait amené le Trias au jour. Nous poursuivrons la coupe des terrains renversés jusqu'au Col de La Galère, et nous verrons, entre l'Urgonien et le Néocomien, s'intercaler une languette étroite de Trias (²). La venue au jour de ce Trias par un pli anticlinal est inadmissible; elle n'expliquerait en aucun cas que la série des terrains voisins se poursuive dans le même ordre *que si le Trias n'existait point*. La seule solution possible est qu'avant le

[(¹) Voir ci-dessus, p. 605, fig. 144.]
[(²) Voir ci-dessus. p. 557, fig. 132.]

dernier plissement une nappe de Trias ait existé, coupant en biseau les couches crétacées sous-jacentes. Cette nappe de Trias serait la même que celle du Trias de Saint-Germain.

En redescendant sur l'autre versant, on pourra voir le Néocomien ressortir sous les dolomies jurassiques du sommet.

Après un déjeûner en plein air, nous irons visiter l'îlot dolomitiques de La Galinière, superposé à l'Aptien, et nous monterons sur le chemin de Notre-Dame des Anges, voir la charnière d'un nouveau pli anticlinal, qui nous montrera au centre l'Hauterivien enveloppé par le Valanginien et par les dolomies jurassiques ([1]).

Si le temps le permet, on pourra encore monter voir la curieuse position du rocher du Pilon du Roi, et l'on rentrera à Marseille par le chemin de fer.

DIXIÈME JOURNÉE. — MERCREDI 3 OCTOBRE.
TRIAS DE PICHAURIS. BORD SUD DU MASSIF D'ALLAUCH.

On se rendra à Pichauris, par le train de Valdonne ou par la route de voitures, et on consacrera la matinée à étudier la remarquable position du Trias de Pichauris. Ce Trias fait partie de la bande périphérique du massif d'Allauch, qui, là seulement, au lieu d'être écrasée et étirée, s'épanouit largement. Au Nord, à l'Ouest et à l'Est, nous verrons des terrains jurassiques renversés et laminés s'enfoncer sous la colline centrale du Collet-Redon (pl. XII, fig. 5 et 8); les terrains renversés, avec l'Aptien sous-jacent, appartiennent à la même nappe que ceux de Simiane.

On voit donc que, pour tous les massifs ou toutes les bandes de Trias, d'une manière indépendante, on est amené à la même conclusion.

Nous suivrons alors, par un sentier accidenté, l'étroite dépression des Amandiers, qui nous montrera le Trias périphérique sous une autre forme, celle de bande filiforme et écrasée, courant sur 4 kilomètres comme une sorte de filon entre les calcaires à Hippurites et l'Urgonien. Les calcaires à Hippurites représentent le sommet abaissé du massif d'Allauch; l'Urgonien appartient au massif de l'Ètoile. En un point au moins, nous verrons nettement les calcaires sénoniens à *Lacazina* s'enfoncer sous le Trias. De l'autre côté, le Trias s'enfonce sous l'Urgonien, avec failles locales de tas-

[([1]) Voir ci-dessus, p. 606, fig. 147.]

sement, mais probablement en général par simple étirement de
la série intermédiaire, comme nous l'avons vu aux carrières de
gypse de Roquevaire et de La Treille.

Nous arriverons ainsi à Allauch, où nous pourrons étudier le
beau pli renversé qui borde au Sud le massif (pl. XII, fig. 7), et qui
semble seulement formé par un *retroussement* du substratum sous
l'influence du charriage. La série du Crétacé inférieur est, là, incomplète, sans trace d'Aptien ni de Cénomanien; plus au Nord,
l'Urgonien lui-même s'amincit et disparaît progressivement, tandis que le Néocomien conserve une épaisseur exceptionnelle. Sur
tout le pourtour du massif, au contraire, le Néocomien est réduit,
l'Urgonien uniformément développé, l'Aptien très puissant, avec
un faciès spécial dans la nappe renversée, et le Cénomanien est
représenté par des grès et des calcaires à Caprines. Ces différences
absolues et rapides de faciès sont un argument puissant, à la suite
de tous les autres, en faveur du charriage: les couches du massif
d'Allauch ne se sont pas déposées auprès de celles qui les entourent; elles leur ont été juxtaposées postérieurement et fortui-
tement.

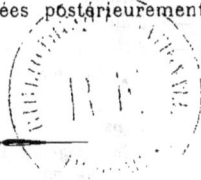

ERRATA DU TOME I.

Page 7, ligne 19 (haut). Au lieu de: Gilbraltar, lire: Gibraltar
— 10 — 13 (haut) — lignes droite — ligne droite
— — — 9 (bas) — les coupe — les coupes
— 11 — 12 (haut) — reseau — réseau
— 12 — 12 (haut) — intervale — intervalle
— — — 14 (bas) — trée — très
— 14 — 10 (haut) — fomait — formait
— 15 — 12 (bas) — crée — créé
— — — 8 (bas) — ia cause — la cause
— 38 (Légende de la fig. 4). Supprimer l'indication de l'échelle
— 70, ligne 16 (haut). Au lieu de: Portandien, lire: Portlandien
— 85 — 25 (haut) — fossilifère — fossilifères
— 89 — 18 (haut) — *Coupe* — *Coupes*
— 115 (Titre). — 894 — 874
— — (Sommaire, avant dern. ligne). Au lieu de: terrains, lire: niveaux
— 120, ligne 7 (haut). Au lieu de: Synclinal V, lire: Synclinal en V
— 133 — 15 (haut). — Vaifin — Valfin
— 159 — 3 du Titre — 116 — 115
— 164 — 6 (haut) — Huveaunne — Huveaune
— 192 — 7 du Sommaire. Au lieu de: Grand, lire: Gros
— 215 (Note) — 1875 — 1873
— 225 — 7 (bas) — célébre — célèbre
— 241. La note infrapaginale 1 devrait être entre crochets.
— 278 (Titre de la fig. 70). Au lieu de: Fi5, lire: Fig.
— 282, ligne 12 (haut) — Apes, — Alpes.
— 283 (1er alinéa), lignes 6 et 7 — apparence, lire: apparences
— — — — — néocomiens — néocomiennes
— 290 (Légende de la fig. 74) — Échell — Échelle
— 299. Rétablir le n° 79 de la figure.
— 301, ligne 3 (haut). Au lieu de: ou lire: du
— 321 — 14 (bas) — basse — base
— 353 — 15 (haut) — coufrères — confrères
— 483 (Note 2) — mème — même
— 519, ligne 12 (haut) — transformé — transformés
— 597 (Note 2), ligne 2 — XLVIII — XLVII
— 663, ligne 8 (haut) — *Étoile* — *Étoile*

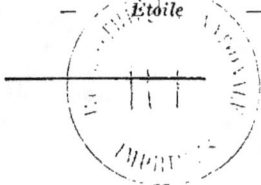

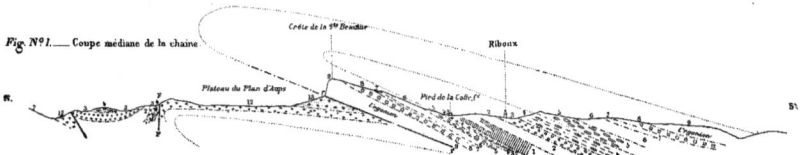

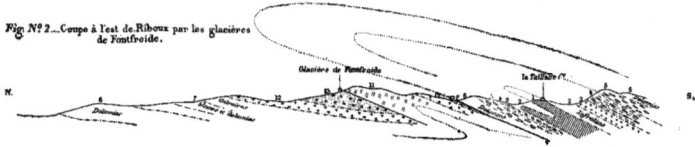

Fig. Nº 1. — Coupe médiane de la chaine.

Fig. Nº 2. — Coupe à l'est de Riboux par les glacières de Fontfroide.

Fig. Nº 3. — Coupe à l'ouest de Riboux et du Plan d'Aups.

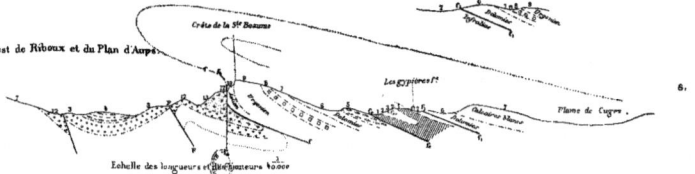

Légende

1. Trias.
2. Infralias.
3. Lias.
4. Bajocien et Bathonien marneux.
5. Bathonien calcaire.
6. Dolomie jurassique.
7. Calcaires blancs (Jurassique supérieur).
8. Néocomien.
9. Urgonien.
10. Aptien.
11. Couches à Micraster brévis (?).
12. Calcaire à Hippurites.
13. Senonien (grès et marnes à lignites).
14. Faille du plan d'Aups.
15. Faille du pied de la crête.
16. Faille de la remonte est du pli.
a. Faille faisant suite à la bordo diversement.
b. Faille locale de tassement.

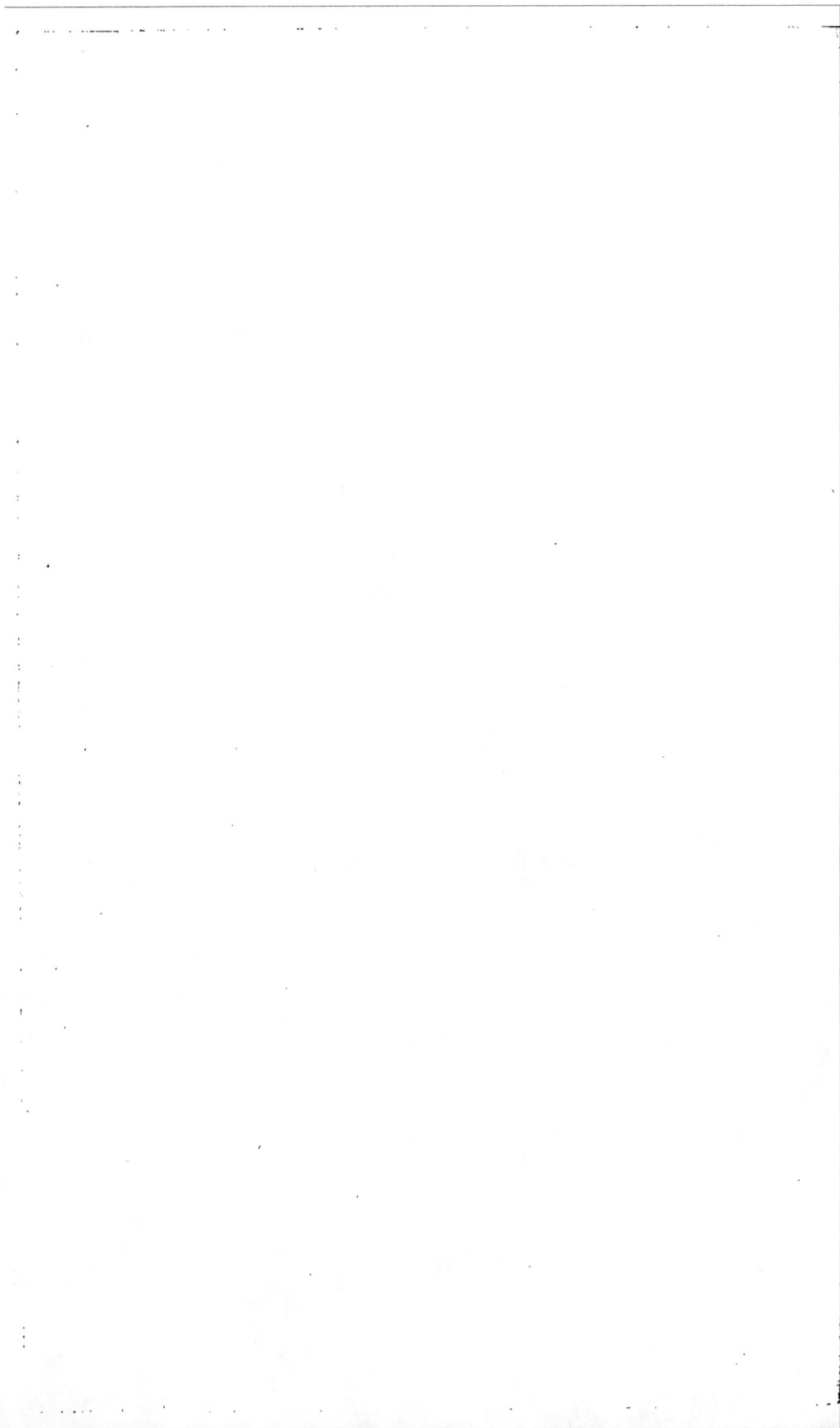

Coupe N°1 _ du sommet du Grand Cerveau ou Castellet, par le V.ᵗᵉ Beausset.

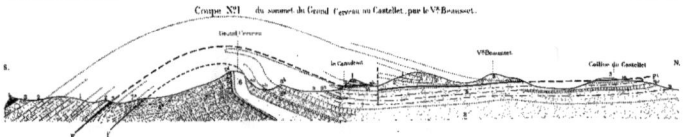

Coupe N°2 _ d'Entrechaux au Beausset.

Légende

Coupe N°3 _ de Fontanieu à la colline du Castellet.

Coupe N°4 _ du Télégraphe de la Cadière à la Cadière.

Échelle: 1/40000 pour les longueurs et pour les hauteurs (hauteurs doublées pour la coupe N°4)

CARTE GÉOLOGIQUE DES ENVIRONS DU BEAUSSET

Bull. de la Soc. Géol. de France. Extrait de la Carte de l'État-Major, 1 : 80.000e. 3me Série, T. IV, Pl. XXIV. Séance du 18 Juin 1876.

LÉGENDE

m	Muschelkalk	l	Lias	n	Néocomien	t	Turonien	tert	Tertiaire		Failles
k	Keuper	j¹	Jurassique inf.	u	Urgonien	s	Sénonien	all	Alluvions		Calc. à Hippurites
ι	Infralias	j³	Jurassique sup.	a	Aptien	d	Danien	β	Basaltes		
				c	Cénomanien						

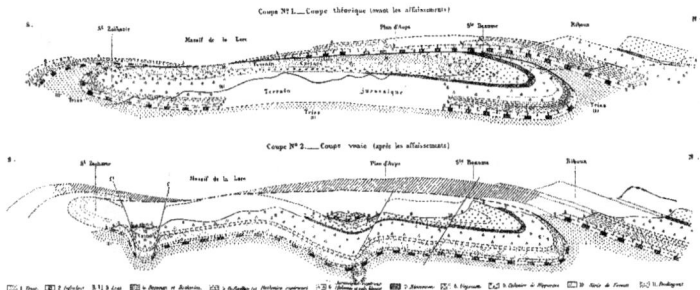

COUPE DE S.º ZACHARIE À LA S.ᵗᵉ BEAUME. (Echelle ₁/₂₀₀₀₀)

Coupe N.º 1.___ Coupe théorique (avant les affaissements)

Coupe N.º 2.___ Coupe vraie (après les affaissements)

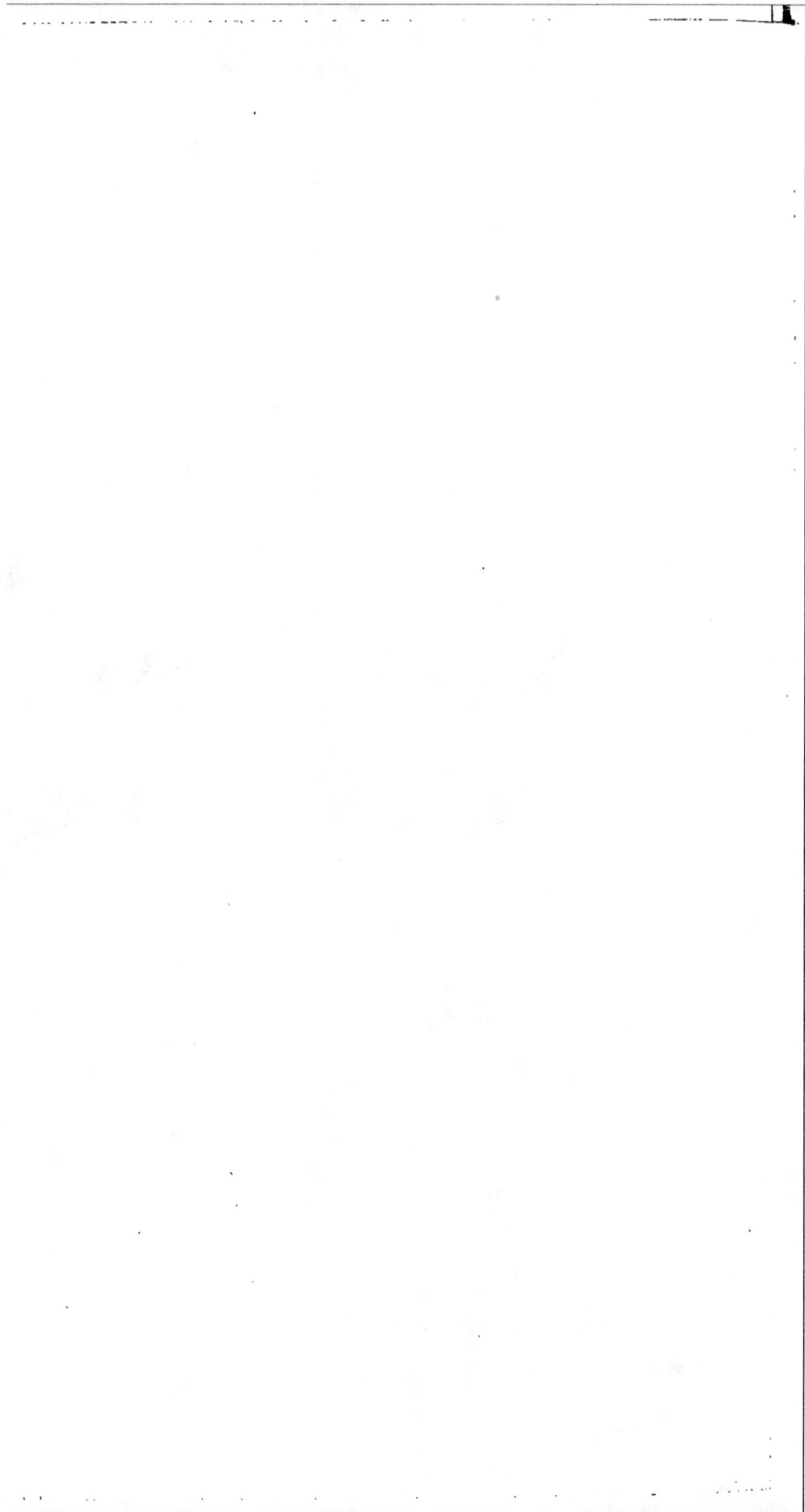

ESQUISSE GÉOLOGIQUE DES ENVIRONS DE LA Sᵗᵉ BEAUME

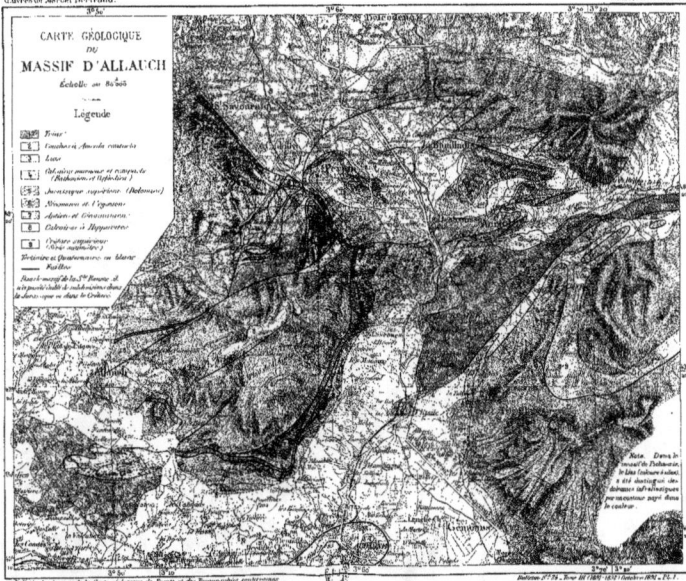

CARTE GÉOLOGIQUE
DU
MASSIF D'ALLAUCH
Echelle au 80.000

Légende

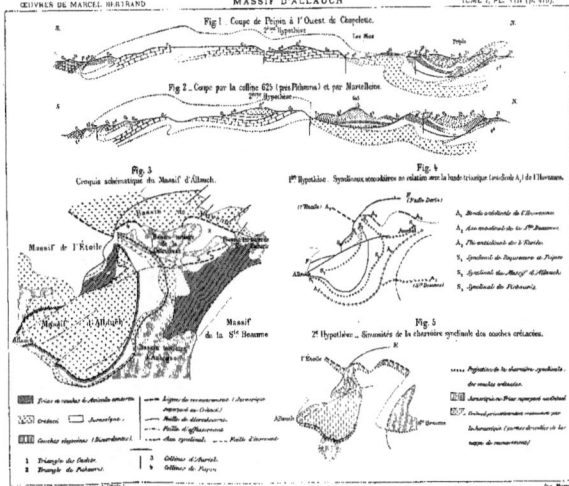

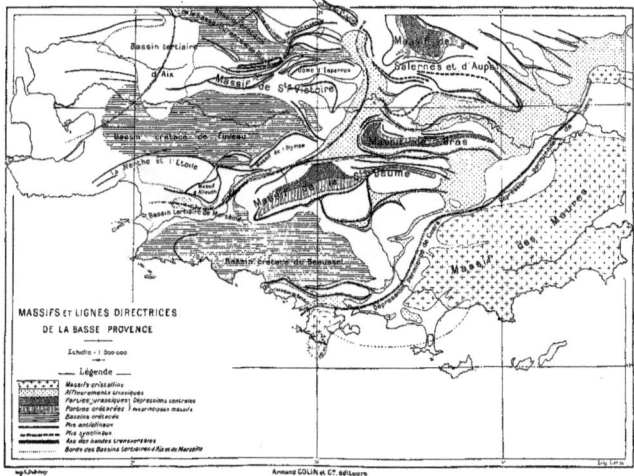

MASSIFS ET LIGNES DIRECTRICES
DE LA BASSE PROVENCE

Échelle : 1 500 000

Légende

Massifs cristallins
Affleurements liasiques
Parties jurassiques) Dépressions centrales
Parties crétacées) recouvrant massifs
Bassins crétacés
Plis anticlinaux
Plis synclinaux
Axe des bandes transversales
Bords des Bassins tertiaires d'Aix et de Marseille

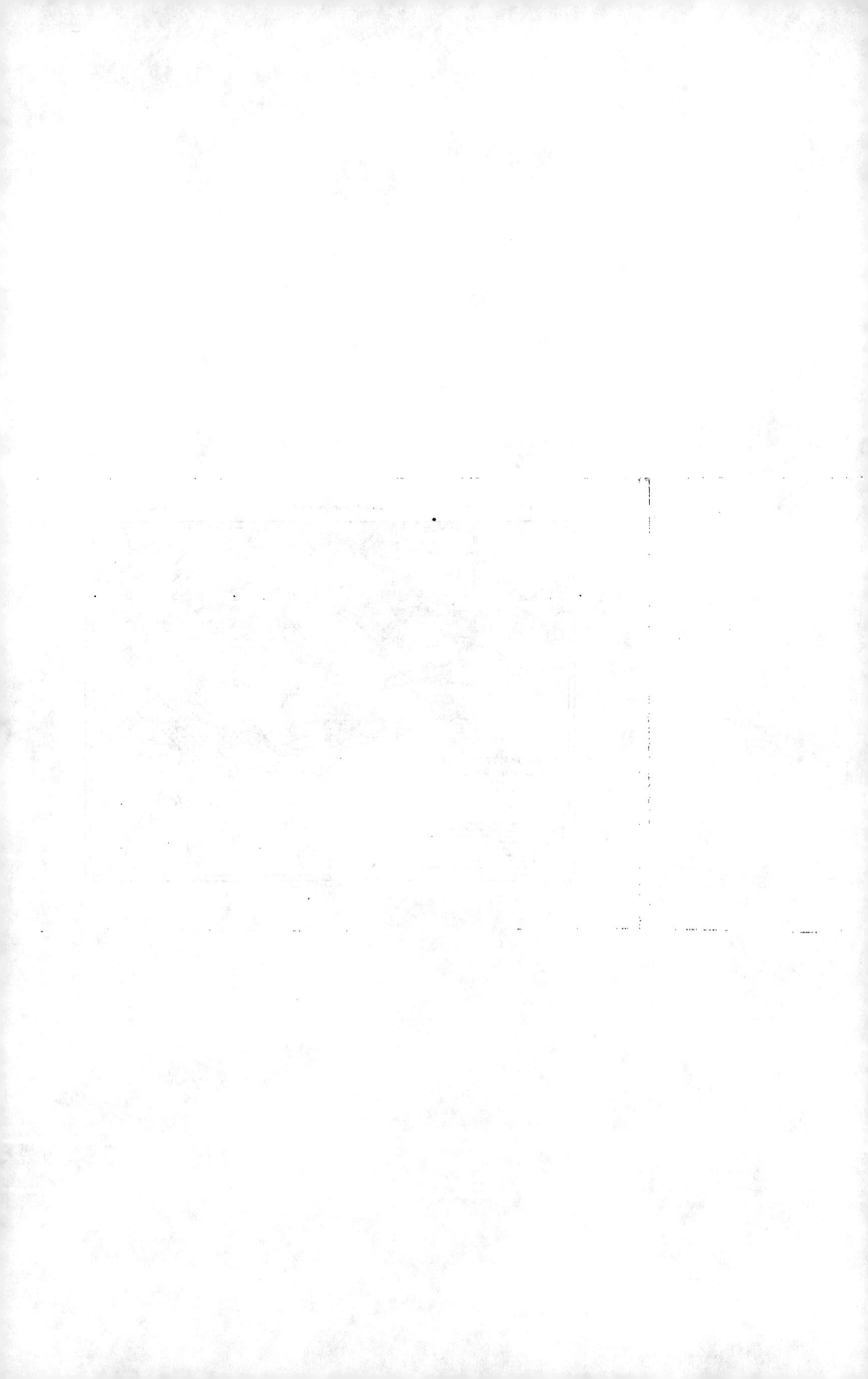

CARTE GÉOLOGIQUE DES ENVIRONS DE MARSEILLE.
(MASSIFS DE L'ETOILE ET D'ALLAUCH.)

(Œuvres de Marcel Bertrand.)

LÉGENDE

Échelle au 200.000ᵉ

Bulletin des Services de la Carte géologique et des Top. ment. Bull. N°48. Tome X. 1893. Pl. II.

COUPE DU RAVIN DU FOUR, AU NORD DE LA TREILLE (¹⁄₂₀.₀₀₀).

LÉGENDE

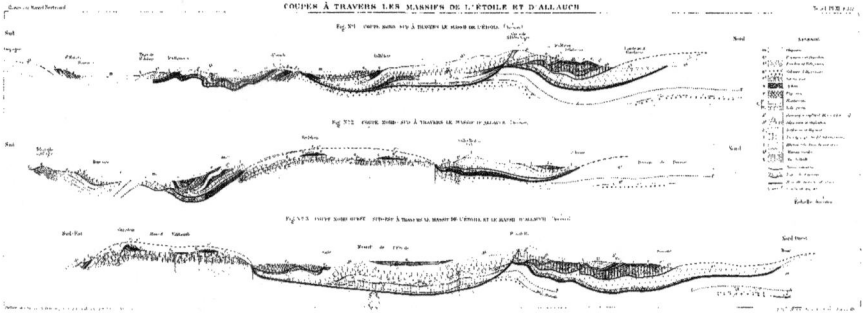

COUPES À TRAVERS LES MASSIFS DE L'ÉTOILE ET D'ALLAUCH

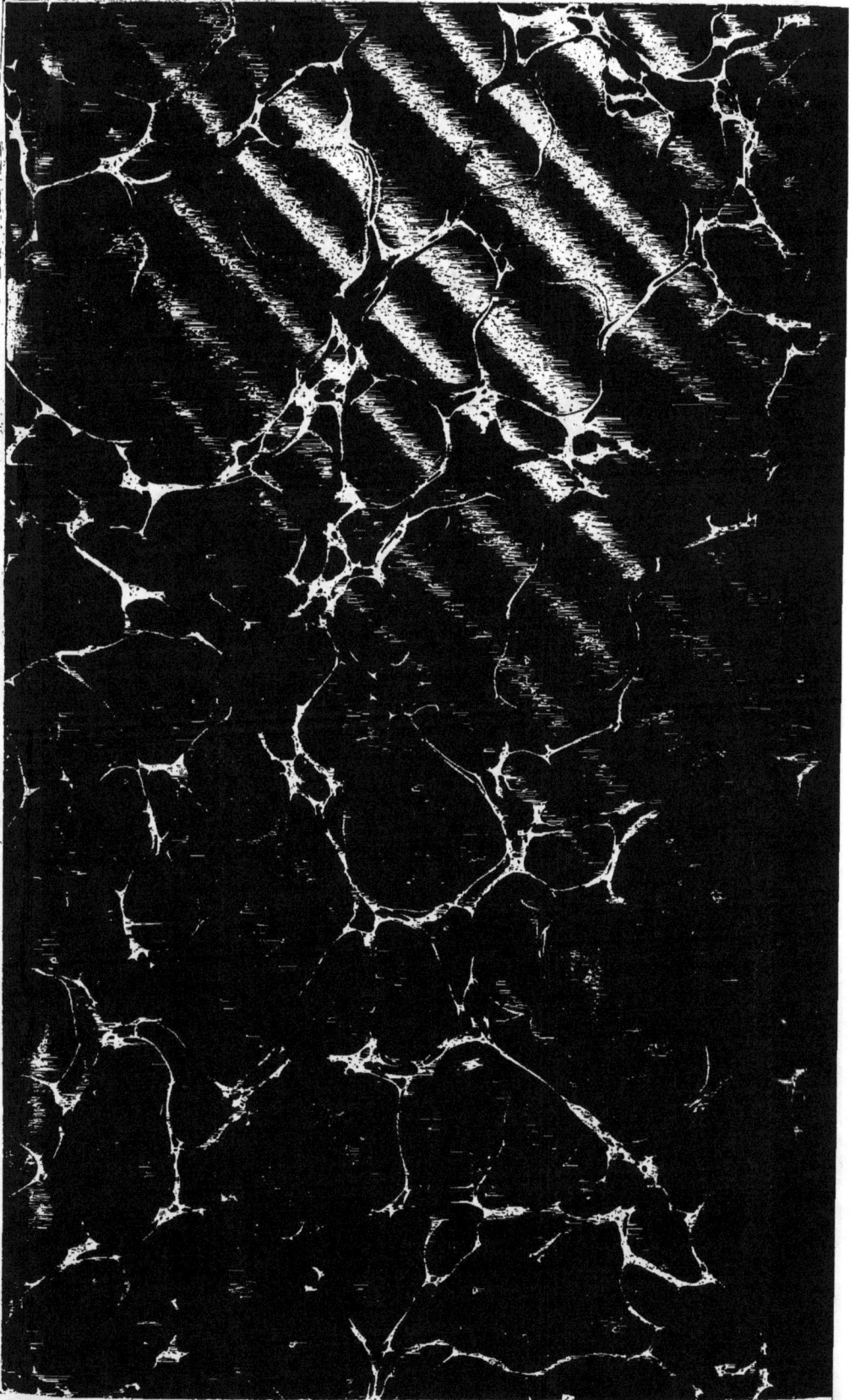